公安消防信息化培训系列教材

# 消防信息化
# 技术应用

XIAOFANG XINXIHUA
JISHU YINGYONG

 公安部消防局　编

化学工业出版社

·北京·

本书是公安部消防局编写的"公安消防部队信息化培训系列教材"的一个分册。该系列教材由全国消防信息化业务骨干共同编写，全面梳理了消防信息化的知识体系，系统总结了消防信息化的实践经验，详细讲述了消防信息化技术的理论知识。

本书分为概述篇、应用篇及保障篇，共十一章。主要介绍了消防信息化概述、消防信息化总体规划、基础网络、音视频系统、业务软件、基础设施、综合集成、消防应急通信、安全保障系统、标准规范体系、运行维护体系等内容。

本书既可作为公安消防部队各级领导、消防信息化各级负责人、参与消防信息化建设的技术人员以及消防信息化成果应用人员提供指导性和科普性读本，也可作为公安消防部队和院校进行消防信息化理论和应用知识学习的培训教材。

**图书在版编目（CIP）数据**

消防信息化技术应用/公安部消防局编．—北京：
化学工业出版社，2015.1（2024.11重印）
公安消防部队信息化培训系列教材
ISBN 978-7-122-22196-4

Ⅰ.①消…　Ⅱ.①公…　Ⅲ.①消防-信息化-中国-
技术培训-教材　Ⅳ.①TU998.1-39

中国版本图书馆 CIP 数据核字（2014）第 252503 号

---

责任编辑：杜进祥　高　震　　　　　　文字编辑：云　雷
责任校对：宋　玮　　　　　　　　　　装帧设计：韩　飞

---

出版发行：化学工业出版社（北京市东城区青年湖南街 13 号　邮政编码 100011）
印　　刷：北京云浩印刷有限责任公司
装　　订：三河市振勇印装有限公司
787mm×1092mm　1/16　印张 32¼　字数 828 千字　　2024 年 11 月北京第 1 版第 7 次印刷

---

购书咨询：010-64518888　　　　　　售后服务：010-64518899
网　　址：http://www.cip.com.cn
凡购买本书，如有缺损质量问题，本社销售中心负责调换。

---

定　　价：158.00 元

当今世界已步入信息时代，信息技术日益渗透到经济发展、社会进步、军事变革和日常生活的各个领域，对各国经济、政治、军事、文化以及意识形态产生越来越广泛而深刻的影响。公安消防部队是我国武装力量的组成部分，担负着防火监督、灭火抢险救援等重要职责。神圣的历史使命和艰巨的职责决定了消防部队必须加快信息化建设，这是适应时代发展，提升防火、灭火能力水平，实现队伍正规化的必由之路。

消防信息化是国家信息化、公安信息化、武警信息化的组成部分，"十一五"期间各级消防部队根据财政部批复的《武警消防部队信息化建设总体规划》《武警消防部队信息化建设项目总体实施方案》和年度计划认真组织建设，取得了阶段性的成果，初步建成了计算机、有线、无线、卫星等基础通信网络，开展了各级通信指挥中心、移动指挥中心、信息中心和灾备中心等基础设施建设，研发并全面推广部署了基础数据及公共服务平台和包括消防监督管理系统、灭火救援指挥、部队管理、社会公众服务和综合统计分析五大业务应用的一体化消防业务信息系统，建设了标准规范、安全保障和运行维护体系，开展了综合集成，初步形成了覆盖各级消防部队和业务部门的消防信息化框架体系。

为全面推广信息化建设成果的应用，更好地指导消防部队信息化的深度建设、深化应用和运行维护工作，有针对性地对消防部队的各级领导、信息通信技术干部、士官进行培训，公安部消防局组织消防部队技术骨干、武警学院教师以及沈阳消防研究所、中国电子科技集团公司第十五研究所的专家共同撰写了"公安消防部队信息化培训系列教材"，包括《消防信息化技术应用》《消防信息通信系统运行维护》两个分册。"公安消防部队信息化培训系列教材"主要用于从事消防信息化工作的技术干部的培训及指导，也可作为各级消防信息化教育培训和教学的参考手册，为消防信息化建设培养专业的人才队伍提供借鉴。

《消防信息化技术应用》从基础知识、技术体制、消防技术解决方案和消防技术应用四个方面撰写。本书由公安部消防局信息通信处李淑惠高级工程师任主编。参加编写的人员及分工如下：李淑惠（第十章第一节、第二节），金京涛（第六章第一节），傅永财（第七章第三节），张昊（第三章第一节），朱春玲（第五章第三节），滕波（第十一章），梁云杰（第九章第三节），应放（第二章），宁江（第六章第二节），林海（第四章），李振宇（第三章第二节），陈剑（第六章第一节），吴君（第五章第二节，第八章），周刚（第三章第一节），吴樵（第七章第一节、第二节、第三节），丁晓春（第八章），刘传军（第三章第二节），王湘新（第三章第三节），吕建波（第五章第三节），杨扬（第三章第四节），丰国炳（第五章第二节），施邦平（第四章），席永涛（第六章第二节），王佩青（第十章第三节），李栗（第九章第三节），罗晋斌（第六章第二节），冉平（第三章第一节、第二节、第四节），周蓉蓉（第一章），乔雅平（第六章第一节，第九章第四节），何新伟（第五章第三节，第十章第三节、第四节），姜学赟（第五章第一节，第十章第四节），贾晓霞（第一章），程宏斌（第五章第一节），郭红钰（第一章），刘小霞（第五章第一节），李敏（第五章第一节），裴建国（第五章二节，第八章，第九章第一节、第二节），陈南（第七章第三节，第九章第三节，第十一章），张永平（第三章第三节，第九章第三节，第十章第三节），张辉（第五章第三节）。本书配套开发了"消防信息化标准规范查询系统"，如有需要请联系张辉（电子邮箱：bzcxxt@163.com）。

本书编者虽然尽了自己的最大努力，但由于受经历、知识、能力水平所限，疏漏之处在所难免，恳请大家批评指正，在此表示衷心感谢。

编者

2015 年 10 月

# → 目 录

# 第一篇

# 概述篇

第一章　消防信息化概述

第二章　消防信息化总体规划

# 消防信息化概述

当今世界已步入信息时代，信息、信息技术、信息革命广泛而深刻地影响着政治、经济、军事、社会。本章简要介绍国家信息化、公安信息化、武警信息化的发展概况，阐述消防信息化的概念、建设背景、总体需求和消防信息化的地位、作用，回顾消防信息化的发展历程，展望消防信息化的发展趋势。

## 第一节　信息化发展概况

信息化是当今世界发展的大趋势，是推动经济社会变革的重要力量。大力推进信息化，是覆盖我国现代化建设全局的战略举措，是全面建成小康社会、全面深化改革开放、加快推进社会主义现代化的迫切需要和必然选择。1997年召开的首届全国信息化工作会议对信息化定义为：信息化是指培育、发展以智能化工具为代表的新的生产力并使之造福于社会的历史过程。

### 一、国家信息化

国家信息化是指在国家统一规划和组织下，在农业、工业、科学技术、国防及社会生活各个方面应用现代信息技术，深入开发、广泛利用信息资源，加速实现国家现代化进程。国家信息化是当今世界各国和平与发展的主旋律之一，它强调的是信息充分融入国家社会生产和人民生活的各个方面，推动经济社会发展转型。国家信息化的主体包括政府、军队、企事业单位、团体和个人；范围涉及国家政治、经济、军事、科技、文化等各个领域；目标是提高社会生产力，推动生产关系和上层建筑变革，实现国家现代化。

#### 1. 我国国家信息化的发展历程

我国信息化建设起步于20世纪80年代初期，经历了启动阶段、展开阶段、全面发展阶段等历史过程。1997年召开了第一次全国信息化工作会议；党的十五届五中全会把信息化提到了国家战略的高度；党的十六大进一步作出了以信息化带动工业化、以工业化促进信息化、走新型工业化道路的战略部署；党的十七大强调要推进信息化与工业化融合，加快经济增长；党的十八大更是明确把"信息化水平大幅提升"纳入全面建成小康社会的目标之一，并明确提出"坚持走中国特色新型工业化、信息化、城镇化、农业现代化道路，推动信息化和工业化深度融合、工业化和城镇化良性互动、城镇化和农业现代化相互协调，促进工业化、信息化、城镇化、农业现代化同步发展"。这充分反映了在我国进入全面建成小康社会的决定性阶段，党中央对信息化的高度重视和战略部署。信息化本身已不再只是一种手段，而成为发展的目标和路径，推进经济社会发展的动力。

**2. 我国信息化发展的战略方针、目标和重点**

根据《2006年～2020年国家信息化发展战略》，我国信息化发展的战略方针是：统筹规划、资源共享、深化应用、务求实效，面向市场、立足创新，军民结合、安全可靠；目标是：实现综合信息基础设施基本普及，信息技术自主创新能力显著增强，信息产业结构全面优化，国家信息安全保障水平大幅提高，国民经济和社会信息化取得明显成效，新型工业化发展模式初步确立，国家信息化发展的制度环境和政策体系基本完善，国民信息技术应用能力显著提高，为迈向信息社会奠定坚实基础；重点是：推进国民经济信息化，推行电子政务，建设先进网络文化，推进社会信息化，完善综合信息基础设施，加强信息资源的开发利用，提高信息产业竞争力，建设国家信息安全保障体系，提高国民信息技术应用能力，造就信息化人才队伍。

**3. 我国信息化发展的保障措施**

为落实国家信息化发展的战略重点，我国将优先制定和实施"六项"战略行动计划，包括：国民信息技能教育培训计划、电子商务行动计划、电子政务行动计划、网络媒体信息资源开发利用计划、缩小数字鸿沟计划、关键信息技术自主创新计划。其保障措施为：完善信息化发展战略研究和政策体系、深化和完善信息化发展领域的体制改革、完善相关投融资政策、加快制定应用规范和技术标准、推进信息化法制建设、加强互联网治理、壮大信息化人才队伍、加强信息化国际交流与合作、完善信息化推进体制。

## 二、公安信息化

公安信息化工程即"金盾工程"，是国家信息化工程的重要组成部分，也是公安机关一项非常重要的基础工作，对于贯彻科技强警战略、提升公安机关的战斗力具有重要战略意义。

**1. "金盾工程"一期建设**

1998年，公安部启动"金盾工程"一期建设，是国家电子政务12个重要系统建设项目之一。内容包括：公安基础通信设施和网络平台建设，公安计算机应用系统建设，公安工作信息化标准和规范体系建设，公安网络和信息安全保障系统建设，公安工作信息化运行管理体系建设，全国公共信息网络安全监控中心建设等。经过"金盾工程"一期建设，全国公安信息网覆盖了各级公安机关，基层队所连通率达到90%，全国百名民警拥有联网计算机达44台，人口信息、违法犯罪信息、机动车及驾驶人信息、出入境人员信息等最基础、最常用的公安信息系统已投入运行并取得重大成效，公安信息应用渗透到各个公安业务领域，公安机关侦查破案、打击犯罪的能力和水平显著提升。

**2. "金盾工程"二期建设**

2008年，公安部启动"金盾工程"二期建设，包括大情报系统、全国警用地理信息平台（PGIS）、部门间信息共享平台、警务综合平台。扩展了被盗抢枪支、指纹、毒品犯罪嫌疑人、公安标准等信息资源库。全国公安机关以"大整合、高共享、深应用"为目标，全面推进公安信息化建设与应用，有效提高了公安机关预防和打击犯罪能力、情报信息分析研判和科学决策指挥能力、行政管理水平和服务社会能力、信息资源综合利用和共享服务能力，为加快推进公安工作现代化进程、提高公安机关核心战斗力提供了有力支撑，带动了现代警务机制和公安工作理念的深刻变革。

2011年，公安部党委部署了"三项建设"，即公安信息化建设、执法规范化建设、和谐警民关系建设；提出公安信息化是一场新的警务革命，不仅是提高公安机关整体战斗力的重要途径，也是提升基层基础工作水平的重要载体，是牵动警务机制改革的重要纽带；明确信息化建设要坚持统一领导、统一规划、统一标准，注重整合系统资源、整合信息技术资源，既要整合公安内部资源，又要善于运用社会资源，最大限度地实现互联互通、信息共享，最大限度地发挥整体效益。2014年公安部党委作出"基础信息化、警务实战化、执法规范化、队伍正规化建设"的重要部署，提出要大力推动基础工作与信息化有机融合，努力使信息化手段贯穿于公安工作的各个方面，为推动公安机关战斗力生成模式转变、服务公安现实斗争提供强有力支撑。

近年来，全国公安机关信息化业务系统在信息采集共享、资源优化整合、案件办理流转、工作业绩考核等方面得到深度应用，特别是依托信息化支撑，实现网上办案、网上监督、网上培训、网上考核，在执法规范化建设方面取得突出成效，提高了打击违法犯罪和综合服务管理效能，提升了公安机关的核心战斗力。

# 三、武警信息化

武警信息化建设起步于20世纪90年代，经历了各警种部队初步建设、一体化体系建设等发展阶段，目前已开始进入深化体系建设的发展阶段。武警信息化的范围包括武警内卫部队、边防部队、消防部队、警卫部队、黄金部队、森林部队、水电部队、交通部队。根据国家关于建设现代化武装警察部队的要求，从"十一五"开始，国家安排了专项资金，针对武警部队履行多样化作战任务的需要，全面开展了武警信息化体系建设，推动了武警部队现代化建设进程。武警信息化是国家信息化的重要组成部分，国家安全的战略需求，武警各部队能力建设的需求，也是信息化发展的需要。武警信息化建设内容，不仅涉及信息化基础设施、业务应用系统、信息资源的建设和利用，而且涉及职能任务、体制编制、理论研究、人才队伍等体制机制建设，也推动了组织层面、制度层面、业务层面、文化层面的整体变革。经过多年不懈努力，武警信息化基础设施建设和系统建设跃上了新的台阶，基本达到了"打基础、建体系、搭框架"的目标。已经建成了武警部队基础通信网络、中心工作信息系统和日常工作系统，指挥控制初步实现了感知现场、科学决策、高效控制、妥善处置，部队管理初步实现了教育训练网络化、机关办公自动化，在抗震救灾、反恐维稳、执勤安保等重大任务中发挥了积极、不可替代的作用。

## 第二节　消防信息化概述

### 一、概念和内涵

消防信息化是利用先进可靠、实用有效的计算机、网络及通信技术对消防信息进行采集、储存、处理、分析和挖掘，实现消防信息资源和基础设施高度共享与共用的过程，其实质是各级公安消防机构在各项消防工作实践活动中对消防信息资源进行广泛而深入地开发利用，为防火、灭火、抢险救援、队伍管理教育、后勤保障、社会公众服务等各项工作提供信息支持。建设范畴包括通信网络基础设施建设、信息系统建设及应用、安全保障体系建设、运行维护体系建设和标准规范体系建设等内容。

消防信息化，首先是一个长期、持续、不断推进和深化的过程，是通过运用计算机、网络及通信等技术手段，最终实现消防各项业务数字化、规范化、科学化和现代化的过程；其次是不仅包含网络、系统等技术层面建设的内容，还包括安全保障、标准规范、运行管理、队伍建设等管理层面的内容。从更宽泛的视角看，"消防信息化"更应包括消防工作警务、勤务机制改革方面的内容，也就是在推进信息化建设的进程中，充分考虑计算机网络处理的特点，探索信息流与业务流的有机结合，按照现代警务、勤务机制的理念实施业务流程重组，减少重复、交叉的环节，对消防工作和部队建设的运行机制、管理体制和工作模式进行变革和优化。

### 二、建设背景

#### 1. 消防信息化建设面临的形势

消防信息化建设是在当前社会向信息时代迈进，国家和军队加快信息化建设步伐的大背景下，落实公安部"科技强警"战略，推进消防部队现代化建设的重要举措。在这种大环境下，信息社会变革对消防信息化建设提出了新的目标，信息技术发展为消防信息化建设注入了新的动力，消防工作改革创新发展需求为消防信息化建设提供了新的契机。

信息化是当今世界发展的大趋势，进入 21 世纪，信息化对经济社会发展的影响更加深刻，广泛应用、高度渗透的信息技术正孕育着新的重大突破，重塑了世界政治、经济、社会、文化和军事发展的新格局，推动着人类社会加速向信息社会转型。主动迎接信息化发展带来的新机遇，跟上时代潮流和全球信息化变革，加快信息化发展步伐，已经成为消防部队建设发展的必然选择，为消防信息化建设提出了新的目标。

进入 21 世纪以来，各种新兴电子信息技术的飞速发展和广泛应用，使得信息化建设环境发生了翻天覆地的变化。当前，信息化已进入了以信息栅格技术为支撑的信息中心时代，对信息系统架构、技术体制、推进方法、关注重点等方面产生了革命性的影响，已经促使信息化建设发生了质的飞跃。主动利用全球信息技术及其环境变革的技术基础条件，促进创新发展，为消防信息化建设注入了新的动力。

信息技术的广泛应用改变了消防部队战斗力生成模式，对加速推进消防信息化建设提出了迫切要求。加快消防部队的改革创新发展，逐步建立起一支与信息时代发展要求相适应的信息化消防部队，是消防部队创新发展的战略使命和历史任务。

#### 2. 消防部队承担的使命任务

公安消防部队是公安机关行政执法和刑事司法力量的组成部分，是在公安机关领导下同火灾作斗争的一支实行军事化管理的部队，执行解放军的三大条令和兵役制度，纳入武警序列，担负着防火监督、火灾扑救、应急救援等职能。具体任务是：贯彻"预防为主、防消结合"的消防工作方针，按照政府统一领导、部门依法监督、单位全面负责、公民积极参与的原则，严格消防监督管理，与各级政府、企事业单位、人民群众共同预防火灾和减少火灾危害；加强消防法律、法规的宣传，督促、指导、协助有关单位做好消防宣传教育工作；组织实施专业技能训练，配备并维护保养装备器材，提高火灾扑救和应急救援的能力；承担重大灾害事故和其他以抢救人员生命为主的应急救援工作，保护人身、财产安全，维护公共安全。

当前，我国正处于经济转轨、社会转型的特殊时期，传统与非传统消防安全因素相互交织、相互渗透，维护火灾形势稳定的风险和压力不断增加，消防部队承担的任务更加艰巨繁重，同时社会价值观多元化、信息传播速度加快等因素也对部队教育管理带来了强烈冲击。面对挑战，坚持把信息化建设作为部队现代化建设和创新的突破口，确立以信息化建设带动部队全面建设的整体发展思路，积极应用信息技术和手段，提高部队在信息化条件下遂行中心任务的能力，是确保消防部队完成任务、有效履行使命的根本举措。

### 3. 消防信息化发展机遇与挑战

随着近年来消防信息化建设进程的不断推进，消防部队信息化工作取得了长足的进步，信息化建设取得的成果在服务和支撑防火、灭火中心工作中发挥了重要作用。但从总体上看，信息化建设整体水平还不够高，覆盖面还不够广，建设情况还很不平衡，与信息技术飞速发展的形势和消防工作及消防部队建设日益发展的实际需求相比，仍然存在一定差距，在系统间互联互通、信息资源共享利用、系统深度应用和专业人才队伍建设等方面还有许多不足和薄弱环节，亟待改进和加强。

另一方面，消防信息化面临着重要的发展机遇。党的十八大报告中明确把"信息化水平大幅提升"作为全面建设成小康社会的目标之一，2014 年又成立了中央网络安全与信息化领导小组，将"网络安全与信息化工作"作为国家重大事项来强力推进，其重要性、紧迫性不言而喻。公安部党委高度重视信息化工作，2014 年作出"基础信息化、警务实战化、执法规范化、队伍正规化建设"的战略部署，可以说消防信息化又迎来了巨大发展机遇。各级党委、政府在政策和经费等方面，对消防信息化建设工作给予大力支持，据统计，仅"十一五"期间，消防信息化建设经费投入就突破 30 亿元。

## 三、总体需求

### （一）消防部队的职责和任务需求

消防部队承担着消防监督管理、灭火及抢险救援法定职责，需要以信息化为牵引，不断完善现有系统，加强相应项目建设，推动消防事业科学发展。

### 1. 消防监督管理需求

（1）消防行政执法。《中华人民共和国消防法》规定，依据公民法人申请，由公安消防机构办理的行政许可有 3 项，即：大型建设工程消防设计审核，消防验收，公众聚集场所在投入使用、营业前的消防安全检查；受理群众举报，对火灾隐患进行查处，对社会重点单位消防工作抽查，对中小型建设工程进行消防设计、消防验收备案的抽查；依法实施警告、罚款、临时查封、行政拘留、责令停产停业、停止使用、强制清除或拆除。

（2）刑事执法。根据公安部案件办理分工，关于失火罪、消防责任事故罪由公安消防机构办理。

（3）社会消防管理和服务。主要包括：会同国家有关部门审核城市规划中的消防规划；会同国家产品监督部门实施消防产品监督管理；会同国家建设主管部门、标准主管部门组织编制国家、行业消防技术标准、规范；组织开展消防科学技术研究；会同国家人事和社会保障部门，开展消防培训机构管理、社会消防职业资格管理、社会消防技术服务机构管理；发展多种形式消防队伍、消防志愿者队伍，指导其发挥作用；组织开展消防宣传教育，包括媒体宣传、中小学校宣传、社区宣传、农村乡镇宣传等。消防监督管理是公安工作的组成部分，也是政府工作的组成部分。国家电子政务计划要求：规范政务基础信息的采集和应用，建设政务信息资源目录体系，推动政府信息公开；整合电子政务网络，建设政务信息资源的交换体系，全面支撑经济调节、市场监管、社会管理和公共服务职能。无疑对消防信息化提出了更高的要求。

**2. 灭火救援需求**

（1）日常执勤训练。组织各类体能、技能、战术训练，开展辖区"六熟悉"，即重点单位、道路、水源、灭火执勤车辆、装备器材、灭火预案等基础工作；定期组织水源检查和装备器材点验，针对重大危险源、水源、装备和特殊类型建筑等进行实地调查和测试，每日对执勤实力进行统计上报。

（2）消防接处警调度。它是城市消防通信的主要部分，及时受理公众拨打 119 电话报警，快速了解火灾地点、火情，迅速调派消防力量到场处置，启动相关警种、相关部门的联动机制。

（3）跨区域调度指挥。遇有大的火灾和地震、水灾等严重自然灾害，需要跨支队、跨总队调派力量，因此通信、指挥突破地市区域，扩展到全省、全国消防力量的调度指挥。

（4）灭火救援现场指挥。依托通信指挥车、现场指挥部，指挥人员需要根据现场情况，调配现场力量，确定作战方案，调集相关资源，查阅相关知识，发布作战命令，与各参战单位保持通信联系，加强安全管理，进行火场情况记录等等。

（5）灭火救援预案制定。针对重点对象，按照中队、支队、总队分级制定灭火救援处置预案，制定通用的类型火灾预案和各类灾害抢险救援处置程序。

（6）灭火救援作战战评总结。灭火作战部队对整个灭火救援作战过程进行战评总结，总结经验，发现不足，讲评效果，提高能力。

**3. 部队正规化管理需求**

（1）办公业务。涉及消防法规政策研究、法核办核，文件流转和收发、信息传递和处理、综合统计、会议管理、外事工作、档案管理等。

（2）警务管理。涉及编制管理、军事实力管理、兵员管理、安全防事故、正规化管理等。

（3）政治工作。涉及干部管理、教育训练，党的组织工作，奖惩、纪检审计等。

（4）后勤管理。涉及营房、军需、医疗卫生、车辆、装备、器材管理、财务管理等。

**4. 社会公众消防服务需求**

随着经济转轨和社会转型，消防安全责任主体多元化，火灾的不确定性增加，消防安全管理难度加大。遵循消防工作客观规律，必须建立"政府统一领导，部门依法监管，单位全面负责，公众积极参与"的社会化消防工作格局。因此，需要消防部队建立统一的对外信息发布机制，社会公众可以网上申报、网上办理、网上查询结果，能够查询消防法律法规、标准规范和相关消防知识，在线咨询、网上举报等，同时要求公安消防机构提供方便、快捷的优质服务。

**5. 运行维护管理需求**

随着消防信息系统部署上线运行，用户对网络和系统的依赖程度越来越高，特别是消防接处警子系统安全等级高，运行维护管理需求十分迫切，必须在建设的同时预先考虑采用技术手段统一监控和管理。

### （二）信息化发展需求

从信息技术发展趋势和信息化体系演化规律分析，消防信息化必须立足现实，遵循信息化发展规律，主动适应信息技术飞速发展的趋势，采用面向服务的技术体制，完善总体架构，不断提升消防部队信息网络融合、业务流程再造、装备智能管控、综合运维保障等能力。包括：利用栅格网络技术，加强各类通信网络融合，建立一体化栅格网络；利用物联网等技术手段，建立感知与智能管控系统；利用云计算、大数据技术，加强消防数据中心建设，建立运行管理与维护体系；利用仿真技术，研制模拟训练系统等。

### （三）创新发展需求

从外部环境看，随着经济社会的快速发展，我国社会消防安全面临越来越多的新挑战、新情况、新问题，对消防监督管理、灭火及抢险救援提出了更高的要求，同时对消防信息化明确了新目标、新需求。从自身角度看，消防工作面临着改革发展的新阶段，信息化建设需要适应消防工作和部队管理新的体制、机制。从其他单位看，无论是武警还是公安各警种，信息化成体系的规划建设还都没有成熟的经验可以借鉴，因此需要解放思想，勇于创新，开拓进取。

## 四、地位和作用

**1. 消防工作改革创新的重要载体**

面对信息化的时代特征，消防部队必须从历史的角度和战略的高度，紧紧把握现代科技发展的新趋势，以信息化引领消防工作和部队建设体制、机制改革创新，全面实施科技强警战略，实现信息化与消防工作的有机融合，有效解放警力资源，创新警务勤务模式，优化工作流程，提高工作效率，不断推进消防事业科学发展。

**2. 消防部队履行使命的重要基础**

预防火灾、减少火灾危害和抢险救援，保护公民人身、公共财产和公民财产的安全，是党和人民赋予消防部队的根本任务。在经济全球化和社会信息化的时代背景下，影响消防安全的因素明显增多，面对新形势、新任务，消防部队要有效履行职责使命，必须坚定不移地走科技强警之路，加速消防信息化建设，向信息化要警力、要战斗力，切实提高消防监督执法水平、灭火救援快速反应能力和部队正规化管理水平。

**3. 公安、武警信息化建设的重要组成**

消防信息化是公安信息化、武警信息化乃至国家信息化的重要组成部分。消防信息化快速、成体系发展，不仅可以向其他警种和行业提供跨警种、跨部门信息资源共享，满足政府其他部门、社会公众对消防工作服务社会、宣传民众的需求，而且能够为其他领域信息化体系建设提供示范和借鉴作用，对促进公安、武警信息化建设，提升国家信息化整体能力都具有重要作用。

## 第三节　消防信息化发展历程

消防信息化起步于 20 世纪 80 年代末，历经 30 多年的发展历程。概括起来大致可分为以下 4 个阶段。

### 一、起步阶段

消防信息化的前身是部分消防业务的计算机应用。20 世纪 80 年代末，公安部消防局开始运用计算机进行火灾统计。20 世纪 90 年代初，一些基层消防部队利用计算机辅助开展建审、验收、火灾统计和 119 接处警等，开始信息化应用的初步尝试，主要特点是使用单机版软件，专人专用，满足本地单纯业务功能。20 世纪 90 年代中后期，公安部消防局及部分省消防总队相继建立局域网，公安部消防局配发、推广了部分业务软件，部分总队也自行开发了一些业务软件。总之，前期对于这项工作有"网络建设"、"计算机系统建设"、"通信建设"等多种称谓，既不统一，也不能全面、综合地涵盖信息化的全部内容。

### 二、初步应用阶段

公安部启动"金盾工程"，为消防信息化建设提供了第一次大的发展机遇。从"金盾工程"实施，引入了"消防信息化"的概念。在各级公安机关的统筹下，消防部队用 6 年左右的时间，依托公安网建成了消防部队三级信息基础网络，部分地级以上城市建设了消防通信指挥中心，各地、各部门组织开发了百余个业务应用软件，初步实现了网络化应用，但也存在一些问题：一是缺少统一规划，各地、各部门自行建设和研发，信息不能共享，结果项目越多，形成的信息孤岛越多；二是缺少科学的顶层设计，标准化、规范化程度较低；三是信息化基础设施比较薄弱，经费不足和投向不合理，使得发展不平衡，网络和硬件设施大多不能满足消防业务应用需要；四是网络和信息安全保障体系不健全，"内忧外患"问题越来越突出；五是运行维护缺少长效机制，系统生命力较弱。这些问题导致信息资源得不到充分利用，建设越多，问题越大，以致大多信息系统生命周期比较短。

### 三、一体化建设阶段

一体化建设阶段是全国消防部队信息化建设统一领导、统一规划、统一标准的建设阶段。以 2008 年 10 月国家财政部批复《武警消防部队信息化建设项目总体实施方案》为标志，消防信息化建设迎来了第二次跨越式发展的重大机遇，主要目标是实现消防业务信息高度共享，消防信息通信系统互联互通。从 2009 年开始，利用 3 年至 5 年时间，全面实施信息化建设总体方案，实现了"打基础、搭框架、建体系"的阶段性目标，为全面推进消防信息化建设与应用奠定了坚实基础，并且实现了四项创新。

（1）提出"一体化"消防信息系统架构，解决了"十一五"之前分散建设带来的信息孤岛问题，为业务应用整合和扩展奠定基础。在顶层设计阶段，采用面向服务架构（SOA）的设计思想，提出了全国消防部队信息系统的技术架构，从基础通信网络、硬件基础设施、软件平台和业务系统四个层面，标准、安全、运维三大体系来构架消防信息化系统。提出了通过构建基础数据及公共服务平台实现数据层、应用层和界面层的集成，最终实现消防业务系统一体化的集成方法；提出了通过构建统一的语音和图像管理平台，实现语音、图像和数据有效集成的框架；提出了通过构建公共的内外信息交互平台，实现公安网与互联网信息共享的技术途径；提出了通过引入移动接入平台，实现现场移动应用与后台系统互通的技术实现方式。"一体化"消防信息系统架构充分考虑了消防部队信息化建设的实际需求，架构的提出有力地指导、规范了消防部队"十一五"信息系统的建设，为业务系统的研制和整合提供了框架和基础。"一体化"消防信息系统架构在"十一五"信息化建设的整体把控和统一技术体制方面发挥了十分重要的作用，并通过实践不断得到应用、验证和完善。

（2）初步构建"纵横贯通、平战结合"成体系的灭火救援指挥系统，提高灭火救援指挥过程的信息保障能力和辅助决策能力。灭火救援指挥系统由消防接处警子系统、跨区域指挥调度子系统、灭火救援业务管理子系统三部分组成。通过系统的四级部署，初步构建了"纵横贯通、平战结合"的系统体系，为灭火救援指挥业务提供可靠、高效的信息支撑。

在指挥调度方面，按照"大集中接处警"模式研制部署消防接处警子系统，结合电信运营商提供的手机报警定位、地区识别号等服务，实现支队、大中队系统集中建设，解决过去投资分散、信息不畅以及大中队运维保障力量匮乏的问题。通过一系列接口规范，横向联通公安110指挥中心、政府应急办等单位，解决联动信息畅通的问题。基于"动态立体灭火救援圈"理论，研制部署跨区域指挥调度子系统，纵向贯通部局、总队、支队。根据灾害处置需要，以各类资源在最短时间到达灾害地点为目标，形成整体资源调集方案，进行"一键式"跨区域指挥调度，确保各类资源在最短时间内到达灾害现场并完成灭火救援任务。

在业务管理方面，系统研制贯彻"平战结合"思想，基层执勤单位在日常工作中完成水源、预案、执勤实力等战训基础数据的维护。系统中使用的机构、人员、车辆、装备等数据资源，分别来自于警务、政工、装备部门维护的部队管理业务数据，解决灭火救援指挥所需信息的准确性和鲜活性问题，基本达到了指令信息"纵向到底、横向到边"，业务数据"平战结合"的建设目标，为跨级、跨部门协同作战提供全方位、全过程信息支持。

（3）构建了公共的内外信息交互平台，实现"外网受理，内网处理，外网公开"的业务协同处理模式，为社会管理创新和执法规范化提供支撑。根据服务创新要求，深化政府信息公开，推进依法行政，提出了"外网受理，内网处理，外网公开"的业务协同处理模式。通过社会公众服务平台的互联网门户网站及其网站群、公众信件及公安网管理系统的建设，构建了公共的内外信息交互平台，实现消防部队与社会公众之间的沟通、交流和互动。利用该平台的内外网信息交互手段，通过消防监督管理系统互联网部分系统的建设，实现了互联网系统服务类业务的"前台统一受理、后台协同办理"处理模式，实现了网上消防监督业务申报、办理、审批结果公布，依法向社会公开相关事项等功能，及时了解社情民意，解答公众消防业务咨询，建立了公安消防机构与社会公众之间的沟通渠道和互动桥梁，为社会管理创新和服务提供了支撑，为社会公众提供全方位、"一站式"办事服务。

（4）基本确立消防综合集成方法和技术体制，实现数据、语音、视频资源的有效整合。为实现各子系统间所有信息资源的有机融合和统一管理，在一体化消防业务信息系统建设过程中，提出了数据、语音、图像综合集成的技术框架、方法和接口规范，重点解决了各子系统的图像和语音互联互通，并以目录服务方式提供给一体化消防业务信息系统的访问接口，实现信息资源共享。通过语音综合管理平台建设实践，基本确立了语音集成的技术体制，将

PSTN、短波电台、常规电话、IP 电话等多种语音资源集成，实现了语音资源管理"总机化"、语音终端使用"分机化"；通过图像综合管理平台建设实践，基本确立了图像集成的技术体制，将电视电话会议、指挥视频、卫星图像、3G 图传等图像资源进行了数字汇聚管理，支持图像资源的全网用户转发和调用，实现图像管理"电视台"化，图像资源使用"频道化"；通过基础数据及公共服务平台研制部署，进行各类图像、语音资源与基础业务数据的集成，将全国各类资源数据集中管理，实现数据管理"集市化"，信息资源检索"目录化"；根据跨系统集成接口规范，灭火救援指挥系统、部队管理系统等业务软件按照统一的数据和服务访问机制访问各类音、视频资源，对跨系统设备进行控制操作，实现"互联、互通、互操作"。

## 四、推广应用阶段

2011 年，消防信息化建设基本完成《武警消防部队信息化建设项目总体实施方案》的各项建设任务，进入全面推广部署应用阶段。全国消防部队坚持深化建设与深度应用并举，全面部署和推广应用一体化消防业务信息系统，推广应用"十一五"建设成果，开展"十二五"规划项目建设，开展综合集成，努力为打造现代化公安消防铁军提供全方位、全过程的信息支持和综合通信技术支撑。

### 1. 开展信息化培训，深入推进全员应用

全国消防部队按照"统一规划、分步实施、按需施教、全员培训"的要求，结合信息化建设进度，统筹应用培训与专业化培训工作，针对管理维护、运行操作、业务应用不同层面开展了各种信息化培训。通过集中培训、分类培训、远程视频教育、现场观摩等多种途径，使全体官兵掌握消防信息化基本知识和基本要求，达到"会使用应用系统、会采集录入数据信息、会查询业务信息"，提高了信息化应用能力。对信息化技术人员进行专业培训，增强消防信息化软件、硬件管理和保障能力，确保各系统的正常运行。同时将信息化培训融入各项业务培训工作，形成常态化培训机制，为实施科技强警战略提供信息化知识和人才保障。

### 2. 落实全员应用、岗位采集、全网共享的工作机制

组织数据采集录入和审核把关，制定了人员、机构、装备、重点单位、执勤实力、道路水源、预案等基础信息的采集规范，明确采集内容，统一采集标准，规范采集程序，严把数据"入口关"，确保基础数据准确、鲜活。制定完善了信息化应用指导督察、讲评通报、考核验收、激励奖惩等制度，明确应用主体、应用责任和奖惩措施，将信息化应用工作纳入各级消防部队绩效考核，通过长效机制建设，进一步规范和促进系统应用。初步实现了信息工作基础化、基础工作信息化；结合移动接入系统和终端应用，充分发挥一体化消防业务信息系统服务实战的效能。

### 3. 各级消防部队建立和完善了应急通信保障队伍和机制

规范了软硬件系统日常运维和应急通信保障工作，建立定期检测、按月通报、网上督察等长效机制。通过信息化建设与应用，初步建立了以信息主导决策指挥的预警研判机制、以信息主导规范透明的消防监督机制、以信息主导快速反应的灭火救援机制、以信息主导服务群众的社会管理机制和以信息主导精兵严管的队伍管理机制，不断提高消防工作和部队建设水平。

## 第四节　消防信息化发展趋势

### 一、信息资源高度整合

**1. 信息资源整合的概念**

信息资源整合是指将某一范围内的，原本离散的、多元的、异构的、分布的信息资源通过逻辑的或物理的方式组织为一个整体，使之有利于管理、利用和服务。简单理解，就是把分散的资源集中起来，把无序的资源变为有序，使之方便用户查找信息、提供信息服务，它包含了信息采集、组织、加工以及服务等过程。

信息资源的整合方法、途径和手段多种多样，但一般来说包括三个层面：其一是数据层，又称资源层，即把有关信息资源集中为一体；第二是操作层，又称服务层或中间层，即通过软件或平台对有关信息资源进行统一利用；第三是系统层，又称应用层，即包含数据内容、软件系统以及基础设置的全面整合。信息服务部门需要根据自己的信息资源、应用系统状况以及硬件基础设施来确定整合层次和实施方案。信息资源整合中最为关键的是数据整合，也称数据集成，是把不同来源、格式、特点、性质的数据在逻辑上或物理上有机地集中，从而提供全面的数据共享。在数据集成领域，已经有了很多成熟的框架可以利用。目前通常采用联邦式、基于中间件模型和数据仓库等方法来构造集成的系统，这些技术在不同的着重点和应用上解决数据共享并提供决策支持。

**2. 信息资源整合的应用**

利用信息资源整合技术对消防部队信息资源整合后，信息服务部门的信息资源将成为一个整体，过去分散在不同业务信息系统中来回切换的访问变成了一站式服务，过去的等待服务转变成了主动服务，服务的深度加强了，服务的范围扩大了，必将为网络服务带来新的变革。

（1）从信息服务到数据服务的转变。资源整合以后，信息资源管理部门拥有统一的用户交互接口，提高了资源的获取效率并方便了用户使用。更重要的是，整合后的资源其间关联更加紧密，许多隐藏在信息中的知识逐渐显现或能够被挖掘出来。整合后的信息资源服务主要是基于数据，将彻底实现从信息服务到数据服务的转变。

（2）从等待服务到主动服务的转变。长期以来，信息服务部门大多以等待服务或被动服务为主的服务形式，这种服务最大的缺陷是，由于业务部门对资源缺乏了解和对系统使用技能的掌握，使之不能得到及时和有效的服务。网络环境下的资源整合系统则可以很方便地做到主动的信息提供。主动服务实际上是一种个性化的推荐服务，这种服务使业务部门能够更为及时方便地得到自己所需要的信息。

（3）建设消防大数据云服务平台。传统的信息服务机构是以拥有大量丰富的信息资源，将信息资源集中存储在信息服务机构的物理空间为前提的。随着信息服务从 IT（Information Technology）时代到 DT（Data Technology）时代的改变，通过信息资源整合构建消防信息化大数据云服务平台，用户对信息服务机构物理存储实体的依赖程度大大降低，用户将更加关注服务平台提供的云计算、云存储服务的便捷性、兼容性、准确性。通过大数据云服务平台的建立，综合信息数据将达到充分共享的程度，数据的价值将得到充分体现。

## 二、数据分析和挖掘

### 1. 数据分析与挖掘的概念

数据分析与挖掘技术是一种从大量的、不完全的、有噪声的、模糊和随机的数据中提取有价值知识的过程，这些知识是隐含在数据中的、事先未知的但又是潜在有用并且是可理解的信息和知识。

近年来，随着社会各领域的信息化水平越来越高，积累的数据量呈爆炸式增长，如何对海量的数据进行充分的分析与挖掘并从中获取有价值的信息成为研究和应用的热点。目前，该技术已在零售、金融、医学、政府、科研等行业领域发挥了巨大的作用。

### 2. 数据分析与挖掘技术的特点

数据分析与挖掘技术的特点是大数据处理、自动发现知识和知识动态更新。

（1）大数据处理。可以实现对 GB、TB 甚至是 PB 级的海量数据进行分析和挖掘。能够对结构化数据进行分析，例如：数据库表、统计报表等文件格式，也能够对非结构化数据进行分析，例如：文本、图像、音频、视频等文件格式。

（2）自动发现知识。统计分析是依据分析人员的知识和经验，运用统计方法对事物进行定量与定性的研究，该方法的特点是需要依靠人在某个领域的知识或假设才能开展工作。数据分析挖掘与统计分析的区别在于，数据分析挖掘通过算法自动探索数据，实现知识的自动发现。

（3）知识动态更新。数据分析与挖掘得到的知识不是一成不变的，随着数据的动态变化，分析结果和知识也能够实现动态更新和优化。实现了知识的自学习，提高了数据分析与挖掘的有效性和适应性。

### 3. 数据分析与挖掘的应用

数据分析与挖掘技术的应用十分广泛，在消防领域中可以实现：对火灾历史数据的趋势预测分析；节假日火灾形势预测与分析；火灾发生时段、接警出动投入消防力量对灭火和火灾影响分析；根据火灾发生和引起火灾人员、起火原因等关联因素进行因果分析；消防设施可靠性评估与分析；消防监督能力评估与分析；高层建筑消防安全评估；消防安全形势评估；火灾视频智能识别；消防舆情监控与分析等。

## 三、终端智能化

### 1. 智能终端的概念

智能终端是同时具备计算、存储和自学习能力的用于通信目的的终端设备。典型的智能终端包括智能手机设备、会议智能终端、IP 电话智能终端、具备通信能力的笔记本电脑和具备无线通信能力的个人数字设备等。

智能终端可以根据固定、移动、计算机通信方式的不同划分三类，即固定智能通信终端、移动智能终端和计算机智能终端。随着综合集成能力的提高，同一个智能终端可能适应各类通信方式。

### 2. 智能终端的特点

智能终端由硬件和软件组成。在硬件上，需要中央处理器、存储器、输入部件和输出部件，也就是说智能终端往往是专用并且具备通信功能的微型计算机设备。另外，智能通信终端可以具有多种输入方式，诸如键盘、鼠标、触摸屏、话筒、摄像头等，同时具有多种输出方式，如扬声器、显示屏等。在软件上，需要具备操作系统。目前主流的操作系统有 Android、iOS、Windows Phone、Linux 等。

在通信能力上，智能终端往往具有灵活接入方式和高带宽通信性能。作为智能终端，往往根据所选择的业务和所处的环境，自动调整所选的通信方式，从而方便用户使用。

在功能使用上，智能终端更加人性化、个性化、可视化，可贴近业务进行功能定制。随着计算机技术的发展，终端从"以设备为中心"的模式进入"以人为中心"的模式，集成了嵌入式计算、控制技术、人工智能技术以及生物认证技术等，充分体现了"以人为本"的宗旨，使终端更加人性化。由于软件技术的发展，智能终端也可以根据个人需要调整设置，使终端更加个性化。同时，智能终端本身集成了众多软件和硬件，具备了传统终端不具备的功能。

**3. 智能终端的应用**

目前，智能终端已经在消防部队移动办公、现场执法等领域得到初步应用。未来将在移动指挥、辅助决策、数据查询、基础信息采集、部队管理、车辆人员定位、服务社会公众等方面得到广泛应用。

## 四、运维服务专业化、社会化

**1. 运维服务专业化**

随着信息化建设的深入，"十一五"信息化成果的推广，在短短几年中，消防业务应用和管理系统越来越多，服务器的数量不断增加，相应网络设备也在增加，IT 资源信息分散在多个管理系统中，各种维护工作量巨大。对应用系统和网络的运维要求越来越高，投入的人力和物力越来越多。但实际的运维效果并不理想，单纯依靠运维人员的手工作业，使得系统风险中的人为因素明显，有时发生问题不能及时处理，严重时可能会因人为因素导致系统不能正常运行。

通过部署智能化网络运维管理平台，实现对信息中心各种 IT 资源的统一监控。其中包括网络交换机、服务器主机、数据库服务、机房温度、湿度、电源电压、电流等 IT 资源。运维人员根据权限管理 IT 资源。网络运维管理平台 $7\times24$ 小时不间断工作。通过平台智能化监控分析，发现故障苗头立即通过平台发出声光报警，并同时发送报警邮件到指定运维人员手机，使故障能够立即得到处理。通过部署智能化网络运维管理平台，实现全方位的 IT 运维，消除 IT 运维的断点，加速故障定位和处理，形成一套有效的 IT 运维机制，彻底颠覆 IT 运维人员的"救火员"形象，成为"井井有条"的管理者，真正实现节约 IT 管理成本，提高故障处理效率的目标，并能够真正实现低成本的网络管理体制，科学地提高管理效率，保障网络安全、稳定地运行。

**2. 运维服务社会化**

由于信通人员配置受编制、体制限制严重不足，运维、保障和解决现实问题的能力有待提高，引入社会专业运维服务，整合 IT 系统和设备的供应商、集成商和 IT 服务提供商，依托先进的技术手段、成熟的管理工具去支持运维管理工作。

## 五、科技研究课题支撑

物联网、云计算、大数据等先进的信息技术如何应用于消防业务，更好的服务消防工作，需要确立专门课题进行研究，并进行成果推广应用。

消防工作具有科学性、规律性和广泛性，消防事业需要随着经济社会发展进步不断推进和发展，信息化为消防事业发展提供信息平台，发挥助推作用。

首先需要建立消防信息化发展必须有科研作支撑的理念。没有大量的调查研究和技术分析论证，就会使信息化发展失去方向。其次，研究的主攻方向是将前沿信息技术与消防业务的发展和改革密切结合，发挥科技的前瞻引领作用，注重技术与业务结合的经济和社会效益，带来业务的变革、效率的提高。第三，与业务的结合就是要紧紧抓住业务需求，完善业务规则、标准和规范，为计算机建模打下基础，为智能化提供方向。

"十三五"乃至今后的消防信息化建设都将是不断完善和深化应用的过程，完善的内容和应用的深度就是创新，需要科研项目先行。当今，消防没有可以拿来就用的现成的系统，必须依靠我们自身不断学习、善于研究、勇于探索。

"十三五"期间，消防信息化基础研究是根据国际信息技术的发展趋势，结合消防部队实际情况，着重从信息获取、处理传输、存储再现、智能应用、易用安全等方面开展系统深入的研究，为消防部队信息化可持续和跨越式发展奠定坚实的理论和技术基础。

## 第五节　新技术的应用

### 一、云计算

#### 1. 云计算的概念

云计算（cloud computing）是分布式计算技术的一种，其最基本的概念是通过网络将庞大的计算处理程序自动分拆成无数个较小的子程序，再交由多部服务器所组成的庞大系统经搜寻、计算分析之后将处理结果回传给用户。通过这项技术，网络服务提供者可以在数秒之内，成功处理数以千万计甚至亿计的信息，达到和超级计算机同样强大效能的网络服务。

#### 2. 云计算的基本特点

（1）超大规模。"云"是一个庞大的资源池，拥有前所未有的计算能力和数据储存能力。谷歌云计算已经拥有200多万台服务器，亚马逊、IBM、微软和雅虎等公司的"云"均拥有几十万台服务器。

（2）虚拟化。云计算支持用户在任意位置、使用各种终端获取服务。应用在"云"中某处运行，但实际上用户无需了解应用运行的具体位置，只需要一台笔记本或一个PDA，就可以通过网络服务来获取各种能力超强的服务，甚至可以完成包括超级计算这样的任务。

（3）高可靠性。"云"使用了数据多副本容错、计算节点同构可互换等措施来保障服务的高可靠性，有专业的数据管理人员和更好的数据管理平台来维护数据安全和有效的使用，使用云计算比使用本地计算机更加可靠。

（4）宽通用性。云计算不针对特定的应用，在"云"的支撑下可以构造出千变万化的应用，同一片"云"可以同时支撑不同的应用运行，不同用户看到的是不同的"云"，不同的"云"能给予用户不同的权限。

（5）高可扩展性。"云"的规模可以动态伸缩，满足应用和用户规模增长的需要。

（6）高性价比。"云"的特殊容错措施使得可以采用极其廉价的节点来构成云；"云"的自动化管理使数据中心管理成本大幅降低；"云"的公用性和通用性使资源的利用率大幅提升；"云"设施可以建在电力资源丰富的地区，从而大幅降低能源成本。

### 3. 云计算与大数据的关系

大数据（big data），指的是所涉及的资料量规模巨大到无法通过目前主流软件工具，在合理时间内达到撷取、管理，处理，并整理成为帮助用户决策的资讯。大数据技术的战略意义不在于掌握庞大的数据信息，而在于对这些含有意义的数据进行专业化处理。从技术上看，大数据与云计算的关系就像一枚硬币的正反面一样密不可分。大数据必然无法用单台计算机进行处理，必须采用分布式架构，它的特点在于对海量数据进行分布式数据挖掘，但它必须依托云计算的分布式处理、分布式数据库和云存储、虚拟化技术。一个庞大的资源池，拥有前所未有的计算能力和数据储存能力。

### 4. 在消防领域的应用

（1）整合资源，提升效益。在消防部队信息化建设的发展过程中，各级消防部队购买了大量的设备，而这些设备有好多因为过时被淘汰，其实这些淘汰的设备只是运行速度慢了、存储容量小了，但大部分还能正常工作，消防部队可以在云计算模式下，改变现有存储模式和应用模式。可把各类硬件资源集中起来形成一个虚拟的资源池，然后通过网络提供实用计算服务，轻松获得云计算所带来的超值服务。

（2）提供安全可靠的保障。消防部队信息化建设最核心的一项内容就是数据库安全建设。传统的做法是把资源库放置在实体服务器上，用防火墙与杀毒软件保障其安全。但在网络如此发达的今天，病毒的入侵、管理者操作不当或者硬盘的突然损坏都可能导致数据的丢失。如果把数据库建设在云端，安全将得到可靠的保障，云端有先进的数据纠错技术，强大的存储和处理能力，以及拦截和控制病毒变种传播的能力。

（3）资源的共享更为方便快捷。地域和经济水平的差异，使得消防部队在信息化建设过程中各种资源应用不均，导致各级消防部队信息化建设发展不均。云计算能够实现虚拟化动态的资源共享平台，借助此平台，加强优势互补，优化资源配置，减少消防部队信息化建设的支出，推进消防部队信息化建设。

## 二、物联网

### 1. 物联网的基本概念

物联网是指通过射频识别设备、红外感应器、全球定位系统、激光扫描器等信息传感设备，按约定的协议，把任何物品与物联网连接起来，进行信息交换和通信，以实现智能化识别、定位、跟踪、监控和管理的一种网络。它被认为是继计算机、互联网之后，世界信息产业的第三次浪潮。如果说第一代互联网是人与物的交流，第二代是人与人的交流的话，那么第三代（即物联网）将是物与物的交流，通过现实空间物与物的智能互联，让物品"开口说话"，实现感知世界。

从功能上来看，物联网可以归纳为是对物与物之间信息的感知、传输和处理，因此，物联网网络架构被认为是由感知层、网络层、应用/中间件层组成。

### 2. 物联网的基本特点

（1）物联网是各种感知技术的综合应用。物联网上部署了海量的多种类型传感器，每个传感器都是一个信息源，不同类别的传感器所捕获的信息内容和信息格式不同。传感器获得

的数据具有实时性，按一定的频率周期性的采集环境信息，不断更新数据。

（2）物联网是一种基于信息网络的泛在网络。物联网技术的重要基础和核心仍旧是信息网络，通过各种有线和无线通信网络与信息网络融合，将物体的信息实时准确地传递出去。在物联网上的传感器定时采集的信息需要通过网络传输，由于其数量极其庞大，形成了海量信息，在传输过程中，为了保障数据的正确性和及时性，必须适应各种异构网络和协议。

（3）物联网提供对传感器和物体的智能控制。物联网将传感器和智能处理相结合，利用云计算、模式识别等各种智能技术，扩充其应用领域。从传感器获得的海量信息中分析、加工和处理出有意义的数据，以适应不同用户的不同需求，发现新的应用领域和应用模式。

### 3. 在消防领域的应用

（1）灭火救援现场监测装备的物联。在现场随机布置各类传感器，实现对环境参数监测、消防参战人员定位感知（二维、三维）、消防车辆动态监测、现场消防装备与物资监管、现场火势蔓延趋势预测、消防力量现场态势可视化监管、应急疏散人员位置感知、人员应急疏散信息区域发布监测等，可大大提升现场指挥员信息传递、灾情研判、态势掌控、警力调度、决策指挥等方面的综合实力，为打造现代化公安消防铁军提供信息技术支撑。

（2）单兵防护装备的物联。在单兵防护装备上安装传感器可以采集现场作战人员的血压、脉搏、心跳等健康信息，烟雾浓度、温度等环境信息，位置、速度等运动信息，通过无线网络传输到现场指挥平台，指挥员就可以清楚地了解区域内每个战斗员的位置、作战状态，判断是否适合继续战斗，及时下达撤退指令，以及在紧急情况下进行搜救支援，大大减少战斗员伤亡的可能性。

（3）建筑消防设施的物联监控。利用物联网技术，将各类建筑消防设施的实时状态数据，通过有线/无线网络传递到消防监控中心，包括数据打包、数据压缩、数据传输、数据解析、数据安全加密、指令发送接收等，可以实现消防监控中心对遍布全市范围的建筑消防设施进行动态、实时的监视和控制管理，可显著提高社会火灾防控水平，有效遏制火灾的发生和提升火灾扑救成功率。

（4）消防装备物资的物联。利用当前先进的 RFID、GPS、无线传感器网络（Wireless Sensor Networks，简称 WSN）、现代通信技术、数据采集技术、计算机处理技术、云处理技术与海量多功能传感器相结合实现对消防部队装备物资进行实时、高效管理，包括消防装备智能调配与监管、消防装备应急储备库智能管理、消防装备调配轨迹管控、基于云计算技术的消防装备数据分析、全国消防装备联动支撑等。系统能够提高消防装备与物资管理的信息化、智能化和自动化水平，增强消防装备与物资的统筹管理能力和资源整合共享，加快消防装备管理现代化建设，进一步提升公安消防部队核心战斗力。

（5）消防官兵的人员 RFID 管理。在人员管理方面，利用物联网的 RFID 技术，对消防官兵可以实现个人信息的储存及其他日常业务管理所需的控制处理，如对个人的身份认证、军需被装型号、位置信息等基本数据的管理，并提供对个人考勤、医疗、就餐、银行账户处理等有关操作的跟踪记录等，从而实现对人员的精细化管理。

（6）危险源监管及预警系统的物联。涉及环境、设备、人员、管理等许多方面，国内外已经在危险源的辨识、分级、评价、监管以及事故模拟领域展开研究，并已经取得很多实用成果。随着危险源监管及预警现实的需要，寻找或者计算危险的临界值，预测危险以及造成的危害后果，更能形成有效的预警策略和措施。将模拟结果和预警有效结合的安全预警研究，对降低事故发生率以及事故后果严重程度，提高危险源管理水平，提供更加科学、详实和针对性的数据决策支持具有重要意义。

（7）消防产品生命周期的物联。以产品生命周期理论（product life cycle，简称 PLC）为指导理念，利用计算机技术、有线及无线网络通信技术、二维码扫描/解析、RFID 技术实现对消防产品的全生命周期的动态跟踪，实时动态获取消防产品的生命周期信息、空间位置信息，为消防产品的科学管理提供有效的技术手段。消防产品生命周期管理系统贯穿于消防产品全生命周期各个阶段，是面向生产、销售、工程安装、维保服务、用户单位，以及产品质量监督、防火监督部门的一个开放性平台。利用二维条形码、RFID 等可识别标签，消防产品从生产出厂就被赋予唯一的身份标识，从生产、运输、销售、安装、维保等各个环节采集数据，由各个环节用户依据各自规则将数据录入系统，用户可方便地实现对消防产品的监管。

# 三、4G 通信技术

## 1. 4G 概念

4G 是第四代移动通信及其技术的简称，是集多种无线技术和无线 LAN 系统为一体的综合系统，也是宽带 IP 接入系统，它包括宽带无线固定接入、宽带无线局域网（WLAN）、移动宽带系统、互操作的广播网络（基于地面和卫星系统）等，还能提供通信信息之外的定位定时、数据采集、远程控制等综合功能。4G 系统能够以 100Mbit/s 的速度下载，比拨号上网快 2000 倍，上传的速度也能达到 20Mbit/s，并能够满足几乎所有用户对于无线服务的要求，可以在 DSL 和有线电视调制解调器没有覆盖的地方部署，然后再扩展到整个地区。移动通信将向数据化、高速化、宽带化、频段更高化方向发展，移动数据、移动 IP 将成为未来移动网的主流业务。4G 移动系统网络结构可分为三层：物理网络层、中间环境层、应用网络层。

## 2. 4G 特点

相对于现有的移动通信技术，目前行业内认为未来的 4G 系统将会有以下显著特点。

（1）速度快频谱宽。4G 系统的目标速率明显超过 3G，对于大范围高速移动用户（火车或者高速公路上的汽车，一般时速低于 250km）数据速率为 2Mbit/s，对于中速移动用户（一般城市交通工具，一般时速低于 60km）数据速率为 20Mbit/s，对于低速移动用户（室内或步行，一般时速低于 5km）数据速率为 100Mbit/s。据研究，要使 4G 通信达到 100Mbit/s 的传输速度，每个信道将占有 100MHz 的频谱，相当于 WCDMA 网络的 20 倍。

（2）多种业务的完整融合。基于 IPv6 的高速移动通信网络，以移动数据为主，改变了传统的以电话业务为主的观念。个人通信、信息系统、广播娱乐等业务无缝连接为一个整体，数据、语音、视频等大量信息通过高带宽的信道进行传送，4G 也因此被称为"多媒体移动通信"。

（3）无缝漫游。4G 系统实现全球统一的标准，各类媒体、移动终端及网络之间能进行"无缝连接"，不同模式的无线通信，从广播电视网、蜂窝移动网、卫星网、无线局域网到蓝牙等集成到一起，真正实现一部手机在全球的任何地点都能进行通信。

（4）智能性更高。4G 系统能根据话音、数据和多媒体等不同业务的需要和信道的实际

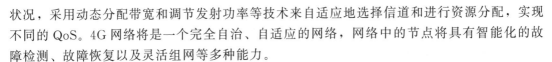

状况，采用动态分配带宽和调节发射功率等技术来自适应地选择信道和进行资源分配，实现不同的 QoS。4G 网络将是一个完全自治、自适应的网络，网络中的节点将具有智能化的故障检测、故障恢复以及灵活组网等多种能力。

（5）兼容性能更平滑。4G 系统还将具备接口开放、多网络和多协议共存以及能从 2G、3G 平稳过渡等特点。低速与高速的用户以及各种各样的终端设备能够共存与互通，用户在投资最少的情况下可以容易地实现到 4G 时代的过渡。

### 3. 在消防领域的应用

4G 速度快、多种业务融合、无缝漫游等特点能广泛应用于消防部队的无线应急通信终端。

## 四、增强现实技术

### 1. 增强现实的概念

增强现实（Augmented Reality，AR）也称之为混合现实，将原本在现实世界一定时间和空间范围内，很难体验到的实体信息（包括视觉信息、声音、味道、触觉等），通过科学技术模拟仿真后，再叠加到现实世界被人类感官所感知，从而达到超越现实的感官体验。

### 2. 增强现实技术的特点

增强现实技术的特点是虚实结合、实时交互、三维注册。

（1）虚实结合。是指虚拟物体与真实世界的结合，即使用户所感知的混合世界里，虚拟物体出现的时间或位置与其真实世界对应事物相一致和谐调。同时，系统能根据用户当前的位置或状态即时调用与之相关的虚拟世界，并即时将该虚拟世界与真实世界结合，真实与虚拟之间的相互作用或影响是实时完成的，比如视线上的相互阻挡，形状上的相互挤压等。

（2）实时交互。它使交互从精确的位置扩展到整个环境，从简单的人面对屏幕交流发展到将自己融合于周围的空间与对象中。运用信息系统不再是自觉而有意的独立行动，而是和人们的当前活动自然而然地成为一体。交互性系统不再是具备明确的位置，而是扩展到整个环境。

（3）三维注册。即根据用户在三维空间的运动调整计算机产生的增强信息。要求对合成到真实场景中的虚拟信息和物体准确定位并进行真实感实时绘制，使虚拟物体在合成场景具有真实的存在感和位置感。实现这种要求的前提是，利用各种传感器检测真实世界的信息，并创建相应的几何模型。模型的精确性取决于传感器的精度，同时需要建立精确的模型，这需要巨大的数据量。AR 环境中的交互过程需要从特殊的硬件交互设备或一些定位传感器获取数据，为了保证实时性，所有数据和相应操作要求在极短的时间间隔内得到处理，同时保证输出帧频保持在用户可以接受的范围内。

### 3. 在消防领域的应用

由于增强现实系统既有虚的成分，同时也有现实世界的真实环境，使得增强现实系统成为除了现实世界之外的最有沉浸感的环境。增强现实系统将成为一种新型的媒介，逐渐深入到各个领域。

（1）在模拟作战及训练中的应用。生成一种模拟环境，如灭火救援现场、装备器材操作现场、汽车驾驶舱等，通过多种传感设备使用户"投入"到该环境中，实现用户与该环境直接进行自然交互。可以在很大程度上解决真实作战训练中的许多实际问题，例如费用过高、危险、受真实环境的限制等。

（2）在教育培训方面的应用。通过构建一个仿真的三维立体环境，学习者可以看到立体的物体，增强真实感，从而提高培训的质量和效率。

（3）在警营文化建设方面的应用。让全国各地消防部队人员，共同进入一个真实的自然场景的警营文化平台。还可用于各种游戏、体育比赛的转播等。

## 五、Mesh 通信技术

### 1. 概念

Mesh 网络即"无线网格网络"，它是"多跳（multi-hop）"网络，是由 ad hoc 网络发展而来，是解决"最后一公里"问题的关键技术之一。在向下一代网络演进的过程中，Mesh 通信技术是一个不可或缺的技术。无线 Mesh 可以与其他网络协同通信。是一个动态的可以不断扩展的网络架构，任意的两个设备均可以保持无线互联。

### 2. Mesh 通信技术的特点

Mesh 通信技术的特点是平衡负载、健壮性、空间复用性。

（1）平衡负载。在 Mesh 网络中能够提供更大的冗余度以利于负载平衡。在大型 Mesh 网络中，两个 AP 之间有多个临近 AP 以供选择，创建多条链路来平衡负载。而传统的单跳无线网络则没有动态调整的能力。

（2）健壮性。Mesh 网络有别于传统单跳网络，依靠一个节点，一旦中间某个节点出现故障或者有冲突发生，传统无线网络就会瘫痪。而 Mesh 网络则可以继续工作，数据也可选择替代路径继续传递。

（3）空间的复用性。在一个单跳网络中，所有网络通信都不得不共享一个节点，如果多台设备同时要求接入网络，那么必然导致速度变慢；而在 Mesh 网络中，多设备可以同时通过不同的节点接入网络。

Mesh 网络作为一种新型的无线网络架构，除可以兼容现有的 802.11 标准无线网络通信协议外，还自主研发了基于 Mesh 网络的 QDMA 通信协议，该协议的研发使 Mesh 网络有较广的通信范围，并能够在高速移动中进行定位和信息收发。例如：目前 QDMA 数据传输的范围能够达到 1600m，而 802.11b 只有 20～50m。不过由于覆盖更广的通讯区域，数据的峰值传输率为 8Mbit/s，比 802.11b 的 11Mbit/s 略低。除了通信的范围和速率外，QD-MA 最独特的是能够对通讯设备进行精确定位，误差不超过 10m，这对于人员、设备的定位应用性研发也将具有重要的意义。

### 3. 在消防领域的应用

Mesh 通信设备可以利用的频率范围较为广泛，从 100MHz～7GHz 有较多的公有免执照频率可以使用，可根据实际应用目标选择不同的频率、频点，满足消防部队低带宽广覆盖、高带宽窄覆盖的不同业务需求。

（1）临时应急组网的应用。针对火灾或其他突发性事件发生时，高层、超高层建构筑物、地下空间等场所由于无电源供应或常规有线网络遭破坏导致的无网络可用的现实状况，利用 Mesh 通信装备展开迅速、自组织、多跳接力的特性，快速实现灾害场所的无线信号覆盖，为公安消防部队灭火救援战斗提供音视频及数据通信保障服务。

（2）建构筑物及超大空间中单兵状态监测的应用。通过在高层、超高层建构筑物、地下空间等场所中部署 Mesh 通信装备，实现对场所的无线信号"无盲区"全覆盖。由单兵佩戴 Mesh 通信终端进入 Mesh 信号覆盖场所，自动实现对单兵生命体征状态信息、位置信息的采集上报，使现场指挥员能够实时掌控进入现场的单兵生命体征状态、位置信息，利用科技手段提高消防单兵在执行灭火救援任务过程中的生命安全。

## 六、应急通信互联互通技术

### 1. 应急通信互联互通概念

应急通信互联互通技术是指其交换核心采用基于 IP 交换的通信调度模式，具备异构通信网络交换功能，支持各种频段以及制式的常规电台、集群通信系统、短波通信系统、有线电话网络、卫星通信、公众移动接入、SIP 中继以及其他特定的通信系统、通信手段的互联互通。应急通信网互联互通技术的优势在于，一方面这些通信方式可以互为备份，保证可靠性；另一方面，在现场可以根据实际情况在多种方式中选用最优的方案，迅速建立应急通信网络，配合不同的外设终端，实现指挥车、现场、消防指挥中心以及外部的语音通信，确保应急通信指挥的畅通。

### 2. 应急通信互联互通技术的特点

（1）基于扁平化网络架构的组呼切换机制。在目前的通信网络中，承载网络 IP 化是大势所趋，随着 IP 承载网技术的日益成熟，IP 网同时承载语音、数据、多媒体信息并保证其 QoS 成为可能。采用扁平化网络架构、移动性管理和无线资源管理功能分布在基站中，源基站与目标基站直接共享信道资源信息，从而获得比点对点呼叫更小的组呼切换时延。

（2）宽窄带业务高效融合。通过减小空口资源分配的颗粒度和采用高效的 VOIP 架构，使得该技术同时具备了移动通信系统在语音业务方面的优势和宽带无线接入系统在无线带宽方面的优势。另外，通过预分配信道资源、优化呼叫建立流程和终端睡眠机制等一系列优化措施保证组呼的快速建立，从而获得传统集群系统在组呼时延方面的优势。

（3）基于 web 的移动指挥调度。涵盖 IPPBX 系统和调度系统，IPPBX 系统支持多用户登录，即管理员（唯一）、普通用户、访问用户等；对于基础数据、交换功能、业务数据、对接数据配置、VOIP 配置、高级应用等功能进行了详细的设计，使整个系统互为一个整体，操作人员能够对不同的通信分系统进行统一的管理和控制，以及操作权限的设定等。调度系统具有调度、会议、短信和传真功能，可创建多级调度中心，每个调度指挥中心可以拥有多个操作员。

（4）集中控制和分布控制相结合。集中控制和分布控制各有优缺点，集中控制模式，具有交换速度快、话音质量好和管理灵活等优点；分布控制模式具有网络效率高、易于实现、故障弱化等优点。消防应急通信组网平台将两种模式有机结合，取长补短。在平台方案中，中心交换采用集中控制模式，系统及基站控制采用分布控制模式，有效实现了两种模式的有机结合和优势互补，更适合公安消防部队执行重特大灾害事故救援任务的需要。

### 3. 在消防领域的应用

应急通信互联互通技术能够实现现场多种通信网络的集中接入、统一调度、互联互通、会议功能等。可以对消防单兵终端、移动指挥终端及固定指挥终端实施统一管理，部署于灾害现场战斗班组的宽带集群终端，能够实时上传所采集的音视频信息，移动指挥终端可接收显示所有上传的灾情实时信息，第一时间全面掌握灾情的发展动态，保证指挥部及时部署战斗力量进行处置。同时具备现场态势标绘及战斗部署图传送功能，特殊指令下达及提醒功能，灭火救援战斗信息及预案查询功能等。

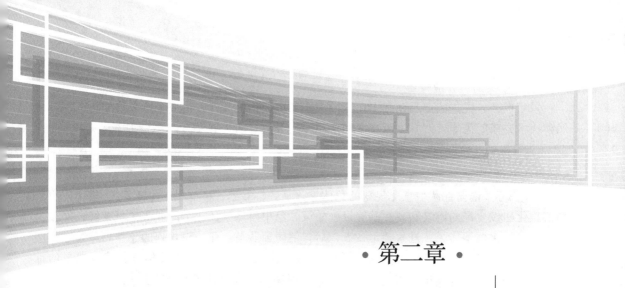

## 第二章

# ⇨ 消防信息化总体规划

本章重点介绍编制消防信息化规划的原则、思路、内容和程序，以"十一五"消防信息化建设为例，简要描述从项目规划、设计、实施和管理的全过程以及取得的主要成果。对"十二五"规划实施进行介绍，对前沿信息技术的应用进行展望。

## 第一节 一体化总体设计规划

## 一、规划原则

### 1. 统筹规划，分步实施

统筹各地区、各部门需要，综合考虑建设需求与财力可能，进行顶层规划和总体设计，明确战略目标、推进策略和发展方向，分地区、分层级、分步骤实施。

### 2. 统一体制，构建体系

遵循公安机关"金盾工程"、武警信息化技术体制以及部消防局统一确定的技术方案，建立科学合理的消防信息化体系架构，继承以往建设成果，确保实现资源共享和互联互通。

### 3. 突出重点，提升能力

在全面发展的前提下，区分轻重缓急，正确选择重点领域和关键环节，突出防火、灭火和抢险救援等中心工作急需的信息系统和通信装备建设，提升核心战斗力。

### 4. 服务实战，确保安全

根据实战需求，深入研究分析，合理利用现代信息技术，注重应用效果，强化通信保障，坚持服务实战，最大限度地把建设成果转化为战斗力。注重安全保障系统建设，确保网络和信息安全保密。

**5. 先进实用，开放兼容**

采用成熟、先进的产品和技术，充分考虑系统的可扩展性，适应未来政策变化、业务发展和技术升级的需要，兼容主流技术和产品，具有良好的扩展潜力。

## 二、规划思路

"十一五"消防部队信息化规划的总体思路是"打基础、搭框架、建体系"，集中解决制约信息化建设全局的网络和硬件基础设施建设，集中研发一体化消防业务信息系统，初步构建消防信息化框架体系。进入"十二五"后，消防部队信息化建设规划的总体思路是"抓应用、强体系、提能力、上水平"。鼓励和发挥各个方面的积极性，深化信息化建设成果的推广应用；不断完善信息化建设的技术体系、管理体系、支撑体系；在巩固和完善"网络化、服务化、自主化"为标志的技术体制的基础上，逐步向"协同化、智能化、泛在化"技术方向发展，使消防信息化建设迈上新的台阶。

## 三、规划编制内容

消防信息化项目立项报告。主要内容包括：项目需求分析，国内外现状分析，建设重点与功能性能，总体建设方案，关键技术分析，项目质量、可靠性与标准化要求，项目管理和计划安排，项目经费概算，经济与社会效益分析，项目风险评估等。

消防信息化项目总体实施方案。主要内容包括：项目详细需求分析，主要功能和战术技术指标，主要建设内容与关键技术，总体设计与各分系统设计，关键技术的详细解决方案，各分系统设计的可行性方案论证，总体与各分系统的研制经费概算，主要产品清单（包含指标、型号选择范围、价格估算等），工作进度计划、质量、可靠性、标准化控制措施，项目监理规范等。

消防信息化项目年度实施方案。主要内容包括：项目详细需求分析，主要功能和战术技术指标，主要建设内容与关键技术，系统设计，关键技术的详细解决方案，经费概算，主要产品清单（包含指标、型号选择范围、价格估算等）、工作进度计划、质量、可靠性、标准化控制措施、项目组织管理措施、项目监理规范等。

消防信息化项目验收报告。主要包括：建设总结报告、技术总结报告、文档审查报告、资产审查报告、试验报告、用户报告、监理报告、运行维护服务证书、财务决算报告、财务审计报告、整改与补充试验报告、初步验收报告、最终验收申请报告等。

## 四、规划编制程序

消防部队信息化建设工作在遵照公安信息化建设有关规章制度的同时，执行财政部颁发的《武警部队信息化建设项目管理办法》。

### （一）"三报三批"程序及主要内容

"三报三批"制度，即：立项报批、实施方案报批、验收报批。

**1. 立项报批**

由公安部消防局组织消防部队信息化建设的项目立项报告的编制与论证；项目监督单位负责对立项论证报告进行全面评审，评审通过后上报项目审批单位；项目审批部门参考监督审查意见作出批复；公安部消防局依据项目审批单位的立项批复转入项目实施方案的编写和报批阶段。

#### 2. 实施方案报批

公安部消防局会同项目技术总体单位，编制项目实施方案；项目监督单位对实施方案进行论证和评审，评审通过后上报项目审批单位；项目审批部门参考监督审查意见作出批复；公安部消防局依据项目审批单位的批复组织承建单位开展建设。

#### 3. 验收报批

项目建设完成后，由公安部消防局组织初步验收，并向项目审批部门报送项目初步验收情况；由项目审批部门组织项目最终验收。

### （二）"三报三审"程序及主要内容

"三报三审"制度，即年度计划报审、年度实施方案报审、执行情况报审等管理程序。

#### 1. 年度建设计划报审

公安部消防局于年底将下一年度项目建设计划报送项目审批部门备案，同时抄送项目监督单位；项目审批部门委托项目监督单位进行审核，并参考监督审查意见作出批复；公安部消防局依据批复的项目年度实施方案，组织建设。

#### 2. 年度实施方案报审

公安部消防局依据批复的项目总体规划，编制年度实施方案；项目监督单位对年度实施方案、项目变更方案进行论证审查，并将审查意见上报项目审批单位；项目审批部门参考审查意见做出批复；公安部消防局依据项目审批单位的批复组织承建单位开展年度建设。

#### 3. 年度项目执行情况报审

公安部消防局年底将本年度项目执行情况，报送项目审批部门，同时抄送项目监督单位；项目审批部门委托监督单位对年度项目执行情况进行审核，并出具审查意见。

## 第二节　"十一五"消防信息化建设

### 一、指导思想和建设目标

"十一五"期间消防部队信息化建设的指导思想和总体目标是：以邓小平理论和"三个代表"重要思想为指导，全面贯彻落实科学发展观，以提高部队快速反应和灭火救援能力，提高消防监督执法能力为目标，初步建成消防信息化体系，保障任务需求，实现"指挥控制实时化，通信手段多样化，情报信息多元化，辅助决策科学化，指挥终端智能化，勤务管理可视化，教育培训网络化，办公管理自动化"。

#### 1. 提高部队灭火救援能力

在各总队、支队建成省、市级灭火救援指挥系统的基础上，部局建成一个能够实现跨区域协同作战指挥、火场图像实时传送、情报信息检索、网上灭火演练的相对独立、运转高效、安全可靠的全国消防通信指挥系统。各级灭火救援指挥系统除常规的接处警指挥调度功能外，能够完成灭火救援预案和随机或现场通信指挥调度，并通过辅助决策支持系统为各级首长和参谋人员提供科学而准确的火情数据和灭火救援方案。

**2. 提高消防监督执法能力**

建设消防监督管理系统，健全执法程序，细化执法流程，促进消防监督工作规范化，实现从传统办案、人工监督到网上办案、系统监督的转变，有效消除执法中的随意性和不规范行为；通过系统对消防安全重点单位等各种消防监督信息进行科学、有效管理和对火灾数据进行分析和统计，提高消防监督管理工作质量和效率，解决统计数据不实、不准的问题，为消防监督及各项工作提供辅助决策支持。

**3. 提高部队管理水平**

建设部队管理系统，对各级消防部队的编制、人员、装备、军事实力及司、政、后、防各部门日常工作进行网上管理，对各级消防部队实施远程教育和训练，在战时为指挥员决策提供部队的基础数据，使部队各类信息纵向能贯通，横向能互联，上传下达更快捷，实现部队管理和机关办公从传统手工模式向信息化作业模式的转变。

**4. 提高社会公众服务能力**

建设部局、总队、支队各级消防公众服务平台，对内、对外发布重要火灾、消防工作信息，实现网上消防监督业务申报、办理、公布审批结果、在线咨询等业务功能，为社会公众提供方便、快捷的服务，为消防部队官兵提供信息支持，树立消防部队主动接受社会监督、服务社会、服务官兵的良好形象。

**5. 提高辅助决策能力**

建设部局、总队和支队三级消防综合统计分析信息系统。能够采集、整合灭火救援、消防监督和部队管理的各种信息，接收处理各种业务的综合查询请求，实现对各类基础信息的汇总、分析和再挖掘，提炼出对现实工作有指导意义的情报信息，充分发挥基础信息在实战中的应用，提高消防部队信息系统的辅助决策能力。

**6. 提高协同作战能力**

通过消防信息系统的建设，实现与公安、交通、医疗、气象、应急等部门网络的互联和语音数据图像的交换，达到互联互通、信息共享的目的，提高消防部队与其他职能部门的协同作战能力。

## 二、体系架构

消防部队信息系统规模大、功能复杂，需要基于功能需求和技术要求构建技术体系框架，逻辑上系统各组成部分的配置和相互关系如图 2-1 所示。

消防部队信息系统体系框架自下而上分为基础通信网络、硬件基础设施、基础数据平台、公共服务平台、消防业务信息系统五个层次。最下层是消防部队基础通信网络，主要是各种网络和通信资源，包括计算机通信网、有线通信网、无线通信网和卫星通信网，为信息系统提供底层网络通信的支撑；在基础通信网络之上，是各种硬件基础设施，包括通信指挥中心、移动指挥中心、信息中心和灾备中心，为上层软件应用提供硬件设施和环境；在硬件基础设施之上是基础数据平台，通过对现有数据资源的整合，构建基础数据库和专业数据库，为上层业务信息系统提供统一的数据支撑；在基础数据平台之上是消防公共服务平台，主要在利用武警部队公共服务平台和公安部提供的部分服务软件的基础上，针对消防应用进行定制，为上层消防业务信息系统的构建提供支撑；消防业务信息系统主要包括灭火救援指

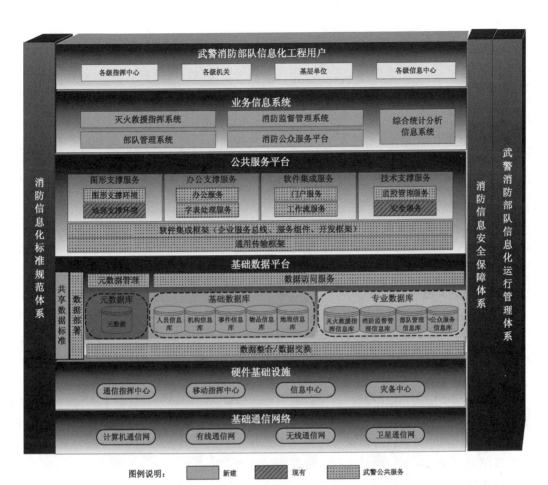

图 2-1　总体技术框架

挥、消防监督管理、部队管理、公众服务平台和综合统计分析五大类业务应用，为各级消防部队业务工作的开展提供全面的支撑。

消防信息化标准规范体系，消防信息安全保障体系，信息化运行管理体系为信息化建设和应用提供全方位的技术支撑。

## 三、建设任务

"十一五"期间，消防部队信息化建设的主要任务如下。

（1）消防基础通信网络：包括计算机通信网、有线通信网、无线通信网、卫星通信网和基础网络应用。

（2）基础硬件设施：包括通信指挥中心，移动指挥中心、信息中心、灾备中心。

（3）基础数据平台：包括元数据库、基础数据库和专业数据库。

（4）公共服务平台：包括综合业务平台、信息交换平台、服务管理平台和地理信息服务平台。

（5）业务信息系统：包括消防监督管理系统，灭火救援指挥系统、社会公众服务平台、部队管理系统和综合统计分析信息系统。

（6）标准规范体系：包括总体标准、数据标准、应用标准、基础设施标准、安全标准和管理标准。

　　（7）安全保障体系：包括网络安全、应用安全、终端安全等。

　　（8）综合集成：包括对网络、语音、图像以及软件数据、服务和门户集成。

## 四、组织实施

　　"十一五"期间，消防部队信息化建设由公安部消防局统一组织，根据财政部批复的《武警消防部队信息化建设总体规划技术方案》、《武警消防部队信息化建设项目总体实施方案》和年度建设计划，公安部消防局分年向各总队下达建设任务，各级消防部队分级实施。

### 1. 设立组织机构

　　公安部消防局成立信息化建设领导小组，下设信息化综合协调办公室、廉政监督工作组、项目建设组、招投标商务谈判组、经费保障组和信息化工程专家组。各总队、支队相应成立了信息化建设领导小组和工作机构。

### 2. 统一组织实施

　　在软件建设上，统一组织研发，试点后配发各级使用；在硬件建设上，统一技术要求，下发技术方案，指导各地建设实施；在标准规范建设上，统一委托编制各类标准项目；在综合集成上，统一平台和关键设备。

### 3. 委托技术总体单位和监理单位

　　技术总体单位协助制定信息化总体规划和实施方案。组织技术调研论证，提出各物理子系统和技术分系统的技术要求，协助建设单位制定招标技术文件，负责建设过程的技术把关和技术协调，协助建设单位组织项目验收。

　　监理单位对信息化建设项目进行过程管理，重点对进度、质量、投资进行监督和把关。协助建设单位，依法依规处理项目建设过程中的需求变更、质量问题、进度节点等相关问题，保障建设项目保质保量完成。

## 五、建设成果

　　"十一五"期间，消防部队建设完成了计算机、有线、无线、卫星等基础通信网络，开展了各级指挥中心和移动指挥中心、信息中心和部局灾备中心等基础设施建设，研发并全面推广部署了 2 个平台和 5 大业务应用的一体化消防业务信息系统，建设了标准规范、安全保障支撑体系，开展了综合集成，初步形成了覆盖各级消防部队和业务部门的消防信息化框架体系。

### 1. 建成基础通信网络

　　依托金盾工程网络资源，部局、总队、支队、大（中）队四级全部接入当地公安网，为消防业务系统应用奠定了网络基础。根据 119 接处警和指挥调度需要，依托公安网新建消防指挥调度专网，其中部局到 31 个总队的一级网、各总队到所属支队的二级网已全部建成，各支队到所属大中队的三级网完成 98%，网络带宽分别达到一级 155M、二级 8M、三级 4M，可承载指挥调度指令、音视频传输，提高了系统的安全可靠性。建设完成了全国消防部队三级电视电话会议系统，大（中）队视频会议点位的覆盖率达到 100%；完成了部消防局到各总队的一级指挥视频系统，24 小时实时开通。

　　建成部局和 31 个总队的移动接入平台，通过 3G 网络加密通道，实现了消防业务应用向移动终端延伸和拓展，为灭火救援和消防监督执法移动终端应用提供了网络支撑；对 350 兆三级通信网进行了补充和完善。各级部队已配备转信台、固定台、车载台；完成部局、总队两级 3G 图像管理平台建设，为 31 个总队及各支队通信指挥车配置安装了 3G 车载终端和云台摄像机。

完成了由部消防局、各总队固定卫星地面站和各级移动卫星地面站组成的消防卫星通信专网和卫星网管系统建设，租用了 23 兆卫星电路，保障了灾害事故现场与部局中心总站、总队分中心站及移动卫星站之间应急通信。各级成立了应急通信保障分队，通过应用训练，目前动中通、静中通、便携站开通时间分别小于 5、10、15min，并已建立轮训点名上线的考核制度，投入战备执勤，在地震等重大事故灾害救援，公网瘫痪的情况下，提供主要通信链路。

**2. 基础硬件设施初具规模**

部消防局完成了指挥中心建设，综合控制室投入运行。各总队、支队通信指挥中心、移动指挥中心已完成建设和本地化硬件配置，并结合灭火救援指挥系统推广部署和综合集成要求不断升级完善。

部消防局完成了信息中心建设。各总队、支队信息中心已完成机房环境建设、网络接入、一体化业务信息系统所需服务器等配置。

部消防局建成了灾备中心，依托湖北总队机房在武汉建成了异地容灾备份系统，实现了一体化核心数据的本地和异地双备份。

**3. 建成基础数据平台**

基础数据平台包括基础数据库和数据访问服务。基础数据平台结合消防特点，依据制定的共享数据标准，对"人"、"事"、"物"、"地"和"机构"等五类基础数据资源进行统一管理、维护和访问控制，为上层业务信息系统提供访问和交换接口，实现数据共享，达到"统一数据资源"的效果。

**4. 建成公共服务平台**

部消防局、总队、支队统一部署了公共服务平台，实现了跨级、跨部门业务数据的共享和互联互通。全国消防部队统一实现网上办公、网上发文、网上邮件、网上查询。消防 GIS 系统为全国消防部队提供了 1:10000 的导航地图和不同分辨率的全国遥感影像地图，支撑了业务系统基于空间数据的采集和应用。

**5. 一体化消防业务信息系统投入使用**

（1）消防监督管理系统。消防监督管理系统在全国消防部队和公安派出所投入运行。系统覆盖部局、总队、支队、大（中）队、基层派出所和各类执法业务应用，涵盖了行政许可、备案抽查、监督检查、行政处罚、火灾调查等主要业务功能，规范了执法的依据、流程、文书等，实现了业务办理的网上流转，有效规范消防行政执法工作。系统还提供从全国整体直至个案细节的全网、全过程查询、全网执法工作动态统计，为火灾预防工作提供了技术支撑。

（2）灭火救援指挥系统。灭火救援指挥系统实现了纵向贯通部局、总队、支队、大队（中队），横向连通政府应急部门、公安机关、社会联动单位，综合利用各种语音、视频、数据等资源，为各级消防部队灭火救援、跨部门协同指挥提供全过程的信息支持和综合通信手段支撑目标。其中跨区域指挥调度子系统和灭火救援业务管理子系统已部署全国，消防接处警子系统完成示范建设。

（3）社会公众服务平台。社会公众服务平台实现公安网一体化消防业务信息系统与互联网网站群服务的协同。通过建立互联网与公安网跨网协同处理机制，实现跨网数据交换，为社会管理创新和服务提供了支撑。

（4）部队管理系统。部队管理系统包括政工、警务、装备、财务、审计、被装、营房、卫生等13个子系统，基于武警通用业务软件改造或结合消防业务实际开发，实际对部队人、财、物的网络化管理。

（5）综合统计分析信息系统。综合统计分析信息系统基于各类业务数据的抽取、清洗和分析挖掘，建立数据分析模型，实现对业务信息的综合查询和统计分析，为决策分析提供信息支持，并通过地图统一展示，为消防部队各层次、各专业提供高效的分析数据，提升数据共享效能，已完成推广部署。

### 6. 建立标准规范体系

编制公共安全行业标准87项，发布24项一体化消防业务信息系统标准规范，为消防部队深入应用、二次开发、对外互联互通、信息资源共享提供了标准依据。

### 7. 安全保障体系不断完善

统一建设了消防指挥调度网"一机两用"监控系统、网络防病毒管理中心，全国消防部队分级推广PKI/PMI数字证书应用，电子签名签章系统已投入试点运行。各地按照《全国公安消防部队安全保障系统建设技术指导意见》，完成了安全保障系统建设任务。

### 8. 运行维护体系初步形成

初步构建了消防信息化运行维护体系，完成公安部消防局、总队、支队三级运维管理平台一期（NCC/BCC监控管理系统）建设，二期建设正在实施中，基本实现了集中统一的信息系统运维管理模式。部局、总队按照任务分工，开展运维机制建设，认真落实工作措施，确保了各系统稳定运行。

### 9. 基本实现综合集成

建设完成了部消防局综合集成项目，制定并下发了《全国消防部队信息化综合集成方案》，按照互联、互通、互操作的综合集成目标，结合灭火救援指挥系统试点应用，通过建设部消防局、试点总队、支队三级图像和语音综合管理平台，实现了软硬件综合集成，解决了三级平台互联互通，资源汇聚以及跨网、跨级、跨体制协同运行等综合应用。

## 第三节 "十二五"消防信息化建设

## 一、指导思想和建设目标

"十二五"期间，消防部队信息化建设的指导思想是：按照科学发展的要求，继续落实公安部"三项建设"的战略部署和武警信息化建设的总体要求，在"十一五"信息化建设"打基础、搭框架、建体系"的基础上，积极适应消防工作新形势、新任务的要求，坚持"深化建设"与"深度应用"并重，以需求为导向，以应用为核心，坚持统一技术体制，固本强基、完善功能、强化应用、提升水平，全面提高消防通信网络覆盖能力、系统平台服务能力、业务应用拓展能力、系统运维保障能力和信息化科研能力。

总体目标是：按照"抓应用、强体系、提能力、上水平"的原则，适应消防体制机制创新，以信息化带动消防工作深入发展，尽快实现基础工作信息化、信息工作基础化；以信息化推动消防工作体制机制创新，逐步实现资源配置合理化、决策指挥科学化；以信息化引领消防工作现代化，逐步实现消防工作和部队管理由传统粗放型向集约高效、精细化转变；大力推进现代信息技术在消防工作中的深度应用，提高消防工作的科技含量，提升灭火救援应急通信保障能力，不断提高消防队伍的整体素质和核心战斗力。

**1. 狠抓信息化成果深化应用**

全面推广"十一五"建设成果，深化应用效果，重点推进各级指挥中心建设、灭火救援指挥系统应用和综合集成，以及部队管理系统、综合统计分析系统的推广应用，推进3G图像传输系统建设与应用，为可视化调度指挥提供支撑。适应消防的新职能，在消防监督、灭火救援、部队管理和社会管理创新等各个领域进行业务拓展开发，对已有系统进行升级完善，深化系统应用。考虑到各地的个性化需求，"十二五"期间，在坚持统一规划、统一技术架构，遵循消防信息化标准规范的前提下，充分发挥各部门、各地区的积极性，基于一体化消防业务信息系统的标准接口，拓展应用二次开发，切实落实深化建设、深度应用。

**2. 加强信息化保障体系建设**

在"十一五"建设成果的基础上，继续加强运行维护体系、标准规范体系和安全保障体系的建设，构建信息化完整保障支撑体系。

从组织保障、制度建设和技术支撑三个方面，继续完善运行维护保障体系。建设"两级部署、三线响应、集中管理"的运维服务组织架构，建设两级运行维护中心，建立健全IT运维服务管理制度，建设全方位监控、全过程管理、全视角展示的运维管理平台，实现信息化保障"监控自动化、管理流程化、展示互动化"，实现统一运行维护管理，提高运行效能。

根据业务发展的要求，制订软硬件建设与应用、安全保障、应用管理、运行维护等方面的标准规范，编制消防应用系统接入规范、资源目录规范、业务功能规范、系统建设标准和标准使用指南等，完善消防信息化的数据、业务、技术和管理标准，并对已发布的标准规范进行宣贯和修订，进一步完善消防信息化标准规范体系。完善已建安全保障机制，对安全基础支撑、数据安全保障、网络安全保障、计算环境安全保障、物理安全保障、安全管理进行升级完善，建设网络边界安全防护和互联网单向数据传输系统，整体提升安全保障能力。

到"十二五"末，要基本建成标准统一、纵向贯通、横向整合、资源共享、业务协同、安全可靠、互联互通的消防信息化体系，形成系统全警应用、数据全警采集、信息全警共享的一体化格局，全面实现"指挥控制实时化，通信手段多样化，情报信息多元化，辅助决策科学化，指挥终端智能化，勤务管理可视化，教育培训网络化，办公管理自动化"的目标。

**3. 提升信息化建设整体能力**

（1）全面提高通信网络的覆盖与承载能力。建立消防应急通信网，升级指挥调度网，重点加强现场组网的规划与建设。扩容消防卫星网，各总队升级卫星地面站，增配各类移动站。统一建设现场3G信号覆盖系统、3G图像传输系统，建立全国3G视频资源管理平台，各级配备3G车载图像传输终端和3G单兵图像传输终端，使3G与卫星系统形成协同和互补。依托通信运营商网络的POC、虚拟语音专网技术，通过车载、手持终端，统一建设消防部队跨区域语音通信系统，实现跨区域语音联合调度。

（2）全面提升软件平台服务能力。对基础数据平台进一步升级完善，提高平台性能，增强稳定可靠性。完善公共服务平台二次开发功能，扩展对外数据交换功能，提升对外服务能力。提升运维自动化程度、效率和专业技术保障能力。提高面向移动应用的服务能力，拓展消防移动业务应用和终端研发，解决 3G 移动终端统一管理问题。

（3）全面提高业务应用拓展能力。适应消防的新职能，在消防监督、灭火救援、部队管理和社会管理创新等各个领域提供业务拓展开发，提升系统对新业务的适应能力。基于现有系统和业务数据进行分析研判、分析挖掘，提高信息二次应用能力。基于一体化消防业务信息系统的标准接口，拓展应用二次开发，提升对不同层级、区域消防业务个性化需求的适应能力。

（4）全面提高系统运行维护保障能力。按照分级管理负责的原则，充分利用社会专业资源，建立长效运行维护机制，结合一体化软件和各子系统的运行维护特点，提高系统整体运行维护能力。

**4. 信息化建设整体上水平**

（1）全面提升系统综合集成水平。通过对各级消防部队信息化系统进行全面的技术体制集成、业务功能集成和综合应用集成，逐步考虑跨警种的集成应用，使系统形成一个有机整体，进而提升系统的整体服务和支撑能力，真正发挥信息化的综合优势，形成倍增效应。

（2）加强信息化领域的科研开发。加强对特种通信设备、科学模型、信息化应急保障等领域的研究。加大适应复杂环境的特种通信装备、个人防护装备和火场定位侦测设备的研发。探索应急救援指挥调度、灭火救援力量调集等科学模型的研究。探索三维实景、遥感技术的应用，探索基于云计算技术的统一资源共享，探索智能消防防控中心的建设。开展基于信息化条件下硬件、软件、人员等综合应急保障体系的研究。

# 二、体系架构

在"十一五"的基础上，"十二五"消防信息系统的体系架构如图 2-2 所示。

在整体上，消防信息系统的体系架构由基础通信网络、应用支撑和业务应用三个层次，以及安全保障、标准规范和运行维护三个支撑体系组成。

基础通信网络，主要包括计算机通信网、有线通信网、无线通信网和卫星通信网，为信息系统提供底层网络通信支持。"十二五"期间，主要对计算机通信网和卫星通信网进行扩容，将指挥调度网延伸至多种形式消防队伍和相关联动单位。同时，建设现场无线通信网，支撑应急救援应用。

应用支撑层，包含两部分内容，一部分主要由指挥中心、信息中心和灾备中心等硬件支撑组成。"十二五"期间主要对该部分设施进行升级改造。另一部分主要由基础数据及公共服务平台、语音综合管理平台和图像综合管理平台等基础平台组成。"十二五"期间，主要针对移动应用构建移动应用支撑平台，同时推广应用语音综合管理平台和图像综合管理平台。

业务应用层，包括消防监督管理系统、灭火救援指挥系统、部队管理系统、社会公众服务平台、决策分析平台和教育培训平台六大业务信息系统。其中，原有五项业务信息系统主要进行升级完善，综合统计分析信息系统升级为决策分析平台，新增教育培训平台。

完善安全保障、标准规范和运行维护体系。新建运维中心、数据中心和统一的运维管理

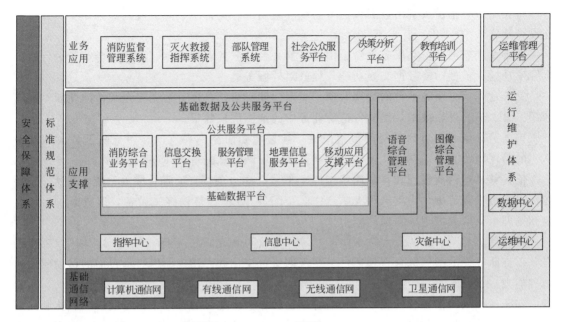

图 2-2　体系架构图

平台。

## 三、建设任务

### 1. 推广"十一五"建设成果

推进各级指挥中心建设、灭火救援指挥系统应用和综合集成，以及部队管理系统、综合统计分析信息系统的推广应用。推进 3G 建设与应用，为可视化指挥提供技术支撑。

### 2. 升级完善基础通信网络

扩容部局至总队指挥调度网带宽至 1000M、总队至各下属支队指挥调度网带宽至 100M、支队至各下属大（中）队的指挥调度网带宽至 10M。新建部局至陆地搜救基地的指挥调度网专线带宽 155M。提升灭火救援指挥指令、辅助决策信息、火灾图像和语音调度的传输能力，满足抢险、救援、社会救助等业务工作的实战需要。

扩大消防指挥调度网络覆盖范围，建设各级消防部队与当地政府应急中心（供水、供电、燃气、交通、环境和医疗卫生等部门）和联勤联动单位（公安、政府专职队）的专线线路带宽 10M 以上，用于灭火救援应急联动和社会资源共享。

扩大卫星通信网应用范围，各支队建设便携站，便携站需具备传输 1 路综合数据的能力；升级部局中心站和总队分中心站网管系统，增加卫星带宽资源至 54MHz。满足复杂条件下可视化作战指挥的需求。

### 3. 应用支撑建设

完成各总队、支队指挥中心与当地政府应急中心、联勤联动单位图像、语音、数据的互联互通，在灾害救援时成为指挥调度的核心。依托消防与各级应急救援相关单位间的应急通信网络，配置关键设备，使消防指挥中心与各级应急救援相关单位具有数据互联互通能力。

部局和总队信息中心增加服务器及相关设备，满足新增软件的部署需求。

将灾备中心备份级别由数据级提升为部分应用级，灾备中心等级规划为第5级。各总队建设异地灾备中心。

完善基础数据及公共服务平台、信息交换平台、服务管理平台、消防综合业务平台的二次开发功能，扩展对外数据交换功能，提升对外服务能力。

完善地理信息服务平台的数据共享、交换、同步机制，提升数据安全和访问性能。推广应用三维、遥感等新技术，提升各消防业务中的地图展现效果。

扩大跨区域语音通信系统的覆盖范围，建设覆盖总队到各支队、各支队至各大队（中队）的跨区域语音通信系统，为各支队和大队（中队）队配备POC手持终端。

依托移动运营商资源和支队通信指挥车平台，建设现场3G信号覆盖系统，扩大3G图像传输系统覆盖范围，为支队和大队（中队）配备3G图像传输终端设备，形成第一出动力量到场即可获取火灾现场图像的能力。

在部局、总队、支队、大队（中队）统一部署可视化调度指挥视频终端，依托在部局、总队、支队建设的图像综合管理平台，实现四级可视化调度指挥。提高平台面向移动应用的服务能力。

在完成部局图像综合管理平台和语音综合管理平台建设的基础上，全面推广总队和支队的图像综合管理平台和语音综合管理平台建设。各总队、支队按照统一技术体制、统一标准规范的要求，融合各音视频子系统，使各子系统具备互联互通互操作的能力。

**4. 业务系统应用**

研发消防产品质量监督管理、安全重点单位信息资源库和社会消防工作服务管理系统。统一消防产品质量监督管理的程序和方法，规范工作流程，有效提高消防产品质量监督管理工作的质量和效率；实现从部消防局提取相关基础信息至公安部安全重点单位信息资源库；实现消防技术服务机构资质及消防技术服务执业人员资格网上申请审批，提高行政办事效率，增强服务社会的能力。

研发移动指挥平台和移动指挥终端软件、应急联动系统。提升消防部队现场指挥作战能力，逐步符合政府综合应急抢险救援指挥、协同处置等实战需要。解决各级指挥中心与应急联动单位、战勤保障单位互联互通的问题。

研发消防部队信息通信业务管理系统、财务预算管理、物资管理系统和院校管理系统。改造部队管理现有业务系统，对人、财、物的管理流程进行再造和优化。进一步深化部队管理在GIS、移动终端上的业务应用，提升整体应用水平。对业务流程进行评估、分析，研究利用信息和物联网等技术，对部队人、财、物的管理流程进行再造和优化。提高流程运转效率和数据收集、传输、分析质量。建设集教学资源、科研资源、图书资源和管理资源为一体的院校管理系统；引入RFID技术，实现装备器材管理的全过程自动化，提高消防车辆装备、器材管理的效率；完整、准确地维护各类信通资源，提高信通资源的使用效率，提升对信通资源的统一管理能力。

研发社会公众服务平台，强化其作为消防互联网业务系统的统一门户作用，新增消防业务信息系统接入管理功能，完善内外网数据交换机制，增加对敏感信息的过滤功能，提供专题信息检索功能，完善网站群管理功能。通过对社会公众服务平台所覆盖的业务范围进行扩充，使其更加满足消防部队的实际业务需要，同时对其功能进行完善和改造，优化平台性能，突出网上办事功能，提高公安消防机构服务社会的能力和水平。

研发决策分析平台，整合综合统计分析信息系统，运用决策分析技术，对未来趋势、因

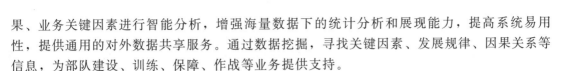

果、业务关键因素进行智能分析，增强海量数据下的统计分析和展现能力，提高系统易用性，提供通用的对外数据共享服务。通过数据挖掘，寻找关键因素、发展规律、因果关系等信息，为部队建设、训练、保障、作战等业务提供支持。

研发教育培训平台，定制考试管理系统、专家知识库、培训资源管理和一体化消防业务信息系统教学版。规范消防部队培训管理流程，建立部局、总队及支队三级培训管理体系，为部队教学、培训提供一体化消防业务信息系统教学版。

### 5. 运行维护管理

建设运维管理平台，规范运维工作过程，实现对 IT 资源的集中监控和统一管理。利用信息监控检测工具全方位监控系统信息，根据运行状况及时发现问题隐患和趋势，达到主动运维的目的。

建立专业的运维团队，保障信息系统的正常运行，支撑消防业务的正常开展，规范运维体系，完善运维机制，对全国消防部队信息化系统维护提供支撑。

### 6. 制修订标准规范

对已有标准规范继续修订或完善，满足消防信息化建设的深入、二次开发以及与外部系统互联互通、信息资源共享的需求。

完善消防信息化标准体系，完善总体标准、基础设施标准、数据标准、应用标准、安全标准和管理标准共 6 类标准。

### 7. 完善安全保障系统

建立全面覆盖安全策略、安全技术、安全管理以及安全运维的消防信息安全保障体系；针对不同安全区域采用更有针对性的安全防御机制；建立完善的审计体系，对消防业务信息系统运行安全进行全面的管理、维护、监控和改进。充分发挥审计体系的监管、控制及取证作用；改造扩容消防信息安全基础设施，构建完整、联动、可信、快速响应的综合防护防御平台，加强整体安全防御保障能力和态势感知能力；升级电子签名签章系统，为消防电子公文流转提供安全的解决方案。

满足"金盾工程"安全保障体系设计目标，坚持"双网隔离、分区分域、接入安全、终端可控、传输可信、精确感知"的原则，按照信息外网以"防攻击、防泄漏"为目标，信息内网以"强内控、防外联"为目标，对已建设的安全保障机制继续完善，保障网络边界安全，提升各网间数据传输的安全保障水平，降低安全风险，为消防信息系统稳定运行提供信息安全保障。

第二篇

# 应用篇

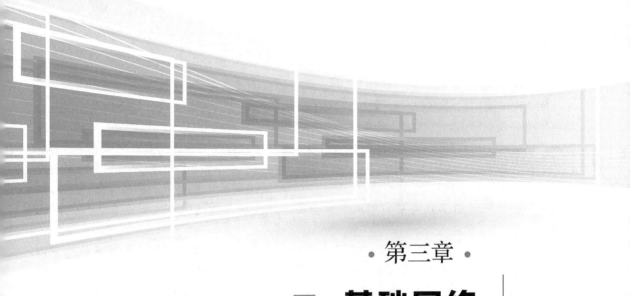

## 第三章

# → 基础网络

　　本章主要介绍以电话通信、程控交换、数字传输等内容为主的有线通信技术，利用电磁波信号在自由空间中传播的特性进行信息交换的无线通信技术，利用人造地球卫星作为中继站转发无线电波，在两个或多个地面用户之间进行通信的卫星通信技术，以及有线、无线、卫星通信技术在消防部队灭火救援业务中的应用，还介绍了计算机通信网络的基础知识、网络拓扑结构、基本术语以及消防部队业务工作中常用的消防信息网、消防指挥调度网、政务网和互联网等内容。

## 第一节　有线通信

### 一、基础知识

#### （一）有线通信的定义

　　利用金属导线、光纤等有形媒质传送信息的通信方式。

#### （二）有线通信的主要传输介质

　　常见的有线通信传输介质有对称电缆（Symmetrical Cable）、同轴电缆（Coaxial Cable）、光纤（Optical Fiber）等。

#### 1. 对称电缆

　　对称电缆是由若干对导线（称为芯线）放在一根保护套内制成的，为了减小每对导线之间的干扰，每对导线都做成扭绞形状，称为双绞线。对称电缆在有线电话网中广泛应用于用户接入电路，每个用户电话都是通过一对双绞线连接到电话交换机。双绞线在计算机局域网中也有广泛的应用，Ethernet 中使用的超五类线就是由四对双绞线组成的。

### 2. 同轴电缆

同轴电缆是由内外两层同心圆柱形导体构成。内导体多为实心导线，外导体是一根空心导电管或金属编织网，在外导体外面有一层绝缘保护层，在内外导体之间可以填充实心绝缘材料或绝缘支架，起到支撑和绝缘的作用。由于外导体通常接地，因此能够起到很好的屏蔽作用。在有线电视（CATV）中广泛地采用同轴电缆为用户提供电视信号。另外在很多程控电话交换机中脉冲编码调制（PCM）群路信号仍然采用同轴电缆传输，同轴电缆也是通信设备内部中频和射频部分经常使用的传输介质，如连接无线通信收发设备和天线之间的馈线。

同轴电缆按其阻抗特性来分有两类：一类是 50Ω 的同轴电缆，适用于传输基带数字信号，常用于计算机局域网和无线电射频信号的远程传输；另一类是 75Ω 同轴电缆，又称宽带同轴电缆，主要用于模拟传输系统，是公用有线电视系统中的标准传输电缆。

### 3. 光纤

光纤即光导纤维，是由两种或两种以上折射率不同的透明材料通过特殊复合技术制成的复合纤维。利用光在不同介质交界面的全反射特性，光可以在光纤中进行长距离、低损耗的传输。光纤通信就是以光波作为信息载体，以光纤作为传输媒介的一种通信方式。与其他通信方式相比，光纤通信具有传输频带宽、通信容量大；传输损耗低、中继距离长；线径细、重量轻；绝缘、抗电磁干扰性能强；抗腐蚀能力强、抗辐射能力强、可绕性好、无电火花、泄漏小、保密性强等优点。

## （三）有线传输的方式

### 1. 平衡传输和非平衡传输

不平衡传输，又叫单端通信，是指信号传输线只有一个输入端，一个地线，如 RS-232。平衡传输，又叫差分传输方式，是指信号传输需要三根导线来实现，即接地、热端、冷端。热端和冷端线上传输的信号相同，只是相位相反。由于热端信号线和冷端信号线在同一屏蔽层内相对距离很近，在传输过程中受到的其他干扰信号基本相同。因此，在下一级接收设备的输入端把热端信号和冷端信号相减，相同的干扰信号被抵消，被传输信号由于相位相反而不会损失。由此可见，平衡传输模式对于模拟信号可以有效去除共模干扰和共模噪声，提高传输距离。对于数字信号而言，采用平衡传输方式可以使得电平较低，提高信号输出频率。

### 2. 串行通信和并行通信

串行通信和并行通信是对数字通信而言的，数字信号是 8 位二进制数，采用有线方式传输时，一种方案是使用一条数据线按照次序一位一位传送，每传送完 8 位为一个字节，叫串行通信；另一种方法是使用 8 条数据线分别传送 8 位，一次传送一个字节，叫并行通信。实际工程中并行传输的可能超过 8 位数据，但原理是相同的。理论上并行通信速度比较快，但是串行通信线间干扰小。

### 3. 特性阻抗和阻抗匹配

在信号传输过程中，传输线可以等效成一个电阻，把这个等效的电阻称为传输线的特性阻抗。影响特性阻抗的因素有：介电常数、介质厚度、线宽、铜箔厚度。信号在传输的过程中，如果传输路径上的特性阻抗发生变化，信号就会在阻抗不连续的结点产生反射。对于有线通信来说，阻抗匹配是指在信号能量传输时，要求负载阻抗要和传输线的特性阻抗相等，此时的传输不会产生反射，所有能量都被负载吸收了。反之则在传输中有能量损失。在实际

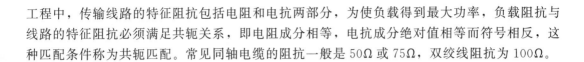

工程中，传输线路的特征阻抗包括电阻和电抗两部分，为使负载得到最大功率，负载阻抗与线路的特征阻抗必须满足共轭关系，即电阻成分相等，电抗成分绝对值相等而符号相反，这种匹配条件称为共轭匹配。常见同轴电缆的阻抗一般是 $50\Omega$ 或 $75\Omega$，双绞线阻抗为 $100\Omega$。

## 二、有线通信的主要技术

### （一）调制技术

调制是指用一个信号（调制波）去控制一个电振荡（载波）的参量的过程。调制的目的是把基带信号变换成适合在信道中传输的信号，提高信号的传输距离和带宽。

调制按照调制信号的性质分为模拟调制和数字调制两类；按照载波的形式分为连续波调制和脉冲调制两类。模拟调制有调幅（AM）、调频（FM）和调相（PM）。数字调制有振幅键控（ASK）、移频键控（FSK）、移相键控（PSK）和差分移相键控（DPSK）等。脉冲调制有脉幅调制（PAM）、脉宽调制（PWM）、脉频调制（PFM）、脉位调制（PPM）、脉码调制（PCM）和增量调制（ΔM）。

#### 1. 模拟调制

一般指调制信号和载波都是连续波的调制方式。它有调幅、调频和调相三种基本形式。

（1）调幅（AM）。用调制信号控制载波的振幅，使载波的振幅随着调制信号变化。调幅波的频率仍是载波频率，调幅波包络的形状反映调制信号的波形。调幅系统实现简单，但抗干扰性差，传输时信号容易失真。

（2）调频（FM）。用调制信号控制载波的振荡频率，使载波的频率随着调制信号变化。调频波的振幅保持不变，调频波的瞬时频率偏离载波频率的量与调制信号的瞬时值成比例。调频系统实现稍复杂，占用的频带远较调幅波宽，因此必须工作在超短波波段。另外，调频系统抗干扰性能好，传输时信号失真小，设备利用率也较高。

（3）调相（PM）。用调制信号控制载波的相位，使载波的相位随着调制信号变化。调相波的振幅保持不变，调相波的瞬时相角偏离载波相角的量与调制信号的瞬时值成比例。

在模拟调制过程中已调波的频谱中除了载波分量外，在载波频率两旁还各有一个频带，因调制而产生的各频率分量就落在这两个频带之内，这两个频带统称为边频带或边带。位于比载波频率高的一侧的边频带，称为上边带；位于比载波频率低的一侧的边频带，称为下边带。为了提高设备的功率利用率，可以不发送载波，只发送边带信号，这称为抑制载波的双边带（DSB）信号调制；为进一步节省占有的频带，提高波段利用率，也可以只发送两个边带信号中的任何一个，这称为抑制载波的单边带（SSB）信号调制。采用单边带的方式，既能节省功率，又可节省频带，但它所需的收、发设备将比较复杂。单边带调制常用于有线载波电话和短波无线电通信。

#### 2. 数字调制

一般指调制信号是离散的，而载波是连续波的调制方式。它有四种基本形式：振幅键控、移频键控、移相键控和差分移相键控。

（1）振幅键控（ASK）。用数字调制信号控制载波的通断。如在二进制中，发 0 时不发送载波，发 1 时发送载波。有时也把代表多个符号的多电平振幅调制称为振幅键控。振幅键控实现简单，但抗干扰能力差。

（2）移频键控（FSK）。用数字调制信号的正负控制载波的频率。当数字信号的振幅为正时载波频率为 $f_1$，当数字信号的振幅为负时载波频率为 $f_2$。有时也把代表两个以上符号的多进制频率调制称为移频键控。移频键控能区分通路，但抗干扰能力不如移相键控和差分移相键控。

（3）移相键控（PSK）。用数字调制信号的正负控制载波的相位。当数字信号的振幅为正时，载波起始相位取 0°；当数字信号的振幅为负时，载波起始相位取 180°。有时也把代表两个以上符号的多相制相位调制称为移相键控。移相键控抗干扰能力强，但在解调时需要有一个正确的参考相位，即需要相干解调。

（4）差分移相键控（DPSK）。利用调制信号前后码元之间载波相对相位的变化来传递信息。在二进制中通常规定：传送 1 时后一码元相对于前一码元的载波相位变化 180°，而传送 0 时前后码元之间的载波相位不发生变化。因此，解调时只看载波相位的相对变化，而不看它的绝对相位。只要相位发生 180° 跃变，就表示传输 1，若相位无变化，则传输的是 0。差分移相键控抗干扰能力强，且不要求传送参考相位，因此实现较简单。图 3-1 为 ASK、FSK、PSK 的时域波形及信号功率谱。

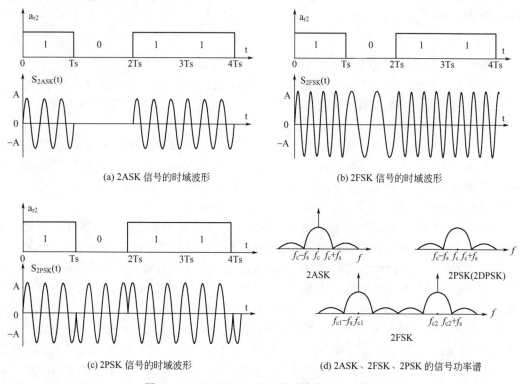

(a) 2ASK 信号的时域波形　　　　(b) 2FSK 信号的时域波形

(c) 2PSK 信号的时域波形　　　　(d) 2ASK、2FSK、2PSK 的信号功率谱

图 3-1　ASK、FSK、PSK 的时域波形及功率谱

### 3. 脉冲调制

脉冲调制有两种含义：第一种是指用调制信号控制脉冲本身的参数（幅度、宽度、相位等），使这些参数随调制信号变化。此时，调制信号是连续波，载波是重复的脉冲序列；第二种是指用脉冲信号控制高频振荡的参数。此时，调制信号是脉冲序列，载波是高频振荡的连续波。通常所说的脉冲调制都是指上述第一种情况。脉冲调制可分为模拟式和数字式两类。模拟式脉冲调制是指用模拟信号对脉冲序列参数进行调制，有脉幅调制、脉宽调制、脉位调制和脉频调制等；数字式脉冲调制是指用数字信号对脉冲序列参数进行调制，有脉码调制和增量调制等。由于脉冲序列占空系数很小，即一个周期的绝大部分时间内信号为 0 值，因而可以插入多路其他已调脉冲序列，实现时分多路传输。已调脉冲序列还可以用各种方法

去调制高频振荡载波。常用的脉冲调制有以下几种。

（1）脉幅调制（PAM）。用调制信号控制脉冲序列的幅度，使脉冲幅度在其平均值上下随调制信号的瞬时值变化。这是脉冲调制中最简单的一种。脉幅调制的已调波在传输途径中衰减，抗干扰能力差，所以现在很少直接用于通信，往往只用作连续信号采样的中间步骤。

（2）脉宽调制（PWM）。用调制信号控制脉冲序列中各脉冲的宽度，使每个脉冲的持续时间与该瞬时的调制信号值成比例。此时脉冲序列的幅度保持不变，被调制的是脉冲的前沿或后沿，或同时是前后两沿，使脉冲持续时间发生变化。在无线电通信中一般不用脉宽调制，因为此时发射机的平均功率要不断地变化。

（3）脉位调制（PPM）。用调制信号控制脉冲序列中各脉冲的相对位置（即相位），使各脉冲的相对位置随调制信号变化。此时脉冲序列中脉冲的幅度和宽度均保持不变。脉位调制的传输性能较好，常用于视距微波中继通信系统。

（4）脉频调制（PFM）。用调制信号控制脉冲的重复频率，即单位时间内脉冲的个数，使脉冲的重复频率随调制信号变化。此时脉冲序列中脉冲的幅度和宽度均保持不变。主要用于仪表测量等方面，很少直接用于无线电通信。

（5）脉码调制（PCM）。脉码调制有三个过程：抽样、量化和编码。即先对信号进行抽样，并对抽样值进行量化（整量化），再对经过抽样和量化后的信号幅度进行编码，因此脉码调制的本质不是调制，而是数字编码，所以能充分保证传输质量。由编码得到的数字信号可根据需要再对高频振荡载波进行调制。脉码调制不是用改变脉冲序列的参数来传输信息，而是用参数固定的脉冲的不同组合来传递信息，因此抗干扰能力强，失真很小，是现代数字通信的主要技术。PCM 的编码调制过程如图 3-2 所示。

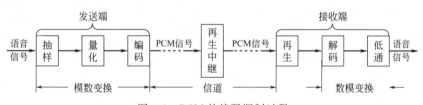

图 3-2　PCM 的编码调制过程

（6）增量调制（ΔM）。增量调制是一种特殊的脉码调制，它不是对信号本身进行采样、量化和编码，而是对信号相隔一定重复周期的瞬时值的增量进行抽样、量化和编码。现在已有多种增量调制方法，其中最简单的一种，是在每一抽样瞬间当增量值超过某一规定值时发正脉冲，小于规定值时发负脉冲。每个码组不是表示信号的幅度，而是表示幅度的增量。这种增量调制信号的解调也很简单，只要将收到的脉冲序列进行积分和滤波即可复原，因此编码和解码设备都比较简单。

### （二）传输技术

#### 1. 基于双绞线的 ADSL 技术

非对称数字用户线系统（ADSL）是充分利用现有电话网络的双绞线资源，实现高速、高带宽的数据接入的一种技术。ADSL 是 DSL 的一种非对称版本，它采用 FDM（频分复用）技术和 DMT 调制技术（离散多音频调制），在保证不影响正常电话使用的前提下，利用原有的电话双绞线进行高速数据传输。

ADSL 的接入模型主要由中央交换局端模块和远端模块组成，中央交换局端模块包括中心 ADSL Modem 和接入多路复用系统 DSLAM，远端模块由用户 ADSL Modem 和滤波器组成。

ADSL 在一对铜线上支持上行速率 512Kbit/s～1Mbit/s，下行速率 1～8Mbit/s，有效传输距离在 3～5km 范围以内。比传统的 28.8Kbit/s 模拟调制解调器将近快 200 倍，这也是传输速率达 128Kbit/s 的 ISDN（综合业务数据网）所无法比拟的。

与电缆调制解调器（Cable Modem）相比，ADSL 具有独特的优势：它是针对单一电话线路用户的专线服务，而电缆调制解调器则要求一个系统内的众多用户分享同一带宽。尽管电缆调制解调器的下行速率比 ADSL 高，但考虑到将来会有越来越多的用户在同一时间上网，电缆调制解调器的性能将大大下降。另外，电缆调制解调器的上行速率通常低于 ADSL。

与 DDN 比较，ADSL 的非对称接入方式相对 DDN 对称性的数据传输更适合现代网络的特点。同时 ADSL 费用较之 DDN 要低廉得多，接入方式也较灵活。

ADSL 技术自诞生以来经历了不断发展，1999 年 6 月 ITU（国际电信联盟）批准通过了 G.992.2 标准（即 ADSL），2002 年 7 月 ITU-T 公布了 ADSL 的两个新标准（G.992.3 和 G.992.4），也就是所谓的 ADSL2。到 2003 年 3 月，在第一代 ADSL 标准的基础上，ITU-T 又制定了 G.992.5，也就是 ADSL2＋。ADSL2 在速率、覆盖范围上拥有比第一代 ADSL 更优的性能。ADSL2 下行最高速率可达 12Mbit/s，上行最高速率可达 1Mbit/s。在相同速率的条件下，ADSL2 增加了约为 180m 的传输距离，相当于增加了 6％ 的覆盖面积。ADSL2 支持 ATM 论坛的 IMA 标准，通过 IMA、ADSL2 芯片集可以把两根或更多的电话线捆绑到一条 ADSL 链路上，这样使线路的下行数据速率具有更大的灵活性。

ADSL2＋除了具备 ADSL2 的技术特点外，扩展了 ADSL2 的下行频段，从而提高了短距离内线路上的下行速率。ADSL2＋在短距离（1.5km 内）的下行速率可以达到 20Mbit/s 以上，是 ADSL 下行 8Mbit/s 的 2.5 倍，ADSL2＋的上行速率大约是 1Mbit/s。在同等线路条件下，ADSL2＋解决方案传输距离可达 6km，完全能满足宽带智能化小区的需要，突破了以前 ADSL 技术接入距离只有 3.5km 的缺陷，可覆盖 90％ 以上现有的用户。ADSL2＋和 ADSL2 也保证了向下兼容。

**2. 基于 HFC 网的 Cable Modem 技术**

基于 HFC 网（光纤和同轴电缆混合网）的 Cable Modem 技术是宽带接入技术中最先成熟和进入市场应用的，其巨大的带宽和经济性对用户具有较大的吸引力。

Cable Modem 的通信和普通 Modem 一样，是数据信号在模拟信道上交互传输的过程，但也存在差异，普通 Modem 的传输介质在用户与访问服务器之间是独立的，即用户独享传输介质，而 Cable Modem 的传输介质是 HFC 网，将数据信号调制到某个传输带宽与有线电视信号共享介质；另外，Cable Modem 的结构较普通 Modem 复杂，它由调制解调器、调谐器、加/解密模块、桥接器、网络接口卡、以太网集线器等组成，它无须拨号上网，不占用电话线，可提供随时在线连接的全天候服务。

目前 Cable Modem 产品有欧、美两大标准体系，DOCSIS 是北美标准，DVB/DAVIC 是欧洲标准。欧、美两大标准体系的频道划分、频道带宽及信道参数等方面的规定，都存在较大差异，因而互不兼容。北美标准是基于 IP 的数据传输系统，侧重于对系统接口的规范，具有灵活的高速数据传输优势；欧洲标准是基于 ATM 的数据传输系统，侧重于 DVB 交互信道的规范，具有实时视频传输优势。从目前情况看，兼容欧洲标准的 Euro DOCSIS1.1 标准前景看好，我国 CM 技术要求类似于这一标准。

Cable Modem 下行通道的频率范围为 88～860MHz，每个通道的带宽为 6MHz，采用 64QAM 或 256QAM 调制方式，对应的数据传输速率为 30.342Mbit/s 或 42.884Mbit/s。上行通道的频率范围为 5～65MHz，每个通道的带宽可为 200、400、800、1600、3200(kHz)，采用 QPSK 或 16QAM 调制方式，对应的数据传输速率为 320～5120Kbit/s 或 640～10240Kbit/s。系统的每一个下行通道可支持 500～2000 个 Cable Modem 用户，工作时每个 Cable Modem 用户实时分析下行数据中的地址，通过地址匹配确定数据的接收。当用户数量较多时，下行数据量增大，每个用户的平均速度下降。

### 3. 光纤接入技术

（1）光纤的传输特性。光纤中光信号的传输是基于全反射原理。光纤可以分为多模光纤（Multi-Mode Fiber，MMF）和单模光纤（Single Mode Fiber，SMF），多模光纤中光信号具有多种传播模式，而单模光纤中只有一种传播模式。日常使用的光波长主要在 $1.31\mu m$ 和 $1.55\mu m$ 两个低损耗的波长窗口内，如 Ethernet 网中的 1000Base-LX 物理接口采用 $1.31\mu m$ 波长的光信号。

在光纤通信中目前主要采用的是 LED 光源和激光光源。LED 光源的光谱纯度低，不同波长的光信号在光纤中传播速度不同，因此随着距离的增加，光信号传播会发生色散，造成信号的失真，限制了光纤传输的距离，因此对于长距离的传输，每隔一段距离都需要对信号进行中继。单模光纤的色散比多模光纤要小得多，因而无中继传输距离更长。采用光谱纯度高的激光源传输时引起的色散则更小，通信距离也更长。

光纤通信系统的基本组成如图 3-3 所示。在光纤通信系统中，光发送机与光接收机统称为光端机。光端机是光纤通信系统中的光纤传输终端设备，它们位于电端机和光纤传输线路之间。光发送机的主要作用是将电端机送来的数字基带电信号变换为光信号，并耦合进光纤线路中进行传输。光接收机的主要作用是将光纤传输后的幅度被衰减、波形产生畸变的、微弱的光信号变换为电信号，并对电信号进行放大、整形后，再生成与发送端相同的电信号，输入到电接收端机。

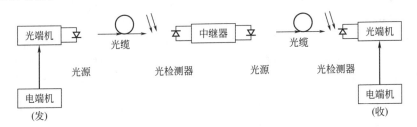

图 3-3　光纤通信系统的基本组成

（2）PDH 和 SDH 技术。光纤通信具有通信容量大、质量高、性能稳定、防电磁干扰、保密性强等优点。在干线通信中扮演着重要角色，在接入网中光纤接入也成为发展的重点。光纤接入网从技术上可分为两大类：即有源光网络（Active Optical Network，AON）和无源光网络（Passive Optical Network，PON）。有源光网络又可分为基于 SDH（同步数字系列）的 AON 和基于 PDH（准同步数字系列）的 AON。

有源光网络的局端设备（CE）和远端设备（RE）通过有源光传输设备相连，骨干网中大量采用 SDH 和 PDH 技术，但以 SDH 技术为主。远端设备主要完成业务的收集、接口适配、复用和传输功能。局端设备主要完成接口适配、复用和传输功能。此外，局端设备还向网络管理系统提供网管接口。在实际接入网建设中，有源光网络的拓扑结构通常是星型或环行。

①PDH技术。PDH和SDH实际上就是一种数字信号的复接技术。其中PDH（Plesio-chronous Digital Hierarchy）叫"准同步数字系列"；SDH（Synchronous Digital Hierarchy）叫"同步数字系列"。数字复接序列形成的原理是先把一定路数的数字电话信号复合成一个标准的数据流，该数据流称为基群。然后再用数字复接技术将基群复合成更高速的数据信号。在数字复接序列中，按传输速率不同，分别称为基群、二次群、三次群、四次群等。每一种群路可传送多路数字电话，也可以用来传送其他相同速率的数字信号。

现有的四次群以下的数字复接序列一般都采用PDH准同步复接技术。PDH有μ律和A律两套标准。μ律是以1.544Mbit/s为基群的数字序列（称为T1），A律是以2.048Mbit/s为基群的数字序列（称为E1）。我国采用的是A律系列，如表3-1所示。

表3-1　PDH、SDH传输速率一览表

| 制式 等级 | | A律 | | μ律 | |
|---|---|---|---|---|---|
| | | 信息速率/(Kbit/s) | 路数 | 信息速率/(Kbit/s) | 路数 |
| PDH | 基群 | 2048(2M) | 30 | 1544 | 24 |
| | 二次群 | 8448(8M) | 120 | 2312 | 96 |
| | 三次群 | 34368(34M) | 480 | 32064 或 44736 | 480 或 672 |
| | 四次群 | 139264(140M) | 1920 | 97723 或 274176 | 1440 或 4032 |
| SDH | STM-1 | 155520 | | | |
| | STM-4 | 622080 | | | |
| | STM-16 | 2488320 | | | |
| | STM-64 | 9953280(10Gbit/s) | | | |
| | STM-256 | 39813120(40Gbit/s) | | | |

采用准同步数字系列（PDH）的系统，需要在数字通信网的每个节点上都分别设置高精度的时钟，这些时钟的信号都具有统一的标准频率。尽管每个时钟的精度都很高，但总还是有一些微小的差别。为了保证通信的质量，要求这些时钟的差别不能超过规定的范围。因此，这种同步方式严格来说不是真正的同步，所以叫做"准同步"。在以往的电信网中，多使用PDH设备。这种系列对传统的点到点通信有较好的适应性。而随着数字通信的迅速发展，点到点的直接传输越来越少，而大部分数字传输都要经过转接，因而PDH系列不再适合现代电信业务开发和电信网管理的需要。

②SDH技术。最早提出SDH概念的是美国贝尔通信研究所，称为光同步网络（SONET）。它是高速、大容量光纤传输技术和高度灵活、又便于管理控制的智能网技术的有机结合。最初的目的是在光路上实现标准化，便于不同厂家的产品能在光路上互通，从而提高网络的灵活性。1988年，国际电报电话咨询委员会（CCITT）接受了SONET的概念，重新命名为"同步数字系列（SDH）"，使它不仅适用于光纤，也适用于微波和卫星传输的技术体制，并且使其网络管理功能大大增强。

CCITT确定四次群以上采用同步数字序列（SDH）。SDH的第一级比特率为155.52Mbit/s，记作STM-1。四个STM-1按同步复接得到STM-4，比特率为622.08Mbit/s。四个STM-4按同步复接得到STM-16，比特率为2488.32Mbit/s。四个STM-16按同步复接得到STM-64，比特率为9953.28Mbit/s，以此类推。如表3-1所示。

无源光网络（PON）的光配线网（ODN）上的器件全部由无源器件（光纤、无源光分路器、波分复用器等）组成，不包含任何有源节点。PON 是一种纯介质网络，避免了外部设备的电磁干扰和雷电影响，减少了线路和外部设备的故障率，提高了系统可靠性，同时节省了维护成本。PON 的业务透明性较好，原则上可适用于任何制式和速率信号。

PON 技术又分为 APON、EPON 和 GPON 等。

在 PON 中采用 ATM 信元的形式来传输信息，称为 ATM-PON 或简称 APON。APON 通过利用 ATM 的集中和统计复用，再结合无源分路器对光纤和光线路终端的共享作用，使成本比传统的以电路交换为基础的 PDH/SDH 接入系统低 20%～40%。

EPON（以太无源光网络）是一种新型的光纤接入网技术，它采用点到多点结构、无源光纤传输，在以太网之上提供多种业务。它在物理层采用了 PON 技术，在链路层使用以太网协议，利用 PON 的拓扑结构实现以太网的接入。因此，它综合了 PON 技术和以太网技术的优点：低成本，高带宽，扩展性强，灵活快速的服务重组；与现有以太网的兼容；方便管理等。

EPON 和 APON 最主要的区别表现在帧结构上帧结构格式、帧周期长度及打包方式都不一样，而它们的主要技术差别是：EPON 的数据传输是以可变长度的分组进行，最长 1518 字节；而 APON 数据主要是以 53 字节固定长度的 ATM 信元方式传输。APON 的分组包必须按每 48 字节一小段切割，而且每段得加上 5 字节的字头，所以这种处理方式既费时、复杂、浪费带宽，又增加了额外的成本，用 APON 运载 IP 业务很难且效率低。

GPON（Gigabit-Capable PON）技术起源于 APON 技术标准，并在 APON 的基础上进行了升级和改进。EPON 和 GPON 是两个标准，千兆速率的 EPON 称为 GEPON。

相对于现有的接入网技术而言，GPON 技术的特点主要有：

① 高带宽和高传输效率。下行速率高达 2.488Gbit/s，上行为 1.244Gbit/s，可以满足用户对未来业务的接入带宽需求。

② 单纤接入。使用单根光纤就可以满足 ONT（Optical Network Terminal，光网络终端，用户端设备）用户的接入需求，可以大量节省运营商在接入层馈线段的光纤资源。

③ 可以支持的接入距离更远（大于 20km）。针对 FTTB（光纤到大楼）开发的 GPON 系统，其 OLT（Optical Line Terminal，光线路终端，局端设备）到 ONT 的最远接入距离可以达到 60km 以上。

④ 作为电信级的技术标准，对设备的互操作性能有详细的要求，对各种业务类型都能提供相应的 QoS 保证。GPON 还规定了在接入网层面上的保护机制和完整的 OAM（操作—Operation、管理—Administration、维护—Maintenance）功能，光纤自动倒换时间小于 50ms。

⑤ 位于室外的光分配网中只有物理介质特性非常稳定的光纤和无源分光器，没有任何有源设备，使得网络具有高可靠性。

⑥ 在接入网层面上提供一个统一的接入平台，节约了运营商维护和处理故障的成本。

根据光网络单元的位置，光纤接入方式可分为如下几种：FTTR（光纤到远端接点）；FTTB（光纤到大楼）；FTTC（光纤到路边）；FTTZ（光纤到小区）；FTTH（光纤到用户）。光网络单元具有光/电转换、用户信息分接和复接以及向用户终端馈电和信令转换等功能。当用户终端为模拟终端时，光网络单元与用户终端之间还有数模和模数的转换器。

### （三）交换技术

#### 1. 电路交换技术

电路交换是最早出现的一种交换方式。电话交换一般采用电路交换方式。电路交换方式是指两个用户在相互通信时使用一条实际的物理链路，在通信过程中自始至终使用该条链路进行信息传输，同时不允许其他用户终端设备共享该链路的通信方式。

电路交换属于电路资源预分配系统，即在一次接续中，电路资源预先分配给一对用户固定使用，不管电路上是否有数据传输，电路一直被占用着，直到通信双方要求拆除电路连接为止。

电路交换的特点如下。

① 在通信开始时要首先建立连接。

② 一个连接在通信期间始终占用该电路，即使该连接在某个时刻没有信息传送，该电路也不能被其他连接使用，电路利用率低。

③ 交换机对传输的信息不作处理，对交换机的处理要求简单，但对传输中出现的错误不能纠正。

④ 一旦连接建立以后，信息在系统中的传输时延基本上是一个恒定值。

（1）程控交换技术。程控交换技术实质上就是一种由计算机控制、以话音通信为主的电路交换技术。当电话网络中任意两点之间进行通信时，主叫方通过拨号方式将被叫方的电话号码通知给电话程控交换网，程控交换网络根据被叫号码在主叫方和被叫方之间建立一条电路，这条电路包括主叫方和被叫方到所属端局的用户线、端局交换机和交换机之间的中继线路，电路一旦建立就完全归通信双方使用，不能再分配给其他用户。双方通信结束后，主叫或被叫挂机，通知程控交换网可以释放通信信道，释放后的信道或电路可以再分配给其他用户使用。在程控交换网络中，话音电路的建立、接续、释放都是通过信令完成的，一般分为用户信令和局间信令。程控交换技术广泛用于城市 PSTN 电话网建设、大型单位的电话接入和管理、呼叫中心的电话接入等。

（2）数字数据网（DDN）。DDN（Digital Data Network）即数字数据网是一种数据传输网，提供半固定连接的专用电路，是面向所有专线用户或专网用户的基础电信网，可为专线用户提供高速、点到点的数字传输。DDN 支持任何通信协议，使用何种协议由用户决定（如 X.25 或帧中继）。所谓半固定是指根据用户需要临时建立的一种固定连接。对用户来说，专线申请之后，连接就已完成，且连接信道的数据传输速率、路由及所用的网络协议等可随时根据需要申请改变。

DDN 可向用户提供 $N \times 64Kbit/s$（$N=1 \sim 31$）及 2048Kbit/s 速率的全透明的专用电路。DDN 专线不对用户数据做任何改动，直接传送，资源利用上没有额外的交换及协议上的开销。对用户的接入要求是物理接口与网络提供的物理接口匹配。

DDN 网特点如下。

① 传输速率高。在 DDN 网内的数字交叉连接复用设备能提供 2Mbit/s 或 $N \times 64Kbit/s$（$\leq 2M$）速率的数字传输信道。

② 传输质量较高。数字中继大量采用光纤传输系统，用户之间专有固定连接，网络时延小。

③ 协议简单。采用交叉连接技术和时分复用技术，由智能化程度较高的用户端设备来完成协议的转换，本身不受任何规程的约束，是全透明网，面向各类数据用户。

④ 灵活的连接方式。可以支持数据、语音、图像传输等多种业务，它不仅可以和用户终端设备进行连接，也可以和用户网络连接，为用户提供灵活的组网环境。

⑤ 电路可靠性高。采用路由迂回和备用方式，使电路安全可靠。

⑥ 网络运行管理简便。采用网管对网络业务进行调度监控，业务生成迅速。

**2. 分组（包）交换**

分组交换（Packet Switching）是数据通信的一种交换方式。它利用存储-转发的方式进行交换。分组交换机首先对从终端设备送来的数据报文进行接收、存储，而后将报文划分为一定长度的分组，并以分组为单位进行传输和交换。每个分组中都有一个 3～10 个字节的分组头。分组头中包含有分组的地址和控制信息，以控制分组信息的传输和交换。

分组交换采用统计复用方式，电路的利用率较高。但统计复用的缺点是有产生附加的随机时延和丢失数据的可能。这是因为用户传送数据的时间是随机的，若多个用户同时发送分组数据，则必然有一部分分组需要在缓冲区中等待一段时间才能占用电路传送，若等待的分组超过了缓冲区的容量，就可能发生部分分组的丢失。

另外，在分组交换中普遍采用逐段反馈重发措施，以保证数据传送是无差错的。所谓逐段反馈重发，是指数据分组经过的每个节点都对数据分组进行检错，在发现错误后要求对方重新发送。

分组交换有两种方式：虚电路方式和数据报方式。

① 虚电路方式。所谓虚电路是指两个用户在进行通信之前要通过网络建立逻辑上的连接。建立连接时，主叫用户发送"呼叫请求"分组，该分组包括被叫用户的地址及为该呼叫在出通路上分配的虚电路标识，网络中的每一个节点都根据被叫地址选择出通路，为该呼叫在出通路上分配虚电路标识，并在节点中建立入通路上的虚电路标识与出通路上的虚电路标识之间的对应关系，向下一节点发送"呼叫请求"分组。被叫用户如果同意建立虚电路，可发送"呼叫连接"分组到主叫用户。当主叫用户收到该分组时，表示主叫用户和被叫用户之间的虚电路已建立，可进入数据传输阶段。

在数据传输阶段，主被叫之间可通过数据分组相互通信，在数据分组中不再包括主、被叫地址，而是用虚电路标识表示该分组所属的虚电路，网络中各节点根据虚电路标识将该分组送到呼叫建立时选择的下一通路，直到将数据传送到对方。同一报文的不同分组沿着同一路径到达终点。

数据传送完毕后，每一方都可释放呼叫，网络释放该呼叫占用的资源。

虚电路不是电路交换中的物理连接，而是逻辑连接。虚电路并不独占电路，在一条物理线路上可以同时建立多个虚电路，以达到资源共享。

虚电路方式在一次通信过程中分为呼叫建立、数据传输和释放呼叫 3 个阶段，有一定的处理开销。一旦虚电路建立，数据分组按已建立的路径通过网络，分组按发送顺序到达终点。虚电路在每个中间节点不需进行复杂的选路，对数据量较大的通信有较高效率，但对故障较为敏感，当传输链路或交换节点发生故障时可能引起虚电路的中断。

② 数据报方式。数据报方式是独立地传送每一个数据分组。每一个数据分组都包含终点地址的信息，每一个节点都要为每一个分组独立地选择路由，因此一份报文包含的不同分组可能沿着不同的路径到达终点。

数据报方式在用户通信时不需有呼叫建立和释放阶段，对短报文传输效率比较高，对网络故障的适应能力较强，但属于同一报文的多个分组独立选路，故接收端收到的分组可能失去顺序。

### 3. 异步传输方式（ATM）

ATM（Asynchronous Transfer Mode）即异步传输模式，又叫异步转移模式。它是宽带 ISDN 中的一种基本交换方式。

ATM 模式中，信息被组织成信元，因包含某用户信息的各个信元不需要周期性出现，这种传输模式是异步的。信元指的是 ATM 中传输信息的基本单位，类似于分组交换中的分组，但它又区别于分组。信元由信头（header）和信息域（payload）两部分组成。信头中包括各种控制信息，主要是表示信元去向的逻辑地址，以及其他一些维护信息、优先级和信头纠错码。信息域中包含来自各种不同业务的用户信息，这些信息透明地穿过网络，信元的大小与业务类型无关，任何业务的信息都经过切割封装成统一格式的信元在网络中传输，这样大大提高了传送信元的速率和信息的实时性。ATM 的信元是固定长度的，并且长度较短（53 个字节），前面 5 个字节为信头，主要完成寻址的功能；后面的 48 个字节为信息段，用来装载来自不同用户、不同业务的信息。由于 ATM 技术简化了交换过程，去除了不必要的数据校验，采用易于处理的固定信元格式，所以 ATM 交换速率大大高于传统的数据网，如X.25、DDN、帧中继等。可见 ATM 交换虽然类似于分组交换，但 ATM 交换结构和电路交换又有一定相似之处，故可以说 ATM 交换采纳了分组交换和电路交换的长处。

ATM 网络的优点如下。

① ATM 网络没有共享介质和包传输所带来的延时，带宽利用率高，用户可有效地占用全部带宽，比起传统网络的竞争带宽（如以太网）或共享带宽（如令牌环、FDDI）的方式，能获得更好的传输效率。

② ATM 数据被切分成固定长度的信元后，所执行的信元交换是线速交换，数据传输比传统的数据包交换更容易达到较高的传输速率。

③ ATM 能够很好地保证服务质量（QoS），能同时满足数据、语音、影像和多媒体等数据传输需求，达到数据集成的目标。

ATM 网络的缺点如下。

① ATM 与现行的共享型和基于包交换的各种局域网的兼容性差。当前，集成到局域网和城域网的 ATM 系统，不得不采用局域网仿真（LANE）服务器（LES）来解决；其过度的带宽开销也会使网络运行效率大打折扣。

② 如果用户是在原有网络基础上改造的话，ATM 网络也无法保障用户对网络的已有投资。如现有网络操作系统，特别是协议，为了支持 ATM 都要做很大的修改。

③ ATM 从标准到技术都还不十分成熟。标准的制定较为宽松，致使很多厂商推出自己的五花八门的 ATM 产品，彼此之间的互联互通、互操作性较差。

### （四）复用技术

为了提高信道利用率，使多个信号沿同一信道传输而互相不干扰，称为多路复用。目前常见的多路复用技术包括频分多路复用（Frequency Division Multiplexing，FDM）、时分多路复用（Time Division Multiplexing，TDM）、波分多路复用（Wavelength Division Multiplexing，WDM）、码分多路复用（Code Division Multiplexing，CDM）、空分多路复用（Space Division Multiplexing，SDM）。其中时分多路复用又包括同步时分复用和统计时分复用。

（1）频分多路复用 FDM。频分多路复用的基本原理是在一条通信线路上设置多个信道，每路信道的信号以不同的载波频率进行调制，各路信道的载波频率互不重叠，这样一条通信线路就可以同时传输多路信号。

（2）时分多路复用 TDM。时分多路复用是以信道传输时间作为分割对象，具体说，就是把时间分成一些均匀的时间间隙，将各路信号的传输时间分配在不同的时间间隙，以达到互相分开，互不干扰的目的。因此时分多路复用更适用于数字信号的传输，它又分为同步时分多路复用和统计时分多路复用。

PCM30/32 系统是最常用的一种时分复用技术，整个系统共分为 32 个路时隙，其中 30 个路时隙分别用来传送 30 路语音信号，一个路时隙用来传送帧同步码；另一个路时隙用来传送信令码。图 3-4 是 PCM30/32 路系统帧结构。

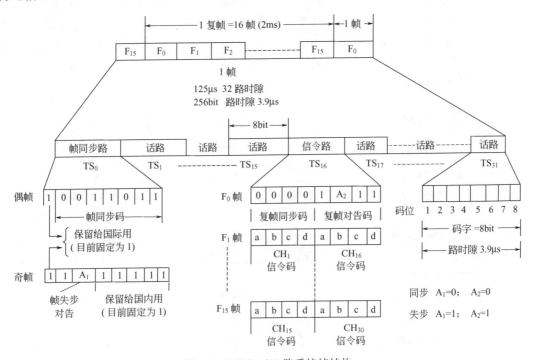

图 3-4　PCM30/32 路系统帧结构

从图中可看出，PCM30/32 路系统中一个复帧包含 16 帧，编号为 $F_0$、$F_1 \cdots F_{15}$，一复帧的时间为 2ms。每一帧（时间为 125μs）又包含有 32 个路时隙，其编号为 $TS_0$、$TS_1$、$TS_2 \cdots TS_{31}$。每一路时隙包含有 8 个位时隙。路时隙 $TS_1 \sim TS_{15}$ 分别传送第 1 路～第 15 路的信码，路时隙 $TS_{17} \sim TS_{31}$ 分别传送第 16 路～第 30 路的信码。$TS_0$ 时隙传送帧同步码，$TS_{16}$ 时隙用来传送 30 个话路的信令码。按图 3-4 所示的帧结构，每帧频率应为 8000 帧/s，帧周期为 125μs，所以 PCM30/32 路系统的总数码率是 $f_b = 8000$（帧/s）$\times 32$（路时隙/帧）$\times 8$（bit/路时隙）$= 2048 \text{Kbit/s} = 2.048 \text{Mbit/s}$。

（3）波分多路复用 WDM。波分多路复用是光的频分多路复用，它是在光学系统中利用棱镜或衍射光栅来实现多路不同频率光波信号的合成与分解。其原理如图 3-5 所示。

（4）码分多路复用 CDM。码分复用是靠不同的编码来区分各路原始信号的一种复用方式。每个用户可以在同一时间使用同样的频带进行通信，但是使用基于码型的分割信道的方法，即每个用户分配一个地址码，各个码型互不重叠，通信各方之间不会相互干扰，且抗干扰能力强。

图 3-5　棱镜波分复用示意图

码分多路复用技术主要用于无线通信系统，特别是移动通信系统。它不仅可以提高通信的话音质量和数据传输的可靠性以及减少干扰对通信的影响，而且增大了通信系统的容量。

（5）空分多路复用 SDM。空分复用是指利用空间位置的不同来共享通信通道的方式。比如 5 类线就是 4 对双绞线共用 1 条电缆，还有市话电缆（几十对）也是如此。另外，在卫星通信中可以利用天线的方向性和用户的地区隔离性实现信号的分离。比如两副天线分别对着亚太地区和非洲地区，当天线的波瓣宽度和隔离度满足要求时，不同方向的两副天线可以使用相同的频率分别对不同的地区进行通信，不互相干扰。

# 三、消防有线通信网

## （一）119 接警电话通信网

### 1. 网络结构和组成

119 报警电话通信网的主要功能是集中受理 119 报警电话，它主要由公共交换电话网 PSTN 和 119 火灾报警电话受理台组成。

（1）公共交换电话网。如图 3-6 所示，我国的电话通信网采用分级网结构，包括长途电话网和本地电话网两大部分。我国的电话通信网过去长期采用五级网的结构，其中长途电话网长期采用四级网络结构。随着通信技术的进步、长途骨干光缆的铺设和本地电话网的建设，我国长途电话网的等级结构已由四级逐步演变为两级，整个电话通信网相应地由五级网向三级网过渡，即两级的长途交换中心和一级的本地交换中心。而且，将来的长途电话网将进一步演变为动态无级网结构，整个电话通信网也将由三个层面组成，即长途电话网平面、本地电话网平面和用户接入网平面。在这种结构中，长途网将采用动态路由选择，本地网也可以采用动态路由选择，用户接入网将采用环形网结构并实现光纤化和宽带化。

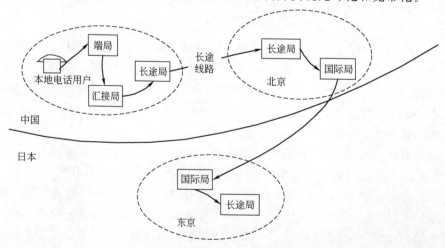

图 3-6　公共交换电话网的组成示意图

① 长途电话网。我国长途电话通信网过去采用四级辐射汇接制的等级结构，近年采用两级网结构。

根据长途交换中心在网路中的地位和所汇接的话务类型不同，长途电话二级网将国内长途交换中心分为两个等级：汇接全省转接（含终端）长途话务的省级交换中心用 DC1 表示；汇接本地网长途终端话务的交换中心用 DC2 表示。

长途电话二级网的等级结构及网路组织示意图如图 3-7 所示。

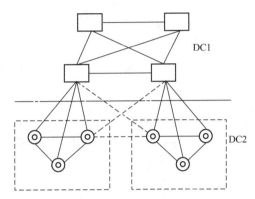

图 3-7 长途电话二级网的等级结构及网路组织示意图

a. 一级交换中心 一级交换中心（DC1）为省（自治区、直辖市）长途交换中心，其功能主要是汇接所在省（自治区、直辖市）的省际长途来去话务和所在本地网的长途终端话务。

DC1 之间以基干路由网状相连。DC1 设置在省会（自治区首府、直辖市）城市，在高话务量要求的前提下，可以在同一城市设置两个甚至多个 DC1。地（市）本地网的 DC2 与本省所属的 DC1 均以直达路由相连。

b. 二级交换中心 二级交换中心（DC2）是本地网的长途交换中心，其主要职能为汇接所在本地网的长途终端话务。

DC2 与本省的 DC1 之间设直达电路，根据话务流量流向，二级交换中心也可与非从属一级交换中心建立直达电路群，如图 3-7 中虚线所示。同一省的 DC2 之间以不完全网状连接。话务量较大时，相邻省的 DC2 之间也可设置直达电路。

DC2 一般设置在本地网的中心城市。有高话务量要求时，同一城市可以设置两个以上的 DC2。

长途网中较高等级的交换中心可以具有较低等级的交换中心职能，如在两级长途网中，DC1 也可以包含 DC2 的职能。

由于两级长途电话网简化了网络的等级结构，也就使长途路由选择得到了简化，但仍应遵循尽量减少路由转接次数和少占用长途电路的原则，即优先选择直达路由，后选择迂回路由，最后选择由基干路由构成的最终路由。

② 本地电话网。本地电话网是指由同一个长途编号区范围内的所有交换设备、传输设备和用户终端设备组成的电话网络。

如图 3-8 所示，本地网的交换局主要是端局，也可以包括汇接局。所谓端局就是通过用户线路直接连接用户的交换局，数字电话网中，端局用 DL 表示。本地网中的端局，仅有本局交换功能和来、去话功能。根据组网需要，端局以下还可接远端用户模块、用户集线器、用户交换机（PABX）等用户装置。根据端局设置的地点，可分为市内端局、县（市）及卫

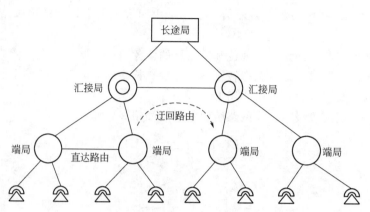

图 3-8 本地电话通信网的组成示意图

星城镇端局、农村乡和镇端局，它们的功能完全一样，并统称为端局。

除了端局外，本地网中可根据需要设置汇接局，用以汇接本汇接区内的本地或长途业务。汇接局用 Tm 表示。数字电话网中，汇接局用 DTm 表示。

若有的汇接局还负责疏通用户的来、去话务，即兼有端局功能，则称为混合汇接局，在本地网中汇接局是端局的上级局。

由于本地网属于同一个长途编号区，因此本地网内部的电话呼叫不需拨打长途区号。在同一个长途编号区服务范围内可根据需要设置一个或多个长途交换中心。但长途交换中心及它们之间的长途电路不属于本地网。

根据本地网的规模大小和端局数量，本地网网路等级结构可分为网状网结构和二级网结构。

a. 网状网结构  本地网中仅设置端局，各端局之间设置低呼损（呼损率≤1％）直达中继电路群组成网状网。各端局对所属长途交换局也设置低呼损直达中继电路群。网状网结构适用于交换局数量较少，各局交换机容量大的本地电话网。

b. 二级网结构  当本地电话网中端局数量较大时，采用二级网结构。二级网结构中，各汇接局之间设置低呼损直达中继电路群。汇接局与其所属端局之间设置低呼损中继电路群。在业务量较大且经济合理的情况下，任一汇接局与非本汇接区的端局之间或者端局之间可设置直达电路群（低呼损电路群或高效电路群）。

各端局与位于本地网内的长途局之间可设置直达中继电路群（高效直达或低呼损直达），但为了经济合理和安全灵活地组网，可在汇接局与长途局之间设置低呼损直达中继电路群，疏通各端局长途话务。

(2) 119 火灾报警电话受理台。119 火灾报警电话受理台是设在消防部门、与 PSTN 公共交换电话网相连、承担火警电话受理功能的消防通信设施。119 火灾报警电话受理台一般以城市为单位进行建设，主要由 119 报警电话排队交换机、报警中继线路和接警座席电话终端组成。其系统结构如图 3-9 所示。

按照国家标准《消防通信指挥系统设计规范》（GB 50313—2013）的要求，119 火灾报警电话受理台应具备以下基本功能。

① 能以数字中继或模拟中继方式与公用电话网及其他专用通信网相连，接收火警电话或其他报警电话，并具有被叫控制功能；数字中继采用 ISDN-PRI 接口（E1），应采用七号信令、数字型线路信令或多频记发器信令（中国一号信令）。

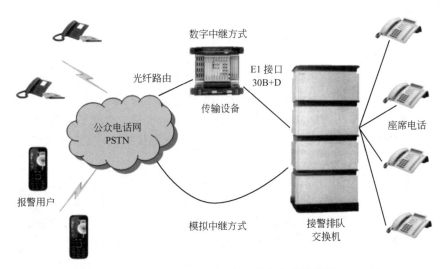

图 3-9　119 火灾报警电话通信网拓扑结构图

② 具有与公安机关"三台合一"接处警系统及城市应急联动等系统的语音通信线路。

③ 具有与城市消防安全远程监控系统的语音通信线路。

④ 具有与供水、供电、供气、通信、医疗、救护、交通、环保等灭火救援相关单位的语音通信线路。

⑤ 具有传输固定报警电话装机地址和移动报警电话定位信息的数据通信线路。

⑥ 火警电话的线路容量能满足本地接警的需求。

（3）报警电话接续过程。如图 3-10 所示，119 火警受理台一般是通过本地电话网的端局或汇接局接入公共交换电话网，为了避免电话网络的单点故障造成接警通信中断，119 火警受理台一般要同时接入两个以上（含）的电话端局或汇接局，本地网的交换中心要针对 119 火警受理台的接入对整个本地公共交换电话网做 119 电话路由指向的设置，路由指向一般是按冗余原则进行设计，每个端局与上联汇接局（或端局）节点之间除了直达路由以外还设有迂回路由，当直达路由中断或线路全忙时，电话呼叫将通过迂回路由进行接续，避免网络单点故障导致的通信中断。

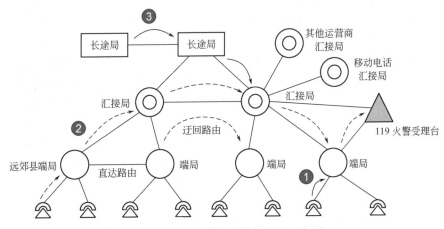

图 3-10　119 报警电话接续过程示意图

固定电话用户拨打 119 电话报火警时，其接续过程一般分为以下几种情况。

① 119 火警受理台所在端局的固定用户拨打 119 电话，所在端局交换机识别其局向号码为本局用户后，直接将呼叫接续到 119 火警受理台，其接续过程是：本地端局→119 火警受理台，如图 3-10 中❶所示。

② 119 火警受理台所在端局以外的固定用户拨打 119 电话，所在端局根据被叫号码的局向号码将呼叫接续到上联汇接局或端局，由上联汇接局或端局再进行接力接续，直到将呼叫接续到 119 火警受理台所在的端局，其接续过程为：本地端局→本地汇接局→119 火警受理台，如图 3-10 中❷所示。期间，如果接续路由上的某个汇接局或端局发生故障，交换中心会自动选择迂回路由进行传递。

③ 有的地区同时存在多个运营商提供 PSTN 网的接入服务，如联通、移动、电信等，它们之间的互联互通一般是通过汇接局完成的。公众移动通信网络的拓扑结构与 PSTN 网不完全相同，但基本上也是在汇接局的层面上与 PSTN 网实现互联。一般来讲，119 火警受理台只通过一个运营商接入本地 PSTN 网，因此其他运营商和移动网络的用户拨打 119 电话时，首先要将呼叫接续到 119 火警受理台所接入的运营商 PSTN 网，再经接入 PSTN 网的汇接局接续到 119 火警受理台。

④ 本地用户拨打 119 电话时，本地 PSTN 网交换中心将按照预先设定的路由数据对呼叫进行接续。外地用户拨打异地 119 电话时，须在 119 号码前加拨对方 119 火警受理台所在地区的长途区号，电话的接续过程是：本地端局→本地汇接局→本地长途局→异地长途局→异地汇接局→异地端局→异地 119 火警受理台，如图 3-10 中❸所示。外地移动漫游用户拨打漫游地 119 电话时，须在 119 号码前加拨漫游地的长途区号，其接续过程是：漫游地移动通信汇接局→漫游地 PSTN 汇接局→漫游地电话端局→漫游地 119 火警受理台。

随着电信网络的发展，部分地区的电话长途区号合并或号码升位，使原本处于两个不同长途区号的 119 火警受理台使用相同的长途区号（如郑州和开封）。这种情况下，消防部门应事先与电信管理部门协调，重新做好两个 119 火警受理台的路由设置，使固定用户拨打119 电话时指向特定的本地 119 火警受理台。移动用户拨打 119 电话时，可以根据其漫游基站的所在区域，确定指向本地的 119 火警受理台，而用户自己无法通过区号来确定拨打哪一个 119 火警受理台。

**2. 119 火警受理台的部署模式**

按照《消防部队灭火救援指挥系统推广部署实施方案》，消防接处警子系统推行大集中接处警模式，即直辖市总队和地市级支队将辖区（含郊县）的 119 报警语音线路，以及各级公安 110 转警的语音线路全部汇聚至本级消防指挥中心，配备消防接警调度程控交换机、服务器等核心设备，实现大集中接警，专业处置，杜绝二次接警。本级消防指挥中心通过统一接口标准，实现与各级公安 110 和社会应急联动单位的互联互通、信息共享。其警情处置流程如图 3-11 所示。

由于经过了公安部门"三台合一"的技术改造，全国各地 119 接警的模式各不相同，因此实现消防大集中接警的 119 报警电话通信网的建设模式也不尽相同，主要有以下几种情况。

（1）模式一：消防统一汇接、公安集中监听

① 建设思路。采用 119 报警电话大集中模式，全地市范围内的 119 报警电话由电信运营商直接汇接到消防指挥中心的 119 调度交换机。

消防接处警系统接到 119 报警电话后，由本级消防指挥中心负责受理和处置，并以三方

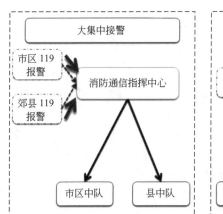
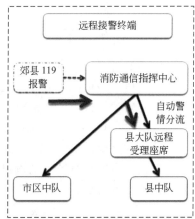

图 3-11　119 警情处置流程图

通话方式自动将报警电话转接到市公安局"三台合一"系统，由市公安三台合一接警座席完成对报警电话的监听。

② 系统架构。如图 3-12 所示，119 接警排队交换机与电信公网之间采用数字中继互联，作为 119 报警电话的呼入路由。

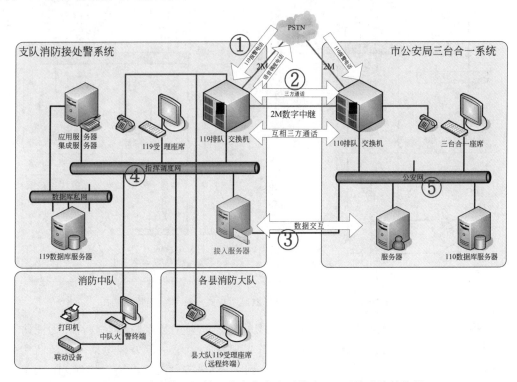

图 3-12　消防统一汇接、公安集中监听模式——系统连接结构图

119 接警排队交换机与市公安局 110 排队交换机之间采用数字中继互联，作为消防与 110 之间三方通话路由。

（2）模式二：消防统一汇接，公安分散监听

① 建设思路。采用 119 报警电话大集中模式，全地市范围内的 119 报警电话由电信运营商直接汇接到消防指挥中心的 119 接警排队交换机。

消防接处警系统接到报警电话后，由本级消防指挥中心负责受理和处置。同时通过自动分流功能实现对报警电话所在区县的识别，根据区县识别的结果，以三方通话方式自动将报警电话转接到对应的市县公安局"三台合一"系统，由报警电话所属市县公安三台合一接警座席完成对报警电话的监听。

消防接处警系统通过与当地市级公安"三台合一"系统的系统级互联，实现语音和数据的互联互通。与县级公安"三台合一"系统的语音互联可通过公网电话实现。

② 系统架构。如图 3-13 所示，119 接警排队交换机与电信公网之间采用数字中继互联，作为 119 报警电话的呼入路由。119 报警电话呼入时，需要运营商在被叫号码后添加地区识别码，以便 119 火警受理台能够自动识别该报警电话所属区县，建立 119 接警座席、110 接警座席和报警人之间的三方通话。

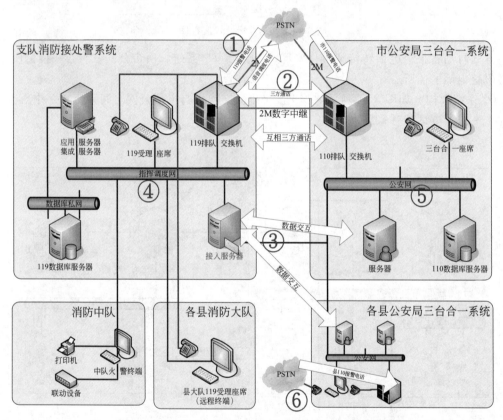

图 3-13　消防统一汇接，公安分散监听模式——系统连接结构图

119 接警排队交换机与市公安局 110 排队交换机之间采用数字中继互联，作为消防与市110 之间三方通话路由。在县公安"三台合一"指挥中心申请一部外线电话，供消防接处警系统与县公安"三台合一"系统三方通话呼叫专用。县公安"三台合一"接到 110 报警电话需要消防协助处置的，可通过呼叫号码"119"实现将报警电话转接到 119 火警受理台。

（3）模式三：公安集中汇接、语音自动分流

① 建设思路。公安集中汇接，即全地市范围内的 119 报警电话由电信运营商统一汇接到公安 110 排队调度机。

公安 110 系统接到 119 报警电话后，根据被叫号自动将报警电话转接到消防 119 接警排队交换机，并把报警人主叫号码信息通过中继信令发送到 119 接警排队交换机，由本级消防

指挥中心负责受理和处置。

② 系统架构。如图 3-14 所示，119 接警排队交换机与电信公网之间采用数字中继互联，作为 119 报警电话的呼入路由。

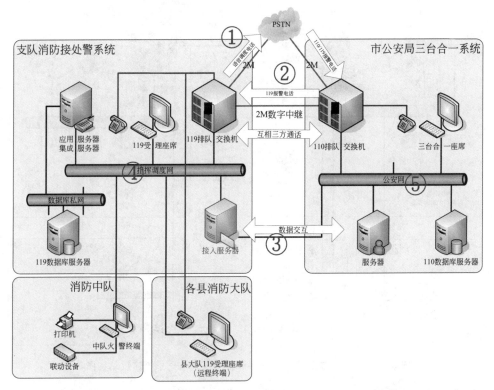

图 3-14　公安集中汇接、语音自动分流模式——系统连接结构图

119 接警排队交换机与市公安局 110 排队交换机之间采用数字中继互联，作为 119 报警电话的呼入路由以及三方通话路由。

这种模式下，报警电话的呼入路由有两个：一个是由 PSTN 网直接呼入 119 接警排队交换机；另一个是由 PSTN 网经公安 110 排队交换机转接后呼入 119 接警排队交换机。第一种情况公安监听所需的三方通话由 119 接警排队交换机发起；第二种情况公安监听所需的三方通话由 110 排队交换机发起。

（4）模式四：公安分散汇接、语音自动分流

① 建设思路。市区范围内的 119 报警电话由电信运营商统一汇接到市局指挥中心的 110 排队调度机。各区县范围内的 119 报警电话由电信运营商汇接到各区县公安局指挥中心的 110 排队调度机。

各市县公安 110 系统接到 119 报警电话后，根据被叫号自动将报警电话转接到市级消防指挥中心的 119 接警排队交换机，由本级消防指挥中心负责集中受理和处置。

消防接处警系统通过与当地市级公安"三台合一"系统的系统级互联，实现语音和数据的互联互通。与县区级公安"三台合一"系统的语音互联通过公网电话实现。

② 系统架构。如图 3-15 所示，119 接警排队交换机与电信公网之间采用数字中继互联，作为 119 报警电话的呼入路由。

119 接警排队交换机与市公安局指挥中心的 110 排队交换机之间采用数字中继互联，作

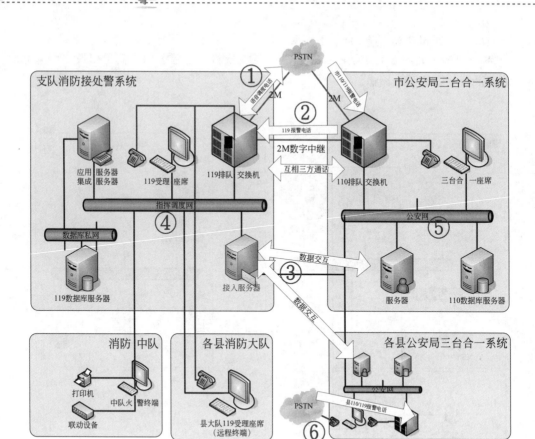

图 3-15  公安分散汇接、语音自动分流模式——系统连接结构图

为 119 报警电话呼入路由以及与市局 110 之间三方通话路由。

在县公安"三台合一"指挥中心中申请一部外线电话,供消防接处警系统与县公安"三台合一"系统三方通话呼叫专用。

市局 110 排队交换机与 119 调度交换机通过数字中继互联。市局 110 排队交换机接到市区 119 报警电话后,能够自动将该报警电话通过中继转接到 119 调度交换机,并且将报警人主叫号码通过中继信令发送到 119 调度交换机。

在消防支队与电信公网连接的中继上应申请多个引示号码(为每个县"三台合一"各申请一个),各县"三台合一"呼叫 119 时分别呼叫不同的号码以示区别。区县 110 排队交换机接到区县 119 报警电话后,能够自动将该报警电话通过公网(呼叫该区县对应的特定引示号码)转接到 119 接警排队交换机。

119 调度交换机在收到各区县 110 转接的报警电话后,可以通过呼叫的不同引示号码区分和确认该报警电话所属区县,从而实现报警电话的自动分流功能,将该报警电话自动分配到相关县大队的远端接处警座席。

由于通过公网对郊县的报警电话进行转接,因此一般情况下,119 接警排队交换机上获取的主叫号码是 110,而不是报警人的真实电话号码。实现 119 接警排队交换机自动获取报警人电话号码,需要公安 110 调度交换机进行改造,虚拟成报警人电话号码拨打指定的公网引示号码。否则需要 119 接警员人工询问报警人的电话,并作记录。

**3. 技术要点**

(1) 119 火警受理台的通信接口。119 火警受理台一般由报警电话线路、电话排队交换机、CTI 服务器、电话录音系统、IVR 服务器、座席终端等组成。其中，电话排队交换机是 119 火警受理台与 PSTN 公众交换电话网、公安 110 排队交换机和各消防大、中队相连的门户节点和关键设备。如图 3-16 所示，119 电话排队交换机应配置下列通信接口。

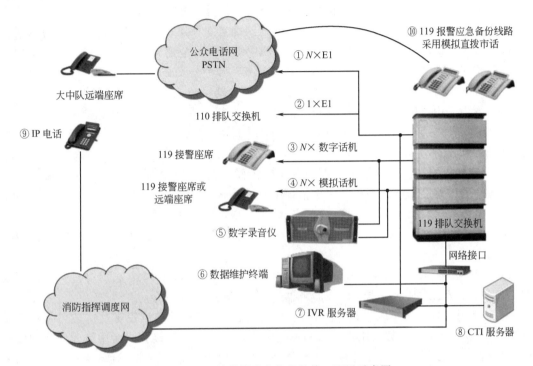

图 3-16　119 接警排队交换机的接口配置示意图

① 与公众交换电话网（PSTN）的接口。原则上 119 接警排队交换机与公众交换电话网 PSTN 之间应采用 ISDN-PRI 数字中继接口（E1），采用七号信令、数字型线路信令或多频记发器信令（中国一号信令）。119 火警数字中继的配备数量应根据各地火警话务量的实际情况而定，《消防通信指挥系统设计规范》（GB 50313—2013）对 119 接警电话中继线的配置数量提出了指导性要求，如表 3-2 所示。

表 3-2　119 接警电话中继线的配置数量对照表

| 入网方式<br>中继数<br>类别 | 数字中继 | 模拟中继 | 火警应急接警电话线路 |
|---|---|---|---|
| 特大城市 | 不少于 8 个 PCM 基群 | — | 不少于 8 路 |
| 大城市 | 不少于 4 个 PCM 基群 | — | 不少于 4 路 |
| 中等城市 | 不少于 2 个 PCM 基群 | 每个电话端（支）局不少于 2 路 | 不少于 2 路 |
| 小城市 | 不少于 1 个 PCM 基群 | 每个电话端（支）局不少于 2 路 | 不少于 2 路 |
| 独立接警的县级城市消防站 | — | 每个电话端（支）局不少于 2 路 | — |

注："类别"栏内的城市规模根据国家有关城市规模划分标准和城市的规划情况确定。

② 与公安"三台合一"的接口。按照公安部《关于大力推进县市公安机关 110、119、122 "三台合一"工作的通知》（公通字［2004］17 号）的要求，119 接警排队交换机应和本

级公安部门的110排队交换机建立连接，实现相互转接电话和公安部门对火警电话的监听功能，原则上交换机之间的链路连接应采用E1数字中继接口。

119与110交换机之间的数字中继数量应根据消防接警模式的不同而有所侧重。如采用前文所述的模式一和模式二，即"消防统一汇接、公安集中监听"和"消防统一汇接、公安分散监听"两种联接模式，119与110交换机之间配置1条E1中继即可，因为火警电话首先直接接入119排队交换机，119与110之间的中继仅作为电话转警和监听使用。如采用模式三和模式四，即"公安集中汇接、语音自动分流"和"公安分散汇接、语音自动分流"两种连接模式，火警电话先到公安110排队交换机再自动分流到119排队交换机，119与110之间的中继不仅用于转警和监听，更重要的是用于火警受理，因此中继线的数量和可靠性设计必须按照《消防通信指挥系统设计规范》（GB 50313—2013）中关于119接警中继的要求和标准进行配置。

③ 数字话机接口。由于数字话机具有离位转移、强插强拆、来话代接、来电显示、代拨等较强的通信调度功能，因此常用于指挥中心的座席电话。119电话排队交换机应配备足够的数字电话接口，数字电话的接口数量应略大于指挥中心的座席数量。

④ 模拟话机接口。为了便于灵活部署各类接处警座席，119排队交换机可适量配置部分模拟用户接口。

（2）119火警受理台的主要设备。除了电话排队交换机以外，119火警受理台一般还要配备数字录音仪、IVR服务器、CTI服务器、IP电话网关等设备。

① 数字录音仪。数字录音仪是119接警排队交换机必配的外围设备，一般可提供高阻抗的E1数字中继接口、数字用户接口和模拟用户接口，采用并接方式对中继线或用户线进行实时录音。为了使录音记录能够和座席的分机号码对应捆绑在一起，通常采用用户接口进行录音。

② IVR服务器。IVR服务器主要用于在社会用户拨打119火警电话时向用户自动播放语音提示，提醒误拨用户挂机，减少误拨和串线对119指挥中心的干扰。

③ CTI服务器。CTI服务器通过IP网络与程控交换机相连，实现座席计算机对程控交换机的集成控制。

④ IP电话网关。目前大多数程控交换机都自带VOIP电话的网关模块，能够建立与其他数字、模拟话机用户统一编号、一体化的VOIP网络，为实现异地分中心联合接警、大中队远端座席接警和快速扩充接警座席数量提供了有效的技术手段。

（3）系统可靠性设计。为了确保消防接警通信的及时、有效、不中断，119报警电话通信网的可靠性尤为重要。在经费和条件允许的情况下应尽可能采取双机热备、双路由的技术方案。图3-17为119接警电话通信网双机、双路由方案设计示意图。

① 双路由。119排队交换机的接警中继应来自两个不同的电话端局或汇接局，两个端局之间应由电信部门合理配置路由迂回机制，即正常情况下119报警电话分别经由两个电话端局送至119排队交换机，当其中任何一个端局的中继出现问题时，经由该端局的报警电话应自动转经另一个端局送到119排队交换机，以保证报警通信路由不中断。

除此之外，为了应对119排队交换机发生故障导致的接警中断，119指挥中心应安装与接处警座席同等数量的直拨电话作为119火灾报警的应急备份线路。应急直拨电话应直接部署到接处警座席的桌面上，不经过任何交换和控制设备。应急直拨电话的号码应保持连续，并要求提供119中继线的电信部门在其网络上做好路由迂回策略，即当检测到119数字中继连接失败时，自动将火灾报警电话分流到应急直拨电话上，保证119接警通信业务不中断。

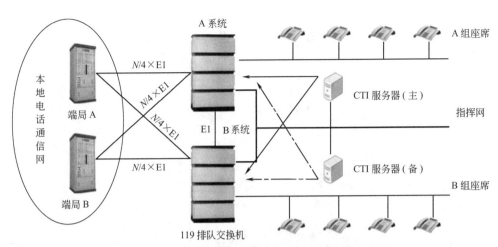

图 3-17　119 接警电话通信网双机、双路由方案设计示意图

② 双机热备。除了电话中继线路外，传输设备和排队交换机也是可能导致接警业务中断的关键节点。因此，从电话端局到 119 接警座席的电话终端，整个传输链条上的设备都应该采用双机热备的技术机制。

如图 3-17 所示，A、B 两套交换机同时接入两个电话端局，配置同等的中继资源。两台 CTI 服务器，一主一备同时控制两台排队交换机；交换机之间通过 E1 联网，座席话机按照静态分配的原则分成 A、B 两组分别接到 A、B 两个交换机上。在正常情况下，报警电话可以根据排队交换机的自动呼叫分配原则（Automatic Call Distribution，ACD）均匀地分配到 A、B 两组座席，座席之间也可以相互通信或转接。当某一台排队交换机发生故障无法工作时，另一台交换机仍然可以使用同样的中继资源进行接警，只是与故障交换机相连的那组座席可能无法工作，接警能力降低一半。如果故障交换机仅仅是接警中继模块发生故障，其他模块功能正常，那么另一台交换机还可以通过两台交换机之间的 E1 链路接管故障交换机的座席话机，保持两组座席的接警能力。

### 4. 应用案例

图 3-18 为某市 119 报警电话通信网的拓扑结构图。该网采用双传输双路由上联、双交换局向组网，尽可能地规避单点故障风险。

（1）中继。119 指挥中心使用 8 个 E1（30B＋D）作为 119 报警中继，为了提高通信的可靠性，中继线从 T5、T6 两个汇接局接入，每个汇接局接入 4 个 E1。

（2）传输。119 报警中继通过该市的本地 OSN 传输网接入消防指挥中心，为了确保传输的可靠性，传输网采用环状结构，同时部署两台华为 OSN2500 传输设备，每台传输设备分别同时连接到 T5、T6 汇接局，即每个汇接局（T5、T6）的 4 个 E1 中继分成两路传送到 119 排队交换机，每路 2 个 E1，这样每台华为传输设备上有来自 T5 的 2 个 E1 和来自 T6 的两个 E1，从而形成了双交换局向、双传输路由的网络结构。

（3）排队交换机接口配置。如图 3-19 所示，119 排队交换机共配置了 12 个 E1 接口，其中 8 个 E1 用于报警中继接入，1 个 E1 用于与市公安局 110 排队交换机联网，1 个 E1 用于与市交管局 122 排队交换机联网，1 个 E1 用于与火警调度交换机联网，1 个 E1 用于与行政办公交换机联网。由图可见，该市 119 火警受理台分别独立配备了 1 台接警排队交换机和 1 台调度排队交换机，这种配置方案避免了 1 台交换机故障可能导致接警和调度业务同时中

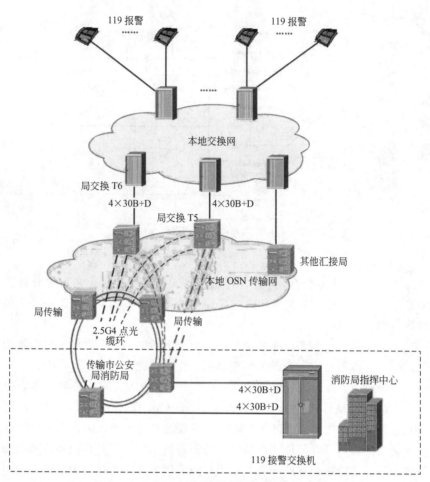

图 3-18　某市 119 接警电话通信网的拓扑结构图

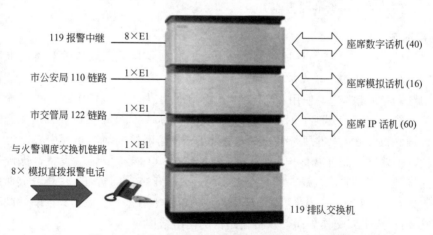

图 3-19　某市 119 接警排队交换机接口配置示意图

断的风险，但是还没有达到全业务双机热备的标准。对于接警话务量不大的地区，火警受理和调度业务可以合用 1 台排队交换机。

另外，该指挥中心配置了 40 个数字用户，用于座席接警。预留了 16 个模拟用户。配置了 60 个用户的 VOIP 网关模块，用于部署远端接警座席。

### （二）消防有线电话调度网

#### 1. 网络结构和组成

消防有线电话调度网是 119 指挥中心向下属消防支队、大队、中队下达出警指令的语音通信网，主要由调度排队交换机、语音专线、电话终端组成。

（1）语音调度专线。直达专线是指 119 指挥中心到消防中队独享专用传输设备和线路资源的通信方式。直达专线不经过公众电话网（PSTN）的交换设备，不受公众电话网忙闲的影响。

直达专线电话一般采用与部队编号对应的短号码，由 119 指挥中心的调度交换机进行号码分配，调度交换机可以单独设置，也可以和接警排队交换机合用。

20 世纪 90 年代初直达专线通常采用模拟用户线来实现，因为那个时候电信部门还保留了部分模拟局间中继，对于特殊用户还能提供模拟信号的语音专线业务。随着数字通信的快速发展，局间中继已全部被数字传输网所代替，因此直达调度专线也经历了由模拟到数字的技术变革。根据传输设备的不同，直达专线可以是单一的话音业务，也可以复用传输话音和数据等综合业务。

如图 3-20 所示，采用的是单一语音业务的直达专线。119 调度交换机按照消防大中队的数量一对一地配置模拟用户接口，通过大对数电话电缆送到电信部门的 PCM 汇接设备上，合成 $N \times E1$ 接入电信部门的传输网，在消防中队所在的电话端局设置 PCM 基群传输设备，将 E1 分解成 30 个语音话路，按照就近的原则通过模拟用户线接到各消防中队，根据消防中队的位置分布 1 个端局可能负责一个或多个消防中队的专线接入。通过 PCM 传输网 119 调度交换机和消防中队之间建立了点对点、透明的语音传输专网，119 调度交换机为专线用户统一编配分机号码，并通过直达专线接到各消防中队。

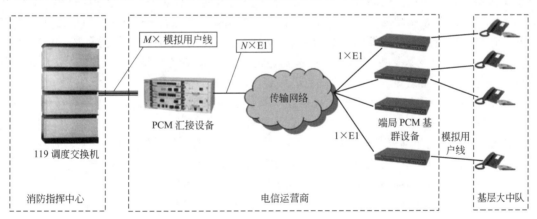

图 3-20　单一语音业务直达调度专线组网示意图

如图 3-21 所示，采用的是数据和语音复用传输的直达专线模式。该方案需要用到一种特殊的多业务 E1 复用器，如图 3-22 所示。该复用器的上连接口（对电信运营商的接口）为 E1，下联的用户业务接口为以太网接口和电话接口，即可以通过 E1 同时传输网络数据和电话语音。利用这个设备可以搭建语音数据直达调度专网。首先，每个需要接入专线的消防大队、中队需要配备一对多业务 E1 复用器，一端设在消防指挥中心，一端设在消防大中队，复用器通过 E1 接口接入电信部门的传输网，形成点对点、一对一的透明传输。在消防指挥中心一侧，多业务 E1 复用器通过 FXO（外围交换局接口）和模拟用户线与 119 调度交换机的用户模块相连；在消防中队一侧，多业务 E1 复用器通过 FXS（外围交换用户话机接口）

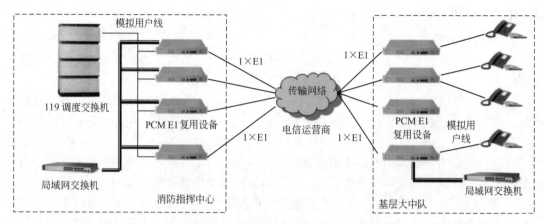

图 3-21 数据和语音复用业务直达调度专线组网示意图

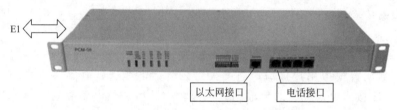

图 3-22 多业务 E1 复用器通信接口示意图

和模拟用户线与接警电话机相连。

在消防指挥中心和消防中队，多业务 E1 复用器的以太网接口分别接到本地的网络交换机或路由器上，就实现了网络互连。当然网络业务和电话语音业务要共享 E1 的 2Mbit/s 带宽，其中一路语音无压缩的带宽为 64Kbit/s，经过压缩可以达到 8Kbit/s。如果光纤资源充足的话，也可以使用单模光纤替代 E1 接口，这种方式可以提供更大的数据带宽（100Mbit/s 或 1000Mbit/s）以及数量更多的电话接口，但前提必须是消防指挥中心到各消防大队、中队具备点对点的直通光纤。

数据和语音复用传输专线模式的优点是节省传输线路的开支，带宽利用率高。缺点是一旦线路中断，网络和电话业务同时中断，影响面较大。

语音调度专线的组网模式与选用的复用器设备和承载的通信业务有很大的关系，上面所述只是其中一种案例，目前市场上复用器设备的品种多样，功能复杂，不仅支持语音，还可同时支持网络、视频、开关量等多种传输业务，在实际工作中应该结合实际综合考虑、灵活运用。

（2）调度排队交换机。调度交换机是消防有线调度通信网的核心设备，它主要负责 119 指挥中心对各消防大队、中队电话调度的接续和交换，因此它的对外通信接口以模拟用户接口为主，数字用户接口较少。模拟用户接口主要用于连接各大队、中队的模拟话机，数字接口用于连接指挥中心的数字话机。一般情况下，接警交换机和调度交换机应合用一台物理设备，以便实现高度集成的应用界面。确需独立设置的，应在接警交换机和调度交换机之间建立 E1 链路，实现互联互通。为了实现电话调度的统一、高效和图形化，调度交换机应配备 CTI 服务器（可以和接警交换机合用），将电话通信功能集成到计算机调度屏上，实现电话调度的"一键通"。

**2. 应用案例**

如图 3-23 所示，某市公安消防支队采用直达专线的模式组建调度电话专网。消防支队在接入局放置核心 PCM 复用处理机，通过配线（铜缆）上联接到消防支队 119 调度交换机的用户板，向下通过电信运营商 SDH 传输网的 2M 数字电路连到全市各个消防中队的属地电话端局。同时，在各消防中队的属地电话局端接入机房放置一台 E1 复用接入设备，向下可以出 8 路模拟话路，通过实线直接跳接到用户端连接用户（消防中队）电话；向上通过 2M 数字电路连到核心点的综合复用设备。

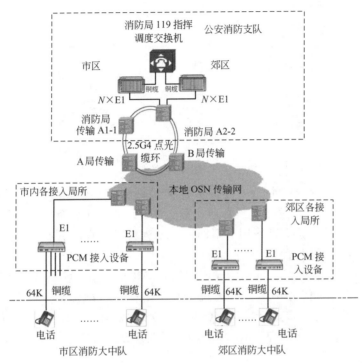

图 3-23　某市 119 有线电话调度网拓扑结构图

### （三）消防 VOIP 电话通信网

#### 1. 网络结构和组成

VOIP 电话系统主要由终端、网关、网守等构成，其网络结构如图 3-24 所示。

（1）终端（Terminal）。IP 电话的终端可以有多种类型，其中包括传统的语音电话、IS-DN 终端、PC，也可以是集语音、数据和图像于一体的多媒体业务终端。

（2）网关（Gateway）。在 IP 电话网络体系中，网关是重要的组成部分之一，是实现 IP 电话的关键。网关是专门完成转换功能的产品，用户的语音经过 PSTN 传送到网关，网关对它进行压缩、分组和一些保证质量的处理，然后将 IP 语音分组发送到 IP 网上传送，到达对方所在地的网关后，对语音分组进行相反的处理，形成语音信号，再经过 PSTN 传输到对方的电话机。通常 IP 网关包括语音接口卡以及一套功能齐备的呼叫管理软件。呼叫管理软件可以安装在现有网络的任意一台服务器上，而 IP 语音接口卡的安装与网络接口卡十分相似，只要将语音接口卡装入服务器或 PC 机并安装相应软件即可。每个 IP 网关被赋予一个 IP 地址，该地址在 IP 电话目录数据库中注册。这个数据库有效地将网关中的电话号码映射成对应的地址。IP 呼叫管理软件可以在大多数流行操作系统中执行所有与电话呼叫有关的功能，软件的功能包括系统配置、呼叫管理、呼叫建立和终止、语音支持、路由器/广域网优先权协议以及内嵌的 SNMP 网络管理。

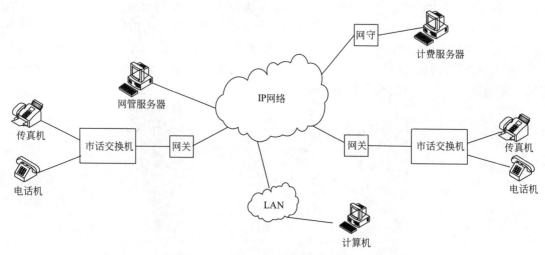

图 3-24　VOIP 电话系统的整体网络结构

（3）网守（Gatekeeper）。网守实际上是 IP 电话网的服务平台，负责系统的管理、配置和维护。网守提供的功能有拨号方案管理、安全性管理、集中账务管理、数据库管理和备份、网络管理等等。网守按管理作用的不同又可分为目录网守、区域网守，IP 电话网通过目录网守同其他 IP 电话运营网实现互通。

（4）多点控制单元（Multipoint Control Unit，MCU）。MCU 实现了在 IP 网络上进行多点通信，点到点的通信并不需要。通过 MCU 使整个系统形成一个星型的拓扑结构。MCU 包含两个主要部件：多点控制器 MC 和多点处理器 MP。MC 并不直接处理任何媒体信息流，而将它留给 MP 来处理。MP 对音频、视频或数据信息进行混合、切换和处理。

### 2. 技术体制

随着 VOIP 在话音业务中的比例越来越大，有关技术体制的问题已经成为电信运营商关注的焦点。不同的运营商、不同的国家有不同的业务环境，对此应该根据实际情况进行具体分析。如果从体制的角度看，目前主要有 H.323 和 SIP 两种。

（1）H.323 是国际电联制定的标准，它遵循了传统运营商的管理体系，与公众电话网（PSTN）的组网较一致，即采用了公用号码、静态组网的方式，例如拨叫区号为 021 时是上海的被叫用户。这种方案在网络规模很大的情况下有明显优势，因为它能够沿用传统 PSTN 网的话务模型来组网，在很多方面符合运营商和最终用户的习惯。

（2）SIP 在组网上则明显体现了互联网的思想，它不是采用类似 PSTN 的号码，其号码可以转化为互联网域名，因此是一种动态组网方式，具有很好的移动性。用户在打电话时，类似于寻找某个网址。如果运营商建设的是一个大规模、电信级网络，那么当前 SIP 在体制、运营、管理等诸多方面还不是很成熟。它的优点可能在某些接入的应用环境中体现出来，例如灵活性、终端智能化、多业务等。

国内现在还非常流行的一种 VOIP 技术是 MGCP。严格说来，它不能算是一个话音网络的体系结构，也不是一种组网技术，只能说是一种接入技术。单纯用作网关尚可胜任，但是组网、互联还是要依赖 H.323 和 SIP 等技术。

### 3. 应用案例

为了实现公安部消防局指挥中心与总队、支队指挥中心和移动指挥中心的语音调度，部消防局建设了 VOIP 电话直拨系统。该系统分为三级：公安部消防局、总队、信息直报点支队。

公安部消防局 VOIP 电话通信网设备连接如图 3-25 所示。

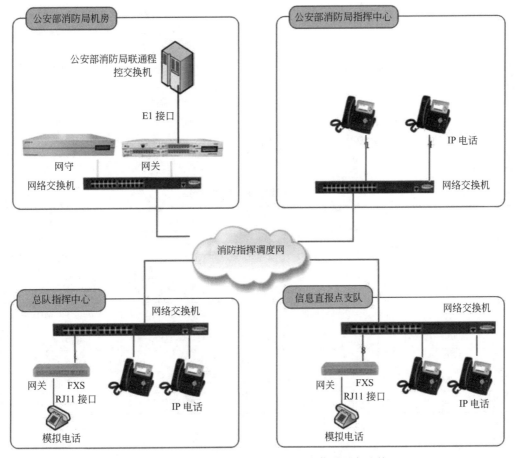

图 3-25 公安部消防局 VOIP 电话通信网设备连接

该系统部署在指挥调度网上。其中公安部消防局配置 1 台 500 路 VOIP 网守、1 台 VOIP 语音网关。各总队、支队卫星通信车 VOIP 语音网关统一注册到公安部消防局。

31 个总队各配置 1 台语音网关、2 台 IP 话机。

32 个信息直报点支队各配置 1 台语音网关、2 台 IP 话机。

实现的主要功能有：

（1）实现公安部消防局指挥中心与 31 个总队、32 个支队指挥中心和移动指挥中心实时指挥调度直拨通信；

（2）实现普通市话与公安部消防局 VOIP 电话直拨通信；

（3）实现基本电话业务功能，包括：语音呼叫、呼叫转移、呼叫保持、呼叫限制、呼叫等待、来电显示、免打扰、缩位拨号、三方通话、自动转接、呼叫代答、传真等基本电信业务；

（4）系统内分机间通信，采用直拨对方分机 4 位号码方式；

（5）系统支持多种会议功能，包括多方会议、会议桥等模式；

（6）可划分用户组：软交换服务器可对公安部消防局的组织架构进行分组，根据实际情况对各部门的号码进行统一的规划管理，包括制定不同的路由策略和分配不同的呼叫权限。

## 第二节　无线通信

### 一、基础知识

无线通信是利用电磁波信号在自由空间中传播的特性进行信息交换的一种通信方式。在信息通信领域中，发展最快、应用最广的就是无线通信技术。

#### （一）无线电波的划分

无线电波根据波长或频率的不同，可以划分为各种不同的波段。表 3-3 给出了无线电波波段的划分。

表 3-3　无线电波波段的划分

| 波段名称 | | 波长范围 | 频段名称（简称） | 频率范围 |
|---|---|---|---|---|
| 超长波 | | 10～10000km | 甚低频（TLF） | 3～30kHz |
| 长波 | | 10～1km | 低频（LF） | 30～300kHz |
| 中波 | | 1000～100m | 中频（MF） | 0.3～3MHz |
| 短波 | | 100～10m | 高频（HF） | 3～30MHz |
| 超短波 | | 10～1m | 甚高频（VHF） | 30～300MHz |
| 微波 | 分米波 | 10～1dm | 特高频（UHF） | 0.3～3GHz |
| | 厘米波 | 10～1cm | 超高频（SHF） | 3～30GHz |
| | 毫米波 | 10～1mm | 极高频（EHF） | 30～300GHz |

#### （二）无线电波的传播方式

无线电波是一种电磁波，根据波的特性：无线电波在均匀媒质中以恒定的速度沿直线传播，由于能量的扩散与媒质的吸收，传输距离越远信号强度越小；当无线电波在非均匀媒质中传播时，速度会发生变化，同时还会产生以下现象。

① 反射。当无线电波碰到的障碍物的几何尺寸大于其波长时，会发生反射。反射可能发生在地球表面，也可能发生在建筑物墙壁或其他大的障碍物表面。多个障碍物的多重反射会形成多条传播路径，造成多径衰落。

② 折射。当无线电波穿过一种媒质进入另一种媒质时，由于传播速度不同，会造成路径偏转，即发生折射。

③ 绕射。当无线电波在传播过程中被障碍物的尖利边缘阻挡时会发生绕射（物理中也称为衍射），由阻挡面产生的二次波存在于整个空间，甚至于阻挡面的后面，这也是无线电波能够绕过障碍物传播的原因。无线电波的波长越长，绕射能力越强，但是当障碍物的尺寸远大于无线电波波长时，绕射就会变弱。

④ 散射。无线电波在传播过程中遇到尺寸小于其波长的障碍物且障碍物的数目又很多时，将会发生散射。散射波产生于粗糙表面、小物体或其他不规则物体，在实际环境中，雨点、树叶、微尘、街道路标、路灯杆等都会引起散射。散射会造成能量的散射，形成电波的损耗。

无线电波的传播方式是指无线电波从发射点到接收点的传播路径，主要包括地波传播、天波传播、空间波传播、对流层传播、外层空间传播等。

① 地波传播。地波传播是指电磁波沿地球表面到达接收点的传播方式。电波在地球表面上传播，地面上有高低不平的山坡和房屋等障碍物，根据波的衍射特性，只有当波长大于或相当于障碍物的尺寸时，波才能明显地绕到障碍物的后面。地面上的障碍物一般不太大，长波、中波和短波均能绕过，而超短波和微波由于波长过短，在地面上不能绕射，只能按直线传播。

地波的传播比较稳定，不受昼夜变化的影响，而且能够沿着弯曲的地球表面达到地平线以外的地方。但地球是个良导体，地球表面会因地波的传播引起感应电流，地波在传播过程中有能量损失，而且频率越高损失的能量就越多，因此中波和短波的传播距离不大，一般在几百千米范围内，可用于进行无线电广播，收音机在这 2 个波段一般只能收听到本地或邻近省市的电台。长波沿地面传播的距离要远很多，但发射长波的设备庞大、造价高，因此长波很少用于无线电广播，多用于超远程无线电通信和导航等。

② 天波传播。天波传播就是自发射天线发出的电磁波进入高空被电离层由于密度不均匀而产生反射到达接收点的传播方式。

电离层对于不同波长的电磁波表现出不同的特性，实验证明，波长短于 10m 的微波能穿过电离层，波长超过 3000km 的长波几乎会被电离层全部吸收。对于中波、短波，波长越短，电离层对它吸收越少而反射越多，因此，短波适宜以天波的形式传播，它可以被电离层反射到几千千米以外。但是，电离层是不稳定的，白天受阳光照射时电离子密度高，夜晚电离子密度低，因此电离层在夜间对中波和短波的吸收减弱，这时中波和短波也能以天波的形式传播，收音机在夜晚能够收听到许多远地的中波或中短波电台就是这个缘故。

③ 空间波传播。空间波在大气的底层传播，传播的距离受地球曲率的影响，收、发天线之间的最大距离被限制在视距范围内。在视距范围内，电磁波既可以直接从发射天线传播到接收天线，也可以经地面反射达到接收天线，因此，接收天线处的场强是直射波和反射波的合成场强，直射波不受地面影响，而反射波则要受到反射点地质、地形的影响。若将天线架设在高大建筑物或山顶上，则可以有效地延伸空间波的传播距离，同时还可以利用微波中继站来实现更远距离的通信。

空间波在传播过程中除受地形地物影响外，还受到低空大气层（即对流层）的影响。

④ 对流层传播。距离地面大约 10km 以内的大气层称为对流层。由于对流层中大气温度、压力和湿度的变化使得大气介电系数随高度而改变，当电波通过这些不均匀的大气层时就会经过反射、折射和散射过程到达接收天线。对流层传播较之电离层传播的应用方式更为广泛，超短波和微波都能利用对流层进行远距离传播。

⑤ 外层空间传播。外层空间传播是指电磁波在对流层、电离层以外的外层空间进行传播的一种方式，主要用于卫星或以星际为对象的通信中，以及用于空间飞行器的搜索、定位、跟踪等。由于电磁波传播的距离很远，且主要是在大气以外的宇宙空间内进行，而宇宙空间又近似于真空状态，因此电波在其中传播时，传输性能比较稳定。

## （三）无线电波的传播特点

### 1. 长波传播

长波的传播方式主要以地波传播为主，也可以利用电离层反射传播。长波传播的信号稳定，但地面对信号能量的吸收比较大，主要用于远距离精密无线电导航、标准频率与时间信号的广播、可靠通信、低电离层的研究等。

**2. 中波传播**

中波能以地波或天波的形式传播，这一点和长波一样。但长波穿入电离层极浅，在电离层的下界面即能反射，而中波较长波频率高，需要在比较深入的电离层处才能发生反射。波长在 2000～3000m 的无线电通信，用天波或地波传播，接收场强都很稳定，可用以完成可靠的通信，如船舶通信与导航等。波长在 200～2000m 的中短波主要用于广播，故此波段又称广播波段。

**3. 短波传播**

与长、中波一样，短波可以靠地波和天波传播。由于短波频率较高，地面吸收较强，用地波传播时，衰减很快，在一般情况下，短波的地波传播的距离只有几十公里，不适合作远距离通信和广播之用。与地波相反，频率增高，短波在电离层中的损耗却减小。因此可利用电离层对短波的一次或多次反射，进行远距离无线电通信。

**4. 超短波和微波传播**

超短波、微波的频率很高，地波传播时衰减很大；天波传播时，电波穿入电离层很深，甚至不能反射回来，所以超短波、微波一般不用地波、天波的传播方式，而只能用空间波、散射波和穿透外层空间的传播方式。超短波、微波，频带很宽，因此应用很广。超短波广泛应用于电视、调频广播、雷达等方面，微波通信可同时传送几千路电话或几套电视节目而互不干扰。超短波和微波在传播特点上有一些差别，但基本上是相同的，主要是在低空大气层做视距传播。因此，为了增大通信距离，一般把天线架高。

### （四）无线电波的传播损耗及效应

无线电波在传播过程中的信号损耗有 3 种：路径衰耗、慢衰落和快衰落。

（1）路径衰耗。路径衰耗是指电磁波直线传播的损耗，包括在自由空间中传播时与距离平方成反比的固有衰耗以及散射和吸收等因素导致的衰耗等。

（2）慢衰落。无线电波在传播路径上遇到起伏的地形、建筑物和高大的树木等障碍物时，会在障碍物的后面形成电波的阴影。接收机在移动过程中通过不同的障碍物和阴影区时，接收天线接收到的信号强度会发生变化，造成信号衰落，这种衰落称为阴影衰落，由阴影引起的衰落是缓慢的，因此又称为慢衰落。慢衰落反映了中等范围内数百波长量级接收电平的均值变化而产生的损耗，一般服从对数正态分布。慢衰落的衰落速率与工作频率无关，只与周围地形、地物的分布、高度和物体的移动速度有关。

（3）快衰落。快衰落主要由于多径传播而产生的衰落，由于移动体周围有许多散射、反射和折射体，它们引起信号的多径传输，使到达的信号之间相互叠加，其合成信号幅度表现为快速的起伏变化。快衰落反映了微观小范围内数十波长量级接收电平的均值变化而产生的损耗，其变化率比慢衰落快，故称为快衰落。快衰落的幅度一般服从瑞利分布，由于快衰落表示的是接收信号的短期变化，因此又称为短期衰落。

电磁波在无线信道上传播对接收点的信号将产生以下几种效应。

（1）阴影效应。在移动台运动过程中，由于大型建筑物和其他物体对无线电波传播路径的阻挡而在传播接收区域上形成半盲区，从而形成电磁场阴影，这种随移动台位置的不断变化而引起的接收点场强中值的起伏变化叫做阴影效应，阴影效应是产生慢衰落的主要原因。

（2）多径效应。多径效应是指由多条路径传播引起的干涉延时效应。由于各条传播路径会随时间发生变化，因此参与干涉的各分量场之间的相互关系也会随时间而变化，从而引起合成波场的随机变化，造成总的接收场的衰落，因此多径效应是衰落的重要成因，对于数字通信、雷达等都有着十分严重的影响。

（3）远近效应。由于接收用户的随机移动性，移动用户与基站间的距离也是在随机的变化，若各用户发射功率一样，那么到达基站的信号强弱不同，离基站近信号强，离基站远信号弱。通信系统的非线性则进一步加重，出现强者更强、弱者更弱和以强压弱的现象，通常称这类现象为远近效应。

（4）多普勒效应。无线电波收、发终端之间径向相对运动时，就会产生接收端收到的信号频率相对于发送端发生变化的现象，这种现象称为多普勒效应。

### （五）常见无线电通信技术术语

（1）灵敏度。灵敏度是衡量无线电接收机接收微弱信号的能力。如果某一接收机能收到很微弱的信号，则该接收机的灵敏度就高，反之灵敏度就低。灵敏度的完整定义是：保证一定的输出功率和信号噪声比，接收机上所需的最小感应电动势。灵敏度也是决定接收机质量的重要参数之一。

（2）驻波比。全称为电压驻波比，又名 VSWR（Voltage Standing Wave Ratio，VSWR）。在入射波和反射波相位相同的地方，电压振幅相加为最大电压振幅 $V_{max}$，形成波腹；在入射波和反射波相位相反的地方电压振幅相减为最小电压振幅 $V_{min}$，形成波节。其他各点的振幅值则介于波腹与波节之间。这种合成波称为行驻波。驻波比是驻波波腹处的电压幅值 $V_{max}$ 与波节处的电压 $V_{min}$ 幅值之比，它是检测馈线传输效率的依据，一般电压驻波比应小于 1.5，电压驻波比过大，将缩短通信距离，而且反射功率将返回发射机功放部分，容易烧坏功放管，影响通信系统正常工作。

（3）天线增益。天线增益是在输入功率相等的条件下，实际天线与理想的辐射单元在空间同一点处所产生的信号的功率密度之比。它定量地描述一个天线把输入功率集中辐射的程度。天线增益是用来衡量天线朝一个特定方向收发信号的能力，它是选择基站天线最重要的参数之一。表征天线增益的参数有 dBd 和 dBi。dBi 是相对于点源天线的增益，在各方向的辐射是均匀的；dBd 是相对于对称阵子天线的增益 $dBi = dBd + 2.15$。增益大小的选择取决于系统设计对电波覆盖区域的要求，简单地说，在同等条件下，增益越高，电波传播的距离越远，一般基地台天线采用高增益天线，移动台天线采用低增益天线。

（4）载波。语音、数字信号、信令等有用信号的载体，易于传输的高频电磁波。

（5）频率。交流电或无线电波等在每秒钟内的完整周期数目，通常计量单位是赫兹（Hz）。

（6）信道。指发射、接收时占用的频率值。

（7）信道间隔。指相邻信道之间的频率差值。规定的信道间隔有 25kHz（宽带）、20kHz、12.5kHz（窄带）等。

（8）音频。指人说话的声音频率，通常指 300～3400Hz 的频带。

（9）阻塞干扰。是指当强的干扰信号与有用信号同时加入接收机时，强干扰会使接收机链路的非线性器件饱和，产生非线性失真。有用信号在信号过强时，也会产生振幅压缩现象，严重时会阻塞。产生阻塞的主要原因是器件的非线性，特别是引起互调、交调的多阶产物，同时接收机的动态范围受限也会引起阻塞干扰。阻塞会导致接收机无法正常工作，长时间的阻塞还可能造成接收机的永久性性能下降。

（10）互调干扰。当两个或多个干扰信号同时加到接收机时，由于非线性的作用，这些干扰信号相互调制的频率产物有时会恰好等于或接近有用信号频率而顺利通过接收机，由此形成的干扰，称为互调干扰。

## 二、无线通信系统技术构成

一个完整的无线通信系统应该具有发射机、天线和接收机，当通信距离较远时，还需要有中继装置。其基本组成如图 3-26 所示。

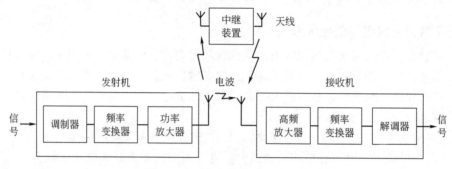

图 3-26　无线电系统的基本组成

### （一）无线电发射设备

交变的电磁振荡可以利用天线向空中辐射出去，但是天线的尺寸必须足够长，才能有效地辐射。具体地说，天线的长度必须和电振荡的波长可以比拟，才能有效地把电振荡辐射出去，声音信号的频率在 $20\text{Hz}\sim20\text{kHz}$，其波长范围为 $1.5\times10^4\sim1.5\times10^7\text{m}$，要制造出与此长度尺寸相当的天线显然是很困难的。因此直接将音频信号辐射到空中去很不容易，而且即使辐射出去，各个电台所发出的信号频率都相同，它们在空气中混杂在一起，收听者也无法选择所要接收的信号。因此要想不用导线传播声音信号，就必须利用频率更高（即波长更短）的电磁振荡，并设法把音频信号"装载"到这种高频电振荡之中，然后由天线辐射出去。这样天线尺寸可以小一些，而且不同的电台可以采用不同的高频振荡频率，使彼此互不干扰。

无线电发射机中产生高频电振荡的部件叫"高频振荡器"，把声音信号"装载"（控制）到高频振荡的过程叫做调制，经过调制以后的高频振荡叫做"已调信号"。利用传输线把已调信号送到天线，就可以把它辐射出去，传送到远方。

综上所述，一个发射机应包括四个组成部分：①声音的变换与放大，这一部分的频率较低，叫做"低频部分"；②高频振荡的产生、放大与调制，统称为"高频部分"；③天线与传输线；④电源部分。图 3-27 为发射机的方框图，直流电源部分在图中没有画出。

在图 3-27 中，高频振荡器的作用是产生高频振荡。这种高频电波是用来运载声音信号的，所以把它叫做载波，把它的频率叫做载频。在发射机中，高频振荡器所产生的电振荡的频率不一定恰好等于所需要的载波频率，可能是后者的若干分之一，它的电压一般也比较小。需要用倍频器把频率提高到所需要的数值再用高频放大器放大到一定强度。

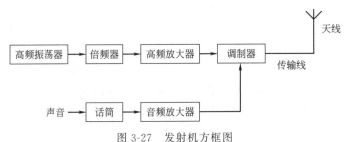

图 3-27 发射机方框图

将音频信号装载到高频振荡的过程叫做调制。这个所谓的装载实际上就是利用音频信号来改变载波信号的某一个参数（振幅、频率、相位），使载波信号的某一个参数按照音频信号的变化规律做相应的变化。

调制的方法有调幅、调频、调相三种。调制以后的信号，已经不是原来的音频信号，也不是单纯的载频振荡，而是包含若干频率分量的高频电振荡。因此，用声音信号对高频载波进行调制以后，利用实际上可以做得到的，尺寸较小的天线，就可以把它辐射出去。这就是无线电发射信号的基本过程。

我国目前中短波语音广播大都采用调幅制，电视广播中图像部分采用调幅制，伴音部分则采用调频制。在超短波波段的民用电台中基本上都采用调频和调相的方式。

### （二）无线电接收设备

接收机的工作过程与发射机恰好相反，它的基本任务就是接收天空传来的电磁波，并把它还原为原来的信号。

接收从空中传来电磁波的任务由接收天线来完成。但是由于电台很多，天线所收到的除希望收到的电台信号外还包含若干其他电台的具有不同载频的电信号。电台之所以采用不同的载频，其目的就是让接收者按照电台频率的不同，选择所需要的节目。因此在接收天线之后应该有一个选择性电路，以便选择所需要的信号，抑制其他干扰。选择电路由振荡线圈 $L$ 和电容器 $C$ 组成。这个电路通常叫振荡电路或谐振回路。

选择电路的输出就是某个电台的高频已调信号，利用它直接去推动扬声器（受信装置）是不可能的，还必须恢复成原来的音频信号，这种从已调波中取出音频信号的过程叫做解调，相应的部件叫做解调器，把解调后的信号送入扬声器，就可复现原来的声音信号。

上面所介绍的只是接收机的最基本的工作过程。图 3-28 就是一个简单接收机的方框图。这种最简单的接收机叫做直接检波式接收机。

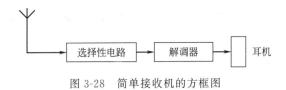

图 3-28 简单接收机的方框图

实际上的接收机比较复杂。这是因为：第一，从接收天线得到的高频无线电信号非常微弱，一般只有几十微伏至几毫伏，直接把它送入解调装置进行解调得不到理想的效果，须在选择性电路和解调电路之间插入一个高频放大器，把高频信号加以放大。第二，即使有了高频放大器，解调输出的音频信号也很小，推动功率大一点的扬声器比较困难。因此接收机大都需要有音频放大器，把解调出的信号再加以放大然后推动扬声器。这种带有高频放大器的接收机叫做高放式接收机，它的灵敏度高，输出功率也较大。但也有不少缺点，主要是选择性不太好，调谐比较复杂。这是因为，要把天线接收来的高频信号放大到能够推动解调电路工作，一般需要用几级高频放大器，而每一级高频放大器都需要用一个由 LC 组成的谐振回路。当被接收信号的频率改变时，整个接收机的所有谐振回路都需要重新调谐，很不方便。为了克服这种缺点，现在的接收机几乎都采用超外差线路。图 3-29 画出了典型的超外差式接收机的方框图。

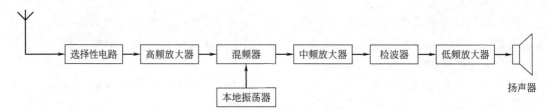

图 3-29　超外差式接收机的方框图

超外差接收机的主要特点是：把接收机的高频已调信号的载波频率 $f_s$ 先变为频率较低的而且是固定不变的中间频率 $f_i$（叫做中频），再利用中频放大器加以放大，然后进行解调。

把高频信号变为中频的任务由混频器来完成。如果把接收到的高频信号 $f_s$ 同另一个频率为 $f_L$ 的正弦信号同时加到混频器上，经过变频以后不会改变原来高频信号的调制规律，但它的载波频率可变为 $f_L - f_s = f_i$。$f_i$ 这个新的载波频率比信号 $f_s$ 的载频低，但比音频信号的频率高，习惯上称之为中频。如果能够保证 $f_L$ 总是大于 $f_s$ 一个 $f_i$，那么就可以得到一个固定的中频 $f_i$。这个 $f_i$ 是 $f_L$ 超过外来（接收）信号的差值，故称其为"超外差"。

综上可以看出，在超外差接收机中要进行频率变化（变频）还需要一个频率为 $f_L$ 的正弦信号。这个信号由接收机本身内部产生，通常称其为本振信号，产生本振信号的部件叫本地振荡器。为了得到一个固定的中频，一般接收机的选择电路和本振电路均采用统一调谐结构，使本振信号频率和接收信号频率之差保持为固定的数值。

广播收音机的中频为 465kHz，电视广播接收机图像部分的中频是 37MHz。无线电话机一般都采用二次超外差方式，所以有两个中频，即第一中频和第二中频。第一中频一般为 21.6MHz、21.4MHz 或 10.7MHz，第二中频为 465kHz。

经变频后得到的中频信号用中频放大器来放大，由于变频后"载波"频率是固定的，所以中频放大器谐振回路不需要随时调整，亦可采用标准器件，选择性可做得好一些。另外中频频率低，放大器的增益可做得很高且不自激，使接收机的灵敏度提高。这就是超外差的优点。

### （三）无线电中继设备

中继台可以方便地扩展双向通信系统，让无线电对讲的通信范围随着用户群的扩大而拓展。中继台又称中转台、转发台，外接天线及馈线就可组成完整的中继系统。

在无线通信系统中，中继台对于增大通信距离，扩展覆盖范围扮演着极其重要的角色。是专业无线通信系统不可缺少的重要设备。

中继台由收信机和发信机等单元组成。通常工作于收发异频状态，能够将接收到的已调制的射频信号解调出音频信号传输给其他设备。同时，还能将其他设备送来的音频信号经射频调制后发射出去。上面提到的其他设备有各种系统使用的控制器、无线接驳器等，也包括互联所需要的其他中继台。将中继台收到的信号直接通过自身的发射机转发出去，这是中继台最基本的应用。

因此，中继台必须能够全双工工作，即收发同时工作，并且发射时不能影响接收机的正常工作。由于中继台工作的基本特点，再加上多台中继台可以组合一起使用的特点，对中继台的技术指标相对于移动台要有更高的和更特殊的要求。

除一台中继台组成的单信道常规地面通信系统之外，还可以利用中继台经同轴电缆，功分器，架设多幅分布天线，实现楼宇、酒店等建筑物地下和地面的覆盖通信，此外多台中继台可以组成集群系统以及各种带状或星形结构的通信网。

中继台调试集成安装的指标直接影响到系统的通信距离和系统网络语音质量及功能。

## （四）天线

天线是辐射或接收电磁波的装置。天线设备包括馈电系统和天线两部分，前者任务是将产生的已调制的高频电流能量传送给天线或者是将由天线来的高频电流能量传送到接收机中去。天线的任务则是将由馈线送来的高频电流能量转变为电磁波能量并向预定方向辐射，或者是将由预定方向传来的无线电波转变为高频电流能量传送到与接收机相连接的馈电系统中。

电磁波的能量由发射天线辐射出去以后，将沿地面所有方向向前传播，若在交变磁场中放置一导线，由于磁力线切割导线，就在导线两端激励一定的交变电压—电动势，其频率与发射的振荡频率相同；若将该导线通过传输线与接收机相连，在接收机中就可以获得已调波信号的电流。因此，这个导线就起了接收电磁波能量并转换为高频信号电流能量的作用，所以称此导线为接收天线。

天线的分类方法很多，例如：按其用途分可以分为通信天线、雷达天线、广播天线等；按使用波段可分为长波、中波、短波天线、超短波天线和微波天线等；按天线的主要结构形式可分为线状天线和面状天线；按方向性可分为强方向性天线和弱方向性天线；按工作频带可分为宽频带天线和窄频带天线；按极化形式可分为线极化天线和圆极化天线等；按馈电方式可分为对称天线和不对称天线；按工作原理可分为驻波天线、行波天线和阵列天线等。下面介绍几种常用的天线及相关设备。

① 短波天线。工作于短波波段的发射或接收天线，统称为短波天线。短波主要是借助于电离层反射的天波传播的，是现代远距离无线电通信的重要手段之一。短波天线形式很多，其中应用最多的有对称天线、同相水平天线、倍波天线、角型天线、V 形天线、菱形天线、鱼骨形天线等。和长波天线比较，短波天线的有效高度大，辐射电阻大，效率高，方向性良好，增益高，通频带宽。

② 超短波天线。工作于超短波波段的发射和接收天线称为超短波天线。超短波主要靠空间波传播。这种天线的形式很多，其中应用最多的有八木天线、盘锥形天线、双锥形天线、"蝙蝠翼"电视发射天线等。

③ 微波天线。工作于米波、分米波、厘米波、毫米波等波段的发射或接收天线，统称为微波天线。微波主要靠空间波传播，为增大通信距离，天线架设较高。在微波天线中，应用较广的有抛物面天线、喇叭抛物面天线、喇叭天线、透镜天线、开槽天线、介质天线、潜望镜天线等。

④ 定向天线。定向天线是指在某一个或某几个特定方向上发射及接收电磁波特别强，而在其他的方向上发射及接收电磁波为零或极小的一种天线。采用定向发射天线的目的是增加辐射功率的有效利用率，增加保密性；采用定向接收天线的主要目的是增加抗干扰能力。

⑤ 不定向天线。在各个方向上均匀辐射或接收电磁波的天线，称为不定向天线，如小型通信机用的鞭状天线等。

⑥ 鞭状天线。鞭状天线是一种可弯曲的垂直杆状天线，其长度一般为 1/4 或 1/2 波长。大多数鞭状天线都不用地线而用地网。有时为了增大鞭状天线的有效高度，可在鞭状天线的顶端加一些不大的辐状叶片或在鞭状天线的中端加电感等。鞭状天线可用于固定台、车载台等。见图 3-30。

⑦ 八木天线。又叫引向天线。它由几根金属棒组成，其中一根是辐射器，辐射器后面一根较长的为反射器，前面数根较短的是引向器。辐射器通常用折迭式半波振子。天线最大辐射方向与引向器的指向相同。八木天线的优点是结构简单、轻便坚固、馈电方便；缺点是频带窄、抗干扰性差。在超短波通信和雷达中应用。见图 3-31。

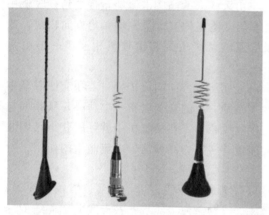

图 3-30　鞭状天线

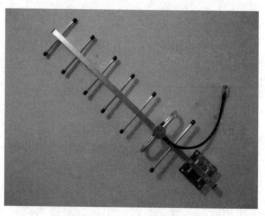

图 3-31　八木天线

⑧ 抛物面天线。抛物面天线是一种定向微波天线，由抛物面反射器和辐射器组成，辐射器装在抛物面反射器的焦点或焦轴上。抛物面反射器由导电性很好的金属做成，主要有以下四种方式：旋转抛物面、柱形抛物面、割截旋转抛物面及椭圆形边缘抛物面，最常用的是旋转抛物面和柱形抛物面。辐射器一般采用半波振子、开口波导、开槽波导等。抛物面天线具有结构简单、方向性强、工作频带较宽等优点。缺点是：由于辐射器位于抛物面反射器的电场中，因而反射器对辐射器的反作用大，天线与馈线很难得到良好匹配；背面辐射较大；防护度较差；制作精度高。在微波中继通信、对流层散射通信、雷达及电视中广泛应用这种天线。见图 3-32。

⑨ 泄漏电缆。一般是用薄铜皮作为外导体，在外导体上开切不同形式的槽孔，泄漏电缆集信号传输、发射与接收等功能于一体，同时具有同轴电缆和天线的双重作用。目前，泄漏电缆的频段覆盖在 450MHz～2GHz 以上，适应现有的各种无线通信体制，应用场合包括无线传播受限的地铁、铁路隧道和公路隧道等，在国外，泄漏电缆也用于室内覆盖。见图 3-33。

⑩ 双工器。是异频双工电台、中继台的主要配件，其作用是将发射和接收信号相隔离，保证接收和发射都能同时正常工作。它是由两组不同频率的带阻滤波器组成，避免本机发射

图 3-32 抛物面天线

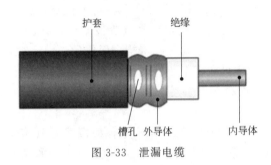

图 3-33 泄漏电缆

信号传输到接收机。一般双工器由六个带阻滤波器（陷波器）组成，各谐振于发射和接收频率。接收端滤波器谐振于发射频率，并防止发射功率串入接收机，发射端滤波器谐振于接收频率。

⑪ 天线共用器。在一副天线和多个发射机之间接入一组传输网络，将各部发射机的输出功率合成一路馈送给天线的装置，它主要包括：隔离器、高 Q 谐振腔、功率混合器以及阻抗匹配调节器等。

⑫ 多路耦合器。当多台接收机或发射机或电台共用一副天线时，为了避免设备间相互干扰，在天线和各设备间使用的耦合装置。

## 三、公网移动通信系统

### （一）GSM 系统

GSM 全称"全球移动通信系统"（Global System for Mobile Communications），是由欧洲电信标准学会（ETSI）制定的移动通信标准，属于第二代移动通信系统。GSM 数字移动电话，集无线电技术、程控交换技术、计算机技术、数字传输技术、信息加密技术、语音编码技术和大规模集成电路技术于一体，除具有系统容量高之外，还具有鲜明的个人化色彩、防盗用功能强、保密性好、提供服务种类多、漫游国家（地区）多、通话干扰小等特点。从全球范围来看，绝大多数的国家（地区）选择了标准化程度高、网络覆盖广、业务种类多样化的 GSM 系统。

GPRS（通用分组无线业务）：是在 GSM 网络基础上发展起来的分组交换系统，与互联网或企业网相连，向移动客户提供丰富的数据业务。与传统的基于电路交换的数据业务相比，GPRS 具有永远在线、按流量计费、高速传输、语音数据自由切换等特点。

GSM 网中用户最高只能以 9.6Kbit/s 的速度进行数据通信，如 Fax、E-mail、FTP 等，而 GPRS 每载频最高能提供 107Kbit/s 的接入速率（CS/2 下带 8 个下行信道），即每信道的速率是 13.4Kbit/s。

### （二）CDMA 系统

CDMA（Code Division Multiple Access）是一种以扩频技术为基础的调制和多址接入技术，因其保密性能好、抗干扰能力强而广泛应用于军事通信领域。1989 年，美国高通公司（Qwalcomm）研究成功 Q-CDMA 蜂窝移动通信系统。1995 年，香港和记电讯公司开通全球第一个 CDMA 数字移动通信网络，而后韩国、美国等国家先后建立了 CDMA 移动通信系统，在经过 1996～1997 年的商用化之后，CDMA 技术在全球范围得到普遍的发展。

与 FDMA 和 TDMA 相比，CDMA 具有许多独特的优点，其中一部分是扩频通信系统所固有的；另一部分则是由软件切换和功率控制等技术所带来的。CDMA 移动通信网是由扩频、多址接入蜂窝组网和频率再用几种技术结合而成的，因此它具有抗干扰性好，抗多径衰落，保密安全性高和同频率可在多个小区内重复使用的优点，所要求的载干比（C/I）小于 1，容量和质量之间可用做权衡取舍等属性。这些属性使 CDMA 比其他系统有以下重要的优势。

（1）系统容量大。理论上 CDMA 移动网容量比模拟网大 20 倍，实际比模拟网大 10 倍，比 GSM 大 4～5 倍。CDMA 系统的大容量因素：一是由于它的频率复用系统数远远超过其他制式的蜂窝系统；二是它使用了语音激活和扇区化等技术。

（2）系统容量可以灵活配置，具有"软容量"特性。在 FDMA 和 TDMA 系统中，当所有频道或时隙被占满以后，再无法增加一个用户，此时若新的用户呼叫，只能遇忙等待产生阻塞现象。而 CDMA 系统的全部用户共享一个无线信道，用户信号是靠编码序列区分的，当系统负荷满载时，再增加少量用户只会引起语音质量的轻微下降，而不会产生阻塞现象。CDMA 系统的这一特征，使系统容量和用户数之间存在一种"软"关系。

（3）系统性能更佳。这里是指 CDMA 系统的通话质量好。CDMA 系统的声码可随输入话音的特征动态地调整数据传输速率，并根据适当的门限值选择不同的电平级发射。另外，这种声码器能降低背景噪声而提高通话质量，特别适合移动环境使用。

（4）软切换。CDMA 系统中可以实现软切换，所谓软切换，是指先与新基站建立好无线链路之后才断开与原基站的无线链路。在切换过程中，原基站和新基站同时为过区的移动台服务，因此软切换中没有通信中断的现象，从而提高了系统的可靠性。

（5）频率规划简单。用户按不同的序列码区分，所以不同的 CDMA 载波可在相邻的小区内使用，网络规划灵活，扩展简单。

（6）建网成本低。CDMA 网络覆盖范围大，系统容量高，所需基站少，降低了建网成本。

（7）发射功率低。移动台的电池使用寿命长，由于在 CDMA 系统中采用了功率控制、可变速率声码器等技术，大大降低了发射功率。普通手机（GSM）的功率一般能控制在 600mW 以下，CDMA 系统发射功率最高只有 200mW，普通通话功率可控制在 1mW 以下，其辐射作用可以忽略不计，对人体健康没有不良影响。手机发射功率降低，将延长手机的通话时间，意味着电池、话机的寿命长了，对环境起到了保护作用，故称之为"绿色手机"。

（8）保密性强。在 CDMA 系统中采用了扩频技术，可以使通信系统具有抗干扰、抗多径传播、隐蔽、保密的能力。

### （三）3G 系统

第三代移动通信系统简称 3G，是由国际电信联盟（ITU）率先提出并负责组织研究的、采用宽带码分多址（CDMA）数字技术的新一代通信系统。早在 1985 年 ITU-T 提出了 3G 的概念，最初命名为 FPLMTS（Futuristic Public Land Mobile Telecommunication System，未来公共陆地移动通信系统），1996 年更名为 IMT-2000（International Mobile Telecommunication-2000）。

第三代移动通信系统（3G）是以工作在 2000MHz 频段的无线媒质作为接入和传输手段的个人通信网，包括高密度慢速移动通信、高速远距离移动通信以及卫星移动通信等，如图3-34 所示。

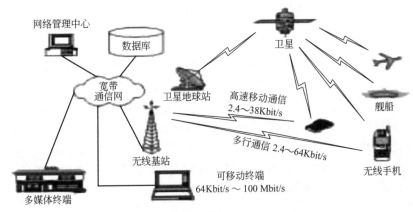

图 3-34　无线移动通信业务需求示意图

第三代移动通信系统的主要目标是支持尽可能广泛的业务，实现 IT 网络全球化、业务综合化和通信个人化。因此，它具有以下特点：

① 提供全球无缝覆盖和漫游，提供多种业务；
② 适应多种运行环境，系统管理和配置灵活，业务组织灵活；
③ 移动终端轻便，成本低，可满足通信个人化的要求；
④ 具有高频谱利用率和足够的系统容量。

从理论上讲，3G 可为移动终端提供 384Kbit/s 或更高的数据速率。为静止终端提供 2Mbit/s 的数据速率。这种宽带容量能够提供现在 2G 网络不可能实现的新型业务，并能以可接受的速率访问因特网和图像等内容。

第三代移动通信系统可在三个方面提供业务：移动性高速业务、移动性宽带业务和移动性多媒体业务。移动性高速业务即 Internet 接入，包括 E-mail、WWW、实时图像传输、多媒体文件传输、移动计算以及电子商务等；移动性宽带业务即电信业务，包括 ISDN、漫游、邮件业务以及呼叫中心业务等；移动性多媒体业务即信息数据，包括交互视频服务、TV/radio/data 以及增值的 Internet 业务等。

目前，国际电信联盟接受的 3G 标准主要有：WCDMA、CDMA2000 和 TD-SCDMA 三种。

（1）WCDMA（宽带直接序列 CDMA）　WCDMA 主要是由欧洲和日本提出的基于

GSM 系统基础上的 3G 技术规范。该标准提出了 GSM—GPRS—EDGE—WCDMA 的演进策略。GPRS 和 EDGE 技术都属于 2.5 代移动通信技术。该制式理论传输速率下行可达 14.4Mbit/s，上行可达 5.76Mbit/s。

（2）CDMA2000。CDMA2000 是美国提出的从窄带 CDMA（IS-95）技术发展起来的宽带 CDMA 技术。该标准提出了 CDMA-IS-95（2G）—CDMA2000-1X—CDMA2000-3X（3G）的演进策略。CDMA2000 包括 1×（单载波，1 倍于 IS-95A 的带宽）和 3×（多载波，3 倍于 IS-95A 的带宽）两部分。其中 CDMA2000-1× 属于 2.5 代移动通信技术。该制式理论传输速率下行可达 3.1Mbit/s，上行可达 1.8Mbit/s。

（3）TD-SCDMA（时分同步 CDMA）。TD-SCDMA 是中国所提出的具有独立知识产权的 3G 标准。TD-SCDMA 的基本设计是使用比较窄的带宽（1.2～1.6MHz）和比较低的码片速率（不超过 1.35Mbit/s），用软件无线电技术和现代信号处理技术来达到 3G 通信的要求。该标准的特点是网络升级可以不经过 2.5G 的中间环节，而直接向 3G 过渡，非常适用于 GSM 系统向 3G 升级。该制式理论传输速率下行可达 2.8Mbit/s，上行可达 384Kbit/s。

## （四）4G 系统

4G 是第四代移动通信及其技术的简称，是集 3G 与 WLAN 于一体并能够传输高质量视频图像以及图像传输质量与高清晰度电视不相上下的技术产品。4G 系统能够以 100Mbit/s 的速度下载，比拨号上网快 2000 倍，上传的速度也能达到 20Mbit/s，并能够满足几乎所有用户对于无线服务的要求。而在用户最为关注的价格方面，4G 与固定宽带网络在价格方面不相上下，而且计费方式更加灵活机动，用户完全可以根据自身的需求确定所需的服务。此外，4G 可以在 DSL 和有线电视调制解调器没有覆盖的地方部署，然后再扩展到整个地区。很明显，4G 有着不可比拟的优越性。

### 1. LTE

LTE 项目是 3G 的演进，它改进并增强了 3G 的空中接入技术，采用 OFDM 和 MIMO 作为其无线网络演进的唯一标准。主要特点是在 20MHz 频谱带宽下能够提供下行 100Mbit/s 与上行 50Mbit/s 的峰值速率，相对于 3G 网络大大地提高了小区的容量，同时将网络延迟大大降低：内部单向传输时延低于 5ms，控制平面从睡眠状态到激活状态迁移时间低于 50ms，从驻留状态到激活状态的迁移时间小于 100ms。并且这一标准也是 3GPP 长期演进（LTE）项目，其演进的历史如下：

GSM→GPRS→EDGE→WCDMA→HSDPA/HSUPA→HSDPA＋/HSUPA＋→FDD-LTE 长期演进

GSM：9K → GPRS：42K → EDGE：172K → WCDMA：364K → HSDPA/HSUPA：14.4M→HSDPA＋/HSUPA＋：42M→FDD-LTE：300M

由于目前的 WCDMA 网络的升级版 HSPA 和 HSPA＋均能够演化到 FDD-LTE 这一状态，包括中国自主研制的 TD-SCDMA 网络也将绕过 HSPA 直接向 TD-LTE 演进，所以这一 4G 标准获得了最大的支持，也将是未来 4G 标准的主流。该网络提供媲美固定宽带的网速和移动网络的切换速度，网络浏览速度大大提升。

### 2. LTE-Advanced

LTE-Advanced：从字面上看，LTE-Advanced 就是 LTE 技术的升级版，LTE-Advanced 的正式名称为 Further Advancements for E-UTRA，它满足 ITU-R 的 IMT-Advanced 技术征集的需求，是 3GPP 形成欧洲 IMT-Advanced 技术提案的一个重要来源。LTE-Advanced 是一个后向兼容的技术，完全兼容 LTE，是演进而不是革命，相当于 HSPA 和 WCDMA 这样的关系。LTE-Advanced 的相关特性如下：

带宽：100MHz；

峰值速率：下行 1Gbit/s，上行 500Mbit/s；

峰值频谱效率：下行 30（bit/s）/Hz，上行 15（bit/s）/Hz；

针对室内环境进行优化；

有效支持新频段和大带宽应用；

峰值速率大幅提高，频谱效率有限的改进。

如果严格地讲，LTE 作为 3.9G 移动互联网技术，那么 LTE-Advanced 作为 4G 标准更加确切一些。LTE-Advanced 的入围，包含 TDD 和 FDD 两种制式，其中 TD-SCDMA 将能够进化到 TDD 制式，而 WCDMA 网络能够进化到 FDD 制式。移动主导的 TD-SCDMA 网络期望能够直接绕过 HSPA＋网络而直接进入到 LTE。

### 3. WiMAX

WiMAX（Worldwide Interoperability for Microwave Access），即全球微波互联接入，WiMAX 的另一个名字是 IEEE 802.16。WiMAX 的技术起点较高，WiMAX 所能提供的最高接入速度是 70M，这个速度是 3G 所能提供的宽带速度的 30 倍。对无线网络来说，这的确是一个惊人的进步。WiMAX 逐步实现宽带业务的移动化，而 3G 则实现移动业务的宽带化，两种网络的融合程度会越来越高，这也是未来移动世界和固定网络的融合趋势。

802.16 工作的频段采用的是无需授权频段，范围在 2～66GHz 之间，而 802.16a 则是一种采用 2～11GHz 无需授权频段的宽带无线接入系统，其频道带宽可根据需求在 1.5～20MHz 范围内进行调整，目前具有更好高速移动下无缝切换的 IEEE 802.16m 的技术正在研发。因此，802.16 所使用的频谱可能比其他任何无线技术更丰富，WiMAX 具有以下优点。

（1）对于已知的干扰，窄的信道带宽有利于避开干扰，而且有利于节省频谱资源。

（2）灵活的带宽调整能力，有利于运营商或用户协调频谱资源。

（3）WiMAX 所能实现的 50km 的无线信号传输距离是无线局域网所不能比拟的，网络覆盖面积是 3G 发射塔的 10 倍，只要少数基站建设就能实现全城覆盖，能够使无线网络的覆盖面积大大提升。

WiMAX 网络在网络覆盖面积和网络的带宽上优势巨大，但是其移动性却有着先天的缺陷，无法满足高速（≥50km/h）下的网络的无缝链接，从这个意义上讲，WiMAX 还无法达到 3G 网络的水平，严格地说并不能算作移动通信技术，而仅仅是无线局域网的技术。但是 WiMAX 的希望在于 IEEE 802.16m 技术上，将能够有效地解决这些问题，也正是因为有中国移动、因特尔、Sprint 各大厂商的积极参与，WiMAX 成为呼声仅次于 LTE 的 4G 网络技术。

WiMAX 当前全球使用用户大约 800 万，其中 60％在美国。WiMAX 其实是最早的 4G 通信标准，大约出现于 2000 年。

### 4. Wireless MAN

WirelessMAN-Advanced 事实上就是 WiMAX 的升级版，即 IEEE 802.16m 标准，

802.16m 可在"漫游"模式或高效率/强信号模式下提供 1Gbit/s 的下行速率。其优势如下：
① 提高网络覆盖，改建链路预算；
② 提高频谱效率；
③ 提高数据和 VOIP 容量；
④ 低时延 & QoS 增强；
⑤ 功耗节省。

目前的 WirelessMAN-Advanced 有 5 种网络数据规格，其中极低速率为 16Kbit/s，低速率数据及低速多媒体为 144Kbit/s，中速多媒体为 2Mbit/s，高速多媒体为 30Mbit/s，超高速多媒体则达到了 30Mbit/s～1Gbit/s。

### （五）Wi-Fi 技术

Wi-Fi 是一种能够将个人电脑、手持设备（如 Pad、手机）等终端以无线方式互相连接的技术。Wi-Fi 是一个无线网路通信技术的品牌，由 Wi-Fi 联盟（Wi-Fi Alliance）所持。Wi-Fi 英文全称为 Wireless Fidelity，在无线局域网范畴是指"无线相容性认证"，实质上是一种商业认证，同时也是一种无线联网技术；常见的就是一个无线路由器，在这个无线路由器的电波覆盖的有效范围都可以采用 Wi-Fi 连接方式进行联网，如果无线路由器连接了一条 ADSL 线路或者别的上网线路，就可以把有线信号转换成 Wi-Fi 信号。

所以 Wi-Fi 上网当前还是非常容易实现的，只要将我们家用传统的路由器换成无线路由器，简单设置下即可实现 Wi-Fi 无线网络共享了，一般 Wi-Fi 信号接收半径约 95m，但会受墙壁等影响，实际距离会小一些。

Wi-Fi 无线上网比较常用，虽然由 Wi-Fi 技术传输的无线通信质量不是很好，数据安全性能比蓝牙差一些，传输质量也有待改进，但传输速度非常快，可以达到 54Mbit/s，符合个人和社会信息化的需求。Wi-Fi 最主要的优势在于不需要布线，可以不受布线条件的限制，因此非常适合移动办公用户的需要，并且由于发射信号功率低于 100mW，低于手机发射功率，所以 Wi-Fi 上网相对也是最安全健康的。

一般架设无线网络的基本配备就是无线网卡及一台 AP（Access Point），如此便能以无线的模式，配合既有的有线架构来分享网络资源，架设费用和复杂程度远远低于传统的有线网络。如果只是几台电脑的对等网，也可不要 AP，只需要每台电脑配备无线网卡。AP 主要在媒体存取控制层 MAC 中扮演无线工作站及有线局域网络的桥梁。有了 AP，就像一般有线网络的 Hub 一般，无线工作站可以快速且轻易地与网络相连。特别是对于宽带的使用，Wi-Fi 更显优势，有线宽带网络（ADSL、小区 LAN 等）到户后，连接到一个 AP，然后在电脑中安装一块无线网卡即可。普通的家庭有一个 AP 已经足够，甚至用户的邻里得到授权后，则无需增加端口，也能以共享的方式上网。

## 四、无线通信系统组网技术

### （一）常规无线通信系统

#### 1. 概述

常规无线通信系统一般由无线通信基站、基地台和移动台组成。无线通信基站分为固定无线通信基站和车载无线通信基站，移动台分为车载台和手持台。其功能如下。

无线通信基站：进行覆盖区内的无线信号转发，为不能直接通信的终端提供中继转发服务。固定无线通信基站一般建在需覆盖区域内制高点以提供更好的覆盖效果，车载无线通信基站集成在通信车上，可以机动开设，灵活进行补网或中继。

基地台：配置在各级消防指挥中心和消防站，完成消防指挥中心和消防站与灭火救援现场的指挥通信。

车载台：配置在消防车上，完成消防力量在行进中的指挥通信。

手持台：灭火救援现场的指挥员、班长、战斗员配置手持台，完成现场指挥和灭火救援单兵间话音通信。

无线常规网一般为各支队/大队独立组网，采用的技术体制一般为350MHz模拟中继体制，无线常规网技术结构如图3-35所示。

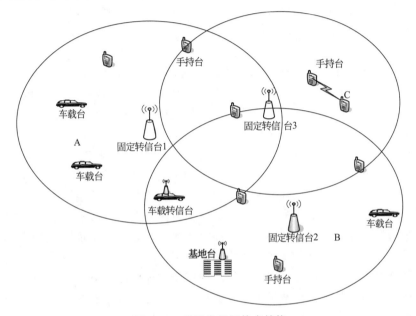

图3-35　无线常规网技术结构

常规无线通信系统包括普通中继台、背靠背转发和同频同播联网系统。

**2. 通信网的结构**

（1）单频单工大区覆盖网。单频单工大区覆盖网是基本的移动通信网络构成方式。这种网络虽然系统的设备简单、工作方便，但存在很多局限性。

在这种网络中，各种电台均为单频单工。因此，设备简单，并且当一台呼叫时，其他同频电台均可收到，便于协同作战和指挥。

从网络形式上看，这种系统的收、发均为大区覆盖。为了达到足够的覆盖范围，要求基地台天线架得较高，基地台发射功率也要较大。为了把基地台放在制高处，可以采用遥控工作方式。

这种网络在信道数较少时，用起来问题也比较少。一旦信道数增多后，各台之间的干扰就相当严重，基地台天线同址架设也很困难。为了解决这个问题，常用以下方法。

① 空间隔离。空间隔离就是把收、发天线在水平或垂直方向上拉开一定的距离。

• 水平隔离，一般是把收、发天线分开两地架设。在VHF频段，两地的距离在1～1.5km以上，例如，把发射天线架设在中心台制高点处，而把接收天线放在与发射天线隔开规定要求以外的另一制高点处，用电缆把接收的音频信号送回中心台。此法隔离效果较好。同址架设的不同信道的发射机天线只要考虑无发射机互调即可，当然也可以选用天线共用器，把几个信道的信号用一根天线进行发射或接收。

● 垂直隔离，是把收、发天线在高度上进行隔离。这样就要求天线有足够的高度，否则就使处于低处的天线效率很低。在 VHF 频段，这个距离要在 10m 以上才有比较明显的效果；在 UHF 频段，距离可以小些。

② 频率隔离。频率隔离是把不同的单频信道频率隔开数兆赫兹以上。这种方法要求有足够的频率资源，否则，就安排不了所需的信道。

③ 空间频率隔离。这种方法是空间隔离和频率隔离的综合。即既有空间隔离，又有频率隔离。一般是将收、发天线拉开十至几十米，而频率隔开 100～200kHz。这种方法具有很大的实际意义。例如，把收、发天线分架在一个大楼顶上的两端（相距几十米）；或把收、发天线分架在邻近的两个大楼顶上（相距几百米），这时信道频率间隔只要 100～200kHz 即可。

有些场合，不要求在一台呼叫时，网络中所有同频台都能收到，这时可以加选呼来解决。如果在中心台加选呼器，而各移动台加选呼译码器，则可以构成选呼调度网；如果在系统中各台均装编码器和译码器，则可构成任意选址通信网（由于移动台天线不可能很高，所以这种网内移动台之间的通信距离不可能很远）。

（2）双频半双工大区覆盖网。在该系统中，转信台为双频双工，其余电台均为双频单工（异频单工）。由于采用了双频制，使得这种网络可以构成大、中容量的通信网。

由于采用了双频制，可以比较方便地实现转信、有线和无线汇接等功能。

这种网络仍采用大区覆盖，为了保证足够的覆盖区，天线仍需架得较高，发射机功率仍需较大。该网络的主要问题是移动台之间不能直接通话，必须经过转信台进行转接。如果转信台出了故障，两个移动台就不能沟通联络。

利用选呼技术，本网络也可构成选呼调度网或任意选址通信网。

（3）判选接收网。判选接收系统中，发射机一般仍为大区覆盖，但接收机则分散在发射覆盖区中的若干处，即多个接收机进行卫星式接收。各接收机收到的音频信号用电缆线送到中心台里面的一个优选判决器里，对各信号按信噪比进行优选判决，取出信噪比最好的信号。

采用判选系统对于小台进大网是种非常有效的办法。在普通的大区覆盖网中，基地台往往架设得比较高且发射功率较大，它的发射信号比较容易被小台接收，而小台不但功率小，而且天线低，发射功率很低。当小台离开基地台较远时，其发射信号就很难被基地台收到。采用判选接收网，则由于卫星式接收机分散架设在大覆盖网区内各处，不管小台到什么地方，总会有信噪比较高的接收信号。

有些城市，道路狭窄，车辆十分拥挤，通行不便。这时，依靠车台进行移动通信就很困难。通常，只能依靠手台进行工作。在这种情况下选用判选接收网可以解决问题，即手台可以直接和中心台对话。判选接收系统的可靠性很高。因为一个卫星式接收站损坏，不致影响整个系统工作。判选接收网的缺点是：需要较多的设备和线路。该系统需要众多的接收机，每个接收机的接收信号都要通过电缆或微波线路送到判选器和中心台。当信道容量较大时所需线路容量十分可观。在决定是否采用这种系统时，必须考虑这些因素。

（4）多基地台中区覆盖网。前面的几种系统，基地台均架设在一处。利用高天线和发射机功率来实现大区覆盖。实际上，这种办法是存在很大局限性的。一方面，无线电管理部门为减小通信干扰，要对天线高度和发射功率加以限制；另一方面，在覆盖区的边缘和某些地形复杂地区接收信噪比比较低，形成所谓"死区"。判选接收网使接收机分开多处架设解决了中心台接收信噪比低的问题，但发射机依然集中架设，因而发射覆盖区仍然受到限制。

多基地台系统是把多个基地台分别架设在通信工作区中的几个地方，用若干个分覆盖区合成一个大覆盖区。

但是，多基地台系统存在着许多技术问题。一个问题是分散在各地的基地台是采用相同信道还是不同信道。当采用相同信道时，一般要采用时间上分割，即在同一时间内只有一个基地台工作。通常，这只能保证主要用户的工作。当采用不同信道工作时，移动台进入某个区，就要切换到该区的信道频率，因而移动台要具备多信道，并能进行信道扫描。另一个问题是多基地台系统要有比较复杂的中心控制台。在中心控制台里要完成信道分配和交换、发布各种指令等多种功能。

中心控制台对基地台的控制可以有两种方式：一种是用单控制台控制多个基地台；另一种是多个控制台控制多个基地台。后一种系统是比较完善的移动通信系统。

多基地台系统具有可靠性高的优点。该系统的问题是设备复杂、造价高。

（5）小区网。小区网是中区网的进一步发展。它是把一个大区分成若干六边形的小区，其形状好像蜂窝一样，故又称为蜂窝式系统。在每一个小区里，设一个小型基地台。用电缆将各个基地台和中心台连接起来，在中心台对各基地台和整个通信系统进行控制和指挥。

为了防止越区干扰，要求每个基地台的发射功率不能太大，天线也不能太高。这样，相隔几个小区就可以重复使用同一频率。因此，小区网的频率利用率很高。这种网特别适宜于大容量系统。例如公用移动电话系统等。

小区网技术复杂、造价昂贵。主要表现在：①需要架设多个基地台，并且每个基地台都要用电缆连接到中心台；②需要用较复杂的信道分配和切换技术；③需要用较复杂的控制技术和信令；④需要有移动台位置登记技术；⑤需要有较大容量的计算机对多种信息进行处理并配有较复杂的交换系统和信令系统。

（6）单双频兼容两级网。单双频兼容网兼备单频和双频系统的优点。在该系统中的第一级，即基地台到移动台采用双频半双工；而移动台或固定台到手台的通信采用单频单工。这样就要求中间一级的电台具有单双频兼容和信道值守的功能。

在单双频兼容网中，手台不进入第一级网。这样，对于大城市中手台很多的情况下，可简化中心台的操作。

单双频兼容系统的一个重要特点在于，中间一级只要一部电台就可实现承上启下的作用。另外，无需转信就能使移动台之间进行通信。避免了双频系统中同组频率电台不能直接互通的问题。

### 3. 常规系统的直通模式

直通模式就是两台移动台进行直接的对话，这种模式是最简单的通信模式，也是最可靠的模式。

在标准情况下，也就是在开阔平坦、空旷无障碍且电磁环境干净的地方，直通模式的通信距离是 $10\sim20\mathrm{km}$。在建筑密集的城市或山区，其通信距离会缩短，市区会减至 $3\sim5\mathrm{km}$，若电磁环境差，有强信号场强的掩盖，甚至会短至 $1\mathrm{km}$ 以内。一般来讲，$1\mathrm{km}$ 距离是较为有保障的。直通模式的通信，不限地域，只要不受屏蔽、阻隔，且双方在通信范围内，不管走到哪，都能完成通信。

直通模式（脱网功能）主要应用在以下场合：

① 短距离、小范围的小组通信；

② 多小组超距分隔；

③ 受屏蔽空间内；

④ 超出通信网服务范围；

⑤ 通信网故障的应急通信。

### 4. 常规系统的中转模式

中转通信模式的核心是中转台。

中转模式的通信过程是，移动台发出的信号，由中转台接收，然后再由中转台转发给其他移动台。与直通模式不同的是，在通信的双方中间有一个中转台。中转台起着接力的作用，可使通信距离加倍。

另外，中转台的架设，通常是在通信区域内选择一个制高点架设天线。中转台的天线尺寸较大，便于设计成较高的增益，可弥补手机发射功率较小的不足，同时，中转台较大发射功率又可弥补手机天线因尺寸较小造成的增益低的不足。这就使单程的通信距离比直通模式的通信距离大。中转台的通信半径一般以 30km 来设计。在城区，一般情况下，这个半径为 10～15km。

中转台一般是模块结构，其组成有接收机、发射机、电源和天馈四部分。接收机部分只有一个接收模块，发射机部分有激励模块和功放模块，电源部分也只有一个电源模块，天馈部分有双工器、馈线和天线。

### 5. 多基站联网

基于单基站通信范围有限，有时候需要实现大范围通信，这就需要把多基站连接起来，实现联网，如图 3-36 所示。

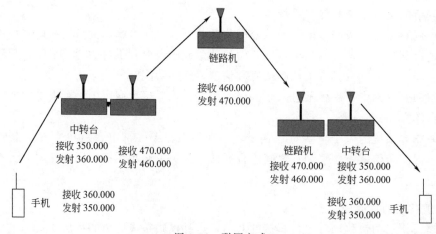

图 3-36　联网方式

（1）联网方式。采用了中转台与链路机背靠背转发的联网方式，如图 3-37 所示。

（2）几个常用的信令标准。由于常规通信是工作在一呼百应的工作状态上，普通的常规网是一个讲，大家听，但到底是谁发起讲话、谁在讲、谁经常占用信道，甚至有人在上面误按 PTT、乱讲等，都难以有效控制。

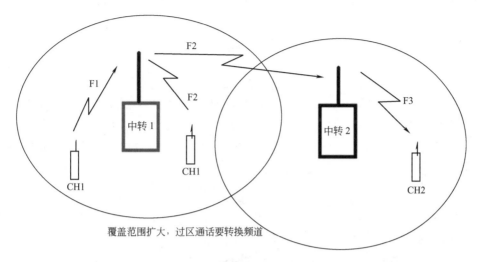

覆盖范围扩大，过区通话要转换频道

图 3-37　背靠背的联网方式

为了更好地应用、管理、控制通信系统，一些信令的应用就产生了。

目前在常规无线通信系统上，常见的信令有以下三种。

① 连续声控制信令（CTCSS），也叫亚音频信令。它利用 32Hz 和 250.3Hz 之间的 32 个单音来组成信令，把这种信令加入发射，这么一来，只有加有这种信令解码片的接收信道，才能打开接听，避免了同频通信中的相互干扰问题。从而达到信令控制和管理通信的目的。

② 双音多频信令（DTMF）。它用不同频率的行和列所确定的频率矩阵来代表标准的 12 键电话键盘，则传输一个数字就是通过发射位于 697～1477Hz 频率范围之间的二个一高一低的适当频率来实现，从而达到信令控制通信、管理通信的目的。

③ 常规调度信令。有 MOTOROLA、科立讯等常规分组信令。如 MOTOROLA 专门为常规通信系统的管理与控制而开发的数字信令。

主要可完成的调度功能有：常规系统内的选呼，组呼，来电显示，紧急报警，遥开遥闭，选择呼叫，呼叫告警，空中检查等。

**6. 常用无线常规通信系统**

目前，消防部队常用的常规无线通信系统有以下 4 种。

(1) 单频单工无线通信系统。系统设备简单、工作方便，网络中各种电台均为单频单工，按键发话，松键收话，一个电台呼叫，其他所有同频电台均可收到，便于协同作战和指挥。在同一个时间，只能有一个电台发话，一个系统内电台数量大时，可能出现拥堵和抢话情况。

(2) 异频半双工大区覆盖通信系统。系统中设置双频双工转信台，利用大功率发射机、高架天线进行大区域覆盖。移动台一般为异频单工方式，通过转信台中转进行通信。由于采用了双频制，转信台还可以设置有线/无线的接驳功能。转信台出现故障时全网通信瘫痪。通过一个转信台中转的通信半径一般为 20～30km，在大型城市不能保证覆盖全市，需要在城市建立多个转信台。

(3) 多基地台大区覆盖通信系统。在城市建立多个基地台（转信台），每个基地台使用不同的通信频率，覆盖城市的一部分区域，达到覆盖全市的目的。这时，消防指挥中心需要设置多个不同的通信频率电台，分别守听从各个基地台（转信台）发来的呼叫。同时移动电台需要预设多个通信频率，进入不同的基地台（转信台）覆盖区域时切换到本地通信频率。

（4）同步同频同播多基站大区覆盖通信系统。城市内建立多个基地台（转信台），使用相同的通信频率，一个电台呼叫，多个基地台（转信台）同时转发，所有系统内电台均可收到，形成一个覆盖全市甚至更大范围的无线电通信网。在技术上，同步同频同播多基站大区覆盖通信系统需要一套控制系统。在使用上，虽然用多个基地台扩大了通信覆盖区域，但是网内在同一个时间，只能有一个电台发话，大家收听，网内电台数量大时，可能出现拥堵和抢话情况。见图 3-38。

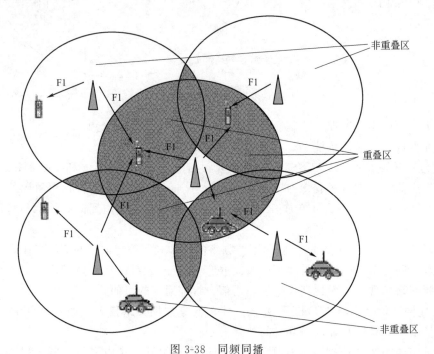

图 3-38　同频同播

同频同播的主要技术如下。

① GPS/发射频率同步技术。每个同播基站配置一个 GPS 接收机，利用 GPS 基准时间信号锁定发射机频率。保证各基站间发射机发射频率同步。

② 相位同步技术。系统控制终端可以利用各基站 GPS 数据远程精确调整参数。保证重叠区的音频信号相位误差范围。

③ 接收判选技术。在覆盖区内的多个基站，同时收到移动台的信号，基站控制器根据接收信号质量自动进行优化判别。再通过链路送到各基站发射机发射。保证另一方移动台收到的话音是清晰的。

## （二）集群无线通信系统

### 1. 概述

集群通信系统是一种用于集团调度指挥通信的移动通信系统，主要应用在专业移动通信领域。该系统具有自动选择信道功能，它是共享资源、分担费用、共用信道设备及服务的多用途、高效能的无线调度通信系统。

集群通信系统的组成与公众移动通信系统类似，但是又有自己的特点。它由基站、移动台、调度台以及控制中心组成。基站由若干基本无线收发信机、天线共用器、天馈线系统和电源等设备组成。天线共用器包括发信合路器和接收多路分路器；天馈线系统包括接收天线、发射天线和馈线；移动台是用于运行或静止中进行通信的用户台，它包括车载台、手持台，由收发信机、控制单元、天馈线和电源组成；调度台是能对移动台进行指挥、调度和管理的设备，分有线和无线调度台两种，无线调度台由收发信机、控制单元、天馈线、电源和操作台组成，有线调度台只有操作台；控制中心包括系统控制器、系统管理终端和电源等设备，它主要控制和管理整个集群通信系统的运行、交换和接续，它由接口电源、交换矩阵、集群控制逻辑电路、有线接口电路、监控系统、电源和微机组成。

集群通信采用 PTT（Push To Talk），以一按即通的方式接续，接续速度较快，能支持群组呼叫等功能，它的运作方式以单工、半双工为主，主要采用信道动态分配方式，并且用户具有不同的优先等级和特殊功能，通信时可以一呼百应。

随着数字技术的发展，集群通信系统已经逐渐发展成为数字集群通信系统，数字集群系统具有很多优点，它的频谱利用率有很大提高，可进一步提高集群系统的用户容量；它提高了信号抗信道衰落的能力，使无线传输质量变好，即提高了话音质量；由于使用了成熟的数字加密理论和实用技术，对数字系统来说，保密性也有很大改善；另外，数字集群移动通信系统可提供多业务服务，也就是说除数字语音信号外，还可以传输数据、图像信息等，由于网内传输的是统一的数字信号，容易实现与综合数字业务网 ISDN、PSTN、PDN 等接口的互联，因此极大地提高了集群网的服务功能。

### 2. 集群通信系统的特点

（1）集群使用的频率。集群工作频段最为常用的是 800MHz 频段，具体上行频段为 806～821MHz；下行频段为 851～866MHz；邻道之间的频率间隔为 25KHz；集群系统中，通信的双方（基站和用户终端）采用多对双工频率，在控制台的控制下，按照动态分配的方式实现双向通信；每个信道的上下行频率间隔为 45MHz。当然在 150MHz、350MHz、450MHz 等频段也有大量集群产品和应用案例。

（2）集群通信的工作方式。集群系统中基站采用异频全双工的工作方式，用户终端则根据不同的工作模式采用不同的工作方式：调度模式下，采用异频半双工方式；电话模式下，若用户终端为全双工类型的，可采用异频全双工方式；若为单工用户机，则只能采用异频半双工方式。

（3）集群系统的组网方式。模拟集群系统一般采用小容量大区制的覆盖（又称为单站结构），模拟联网的集群系统和数字集群系统一般采用大容量小区制的覆盖（又称为蜂窝网结构）。

### 3. 集群系统的基本功能

集群系统所共有的基本功能如下：
① 具有强大的调度通信功能；
② 兼备有与公共电话网和公共移动通信网互联的电话通信功能；
③ 智能化的用户管理功能；
④ 智能化的无线信道分配管理、系统控制和交换功能。

### 4. 集群通信系统分类

（1）按控制方式分。有集中控制和分布控制。集中控制是指一个系统中由一个独立的智能控制器统一控制、管理资源和用户。分布式控制方式是指每个信道都有一个单独的控制器，这些控制器分别独立地控制、管理相应的系统资源和一部分用户。

（2）按信令方式分。有共路信令和随路信令方式。共路信令是指基站或小区内设定了一个专门的信道作为控制信道，用以接收用户机发出的通信、入网等请求信号，同时传输系统的控制信令，向用户下达信道分配信息和用户通知信息。随路信令是指人为定义每条信道的一部分频带供信令使用，每个信道既传话音也传信令。

（3）按通话占用信道分。有信息集群、传输集群和准传输集群。信息集群是指用户完成一次通信后，该信道仍为该用户保留一段时间（一般为 10s 左右），以确保该用户在这段时间内再次呼叫时仍能成功占用信道，以此来保证通信的完整性；传输集群是指当用户完成一次通信后，信道立即释放，以提供系统再次分配，以此来提高系统资源的利用率；准传输集群是介于以上两种之间的一种集群方式，即信道保留的时间略短于信息集群（一般为 3s 左右）。

（4）按信令占信道方式分。有固定式和搜索式。固定式是指信令信道（控制信道）是系统中固定的一个信道，用户在入网或业务请求时固定向该信道发起请求；搜索式是指信令信道不固定，由系统随机指定，用户每次入网或业务请求均必须搜索信令信道。

**5. 数字集群业务特点**

（1）组呼。一呼百应，发起一次呼叫即可建立全小组通信，共享信道，组内用户不受限制。在多组发出呼叫时，共享信道资源，互不干扰。

（2）广播呼叫。发起呼叫后，所有网内被呼用户均可收到发起呼叫者的讲话。适合领导短时间的讲话等广播通信业务。操作简便，发起直接讲话，无需再按 PTT 键。

（3）多优先级。为不同组、用户提供不同优先级别的业务优先权。组内优先级高的用户可抢占低优先级的讲话；高优先级通话组呼叫可抢占低优先级通话组的通话信道；组呼可以抢占点对点通信信道。

（4）功能号码寻址。利用号码定义岗位，谁上岗谁注册，自动转接到对应的真实用户。

（5）动态重组。灵活的编组方式，调度人员可以根据权限任意合并、分拆、创建、删除一个组；可以在一个组中任意添加、删除一个用户。

（6）紧急呼叫。具有紧急呼叫按键，优先级别越高越先接入网络。

（7）电话互连。可与公网电话互连。

（8）短号互拨。集团内部分配短号，可以直接拨号。

数字集群除具有以上业务特点外，还可根据用户需求开通环境监听、机密呼叫、呼叫方识别、缜密呼叫、端到端加密等业务。

**6. 常用无线集群通信系统介绍**

（1）MPT-1327 系统。MPT-1327 信令是由英国邮电部于 1985 年正式公布的，是专用陆地集群移动通信信令标准，定义了系统控制器（TSC）和移动终端（RU）之间的空间信令规则，采用专用的控制信道传输信令；该信令可以应用于大小不同规模的集群系统；该信令定义了丰富的用户和系统功能，用户可以根据使用需求实现其中的部分功能，并预留将来扩充功能的余地；该信令只规定了空间信令规则，对系统如何实现信令没有强制性的规定，因此具有较大的灵活性。以"MPT-1327 信令规约"为主体的集群无线通信系统，是一个开放系统，只要符合这些标准规定的设备都可以在这个模拟集群系统中使用，而 MPT-1327 等系列标准也是开发性标准，不存在技术专利等问题，因此从 20 世纪 90 年代开始，国内企业就根据这些标准和相关器件研制生产出 MPT-1327 的模拟集群系统，并在国内不少部门单位使用，获得较好的经济和社会效益。虽然 MPT-1327 模拟集群在国内应用很多，在实际使用中也存在一些问题，主要是：单基站系统运行正常，但多基站系统运行就面临很多问题；在多基站系统中，各基站与控制中心连接麻烦，因为是模拟信号加控制信令在互连时需要较多传输资源给联网带来的投资增大，资源浪费等问题。

（2）TETRA 标准由欧洲电信标准研究所（ETSI）于 1995 年正式确定，自从公布以来，一直在进行不断的修订和完善，并在原有的基础上增加了一些新的标准。它是一种基于数字时分复用（TDMA）技术的无线集群移动通信系统技术标准，定义了一系列开放接口、呼叫服务和协议，它不仅提供了数字化的一对一全双工移动电话服务，还可以提供短数据信息服务、分组数据服务以及一对多的群组调度功能，是集全双工移动电话、调度组呼、移动数据等功能为一体的综合移动通信平台。由于大量采用数字处理技术，TETRA 系统具有丰富的服务功能、更高的频率利用效率、通信质量更加均匀的覆盖范围。TETRA 系统还支持功能强大的移动台脱网直通（DMO）模式。在收发数据时，TETRA 系统将每个 25kHz 载波分为 4 个时隙，从而使每个 25kHz 载波同时支持 4 路话音或数据，可应用于慢速扫描图像传输、静止图像传输、收发电子邮件、收发高分辨率传真、文件发送等多种数据传输，也可以与因特网互联；在 TETRA 系统中每个用户信道的通信能力为 7.2Kbit/s，每载波总通信速率最高可达 28.8Kbit/s；TETRA 系统在一个载波内可以容纳四个时分信道，话音和数据可以在不同的时隙被接收和发送，无线电频谱的利用率高；TETRA 系统还具有语音和数据加密功能，TETRA 标准本身包括对空中接口的加密措施，这可以有效地防止非法用户进入系统，防止对空中无线电信息进行非法拦截。另外由于采用开放的 TETRA 标准，来自多个设备制造商的不同产品可以工作在同一个 TETRA 数字集群通信系统。由于它标准公开，技术先进，功能丰富，逐渐被世界许多国家所接受，该标准也像 GSM 数字蜂窝移动通信标准一样，从一个欧洲标准逐渐成为一个走向世界的国际性标准。

（3）iDEN 系统是 1994 年在美国洛杉矶由摩托罗拉公司推出的集数据话音传输为一体的综合数字集群通信系统，采用 TDMA 技术，在 25KHz 信道上可以同时传送 6 路数字话音，并可动态分配带宽，再加之频率复用技术和蜂窝组网技术，从而使得有限频点的集群通信网具有大容量、大覆盖区、高保密和高通话清晰度的特点。该系统具有蜂窝无线电话、调度通信、无线寻呼台及无线数传功能。iDEN 数字集群系统使用的语音编码技术是先进的矢量和激励线性预测编码技术（VSELP）。它将 30ms 的语音作为一个编码子帧，得到 126 比特的语音编码输出，即信源编码速率为 4.2Kbit/s，再加上 3.2Kbit/s 采用多码率格形前向纠错码，形成 7.4Kbit/s 的数据流，使信号电平在较高或较低的输出情况下，都可改善音频质量，得到高质量的话音输出信号。在系统覆盖范围的边缘地区，VSELP 改善话音信号的效果更好。它的调制技术采用 M-16QAM 调制，是专门为数字集群系统开发的一种调制技术，具有线性频谱，使 25kHz 信道能传输 64Kbit/s 的信息，而且该种调制方式还可以克服时间扩散所产生的不利影响。iDEN 数字集群系统采用了前向纠错（FEC）技术，在译码时自动地纠正传输中出现的错误，当某一帧的数据严重丢失时，用 FEC 不能重新产生数据，则使用自动请求重发（ARQ）技术，要求重新发送丢失的数据。iDEN 系统从 1994 年问世，通过约 3 年的推广，相继在北美、南美及亚洲 13 个国家投入商用。

（4）GoTa 是中兴通信自主推出的基于 CDMA 技术，面向未来技术演进的新一代数字集群通信系统，GoTa 的含义是开放式集群架构（Global Open Trunking Architecture），是为满足数字集群通信专网和共网用户的需要而开发的系统，它可以提供共网集群和专业调度统一的业务模式，提高网络综合竞争能力，吸引更多专业和社会集群用户入网，创造更多运营收入，由于 GoTa 系统采用 CDMA 技术，通过对空中接口进行改造和优化，使其适应数字集群业务需求，具有容量大，覆盖面广，抗干扰能力强等优点，除了基本集群调度业务，GoTa 还提供成熟完善的移动传统业务，包括基本电信业务、补充业务、短消息业务和高速数据（153.6Kbit/s）业务，另外还可以实现集团虚拟专用网（VPN）的功能，最终用户可以管理其终端用户的终端设备配置，包括开户，增加新服务，更改调度私密号、组号、电话号码，重新编组，随时取得详细通话清单和使用统计等。GoTa 系统集群业务主要包括一对一私密呼叫、一对多群组呼叫、动态重组、强拆强插、迟后接入、呼叫显示、通话提示、呼叫前转等；数据业务包括分组数据业务、消息类业务以及定位业务等。在信息产业部发布的《基于 CDMA 技术的数字集群系统总体技术要求》中，GoTa 系统是唯一符合该国家标准的数字集群产品，它填补了中国在集群通信领域知识产权的空白，对中国通信企业掌握核心技术，取得竞争优势具有重要意义。

（5）GT 800 是基于 TDMA/TD-SCDMA 的技术体制，吸取了目前公众移动通信系统和数字集群通信技术的优势，并将其有机地结合在一起。GT800 系统是在 GSM 层 3 级以上协议进行扩充和增强，充分利用现有成熟的 GSM 网络和终端设备实现集群通信的功能。GT800 系统在引入 TD-SCDMA 技术后，具有更高的数据传输速率，为业务应用的扩展在网络承载能力上提供充分保证。GT800 系统也支持空中接口加密和端到端加密功能，采用专门设计的密钥管理分发和用户数据加密机制，保证用户信息传递的安全性；在系统可靠性方面，提供故障弱化、开放信道、终端直通等手段，保证用户在各种异常情况下的通信能力。

（6）PDT（Police Digital Trunking）警用数字集群通信系统标准，是由公安部牵头，由国内行业系统供应商参与制定，借鉴国际已经发布的标准协议的优点，结合我国公安无线指挥调度通信需求，推出的一种数字专业无线通信技术标准，是我国公安行业数字集群通信系统的建设方向。PDT 标准吸收了国际上专业数字无线通信标准 Tetra、P25 和 DMR 的优点，并结合目前国内公安行业大量使用的 350MHz 警用集群通信系统的使用习惯，推出的中国完全拥有自主知识产权的一种全新的数字集群通信体制。该标准采用 TDMA 时分多址方式，4FSK 调制方式，大区制覆盖，全数字语音编码和信道编码，具备灵活的组网能力和数字加密能力；拥有开放的互联协议，能够实现不同厂家系统之间的互联和与 MPT-1327 模拟集群通信系统的互联。PDT 标准主要性能如下：

- 多址方式：TDMA　2 时隙
- 工作频段：350MHz
- 频率间隔：12.5kHz
- 调制方式：4FSK
- 调制速率：9600bit/s
- 业务能力：语音调度、短消息、状态消息和分组数据
- 工作方式：支持单工、半双工和双工通信

PDT 标准继承了模拟无线集群通信系统快捷高效的调度指挥能力，除具备大区制组网、接续速度快、单呼、组呼等调度指挥功能丰富外，还具备以下特色性能。

- 更好的话音品质：PDT 数字集群标准采用低速全数字语音编码，话音品质高。
- 更高的频率利用率：PDT 数字集群标准信道间隔为 12.5kHz，每对载频分为 2 个时隙，和目前 MPT1327 模拟集群相比，频率利用率提高了 4 倍，与 TETRA 数字集群频率利

用率相当。

- 更强的网络扩展性：PDT 数字集群标准的联网协议采用基于文本的 SIP 协议，确保呼叫控制和承载分离，实现真正意义上的软交换，使 PDT 核心网能够与其他类型的通信系统互联，也很方便实现各种增值业务的扩充。
- 更安全的话音加密：为保证通话的安全性，PDT 数字集群标准专门设计了基于硬件的可选的语音加密方案，可采用的安全方案包括鉴权、空中接口加密、端到端加密、密钥管理机制和链路加密，根据所需要达到的安全等级来实现其中的部分或全部功能。
- 越区切换：提供移动用户在通话过程中根据信号的质量自动在不同小区间进行无缝或有缝切换，无缝切换就是通告型切换，即移动用户通过背景扫描已选定最佳小区，并通告基站进行切换；有缝切换就是移动台无法和基站取得联系，直接向期望的目的小区申请切换。
- PTT 授权：在半双工语音通话过程中，移动台需经过系统的授权后才能进行发射，避免在组呼时因无序发射而带来的互相干扰问题。
- 短消息上拉：PDT 数字集群标准不仅具备移动终端之间传输短消息的能力，而且具备移动终端主动索取短消息的功能。
- 分组数据业务：PDT 数字集群标准通过使用上下对等的数据传输技术、时隙控制的 ALOHA 技术及传输速率自适应调整技术，使多个移动台可以在一个分组数据业务信道上互相之间进行独立的上下行分组数据传输。
- PDT 是中国国内完全拥有自主知识产权的数字集群标准，不受国外专利限制。

### 7. 数字集群与公众网的异同

数字集群和公众移动通信虽同属移动通信范畴，但却有本质的区别。具体表现在以下几个方面。

(1) 在目标用户群方面。数字集群的典型目标用户群是以团体为单位的，团体中的个体用户往往在工作上具有一定的联系，具有最紧密工作关系的个体之间以组的形式出现，有关联的小组之间又形成队，依此类推，一般分为成员、组、队、群等，这些群组的划分与单位内部的机构设置和工作流程密切相关，以"一对多"半双工组呼通信为主，相互之间通信的频繁程度也按照这一顺序。根据工作性质和重要程度的不同，群组内部用户之间、群组之间乃至业务之间分为不同的优先等级。

而公众移动通信的目标用户群是以个体用户为单位的，以"一对一"双工电话通信为主，通话对象具有随机性。系统内部用户之间是平等的，不区分优先级。

基于以上特征，数字集群是一种提高工作效率的"生产工具"，适合诸如公共安全（警察、消防、安全、保安、军队等）、交通运输（航空、铁路、内河航运、公共交通、出租汽车等）、社会联动、市政管理、水利电力、厂矿企业生产管理等行业或部门，以及抢险救灾、处理各种突发事件等场景的调度指挥通信。就数字集群的作用而言，具有社会效益和经济效益的双重性。

而公众移动通信是人们方便日常联络沟通、提高生活品质的手段之一，虽然在提高工作效率等方面也具有一定的促进作用，但就其本身性质而言，没有被赋予明确的社会责任，因此，更趋向于追求经济效益。

(2) 在业务特征方面。数字集群的最主要业务特征是"一呼百应"的群组呼叫，个体用户或群组之间分为不同的等级，表现为占有通信资源和通话主导权的优先级别不同。通信作业一般以群组为单位，以调度台管理为特征。一般情况下被叫用户无权拒绝主叫用户的通信要求。

公众移动通信的主要业务特征是"一对一"的个体之间的通信，个体用户之间是平等的，被叫用户有权拒绝主叫用户的呼叫请求。即便是在通信资源紧张的情况下，任何用户也无权中断其他用户的通信强行占用通信资源。

（3）在组网模式方面。数字集群的组网原则比较复杂，需要根据用户的工作区域进行组网，而不是根据业务量的大小决定组网的先后顺序，也不能因为业务量小而降低网络性能（如覆盖质量、各种性能指标等）。

而公众移动通信的组网原则比较单一，即通过事先预测和事后统计观察根据业务量和用户地理分布特点进行网络组织，一般在人口稠密和业务量大的城市地区先行建设，随后根据用户发展情况逐步扩展，具有一定的"趋利"性。

（4）在系统性能要求方面。由于数字集群使用对象和使用性质的要求，决定了在系统安全性、可靠性、通信接续时间、通信延时等方面较公众移动通信都有更高的要求。例如，对于通信接续时间，要求在紧急状态下不得高于 1s，这在公众移动通信中是很难达到的。系统故障对于公众移动通信系统来讲最多是经济上的损失，而对于集群通信还要承担社会责任，因此，除在系统层面和网络组织上尽量减少故障率外，还要采取诸如故障弱化等措施防止一旦发生故障还能够保证用户的最低使用要求。

调度组呼通信的特点是通信次数频繁，但每次通信时间较短，因此，要求数字集群网络适合于承载大量频繁的通信接续需要，而公众移动通信相对来讲适合于次数不多但接续时间较长通信的要求。

（5）在系统功能方面。数字集群的基本功能包括组呼、全呼、广播呼、私密呼以及电话互连呼叫等。补充功能包括调度区域选择、多优先级、紧急呼叫、迟后接入、动态重组、调度台强拆/强插、故障弱化、直通模式、VPN（虚拟专网）功能等，对于特殊用户还需提供双向鉴权、空中加密、端到端加密等功能。上述业务功能是作为一个真正的数字集群通信系统所必需的，否则无法满足现场实际工作的需要，而公众移动通信系统功能则没有这方面的特殊要求。

（6）在终端要求方面。数字集群的终端除功能、性能的一般性要求外，从外观上，为适应现场恶劣工作环境的需要，还要具备三防功能（即防水、防尘、防震），需要带有外部扬声器，电池容量要求较大，要带有 PTT 呼叫键和紧急呼叫按钮，因此，往往很难做到外观的小巧、漂亮；从类型上，除手持终端外，还要求有车载和固定终端。而公众移动通信终端除一般的功能、性能要求外，主要追求外观的精美、小巧等，而且主要是手持终端，即通常所说的手机。另外，数字集群的调度通信终端是必不可少的，它是部门内部统一调度指挥得以实现的关键。调度终端的界面系统需要根据不同部门的不同组织结构和工作流程分别开发。

（7）在运营管理方面。数字集群中要求具备用户（指团体用户）自行管理的能力，特别强调强大的 VPN 功能。利用 VPN 功能，用户通过远程操作维护终端，在应用层面上自行管理本单位的用户，包括用户分组、用户业务权限、优先级甚至用户的开通和停用，还包括用户签约信息等。但是，用户只能管理和操作本部门下属的用户，而且用户权限是在运营者事先授权的范围内。而公众移动通信是由运营商统一进行网络建设、运营维护和日常用户管理，每一个用户需要新增或减少什么样的业务都要经过运营商的认可并由运营商操作实施，用户自己不能自行更改。

在业务的提供方式上，公众移动通信是一种"大众化"的方式，即根据市场和业务发展情况进行先行准备和部署，然后通过公众媒体宣传使公众周知，由用户选择使用与否，因此，网络部署完毕后即成为一个完整的业务网络，虽然期间会进行不断的补充完善，也会逐步推出各种新的功能和业务，但这种过程本质上是一样的。而数字集群更趋向于"个性化"的方式，由于不同的行业和部门有不同的需求和使用方式，因此，网络部署完毕后，只能部分满足用户的需要，要求在运营过程中有针对性地进行定制业务和应用的二次开发。从某种意义上讲，数字集群网络搭建完毕后，只是提供了一个业务平台，只有通过不断的二次业务开发才能完全满足专业客户的需要，这也是数字集群适用性的体现和生命力的所在。

**8. 消防应用数字集群的优势**

我国消防部队无线通信大多采用常规双频半双工大区网的组网方式，多数城市还加入了当地专用集群网。使用数字集群与以上网络相比具有诸多的优点。

（1）调度功能强大。数字集群所具有的组呼、广播呼叫、多优先级、紧急呼叫等功能可以大大改善和解决消防部队在火场和抢险救援现场由于频率资源不足而导致的通信秩序混乱、相互干扰、联络不畅等问题。

（2）组网方式灵活。调度人员可以根据权限任意合并、分拆、创建、删除、添加、组合用户，使组网方式可以根据需要灵活组织。除此之外，消防调度子网还可与当地城市其他行业和部门的（110、122、120、电力、气象、煤气、自来水等）通信专网互连互通，组建城市应急通信调度指挥系统。如数字集群网在全国普及，即可建立跨地区、跨省市的全国消防无线通信调度指挥系统。

（3）网络覆盖面大。消防无线通信网依靠本单位自行建设，一般采用单基站或几个基站来满足覆盖要求。但由于地形地物、各类大型建筑的影响，会出现很多的盲区和死角，而政府或公安部门统一建设的数字集群会考虑到多个行业和部门用户群的要求，所建基站数量远大于消防专网的基站数。因此网络覆盖面大，死角和盲区会减少许多。

（4）信道数量多。共网方式的信道数量远大于专网信道数量，因此在通信过程中会减少许多因信道数量不足而产生的堵塞现象。

（5）投资维护管理费用大大降低。据有关资料统计表明：若三个不同部门或行业不建设专网，改建一个统一的共享平台，能够节省60%的设备成本，50%的网络实施成本和50%的运行维护成本。城市数字集群系统服务于城市数十个部门，因此节省费用还要在上列数字之上。

城市数字集群的建设，为解决消防无线通信难的问题提供了良好的网络基础。北京、沈阳、重庆等城市数字集群已投入运营，其他一些城市也在建设过程中，城市数字集群的发展已成为必然。消防部队应借助于这个良好的网络基础，结合部队的实际情况，建设能够快速反应的现代化调度指挥移动通信网。

# 五、消防无线通信组网应用

## （一）消防 350MHz 无线通信组网

**1. 350MHz 频率资源**

350MHz 频率资源是国家无线电管理委员会指配给全国公安系统使用的专用频率，350MHz 频率的使用管理归各级公安机关无线电管理部门负责。目前，公安部指配给全国消防部队使用的 350MHz 频点共有 3 对双工频点和 3 个单工频点。各级消防部队可以在此基础上，向属地公安机关无线电管理部门申请当地的 350MHz 频点，和上述频率一起用于消防部队的无线通信组网。

各地消防要充分用好确定的 350MHz 的异频信道和单频信道组建常规无线通信网。消防一级网原则上采用异频半双工方式工作；消防二级、三级网原则上采用单频单工方式工作。

消防一级网由当地公安机关在组建的警用功能级和警用基本级网内相对固定异频信道，大、中城市信道数不应少于 2 个、小城市不应少于 1～2 个，用于灭火调度指挥和平时业务联络。

消防二级网可设置 1～2 个单频点，以保证总、支、大、中队指挥员在火场上的调度指挥。

消防三级网在频率配置上应充分考虑同一火场多个消防中队协同作战的实际要求，避免频率重复，造成同频干扰。大城市消防三级网单频点数基本按中队编制数的 50% 左右配置。在具体分配频点时，无协同支援任务的中队可复用同一频点。中、小城市集中全部消防中队出场灭火救援的概率较高，应争取实现每个中队一个单频点。

全国消防统一专用频率原则上不宜安排用于无线通信链路。如确需使用无线链路方式组网时，应向当地无线管理机构申请其他频段频点，或采用扩频数字微波等中继方式。

各地消防部队使用全国消防统一专用频点组网时，应在满足本地区覆盖要求的情况下适当降低天线高度，减小交界场强，以避免对邻近地区造成干扰。发生干扰时属同一省、区的，由本省、区消防总队进行频率协调；分属不同省、区的，由有关省、区消防总队间进行频率协调。

**2. 组网模式**

消防 350MHz 常规无线通信网是当地公安机关无线通信网的分调度指挥网，应具有相对独立的调度和管理功能，同时能接受公安主网的调度指挥。各地消防部队在建网前，应认真考察、研究网络结构、站点分布、设备类型、信令模式、使用功能、信道数量、用户容量等技术条件，结合自身的队伍编制、指挥程序、使用要求等具体情况（有条件的经通信覆盖区电磁场强测试及技术设计后），与当地公安通信部门共同研究，作出切合实际的组网方案。

消防无线通信网在指挥层级上分为三个层次，即三级组网。

消防一级网（城市消防管区覆盖网）主要用于保障城市消防指挥中心与所属消防大队、中队固定台、车载台之间的通信联络。通常采取大区覆盖，可以是单基站、多基站覆盖，可以采用常规方式、同频共播、集群等方式。各级消防指挥人员的少量手持电台在通信中心区域范围内也可加入该网。在使用车载电台的条件下，一级网的通信覆盖区通常不小于城市消防管区面积的 80%。如图 3-39 所示。

消防二级网（火场指挥网）主要用于保障灭火作战中火场各级指挥员手持电台之间的通信联络。与企事业单位专职消防队、抢险急修队等灭火协作单位的火场协同通信也可在该网中实施。一般采用单频单工的现场覆盖方式，每个中队分配 1 个频率。如图 3-40。

消防三级网（消防战斗网）主要用于火场各参战消防中队内部，中队前后方指挥员之间、指挥员与战斗班长之间、班长与水枪手及战斗车驾驶员之间，以及特勤抢险班战斗员之间的通信联络。一般该网通过手持电台和佩带式声控电台采用单频单工的现场覆盖的方式，每个中队分配一个频率。中队之间的协同通信，也可采用改换频率相互插入对方中队战斗网

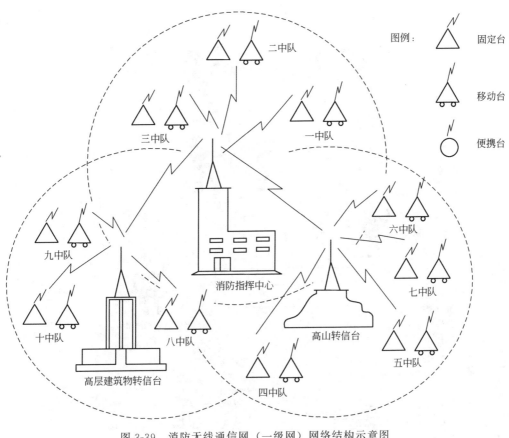

图 3-39 消防无线通信网（一级网）网络结构示意图

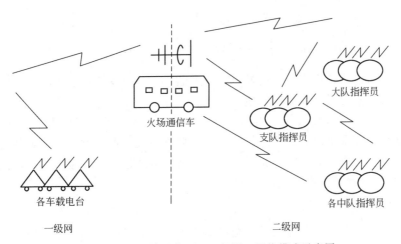

图 3-40 消防无线通信网（二级网）网络模式示意图

的方式实施。如图 3-41 所示。

消防分调度指挥网应设置无线分调度台。具备条件的城市，应与当地公安无线总调度台建立有/无线音频链路，也可采用无线音频转接方式进行沟通。

消防分调度台应设置信道控制（转接单元），接续交换容量≥1×8。用于控制一级网的各个信道设备，同时控制 150MHz、400MHz 或其他频率的信道设备。通过音频转接，实现不同频段无线通信网之间的互联互通。

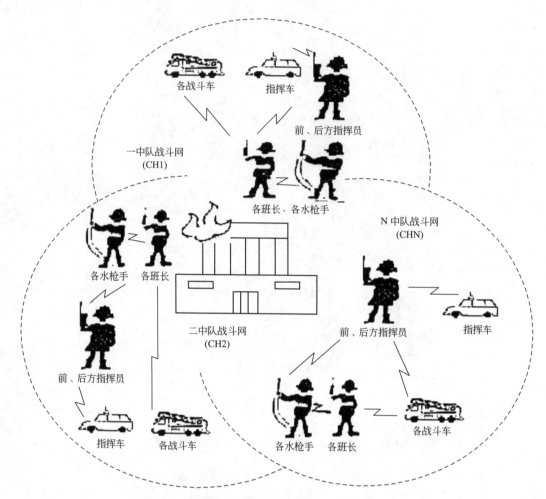

图 3-41    消防无线通信网（三级网）网络结构示意图

消防分调度台应具备用户身份码显示、信道监听、插叫及话音录音（计时）的功能。采用计算机显示用户身份时，界面应汉化。

消防 350MHz 常规无线通信网组网模式。当城市面积较小，消防指挥中心天线架设高度可以满足通信覆盖要求时，消防一级网可采用单基站大区覆盖方式，将全部一级网组网信道集中设置使用。若采用高点转信站异频半双工转发方式进行区域覆盖时，转信机原则上按"发高收低"的原则设置频率。

### 3. 电台的配备标准

为了便于各地操作，应根据有关规范将城市区分为大、中、小三种规模：大城市指省会城市或消防队（站）数达到 15 个以上的城市，中等城市指消防队（站）数达到 8～15 个的城市，小城市指消防队（站）数 8 个以下的城市 [确定城市规模应将郊区、县消防队（站）数和今后 5～8 年的规划增长数考虑进去，并适当考虑市区内专职消防队的分布情况]。

各地消防部队所属中队（消防站）应在其驻地通信室设置固定台一部。

各消防大、中队（消防站）指挥车均应配车载电台一部；登高、化学、照明、抢险、大型水罐以及消防器材运输等特种消防战斗车辆和保障车辆通常每辆车配备车载电台一部；其他消防车辆视当地情况安排电台配备。原则上应逐步达到每辆消防战斗车配一部车载电台。

消防支队以上机关的各类消防指挥车均应配备车载电台，并结合消防通信指挥车的配备，建立一个移动无线调度台，用于火灾现场通信组网。加入一级网的手持台视具体情况配备。

消防二级网手持电台的配备标准：每个中队不少于 2 部，用于装备中队前、后方指挥员；大队以上机关视火场指挥及消防业务工作需要确定合理的配备数量，其技术规格应实现一、二级网兼容。

消防三级网手持电台及佩带式声控电台的配备数量应不少于《城镇公安消防部队消防通信装备配备标准》所列数量。

消防部队购置的无线电通信机电性能指标应符合《警用 350MHz 专业机电性能主要指标》。其中频率稳定度、频道间隔、发射机音频失真、发射机输出功率、谐波及杂散辐射、发射机调频交流声及噪声、接收机灵敏度、接收机邻道选择性、接收机互调抑制、接收机杂散响应等主要指标不得低于文件规定。

工作方式以半双工（异频单工）为主，单双频兼容。

所购无线电台的工作频率范围应包容 350MHz 频段公安频率的最高最低频点。

结合火场实际需要，手持电台的防水性能应达到一定的级别要求，同时配备防护机套。

选购的通信机应满足以下要求：双工基地台（转信台）信道数不少于 16 个。用于转信时，可选用 1 个信道的机器以降低费用，发射功率 25～50W；固定台、车载台信道数不少于 16 个，发射功率≤25W；各级指挥员手持台信道数不少于 16 个，发射功率 2～4W；战斗人员无线电台信道数 1～4 个，发射功率≤2～4W。

### （二）消防短波通信组网

公安消防部队短波电台通信主要用于大区域、大规模灾害事件（如地震、水灾）发生时快速建立消防应急救援通信网，解决消防通信指挥中心、现场消防指挥部、现场救援分队之间的应急通信联络问题。

#### 1. 网络结构

公安消防部队短波电台通信网结构如图 3-42 所示。按《武警消防部队信息化建设项目网络和硬件分系统实施方案》要求，各消防总队应配置车载短波台和单兵背负台，并应选配鞭/线型等多种天线，以适应不同通信环境。

#### 2. 通信组网

公安消防部队的所有车载式和单兵背负式短波电台都组在同一个大网中，网内每部电台统一设定唯一的 6 位数字 ID 码，实现全网通呼、总队子网通呼或任一电台的选择呼叫。

公安消防部队短波通信网 ID 码。为实现通呼功能，第一位和第四位规定为 1，第二位和第三位是单位代码，第五位和第六位（01～99）是由各总队自行分配的 ID 码资源。

（1）全网通呼。全网电台预先设置一组适宜上午、中午、下午等不同时间段的使用频率，当需要呼叫网内所有电台时，可以按通信预案规定，将所有短波电台调谐到同一频点，完成全网连通。也可以由主呼电台键入 100000，完成全网连通。

（2）总队子网通呼。当需要呼叫某个总队的全部短波电台时，由主呼电台键入这个总队 ID 码的前 4 位数字再加上 00，完成总队呼叫。如键入"101100"，即可呼出××公安消防总队的所有短波电台。

（3）选择呼叫。当需要呼叫某个（或数个）特定的电台时，直接键入对方电台的 6 位数

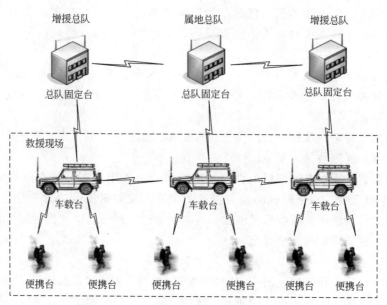

图 3-42    公安消防部队短波电台通信网结构

字 ID 码（呼号）即可。

（4）信息保密性。短波通信没有任何保密性可言，任意一台短波电台，只要使用的频道和我网电台频道相同，那么就可以听到我网的通信内容。因此，全网应严格使用呼号、密语通信，必须配置加密卡。

## 第三节    卫星通信

## 一、卫星通信概述

卫星通信是指利用人造地球卫星作为中继站转发无线电波，在两个或多个地面站之间进行的通信。它是在微波通信和航天技术基础上发展起来的一门无线通信技术，所使用的无线电波频率为微波频段（300MHz～300GHz，即波段 1m～1mm）。这种利用人造地球卫星在地面站之间进行通信的通信系统，称为卫星通信系统，而把用于通信的人造卫星称为通信卫星。

### （一）卫星通信特点

卫星通信与传统通信方式对比有以下特点：

① 通信距离远，且费用与通信距离无关；

② 通信范围大，只要卫星发射波束覆盖的范围均可进行通信；

③ 通信频带宽，传输容量大；

④ 机动灵活，可用于车载、船载、机载等移动通信；

⑤ 通信链路稳定可靠，传输质量高；

⑥ 不易受陆地灾害影响；

⑦ 建设速度快；

⑧ 电路和话务量可灵活调整；

⑨ 同一信道可用于不同方向和不同区域。

卫星通信的局限性包括：

① 通信卫星使用寿命短；

② 存在日凌中断和星蚀现象；

③ 电波的传输时延较大且存在回波干扰，天线易受太阳噪声的影响；

④ 卫星通信系统技术复杂；

⑤ 静止卫星通信在地球高纬度地区通信效果不好，并且两极地区为通信盲区；

⑥ 10GHz 以上频带受雨雪等降水的影响大。

### （二）卫星通信系统

卫星通信系统如图 3-43 所示，包括主站、作为中继站的通信卫星和各远端站。通信双方一端为发信站，另一端为收信站。发信站到卫星的空间路径称为信道的上行链路，卫星到收信站的空间路径则称为信道的下行链路，两者合起来就构成一条卫星通信链路。

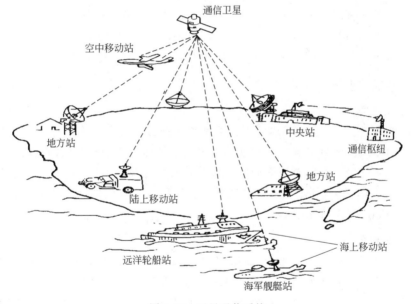

图 3-43 卫星通信系统

#### 1. 卫星通信系统空间段

卫星通信系统的空间段就是指通信卫星，主要有通信分系统，天线分系统，电源分系统，跟踪、遥测、指令分系统，控制分系统。

（1）通信分系统：转发器

其作用是接收上行频率并把它转换成下行频率，然后将信号放大后重新传回地球。通常每颗卫星上有 12～16 个转发器，每个转发器的频率带宽是 36～72MHz。

（2）天线分系统：天线。

（3）电源分系统：能源系统和太阳能板。

（4）跟踪、遥测、指令分系统：跟踪部分为地面站跟踪卫星发送的信标；遥测部分用来在卫星上测定并向地面站发送有关卫星姿态及卫星各部件工作状态的数据；指令部分用于接收来自地面的控制指令。

（5）控制分系统：用来对卫星的姿态、轨道位置、各分系统工作状态等进行必要的调节和控制。

### 2. 卫星通信系统地面站

地面站有两种：一种是主站；另一种是远端站。在一个卫星通信系统中一般只有一个主站，而远端站则可以多达上千个。主站与远端站之间的主要区别在于：在主站设有网管系统，对全网实行集中统一的调控，而远端站则主要与地面用户系统相连，使用户能利用卫星通信系统进行信息交互。

在卫星通信系统中传输的信号，如由地面传来的电话、数据、电视、广播等信号，首先在地面站上以适当的方式进行调制、变频、放大，再通过天线发向卫星。卫星接收到地面站发来信号后，经变频、放大后再发回地面，由另一个地面站用天线接收下来，再经放大、变频以及适当的解调还原成原信号。

## （三）卫星通信轨道

卫星通信轨道主要有低轨道、中轨道和地球同步轨道。

低轨道 LEO，距地面 500～2000km，用于电子侦察卫星、铱星等。

中轨道 MEO，距地面 2000～20000km，用于第三代海事卫星等。

地球同步轨道 GEO，距地面约 36000km，用于广播电视、气象卫星等。

## （四）卫星通信业务

### 1. 固定卫星业务

固定卫星业务（FSS）主要为电话网络之间提供连接业务，为有线电视公司传输电视信号业务。连接两座或多座具有收、发功能的卫星通信地面站实现点对点的双向通信，它的通信转发器数目较多。为了避免对地面微波中继线路共用频段的干扰，每个通信转发器的输出功率一般为 5～10W，发射到地面的电波较微弱，须用直径较大的高增益天线、复杂昂贵的低噪声接收设备和跟踪系统来接收。

### 2. 广播卫星业务

广播卫星业务（BSS）主要提供直达用户家庭的电视广播业务，也称卫星直播业务（DBS）。不必经过地面站转播，可直接向用户转播电视和声音广播的应用卫星。转播的原理和方法与对地静止轨道上的通信卫星相似，但其转发器数目少、输出功率大，天线定向精度高，覆盖面积可很大，故在边远地区、小岛或山区的用户都能直接收到转播的节目。

### 3. 移动卫星业务

移动卫星业务（MSS）主要用于移动电话，经过卫星转发器中继后的电波被地面站的天线所接收，站内的卫星设备将射频信号重新变换成信令和话音信号，经过站内程控交换机、公用电话网接通用户电话机，使双方建立联系进行通话。移动卫星业务也可以支持移动数据通信。

采用中轨道（MEO）的通信卫星的典型通信系统有国际海事卫星电话（International Maritime Satellite Telephone Service，Inmarsat）。采用低轨道（LEO）的通信卫星的典型通信系统有美国铱星电话 Iridium 等。

### 4. 导航卫星业务

导航卫星业务提供授时、定位、导航业务的全球定位卫星系统，向全球各地全天候地提供授时和三维位置、三维速度等信息服务。目前有四大系统：

① 美国全球定位系统（GPS），由 24 颗卫星组成，分布在 6 条交点互隔 60°的轨道面上，定位精度约为 10m。

② 俄罗斯"格洛纳斯"系统（GLONASS），由 24 颗卫星组成，定位精度在 10m 左右。

③ 欧洲"伽利略"系统（GALILEO），由 30 颗卫星组成，定位误差不超过 1m。

④ 中国"北斗"系统，由 5 颗静止轨道卫星和 30 颗非静止轨道卫星组成。定位精度 10m。

导航卫星系统的应用都是基于空间位置服务和时间服务。

（1）空间位置服务

① 定位，如汽车防盗、地面车辆跟踪和紧急救生。

② 导航，如船舶远洋导航和进港引水、飞机航路引导和进场降落、智能交通、汽车自主导航及导弹制导。

③ 测量，主要用于测量时间、速度及大地测绘，如水下地形测量、地壳形变测量，大坝和大型建筑物变形监测及浮动车数据；利用 GPS 定期记录车辆的位置和速度信息，从而计算道路的拥堵情况。

（2）时间服务

① 系统同步，如 CDMA 通信系统和电力系统。

② 授时，准确时间的授入、准确频率的授入。

**5. 卫星短报文业务**

我国北斗卫星定位导航系统所附带的业务。支持一次收/发 120 个汉字的短报文。

**6. 气象卫星业务**

气象卫星提供大气环流以及搜索和救援服务。

**7. 遥感卫星业务**

遥感卫星在规定的时间覆盖指定的任何区域，对地球表面进行遥感，卫星获得的图像数据通过无线电波传输到地面站。

### （五）卫星业务频段

中国频率管理法规《无线电频率划分规定》参照并遵循国际电信联盟（ITU）制订的《无线电规则》，对各种无线电业务包括空间业务使用的频段作了划分规定。1977 年，ITU 确定了卫星广播业务的频道分配，将其分为三个区域：第一区包括非洲、欧洲、俄罗斯的亚洲区和蒙古、伊朗边界以西的国家；第二区包括南北美洲；第三区包括亚洲的大部分和大洋洲。我国处于第三区，大多数卫星固定业务使用 C 频段、Ku 频段和 Ka 频段。

① L 频段（1GHz），移动、导航业务；

② C 频段（4/6GHz），固定、卫星广播业务；

③ Ku 频段（12/14GHz），固定、卫星直播业务；

④ Ka 频段（20/30GHz），移动、宽带传输业务。

电波在地面站与卫星之间传播时，必须穿过地球周围的大气层，因而会受到电离层中自由电子和离子的吸收，以及对流层中氧分子、水蒸气分子等的吸收和散射，从而存在损耗。频率在 100MHz 以下时，宇宙噪声会迅速增加，因此，100MHz 以下频段通常不用于空间通信。在 0.3～10GHz 频段，大气损耗最小，称此频段为"无线电窗口"。30GHz 附近，称为"半透明无线电窗口"。选择卫星通信频段常需考虑这些"窗口"。

C 频段是开发应用较早的卫星通信频段。因频率较低，降雨损耗不严重，在系统设计时通常留 5～6dB 的功率损耗余量。

Ku 频段的电波传播易受暴雨、浓云、密雾的影响。由于降雨损耗较大，一般要有 10dB 左右的功率损耗余量。但此频段具有同等工作条件下天线口径较小及天线波束窄等优点，需要较低功率的发射机，也得到了较广泛的应用。

Ka 频段，受降雨的影响也比较严重，但它包含了一个"半透明无线电窗口"，得到越来越多研究和开发。

## 二、消防卫星通信网

消防卫星通信网（以下简称"消防卫星网"）是由公安部消防局网管中心站、各总队固定卫星地面站和各总队、支队移动卫星地面站组成的通信专网。主要用于建立应急救援现场指挥部与各级消防指挥中心的图像、语音和数据的通信链路。

消防卫星网采用基于 IP 的卫星通信技术系统，星状网管链路和星状数据广播以及网状结构上的数据通信链路。

### （一）功能与性能

#### 1. 业务功能

（1）总队分中心站能参加公安部消防局指挥中心的指挥视频会议。

（2）各移动站能参加公安部消防局或属地总队指挥中心的指挥视频会议，上传现场实况图像。

（3）各移动站能参加公安部消防局或属地总队指挥中心的指挥电话业务。

（4）各移动站能开通对公安部消防局或属地总队指挥中心的业务应用数据交换业务。

#### 2. 网管功能

（1）网管系统能控制公安部消防局中心站、所有总队分中心站、移动站之间建立单跳 SCPC 链接，按照要求组成星状、网状连接。统一管理和动态分配卫星带宽资源。

（2）网管系统的管控下，分中心站和移动站能在预订的时间自动建立卫星链路，完成链路调度操作。

（3）分中心站 VNO 虚拟网管终端可以监视辖区内各站点的工作状态和带宽使用情况，能够控制辖区内站点的工作方式。

（4）网管系统能对网络的运行情况和网络设备的工作状态进行检测记录。

#### 3. 性能指标

（1）实现全国范围在同一时段内有 2 个灾害救援现场或演练现场，每个现场有 4 个移动卫星站将综合数据业务传输至属地总队指挥中心或公安部消防局指挥中心。

（2）中心站能支持的最大上行传输速率应不小于 8Mbit/s；总队分中心站能支持的最大上行传输速率应不小于 4Mbit/s；移动站能支持的最大上行传输速率应不小于 2Mbit/s。

（3）消防卫星网的传输速率应符合以下要求：

- 每路数据传输速率不小于 64Kbit/s。
- 每路话音传输速率不小于 8Kbit/s（不包含开销）。
- 每路图像传输速率不小于 512Kbit/s。

- 每路综合业务数据至少包含 4 路话音、1 路图像和 1 路数据。

（4）消防卫星网的系统可用度达到 99.90％；误码率小于 $10^{-7}$；雨衰模型按照国际电信联盟 ITU-R 标准参考设计。

## （二）技术体制

消防卫星网采用频分多址接入技术，具备网络管理、动态组网及按需动态分配带宽等能力。

### 1. 频分多址

频分多址（FDMA）是卫星通信中多址方式中的一种。FDMA 是以不同的频率信道实现多址选择。这些信道互不交叠，相邻信道之间无明显的串扰。其通信时，仅以载波频率为特征进行收发，系统简单可靠，适合应急通信组网。

### 2. 资源按需分配

卫星转发器信道资源采用按需分配的管理方法，所有远端站共享卫星转发器的带宽池，网管系统根据各远端站提出的入网申请按需分配信道资源，动态组织建立或撤销各远端站通信链路，控制地面站的上下线、通信带宽、以及相关的通信参数。

### 3. 单路单载波

消防卫星网采用时分复用（TDM）载波，每路信号为单路单载波（SCPC）。若要在一个远端站上实现与多个远端站的点对点通信，必须配置多台卫星调制解调器。由于收发都只是以频率为特征，所以一个远端站发射的信号可以由多个远端站同时接收。

### 4. 动态管理带宽

典型的 SCPC 链路为固定数据速率通信，如要增加带宽，就需要手工重新调整。当在网络远端存在一个通过卫星连接的传输时，动态 SCPC（dSCPC）技术为该传输自动建立 SCPC 载波。根据正在通过连接发送的应用的增加或减小调节载波的大小，并且当应用完成时将远端返回至原状态。当需要实时应用，如网络电话 VOIP、电视会议 IPVC、广播和大型应用（文件或图片传输）时，为用户提供低延迟、低抖动的专用 SCPC 连接。

网管系统采用以下技术实现低时延动态 SCPC 带宽管理。

（1）基于不同的条件切换到 SCPC 链路，如应用（H.323、SIP、ToS、QoS），负载、预分配、VESP 外部切换等。

（2）根据链路上的不同业务种类来动态地增加或减少载波的大小，改变 SCPC 带宽来适应各种应用。

（3）应用结束后随即撤链，使远端站回到"Home State"状态（STDMA 模式）。

## （三）通信网络

消防卫星通信网是一种星网混合结构的网络，全网由 Vipersat 网络管理系统（VMS）管理调配卫星频率资源、管控全网卫星通信设备。

### 1. 网络结构

消防卫星通信网的网络结构为星状网管链路、星状数据广播、网状结构上的 FDMA/SCPC 数据通信链路。

（1）星状网管链路。消防卫星网独立设置了网络管理链路，其网络结构为星状。在远端站开机向主站网管提出入网申请阶段，远端站与网管中心站处于星状结构的多点对一点通信状态，采用选择性时分多址（STDMA）接入方式工作。所有入境的远端站按照网管分配好

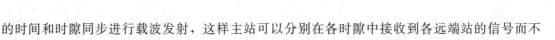

的时间和时隙同步进行载波发射,这样主站可以分别在各时隙中接收到各远端站的信号而不混扰。

网管中心站使用数字视频广播(DVB)设备不间断发射 1 路带宽 128Kbit/s、DVB-S2 格式的 TDM 载波和 1 路窄带 TDM 调制载波。由于每个频点上不可以有太多的远端站,否则等待的时间过长,所以要将其分组。每组一个中心频点,每一个 STDMA 入境载波最多可以支持 30 个远端站的回传。如果需要增加入网远端站的数量,只需要增加一个 STDMA 载波和一路解调器,即可为系统扩充 30 个远端站的容量。

分中心站和移动站通过综合解码卫星接收机(IRD)接收 DVB-S2 载波,该载波包含了网管信令和网管中心站广播综合业务。

需要跟踪调制载波对星的动中通车载式卫星站通过调制解调器的解调通道接收窄带 TDM 调制载波实现对星。

分中心站和移动站发往网管中心站的网管系统的切换请求和状态信息先通过调制解调器的调制通道回传 STDMA 载波,建立网管通路。当自动入网注册完成后,调制解调器的调制通道可用于发射 SCPC 业务数据载波,解调通道可用于接收 1 路其他地面站的传输业务。

网管中心站 VMS 根据业务类型和流量,按照事先设定好的策略(如 QoS、预约、应用层协议等),发出 DVB 载波的建立通信链路信息。动态分配卫星频率资源和调度卫星链路,通过调制解调器与各地面站的调制解调器建立双向 SCPC 载波。VMS 在接到申请后,远端站在通信链路建立之后,STDMA 载波停止发射,切换至 FDMA/SCPC 载波,进行数据通信。

当通信业务结束时,远端站由 SCPC 模式自动切回 STDMA 载波模式。通信完成后释放卫星频率资源。

(2)星状数据广播。中心站向远端站进行业务数据广播时,远端站与网管中心站处于星状结构的多点对一点通信状态。这时网管中心站使用数字视频广播(DVB)设备向远端站进行 DVB-S2 数据广播,远端站用 DVB 数据接收机(IRD)接收 DVB-S2 数据广播。

(3)网状通信链路。在网管系统的调度下,实现网内任意两个远端站之间进行 SCPC 的通信。通信网是网状的网络结构。若每个远端站都再多配置一台解调器,可以三点间两两相互间都建立通信链路。

### 2. 组网模式

消防卫星通信网由公安部消防局网管中心站、总队分中心站、移动卫星站(车载站和便携站)组成。其组网工作模式如图 3-44。

(1)全国动态组网。公安部消防局网管中心直接管理和控制指挥灾害救援现场所有的固定站和移动站,实现单跳直连,动态组网。公安部消防局中心站能通过自己的调制解调器组分别与总队分中心站、车载站或便携站的调制解调器建立双向 SCPC 载波,构建分中心站和移动站到公安部消防局中心站的"星状"链路。

(2)总队自组网。由公安部消防局网管中心授权各总队分中心站自行管理监控所辖区域内的移动站,各总队可自行安排定期演练或进行日常救援任务。总队分中心站和移动站之间任意组对建立通信链路,构建"网状"的通信网。

### 3. 网管系统

消防卫星网采用了美国 ComtechEFData 公司的网络管理工具 Vipersat Management System(VMS),如图 3-45。该网管系统可以对主站和远端站的系统配置、带宽调度、业务

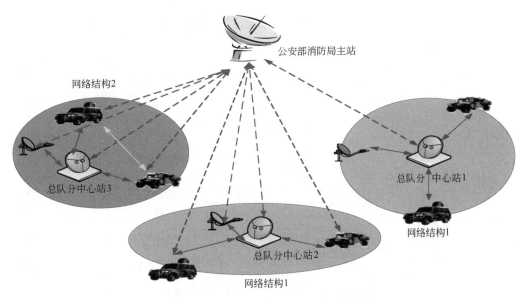

图 3-44　消防卫星通信网的组网工作模式

响应、告警处理、详细事件记录等做出快速响应和处置，在优化空间段效率的同时实现带宽调配的自动化。

VMS 提供一套集中式的基于 IP 的网络控制方式，所有的网络运行和控制基于标准的 IP 通信协议，可在主站或任意站点对卫星网络进行管理。

VMS 能处理多转发器和多颗卫星的业务，允许将整个卫星的未使用但呈碎片状态的空间段（甚至多颗卫星上的空间段），分配至一个网络的带宽池内，用于按需分配。

VMS 为中枢和远程位置提供全自动的冗余硬件和软件，可在线配置而无需人工干涉，为关键数据保留连接并维护传输。冗余配置的形式有主/备 VMS 服务器的硬件、VMS 应用软件，以及数据库的倒换备份、N∶N 主站主/备 Modem 的切换、1∶1 远端站主/备 CDM-570L 的切换。

### （四）卫星站

在消防卫星网中，公安部消防局配置大型固定卫星地面站作为网管中心站，对全国消防卫星通信网实施管理，同时也是卫星数据通信的中心；在各总队配置中型固定卫星地面站和移动站（车载站和便携站）。

网管中心站是具备统一管理调配消防卫星频率资源、管控全网卫星通信设备的功能，并与各分中心站和移动站实现综合业务通信的卫星通信地面站。

网管中心站由卫星天线及跟踪控制系统、射频单元、网管系统及软件、DVB 封装及软件、DVB 调制器等卫星设备和业务终端设备、计算机网络设备等组成。网管中心站射频设备、基带设备、网管设备应进行冗余备份，并能实现自动切换。

分中心站（Subnet Earth Station）是在网管中心站的管理控制下，与所辖移动站实现综合业务通信的卫星通信地面站。主要由天线及控制系统、射频系统、调制解调系统、分网管子系统等组成。

（1）基本配置。分中心站基本配置如图 3-46 所示。分中心站上行传输速率小于 4.5Mbit/s 时（在调制解调器采用 TPC/QPSK/FEC＝3/4 的模式下），配置 1 套基带传输设备，使分中心站具有发射 4.5Mbit/s 信息速率的出境能力及同时接收 4 路卫星信号的能力。

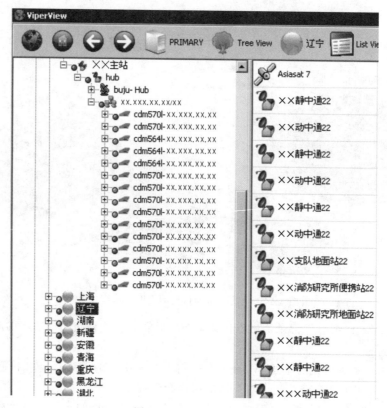

图 3-45　卫星网管系统

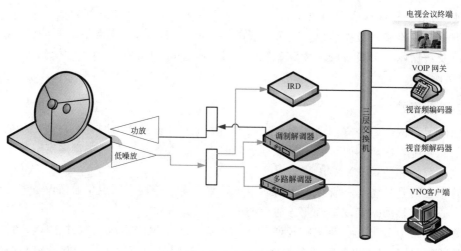

图 3-46　分中心站基本配置

IRD 接收机，用于接收公安部消防局中心站的 DVB 载波，该载波包含了公安部消防局网管信令和公安部消防局中心站广播综合业务。

调制解调器，用于向公安部消防局中心站回传 STDMA 载波构成网管回传信道。在注册入网后可用于发射业务数据载波。

多路解调器，具有 4 个接收通道，用于同时接收管辖区域内 4 个移动站的传输业务，构建网状网络。

配置 VNO 客户端计算机，在公安部消防局中心站网管系统授权后，通过虚拟网络管理 VNO 服务器软件和基于 WEB 的客户端进入 VMS VNO，自行管理本总队辖区内移动站点。

（2）扩展配置。分中心站扩展配置如图 3-47 所示。分中心站上行传输速率大于 4.5Mbit/s，小于 9Mbit/s 时，配置并行的 2 套基带传输设备（与基本配置相同）。如分中心站只需同时接收 4 路卫星信号，则在多路解调器配置中应选用 2 路解调器。各业务终端设备通过三层交换机分别指向两套基带调制解调设备。

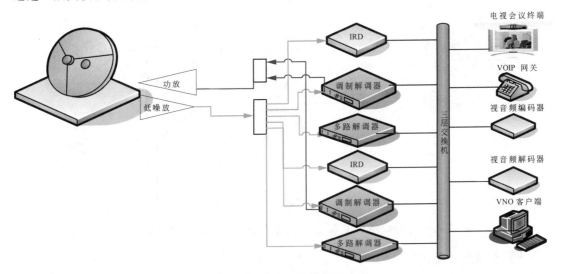

图 3-47　分中心站扩展配置

① 车载站。车载卫星站分为静中通和动中通。

静中通站主要应用于静止平台的双向的语音、图像及数据的通信，把静中通天线、车载平台、通信设备集成在载车上，是一个功能齐全，可移动的通信指挥中心。

动中通站通过动中通天线系统，在车辆、轮船、飞机等移动的载体运动过程中实时跟踪通信卫星，不间断地传递语音、数据、图像等多媒体信息，可满足应急通信和移动条件下的多媒体通信的需要。

车载卫星站由车体、车载卫星天线、射频单元、基带传输设备等卫星设备和业务终端设备、计算机网络设备及无线电台等通信设备、供电照明等保障设备等组成，如图 3-48 所示。

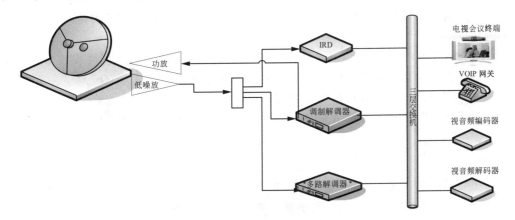

图 3-48　车载式卫星站配置

车载式卫星站基带传输设备配置 1 台 IRD 接收机、1 台调制解调器。需同时接收两路以上的传输业务时，加配 1 台多路解调器。

② 便携站。便携站卫星通信系统主要应用于抢险救灾、新闻采访等领域，全部设备可装入两个专用背包或包装箱内，能适应单人携行或多种运输工具搭载。

便携式卫星站由可拆卸组合的便携卫星天线、射频单元、基带传输设备等卫星设备和业务终端设备、计算机网络设备及电源、设备箱等保障设备等组成，如图 3-49 所示。

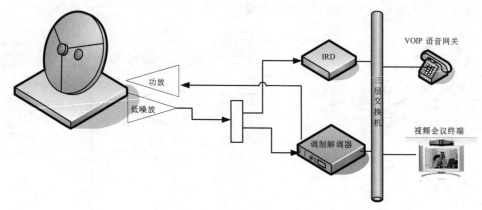

图 3-49　便携式卫星站配置

便携式卫星站基带传输设备配置 1 台 IRD 接收机、1 台调制解调器。

### （五）消防业务应用

消防卫星通信网主要承载传输现场实时图像、指挥视频会议、指挥电话业务、数据交换业务等消防业务应用。

**1. 图像业务**

总队分中心站能参加公安部消防局指挥中心的指挥视频会议；各移动站能参加公安部消防局或属地总队指挥中心的指挥视频会议，上传现场实况图像。图像业务应用如图 3-50。

目前在各类移动指挥中心（即移动卫星通信站）上，安装有指挥视频终端（有的还安装有网络视频编解码器），在总队指挥中心安装有指挥视频终端和网络视频编解码器。

图像经前端采集后，通过移动站的指挥视频终端（或网络视频编解码器）编码，经卫星通信网接入图像综合管理平台。其中，指挥视频终端传输的图像通过网络直接接入图像综合管理平台；配有网络视频编解码器采集的，通过矩阵接入指挥视频终端，再接入图像综合管理平台。

反之，指挥中心的图像经前端采集后，由中心的指挥视频终端（或网络视频编解码器）编码，通过图像综合管理平台经卫星通信网接入移动站的指挥视频终端（或网络视频编解码器）解码获得图像。车载站的图像源主要由车内摄像机、车顶摄像机、无线图传单兵摄像机、硬盘录像机、DVD 播放机等；便携站的图像源主要由箱内小型摄像头、无线图传单兵摄像机采集。

**2. 语音业务**

消防卫星通信网开通的语音业务应用如图 3-51。

（1）VOIP 电话链路。卫星语音系统是以建立在卫星通信链路上的 IP 电话为骨干通信的系统，前后方的语音通过 IP 电话连接。

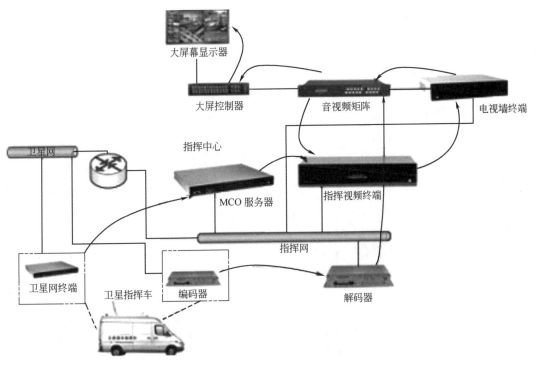

图 3-50　图像业务应用

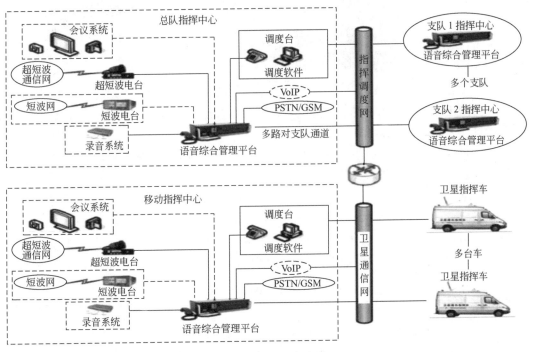

图 3-51　语音业务应用

（2）无线语音链路。在移动站安装现场语音综合管理平台之后，将超短波电台和短波电台等与 IP 电话互联互通。可以实现异频呼叫，有线、无线互通。通过现场语音综合管理平台－卫星通信链路－指挥中心语音综合管理平台，将指挥现场话音接入后方消防指挥中心的电话、电台等话音通信系统。

### 3. 数据业务

卫星通信链路提供了业务信息传输路由，将一体化业务信息系统通过卫星网络延伸到现场，传输各类业务数据。

## 三、移动卫星电话

### （一）海事卫星电话

国际海事卫星电话（International Maritime Satellite Telephone Service，Inmarsat）用于船舶与船舶之间、船舶与陆地之间的通信，可进行通话、数据传输和传真。我国各地均开放海事卫星电话业务。

### 1. 网络结构

国际海事卫星电话通信系统如图 3-52，由四部分组成，即空间段、网络协调站（Network Coordination Station）、卫星地面站（Land Earth Station）和移动站点（Mobile Earth Station）。

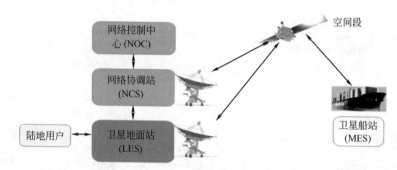

图 3-52　国际海事卫星电话通信系统

海事通信卫星是系统的中继站，用以收、发岸站和船站的信号。卫星布设于太平洋、大西洋和印度洋上空，采用地球同步静止轨道。

岸站，设在海岸上的海事卫星地面站，控制通信网并与陆上其他通信网相连通。

船站，设在船上的海事卫星地面站，是系统的通信终端。

### 2. 开通业务

目前，海事卫星电话的业务见表 3-4。主要有电话、传真、电传、数据传输、图像传输及遇险安全通信等。业务系统从 1982 年开始的模拟体制 A 标准业务，发展到 B、C、M、Mini-M、M4、F 标准，2005 年推出的陆上宽带 BGAN 便携终端业务和手持终端业务。

表 3-4　海事卫星电话的业务

| 业务系统 | 功　　能 |
| --- | --- |
| A | 电话、传真、电传；拨号上网和 Email |
| B | 16Kbit/s 数字电话；9.6Kbit/s G3 传真业务；9.6Kbit/s 数据业务；64Kbit/s 高速数据业务；50Baud 电传业务 |
| C | 存储转发消息；海事遇险告警；陆地移动告警；轮询和数据报告；增强性群呼（EGC） |
| F | 共享 64K 包交换数据业务；标准 ISDN 业务；4.8K 话音业务；9.6Kbit/s G3 传真；64K ISDN 数据业务；9.6Kbit/s 数据和传真 |

续表

| 业务系统 | 功　　能 |
|---|---|
| Mini-M | 4.8Kbit/s 语音电话；2.4Kbit/s 传真；2.4Kbit/s 数据传输；拨号上网 |
| FB | 语音，4Kbit/s AMBE＋2，3.1kHz 音频<br>传真，3.1kHz 音频信道 G3 传真<br>手机短信，标准文本短信，每条最多 160 字符<br>数据，电路交换 Euro ISDN：64Kbit/s；标准 IP150～432Kbit/s<br>多连接同时在线，语音和数据、传真和数据、数据和数据、短信和数据 |

### （二）铱星电话

铱星系统（Iridium）是低轨全球个人卫星移动通信系统，使用手持式终端。有别于其他卫星移动通信系统的一大特点是除了实现卫星网与地面蜂窝网的漫游外，还实现了地面蜂窝网间的跨协议漫游。除了提供话音业务外，还提供传真、数据、定位、寻呼等业务。

铱星系统在 L 频段（1616～1626.5MHz）上传送卫星语音和数据信号，而星际链路、地面上行和下行链路则使用 Ka 频段的频率。

铱星系统通信的特点是星间交换，直接拨打用户所在地区上空的卫星；通信轨道低，传输速度快，信息损耗小，通信质量高；不需要专门的地面接收站，每部卫星移动手持电话都可以与卫星连接，这就使地球上人迹罕至的不毛之地、通信落后的边远地区、自然灾害现场的通信都变得畅通无阻。

铱星系统主要缺陷是在建筑物内无法接收信号，电话天线和卫星之间不能有任何障碍物，室内或车内使用必须外设天线。另外，铱星系统的数据传输速率仅有 2.4Kbit/s，除通话外，只能传送简短的电子邮件或慢速的传真。

#### 1. 网络结构

铱星系统由卫星网络、地面网络、移动用户三大部分组成。

卫星网络共有 66 颗低轨卫星，分布在 6 个极平面上，每个平面分别有一个在轨备用星。在极平面上的 11 颗工作卫星，就像电话网络中的各个节点一样，进行数据交换。七颗备用星随时待命，准备替换由于各种原因不能工作的卫星，保证每个平面至少有一颗卫星覆盖地球。卫星在 780km 的高空以 27000km/h 的速度绕地球旋转，100min 左右绕地球一圈。每颗卫星与其他四颗卫星交叉链接，两个在同一个轨道面，两个在临近的轨道面。

卫星不必覆盖地面关口站，而是通过星际链路将通话信号传送到铱星关口站，关口站再将通话信号发送到地面电话和数据通信网络中。如果通话是在铱星系统内两个电话之间进行，则不必通过关口站，而直接在卫星之间传送。

地面网络包括系统控制部分和 12 个关口站。系统控制部分是铱星系统管理中心，包括 4 个自动跟踪遥感装置和控制节点，通信网络控制和卫星网络控制中心。负责系统的运营和业务的提供，并将卫星的运动轨迹数据提供给关口站。关口站主要功能是连接地面网络系统与铱星系统，并对铱星系统的业务进行管理。

#### 2. 开通业务

铱星的主要服务对象是那些没有陆地通信线路或手机信号覆盖的地区，以及信号太弱或超载的地区，为身处这些地区的用户提供可靠的通信服务，其商业服务市场包括航海、航空、急救、石油及天然气开采、林业、矿业、新闻采访等领域。

铱星移动通信系统通过卫星与卫星之间的接力来实现全球通信，相当于把地面蜂窝移动电话系统搬到了天上。当地面上的用户使用卫星手机打电话时，该区域上空的卫星会先确认使用者的账号和位置，接着自动选择最便宜也是最近的路径传送电话信号。如果用户是在一个人烟稀少的地区，电话将直接由卫星层层转达到目的地；如果是在一个地面移动电话系统（GSM 或 CDMA 移动通信系统）的邻近区域，则控制系统会使用所在区域的地面移动通信系统的网络传送电话信号。

### （三）消防业务应用

移动卫星电话在消防应急通信中的应用如图 3-53。通过海事卫星系统完成灾害现场的音视频图像、电话、数据、传真等业务向后方指挥中心传送；铱星移动通信系统完成灾害现场的电话向后方指挥中心通报；北斗卫星导航系统完成灾害现场的人员定位和导航功能，并可收发短信息，使后方指挥中心随时掌握灾害现场情况。三大卫星通信系统的通信保障，实现互为补充，互为备份，各有侧重，使救援队具备全天候、全地域、无盲点通信能力。

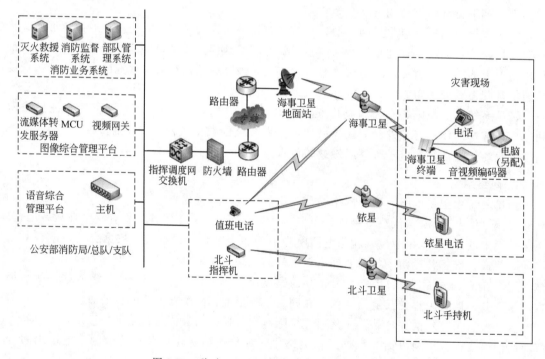

图 3-53　移动卫星电话在消防应急通信中的应用

海事卫星图传设备由海事卫星终端、音视频编码器组成，可实现单向视频上传，双向语音对讲功能。数据传输时最大独享带宽为 384Kbit/s。

铱星电话设备由铱星电话机、室外天线组成，通过铱星卫星系统，实现全天候、全地域、无盲点的电话通信。

## 四、北斗卫星导航系统

北斗卫星导航系统是我国正在实施的自主发展、独立运行的全球卫星导航系统，已经具

备为我国及周边地区提供授时、位置服务、消息传输等业务能力。

### （一）网络组成

北斗卫星导航系统采用三球交汇原理进行定位，即以两颗位置已知的地球同步卫星为两个球心，以两球心至用户距离为半径各做两个球面，再以地心为球心，以地球半径加用户所在位置高程为半径，作为第三个球面。这三个球面交汇形成南北半球两个交点，位于服务区内的北半球的交点即为用户位置。

系统由空间段、地面应用系统以及用户机终端三部分组成。

（1）空间段。包括5颗静止轨道卫星和30颗非静止轨道卫星。其中用于有源定位的是分布在赤道面上的三颗地球同步卫星，其中两颗为工作星，一颗为备份星，卫星完成地面控制中心与用户之间的信号中继，并作为定位计算的空间基准。

（2）地面应用系统。由中心控制系统、标校系统组成。其中中心控制系统承担定位、通信、授时信息的收发以及全系统工作状态的监控管理任务；标校系统可为卫星定位和系统计算提供基准参数，以提高定位精度。

（3）用户机终端。为用户提供导航定位、通信和授时等服务。

### （二）开通业务

（1）授时业务。利用北斗卫星导航系统的授时功能，北斗终端接收时间广播信息来实现北斗时间显示、标志和其他各种应用。为信息通信系统提供统一的时间标准。

（2）定位业务。利用北斗卫星导航系统的定位功能，实现以位置为基础的应用，包括终端的本地导航、位置记录和监护、中心对下属的动态监控等主要功能。

北斗定位具有全天候、大范围的特点，平面位置精度一般为100m，有标校站附近的精度可达到20m，高程控制精度为10m。目前服务区域为东经70°～145°，北纬5°～55°，覆盖范围东起日本以东、西至阿富汗的喀布尔、南起南沙群岛、北至俄罗斯的贝加尔湖，即可覆盖中国全境、西太平洋海域、日本、菲律宾、印度、蒙古、东南亚等周边国家和地区。

（3）短报文业务。北斗卫星导航系统所提供的简短数字报文通信功能每次最多可传输210字节或者120个汉字（根据用户卡等级不同），具有服务区域广、覆盖范围大、不易受地形、地物影响、实时性强、保密性好、具有一定的抗干扰能力等特点。用户可以在服务区内任何地点进行点对点或点对多之间的有效通信。

### （三）消防业务应用

北斗卫星导航设备在灾害现场应急通信中的应用见图3-53。北斗卫星导航设备分为手持机、指挥机，通过北斗卫星系统，实现单兵自身位置定位和收发短信息。

（1）标准时钟源。利用北斗卫星导航系统的授时功能，部署在消防各级指挥中心的北斗装备接收北斗时间广播信息，为消防信息通信系统提供统一的时间标准。

（2）定位导航。利用北斗卫星导航系统的无源定位功能，为消防业务信息系统提供位置信息应用。以导航电子地图为基础，为消防部队执行任务过程中的各类型终端提供替代定位导航服务。

（3）消防车辆管理。利用北斗无源定位和北斗有源位置报告功能，实现消防车辆轨迹记录和动态监控等主要功能。

使用基于北斗的位置记录仪，实时记录消防车辆的位置和行驶速度、连续驾驶时间、行驶里程等参数，为事后分析提供依据。通过对消防车辆的轨迹监控，实现对任务执行情况分析、车辆运行分析。

利用北斗卫星导航系统的位置报告功能，各级指挥中心可实时掌握消防车辆的地理位置与行驶轨迹，实现对车辆运行的动态监控，实时掌握车辆人员分布态势，实时进行资源调配，统一指挥控制。

（4）短消息通信。利用北斗卫星导航系统的消息传输功能，实现在重特大灾害事故，特别是在跨区域、长距离、大范围特大灾害造成基础通信、电力等设施损毁、中断的情况下，在现场快速建立消防部队独立的、上下贯通的北斗通信网，提升消防部队应急通信能力。各级指挥部门根据权限接收下属上报的各种短报文信息，辅助指挥决策，对所属人员和车辆、小分队及时下发短报文信息，下达命令，实现远程指挥监控。

## 第四节　计算机通信网

### 一、基础知识

#### （一）计算机网络定义

计算机网络是指将地理位置不同的具有独立功能的多台计算机及其外部设备，通过通信线路连接起来，在网络操作系统、网络管理软件及网络通信协议的管理和协调下，实现资源共享和信息传递的计算机系统。

计算机网络是由计算机、网络操作系统、传输介质（可以是有线的，也可以是无线的）以及相应的应用软件四部分组成的。

#### （二）计算机网络分类

网络类型的划分标准各种各样，但是从地理范围划分是一种大家都认可的通用网络划分标准。按这种标准可以把各种网络类型划分为局域网、城域网、广域网和接入网四种。

##### 1. 局域网

局域网（Local Area Network，LAN）是指在某一区域内由多台计算机互联成的计算机组。一般是方圆几千米以内。局域网可以实现文件管理、应用软件共享、打印机共享、工作组内的日程安排、电子邮件和传真通信服务等功能。局域网是封闭型的，可以由办公室内的两台计算机组成，也可以由一个单位内的上千台计算机组成。

##### 2. 城域网

城域网（Metropolitan Area Network，MAN）是在一个城市范围内所建立的计算机通信网，属宽带局域网。由于采用具有有源交换元件的局域网技术，网中传输时延较小，它的传输媒介主要采用光缆，传输速率在 100Mbit/s 以上。MAN 的一个重要用途是用作骨干网，通过它将位于同一城市内不同地点的主机、数据库，以及 LAN 等互相连接起来，这与 WAN 的作用有相似之处，但两者在实现方法与性能上有很大差别。

##### 3. 广域网

广域网（Wide Area Network，WAN）也称远程网。通常跨接很大的物理范围，所覆盖的范围从几十公里到几千公里，它能连接多个城市或国家，或横跨几个洲并能提供远距离通信，形成国际性的远程网络。

#### 4. 接入网

接入网（Access Network，AN）是指骨干网络到用户终端之间的所有设备。其长度一般为几百米到几千米，因而被形象地称为"最后一公里"。由于骨干网一般采用光纤结构，传输速度快，因此，接入网便成为了整个网络系统的瓶颈。接入网的接入方式包括铜线（普通电话线）接入、光纤接入、光纤同轴电缆（有线电视电缆）混合接入、无线接入和以太网接入等几种方式。

### （三）网络拓扑结构

#### 1. 总线型

文件服务器和所有工作站都连在一条公共的电缆上，各节点发出的信息包都带有目的地址在网络中传输。这种网络拓扑结构比较简单，总线型中所有设备都直接与采用一条称为公共总线的传输介质相连，这种介质一般是同轴电缆（包括粗缆和细缆），不过现在也有采用光缆作为总线型传输介质的，如 ATM 网、Cable Modem 所采用的网络等都属于总线型网络结构。

这种结构具有以下几个方面的特点：

- 组网费用低：从图 3-54 可以看出这样的结构根本不需要另外的互联设备，是直接通过一条总线进行连接，所以组网费用较低；

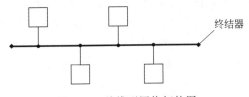

图 3-54　总线型网络拓扑图

- 这种网络因为各节点是共用总线带宽的，所以在传输速度上会随着接入网络的用户的增多而下降；
- 网络用户扩展较灵活：需要扩展用户时只需要添加一个接线器即可，但所能连接的用户数量有限；
- 维护较容易：单个节点（每台电脑或集线器等设备都可以看作是一个节点）失效不影响整个网络的正常通信。但是如果总线一断，则整个网络或者相应主干网段就断了。

这种网络拓扑结构的缺点是一次仅能一个端用户发送数据，其他端用户必须等待到获得发送权。

#### 2. 星型

用集线器或交换机作为网络的中央节点，网络中的每一台计算机都通过网卡连接到中央节点，计算机之间通过中央节点进行信息交换，各节点呈星状分布而得名。星型结构是目前在局域网中应用得最为普遍的一种，在企业网络中几乎都是采用这一方式。星型网络几乎是 Ethernet（以太网）网络专用。这类网络目前用得最多的传输介质是双绞线，如常见的五类双绞线、超五类双绞线等，如图 3-55 所示。

这种拓扑结构网络的基本特点主要有如下几点。

- 容易实现：它所采用的传输介质一般都是采用通用的双绞线，这种传输介质相对来

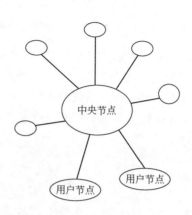

图 3-55　星型网络拓扑图

说比较便宜，如目前正品五类双绞线每米也仅 1.5 元左右，而同轴电缆最便宜的也要 2 元左右一米，光缆就更不用说了。这种拓扑结构主要应用于 IEEE 802.2、IEEE 802.3 标准的以太局域网中。

● 节点扩展、移动方便：节点扩展时只需要从集线器或交换机等集中设备中拉一条线即可，而要移动一个节点只需要把相应节点设备移到新节点即可，而不会像环型网络那样"牵其一而动全局"。

● 维护容易：一个节点出现故障不会影响其他节点的连接，可任意拆走故障节点。

● 采用广播信息传送方式：任何一个节点发送信息在整个网中的节点都可以收到，这在网络方面存在一定的隐患，但这在局域网中使用影响不大。

● 网络传输速度快：这一点可以从目前最新的 1000Mbit/s～10Gbit/s 以太网接入速度可以看出。

其实它的主要特点远不止这些，但因为后面还要具体讲一下各类网络接入设备，而网络的特点主要是受这些设备的特点来制约的，所以其他一些方面的特点等在后面讲到相应网络设备时再补充。

**3. 环型**

环型网络拓扑结构主要应用于采用同轴电缆（也可以是光纤）作为传输介质的令牌网中，是由连接成封闭回路的网络节点组成的，如图 3-56。

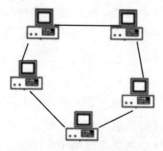

图 3-56　环型网络拓扑图

这种网络中的每一节点是通过环中继转发器（RPU）与它左右相邻的节点串行连接，在传输介质环的两端各加上一个阻抗匹配器就形成了一个封闭的环路，"环型"结构的命名起因就在于此。这种结构的网络形式主要应用于令牌网中，在这种网络结构中各设备是直接通过电缆来串接的，最后形成一个闭环，整个网络发送的信息就是在这个环中传递，通常把这类网络称之为"令牌环网"。

实际上大多数情况下这种拓扑结构的网络不会是所有计算机真的要连接成物理上的环型，一般情况下，环的两端是通过一个阻抗匹配器来实现环的封闭的，因为在实际组网过程中因地理位置的限制不方便真的做到环的两端物理连接。

这种拓扑结构的网络主要有如下几个特点。

- 这种网络结构一般仅适用于 IEEE 802.5 的令牌网（Token ring network），在这种网络中，"令牌"是在环型连接中依次传递。所用的传输介质一般是同轴电缆。

- 这种网络实现也非常简单，投资最小。可以从图 3-56 中看出，组成这个网络除了各工作站就是传输介质——同轴电缆，以及一些连接器材，没有价格昂贵的节点集中设备，如集线器和交换机。但也正因为这样，这种网络所能实现的功能最为简单，仅能当作一般的文件服务模式。

- 传输速度较快：在令牌网中允许有 16Mbit/s 的传输速度，它比普通的 10Mbit/s 以太网要快许多。当然随着以太网的广泛应用和以太网技术的发展，以太网的速度也得到了极大提高，目前普遍都能提供 100Mbit/s 的网速，远比 16Mbit/s 要高。

- 维护困难：从其网络结构可以看到，整个网络各节点间是直接串联，这样任何一个节点出了故障都会造成整个网络的中断、瘫痪，维护起来非常不便。另一方面因为同轴电缆所采用的是插针式的接触方式，所以非常容易造成接触不良，网络中断，而且这样查找起来非常困难，这一点相信维护过这种网络的人都会深有体会。

- 扩展性能差：也是因为它的环型结构，决定了它的扩展性能远不如星型结构的好，如果要新添加或移动节点，就必须中断整个网络，在环的两端作好连接器才能连接。

### 4. 树型

树型结构是分级的集中控制式网络，与星型相比，它的通信线路总长度短，成本较低，节点易于扩充，寻找路径比较方便，但除了叶节点及其相连的线路外，任一节点或其相连的线路故障都会使系统受到影响，如图 3-57。

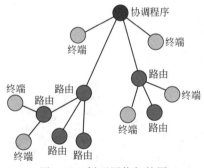

图 3-57　树型网络拓扑图

### 5. 网型

在网状拓扑结构中，网络的每台设备之间均有点到点的链路连接，这种连接不经济，只有每个站点都要频繁发送信息时才使用这种方法。它的安装也复杂，但系统可靠性高，容错能力强。有时也称为分布式结构，见图 3-58。

### 6. 混合型

这种网络拓扑结构是由前述星型和总线型结构网络结合在一起的网络结构，更能满足较大网络的拓展，既解决了星型网络在传输距离上的局限，同时又解决了总线型网络在连接用

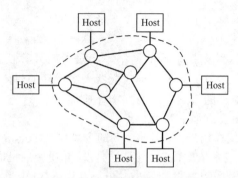

图 3-58　网型网络拓扑图

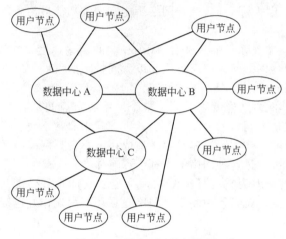

图 3-59　混合型网络拓扑图

户数量的限制，见图 3-59。

### 7. 蜂窝型

蜂窝型网络拓扑结构是无线局域网中常用的结构。它以无线传输介质（微波、卫星、红外等）点到点和点到多点传输为特征，是一种无线网，适用于城市网、校园网、企业网，见图 3-60。

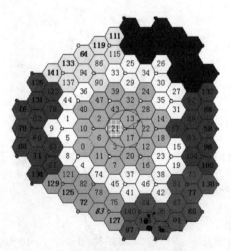

图 3-60　蜂窝型网络拓扑图

### （四）基本术语

#### 1. 速率

我们知道，计算机发送出的信号都是数字形式的。比特（bit）是计算机中数据量的单位，也是信息论中使用的信息量的单位。英文字 bit 来源于 binary digit，意思是一个"二进制数字"，因此一个比特就是二进制数字中的一个 1 或 0。

网络技术中的速率指的是连接在计算机网络上的主机在数字信道上传送数据的速率，它也称为数据率（data rate）或比特率（bit rate）。

速率是计算机网络中最重要的一个性能指标，其单位是 bit/s（比特每秒），即 bit per second。当数据率较高时，常用 Kbit/s、Mbit/s、Gbit/s 或 Tbit/s 等单位表示。

现在人们常用更简单的并且是很不严格的记法来描述网络的速率，如 100M 以太网，而省略了单位中的 bit/s，它的意思是速率为 100Mbit/s 的以太网。顺便指出，上面所说的速率往往是指额定速率或标称速率。

#### 2. 带宽

网络带宽，即数据传输率。是指在规定时间内从一端流到另一端的信息量。

带宽对模拟信号和数字信号有两种基本的应用。

数字信息流的基本单位是 bit（比特），时间的基本单位是 s（秒），因此 bit/s（比特/秒）是描述带宽的单位，1bit/s 是带宽的基本单位。电话线拨号上网，其带宽是 56K，电信 ADSL 宽带上网，其带宽是 512Kbit/s 至 10Mbit/s 之间，而以太网则达 10Mbit/s 以上。

在实际上网中，一般下载软件显示的是字节（1 字节＝8 比特），所以要通过换算，才能得实际值。以 2M 宽带为例：

$$2Mbps＝2×1024Kbit/s$$

理论上，2M（即 2Mbit/s）宽带理论速率是 250KB/s（即 2000Kbit/s），实际速率大约为 80～200KB/s，其原因是受用户计算机性能、网络设备质量、资源使用情况、网络高峰期、网站服务能力、线路衰耗、信号衰减等多因素的影响而造成的。上行速率是指用户电脑向网络发送信息时的数据传输速率，下行速率是指网络向用户电脑发送信息时的传输速率。比如用 FTP 上传文件，影响上传速度的就是"上行速率"；而从网上下载文件，影响下载速度的就是"下行速率"。当然，在实际上传下载过程中，线路、设备（含计算机及其他设备）等的质量也会对速度造成或多或少的影响。

#### 3. 吞吐量

吞吐量是指网络、设备、端口、虚电路或其他设施，单位时间内成功地传送数据的数量（以比特、字节、分组等测量）。

吞吐量与带宽的区分：吞吐量和带宽是很容易搞混的一个词，两者的单位都是 Mbit/s。当讨论通信链路的带宽时，一般是指链路上每秒所能传送的比特数，它取决于链路时钟速率和信道编码，在计算机网络中又称为线速。可以说以太网的带宽是 10Mbit/s。但是需要区分链路上的可用带宽与实际链路中每秒所能传送的比特数（吞吐量）。通常更倾向于用"吞吐量"一词来表示一个系统的测试性能。这样，因为受各种低效率因素的影响，所以由一段带宽为 10Mbit/s 的链路连接的一对节点可能只达到 2Mbit/s 的吞吐量。这样就意味着，一个主机能够以 2Mbit/s 的速度向另外的一个主机发送数据。

#### 4. 时延

时延是指一个报文或分组从一个网络的一端传送到另一个端所需要的时间。它包括了发送时延、传播时延、处理时延、排队时延（时延＝发送时延＋传播时延＋处理时延＋排队时延）。一般，发送时延与传播时延是需要主要考虑的。对于报文长度较大的情况，发送时延是主要矛盾；报文长度较小的情况，传播时延是主要矛盾。

传送时延由 Internet 的路由情况决定，如果在低速信道或信道太拥挤时，可能会导致长时间时延或丢失数据包的情况。

**5. 时延带宽积**

时延带宽积＝传播时延×带宽；时延带宽积表示整条管道能容纳多少数据，可用于计算管道利用率。

**6. 往返时延**

RTT（Round-Trip Time）：往返时延。在计算机网络中它是一个重要的性能指标，表示从发送端发送数据开始，到发送端收到来自接收端的确认（接收端收到数据后便立即发送确认），总共经历的时延。

**7. 利用率**

数字通信传输系统的频带利用率定义为：所传输的信息速率（或符号速率）与系统带宽之比值，其单位为（bit/s）/Hz。

### （五）计算机组网和接入技术

**1. 组网技术**

组网技术就是网络组建技术，分为以太网组网技术和 ATM 局域网组网技术。以太网组网非常灵活和简便，可使用多种物理介质，以不同拓扑结构组网，是目前国内外应用最为广泛的一种网络，已成为网络技术的主流。以太网按其传输速率又分成 10Mbit/s、100Mbit/s、1000Mbit/s。

**2. 接入技术**

接入方式，从接入业务的角度看，可简单地分为适用于窄带业务的接入网技术和适用于宽带业务的接入网技术。从用户入网方式角度来看，Internet 接入技术可以分为有线接入和无线接入两大类。无线接入技术分固定接入技术和移动接入技术。

### （六）交换技术

交换技术可以识别数据帧中的 MAC 地址信息，根据 MAC 地址进行转发，并将这些 MAC 地址与对应的端口，记录在自己内部的一个 MAC 地址表中。目前，第 2 层交换技术已经成熟。从硬件上看，第 2 层交换机的接口模块都是通过高速背板/总线（速率可高达几十 Gbit/s）交换数据的，2 层交换机一般都含有专门用于处理数据包转发的 ASIC（Application specific Integrated Circuit）芯片，因此转发速度非常快。

从广义上讲，任何数据的转发都可以叫做交换。但是，传统的、狭义的第 2 层交换技术，仅包括数据链路层的转发。2 层交换机主要用在小型局域网中，机器数量在二、三十台以下，这样的网络环境下，广播包影响不大，2 层交换机的快速交换功能、多个接入端口和低廉价格，为小型网络用户提供了完善的解决方案。

第 3 层交换技术是 1997 年前后才开始出现的一种交换技术，最初是为了解决广播域的问题。经过多年发展，第 3 层交换技术已经成为构建多业务融合网络的主要力量。在大规模局域网中，为了减小广播风暴的危害，必须把大型局域网按功能或地域等因素划分成多个小局域网，这样必然导致不同子网间的大量互访，而单纯使用第 2 层交换技术，却无法实现子网间的互访。

为了从技术上解决这个问题，网络厂商利用第 3 层交换技术开发了 3 层交换机，也叫做路由交换机，它是传统交换机与路由器的智能结合。简单地说，可以处理网络第 3 层数据转发的交换技术就是第 3 层交换技术。从硬件上看，在第 3 层交换机中，与路由器有关的第 3 层路由硬件模块，也插接在高速背板/总线上。这种方式使得路由模块可以与需要路由的其他模块间，高速交换数据，从而突破了传统的外接路由器接口速率的限制。3 层交换机是为 IP 设计的，接口类型简单，拥有很强的 3 层包处理能力，价格又比相同速率的路由器低得多，非常适用于大规模局域网。第 3 层交换技术目前已经相当成熟，同时，3 层交换机也从来没有停止过发展。第 3 层交换技术及 3 层交换设备的发展，必将在更深层次上推动整个社会的信息化变革，并在整个网络中获得越来越重要的地位。

### （七）路由技术

路由技术主要是指路由选择算法。其中，路由选择算法可以分为静态路由选择算法和动态路由选择算法。因特网的路由选择协议的特点是：属于自适应的选择协议（即动态的）；是分布式路由选择协议；采用分层次的路由选择协议，即分自治系统内部和自治系统外部路由选择协议。因特网的路由选择协议划分为两大类：内部网关协议（IGP），主要包含具体的协议有路由信息协议（RIP）及最短路径优先路由协议（OSPF），外部网关协议（EGP），目前使用最多的是边界网关协议（BGP）。

#### 1. 静态路由选择算法

静态路由选择算法就是非自适应路由选择算法，这是一种不测量、不利用网络状态信息，仅仅按照某种固定规律进行决策的简单的路由选择算法。静态路由选择算法的特点是简单和开销小，但是不能适应网络状态的变化。静态路由选择算法主要包括扩散法和固定路由表法。静态路由是依靠手工输入的信息来配置路由表的方法。

静态路由具有以下几个优点：减小了路由器的日常开销。在小型互联网上很容易配置。可以控制路由选择的更新。但是，静态路由在网络变化频繁出现的环境中并不会很好的工作。在大型的和经常变动的互联网，配置静态路由是不现实的。

#### 2. 动态路由选择算法

动态路由选择算法就是自适应路由选择算法，是依靠当前网络的状态信息进行决策，从而使路由选择结果在一定程度上适应网络拓扑结构和通信量的变化。

动态路由选择算法的特点是能较好地适应网络状态的变化，但是实现起来较为复杂，开销也比较大。动态路由选择算法一般采用路由表法，主要包括分布式路由选择算法和集中式路由选择算法。分布式路由选择算法是每一个节点通过定期得到与相邻节点交换路由选择的状态信息来修改各自的路由表，这样使整个网络的路由选择经常处于一种动态变化的状况。集中式路由选择算法是网络中设置一个节点，专门收集各个节点定期发送的状态信息，然后由该节点根据网络状态信息，动态地计算出每一个节点的路由表，再将新的路由表发送给各个节点。

## 二、消防计算机通信网

消防计算机通信网包括消防信息网、消防指挥调度网、政务网和互联网等根据消防业务需要而建设的计算机通信网络。

### （一）消防信息网

消防信息网依托公安网而建，主要用于各级消防部队的日常网络办公及业务传输。

**1. 组建方式**

消防计算机通信网以公安信息网为依托，形成三级网络结构，横向接入公安信息网，纵向贯通公安部消防局、总队、支队和大队（中队）。

公安部消防局通过 1000Mbit/s 线路接入公安部、总队通过 1000Mbit/s 或 100Mbit/s 线路接入省公安厅、支队通过 100Mbit/s 线路接入地/市公安局、大队（中队）通过 100Mbit/s 或 10Mbit/s 线路接入县公安局。

**2. 网络拓扑**

网络总体拓扑结构如图 3-61 所示。

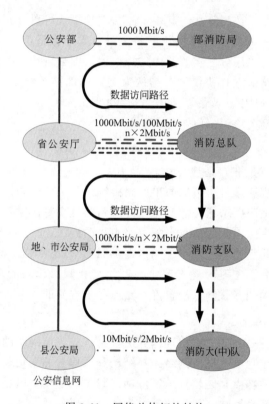

图 3-61　网络总体拓扑结构

**3. 技术体制**

消防信息三级网通常以横向接入本级公安信息网的方式进行组网，有的情况下，也可以采用纵向直连的方式组网，即从公安部消防局到总队、总队到支队、支队到大队（中队）建设直通线路。

（1）横向接入。由于公安信息网目前技术体制尚未完全统一，各省公安厅到公安部的一级网、地/市公安局到省公安厅的二级网大部分采用 MSTP 技术，还有少部分采用 PoS 技术及 ATM 技术。消防三级网的接入应考虑各省、市具体情况，采用与之相匹配的技术体制。

具体技术体制的选择包括以下几种情况。

① 公安部消防局接入公安部：通过三层交换机以裸光纤的方式接入，即从公安部消防局的核心交换机直接接入公安部核心交换机，见图 3-62。

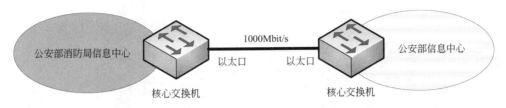

图 3-62　公安部消防局以三层交换方式接入公安部

② 总队接入省公安厅可选择三种接入方式：

• 总队通过路由器采用 MSTP 传输技术体制接入省公安厅，省公安厅既可采用 MSTP 技术体制，也可采用 PoS 技术体制，见图 3-63；

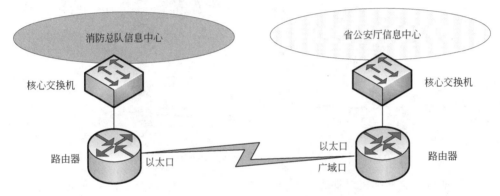

图 3-63　总队以路由方式接入省公安厅

• 总队通过三层交换机以裸光纤的方式接入，根据各省公安厅的网络规划和设备配置情况，接入其核心交换机，见图 3-64；

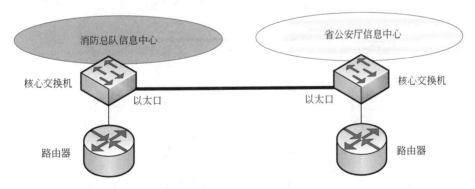

图 3-64　总队以三层交换机方式接入省公安厅

• 总队通过多业务交换机采用 ATM 技术体制接入省公安厅多业务交换机，见图 3-65。

③ 支队接入地/市公安局可选择三种接入方式：

• 支队通过 MSTP 技术体制接入地/市公安局，地/市公安局一侧既可采用 MSTP 技术体制，也可采用 PoS 技术体制，见图 3-66；

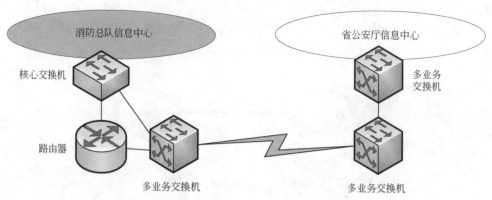

图 3-65　总队以多业务交换机接入省公安厅

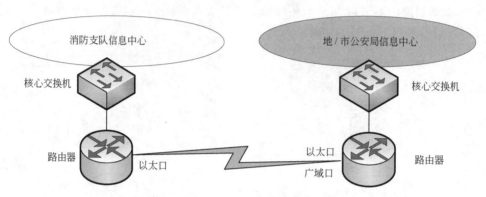

图 3-66　支队以路由方式接入地/市公安局

- 支队通过三层交换机以裸光纤的方式接入，根据各地/市公安局的网络规划和设备配置情况，接入其核心交换机，见图 3-67；

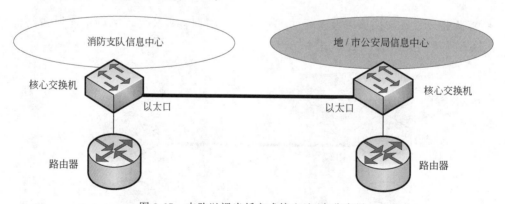

图 3-67　支队以裸光纤方式接入地/市公安局

- 支队通过多业务交换机采用 ATM 技术体制接入地/市公安局多业务交换机，见图3-68。

④ 大队（中队）接入县公安局可选择两种接入方式：

- 大队（中队）通过 MSTP 技术体制接入县公安局，县公安局既可采用 MSTP 技术体制，也可采用 PoS 技术体制，见图 3-69；

- 大队（中队）通过三层交换机以裸光纤的方式接入，根据各县公安局的网络规划和

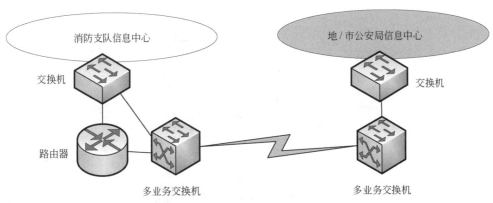

图 3-68 支队以多业务交换机方式接入地/市公安局

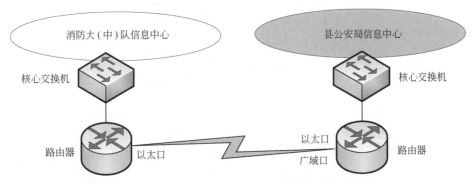

图 3-69 大队（中队）以路由方式接入县公安局

设备配置情况，接入其核心交换机，见图 3-70。

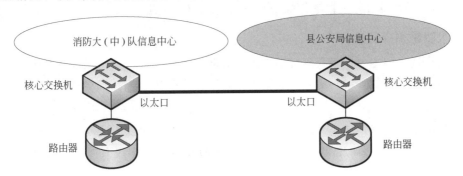

图 3-70 大队（中队）以裸光纤方式接入县公安局

（2）纵向连接。消防三级网纵向连接包括大队（中队）到支队、支队到总队。在大队（中队）接入县级公安局比较困难的情况下，可以考虑大队（中队）以直连的方式接入到支队。有时为了网络更稳定，在横向接入公安机关的同时，可以考虑大队（中队）以直连的方式接入到支队，支队直连到总队，纵向连接，实现链路备份。

**4. IP 地址规划**

公安部消防局、总队、支队、大队（中队）接入公安信息网，其接口 IP 地址应遵从公安信息网的统一规划，见图 3-71。

具体的 IP 地址的规划原则如下：

• IP 地址由公安部门统一分配；

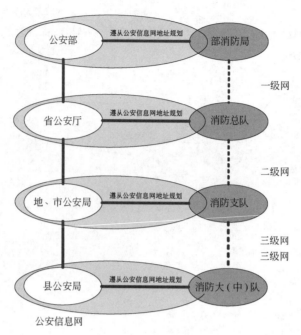

图 3-71　IP 地址规划

- 地址分配应考虑近期和远期的发展，减少在网络发展过程中因地址重新规划而对业务造成的影响；
- IP 地址的分配采用 VLSM（可变长子网掩码）技术，保证 IP 地址的利用效率；
- 地址分配应该考虑使用的路由协议，便于路由表的会聚和控制，应尽可能连续分配；
- 为相同的业务分配一段连续的 IP 地址，便于业务的区分。

### （二）消防指挥调度网

消防指挥调度网主要用于公安部消防局、总队、支队、大（中）队以及专职消防队等相关单位的图像综合管理平台、语音综合管理平台、灭火救援指挥系统信息传输。

#### 1. 组建方式

消防指挥调度网采用部局、总队、支队、大（中）队三级纵向联网，其中公安部消防局到总队不低于 155Mbit/s，总队到支队不低于 100Mbit/s，支队到大（中）队以及专职消防队等相关单位不低于 10Mbit/s。

根据业务发展需要，该网络可遵循公安机关安全接入平台的技术要求，逐步延伸至政府各应急救援联动单位。

#### 2. 网络拓扑

模式 1：采用路由器互联模式，见图 3-72。
模式 2：采用路由器与三层交换机结合互联模式，见图 3-73。

#### 3. 网络管理

一级网由公安部消防局建设管理，二级网由总队建设和管理，三级网由支队建设管理。

为保证指挥调度网的网络带宽，指挥调度网与公安网逻辑隔离，指挥调度网部分节点可以使用双网卡或者 VLAN 方式访问公安网。指挥调度网与互联网物理隔离。指挥调度网的计算机和其他应用设备 IP 地址应进行"一机两用"注册保护，由公安部消防局"一机两用"

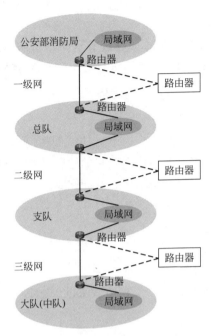

图 3-72　路由器互联模式

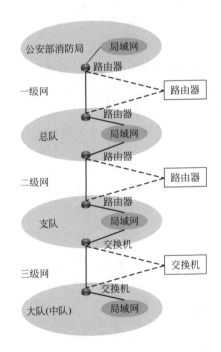

图 3-73　路由器与三层交换机结合互联模式

监控中心实行统一管理。

### 4. IP 地址规划

各级消防部队指挥调度网接入的广域网 IP 地址，遵从公安信息网的统一规划。其中，公安部消防局到各总队、总队到各支队的广域网 IP 地址由公安部消防局向公安部科技信息化局统一申请和规划，各总队按照实际需求分配。支队到各大队（中队）的广域网 IP 地址，由各总队向当地公安机关申请保障。

指挥调度网应用的局域网 IP 地址，应在现有消防信息网局域网 IP 地址段中调剂分配，原则上不得与现有消防信息网设备 IP 地址重复分配。地址容量无法满足业务发展要求的，应向当地公安机关申请扩容。

### （三）互联网

互联网是指将两台计算机或者是两台以上的计算机终端、客户端、服务端通过计算机信息技术的手段按照一定的通信协议互相联系起来的国际计算机网络，人们可以与远在千里之外的朋友相互发送邮件、共同完成一项工作、共同娱乐。

**1. 连接方式**

① PSTN 拨号：一般称拨号上网；

② 综合业务数字网 ISDN；

③ 非对称数字用户环路 ADSL；

④ 数字数据网，即平时所说的专线上网方式 DDN 专线；

⑤ 光纤接入；

⑥ 无线接入；

⑦ 有线电视网 HFC；

⑧ 公共电力网 PLC。

**2. 互联网应用**

互联网给人们的现实生活和工作带来很多方便。消防工作通过互联网能实现信息公开、办事服务和警民互动，为社会公众提供方便、快捷的服务。

消防部队互联网现在主要业务有消防办事大厅、政务公开、在线咨询、投诉举报、消防产品等。互联网在消防舆情监控和微博宣传方面也发挥较大作用。

### （四）政务网

电子政务网，是为政府机关单位和企事业单位建立的统一的计算机信息网络平台。消防部门根据实际需要，可以对口通过独立链路的方式申请接入，共享相应的网络资源。

### （五）涉密网

涉密网络是指传输、处理、存储含有涉及国家秘密的计算机网络。建立信道的综合布线系统。消防部队没有组建涉密网。

### （六）跨网络信息交互方式

消防信息网与指挥调度网是消防部队非常重要的两个网络，消防信息网主要用于消防部队日常办公，指挥调度网络主要用于消防部队调度指挥、音视频传输等，消防信息网与指挥调度网逻辑隔离。消防信息网、指挥调度网与政务网、互联网等属于不同的网络，它们之间物理隔离，相互间不能直接进行数据交换。

**1. 消防信息网与指挥调度网**

消防信息网与指挥调度网间按照安全策略进行逻辑隔离，同一局域网内具有特定业务功能的设备可跨网配置，两个网络中的特定设备间按照设定的安全策略实现跨网访问，其他设备只能配置在其中一个网络，不能跨网访问。需要跨网访问消防信息网和指挥调度网的设备，通过三层交换机采用基于端口方式划分 VLAN 实现。

如图 3-74 所示，根据端口划分将指挥调度局域网设为 VLAN1，消防信息局域网设为 VLAN2。将需要跨网访问的设备，其接入的交换机端口划入两个 VLAN，但访问设备只能配置其中一个网络指向的网关。

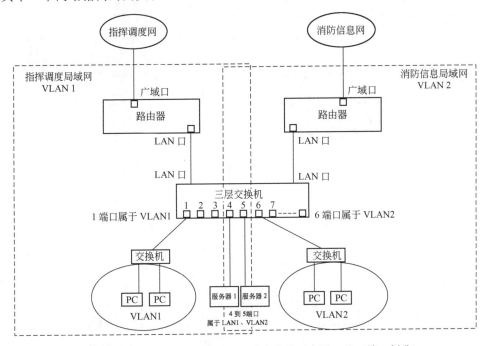

图 3-74 消防信息网和指挥调度网跨网传输示意图（基于端口划分）

消防信息网与指挥调度网也可以在同一台设备上，通过配置双网卡的形式实现互通，即在同一台设备上，同时配置一个公安网网卡和指挥网网卡，实现两个网络同时访问该设备上的数据。

### 2. 消防信息网与互联网

消防信息网属于公安信息通信网的组成部分，按照公安部的规定要求，公安信息通信网目前与互联网（包含其他与互联网逻辑隔离的网络）保持物理隔离。业务部门由于业务需要，可通过单向传输技术从互联网单向采集大量数据信息。

公网信息采集是指公安机关通过互联网采集社会信息，以格式化数据文件的方式，采用物理单向传输技术（专指光单向导入技术），将采集到的互联网信息单向传输至公安信息通信网，且不允许公安信息通信网内的数据向外传输至互联网。如图 3-75 所示。

### 3. 消防信息网与政务网

消防网与相关企事业单位及党/政/军机关信息共享方式通过公安信息通信网安全接入平台来实现。该平台是相关单位与公安信息通信网进行信息交换的唯一通道，所有公安机关与外部进行信息采集、互通的接入业务，都必须通过接入平台进行，并受接入平台的监控和审计，如图 3-76 所示。

### 4. 消防信息网和公众移动数据网

消防信息网与公众移动数据网可以通过消防移动接入平台方式进行访问，部消防局于

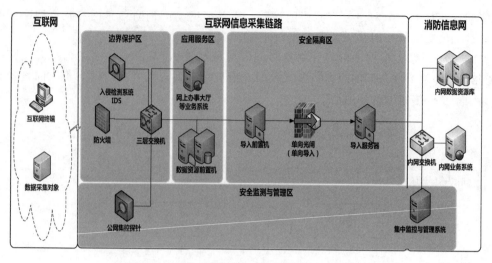

图 3-75　消防信息网和互联网跨网传输示意图

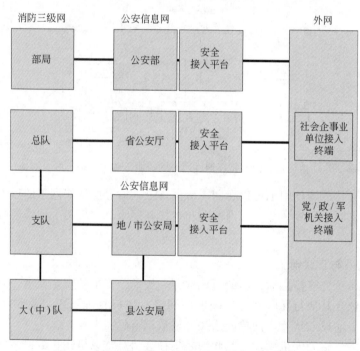

图 3-76　消防信息网与相关单位信息共享实现方式

2010 年在全国每个省建设了一套移动接入平台，终端设备可以通过安全加密认证卡加密认证后，以专网的方式通过消防移动接入平台实现公众移动数据网与消防信息网的互通，如图 3-77 所示。

**5. 指挥调度网与公众移动数据网**

指挥调度网和公众移动数据网可以通过移动接入平台，经过特定配置，实现公众专线接入网与指挥调度网互通，以消防部队 3G 图传系统为例介绍。如图 3-78 所示，3G 移动应用终端通过移动接入平台接入指挥调度网，增配隔离网闸，逻辑访问指向指挥调度网，并设置独立的安全策略。

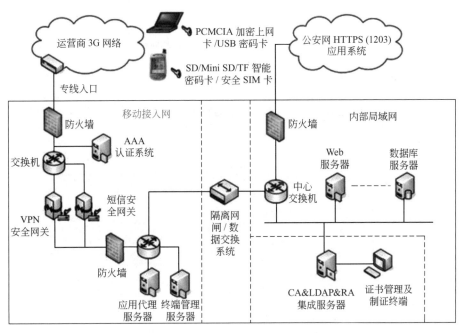

图 3-77  消防信息网与公众移动数据网信息共享实现方式

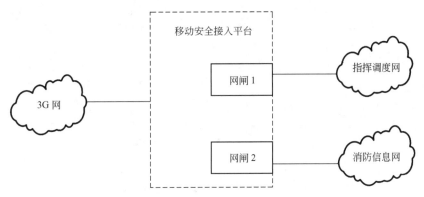

图 3-78  指挥调度网与公众移动数据网信息共享实现方式

**参 考 文 献**

[1] 周炜.消防通信.北京:中国人民公安大学出版社,2007.

[2] 詹若涛.电信网与电信技术.北京:人民邮电出版社,1999.

[3] 冯重熙.现代数字通信技术.北京:人民邮电出版社,1991.

[4] 公安部信息通信局.公安信息通信技术教程.北京:中国人民公安大学出版社,2001:77-199.

[5] 樊昌信.通信原理教程.北京:电子工业出版社,2004.

[6] Bertoni H. L. 现代无线通信系统电波传播.北京:电子工业出版社,2001.

[7] 王宝印.无线通信新技术.西安:陕西旅游出版社,2000.

[8] 李文海.李颖,王自胜.现代通信技术（上册）.第2版.北京:人民邮电出版社,2007.

[9] 张金荣,孙学康.现代通信技术（下册）.第2版.北京:人民邮电出版社,2007.

［10］ 邬正义，范瑜，徐惠钢．现代无线通信技术．北京：高等教育出版社,2006.

［11］ ［加］Dennis Roddy. 卫星通信．原书第 4 版．郑宝玉译．北京：机械工业出版社，2011.

［12］ 本书编写组．卫星通信设备操作维护手册．北京：人民邮电出版社，2009.

［13］ 陈兆海主编．应急通信系统．北京：电子工业出版社，2012.

［14］ 韩毅刚．计算机通信技术．北京：北京航空航天大学出版社，2007.

［15］ 王晓军．计算机通信网．北京：北京邮电大学出版社，2007.

［16］ 梁玉凤．计算机应用基础．北京：机械工业出版社，2009.

## ·第四章·

# → 音视频系统

本章从基本概念、技术体制、部队应用等方面，分别介绍电视电话会议系统、视频监控系统、无线图像传输系统、日常办公协作平台和POC语音通信系统。

**第一节** **电视电话会议系统**

电视电话会议系统也称为"视频会议"（Video Conference System）系统，是通过音视频压缩和多媒体通信技术实现的，支持人们远距离进行实时信息交流与共享、开展协同工作的应用系统。视频会议系统包括软件视频会议系统和硬件视频会议系统。

由于视频会议具有实时性和交互性等特点，对于建立和健全统一指挥、功能齐全、反应灵敏、运转高效的应急机制来预防和应对突发事件，具有重要意义。

## 一、基础知识

### （一）系统类型

视频会议系统根据运行环境和支持标准等可以划分为以下几种类型。

#### 1. 点对点视频会议

点对点视频会议系统（Point to Point Video Conference System）应用于两个通信节点间会议通信。例如可视电话系统，系统组成包括一个小屏幕、内部摄像机、视频编解码器、音频系统和键盘。它满足了在电话上进行视频会议传输的需求。

#### 2. 桌面视频会议

桌面视频会议系统（Desktop Video Conference System）通常利用计算机软件，基于分组交换网视频通话技术完成会议功能。

### 3. 会议室视频会议

会议室型视频会议系统 (Room/Roll-about Video Conference System)。设置在带有环境控制设备的专用会议房间，配置有大尺寸显示屏幕，会议摄像机、会议音响和麦克风以及音视频切换等设备，使用专用或公用线路完成传输交换服务。

## (二) 相关技术

### 1. 多媒体传输协议

高性能多媒体会议系统必须建立高速的多媒体通信网络，同时配以高效的实时多媒体传输协议。传输协议提供服务质量 (Quality of Service，QoS) 参数，包括流通量、端对端延时、时延抖动、突发性、分组差错率 (Packet Error Rate，PER)、误码率 (Bit Error Rate，BER) 等，并为每个 QoS 参数确定优先等级。

早在 20 世纪 80 年代初就开始在 Internet 上进行多媒体通信的研究，并提出了两种早期的多媒体通信协议：ST2 数据流协议版本 II 和 Tenet 协议。这时已经发现了 TCP/IP 协议传输多媒体数据的一些问题，开始对实时传输、资源预留、QoS 控制、多址广播等关键技术的研究，并在它们的实验协议中部分实现了这些技术。之后又提出了一些新的多媒体通信协议，如 RTP、XTP、RSVP、IPv6 等，其中 IPv6 将从本质上提高了 IPv4 的性能，支持资源预订（与 RSVP 协议结合）和 QoS 控制，同时支持完整的 Multicast（内置 Internet 组管理协议 IGMP），因而将成为下一代 IP 技术的核心。

### 2. 多媒体压缩编码

多媒体应用走向实用化的一个前提是必须具备高效率的压缩编码方法。迄今为止，已经提出了大量编码技术，如在图像压缩方面的预测编码、变换编码、子带编码、小波编码、分形编码、模型基编码、矢量量化、运动估计等，在音频压缩方面的自适应差分脉冲码调制 (Adaptive Differential Pulse Code Modulation，ADPCM)、线性预测编码 (Linear Predictive Coding，LPC)、子带编码、熵编码、矢量量化等。评价编码技术优势的准则主要有三条：压缩比、重现精度和压缩速度，另外还有抗干扰能力、同步能力、可伸缩性等。其中压缩速度在多媒体应用中显得尤为重要。目前在音视频编码方面已经制定了一些国际标准，如用于视频编码的 H. 261、H. 263、H. 263＋、H. 264、MPEG-1、MPEG-2、MPEG-4 等协议。

在音频编码方面，相继出现了 G. 711、G. 722、G. 723. 1、G. 728、G. 729、G. 729A 等协议。除了早期的 G. 711、G. 722 协议，近年提出的低比特率音频编码协议其核心都包括线性预测分析/合成技术 (LPAS)。码激励线性预测 (Code Excited Linear Prediction，CELP) 是最常用的 LPAS 方法，它可分成代数码激励线性预测 (Algebraic Code Excited Linear Prediction，ACELP)、低时延码激励线性预测 (Low Delay Code Excited Linear Prediction，LD-CELP)、共轭结构码激励线性预测 (Conjungate Structure Code Excited Linear Prediction，CS-CELP) 等，是最常用的 LPAS 方法。其中帧大小和先导时延之和即为编码器的缓存时延，复杂度决定了编码器的计算时延，这两项指标决定了编码器的压缩速度。

### 3. 视频分层编码

多媒体会议是面向群组的应用，由于群组中各成员的终端条件和接入速率不完全相同，对多媒体信号（尤其是视频信号）的分辨率要求也不尽相同。另外，在网络多媒体会议应用中，要求多媒体会议系统采取相应的措施以适应网络带宽的动态变化，于是出现了视频分层编码与传输技术。在 H.263＋和 MPEG-2 建议中都提供了视频分层技术，通常有三种分层方法：

（1）时间分层。时间域抽样，通过调整视频流的时间分辨率（帧率）来适应信道的变化。

（2）空间分层。空间域抽样，将各单帧图像分成不同空间分辨率的层次信息进行传输，通过调整图像空间分辨率来适应信道的变化。

（3）信噪比分层。将各单帧图像分成不同信噪比的层次信息进行传输，通过调整图像信噪比来适应信道的变化。

信噪比分层通常是通过频域变换、引入各类量化噪声和截断误差来实现的，分层后的信息具有相同的时间分辨率和空间分辨率。

#### 4. 群组通信

群组通信（Group Communication）也称多站点传输或点对多、多对多通信，即将数据同时传送到群组中的所有成员。

在不同类型的网络环境中，群组通信的实现方式是不同的。在分组交换网中，群组通信主要是通过众多的路由器独立选路与转发来完成的。为了支持群组通信，需要对参与群组通信的主机和路由器进行功能扩展，以便有效地建立从发送方到接受群组各成员的多目标分组传送路径。

群组通信的体系结构如图 4-1。其中主机扩展的目的是使主机具有收发多目标分组的功能，内容包括群组地址管理、群组成员管理以及多目标分组的发送和接受。路由器扩展的目的是使路由器具备转发多目标分组的能力，主要内容是多目标分发树的建立和维护。资源预定子层与可靠传输子层主要是给群组通信提供一定的服务质量，甚至提供可靠的群组通信服务。在主机与路由器扩展中，路由器的扩展是一个难点，因为建立多目标路由算法将给路由器带来相当大的负担。在 ISDN 等电路交换网中，群组通信问题就转化为 MCU 内部的减缓网络结构和控制算法问题。

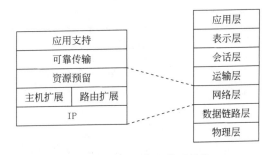

图 4-1 群组通信的体系结构

#### 5. 同步机制

在多媒体会议中，多媒体信息通常是由多个媒体流（音频、视频、文本等）组成的，各媒体之间往往具有一定的时间关系，因此在接收端应实现同步回放，称这种同步为媒体同步（也称唇同步）。另一方面，由于多媒体会议是面向多个用户的，为了公平起见，一个用户发送的多媒体信息应当在所有接收的用户中同时进行回放，使每个用户有平等的反应机会，这种同步称为群同步。实现同步的方法很多，如时间戳法、多路复用技术、同步信号通道技术、对象复合 Petri 网（Object Composition Petri Net，OCPN）方案等。

**6. 流量和差错控制**

由于多媒体通信具有高速大容量的特性，因而需要在传输协议中加入流量控制算法。流量控制技术主要分为预防式或反馈式两大类。预防式包括漏桶（Leaky Bucket，LB）、广义漏桶、峰值计数器、虚时钟等，信源根据监控参数调整发送速率；反馈式大多以窗口控制机制为基础，信源根据反馈的网络情况调整速率。反馈式会引入较大的时延，因而预防式更适合于多媒体通信。

多媒体通信的差错控制技术有选择式重发和前向纠错编码两种，前者根据丢失（或出错）分组的重要性进行有选择的重发；后者则在发送（重要）分组时加入一定的冗余信息，以便在出错时能得到一定程度的恢复。

## （三）技术标准

**1. 视频编码标准**

（1）H.261。H.261 是视频会议系统中最为常见的视频压缩编码协议，该协议制定于 1990 年，常被称为 P×64。

（2）H.263。H.263 在 H.261 的基础上，除输入图像格式选项上有所增加外，还对视频编码器做出了部分改进。

H.261 和 H.263 编码器结构相似，主要对图像的亮度和两个色差信号（Y，Cb 和 Cr）分别进行编码，其中 Cb 和 Cr 信号采样矩阵是 Y 信号采样矩阵的 1/4。它们支持的输入图像源格式如表 4-1 所示。

表 4-1　H.261 和 H.263 支持的输入图像源格式

| 图像格式 | 亮度信号行像素数 | 亮度信号帧行数 | H.261 | H.263 | 未压缩信号比特流/(Mbit/s) | | | |
|---|---|---|---|---|---|---|---|---|
| | | | | | 10 帧/s | | 30 帧/s | |
| SQCIF | 128 | 96 | | 是 | 1.0 | 1.5 | 3.0 | 4.4 |
| QCIF | 176 | 144 | 是 | 是 | 2.0 | 3.0 | 6.1 | 9.1 |
| CIF | 352 | 288 | 可选 | 可选 | 8.1 | 12.2 | 24.3 | 36.5 |
| 4CIF | 704 | 576 | | 可选 | 32.4 | 48.7 | 97.3 | 146.0 |
| 16CIF | 1408 | 1152 | | 可选 | 129.8 | 194.6 | 389.3 | 583.9 |

（3）H.264。H.264 是由 ISO/IEC 与 ITU-T 的联合视频组（JVT）制定的新一代视频压缩编解码标准。国际电信联盟将该系统命名为 H.264/AVC，国际标准化组织和国际电工委员会将其称为 14496-10/MPEG-4AVC。

H.264 标准有基本子集、主体子集和扩展子集。基本子集专为视频会议应用设计，能够提供强大的差错消隐技术，并且支持低延时编/解码技术，使视频会议显得更自然。主体子集和扩展子集更适合于数字广播、DVD 等电视应用和延时显得并不很重要的视频流应用。

（4）MPEG-1。MPEG-1 主要是在 1.5Mbit/s 情况下，对 352×288×25 帧/s 的运动图像进行处理。算法框图与 H.261 基本相同，但在时间域正负方向进行的运动补偿的帧间内插使其具有更高的图像压缩倍数，能够恰当地对待突发背景，能较好地保存边缘轮廓，降低原始图像的噪声。但正是由于它的双向帧间预测使得图像显示顺序与编码顺序不同，造成较大的系统延时，且压缩比越高，延时也会越大。

（5）MPEG-2。MPEG-2 主要应用在广播电视图像的传输和数字存储媒体（DVD）。与MPEG-1 的区别在共分为 4 个等级 LL（352×288×25 帧/s）、ML（720×576×25 帧/s）、

H1440L（1440×1152×25 帧/s）、HL（1920×1152×25 帧/s）。在带宽充足的情况下 MPEG-2 可实现高清晰度图像的传输，甚至能满足 HDTV 的要求。但具有与 MPEG-1 同样的缺点，即延时较大、带宽要求相对较高。

在广播电视系统中，系统可为每路图像信号提供 8M 带宽，由于不要求交互且能提供足够的带宽，这些缺点体现不明显。但当它应用到视频会议系统中时，要达到 ML（720×576×25 帧/s），需要 3M 以上的带宽，会有 1s 以上的延时，不能完全适应当前视频会议系统的需求。

（6）MPEG-4。为了解决时延与压缩比的问题，ISO 于 1999 年通过了 MPEG-4 标准，它与其他标准的最大区别在于 MPEG-4 是基于内容进行编码，将编码对象由原来的矩形图像改为单独的对象，即将每幅图像分为不同的自然对象单独进行编码。由于这种合成对象/自然对象混合编码（Synthetic Natural Hybrid Coding，SNHC）可大大降低帧间图像的信息冗余，因此 MPEG-4 编码技术可利用最少的数据获得最佳的图像质量。

MPEG-4 在视频会议系统实际应用中，可在 1.5Mbit/s 情况下实现高清晰度图像（720×576×25 帧/s）的传输，同时将时延控制在 300ms 以内。另外，MPEG-4 还提高了多媒体系统的交互性和灵活性，相较于 MPEG-1 和 MPEG-2，MPEG-4 的压缩比更高，节省存储空间，图像质量更好，特别适合在低带宽等条件下传输视频，并能保持图像的质量。目前基于软件的视频会议系统，基本上都是采用这一技术标准。

### 2. 音频编码标准

（1）G.711。G.711 是一种由国际电信联盟（ITU-T）制定的音频编码方式，又称为 ITU-T G.711。它是国际电信联盟 ITU-T 制定出来的一套语音压缩标准，代表了对数脉冲编码调制（Pulse-Code Modulation，PCM）抽样标准，主要用于电话。

G.711 用脉冲编码调制对音频采样，采样率为 8Kbit/s。它利用一个 64Kbit/s 未压缩通道传输语音讯号。起压缩率为 1:2，即把 16 位数据压缩成 8 位。G.711 是主流的波形声音编解码器。

（2）G.722。G.722 是 1988 年由国际电信联盟（ITU-T）制定的音频编码方式，又称为 ITU-T G.722，是第一个用于 16kHz 采样率的宽带语音编码算法。G.722 支持比特率为 64Kbit/s、56Kbit/s 和 48Kbit/s 多频率语音编码算法。在 G.722 中，语音信号的取样率为每秒 16000 个样本。与 3.6kHz 的频率语音编码相比较，G.722 可以处理频率达 7kHz 音频信号宽带。

G.722 编码器基于子带自适应差分脉冲编码（Sub Band Adaptive Differential Pulse Code Modulation，SB-ADPCM）原理，信号被分为两个子带，并且采用 ADPCM 技术对两个子带的样本进行编码。

（3）G.729。G.729 编码是电话带宽的语音信号编码标准，对输入语音性质的模拟信号用 8kHz 采样，16 比特线性 PCM 量化。G.729A 是 ITU 最新推出的语音编码标准 G.729 的简化版本。

G.729 协议使用的算法是共轭结构的算术码本激励线性预测，它基于 CELP 编码模型。由于 G.729 编解码器具有很高的语音质量和很低的延时，被广泛地应用在数据通信的各个领域，如 VOIP 和 H.323 网上多媒体通信系统等。表 4-2 列出了几种音频编解码标准的比对表。

### 3. 图像格式标准

（1）高/标清。所谓标清（Standard Definition），是物理分辨率在 720p 以下的一种视频格式。720p 是指视频的垂直分辨率为 720 线逐行扫描。具体地说，是指分辨率在 400 线左右的 VCD、DVD、电视节目等"标清"视频格式，即标准清晰度。

表 4-2　几种音频编解码标准的比对表

| 标准 | 核心编码技术 | 比特率/(Kbit/s) | 帧大小/先导时延/ms | 算法复杂度(MIPS) |
|---|---|---|---|---|
| G.711 | PCM | 64 | 0/0 | 0 |
| G.722 | ADPCM | 48,56,64 | 0.125/1.5 | 5 |
| G.723.1 | MP-MLQ*/ACELP | 5.3,6.3 | 30/7.5 | 16 |
| G.728 | LD-CELP | 16 | 0.625/0 | 30 |
| G.729 | CS-ACELP | 8 | 10/5 | 20 |
| G.729A | CS-ACELP | 8 | 10/5 | 11 |

高清（High Definition），意思是"高分辨率"。高清图像具有三种不同显示格式，分别是：720p（1280×720p）、1080/60i/50i（1920×1080i）、1080/24p/25p/30p（1920×1080p）（i 为隔行扫描，p 为逐行扫描）。其中，1920×1080p 是清晰度指标最高的。

与传统标清图像相比，高清信号的传输方式既可以是模拟的也可以是数字的，从目前的技术而言，高清基本采用数字化方式进行传输，信号的传播速率可高达每秒 19.39 兆字节。如此大的数据流传输速度保证了数字图像的高清晰度。

（2）CIF。CIF（Common Intermediate Format）是常用的标准化图像格式。在 H.323 协议簇中，规定了视频采集设备的标准采集分辨率，即 CIF＝352×288 像素。CIF 格式具有如下特性：

① 电视图像的空间分辨率为家用录像系统（Video Home System，VHS）的分辨率，即 352×288。

② 使用非隔行扫描（non-interlaced scan）。

③ 使用 NTSC 帧速率，电视图像的最大帧速率为 29.97 幅/s。

④ 使用 1/2 的 PAL 水平分辨率，即 288 线。

⑤ 对亮度和两个色差信号（Y、Cb 和 Cr）分量分别进行编码，它们的取值范围同 ITU-R BT.601。即黑色＝16，白色＝235，色差的最大值等于 240，最小值等于 16。

表 4-3 为几种 CIF 图像格式的对比说明。

表 4-3　CIF 图像格式的对比说明

| 图像格式 | 亮度取样的像素个数(dx) | 亮度取样的行数(dy) | 色度取样的像素个数(dx/2) | 色度取样的行数(dy/2) |
|---|---|---|---|---|
| SUB-QCIF | 128 | 96 | 64 | 48 |
| QCIF | 176 | 144 | 88 | 72 |
| CIF | 352 | 288 | 176 | 144 |
| 4CIF | 704 | 576 | 352 | 288 |
| 16CIF | 1408 | 1152 | 704 | 576 |

（3）D1。D1 是数字电视电话会议系统显示格式的一种标准，共分为以下 5 种规格。

① D1。480i 格式（525i），分辨率为 720×480（水平 480 线，隔行扫描），和 NTSC 模拟电视清晰度相同，行频为 15.25kHz，相当于日常所说的 4CIF（720×576）。

② D2。480p 格式（525p），分辨率为 720×480（水平 480 线，逐行扫描），较 D1 隔行扫描要清晰不少，和逐行扫描 DVD 规格相同，行频为 31.5kHz。

③ D3。1080i 格式（1125i），分辨率为 1920×1080（水平 1080 线，隔行扫描），高清图像采用最多的一种分辨率，行频为 33.75kHz。

④ D4。720p 格式（750p），分辨率为 1280×720（水平 720 线，逐行扫描），虽然分辨

率较 D3 要低，但是因为逐行扫描，市面上更多人感觉相对于 1080i（实际逐次 540 线）视觉效果更加清晰。但从实际感觉来看，在最大分辨率达到 1920×1080 的情况下，D3 要比 D4 感觉更加清晰，尤其是文字表现力上，行频为 45kHz。

⑤ D5。1080p 格式（1125p），分辨率最高可达 1920×1080p（水平 1080 线，逐行扫描），目前民用高清视频的最高标准，行频为 67.5kHz。

其中 D1 和 D2 标准是一般模拟信号的最高标准，并不能称为高清，D3 的 1080i 标准是高清晰视频图像的基本标准，它可以兼容 720p 格式，而 D5 的 1080p 只是专业上的标准，并不是民用级别的，上面所给出的 60Hz 只是理想状态下的场频，而它的行频为 67.5kHz，实际在专业应用领域里 1080p 的场频只有 24Hz、25Hz 和 30Hz。

**4. 视频会议标准**

（1）H.320。H.320 标准是视频会议中最重要的标准，这个标准包括视频、音频的压缩和解压缩、静止图像、多点会议、加密及一些更新的特性。H.320 标准中包括 H.200 系列标准和 T.120 系列标准。H.200 系列指的是视听业务（Audio Visual Service），主要用于传送动态图像。T.120 系列主要针对声像业务（Audio Graphic Service），主要用于传送静态图像，H.320 标准可分为六个部分，其互操作性如图 4-2 所示。

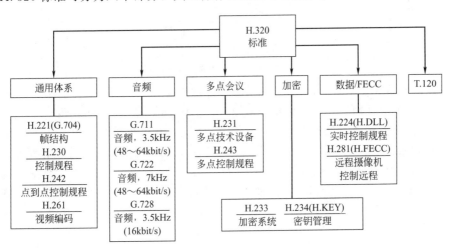

图 4-2　H.320 标准的互操作性示意图

（2）H.323。H.323 标准涵盖了音频、视频及数据在以 IP 包为基础的网络——LAN（Intranet，Extranet 和 Internet）上的通信，建立 H.323 标准是为了允许不同厂商的多媒体产品和应用能够互操作。该标准解决了点对点及多点视频会议中诸如呼叫与会话控制、多媒体与宽带管理等许多问题。H.323 建立在 RTP 基础上，其所定义的多媒体会议系统由终端、守门人（Gatekeeper）、网关（Gateway）及多点控制单元（MCU）等组成。

（3）H.324。H.324 可共享 H.320 的基本结构，包括复用器（将集中媒体类型复用成一条比特流）、声频和视频压缩算法（G.723.1 与 H.263）、控制协议（自动执行容量协商和逻辑信道控制，H.245）。H.324 其他部分直接来源于 H.320。H.324 可灵活选择产品所需要的媒体类型（声频、数据、视频等）；并且对支持相同特性的系统，通过规定共同的操作基线模式（Baseline Mode）而确保互操作性。除基线模式外，H.324 还允许其他可选模式，最为重要的是，H.324 在低比特率网上提供了最好的性能（视频和音频质量、延迟等）。

H.324 改进了声频和视频压缩技术，避免了 H.320 中出现的问题和局限性。H.324 增加了 H.320 所没有的许多新功能，如接收器控制模式优先策略、单个媒体类型支持多通道的能力、不同通道带宽的动态分配等。尽管 H.324 做了以上改进，但因为 H.320 ISDN 呼叫比特率为 128Kbit/s 或更高，而 H.324 呼叫比特率最大为 33.6Kbit/s，视频质量远不如 H.320 视频会议系统。

## 二、系统组成和功能

### （一）系统组成

通常视频会议系统由各音频、视频采集播放终端设备，负责数据通信的网络，以及一个多点控制单元（Multi-point Control Unit，MCU)，还有相关的处理软件组成。最基本的系统组成如图 4-3 所示。

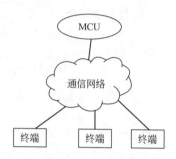

图 4-3　视频会议系统基本组成

**1. 多点控制单元**

多点控制单元（MCU）是视频会议系统的控制核心。MCU 由多点控制（Multi Control，MC）单元和多点处理（Multi Process，MP）单元两个部分组成。多点控制单元完成与会议终端之间控制信息的交互，多点处理单元完成音视频和数据的相关处理。

MCU 将来自各会场的信息流，经过同步分离后，抽取出音频、视频、数据等信息和信令，再将各会场的信息和信令送入同一种处理模块，完成相应的音频混合或切换、视频混合或切换、数据广播和路由选择、定时和会议控制等过程，最后将所需要的各种信息重新组合起来，送往各相应的会议终端。

**2. 会议终端**

会议终端是视频会议系统的输入和输出设备。它的作用是将音频、视频、数据以及信令等各种数字信号分别进行处理后，合成为一路或多路数字码流，再将其转换成适合于网络传输的数据格式，并发送到信道中进行传输。

### （二）系统功能

电视电话会议系统是一个集音视频交互、电子白板、文档共享、屏幕共享、远程控制、远程协助、文字交流、媒体共享、资料分发、会议录制等多项功能于一体的综合多媒体远程会议系统。

**1. 点对点音视频会议**

在电视电话会议系统中任意一台终端都可以通过 IP 地址或呼叫号方式与另一台终端点对点建立双向连接，进行音视频交互，还能实现数据双流会议。

**2. 多点会议**

通过电视电话会议系统 MCU 服务器，可以实现多级、多点会议功能，实现多方音视频

交互和数据双流会议。在会议过程中，可以根据会议形式的需要，实现多种分屏格式，并能实现多种分屏格式的任意切换。

电视电话会议系统会议控制方式一般分为导演、主席和演讲者控制三种会议控制方式。

（1）导演控制模式。导演控制模式是将各会议节点分为主会场和分会场，主会场具备最高会议控制权限，完成会议控制。

- 广播主席，使各分会场观看主席的图像；
- 广播任意一个会场，使所有的点观看其图像；
- 主席轮巡：主席依次观看各个分会场的图像；
- 开启、关闭各个终端的声音；
- 开启、关闭各个终端的视频图像。

（2）演讲者控制模式。演讲者控制模式可以使所有分会场观看演讲者会场画面，而演讲者可指定观看任一分会场画面，或自动轮循观看各分会场画面，或观看通过语音激励切换的任一分会场画面，或观看多个分会场的分屏画面。

（3）主席控制模式。主席控制模式指在任意会议终端通过 MCU 独立召集全体会议。其他会议终端可以向 MCU 申请并成为会议主席。主席会议终端可以实现：

- 在 MCU 上创建虚拟会议室；
- 在创建会议室的同时，召集与会会场加入会议室；
- 呼叫某一个或多个分会场加入会议；
- 对于某一个或多个或全体会场进行声音控制，包括静音、闭音或全体静音；
- 对于指定会场关闭其视频，使其不被别的会场观看；
- 会议结束后，中止整个会议并释放 MCU 系统资源，全体与会场退出会议；
- 会议过程中，切换会议的分屏显示方式。

**3. 数据双流**

电视电话会议主要是以语音和影像的方式实现远程的面对面的交流，但随着视频系统广泛应用，人们已经不满足于仅仅看到远程的视频图像，希望能够传递更多的信息，如开会时用到的图表、数据或文档等信息，而这些信息多以数据文件存储在电脑。因此，在很多场合下，视频会议需要建立起与数据的协同工作，如远程会商、远程教育、远程办公等，以增强会议临场感，提高视频会议的效率。

电视电话会议数据双流一般采用 H.239 协议，通过第二路电脑输入 XGA（1024×768）格式传送内容，实现多方、级连视频会议下数据内容共享功能。

**4. 视频轮巡**

在电视电话会议过程中，主持人或者演讲者可以采用视频轮巡方式观看各分会场的画面。在设定好轮巡时间和轮巡的分会场后，无需人工操作，MCU 可以自动轮流切换各个会场的图像，轮训会场的时间可以灵活设定，可以由会议管理人员手动定义全体与会会场或指定部分会场参与轮巡。

**5. 语音激励**

在电视电话会议过程中，语音激励会议方式一般用于小规模讨论会议，当同时有多个会场要求发言时，MCU 实时对多点输入的语音电平进行比较，选择音量最强的发言者的图像、声音信号传送到其他会场。为了避免不必要的干扰引起的画面切换，同时还具备声音切换时间间隔设置，时间间隔可调。

### 6. 会议字幕

会议中经常需要使用字幕功能，如用于重要提示、会议通知、欢迎词等，电视电话会议终端一般都内置了字幕机功能。主席会场现场或提前编辑好字幕，会议中可通过滚动方式或固定显示方式在会场中实时发送给其他会场。

## 三、业务应用

### （一）电视电话会议系统

全国消防部队电视电话会议系统目前主要是由多点控制单位（MCU）、视频会议终端设备和承载网络组成，该套系统采用 H.323 技术体制，视频、语音信号传输通过指挥调度网实现，同时，该套系统允许其他参会者采用普通电话接入的方式在任何地点加入会议，并可进行发言。

### 1. 互联互通方式

全国消防部队电视电话会议系统分为消防一级网、二级网、三级网。一级网为公安部消防局到各总队，二级网为各总队到下辖支队，三级网为各支队到下辖大队。根据各总队及所属支队视频会议系统建设具体情况，互联互通可有以下两种方式。

（1）MCU 级联。当各级视频会议系统的 MCU 等主控设备型号相同时，应将三级会议主控设备进行级联。级联采用 IP 方式。级联后，公安部消防局可对二级、三级电视电话会议的图像进行直接管理和控制，系统拓扑如图 4-4 所示。

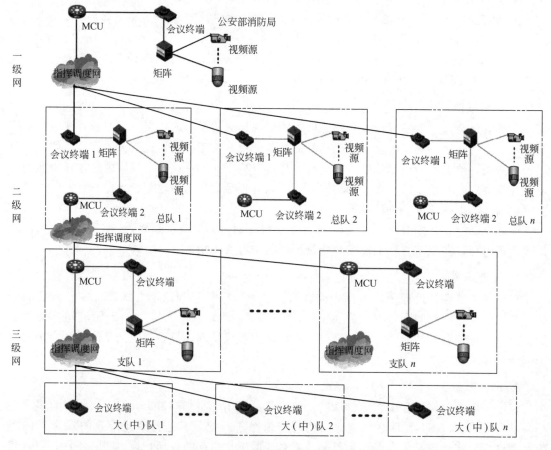

图 4-4　MCU 级联方式系统拓扑图

（2）背靠背连接。在两级电视电话会议系统采用主控设备型号不同的情况下，此时无法实现 MCU 级联。如遇此类情况，可采取会议终端直接互联或者通过总队控制音视频矩阵、调音台等设备进行切换连接，系统拓扑如图 4-5 所示。

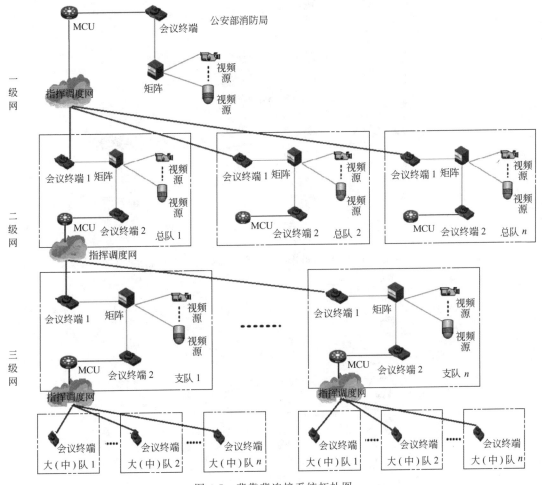

图 4-5　背靠背连接系统拓扑图

消防二、三级电视电话会议系统采用软件视频服务器时，可采取硬件电视电话会议终端与软件视频服务器相连接，利用音视频线连接硬件会议终端和软件视频服务器显示卡和声卡，实现公安部消防局对二、三级网电视电话会议图像的显示和传输。

消防各级电视电话会议系统与本级公安机关电视电话会议系统的互联，应根据本地公安机关的实际情况采用终端设备背靠背或音视频光端机的方式，如图 4-6 所示。

**2. 公安部消防局会议系统**

召开全国消防部队电视电话会议时，各总队通过公安部消防局统一配发的终端接入公安部消防局电视电话会议系统，系统拓扑图如图 4-7（a）所示。此外，若总队自建会议系统与公安部消防局为同品牌时，公安部消防局 MCU 可以与总队 MCU 通过指挥调度网进行级联，公安部消防局至各总队的电视电话会议拓扑如图 4-7（b）所示。

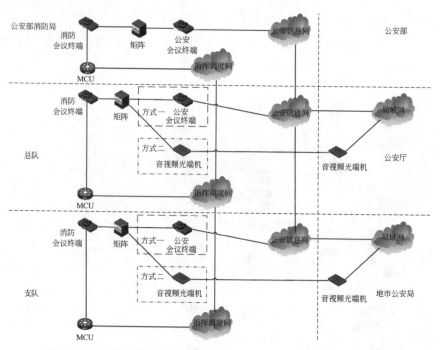

图 4-6 全国消防部队电视电话会议系统与各级公安机关互联拓扑图

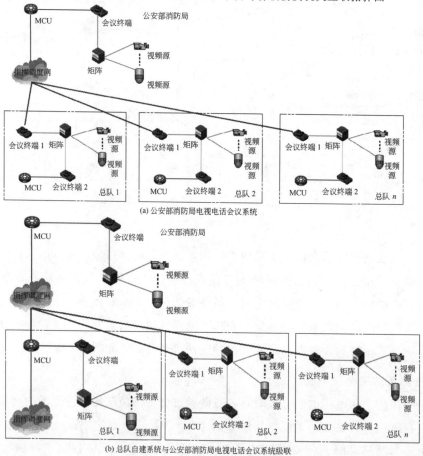

(a) 公安部消防局电视电话会议系统

(b) 总队自建系统与公安部消防局电视电话会议系统级联

图 4-7 公安部消防局会议系统

### 3. 总队会议系统

原则上，各总队的二级电视电话会议系统与下属各支队的三级电视电话会议系统为同一品牌，总队至下属各支队采取 MCU 级联的模式进行对接。如图 4-8 所示。

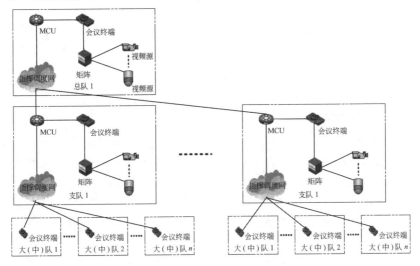

图 4-8　总队电视电话会议系统

## （二）消防指挥视频系统

消防指挥视频系统部署在各级消防指挥中心，依托指挥调度网运行，用于可视化指挥调度。

系统由各级指挥中心的指挥视频终端和指挥视频 MCU 服务器构成，采用 H.264 技术体制，从公安部消防局到支队共分为三级，采用 MCU 级联方式连网，整体架构如图 4-9 所示。

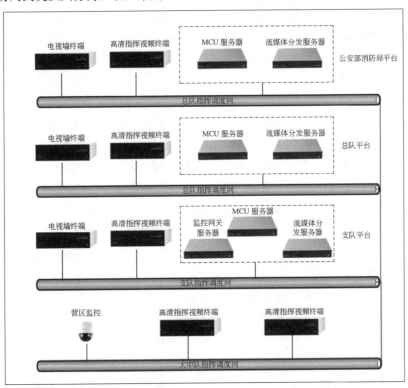

图 4-9　消防指挥视频系统整体架构图

## 第二节　视频监控系统

视频监控系统是多媒体技术、计算机网络、工业控制和人工智能等技术的综合运用。根据图像处理技术的不同，可将监控系统分为两类，即模拟图像监控系统和数字化视频监控系统。

## 一、技术体制

### （一）模拟视频监控系统

20 世纪 90 年代初，主要是以模拟设备为主的闭路电视监控系统，也称为第一代模拟监控系统。图像传输用视频电缆，以模拟信号传输，传输距离不能太远，适合小范围内的监控，获得的监控图像在控制中心查看。主要设备包括前端摄像机、后端视频矩阵、监视器、录像机等，利用视频传输线将来自摄像机的视频信号连接到监视器上，利用视频矩阵主机对画面进行分割，利用控制键盘对图像进行控制等。传统的模拟监控系统存在以下不足：

（1）模拟视频信号传输的距离较短；

（2）模拟视频监控布线工程量大；

（3）模拟视频信号数据的存储会耗费大量的存储介质，并且不易保存。

### （二）数字视频监控系统

数字视频监控系统是以数字视频处理技术为核心，以计算机或嵌入式系统为中心，视频处理技术为基础，利用图像数据压缩和综合利用光电传感器、计算机网络、自动控制和人工智能等技术的一种新型监控系统。数字视频监控系统除了具有传统闭路电视监视系统的所有功能外，还具有远程视频传输与回放、自动异常检测与报警、结构化的视频数据存储等功能。与数字视频监控系统相关的主要技术有视频数据压缩，视频的分析与理解，视频流的传输与回放和视频数据的存储。

#### 1. 硬盘录像机

硬盘录像机（Digital Video Recorder，DVR）监控系统是随着数字视频压缩编码技术的发展而产生。系统在远端有若干个摄像机、各种检测和报警探头与数据设备，获取图像信息，通过各自的传输线路汇接到硬盘录像机上，然后再通过通信网络，将信息传送至一个或多个监控中心。监控终端可以是一台 PC 机，也可以是专用的工控机。

DVR 是一种半模拟半数字的监控系统，通常应用于一些小型的、应用要求简单的场所。随着技术的发展，工控机逐渐变成了嵌入式的硬盘录像机，可实现无人值守，并带有网络应用功能。

#### 2. 网络视频服务器

网络视频服务器（Digital Video Server，DVS）是 DVR 的延伸。DVS 是数字化网络视频监控系统，DVS 把摄像机输出的模拟视频信号直接转换成数字信号。嵌入式视频编码器实现视频编码、网络传输、自动控制等功能，可以直接连入网络，具有灵活方便、即插即看的特点。

#### 3. 基于 IP 的数字监控

最新一代的视频监控系统是使用 IP 技术的数字化监控系统，该系统的优势是网络摄像机（IP camera）内安装 Web 服务器，并提供以太网接口，摄像机内集成了各种协议，通过普通浏览器可直接访问摄像机。摄像机输出 JPEG 或 MPEG-4 数据文件，可供任何授权客户端从网络的任意位置进行访问。

使用 IP 技术的视频监控系统与 DVR、DVS 相比具有下列优势：

（1）可以充分利用现有的网络资源，不需要为新建监控系统铺设光缆和增加设备；

（2）系统扩展能力强，只要有网络的地方增加摄像头和编码器就可任意扩展新的监控点；

（3）维护费用低，网络设备成熟稳定，视频前端设备是即插即用、基本免于维护；

（4）系统功能强大、利用灵活、全数字化录像方便于浏览、保存、检索、发布及后期处理等；

（5）在网络中的每一台计算机，只要安装了客户端的软件，给予相应的权限就可成为监控工作站；

（6）具有软矩阵功能，利用解码器可将任一路数字图像还原为模拟图像在电视墙上显示。

## 二、系统组成和功能

### （一）系统组成

视频监控系统由摄像、传输、控制和显示与记录四部分组成，如图 4-10 所示。

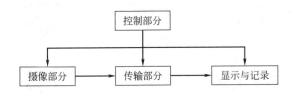

图 4-10　视频监控系统的组成原理

摄像部分安装在现场，它包括摄像机、镜头、防护罩、支架和电动云台。

传输部分一般包括线缆、调制解调设备、线路驱动设备等。

控制部分负责对所有设备进行控制，如控制摄像机的焦距、光圈与图像信号的处理等。控制台包括视频矩阵切换器、控制键盘、时间地址发生器、云台遥控器、监视器等设备，接收摄像机、报警探头的信号，将信号选送到显示部分，并对电源、云台、镜头、矩阵切换器、录像机及防护罩等多个设备进行控制。

显示部分主要是监视器和录像机。

### （二）系统设备功能

**1. 图像采集**

图像采集部分的任务是对监视区域进行摄像并将其转换成电信号。

**2. 传输**

传输部分的任务是把摄像机发出的电信号传送到控制中心，实现对信号的传输和控制。

视频监控系统中视频信号的传输方式有视频基带传送方式、射频传输、无线传输、光纤传输和局域网/广域网传输等方式。

视频基带传输从摄像机至控制台之间传输视频信号，因而传输系统简单，在一定距离范围内，失真小，附加噪声低，但传输距离不能太远，一般在几百米之内。当摄像机的安装位置离监控中心较近时，多采用视频基带传送方式。

射频传输方式是将视频图像信号经调制解调器调制到某一射频频道上进行传送，该方式多用于传输距离远和同时传送多路信号的场合。

无线传输主要采用微波的形式通过发射台将信号发射出去，通过微波接收器将视频信号接收，经处理后显示在监视器上。

光纤传输方式是用光纤代替同轴电缆进行电视信号传输，不仅传输距离长，传输容量大而且传输质量高，保密性好。

随着网络技术和电子技术的发展，出现了网络视频服务器以及网络摄像机，网络视频服务器或网络摄像机将前端监控点的模拟图像经数字化压缩处理后可以基于宽带 IP 网络传输，方便实施远程监控。当各摄像机的位置距离监控中心较远时，可采用射频传输或光纤传输方式。

图 4-11 为视频信号的几种传输方式示意图。

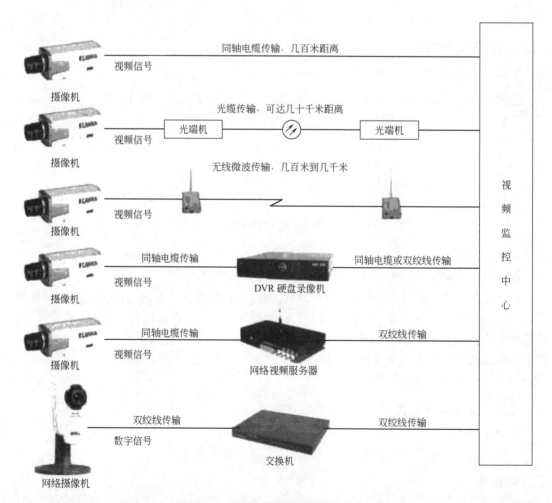

图 4-11　视频信号的几种传输方式

**3. 控制**

信号的控制方式有直接控制、多线编码间接控制、通信编码间接控制和同轴视控等多种方式。

　① 直接控制。直接控制是将控制信息直接通过多路导线送至被控设备，它的特点是简单、直观、容易实现，适用在现场设备比较少的情况下，所控云台、镜头数量很多时，需要大量的控制线缆，线路也复杂，所以目前较少采用。

　② 多线编码间接控制。多线编码间接控制方式是控制中心直接把控制的命令编成二进制或其他方式的并行码，由多线传送到现场的控制设备，通过译码转换成控制量来对现场摄像设备进行控制。这种方式比直接控制方式用线量少，在近距离控制时可采用。

　③ 通信编码间接控制。随着微处理器和各种集成电路芯片的普及，目前规模较大的视频监控系统大都采用通信编码间接控制，这种方式可用单根线路传送多路控制信号，控制信号传送到前端，通过终端解码器将传送来的串行数据解码还原为对摄像机和云台的具体控制信号。通信编码间接控制节约线路费用，通信距离长，目前是一种应用的较多的传输方式。其原理如图 4-12 所示。

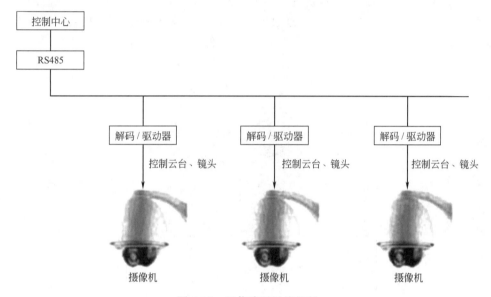

图 4-12　通信编码间接控制

　④ 同轴视控。同轴视频传输方式是控制信号和视频信号复用一条电缆，不需另外铺设控制电缆，一般是利用视频信号场消隐期间传送控制信号，或是通过频率分割，把控制信号调制在与视频信号不同的频率范围内，然后同视频信号一起传送，到现场后再把它们分解开。

　视频监控系统中的控制部分负责对系统内各设备进行控制，控制中心可将信号有选择地送入显示与记录部分。控制设备主要功能有：

　（1）通过各种遥控电路实现对摄像部分的控制，控制电动变焦镜头的变焦、聚焦和光圈；

　（2）控制电动云台的左右上下转动（有自动巡视功能的云台可自动控制）实现对广阔范围的监视，并可对该范围内任意部分进行特写；

　（3）控制切换设备，使切换控制与云台、镜头的控制同步，即切换至哪路图像，就控制该路的设备。

**4. 显示**

　显示与记录部分的主要任务是把从控制中心送来的电信号转换成图像在监视设备上显示，并根据需要将监视区域的图像用录像机录制。

## 三、业务应用

全国消防部队建设的视频监控系统主要包括营区监控系统、考场监控系统，利用视频监控系统可拓宽上级部门对基层中队进行战备检查的渠道，有效提升了部队管理效能。

### （一）营区监控系统

营区监控系统是为便于开展部队营区可视化管理而建设的。一般为以支队为单位统一营区监控系统技术体制。采用不同技术体制的系统，通过部署在总、支队两级的图像综合管理平台对接，实现总队对所辖支队不同品牌、不同型号设备的前端图像资源的调用。

某消防支队营区监控系统如图 4-13。营区监控系统主要由前端摄像机、DVR 硬盘录像机、软件客户端等部分组成。每个营区部署一台可支持 4 路标清摄像机接入的 DVR 硬盘录像机，通过同轴电缆与营区内摄像机进行物理连接；支队指挥中心使用安装该监控系统软件客户端的监控终端（PC 机或工控机）通过网络直接与各 DVR 硬盘录像机对接，读取 DVR 硬盘录像机信息，实现图像及语音的实时调取、录像及远程控制等功能。

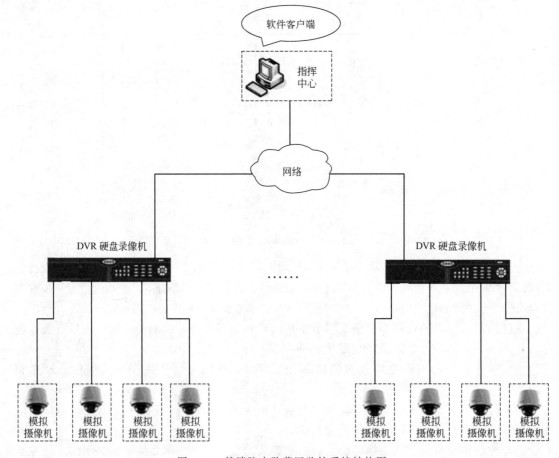

图 4-13　某消防支队营区监控系统结构图

### （二）考场监控系统

考场监控系统如图 4-14 所示。是为加强标准化考场建设，规范考务工作，严肃考风考纪而建设的。实现公安部消防局、总队两级对考场情况的远程监控。

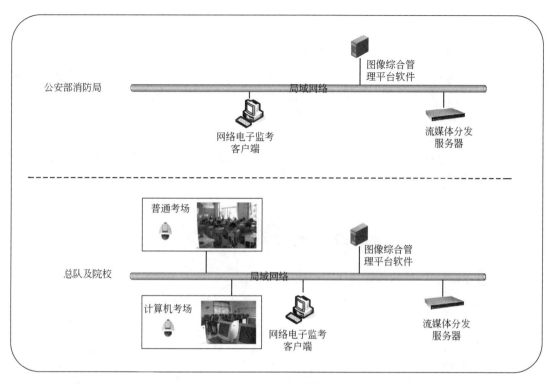

图 4-14 考场监控系统拓扑图

考场监控信息流向如图 4-15 所示。考试教室的监控摄像机直接接入网络视频编码器，通过指挥调度网上传图像信息。

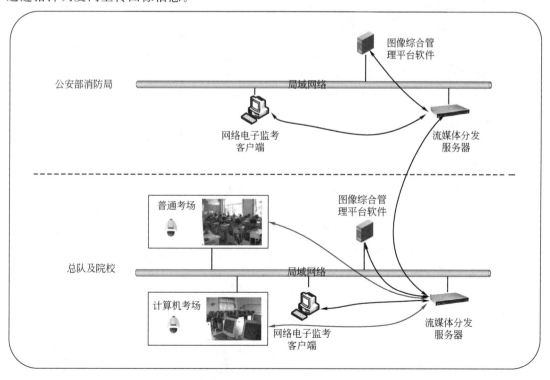

图 4-15 考场监控系统信息流向图

考场摄像采用高速球型/半球型摄像机，支持 360°连续云台旋转，云台控制协议支持 PELCO-P 和 PELCO-D，协议自适应。水平解析度不低于 480TVL，最低照度不低于 1.0Lux/F1.4，信号系统支持 PAL/NTSC，光学焦距变倍不少于 18 倍。

网络视频编解码器支持至少 2 路视频输入和输出接口，2 路音频输入和输出接口，1 路 100M 网络接口，1 路 RS232/485 数据接口。传输和存储的图像数据不低于 4CIF（704×576）格式的图像分辨率，推荐支持 720p（1280×720）以上格式的图像分辨率。

网络视频编解码器支持网络时间协议（NTP）、双向语音对讲功能。支持按日期时间、考场名称、考试科目的中文字符叠加功能。支持本地存储及数据导出功能，可按时间、地点等条件，检索录像资料。

## 第三节　无线图像传输系统

在信息化时代，应急通信在灭火救援指挥体系中正发挥着越来越大的作用，无线图像传输系统在应急通信中的地位也与日俱增，扮演着越来越重要的角色。

## 一、基础知识

### （一）基本概念

消防无线图像传输系统用于采集灭火救援现场图像，通过网络传输至消防指挥中心，并可实现语音交互。系统融合了数字图像处理技术、无线网络通信技术、嵌入式系统技术等多种技术手段，实现了高清晰度图像采集、处理、传输和应用的一体化过程，是一种低成本、易部署、易操作的现场实时高清晰度无线图像传输解决方案。

当前无线图像传输从技术应用标准上分为三类：第一种是公众网络型，利用移动、联通、电信公众网络，采用包括 GSM、CDMA、3G 等技术进行传输；第二种是专用网络型，利用无线网络采用包括 WLAN、DSSS、MESH、WiMAX 等技术的网络进行传输；第三种是专业图像传输型，利用数字移动电视传输技术（如 COFDM、8VSB、TDS-OFDM 等技术）进行无线图像传输。

本节主要介绍消防部队常用的 3G 图传及微波单兵图传两种无线图像传输系统。

### （二）系统组成

无线图像传输系统主要由发射前端、接收设备和天线系统三部分组成。

发射前端根据终端类型又可以分为便携式无线视频传输前端和车载式传输前端两种。便携型无线视频传输前端包括便携式高增益天线、图像前端发射模块（发射机）、电池组、便携背架。车载式传输前端包括车载天线、功率放大器模块、电源、车载安装机架等。

接收设备包括分集天线、馈线、避雷器、功分器、接收机、电源、接地装置等。

### （三）相关技术

#### 1. 正交频分复用

正交频分复用（Orthogonal Frequency Division Multiplexing，OFDM）是一种多载波调制方式，通过减小和消除码间串扰的影响来克服信道的频率选择性衰落。它的基本原理是将信号分割为 $N$ 个子信号，然后用 $N$ 个子信号分别调制 $N$ 个相互正交的子载波。由于子载波的频谱相互重叠，因而可以得到较高的频谱效率。

当调制信号通过无线信道达到接收端时，由于信道多径效应带来的码间串扰的作用，子载波之间不再保持良好的正交状态，因而发送前需要在码元间插入保护间隔。如果保护间隔大于最大时延扩展，则所有时延小于保护间隔的多径信号将不会延伸到下一个码元期间，从而有效地消除了码间串扰。

OFDM 技术是一种高效并行多载波传输技术，将所传送的高效串行数据分解并调制到多个并行的正交子信道中，从而使每个子信道的码元宽度大于信道时延扩展，再通过加入循环扩展，保证系统不受多径干扰引起的码间干扰的影响，可以有效对抗多径传播。

OFDM 技术主要具有抗多径衰落能力；强频谱效率高；带宽扩展性强等特点，因而具备较强的非视距下高带宽传输能力，在无线移动图像传输中得到了广泛的应用。

**2. 微波扩频**

微波扩展频谱技术是采用 900MHz、2.45GHz 或 3.5GHz 等微波频段作为传输媒介，以扩展频谱方式发射信号的传输技术。微波扩频通信主要有以下特点：

（1）建设无线微波扩频通信系统、带宽较高、建设周期短；

（2）相连单位距离不能太远，并且两点直线范围内不能有阻挡物；

（3）抗噪声和干扰能力强，具有极强的抗窄带干扰能力；

（4）能与传统的调制方式共用频段；

（5）信息传输可靠性高；

（6）保密性强；

（7）多址复用，可以采用码分复用实现多址通信。

## 二、业务应用

### （一）3G 图像传输系统

3G 传输图像传输系统由 3G 车载终端设备、3G 图像中心管理平台、3G 传输网和地面传输网 4 个部分组成。3G 图像中心管理平台按照公安部消防局、总队两级进行部署，并与各级消防图像综合管理平台进行对接，实现互联互通资源共享。系统拓扑图如图 4-16 所示。

公安部消防局建设配发的 3G 车载终端设备由音视频编解码模块、车载室外云台摄像机、彩色监视器、录像存储、GPS 模块、音频输入输出接口、网络传输模块、麦克、音箱等组成，安装在各级通信指挥车，用于火场图像的传输以及通信指令的下达。该设备支持车载和背负两种方式使用，具有单、双向视音频传输功能。支持 H.264 视频编码格式，支持 TD-SCDMA/WCDMA/CDMA-2000 的网络制式，可更换 3G 模块接口，具有 WIFI 接口，支持 802.11a/b/n 协议；在无外接电源情况下，本机电池支持 4 小时以上续航能力，具有 360 小时 D1 25f/s 本地录像存储能力。

3G 图像中心管理平台部署在公安部消防局和总队，每个节点由安装了平台系统软件的 2 台服务器组成，用于接收、分发及管理 3G 视频，具备音视频接入和浏览、中心管理流媒体分发、录像管理与存储，设备和用户接入管理等功能。

3G 传输网采用 CDMA2000 体制，上行理论最大带宽 1.8Mbit/s，下行理论最大带宽 3Mbit/s，用于将 3G 音视频数据传输至地面传输网。

地面传输网采用 100M 专线实现当地电信网和总队的通信，用于 3G 音视频数据流接

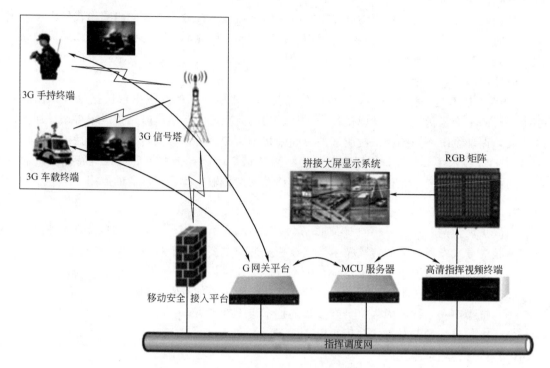

图 4-16 3G 图像传输系统拓扑图

入。地面传输网串联有安全网闸和路由器设备，其中，安全网闸用于实现电信 VPDN 专网与消防指挥调度网物理隔离及地址转换，路由设备用于电信 100M 专线接入及 3G 车载终端的 IP 地址分配。

3G 图像传输系统数据流向如图 4-17 所示。

各总队的 3G 车载终端设备通过电信 VPDN 网络将数据传输到各总队的电信 3G 图像中心管理平台，各总队 3G 图像中心管理平台再将数据推送给总队综合图像管理平台。总队图像综合管理平台将数据流通过指挥调度网传输至公安部消防局图像综合管理平台。

公安部消防局 3G 车载终端通过电信 VPDN 网络将数据传输到公安部消防局的 3G 图像中心管理平台，公安部消防局 3G 图像中心管理平台将数据流推给图像综合管理平台。

### （二）无线单兵图像传输系统

无线单兵图像传输系统由背负式发射机和中心接收机组成，发射机提供一路视频输入、两路音频（左右声道）输入，中心接收机提供一路视频和两路音频（左右声道）输出接口。

背负式发射机由图像采集人员随身背负，摄像机输出的音视频信号进入发射机经过调制变频发射出去，中心接收机通常安装在通信指挥车上，接收机接收到的信号经过变频解调解码后还原为音视频信号。

背负式设备包括功放、射频模块、基带调制模块、图像编码模块和语音模块五个部分，系统原理如图 4-18 所示。图像编码模块将输入的模拟音视频信号变换成数字信号，然后进

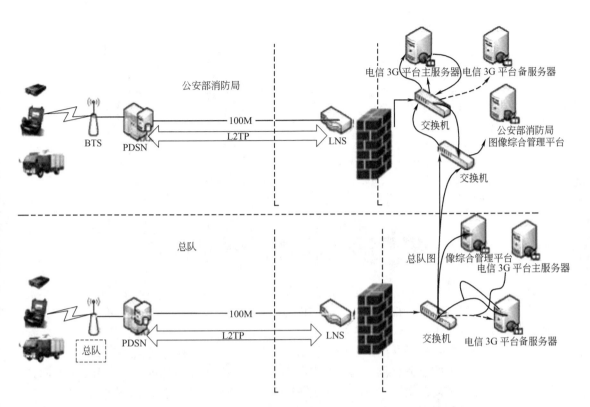

图 4-17　3G 图像传输系统数据流向图

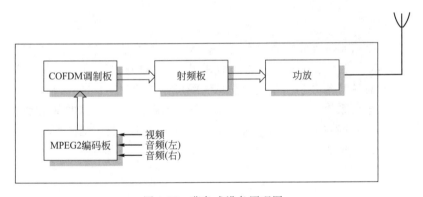

图 4-18　背负式设备原理图

行编码压缩,按照 TS 码流格式输出到调制板;COFDM 调制板将输入的 TS 码流先进行信道外 RS 编码、交织卷积,然后进行信道内编码、IFFT、插值,最后通过 DAC 输出到上变频板。上变频板将输入的基带信号通过混频直接变频到所设定射频频率,然后输出到功放模块,进行放大并通过天线发射出去。

中心接收机包括滤波器、低噪放、下变频板、COFDM 解调板、解密板、MPEG2 六个部分,如图 4-19 所示。接收的信号经过滤波输入到低噪放进行放大后输入到下变频板,下变频板将射频信号变频到基带信号输出到 COFDM 解调板进行 FFT 变换、信道均衡、交织解码等处理最后输出 TS 码流到 MPEG2 解码板;MPEG2 解码板将 TS 码流解压缩还原为图像信号,再经过数模变换为模拟音视频信号输出。

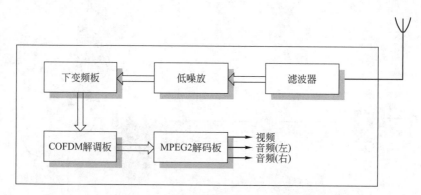

图 4-19　中心接收机设备原理图

## 第四节　日常办公协作平台

日常办公协作平台，集个人沟通、团队协作和图像资源调用三大功能于一体，可以实现实时信息交互、视频会议、视频监控、VOIP 等功能，为日常办公和指挥调度，提供先进、方便、灵活的信息化手段。

日常办公协作平台的受众用户覆盖各级消防部队，部局、总队、支队在公安网部署该平台，用于日常工作中的业务交流、远程协作和远程培训。另外该系统可以解决因公安网和指挥调度网无法互通，而公安网用户在日常工作中又经常需要使用指挥网的图像资源的问题。并为消防部队提供了可视化部队管理和指挥调度的功能。

## 一、系统组成

日常办公协作平台系统在总队单独部署一台 MCU 服务器，通过双网口分别接入公安网和指挥网。通过 MCU 服务器的策略路由功能，实现 MCU 服务器既可访问公安网，又可访问指挥网。同时，总队日常办公协作平台与总队图像综合管理平台通过协议实现互联互通。

日常办公协作平台系统的用户帐号等基本数据，通过总队公安网的基础数据库平台，进行下载同步获取。公安网内的桌面用户通过安装客户端软件，利用消防综合业务平台帐号登录系统。日常办公协作平台系统拓扑如图 4-20 所示。

## 二、系统应用

日常办公协作平台通常可实现以下应用功能。

### （一）个人沟通

系统具备 IM 功能，可建立点对点实时沟通，用于文件传输、远程控制、协助修改文档、远程修改文档等。通过获取一体化消防机构及人员数据，支持任意建组，添加管理联系人，实现方便易用的文字、语音和视频的即时沟通；支持人员实时的在线状态显示，支持在线与离线的文件发送；支持远程屏幕共享，实现远程屏幕控制与协同操作；支持历史沟通记录的查看与检索。

### （二）远程业务培训

总队、支队、大中队相关人员/部门间可随时开展基于办公桌面的业务培训、远程教育，通

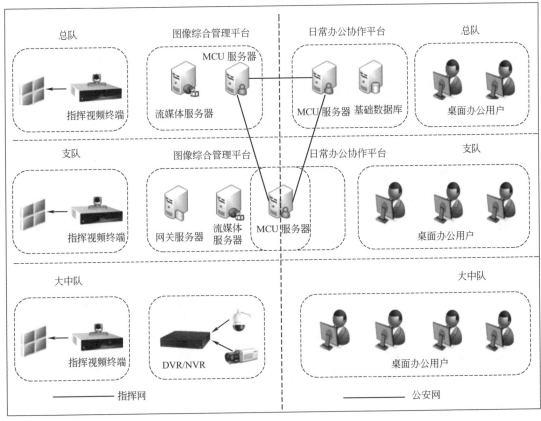

图 4-20 日常办公协作平台系统拓扑图

过语音视频、文档数据共享、多媒体共享、电子白板、文字讨论等方式进行，保证了培训效果。

另可对会议和培训内容进行本地录像和远程录像，可以对整个内容进行录像，也可以选择对某路图像和数据内容进行单独录像，方便了会议过程的存储，录制内容通过系统提供的专业播放器可以将会议场景真实模拟还原，可以在视频中随意调整画面的显示方式。也保证了会议内容的无损真实还原。

### （三）可视化部队管理

获得监控授权的领导可以在公安网办公桌面电脑上，调看营区、考场、指挥中心、值班室的监控图像，实现对战备值班、在岗在位、日常训练、考试现场的实时监督和检查。

### （四）可视化指挥调度

由于指挥调度网的局限性，指挥网只部署到消防指挥中心和值班室，日常办公的公安网无法访问到指挥网。如出现紧急情况需要指挥调度时，相关领导和专家需到指挥中心集中会商、协同指挥。

## 第五节 POC 语音通信系统

POC（Push-to-Talk Over Cellular）是将集群通信中的对讲功能引入到移动蜂窝网络

中，允许移动电话与一个或多个用户进行 PTT 通信。手机开通 PTT 以后，只要按一下手机的相应按钮，就能用自己的手机与被选择的组群实现"一对一"或"一对多"的通话。

消防 POC 语音系统以移动运营商的移动通信网为依托，利用媒体交换、群组管理、话权控制等技术手段，组成消防移动通信指挥系统，使用 POC 语音系统能快速地跨省、市区域建立通话，解决消防部队跨区域指挥调度通信困难的问题。

# 一、系统功能

POC 语音调度系统主要具有群组浏览和管理、一对一会话、临时群组会话、预设群组会话、强拆与强插、限时通话、短号呼叫、录音管理等功能。

## （一）群组浏览和管理

用户可以通过 POC 客户端浏览群组列表内的群组信息。每个群组包含：群组标识，群组名称。

## （二）一对一会话

发起方可以从联系人列表、群组成员列表中选择一个用户，然后按下 POC 功能键发起会话，被叫方显示发起方的屏显名称。

## （三）临时群组会话

通过选择指定成员发起临时呼叫，建立临时通话。

## （四）预设群组会话

发起方从群组列表选择一个预设群组，然后按下 POC 按键发起会话。被叫方显示主叫方名称以及群组名称。只要有一方加入会话，终端将提示会话建立，发起方可以说话。如果所有的被叫方都未接收呼叫，则呼叫不成功，终端将提示发起方。会话建立后，终端应显示会话内成员列表，以及成员状态。

## （五）强拆与强插

调度台话权优先级比一般的手机终端的级别高，所以群组的其他成员正在讲话时，调度员可以强行插话与拆断。

## （六）短号呼叫

在 POC 手机终端界面输入需要呼叫的手机短号，按下通话按键，直接发起呼叫。

## （七）录音管理

在调度台上选择通话时间，查询该时间段的通话录音。也可通过输入"发起人"、"参与人"、"警情名称"来查询录音。

# 二、相关技术

POC 技术实现基于 IETF（互联网工程工作小组）所定义的 SIP 协议（会话发起协议）和 RTP 协议（实时协议），群组的建立与管理基于 SIP 协议，而语音通话则是通过 RTP 流载体实现。

## （一）SIP 协议

SIP 协议被用来作为"一键通"协议的控制层面，提供用户在网络中的注册和认证；定义、建立和管理谈话进程；对其他用户在线状态显示的支持；在用户之间发送警报（消息）。

## （二）RTP 协议

语音包的传输是通过 RTP 协议实现的。在话单传送上，POC 系统采用了 RTP（Real-Time Protocol）协议。RTP 建立在 UDP 上，在 RTP 的头部定义了一个时间戳 Time stamp，使得音视频流的实时传送及同步得到保证。该协议可传送分组的时间戳 Time stamp、分组序号等信息，支持 QOS 监视和多数据流合并。RTCP 则是控制和监视 RTP 及其 QOS 的协议，提供了会话中谈话者的仲裁器，并且对 RTP 会话质量进行判决。

## （三）AMR 编码

为了在有限的网络带宽下传送，必须有好的编码算法提供高效的压缩，POC 采用自适应语音编码（AMR Adaptive Multi-rate）的 IP 语音，它对比特和帧误差有较高的容错。为使业务能与空中接口的一个时隙匹配，一个 IP 分组中有若干压缩的语音分组。语音分组的具体数目取决于所用的 IP 版本和数据包头压缩。

# 三、系统组成

消防 POC 语音通信系统由语音调度台、POC 手机终端、网络资源管理平台、POC 接入网关等部分组成。系统拓扑如图 4-21 所示。

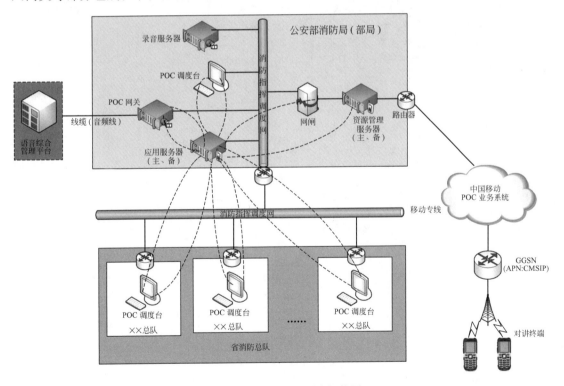

图 4-21　POC 手机系统拓扑图

POC 语音调度台部署于公安部消防局及总队，实现对 POC 手机终端的管理和通话。

POC 手机终端是安装 POC 终端系统的移动电话，依托于移动运营商网络，用户可与其他人员快速建立 PTT 通话。

　　网络资源管理平台是供管理员远程维护管理本系统的平台，它基于浏览器的呈现方式，以供管理员便捷维护本系统。

　　POC 接入网关实现消防语音综合管理平台与 POC 语音系统的互通。

　　POC 应用平台是对语音调度系统的业务支撑平台，主要实现对 POC 终端的业务应用，如：强拆、强插等。

　　前置服务器类似 Internet 网关，承担 POC 应用平台、语音调度台与 POC 服务器之间沟通的桥梁。

# 参 考 文 献

［1］ 高远，杨德国，黄宇刚．视频会议应用方案的比较．2004（6）．

［2］ 张江山，鲁平．视频会议系统及其应用．北京：北京邮电大学出版社，2002．

［3］ 沈刘平，于江，秦爱祥．视频会议系统，四川兵工学报，2011（32）．

［4］ 路林吉，吕新荣．数字图像监控技术讲座（第 1 讲概述）．电子技术，2001（7）：45-48．

［5］ 卢强，陈泉林，奉玲，林康红．视频交通监控系统的开发．计算机应用，2001（12）：69-70．

［6］ 王娜．智能建筑概论．北京：人民交通出版社，2002．

［7］ 赵乱成．智能建筑设备自动化技术．西安：西安电子科技大学出版社，2002．

［8］ 王可崇．建筑设备自动化系统．北京：人民交通出版社，2003．

［9］ 章云，徐锦标．建筑智能化系统．北京：清华大学出版社，2004．

［10］ 杨磊．电视监控实用技术．北京：机械工业出版社，2001．

［11］ 季亚屏．公安应急移动图像传输技术，警察技术，2009．（1）：4-8．

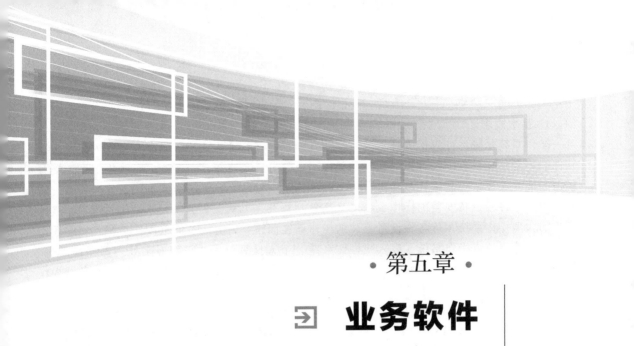

## 第五章

### ▷ 业务软件

本章从软件基础知识、技术机制及特点和一体化消防业务信息系统三个方面展开阐述。第一节软件基础知识，对软件进行简述并从行业公认分类的角度，以基础软件、中间件和应用软件为分类，介绍其基本概念、主流软件及特点及其在消防行业中的典型应用；从软件开发方法、开发过程和开发模型的角度，介绍软件工程基础知识。第二节从总体设计的角度，介绍基于 SOA 的一体化架构设计、一体化数据组织及一体化消防业务信息系统的部署策略。第三节对一体化消防业务信息系统进行介绍，首先介绍系统架构及组成，之后对基础数据及公共服务平台、消防监督管理系统、灭火救援指挥系统、部队管理系统、社会公众服务平台和综合统计分析信息系统分别进行介绍。

### 第一节　软件基础知识

软件是计算机系统中与硬件相互依存的一部分，包括与计算机系统操作相关的计算机程序、规程、规则以及可能有的文件、文档及数据。程序是软件开发人员根据用户需求开发的、用程序设计语言描述的、适合计算机执行的指令（语句）序列。数据是使程序能够正常操作信息的数据结构。文档是与程序开发、维护和使用有关的图文资料。一般来讲，软件分为基础软件、中间件和应用软件，下面分别介绍。

### 一、基础软件

基础软件为计算机使用提供最基本的功能，负责管理计算机系统中各种独立的硬件，使得计算机使用者和其他软件将计算机当作一个整体而不需要顾及到底层每个硬件是如何工作的。可分为操作系统、数据库系统和支撑软件等，其中操作系统是最基本的软件。

### （一）操作系统

#### 1. 基本概念

操作系统是管理计算机硬件资源，控制其他程序运行并为用户提供交互操作界面的系统软件的集合。操作系统是计算机系统的关键组成部分，负责管理与配置内存、决定系统资源供需的优先次序、控制输入与输出设备、操作网络与管理文件系统等基本任务。操作系统的种类很多，各种设备安装的操作系统可从简单到复杂，可从手机的嵌入式操作系统到超级计算机的大型操作系统。从各种设备安装的操作系统而言，可分为智能卡操作系统、实时操作系统、传感器节点操作系统、嵌入式操作系统、个人计算机操作系统、多处理器操作系统、网络操作系统和大型机操作系统。按应用领域划分主要有三种：桌面操作系统、服务器操作系统和嵌入式操作系统。

目前流行的操作系统主要有 Android、BSD、iOS、Linux、Mac OS X、Windows、Windows Phone 和 z/OS 等，除了 Windows 和 z/OS 等少数操作系统，大部分操作系统都是类 Unix 操作系统。

#### 2. 主流系统及其特点

（1）Windows。Windows 是由微软公司开发的一个多任务的操作系统，它采用图形窗口界面，用户对计算机的各种复杂操作只需通过点击鼠标就可以实现。

Microsoft Windows 系列操作系统是在微软为 IBM 机器设计的 MS-DOS 的基础上设计的图形操作系统，都是创建于现代的 Windows NT 内核。Windows Server 是 Microsoft Windows Server System（WSS）的核心，是服务器端操作系统。从 2003 年 4 月起，陆续发布了 Windows Server 2003、2008、2008 R2 和 2012 版本。

Windows Server 2008 是专为强化下一代网络、应用程序和 Web 服务的功能而设计，是有史以来最先进的 Windows Server 操作系统。Windows Server 2008 建立在网络和虚拟化技术之上，可以提高基础服务器设备的可靠性和灵活性。新的虚拟化工具，网络资源和增强的安全性，可降低成本，并为一个动态和优化的数据中心提供一个平台。故障转移集群的改进旨在简化集群，提高集群稳定并使它们更安全，新的故障转移集群验证向导可用于帮助测试存储。Windows Server 2008 中被完全重新设计的网络协议包括一项新技术，目的是用于增强在高带宽情况下的 TCP 性能。

同 Windows Server 2008 相比，Windows Server 2008 R2 继续提升了虚拟化、系统管理弹性、网络存取方式以及信息安全等领域的应用，其中有不少功能需搭配 Windows 7。Windows Server 2008 R2 重要新功能包含：Hyper-V 加入动态迁移功能，作为最初发布版中快速迁移功能的一个改进，Hyper-V 以毫秒计算迁移时间，并强化了 PowerShell 对各个服务器角色的管理指令。

（2）Unix。Unix 是一个强大的多用户、多任务操作系统，支持多种处理器架构，按照操作系统的分类，属于分时操作系统。Unix 最早由 Ken Thompson 和 Dennis Ritchie 于 1969 年在美国 AT＆T 的贝尔实验室开发。类 Unix（Unix-like）操作系统指各种传统的 Unix（比如 System V、BSD、FreeBSD、OpenBSD、SUN 公司的 Solaris）以及各种与传统 Unix 类似的系统（例如 Minix、Linux、QNX 等）。它们虽然有的是自由软件，有的是商业软件，但都相当程度地继承了原始 Unix 的特性，有许多相似之处，并且都在一定程度上遵守 POSIX 规范。Unix 是 The Open Group 的注册商标，特指遵守此公司定义的行为的操作系统。而类 Unix 通常指的是比原先的 Unix 包含更多特征的操作系统。

（3）Linux。Linux 最初是由芬兰赫尔辛基大学计算机系学生 Linux Torvalds 在基于 Unix 的基础上开发的一个操作系统的内核程序，Linux 的设计是为了在 Intel 微处理器上更有效的运用。其后在理查德·斯托曼的建议下以 GNU 通用公共许可证发布，成为自由软件 Unix 变种。其最大的特点在于它是一个源代码公开的自由及开放源码的操作系统，其内核源代码可以自由传播。

Linux 有各类发行版，通常为 GNU/Linux，如 Debian（及其衍生系统 Ubuntu、Linux Mint）、Fedora、openSUSE 等。Linux 发行版作为个人计算机操作系统或服务器操作系统，在服务器上已成为主流的操作系统。Linux 在嵌入式方面也得到广泛应用，基于 Linux 内核的 Android 操作系统已经成为当今全球最流行的智能手机操作系统。

（4）Mac OS X。Mac OS X 是苹果麦金塔电脑之操作系统软件的 Mac OS 最新版本。Mac OS 是一套运行于苹果 Macintosh 系列电脑上的操作系统。Mac OS 是首个在商用领域成功的图形用户界面。Mac OS X 于 2001 年首次在市场上推出。它包含两个主要的部分：核心名为 Darwin，是以 Free BSD 原始代码和 Mach 微核心为基础，由苹果电脑和独立开发者社区协力开发；另外还包括一个由苹果电脑开发，名为 Aqua 自有版权的图形用户界面。

（5）iOS。iOS 操作系统是由苹果公司开发的手持设备操作系统。苹果公司最早于 2007 年 1 月 9 日的 Macworld 大会上公布这个系统。iOS 操作系统最初是设计给 iPhone 使用的，后来陆续套用到 iPod touch、iPad 以及 Apple TV 等苹果产品上。iOS 与苹果的 Mac OS X 操作系统一样，以 Darwin 为基础，因此同样属于类 Unix 的商业操作系统。原本这个系统名为 iPhone OS，直到 2010 年 6 月 7 日 WWDC 大会上宣布改名为 iOS。截至 2011 年 11 月，根据 Canalys 的数据显示，iOS 已经占据了全球智能手机系统市场份额的 30%，在美国的市场占有率为 43%。

（6）Android。Android 是一种以 Linux 为基础的开放源代码操作系统，主要使用于便携设备。Android 操作系统由 Andy Rubin 开发，最初主要支持手机。2005 年由 Google 收购注资，并组建开放手机联盟开发改良，逐渐扩展到平板电脑及其他领域上。2011 年第一季度，Android 在全球的市场份额首次超过 Symbian 系统，跃居全球第一。2012 年 11 月数据显示，Android 占据全球智能手机操作系统市场 76% 的份额，中国市场占有率为 90%。

**3. 在消防中的典型应用**

根据一体化设计要求和软件设计需求，应用服务器和 Web 服务器的操作系统应能支持 .NET 3.5框架（IIS6.0）和 J2EE 1.4（于 2003 年 11 月份发布，现在常用是 5.0 以上版本）以上版本应用，并支持集群部署；数据库服务器的操作系统应能支持 Oracle 和 SQL Server 数据库管理系统；服务端操作系统应能支持集群部署；客户端操作系统应方便消防部队官兵操作使用；操作系统应有大量的第三方软件（特别是防病毒软件）支持；操作系统的提供商应能及时更新漏洞安全补丁。鉴于以上考虑和消防部队的实际情况，操作系统的典型应用为：

（1）应用服务器和 Web 服务器操作系统采用 Windows Server（支持集群），在公安部消防局、总队、支队各级服务器端部署。

（2）数据库服务器操作系统主要采用 Windows Server（支持集群），在公安部消防局、总队、支队各级数据库服务器部署。

（3）客户端操作系统采用 Windows XP（包含 IE 6.0 以上版本浏览器）；在公安部消防局、总队、支队、大队、中队各级客户端部署。

### （二）数据库系统

#### 1. 基本概念

数据库系统 DBS（Data Base System，简称 DBS）是基于数据库的计算机应用系统，通常由软件、数据库和数据管理员组成。其软件主要包括操作系统、各种宿主语言、实用程序以及数据库管理系统。数据库由数据库管理系统统一管理，数据的插入、修改和检索均要通过数据库管理系统进行。数据管理员负责创建、监控和维护整个数据库，使数据能被任何有权使用的人有效使用。数据库管理员一般是由业务水平较高、资历较深的人员担任。

（1）数据库。目前对于什么是数据库还没有一个统一的、公认的定义，比较流行的有关数据库的定义是：数据库是存储在计算机内的一个结构化的相关数据的集合。在这个数据集合中没有有害的或不必要的冗余，这些数据能够供各种用户共享，为多个应用服务，并独立于具体的应用程序而存在。数据库是数据库系统的核心和管理对象。

（2）数据库管理系统（Data Base Management System，DBMS）。数据管理技术具体就是指人们对各种数据进行收集、组织、存储、加工、管理、传播和利用的一系列活动的总和。其中对数据的分类、组织、编码、储存、检索、维护等工作称之为数据管理。数据管理是数据处理的中心问题。随着计算机硬件和软件的发展，数据管理技术经历了人工管理、文件管理、数据库管理三个阶段。每一阶段的发展以数据存储冗余不断减小、数据独立性不断增强、数据操作更加方便和简单为标志。

数据库管理系统是为数据库访问提供服务的软件，主要功能是维护数据库并有效地访问数据中任意部分数据，主要表现在：数据库定义、数据存取、数据库运行管理、数据组织、存储和管理、数据库的建立和维护及其他功能。数据库管理系统为支持应用程序访问和操作数据库数据提供下列服务。

① 事务处理。事务处理将使数据库从一个一致状态转移到另一个一致状态。数据库操作被分成两大类：数据访问操作和事务操作。有三种特定的事务操作：启动（Start）指示将开始一个新事务，提交（Commit）指示事务已正常终止且其作用结果将持久存在，放弃（Abort）指示事务被异常终止，其所有结果将被放弃。

② 并发控制。并发控制是一种数据库管理活动，它协调数据库操作进程的并发操作和对共享数据的访问，并且解决它们之间可能发生的潜在冲突。并发控制机制的目标是允许并发维护共享数据的一致性，数据库系统中的并发单元是事务。

③ 恢复。数据库恢复的目标是确保异常终止或出错的事务不会对数据库或其他事务产生不利影响。异常终止的事务有两种影响：对数据的影响和对其他事务的影响。恢复可使数据库在事务异常终止后返回某个一致状态。

④ 安全。安全是保护数据免受非授权的泄露、更改或破坏。每个用户和应用程序都有特定的数据访问特权。这些特权可以由外部模式定义，即根据各个用户被允许访问和/或修改的数据，给予它们不同的数据视图。安全系统提供一些方法，来决定每个用户或应用程序可访问什么视图。通过授权和身份鉴别过程，安全还具有限制初始访问数据库的功能。这些过程中最常用的是注册名和口令保护服务。

⑤ 语言接口。DBMS 提供对用于定义和操作数据的语言的支持。概念模式是用数据定义语言（Data Definition Language，DDL）说明的，这种数据库语言部件是用来描述数据、

数据间联系和对数据和联系的约束表示法。

数据操纵语言（Data Manipulation Language，DML）用于表达数据库上的操作。DML有时也称为查询语言。DBMS 提供 DML，以便用户和应用程序编写者访问数据库中数据，而不必知道数据库如何存储数据或把数据存在何处。

⑥ 容错性。不管发生什么故障仍能继续提供可靠 DBMS 服务的能力称为容错性。一个出错的数据库部件将使与其交互的其他部件产生故障。典型的数据库故障包括违反约束和事务超时错误。如上所述，恢复与容错性密切相关，因为恢复是一种机制，它能容许发生使事务异常终止的差错。

⑦ 数据目录。数据目录（有时称为数据字典）是一个系统数据库，它含有主数据库中数据的描述（有时被称为元数据，Metadata），包含有关数据、联系、约束的信息，以及将这些特征组织到一个统一数据库中的所有模式的信息。

⑧ 存储管理。DBMS 提供数据持久存储的管理机制。内部模式定义数据应该如何用存储管理机制存储。为了访问物理存储，存储管理系统与操作系统间有接口。

### 2. 主流系统及其特点

（1）Oracle。Oracle 是一个最早商品化的关系型数据库管理系统，也是应用广泛、功能强大的数据库管理系统。Oracle 作为一个通用的数据库管理系统，不仅具有完整的数据管理功能，还是一个分布式数据库系统，支持各种分布式功能，特别是支持 Internet 应用。作为一个应用开发环境，Oracle 提供了一套界面友好、功能齐全的数据库开发工具。Oracle 使用 PL/SQL 语言执行各种操作，具有开放性、可移植性、可伸缩性等功能。Oracle 支持面向对象的功能，如支持类、方法、属性等，使得 Oracle 产品成为一种对象/关系型数据库管理系统。具有如下特点。

① 开放性：Oracle 能在所有主流平台上运行，完全支持所有的工业标准。采用完全开放策略，可以使客户选择最适合的解决方案，对开发商全力支持。

② 可伸缩性、并行性：Oracle 平行服务器通过使一组结点共享同一簇中的工作来扩展 Windows NT 的能力，提供高可用性和高伸缩性的簇解决方案。

③ 安全性：Oracle 获得最高认证级别的 ISO 标准认证。

④ 性能：Oracle 性能最高，保持 Windows NT 下的 TPC-D 和 TPC-C 的世界纪录。

⑤ 客户端支持及应用模式：Oracle 多层次网络计算，支持多种工业标准，可以用 ODBC、JDBC、OCI 等网络客户连接。

⑥ 操作简便：Oracle 提供 GUI 和命令行，与在 Windows NT 和 Unix 下操作相同。

（2）Microsoft SQL Server。Microsoft SQL Server 是一种典型的关系型数据库管理系统，可以在许多操作系统上运行，目前最新版本的产品为 Microsoft SQL Server 2008，它使用 Transact-SQL 语言完成数据操作。由于 Microsoft SQL Server 是开放式的系统，其他系统可以与它进行完好的交互操作，为用户提供完整的数据库解决方案，除了有可靠性、可伸缩性、可用性、可管理性等特点，还有以下特点。

① 可信任性：使得公司可以以很高的安全性、可靠性和可扩展性来运行他们最关键任务的应用程序。

② 高效性：使得公司可以降低开发和管理他们的数据基础设施的时间和成本。

③ 智能性：提供了一个全面的平台，可以在你的用户需要的时候给他发送信息。

（3）DB2。DB2 数据库是 IBM 公司的产品，DB2 数据库采用多进程多线索体系结构，可以运行于多种操作系统之上，并分别根据相应平台环境作了调整和优化，以能够达到较好的性能。它支持从个人计算机到 UNIX 服务器、从中小型机到大型机、从 IBM 到非 IBM（HP 及 SUN UNIX 系统等）各种操作平台。DB2 数据库既可以在主机上以主/从方式独立运行，也可以在客户/服务器环境中运行，其中服务器平台可以是 OS/400、AIX、OS/2、HP UNIX、SUN Solaris 等操作系统，客户机平台可以是 OS/2 或 Windows、DOS、AIX、HP UX、SUN Solaris 等操作系统。具有如下特点。

① 开放性：DB2 能在所有主流平台上运行（包括 Windows），最适于海量数据。

② 可伸缩性、并行性：DB2 具有很好的并行性。DB2 把数据库管理扩充到了并行的、多节点的环境。

③ 安全性：DB2 获得最高认证级别的 ISO 标准认证。

④ 性能：DB2 适用于数据仓库和在线事物处理，性能较高。

⑤ 客户端支持及应用模式：DB2 跨平台，多层结构，支持 ODBC、JDBC 等客户。

⑥ 操作简便程度：DB2 操作简单，同时提供 GUI 和命令行，在 Windows NT 和 Unix 下操作相同。

**3. 在消防中的典型应用**

数据库管理系统是消防信息化建设项目中涉及的所有业务系统必备的支撑软件，根据消防信息化建设需要，对数据库管理系统的选型着重考虑稳定可靠、可扩展性、安全性、方便开发和服务质量。考虑消防部队系统维护人员对数据库管理维护工作的熟悉程度，数据库管理系统在消防部队的典型应用为：

（1）日常业务管理及指挥调度类系统采用 SQL Server 数据库。

（2）数据统计及分析类系统采用 Oracle 数据库。

## （三）支撑软件

**1. 基本概念**

支撑软件是支撑各种应用软件的开发与维护的软件，又称为软件开发环境。主要包括环境数据库、各种接口软件和工具组。著名的软件开发环境有 IBM 公司的 WebSphere，微软公司的 Studio. NET 等。

**2. 主流软件及其特点**

（1）J2EE 框架。J2EE 是一组技术规范与指南，其中所包含的各类组件、服务架构及技术层次，均有共通的标准及规格，让各种依循 J2EE 架构的不同平台之间，存在良好的兼容性，解决过去企业后端使用的信息产品彼此之间无法兼容，企业内部或外部难以互通的窘境。它是一种利用 Java 2 平台来简化企业解决方案的开发、部署和管理相关的复杂问题的体系结构。

目前，Java 2 平台有 3 个版本，它们是适用于小型设备和智能卡的 Java 2 平台 Micro 版（Java 2 Platform Micro Edition，J2ME）、适用于桌面系统的 Java 2 平台标准版（Java 2 Platform Standard Edition，J2SE）、适用于创建服务器应用程序和服务的 Java 2 平台企业版（Java 2 Platform Enterprise Edition，J2EE）。J2EE 技术的基础就是核心 Java 平台或 Java 2 平台的标准版，J2EE 不仅巩固了标准版中的许多优点，例如"编写一次、随处运行"的特性，方便存取数据库的 JDBC API、CORBA 技术以及能够在 Internet 应用中保护数据的安全模式等等，同时还提供了对 EJB（Enterprise Java Beans）、Java Servlets API、JSP（Java Server Pages）以及 XML 技术的全面支持。其最终目的就是成为一个能够使企业开发者大幅缩短投放市场时间的体系结构。

J2EE 体系结构提供中间层集成框架用来满足无需太多费用而又需要高可用性、高可靠性以及可扩展性的应用需求。通过提供统一的开发平台，J2EE 降低了开发多层应用的费用和复杂性，同时提供对现有应用程序集成强有力支持，完全支持 Enterprise Java Beans，有良好的向导支持打包和部署应用，添加目录支持，增强了安全机制，提高了性能。

J2EE 使用多层的分布式应用模型，应用逻辑按功能划分为组件，各个应用组件根据他们所在的层分布在不同的机器上。事实上，sun 设计 J2EE 的初衷正是为了解决两层模式（client/server）的弊端，在传统模式中，客户端担当了过多的角色而显得臃肿，在这种模式中，第一次部署的时候比较容易，但难于升级或改进，可伸展性也不理想，而且经常基于某种专有的协议通常是某种数据库协议。它使得重用业务逻辑和界面逻辑非常困难。现在 J2EE 的多层企业级应用模型将两层化模型中的不同层面切分成许多层。一个多层化应用能够为不同的服务提供一个独立的层，J2EE 典型的四层结构有运行在客户端机器上的客户层组件、运行在 J2EE 服务器上的 Web 层组件、运行在 J2EE 服务器上的业务逻辑层组件 、运行在 EIS 服务器上的企业信息系统（Enterprise information system）层软件。

（2）.NET 框架。.NET 框架是一个多语言组件开发和执行环境，无论开发人员使用的是 C♯还是 VB. NET 都能够基于 .NET 应用程序框架运行。.NET 应用程序框架主要包括三个部分，分别为公共语言运行时、统一的编程类和活动服务器页面。

公共语言运行时在组件的开发及运行过程中扮演着非常重要的角色。在经历了传统的面向过程开发，开发人员寻找更多的高效的方法进行应用程序开发，这其中的发展成为了面向对象的应用程序开发，在面向对象程序开发的过程中，衍生了组件开发。

在组件运行过程中，运行时负责管理内存分配、启动或删除线程和进程、实施安全性策略、同时满足当前组件对其他组件的需求。在多层开发和组件开发应用中，运行时负责管理组件与组件之间的功能需求。

.NET 框架为开发人员提供了一个统一、面向对象、层次化、可扩展的类库集（API）。它是一个系统级的框架，统一了微软当前各种不同类型的框架，对现有框架进行了封装，开发人员无需进行复杂的框架学习就能够轻松使用 .NET 应用程序框架进行应用程序开发。

.NET 框架还为 Web 开发人员提供了基础保障，ASP. NET 是使用 .NET 应用程序框架提供的编程类库构建而成的，它提供了 Web 应用程序模型，该模型由一组控件和一个基本结构组成，使用该模型让 ASP. NET Web 开发变得非常的容易。开发人员可以将特定的功能封装到控件中，然后通过控件的拖动进行应用程序的开发，这样不仅提高了应用程序开发的简便性，还极大地精简了应用程序代码，让代码具有复用性。

.NET 应用程序框架不仅能够安装到多个版本的 Windows 中，还能够安装到其他智能设备中，这些设备包括智能手机、GPS 导航以及其他家用电器中。.NET 框架提供了精简版的应用程序框架，使用 .NET 应用程序框架能够开发容易移植到手机、导航器以及家用电器中的应用程序。Visual Studio 2008 还提供了智能电话应用程序开发的控件，实现了多应用、单平台的特点。

**3. 在消防中的典型应用**

根据一体化软件的设计要求和软件设计需求，应用服务器和 Web 服务器应能支持 .NET 3.5 框架（IIS6.0）和 J2EE 1.4 以上版本应用。

基础数据及公共服务平台（除消防综合业务平台）、部队管理各系统、社会公众服务平台及综合统计分析信息系统主要采用 J2EE 框架，具体应用了开源的 Spring、Struts、Hibernate 框架，并结合 Web2.0 的 Ajax 技术。

消防综合业务平台、消防监督管理系统、灭火救援指挥系统主要采用 .NET 3.5 框架，采用 WPF，WCF 技术框架，并应用了开源的 castle 项目。

### （四）地理信息软件

**1. 基本概念**

地理信息系统（Geographical Information System，GIS）是一种决策支持系统，它具有信息系统的各种特点。地理信息系统与其他信息系统的主要区别在于其存储和处理的信息是经过地理编码的，地理位置及与该位置有关的地物属性信息成为信息检索的重要部分。在地理信息系统中，现实世界被表达成一系列的地理要素和地理现象，这些地理特征至少由空间位置参考信息和非位置信息两个组成部分。

地理信息系统的定义是由两个部分组成的。一方面，地理信息系统是一门学科，是描述、存储、分析和输出空间信息的理论和方法的一门新兴的交叉学科；另一方面，地理信息系统是一个技术系统，是以地理空间数据库（Geospatial Database）为基础，采用地理模型分析方法，适时提供多种空间的和动态的地理信息，为地理研究和地理决策服务的计算机技术系统。地理信息系统具有以下三个方面的特征：

（1）具有采集、管理、分析和输出多种地理信息的能力，具有空间性和动态性；

（2）由计算机系统支持进行空间地理数据管理，并由计算机程序模拟常规的或专门的地理分析方法，作用于空间数据，产生有用信息，完成人类难以完成的任务；

（3）计算机系统的支持是地理信息系统的重要特征，因而使得地理信息系统能以快速、精确、综合地对复杂的地理系统进行空间定位和过程动态分析。

地理信息系统的外观，表现为计算机软硬件系统；其内涵却是由计算机程序和地理数据组织而成的地理空间信息模型。当具有一定地学知识的用户使用地理信息系统时，他所面对的数据不再是毫无意义的，而是把客观世界抽象为模型化的空间数据，用户可以按应用目的观测现实世界模型的各方面内容，取得自然过程的分析和预测的信息，用于管理和决策，这就是地理信息系统的意义。一个逻辑缩小的、高度信息化的地理系统，从视觉、计量和逻辑上对地理系统在功能方面进行模拟，信息的流动以及信息流动的结果，完全由计算机程序的运行和数据的变换来仿真。

地理信息系统按其内容可以分为以下三大类：

（1）专题地理信息系统（Thematic GIS），是具有有限目标和专业特点的地理信息系统，为特定的专门目的服务。例如，公安警用地理信息系统、森林动态监测信息系统、水资源管理信息系统、矿业资源信息系统、农作物估产信息系统、草场资源管理信息系统、水土流失信息系统等。

（2）区域信息系统（Regional GIS），主要以区域综合研究和全面的信息服务为目标，可以有不同的规模，如国家级的、地区或省级的、市级和县级等为各不同级别行政区服务的区域信息系统；也可以按自然分区或流域为单位的区域信息系统。区域信息系统如加拿大国家信息系统、中国黄河流域信息系统等。许多实际的地理信息系统是介于上述二者之间的区域性专题信息系统，如北京市水土流失信息系统、海南岛土地评价信息系统、河南省冬小麦估产信息系统等。

（3）地理信息系统工具或地理信息系统外壳（GIS Tools），是一组具有图形图像数字化、存储管理、查询检索、分析运算和多种输出等地理信息系统基本功能的软件包。它们或者是专门设计研制的，或者在完成了实用地理信息系统后抽取掉具体区域或专题的地理系空间数据后得到的，具有对计算机硬件适应性强、数据管理和操作效率高、功能强且具有普遍性的实用性信息系统，也可以用作 GIS 教学软件。

在通用的地理信息系统工具支持下建立区域或专题地理信息系统，不仅可以节省软件开发的人力、物力、财力，缩短系统建立周期，提高系统技术水平，而且使地理信息系统技术易于推广，并使广大地学工作者可以将更多的精力投入到高层次的应用模型开发上。

**2. 主流软件及其特点**

（1）ArcGIS。ArcGIS 是 Esri 公司开发的能设计、共享、管理和发布地理信息的 GIS 平台，为开发者集成了全面的 GIS 功能的一个应用开发的容器，包括桌面 GIS（ArcGIS Desktop），嵌入式 GIS（ArcGIS Engine）以及服务端 GIS（ArcGIS Server）。ArcGIS 9 包含三种服务端产品：

ArcSDE 是一个在多种关系型数据库管理系统中管理地理信息的高级空间数据服务器，是位于 ArcGIS 其他软件产品和关系型数据库之间的数据服务器，其广泛的应用使得在跨任何网络的多个用户群体中共享空间数据库以及在任意大小的数据级别中伸缩成为可能。

ArcIMS 是一个可伸缩的，通过开放的 Internet 协议进行 GIS 地图、数据和元数据发布的地图服务器。ArcIMS 已经在成千上万的应用中部署了，主要是为 Web 上的用户提供数据分发服务和地图服务。

ArcGIS Server 是一个应用服务器，包含了一套在企业和 Web 框架上建设服务端 GIS 应用的共享 GIS 软件对象库。ArcGIS Server 是一个新产品，用于构建集中式的企业 GIS 应用，基于 SOAP 的 Web services 和 Web 应用。

（2）MapInfo。MapInfo 是 MapInfo 公司具有代表性的桌面地图信息系统软件，主要提供先进的数据可视化、信息地图化技术。

MapInfo Professional 是 MapInfo 公司主要的软件产品，它支持多种本地或者远程数据库，较好地实现了数据可视化，生成各种专题地图。此外还能够进行一些空间查询和空间分析运算，如缓冲区等等，并通过动态图层支持 GPS 数据。

MapBasic 是为在 MapInfo 平台上开发用户定制程序的编程语言，它使用与 BASIC 语言一致的函数和语句，便于用户掌握。通过 MapBasic 进行二次开发，能够扩展 MapInfo 功能，并与其他应用系统集成。

MapInfo ProServer 是应用于网络环境下的地图应用服务器，它使得 MapInfo Professional 运行于服务器端，并能够响应用户的操作请求；而客户端可以使用任何标准的 Web 浏览器。由于在服务器上可以运行多个 MapInfo Professional 实例，以满足用户的服务请求，从而节省了投资。

MapInfo MapX 是 MapInfo 提供的 OCX 控件。

MapInfo MapXtrem 是基于 Internet/Extranet 的地图应用服务器，它可以用于帮助配置企业的 Internet。

SpatialWare 是在对象-关系数据库环境下基于 SQL 进行空间查询和分析的空间信息管理系统，在 SpatialWare 中，支持简单的空间对象，从而支持空间查询，并能产生新的几何对象。在实际应用中，一般使用 SpatialWare 作为数据服务器，而 MapInfo Professional 作为客户端，可以提高系统开发效率。

Vertical Mapper 提供了基于网格的数据分析工具。

**3. 在消防中的典型应用**

根据一体化软件的设计要求和软件设计需求，采用的商用地理信息平台软件不但应具有强大的功能和稳定的性能、丰富的行业解决方案背景，还要考虑与公安行业已有或在建系统的兼容性；同时不能限于实现当前软件需求的内容，还要考虑未来的扩展性和潜在需求。受项目建设周期、开发模式、项目的实际进展等影响，对商用地理信息平台的选型着重考虑地理信息平台软件本身的稳定性、兼容性、产品的一致性和多样性、支撑功能的丰富性以及未来进行二次开发的易用性。

通过对国内、外主流商用地理信息平台的考察与对比和前期的调研结果分析，ArcGIS 与 MapInfo 这两款商用 GIS 平台软件无论是从系统的先进性、稳定性、兼容性、可扩展性，还是从消防部队基层官兵对软件操作风格的习惯，以及全国开发人员对平台软件进行二次开发的熟悉程度来看，都有非常突出的优势。同时，结合公安警用地理信息平台（PGIS）的实际建设情况，消防部队在地理信息软件方面选用 ArcGIS 系列，包括服务器端 ArcGIS Server Enterprise Advanced，桌面端软件 ArcInfo（含 Data Interoperability、spatial、network、tracking 扩展），GIS 开发定制软件 ArcGIS Engine Develop Kit 和 ArcEngine runtime。

# 二、中间件

中间件（Middleware）是一种独立的软件或服务程序。在操作系统软件、网络和数据库之上，应用软件之下，总的作用是管理计算机资源和网络通信，为上层应用软件提供运行与开发的环境，帮助用户灵活、高效地开发和集成复杂的应用软件。

## （一）Web 应用中间件

### 1. 基本概念

Web 应用中间件是处于目前主流的三层或多层应用结构的中间的核心层次，直接与应用逻辑关联，对分布应用系统的建造具有举足轻重的影响。Web 应用中间件技术是为支持应用服务器的开发而发展起来的软件基础设施，它不仅支持前端客户与后端数据和应用资源的通信与连接，而且还采用面向对象、构件化等先进技术等提供了事务处理、可靠性和易剪裁性等多方面的支持，大大简化网络应用系统的部署与开发。

### 2. 主流软件及其特点

（1）WebLogic Server。WebLogic Server 10 支持 Java EE 5 和 EJB 3.0。使开发者和 IT 管理者能够加速并从根本上简化 Java 应用和服务的开发。该产品包括了重要的核心 Web 服务升级技术，在安全方面作了进一步的增强，提供了更好的领先专有平台与开源平台的互操作性。此外，WebLogic Server 10 在集群、服务迁移、正常运行时间以及性能方面都得到进一步的完善，能够帮助客户提高应用可用性，实现接近于零宕机的目标。

WebLogic Server 支持新标准和关键的开放源框架，大幅度提高开发人员的生产力，支持 Spring 框架和其他开放源项目，为开发人员提供满足他们需求的选择。

WebLogic Server 10 在关键的服务支持技术方面有了重大变化，实施了包括 Java API for XML Web Services（JAX-WS 2.0）和 Java API for XML Binding（JAXB 2.0）在内的新的核心 Web 服务技术，简化了 Web 服务的开发。

BEA WebLogic Server 10 率先提供了减少停机的技术，以及当停机发生后高效处理的方法。集群、整体服务器迁移以及城域网（MAN）和广域网的故障恢复都突显了这些性能。

WebLogic Server 10 的新特性还包括在出现意外停机后的自动功能。比如，包含自动事务恢复服务，这对于处理出现服务器故障后的未完成事务至关重要。

（2）IBM WebSphere Application Server。WebSphere Application Server 支持 JDK 6.0、EJB 3.0、增强的 Web 服务和 Web 2.0 功能包。IBM WebSphere Server 7.0 新版本增强了 Web 服务，包括支持 JAX-WS、SOAP 1.2、MTOM、WS-Reliable Messaging、WS-Policy 和 Kerberos Token Profile。

在新版本中，WebSphere 完成了 Java EE 5 认证，包括支持 EJB 3.0 和 Java 持久化 API（JPA）。Web 2.0 功能包融合了现存的 SOA 和 Java EE 应用，通过开放的 Asynchronous JavaScript and XML（AJAX）开发框架发布 Web 应用。

WebSphere 应用服务器的其他功能包括：

① 新的 Web 服务支持，包括像 WS-Business Activity、WS-Notification 和 WS-I Basic Security Profile 规范这样的 WS-*标准。

② WebSphere 应用服务器中 JPA 的支持，基于 OpenJPA 项目，该项目是来自 Apache 的 JPA 实现框架。

③ WebSphere 7.0 与其他技术的集成支持，包括 Spring 框架、Service Component Architecture（SCA）、WebSphere MQ 和 WebSphere ESB 产品。

④ Web 2.0 与 SOA 的连接：使 AJAX 客户端和 mashups 能够和外部 Web 服务、内部 SOA 服务和 Java EE 应用相连接。这种连接性也把企业数据通过 Atom Syndication Format（ATOM）和 Really Simple Syndication（RSS）Web feed 的格式传播给客户和合作伙伴。

新版本也提供了对新的编程模型的支持，例如：Session Initiation Protocol（SIP）高可用性选项，提高 SIP 实现的效率。JAX-WS 2.1 支持，有助于简化新 Web 服务的开发。JAXB 2.1 支持，有助于简化通过 Java 程序访问 XML 文档。Portlet 2.0（JSR 286）支持，Java portlets 的这个规范可以通过 servlets 和同一 Web 应用上的 JavaServer Pages（JSP）发送和接收事件以改变 portlet 的状态共享 session 属性。

新版本在其他方面也做了增强，例如安全、应用开发和系统管理。运行时供应和 OSGi 技术动态选择内存和空间所需要的功能，减少应用服务器的规模。WebSphere Business Level Applications（WBLA）有助于多组件应用的管理，简化管理性任务。IBM Rational Application Developer for WebSphere V7.5 支持新版本 WebSphere Application Server 以帮助 Java 程序员开发、整合和部署 Java/JEE Web 应用。

**3. 在消防中的典型应用**

应用服务中间件是消防信息化建设项目中大部分信息系统及平台软件的支撑软件。根据一体化软件的设计要求和软件设计需求，基于 .NET 的应用直接采用 Windows 操作系统提供的 IIS 服务，基于 J2EE 的应用所使用的应用服务中间件应具备如下能力：提供应用程序的运行环境，支持 Web 访问；具有独立的应用管理和用户管理，可以对应用程序提供支持，并可通过配置进行访问控制；提供扩展接口以及对 JDK5.0、Java EE 5、Web 2.0、Java 持久化 API（JPA）和 EJB 3.0 等规范的支持；在服务器集群、服务迁移、正常运行时间、安全性以及性能方面应能给信息系统及平台软件提供具有高可用性、高稳定性的运行环境，实现接近于零宕机的目标；支持新的标准和关键的开源框架。

通过对国内、外主流应用服务中间件的考察与对比，应用服务器中间件在消防部队的典型应用为：考虑到与数据库平台的集成性，选用 Oracle WebLogic Server 应用服务中间件，在公安部消防局、总队、支队各级应用服务器部署。

### （二）消息中间件

#### 1. 基本概念

消息中间件是指利用高效可靠的消息传递机制进行与平台无关的数据交流，并基于数据通信来进行分布式系统的集成。通过提供消息传递和消息排队模型，它可以在分布式环境下扩展进程间的通信。

消息中间件可以支持同步方式，又支持异步方式。异步中间件比同步中间件具有更强的容错性，在系统故障时可以保证消息的正常传输。异步中间件技术又分为两类：广播方式和发布/订阅方式。由于发布/订阅方式可以指定哪种类型的用户可以接受哪种类型的消息，更加有针对性，事实上已成为异步中间件的非正式标准。目前主流的消息中间件产品有 IBM 的 MQSeries，BEA 的 MessageQ 和 Sun 的 JMS 等。

#### 2. 主流软件及其特点

（1）TongLINK/Q。TongLINK/Q 是面向分布式应用的消息传送中间件，它为网络环境下客户机/服务器结构的应用系统的开发和运行，提供了灵活和易用的支撑平台。TongLINK/Q 提供两种通信方式，实时通信传输和可靠通信传输。在分布式的联机事务处理环境中，它担当通信资源管理器（Communication Resource Manager）的角色，为分布式应用提供实时的、高效的、可靠的，跨越不同操作系统、不同网络的消息传送服务；在要求可靠传输的系统中，可以利用 TongLINK/Q 作为一个通信平台，用 TongLINK/Q 提供的可靠传输功能来传递消息和文件。同时提供其他辅助功能方便系统的开发及使用。

TongLINK/Q 的主要功能如下。

① 提供端到端的实时通信服务。应用不必关心网络路由和其他的网络细节，使网络的建立与网络的物理联结无关。

② 提供端到端的可靠传输服务。适用于分布式环境下各种不同类型的应用开发，特别是对通信的可靠性要求较高的应用，提供多层次的异步通信机制。相互通信的应用具有时间上的不相关性，发送方在发送数据时收方应用可以还未启动。

③ 提供简单易用、高效可靠的分布式应用系统的开发平台，应用编程接口（APIs）简单且易学易用。网络环境和细节对用户完全透明并且支持多种网络底层环境，并提供了跨操作系统的 Java 接口；提供对多种消息传输的支持；提供快速可靠的面向事务处理的数据（块）递送功能，保证数据的完整性和可靠性；提供统一的应用集成环境。

④ 提供分布式应用的管理平台，通过名字服务和应用管理等方式，提供对分布式应用的管理和监控。应用管理提供了对服务程序的策略性调度、监控、并发（支持顺序发送）管理和异常处理等功能，为关键的应用服务提供了有效的支持。运行系统管理来维护 TongLINK/Q 逻辑通信链路，实时地检测网络状态，屏蔽通信中的瞬间网络故障。工作在可靠传输方式时，在应用、系统、网络从失效到恢复正常状态后能够接续原来的工作，保证一次传送，可靠到达。

（2）IBM MQ Series。IBM MQ 系列产品提供的服务使得应用程序可以使用消息队列进行相互交流，通过一系列基于 Java 的 API，提供了 MQ Series 在 Java 中应用开发的方法。它支持点到点和发布/订阅两种消息模式，在基本消息服务的基础上增加了结构化消息类，通过工作单元提供数据整合等内容。

（3）WebLogic。WebLogic 是 Oracle 公司实现的基于工业标准的 J2EE 应用服务器，支持大多数企业级 JavaAPI，它完全兼容 JMS 规范，支持点到点和发布/订阅消息模式，它具有通过使用管理控制台设置 JMS 配置信息、支持消息的多点广播、支持持久消息存储的文件和数据库、支持 XML 消息，动态创建持久队列和主题等特点。

（4）SonicMQ。SonicMQ 是 Progress 公司实现的 JMS 产品。除了提供基本的消息驱动服务之外，SonicMQ 也提供了很多额外的企业级应用开发工具包，它具有以下一些基本特征：

① 提供 JMS 规范的完全实现，支持点到点消息模式和发布/订阅消息模式；

② 支持层次安全管理；

③ 确保消息在 Internet 上的持久发送；

④ 动态路由构架（DRA）使企业能够通过单个消息服务器动态的交换消息；

⑤ 支持消息服务器的集群。

（5）Active MQ。Active MQ 是一个基于 Apcache 2.0 licenced 发布，开放源码的 JMS 产品。其特点为：

① 提供点到点消息模式和发布/订阅消息模式；

② 支持 JBoss、Geronimo 等开源应用服务器，支持 Spring 框架的消息驱动；

③ 新增了一个 P2P 传输层，可以用于创建可靠的 P2P JMS 网络连接；

④ 拥有消息持久化、事务、集群支持等 JMS 基础设施服务。

**3. 在消防中的典型应用**

根据一体化软件的设计要求和软件需求以及消防部队的实际需要，消息中间件主要采用 TongLINK/Q 产品，TongLINK/Q 具有独特的安全机制、简便快速的编程风格、卓越的稳定性、可扩展性和跨平台性，以及强大的事务处理能力和消息通信能力。

## （三）报表中间件

### 1. 基本概念

报表中间件是 Reporting Services 的主要组件，以 Microsoft Windows 服务和 Web 服务的形式实现，可以为处理和呈现报表提供优化的并行处理基础结构。Web 服务公开了一组客户端应用程序可用来访问报表服务器的编程接口。Windows 服务可提供初始化、计划和传递服务以及服务器维护功能。这些服务协同工作，构成单个报表服务器实例。

报表中间件通过子组件来处理报表请求，并使报表可用于按需访问或计划分发。报表中间件子组件包括处理器和扩展插件。处理器是报表服务器的核心。处理器确保报告系统的完整性，但无法修改或扩展。扩展插件也是处理器，但执行的是非常具体的功能。对于每种支持的扩展插件类型，Reporting Services 都包括一个或多个默认的扩展插件。第三方开发人员可以创建其他扩展插件，以替代或扩展报表服务器的处理能力。

### 2. 主流软件及其特点

（1）润乾报表。润乾报表是一个纯 JAVA 的企业级报表工具，支持对 J2EE 系统的嵌入式部署和无缝集成。服务器端支持各种常见的操作系统，支持各种常见的关系数据库和各类 J2EE 的应用服务器，客户端采用标准纯 html 方式展现，支持 IE 和 Netscape。润乾报表是领先的企业级报表分析软件，它提供了高效的报表设计方案、强大的报表展现能力、灵活的部署机制，支持强关联语义模型，并且具备强有力的填报功能和 olap 分析，为企业级数据分析与商业智能提供了高性能、高效率的报表系统解决方案。

（2）水晶报表。Crystal Reports（水晶报表）是一款商务智能（BI）软件，主要用于设计及产生报表，水晶报表是业内最专业、功能最强的报表系统，它除了强大的报表功能外，最大的优势是实现了与绝大多数流行开发工具的集成和接口。

**3. 在消防中的典型应用**

根据一体化软件的设计要求和软件需求以及消防部队的实际需要，从报表中间件选择交互性、易用性、可扩展性、可靠性和集成性等多个维度能满足要求的润乾报表。润乾报表是用于报表制作及数据填报的大型企业级报表软件，提供了中式报表高效的报表设计方案、强大的报表展现能力和灵活的部署机制，具备强有力的填报功能，且能以"引擎"方式嵌入到第三方应用，与硬、软件兼容性和集成性较好。

# 三、应用软件

应用软件是为某种特定用途而被开发的软件，它可以是一个特定的程序，比如一个图像浏览器、音视频编辑软件等；也可以是一组功能联系紧密，可以互相协作的程序的集合，比如微软的 Office 软件，信息安全软件、项目管理软件以及本章节重点介绍的一体化消防业务信息系统等。以下结合消防部队的实际应用，简要介绍视频编辑软件和项目管理软件。

## （一）视频编辑软件

视频编辑软件是对视频源进行非线性编辑的软件，软件通过对加入的图片、背景音乐、特效、场景等素材与视频进行重混合，对视频源进行切割、合并，通过二次编码，生成具有不同表现力的新视频。

消防部队常用的视频编辑软件有 Premiere CS4、Corel Video Studio 等，来完成视频特效设计、字幕设计制作。Corel Video Studio（会声会影）系统具有图像抓取和编修功能，可以抓取，转换 MV、DV、V8、TV 和实时记录抓取画面文件，并提供有超过 100 多种的编制功能与效果，可导出多种常见的视频格式，甚至可以直接制作成 DVD、VCD、CD 光盘。支持各类编码，包括音频和视频编码。

## （二）项目管理软件

消防部队项目管理软件主要采用 Redmine 系统进行相关的沟通协调和进度管理，Redmine 是用 Ruby 开发的基于 Web 的项目管理软件，是用 ROR 框架开发的一套跨平台项目管理系统，支持多种数据库，有不少自己独特的功能，例如提供 Wiki、新闻台等，还可以集成其他版本管理系统和 BUG 跟踪系统，例如 SVN、CVS、TD 等。这种 Web 形式的项目管理系统通过"项目（Project）"的形式把成员、任务（问题）、文档、讨论以及各种形式的资源组织在一起，大家参与更新任务、文档等内容来推动项目的进度，同时系统利用时间线索和各种动态的报表形式来自动给成员汇报项目进度。

Redmine 系统的主要功能有：多项目和子项目支持、里程碑版本跟踪、可配置的用户角色控制、可配置的问题追踪系统、自动日历和甘特图绘制、支持 Blog 形式的新闻发布、Wiki 形式的文档撰写和文件管理、每个项目可以配置独立的 Wiki 和论坛模块、任务时间跟踪机制、用户、项目、问题支持自定义属性、多数据库支持（MySQL、SQLite、Post-greSQL）、外观模版化定制（可以使用 Basecamp、Ruby 安装）。

关于一体化消防业务信息系统应用软件在本章第三节重点介绍。

## 四、软件工程基础知识

### （一）软件开发方法

在 20 世纪 60 年代中期爆发了众所周知的软件危机。为了克服这一危机，在 1968 年、1969 年连续召开的两次著名的 NATO 会议上提出了软件工程这一术语，并在以后不断发展、完善。与此同时，软件研究人员也在不断探索新的软件开发方法。在消防信息化建设中主要采用面向对象自顶向下的开发方法，以下介绍几种目前主要使用的软件开发方法。

#### 1. 面向数据结构的软件开发方法

面向数据结构的软件开发方法是在 1975 年由 M. A. Jackson 提出的。这一方法从目标系统的输入、输出数据结构入手，导出程序框架结构，再补充其他细节，就可得到完整的程序结构图。这一方法对输入、输出数据结构明确的中小型系统特别有效，如商业应用中的文件表格处理。该方法也可与其他方法结合，用于模块的详细设计。

#### 2. 面向对象的软件开发方法

面向对象技术是软件技术的一次革命，在软件开发史上具有里程碑的意义。随着 OOP（面向对象编程）向 OOD（面向对象设计）和 OOA（面向对象分析）的发展，最终形成面向对象的软件开发方法 OMT（Object Modelling Technique）。这是一种自底向上和自顶向下相结合的方法，而且它以对象建模为基础，从而不仅考虑了输入、输出数据结构，实际上也包含了所有对象的数据结构。OMT 的第一步是从问题的陈述入手，构造系统模型。从真实系统导出类的体系，即对象模型包括类的属性，与子类、父类的继承关系，以及类之间的关联。类是具有相似属性和行为的一组具体实例（客观对象）的抽象，父类是若干子类的归纳。因此这是一种自底向上的归纳过程。在自底向上的归纳过程中，为使子类能更合理地继承父类的属性和行为，可能需要自顶向下的修改，从而使整个类体系更加合理。由于这种类体系的构造是从具体到抽象，再从抽象到具体，符合人类的思维规律，因此能更快、更方便地完成任务。

#### 3. 可视化开发方法

可视化开发是 20 世纪 90 年代软件界最大的两个热点之一。随着图形用户界面的兴起，用户界面在软件系统中所占的比例也越来越大，有的甚至高达 $60\% \sim 70\%$。产生这一问题的原因是图形界面元素的生成很不方便。为此 Windows 提供了应用程序设计接口 API（Application Programming Interface），它包含了 600 多个函数，极大地方便了图形用户界面的开发。但是在这批函数中，大量的函数参数和使用数量更多的有关常量，使基于 Windows API 的开发变得相当困难。为此 Borland C++ 推出了 Object Windows 编程。它将 API 的各部分用对象类进行封装，提供了大量预定义的类，并为这些定义了许多成员函数。利用子类对父类的继承性，以及实例对类的函数的引用，应用程序的开发可以省去大量类的定义，省去大量成员函数的定义或只需作少量修改以定义子类。Object Windows 还提供了许多标准的缺省处理，大大减少了应用程序开发的工作量。但要掌握它们，对非专业人员来说仍是一个沉重的负担。为此人们利用 Windows API 或 Borland C++的 ObjectWindows 开发了一批可视开发工具。

可视化开发就是在可视开发工具提供的图形用户界面上，通过操作界面元素，诸如菜单、按钮、对话框、编辑框、单选框、复选框、列表框和滚动条等，由可视开发工具自动生成应用软件。这类应用软件的工作方式是事件驱动。对每一事件，由系统产生相应的消息，再传递给相应的消息响应函数，这些消息响应函数是由可视开发工具在生成软件时自动装入的。

### 4. 集成计算机辅助软件工程 ICASE

随着软件开发工具的积累，自动化工具的增多，软件开发环境进入了第三代 ICASE (Integrated Computer-Aided Software Engineering)。系统集成方式经历了从数据交换（早期 CASE 采用的集成方式：点到点的数据转换），到公共用户界面（第二代 CASE：在一致的界面下调用众多不同的工具），再到目前的信息中心库方式的转变。这是 ICASE 的主要集成方式。它不仅提供数据集成（1991 年 IEEE 为工具互连提出了标准 P1175）和控制集成（实现工具间的调用），还提供了一组用户界面管理设施和一大批工具，如垂直工具集（支持软件生存期各阶段，保证生成信息的完备性和一致性）、水平工具集（用于不同的软件开发方法）以及开放工具槽。

ICASE 的进一步发展则是与其他软件开发方法的结合，如与面向对象技术、软件重用技术结合，以及智能化的 I-CASE。近几年已出现了能实现全自动软件开发的 ICASE。ICASE 的最终目标是实现应用软件的全自动开发，即开发人员只要写好软件的需求规格说明书，软件开发环境就自动完成从需求分析开始的所有的软件开发工作，自动生成供用户直接使用的软件及有关文档。

### 5. 软件重用和组件连接

软件重用（Reuse）又称软件复用或软件再用。早在 1968 年的 NATO 软件工程会议上就已提出可复用库的思想。1983 年，Freeman 对软件重用给出了详细的定义："在构造新的软件系统的过程中，对已存在的软件人工制品的使用技术。"软件人工制品可以是源代码片段、子系统的设计结构、模块的详细设计、文档和某一方面的规范说明等。所以软件重用是利用已有的软件成分来构造新的软件。它可以大大减少软件开发所需的费用和时间，且有利于提高软件的可维护性和可靠性。

综上所述，今后的软件开发将是以面向对象技术为基础（指用它开发系统软件和软件开发环境），可视化开发、ICASE 和软件组件连接三种方式并驾齐驱。它们四个将一起形成软件界新一轮的热点技术。

## （二）软件开发过程

软件开发过程定义了软件生存周期可能涉及的工程活动，以便有效且高效地生产正确、一致的软件产品。软件开发过程划分为若干子过程，可根据项目特点选择不同的软件生命周期，根据生命周期的要求选择使用软件工程过程中的子过程及子过程中的活动。软件开发过程包括立项、需求分析、概要设计、详细设计、编码/单元测试、集成/集成测试、系统测试、第三方测试、试运行、验收测试和闭项。

### 1. 需求分析

需求分析过程是将软件工程组已接受并通过评审的分配需求进行分析、细化，从分配需求中提炼出软件的需求,形成"软件需求文档"。应对"软件需求文档"进行评审,"软件需求文档"通过评审后作为软件开发的依据。

需求分析分为如下几个活动:

(1) 需求分析;

(2) 需求评审;

(3) 建立分配基线;

(4) 软件需求变更。

软件工程组对《分配需求》进行识别、研究、分析、细化、求精,开发出高质量的、具体的软件需求,并将分析的结果编写成《软件需求规格说明》。

按照项目计划的安排,依据软件需求的评审原则对软件需求文档进行同行评审,相关人员评审软件需求文档,给出评审结论。

将评审通过的《软件需求规格说明》入配置管理受控库,建立分配基线。

用户方应配合研制方的工作,认为有必要时可在同行评审后进行联合评审。

**2. 概要设计**

依据通过评审的软件需求进行概要设计,并形成"软件概要设计文档"。应对"软件概要设计文档"进行评审,评审通过后作为详细设计的依据。

概要设计过程分为:

(1) 概要设计;

(2) 设计评审;

(3) 建立设计基线;

(4) 设计变更。

依据通过评审的"软件需求"进行概要设计,形成待评审的"软件概要设计文档"。

依据概要设计的评审内容对概要设计进行同行评审,识别存在的问题并提出相应的措施,给出评审结论。

将评审通过的《软件概要设计说明》入配置管理受控库,建立概要设计基线。

用户认为有必要时,可在同行评审后进行联合评审。

**3. 详细设计**

依据通过评审的概要设计定义软件模块(或构件)的结构及其内部细节,并形成"软件详细设计文档"。文档需经同行评审,评审通过后作为编码/单元测试的依据。

详细设计包括以下三个活动:

(1) 详细设计;

(2) 详细设计评审;

(3) 设计变更。

依据详细设计的评审内容对详细设计进行同行评审,识别存在的问题,并提出相应的措施,给出评审结论。

将评审通过的《软件详细设计说明》入配置管理受控库,建立详细设计基线。

概要设计和详细设计可合并为软件设计,形成《软件设计说明》,通过同行评审,入配置管理受控库,建立设计基线。

**4. 编码/单元测试**

开发人员依据通过评审的《软件详细设计说明》进行编码,实现软件的设计。

编码/单元测试包括以下三个活动：

（1）编码；

（2）代码走查；

（3）单元测试。

依据软件详细设计编码，实现软件的设计；制定《单元测试计划》、编写《单元测试用例》，通过同行评审；执行代码走查，执行单元测试，对软件单元的功能、性能进行测试，找出软件单元编写时产生的错误，以及软件单元与软件设计的偏差，编写《单元测试报告》；最后将《单元测试文档》、代码入配置管理受控库。

**5. 集成测试**

在"集成测试"过程完成前，应完成基本定稿的《软件用户手册》及其他相关用户类手册。

集成测试找出软件集成时的接口错误，以及编码与设计、编码与需求在一致性上的偏差。

制定《集成测试计划》、编写《集成测试用例》，通过同行评审。

测试人员执行集成测试、编写《集成测试报告》。

将集成测试文档、软件编入配置管理受控库。

完成基本定稿的《软件用户手册》及其他相关用户类手册（安装手册等）。

**6. 系统测试**

对软件产品进行测试，确保软件满足分配需求和软件需求。

制定《系统测试计划》，编写《系统测试用例》，通过同行评审。

测试人员根据《系统测试计划》和《系统测试说明》并参照《用户手册》，执行系统测试，编写《软件系统测试报告》，通过同行评审。

对用户类手册定稿，通过同行评审。

将系统测试文档、软件产品、用户类手册编入配置管理受控库，建产品基线；将产品基线放入产品库。

**7. 第三方测试**

系统测试通过后，软件研发单位应配合第三方机构进行软件测试。测试结束后，由第三方机构出具《第三方软件测试报告》。

**8. 试运行**

软件系统测试完成后，需在现场或试点安装试运行。根据用户要求，可试运行 3 个月或成功执行一次实际任务后，试运行结束。试运行过程中出现的问题，软件研发单位需及时保障解决。

试运行结束后，用户出具《试运行报告》。

**9. 验收测试**

验收测试活动应由软件建设单位发起并组织，软件研发单位协助。

软件建设单位、软件研发单位和最终用户组成联合验收测试组，依据分配需求对产品进行审查和测试，以向顾客和最终用户证实软件满足分配需求。

验收测试组依据《分配需求》编写《验收测试计划》，软件建设单位、软件研发单位双方讨论、签字认可，配置管理控制。

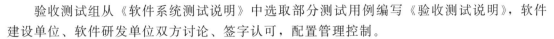

验收测试组从《软件系统测试说明》中选取部分测试用例编写《验收测试说明》，软件建设单位、软件研发单位双方讨论、签字认可，配置管理控制。

验收测试组执行验收测试，汇总产生《验收测试报告》，软件建设单位、软件研发单位双方签字通过，配置管理控制。

编写《软件验收测试结论报告》，签字通过，配置管理控制。

**10. 闭项**

闭项子过程是在项目生命期结束前，对整个项目的实施情况进行总结，并整理汇总项目的数据、过程资产，将结果保存。

闭项包括三个活动：

（1）闭项申请；

（2）闭项分析；

（3）闭项评审。

闭项入口准则：非正常结束的项目，经高层管理者批准进入；产品通过了用户验收，正常结束的项目按计划执行。

编写《闭项申请》，领导批准。

闭项分析，编写《闭项报告》，通过同行评审，生成《闭项评审报告》。

## （三）软件开发模型

软件开发模型（Software Development Model）是指软件开发全部过程、活动和任务的结构框架。软件开发包括需求、设计、编码和测试等阶段，有时也包括维护阶段。软件开发模型能清晰、直观地表达软件开发全过程，明确规定了要完成的主要活动和任务，用来作为软件项目工作的基础。对于不同的软件系统，可以采用不同的开发方法、使用不同的程序设计语言以及各种不同技能的人员参与工作、运用不同的管理方法和手段等，以及允许采用不同的软件工具和不同的软件工程环境。

### 1. 瀑布模型

1970 年 Winston Royce 提出了著名的"瀑布模型"，直到 20 世纪 80 年代早期，它一直是唯一被广泛采用的软件开发模型。瀑布模型将软件生命周期划分为制定计划、需求分析、软件设计、程序编写、软件测试和运行维护等六个基本活动，并且规定了它们自上而下、相互衔接的固定次序，如同瀑布流水，逐级下落。

在瀑布模型中，软件开发的各项活动严格按照线性方式进行，当前活动接受上一项活动的工作结果，实施完成所需的工作内容。当前活动的工作结果需要进行验证，如果验证通过，则该结果作为下一项活动的输入，继续进行下一项活动，否则返回修改。

瀑布模型强调文档的作用，并要求每个阶段都要仔细验证。但是，这种模型的线性过程太理想化，已不再适合现代的软件开发模式，几乎被业界抛弃，其主要问题在于：

（1）各个阶段的划分完全固定，阶段之间产生大量的文档，极大地增加了工作量；

（2）由于开发模型是线性的，用户只有等到整个过程的末期才能见到开发成果，从而增加了开发的风险；

（3）早期的错误可能要等到开发后期的测试阶段才能发现，进而带来严重的后果。

### 2. 快速原型模型（Rapid Prototype Model）

快速原型模型的第一步是建造一个快速原型，实现客户或未来的用户与系统的交互，用户或客户对原型进行评价，进一步细化待开发软件的需求。

通过逐步调整原型使其满足客户的要求，开发人员可以确定客户的真正需求是什么；第二步则在第一步的基础上开发客户满意的软件产品。

显然，快速原型方法可以克服瀑布模型的缺点，减少由于软件需求不明确带来的开发风险，具有显著的效果。

快速原型的关键在于尽可能快速地建造出软件原型，一旦确定了客户的真正需求，所建造的原型将被丢弃。因此，原型系统的内部结构并不重要，重要的是必须迅速建立原型，随之迅速修改原型，以反映客户的需求。

**3. 增量模型**（Incremental Model）

又称演化模型。与建造大厦相同，软件也是一步一步建造起来的。在增量模型中，软件被作为一系列的增量构件来设计、实现、集成和测试，每一个构件是由多种相互作用的模块所形成的提供特定功能的代码片段构成，增量模型在各个阶段并不交付一个可运行的完整产品，而是交付满足客户需求的一个子集的可运行产品。整个产品被分解成若干个构件，开发人员逐个构件地交付产品，这样做的好处是软件开发可以较好地适应变化，客户可以不断地看到所开发的软件，从而降低开发风险。但是，增量模型也存在以下缺陷。

（1）由于各个构件是逐渐并入已有的软件体系结构中的，所以加入构件必须不破坏已构造好的系统部分，这需要软件具备开放式的体系结构。

（2）在开发过程中，需求的变化是不可避免的。增量模型的灵活性可以使其适应这种变化的能力大大优于瀑布模型和快速原型模型，但也很容易退化为边做边改模型，从而使软件过程的控制失去整体性。

在使用增量模型时，第一个增量往往是实现基本需求的核心产品。核心产品交付用户使用后，经过评价形成下一个增量的开发计划，它包括对核心产品的修改和一些新功能的发布。这个过程在每个增量发布后不断重复，直到产生最终的完善产品。

**4. 螺旋模型**（Spiral Model）

1988 年，Barry Boehm 正式发表了软件系统开发的"螺旋模型"，它将瀑布模型和快速原型模型结合起来，强调了其他模型所忽视的风险分析，特别适合于大型复杂的系统。

螺旋模型有风险驱动、强调可选方案和约束条件从而支持软件的重用，有助于将软件质量作为特殊目标融入产品开发之中。但是，螺旋模型也有一定的限制条件，具体如下。

（1）螺旋模型强调风险分析，但要求许多客户接受和相信这种分析，并做出相关反应是不容易的，因此，这种模型往往适应于内部的大规模软件开发。

（2）如果执行风险分析将大大影响项目的利润，那么进行风险分析毫无意义，因此，螺旋模型只适合于大规模软件项目。

（3）软件开发人员应该擅长寻找可能的风险，准确地分析风险，否则将会带来更大的风险。

一个阶段首先是确定该阶段的目标，完成这些目标的选择方案及其约束条件，然后从风险角度分析方案的开发策略，努力排除各种潜在的风险，有时需要通过建造原型来完成。如果某些风险不能排除，该方案立即终止，否则启动下一个开发步骤。最后，评价该阶段的结果，并设计下一个阶段。

在消防信息化建设中主要采用螺旋模型进行开发和管理。各系统的研发采用快速原型模式，即各系统通过调研，形成业务需求，软件需求后，组织专家和用户进行联合评审，然后研发原型，在原型得到确定的基础上，进行设计、开发和测试。而在整个项目推进过程中采用螺旋迭代的模型，即首先完成基础数据及公共服务平台第一版软件和消防监督管理系统的开发和测试，并经试点应用和推广，然后进行灭火救援指挥系统试验软件的试点，社会公众服务平台的试点和推广，最后是部队管理及综合统计分析信息系统的推广和上线等。

## 第二节 技术机制及特点

在初步介绍软件设计和集成方法的基础上，基于消防业务需求和一体化软件架构设计需求，提出面向服务的体系结构（Service Oriented Architecture，SOA）的设计思路；对一体化系统中基础数据的组织方式、数据共享、典型的数据流和同步策略进行描述，最后，阐述一体化系统的部署策略。

## 一、基于面向服务的体系结构（SOA）的一体化架构设计

### （一）软件设计和集成方法

#### 1. 面向服务的设计思想

消防部队业务信息系统采用面向服务的体系结构（SOA）进行软件集成。SOA 是新一代的分布式计算体系结构，它通过以数据描述和传输协议为核心的标准技术体系，将基于组件/RPC 和基于消息传递的分布式计算模式统一成为基于服务的计算模式，并在此基础上从服务提供者和使用者的角度对分布式计算节点的功能进行重新划分。SOA 将应用程序的不同功能单元（称为服务）通过这些服务之间定义良好的接口和契约联系起来。采用中立的方式进行接口定义，使其独立于实现服务的硬件平台、操作系统和编程语言，使得构建各种各样的系统中的服务可以以一种统一和通用的方式进行交互。这种中立的接口定义方式（服务之间的松耦合）具有很大的灵活性，当组成整个应用程序的每个服务的内部结构和实现逐渐地发生改变时，接口定义及对其访问仍能继续进行。

可以采用 Web 服务（Web Service）实现 SOA 架构。Web Service 是就现在而言最适合实现 SOA 的一些技术的集合。随着 Web Service 标准的成熟和应用的普及，为广泛实现 SOA 架构提供了基础。以可扩展标记语言（XML）为基础，通过使用 Web 服务描述语言（WSDL）来描述接口，使用 UDDI 进行服务的注册、发布、查询，使用简单对象访问协议（SOAP）进行消息传递。SOA 使用 XML 与 Web Services 为底层基础，解决通讯协议与数据沟通的问题，而且包含安全、交易、商业流程整合等功能，使 SOA 成为最有弹性的系统整合方案。

Web 服务体系结构基于三种角色（服务提供者、服务注册中心和服务请求者）之间的交互。交互涉及发布、查找、绑定等操作。服务提供者提供 Web 服务、定义服务描述并发布到服务注册中心，服务请求者使用查找操作从本地或服务中心检索服务描述，然后使用服务描述与服务提供者进行绑定并调用 Web 服务实现或同它交互。

注册中心、企业服务总线、Web 服务管理和 Web 服务安全是 SOA 软件的核心。服务注册中心充当信息库，存放着 SOA 当中可用的 Web 服务信息。企业服务总线在 SOA 架构中实现服务间智能化集成与管理的中介，Web 服务管理则为调用 Web 服务提供了运行环境，还负责管理服务运行、执行服务级别协议。与网络上的其他各种资源一样，Web 服务

也需要确保安全。Web 服务的安全通过 Web 服务安全（WS−Security）和安全声明标记语言（SAML）满足对验证、授权、机密性、数据完整性和不可否认性的安全需求。

每个应用系统向其他应用系统提供服务接口，供其他系统进行调用，从而达到系统互联的目的。应用 Web 服务技术实现这些接口，可以提供支撑服务实现面向服务的软件集成。

需要注意的是，并不是所有的服务都通过 Web Service 方式实现服务的重用，对于实时性、安全性和可靠性方面要求高的服务可以采用 COM、CORBA 等其他方式实现。就 SOA 思想本身而言，并不一定要局限于 Web Service 方式的实现。更应该看到的是，SOA 本身强调的是实现业务逻辑的敏捷性要求，是从业务应用角度对信息系统实现和应用的抽象。

在消防部队信息化建设中，SOA 技术体制的应用主要考虑以下方面：

（1）大粒度的业务模块之间的集成，以支持业务流程的实现，而不是用 SOA 来代替所有的软件接口；

（2）用户需要进行业务流程动态重组和基于原有业务模块构建新的应用系统；

（3）利用基于 SOA 的企业服务总线技术和工作流引擎技术支撑上述两方面要求的实现；

（4）SOA 集成技术可以有效应用到表现层、业务逻辑层和数据服务层；

（5）采用 SOA 技术一方面要基于成熟的商用开发软件和应用环境，同时也必须在应用开发方面遵循一体化体系结构和方法的要求；

（6）对于遗留软件系统可以通过面向服务架构进行改造，对于新建系统将按照 SOA 思想进行研制和建设。

通过 SOA 架构，可以实现对遗留系统的集成，其集成框架如图 5-1 所示。

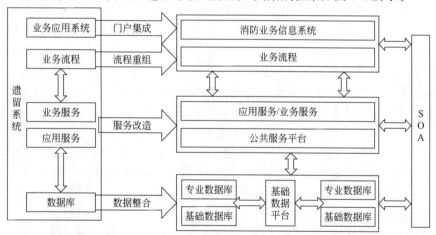

图 5-1　消防部队信息系统软件集成框架图

消防各应用系统都基于基础数据平台和公共服务平台之上。单点登录由公共服务平台中的安全服务提供；统一门户系统门户展示由公共服务平台中的门户服务提供；各分系统中的基础数据由基础数据平台提供。关于应用服务的规划，必须在充分调研分析已有系统功能和业务需求的基础上在顶层设计阶段设计明确。

**2. 面向构件的业务系统架构**

针对消防部队新建业务信息系统软件，原则上采用 B/S（浏览器/服务器）模式、面向构件的中间件多层架构，对应特殊应用服务或业务中无法通过 B/S 模式处理或 B/S 模式处理效率较低的子系统，可采用智能客户端/服务器模式或 C/S（客户/服务器）模式。

SOA 是一种面向服务的架构方法，其根本目的在于实现业务单元（即服务）的封装、互操作和简单复用，同时使系统整体具备快速适应业务发展变化的能力。SOA 架构以服务的封装、组合和交互为基础，与消息关联，由策略控制。服务可以看作一组构件的组合，而构件则是服务的技术实现单元。从应用开发层次看，构件技术是 SOA "服务" 的组装和实现，而 SOA 则可以看作是在应用表现层次的软件 "构件化"。SOA 将成为未来企业信息系统的总体架构，而面向构件（COA）却是实现服务的最佳方式。构件是构造应用软件的标准基础单元，面向构件是基于构件的软件开发方法和技术，用于构造应用。面向构件就是面向服务的实现，面向构件可以按照面向服务的架构组装起来。COA 与 SOA 关系如图 5-2 所示。

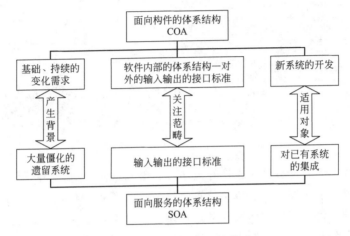

图 5-2 COA 与 SOA 的关系

构件技术是实现 SOA 的最佳手段，它与传统开发方式相比具有后者无法比拟的优势：

（1）构件具备 SOA 服务所要求的大部分特征，可以很容易地封装成 SOA 服务；

（2）构件技术使得系统自身可塑性很强，能够迅速适应需求变化，而快速适应业务需求的变化，正是 SOA 架构的精髓所在。

面向构件的业务系统框架如图 5-3 所示。每个业务系统由一系列构件（页面、流程、业务、运算、数据）组成，各种构件通过注册存储至构件库。当有新的业务需求时，在基于构件的开发环境中利用构件库中已有的构件，开发少量新的满足特定业务的构件，通过组装的方式生成新业务系统。

基于构件的业务系统架构可以充分利用已有资源，大大地减少未来系统扩展的工作量和成本，但同时也对系统前期的规划和全局设计也提出了更高的要求。

## （二）面向消防业务软件设计需求

### 1. 满足已有系统集成需求

"十一五" 之前，由于消防部队监督管理、灭火救援指挥及部队管理的迫切需要，公安部消防局和一些总队相继研发了一些业务应用软件，并在全国消防得到了统一应用，有力地推动了信息化应用向纵深发展。2005～2006 年，部消防局组织开发应用了 "办公自动化系统"、"全国火灾统计管理系统网络版"、"消防监督业务信息系统"、"财务网上结算系统" 等综合性的业务信息系统软件，期间还先后开发了一些单项性的业务软件。全国共有 30 个总队建成并开通了政治工作信息网和心理健康网；全国火灾统计管理系统网络版于 2006 年 12 月正式投入运行后；化学灾害事故处置辅助决策系统、军粮核算管理系统、财务管理信息系

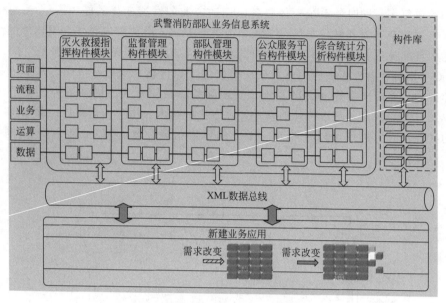

图 5-3    面向构件的业务系统框架

统、票据管理系统、网上财务结算系统在消防部队得到全面应用。同时消防部队还承担了公安部一类重点项目"消防安全重点单位信息系统"和公安部八大信息资源库之一的"全国消防安全重点单位信息资源库"的建设任务。消防总队、支队普遍在因特网开设便民利民公众服务网站，向社会公众提供消防知识、办事程序和受理审核项目、公布审批结果等。

但是，这些业务软件的开发与消防业务需求之间还存在着较大差距，主要表现在以下几个方面：

① 有些软件开发较早，有的还是单机版的，软硬件平台面临升级或被淘汰的境地，急需更新换代；

② 原来的软件系统功能大都较单一，存在各自为政、信息孤岛的状况，各业务部门的各软件之间无法进行数据整合，实现信息共享；

③ 有些软件系统没有考虑公安部消防局、总队、支队、大队各级之间的信息关系和综合业务统计的问题，需要改造才能适应信息网络化的要求。

在这些系统建设时，由于缺乏统一规划，没有统一标准和统一的技术体制，没有统一的顶层设计，大部分系统各成一体，业务人员需要记忆较多系统的用户名和密码来登录不同的应用系统，需要频繁地在不同的系统间切换登录，这给业务人员的工作带来较多不便。为达到"办公管理自动化、信息传送实时化、辅助决策科学化"的目标，提高消防工作信息化含量，必须对已有系统进行必要的改造和集成，并按照消防部队信息化的要求设计开发新的应用软件，以满足消防部队实际工作的需要。

### 2. 满足纵向业务覆盖需求

消防部队的各项业务分公安部消防局、总队、支队、大（中）队多个层次，需要建设覆盖全国各级各项业务的大型、多级、分布式信息化系统，实现业务内的各级纵向协同处理。

基于各地已建成城市消防接处警子系统的基础上，需要建成一个能够实现跨区域协同作战指挥、情报信息检索、网上灭火演练的相对独立、运转高效、安全可靠的灭火救援指挥系统，各级系统除常规的接处警指挥调度功能外，能够实现纵向的业务数据共享，系统能够为

首长和各级参谋人员提供准确的信息，为灭火救援处置提供信息支撑。

同样，对消防监督管理业务，需建设覆盖公安部消防局、总队和支队三级的信息化系统，以健全执法程序、细化执法流程、促进消防监督工作规范化，实现从传统办案、人为监督到网上办案、系统监督的转变，有效消除执法中的随意性和不规范行为；通过建立多级信息化系统，对消防安全重点单位等各种消防监督信息的科学、有效管理和对火灾数据的分析和统计功能，提高各级消防监督管理工作质量和效率，解决统计数据不实不准、上报不及时、上下级不一致的问题，为各级消防监督及各项工作提供辅助决策支持。

需要建设覆盖多级部队管理业务的信息化系统，对公安部消防局、总队、支队、大队（中队）消防部队的编制、人员、装备、军事实力及司、政、后、防各部门日常工作进行网上管理，使部队各类信息纵向各级业务内能贯通、横向各业务间能互联，上传下达更快捷，实现各级部队管理和机关办公从传统手工模式向信息化作业模式的转变。

**3. 满足数据共享需求**

在消防信息系统中，数据是业务系统运行的核心，它关系着消防信息系统的指挥、管理与决策活动的持续性、稳定性。之前消防部队已建立多个信息系统，但这些信息系统主要是以职能部门和业务功能为主线建立的单一功能系统，大部分系统自成一体，各个系统的数据存在信息孤岛现象。

从横向来说，有效的信息分散在多个业务系统中，导致相同的信息在不同部门需要重复录入、数据的一致性难以维护。不同业务系统的信息迫切需要有效共享、相互协作、关键数据能够被多个业务所复用、形成统一的全局业务数据视图。

从纵向来说，消防部队分公安部消防局、总队、支队、大队（中队）多个层次。来自基层的数据比较明细，但相对片面；来自上级的数据比较概括，但需要利用下级的数据。急需提供有效的数据共享手段，供下级单位上报数据和上级单位汇总数据。特别是在跨区域协同作战指挥时，更体现数据共享的必要性。

从外部接口来说，消防部队属于公安机关的一个警种，和驻地相关政府机构、灭火救援相关单位、消防安全重点单位、媒体宣传机构等存在联络关系，消防部队与这些外部单位之间存在数据共享、数据交换的需求。

业务软件设计时，充分考虑了数据共享需求，充分利用现有数据资源，实现数据交换和数据共享，同时，应充分利用"金盾工程"现有成果，确保与整个公安信息系统的信息共享和互联互通。

## （三）消防业务软件架构设计

**1. 一体化架构设计核心思想**

消防部队信息化建设起步较早，但受到以往业务系统建设和研发模式的局限，存在着各种不适应消防业务工作现实需要的问题：一是缺少统一规划设计方面，如部门各自为政、重复建设现象普遍，系统盲目开发、致使难以整合、扩展，缺少统一平台、用户操作繁琐；二是系统无法互联互通和资源共享方面，如资源无法共享、"信息孤岛"现象严重，数据质量不高、复用性、可挖掘性不强，缺乏流程控制机制、跨系统信息流转不畅。

消防信息化建设的主要目标是实现消防信息资源高度共享和消防信息系统互联互通。在充分分析之前局限的基础上，经过论证，将一体化的思想引入消防信息化建设，按照"统一领导、统一规划、统一标准"的原则，在一体化总体架构下，建设覆盖各级消防部队、消防各业务领域的一体化消防业务信息系统，以有效破解上述难题，从根本上消除信息孤岛的产生，实现互联互通和信息资源高度共享，有效整合各级消防部队现有的信息资源，提升消防信息化整体水平，为消防监督、灭火救援和部队管理能力的提高提供支撑。

消防一体化软件设计核心思想如图 5-4 所示。

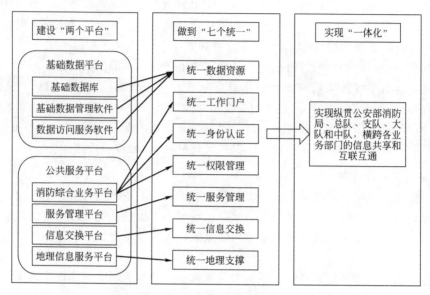

图 5-4　消防一体化软件设计核心思想

软件一体化架构设计，就是按照共性技术体制，遵循统一标准规范，建立统一交换机制，实现整合集成、互联互通、信息共享和适应变化的核心目标。对用户来说，就是能以统一的身份和授权，无论何时、何地、访问何系统，均能得到及时、准确、有效的服务；对系统开发来说，就是能够按标准接口零件化生产、按需个性化配置和动态组装、根据业务变化动态升级。

**2. 一体化软件设计实现**

落实一体化软件设计思想最关键、最核心的部分是通过建设基础数据平台及公共服务平台实现"7 个统一"，即"统一数据资源、统一身份认证、统一权限管理、统一工作门户、统一服务管理、统一信息交换和统一地理支撑"。

（1）统一数据资源

"统一数据资源"主要解决"信息孤岛"的问题，即类似"我想要的信息找不到"、"我的信息别人看不到"、"我的信息和别人的信息不一致"等问题。以往各自开发的软件，在数据资源方面是不统一的。比如，政工部门独立开发了一个干部管理系统，财务部门独立开发了一个财务管理系统，两个系统中都可能描述同一个人员的基本信息。但由于两个系统互不相通，可能就会出现政工系统中描述的"张某"是工程师，而财务系统中描述的"张某"是高级工程师的情况，这样信息的准确性和一致性就无从判断，会给业务管理带来严重混乱。基础数据平台包括共享数据标准、基础数据库和基础数据平台软件，为整个消防业务信息系统提供一致的基础数据存储、访问和交换。共享数据标准为消防业务信息系统提供基础数据存储交换的准则；基础数据库是各级基础数据的存储实体，主要包含人、事、物、机构和地五类基础数据；基础数据平台软件包括基础数据管理软件和数据访问服务，主要为各级消防业务提供使用和维护基础数据的工具。基础数据库保存各业务中的基础数据，通过共享数据标准建立访问和更新机制，实现各业务信息系统中基础数据的一致性。通过建设基础数据平台进行数据资源的统一之后，解决了基本信息的源头和唯一性，使人、事、物、机构和地理等基础信息得到统一，从根本上解决了不同系统间"信息孤岛"的问题。结合本例，通过基础数据平台统一数据资源之后，信息的来源只有一个，即"张某"的职务只有干部管理系统进行维护，财务等其他业务信息系统只能引用这个信息，就不会再出现各业务信息系统间数据表述不一致造成信息混乱的问题。

（2）统一工作门户

"统一工作门户"主要解决"四处跑"的问题，即实现"进一个门，办所有的事"。以往业务系统独立开发、独立使用，使得基层业务人员需要承担多项工作时，不得不进入不同的业务系统、使用不同的账号、办理不同业务，操作非常繁琐。通过消防综合业务平台，将所有需要处理的任务都集成在工作门户中集中展现、统一入口，进入门户可以处理完所有的事务，大大提高工作效率。

（3）统一身份认证

"统一身份认证"主要解决"你是谁"的问题，即类似"不同的系统不一样的你"、"这个系统认识你，别的系统不认识你"、"内部的人认识你，外部的人无法认识你"等问题。以往研发的单独业务系统可设定多个使用账号，与现实中的人员也非一一对应，身份识别也较为简单，但在复杂的一体化消防业务信息系统中，每个人都需要辨识自己的身份，且相互之间必须有效隔离、各司其职，因此身份认证至关重要。消防综合业务平台作为各类消防业务信息系统的工作门户，实现单点登录，统一身份认证、权限审核和各类待办事项集成，并提供委托管理、资源发布管理、角色管理、工作流管理等功能。通过消防综合业务平台和数字证书管理，解决身份真实性的确认问题，达到正确区分每一个人的身份，并且这个人身份到各业务信息系统中都能被有效识别。

（4）统一权限管理

"统一权限管理"主要解决"你可以做什么"的问题，即规定"你可以做什么"、"你到哪里可以做"、"不允许你做什么"等问题。通过消防综合业务平台，可以根据每个人职务、岗位和权限的不同，按照分配的规定权限，严格规范每个人在业务系统中的操作行为。比如：消防监督执法中建设工程审验要分离，有审核权限的人员就不允许再有验收权限；行政处罚中根据承办人、法核人、审批人必须由不同的人员完成等规则设定不同权限。

（5）统一服务管理

"统一服务管理"主要解决"到处找"的问题，即实现"服务大市场，资源应有尽有"、"人人为我，我为人人"的服务模式。服务管理平台实现对服务信息的统一注册、查询和管理。本级服务包括本级发布的和供本级使用的服务。各级服务信息通过服务管理平台实现跨级的共享，即通过建设服务管理平台，把各系统的功能以服务的方式共享出来，其他用户就可以很方便地搜寻到这些服务，并根据自己业务需要重新组装服务，从而产生新的业务逻辑。服务资源就像集市中的商品一样，可以方便地被用户发现和利用，服务资源不断地被复用、重组，使得服务资源越来越丰富，充分体现了软件生命力。

（6）统一信息交换

"统一信息交换"主要解决"运输难"的问题，即实现"统一规格，方便装卸"、"交运即可、统一跟踪"、"专业运输，便捷高效"的特点。以往独立研发的各业务系统，没有统一的信息交换，各系统间通过点对点方式实现数据的直接传递，可扩展性较差。信息交换平台则提供统一的信息交换方式，集中管理各级内部系统间和与外部系统间的信息交换。各级信息交换平台通过统一的传输和交换机制实现互联互通，交换系统可以根据不同的信息交换需求采用最合适、效率最高的通道、传输方式和交换机制来完成。各业务系统的功能模块发生变化后，只需重新封装对应的交换数据，交换过程则无需变动。这样既可以有效地隔离各业务系统，使得跨业务系统间信息交换变得简单，而且在新业务系统开发时，不需要重新设计公共的交换模块。

（7）统一地理支撑

"统一地理支撑"解决"由文到图"的问题，实现"一张图知天下"。以往研发的各业务系统，基本以文本应用为主，主要通过文字、表格及统计报表等方式展现信息，不够直观。而事实上，经分析，80％以上消防信息和地理有关。地理信息服务平台为灭火救援指挥决策、消防监督管理、消防部队管理、综合统计分析以及社会管理等提供统一的空间数据和空间服务支持，将各类信息资源通过地图展现的形式，充分体现信息的价值。而且，许多复杂的决策分析信息，用文字描述相当困难，但配合地图展示则十分直观，特别适用作战指挥、决策支持。

# 二、一体化数据组织

## （一）基础数据的组织方式

### 1. 数据组织的整体架构

一体化软件的数据组织借助统一的信息整合平台，遵循统一技术体制、统一标准化体系、统一交换体系，实现信息共享。各业务信息系统通过基础数据及公共服务平台实现消防数据一体化。

消防业务一致的基础数据存储、访问和交换，通过基础数据库和基础数据平台软件实现。基础数据库是各级基础数据的存储实体，主要包含人、事、物、机构和地五类基础数据；基础数据平台软件包括基础数据管理软件和数据访问服务，为各级消防部队提供使用和维护基础数据的工具。基础数据库保存各业务中的基础数据，通过共享数据标准建立访问和更新机制，实现各业务信息系统中基础数据的一致性。

业务信息系统基于基础数据及公共服务平台，进行一体化设计，为消防部队提供统一、完整的信息系统支撑。各级部署的业务信息系统之间存在着信息数据的共享和交换，实现不同层级的数据汇总与上报。

### 2. 数据组织的体系结构

（1）数据组织对象。数据组织对象是指业务数据和基础数据。

业务数据：灭火救援指挥系统、部队管理系统、消防监督管理系统、社会公众服务平台、综合统计分析系统产生的业务数据。

基础数据：从业务数据中筛选并组织起来的基础数据。

（2）数据组织体系结构。基础数据平台以基础数据库为核心，依托基础数据平台软件提供统一的数据整合，实现业务间数据的共享。基础数据平台实现对基础数据库的统一管理、维护、访问控制，为业务系统提供统一的基础数据访问的接口。

集成到一体化平台的业务系统可直接使用一体化平台中的基础数据库的标准数据和基础数据，这些数据在一体化平台存在唯一权威数据源进行维护，具有准确性和权威性，引用这些数据的业务系统无需在本系统中维护这些信息。

集成到一体化平台的业务系统，在使用基础数据库共享数据的同时，也可能成为部分业务数据的权威维护源维护基础数据库。通过数据访问服务建立维护关系，从而不断补充基础数据库的数据。保持基础数据的鲜活性。

数据组织的体系结构如图 5-5 所示。

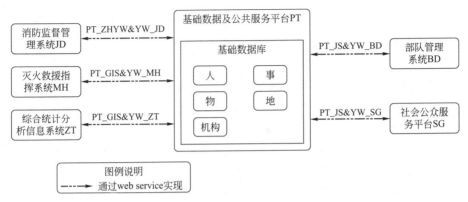

图 5-5　数据组织的体系结构图

几个典型的集成项如下。

① 平台与消防监督管理系统的数据集成。消防监督管理系统从综合业务平台同步执法人员数据；消防监督管理系统从综合业务平台同步执法单位数据。

② 平台与灭火救援指挥系统的数据集成。地理信息服务平台向公安部消防局、跨区域指挥调度系统提供地图数据的支撑，包括全国或各省的导航图，消防机构、重点单位、水源、视频监控点等业务图层数据。

③ 平台与综合统计分析信息系统的数据集成。综合统计分析信息系统调用地理信息服务平台地理图层服务，加载地理图层展现水源、预案、火灾统计数据；同时综合统计分析信息系统向地理信息服务平台提供火灾统计等数据的访问服务，地理信息服务平台利用综合统计分析信息系统的火灾统计等数据在地理图层进行展现。

④ 平台与部队管理系统的数据集成。政治工作系统向平台同步人员数据的有效性集成。政治工作系统将对人员数据进行维护，并同步到基础数据库。装备管理系统向平台同步装备的数据集成。装备管理系统对装备信息进行维护，并同步到基础数据库中。

⑤ 平台与社会公众服务平台的数据集成。社会公众服务平台的公众信件及公安网管理系统通过基础数据库同步用户数据。

⑥ 平台内部的数据集成。在公安部消防局基础数据平台，新增、修改、删除数据字典，并保存到公安部消防局基础数据库。然后对修改的数据字典进行打包，下发至各总队。各总队接收到公安部消防局下发的数据字典并部署到本级平台。

**3. 基础数据结构组成**

基础数据的结构组成主要包括两方面：消防基础数据和共享标准数据。

（1）消防基础数据。消防基础数据按照公安部五要素数据分类方式组织数据，划分为："人"类数据、"事"类数据、"物"类数据、"机构"类数据、"地"类数据。

① "人"类数据。"人"类数据是所有与消防业务相关的以及消防管理工作所涉及的自然人信息的高度抽象和归类，并按人的自然属性、社会属性、管理属性加以表征，按一定的数据组织方式加以存放。如干部、士兵、党团员、执勤人员等都属于人员信息范畴。

② "事"类数据。"事"类数据是所有客观发生的，消防业务相关的案件、事件、事故

等信息的高度抽象和归类，并按事件所固有的特征加以表述，按一定的数据组织方式加以存放。如灭火救援作战信息、接处警信息、消防监督检查等信息。

③"物"类数据。"物"类数据是所有消防业务管理涉及的物品信息的高度抽象和概括，并按物品所固有的特征加以表述，按一定的数据组织形式加以存放。如列管理单位建筑、消防站、市政消防栓、车辆、装备等。

④"机构"类数据。"机构"类数据是所有与消防业务工作相关的、由人组成的社会群体信息的高度抽象和概括，按机构所固有的特征加以表述，按一定的数据组织形式加以存放。如公安消防机构、培训基地、安全重点单位等。

⑤"地"类数据。"地"类数据是所有与消防业务工作相关的地点、区域和场地类信息的高度抽象和概括，并按地点所固有的特征加以表述，按一定的数据组织形式加以存放。如机构地址、辖区、消防水源地理位置等。

（2）共享标准数据。消防共享数据标准分为消防行业标准和一体化软件自定义标准。所有标准在基础数据平台进行管理，即业务元数据管理模块，业务元数据管理模块提供了对业务元数据统一管理的功能，包括数据元编辑、数据字典查看、数据字典编辑、数据字典审核、数据字典查询接口、数据字典打包、下发、部署等功能，业务元数据是基础数据库的基本组成部分，是对数据的业务解释。各业务信息系统对基础数据库中的基础数据进行维护时，维护的数据范围依据统一制定的共享数据标准。

**4. 数据组织的规范**

业务系统与一体化平台进行数据集成，需遵守一体化平台的数据集成规范与数据分类规范。

（1）数据集成规范。一体化平台从数据库结构设计、数据存储规则上遵守下列规范，与一体化平台进行数据集成的业务系统也需要遵守下列规范：

① 数据记录唯一标识。在每个数据库表中都设有一个 ID 字段，该字段的值为 UUID 值，用于在数据库中唯一标识该数据库表的记录（row）。

② 共享基础数据库的源数据和数据库表结构及数据项定义来统一交换数据的格式。

通过共享基础数据库的统一表命名与数据项命名及统一的数据项的定义（如字段类型、精度等），屏蔽各个业务系统在共享数据时的数据结构上的差异（图 5-6）。

③ 通过标准的服务提供统一的数据访问、统一的数据交换方法。

通过标准的数据访问服务进行基础数据库的统一访问及维护权限控制。

（2）数据分类规范。为更有效地组织和划分各类业务数据，参考了公安部五要素数据分类方式。公安消防部队业务管理中所涉及的主要业务数据涵盖了人、机构、物、事和地五个要素。各业务数据就有可能产生歧义表达的数据项应统一使用标准代码来表示。各业务系统通过使用统一标准代码对引用代码的数据项进行统一表达方式解析。

## （二）数据共享和同步策略

### 1. 共享数据标准

消防共享数据标准分为消防行业标准和一体化软件自定义标准，一体化软件自定义标准包括数据项标准和数据字典标准。

数据项主要遵循消防沈阳所制定的数据项标准，详见表 5-1。

数据字典是为了规范数据内容，方便统计或查询而制定的数据代码详见表 5-2。消防一

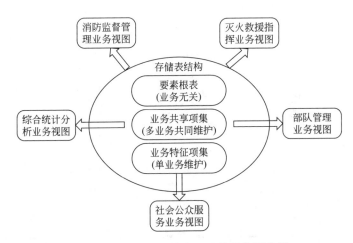

图 5-6 各业务系统共享基础数据库源数据

体化项目中主要参考的是《消防信息系统建设 24 项标准》。

表 5-1 数据项标准

| 序号 | 标准名称 | 发布时间 | 编制单位 |
|---|---|---|---|
| 1 | 《消防基础数据元集》 | 2011 年 3 月 | |
| 2 | 《消防部队管理装备信息数据项》 | 2011 年 3 月 | |
| 3 | 《消防灭火救援指挥信息数据项》 | 2011 年 3 月 | |
| 4 | 《消防监督管理信息数据项》 | 2011 年 3 月 | |
| 5 | 《消防部队管理装备信息数据项》 | 2011 年 3 月 | 公安部沈阳消防研究所 |
| 6 | 《消防部队管理宣传信息数据项》 | 2011 年 3 月 | |
| 7 | 《消防部队管理政工信息数据项》 | 2011 年 3 月 | |
| 8 | 《消防部队管理警务信息数据项》 | 2011 年 3 月 | |
| 9 | 《消防部队管理被装信息数据项》 | 2011 年 3 月 | |
| 10 | 《消防部队管理卫生信息数据项》 | 2011 年 3 月 | |

表 5-2 数据字典标准

| 序号 | 标准名称 | 发布时间 | 编制单位 |
|---|---|---|---|
| 1 | 《消防基础数据元代码集》 | 2011 年 3 月 | 公安部沈阳消防研究所 |
| 2 | 《消防灭火救援指挥信息代码》 | 2011 年 3 月 | |
| 3 | 《消防部队管理信息代码 第 1 部分:政工信息代码》 | 2011 年 3 月 | |
| 4 | 《消防部队管理信息代码 第 2 部分:军需信息代码》 | 2011 年 3 月 | |
| 5 | 《消防部队管理信息代码 第 3 部分:装备信息代码》 | 2011 年 3 月 | |
| 6 | 《消防部队管理信息代码 第 4 部分:营房信息代码》 | 2011 年 3 月 | |
| 7 | 《消防部队管理信息代码 第 5 部分:财务信息代码》 | 2011 年 3 月 | |
| 8 | 《消防部队管理信息代码 第 6 部分:审计信息代码》 | 2011 年 3 月 | |

续表

| 序号 | 标准名称 | 发布时间 | 编制单位 |
|---|---|---|---|
| 9 | 《消防部队管理信息代码 第7部分:卫生信息代码》 | 2011年3月 | |
| 10 | 《消防部队管理信息代码 第8部分:警务信息代码》 | 2011年3月 | |
| 11 | 《消防部队管理信息代码 第9部分:宣传信息代码》 | 2011年3月 | |
| 12 | 《第2部分附录A:被装相关信息代码》 | 2011年3月 | |
| 13 | 《第2部分附录B:军人膳食营养素信息代码》 | 2011年3月 | |
| 14 | 《第2部分附录B:军人膳食营养素信息代码》 | 2011年3月 | |
| 15 | 《第5部分附录A:工资代码》 | 2011年3月 | |
| 16 | 《第5部分附录B:会计科目资产科目代码》 | 2011年3月 | |
| 17 | 《消防综合统计分析信息代码》 | 2011年3月 | |
| 18 | 《消防监督管理信息代码》 | 2011年3月 | |

### 2. 基于基础数据平台的共享

（1）基础数据平台同步及部署策略。基础数据平台软件采用公安部消防局和总队两级部署的模式，数据同步为部署节点本级的横向同步。公安部消防局、总队纵向两级间由业务系统自身先纵向同步后，再横向同步到基础数据平台。具体策略如图5-7所示。

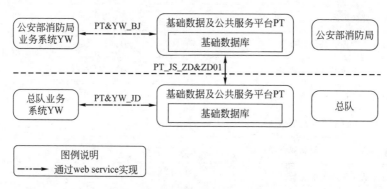

图5-7 数据同步策略示意图

如图5-7所示，依据一体化软件数据同步策略，业务软件与一体化平台进行集成后，数据流向可概括如表5-3所示。

表5-3 数据同步策略一览表

| 序号 | 同步项目 | 项目描述 |
|---|---|---|
| 1 | 公安部消防局业务权威数据 | 在公安部消防局节点部署的业务软件，通过公安部消防局一体化基础数据访问服务将高质量的本业务权威基础数据写入公安部消防局基础库，并保持维护关系 |
| 2 | 公安部消防局基础数据和基础字典 | 在公安部消防局节点部署的业务软件，通过一体化基础数据访问服务功能查询同步基础库中的基础数据和基础字典 |
| 3 | 总队业务权威数据 | 在总队节点部署的业务软件，通过总队一体化基础数据访问服务将高质量的本业务权威基础数据写入总队基础库，并保持维护关系 |
| 4 | 总队基础数据和基础字典 | 在总队节点部署的业务软件，通过一体化基础数据访问服务功能查询同步基础库中的基础数据和基础字典 |
| 5 | 业务数据上传下达 | 业务数据纵向的上传、下达，由业务软件内部根据本业务逻辑进行处理。重要:业务软件在处理存在业务逻辑和业务关系数据的上传下达时，采用业务确认的方式进行 |
| 6 | 数据标准下发 | 公安部消防局基础数据平台负责维护一体化数据标准字典，并向全国基础库同步下发 |

（2）关键技术分析。SOA 是一种以服务为核心，业务被划分为一系列粒度的业务服务和流程服务。业务服务之间相对独立可重用，由一个或多个分布式系统所实现。它主要有三个基本特点：松散耦合、粗粒度、位置和传输协议透明。服务之间的松散耦合要求不同服务的功能不要相互依赖，一个服务应该能够自己实现所提供的接口功能，并且不依赖其他服务，它通过 SR（Service Registry）和 ESB 来支持动态查询和管理，它要求服务之间的交互是动态的，这使得服务的提供者和请求者之间是高度解耦的，因此具有高度灵活性，并且一个服务内部结构变化不会影响其他服务。

Web 服务是以 XML 为基础，开放性的 Web 技术，是实现 SOA 的主要手段。它采用松散耦合的组织方式，使系统能够快速灵活地绑定到应用程序当中，是目前企业比较理想的集成方案，它是 Web 服务的一种典型的体系结构，它包含服务提供者（Service Provider，SP）、服务注册中心、服务请求者（Service Requester，SR）三个角色。服务提供者可以发布自己的服务，并且对使用自身服务的请求进行响应；服务注册中心用于对服务进行分类，并发布服务和提供服务搜索功能；服务请求者可在服务注册中心查找所需的服务，并使用服务这种方式使得服务之间松散耦合，灵活性很强。

① 数据访问服务的优点是：

● 数据访问服务通过网络在线服务将存在的大量数据资源提供给各业务信息系统使用。用户也可以根据各自的数据资源，搭建相应的数据访问服务，从而使数据不再是数据库级的共享，而成为一种网络服务级的共享。

● 数据访问服务可以避免数据库直接交互存在的格式和类型不匹配的问题，以及数据访问权限和安全方面的问题。

● 数据访问以服务方式提供数据访问，由于采用服务技术的思路，具有松耦合特征，将大量孤立的数据库资源变成了通过标准的服务接口可直接访问的网络资源，实现广域范围内的数据集成访问。

● 从数据融合的角度，充分利用服务的数据组织、清洗、转换能力和现有关系数据库的数据处理功能，在数据输出前使其经过加工以符合业务规则。

● 通过数据访问服务，用户可以从网络上直接使用各种数据资源。这些数据访问服务具有标准化的接口，使用者可以在不知道服务内部实现的情况下，通过接口使用服务，调用相应的数据处理功能。

② 数据访问服务的缺点是：

● 采用增量数据同步方式，每次同步都从最大审计 ID 开始，依赖数据源是否正确写入审计信息。

● 依赖自身系统的稳定性和可靠性。

● 无法实时查看数据同步状况。

● 受限于网络条件。

（3）数据访问服务

① 横向数据交换。横向数据共享的是通过基础数据库、数据访问服务实现的。基础数据库提供统一数据存储，由人员、机构、事件、物品、地理信息等要素组成；基础数据平台软件为业务应用提供基础数据访问和维护的接口，发布数据访问服务，并在服务管理平台上注册服务，部队各信息系统通过调用服务对基础数据库中的数据进行维护或访问。

数据访问服务是以服务方式提供数据访问。由数据使用方提出数据访问请求，数据访问服务提供方对所需数据进行必要的组织、整理、转换，传输给数据使用方；数据使用方对返回结果进行展示。数据使用方必须是系统注册的数据访问服务用户，且具有访问该服务的权限。如图 5-8 所示。

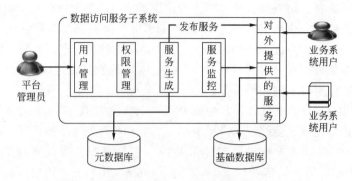

图 5-8  数据访问服务子系统逻辑部署结构

服务生成中的定制数据访问服务涉及的数据表或视图的选择、数据字段的选择和查询条件中关联关系的验证等信息都由元数据库提供。用户直接访问服务，服务再根据定义的业务规则去访问基础数据库，取得数据经过转换后再返回给用户。如图 5-9 所示。

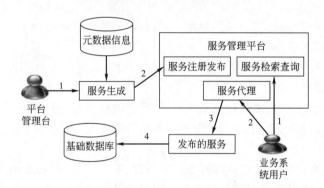

图 5-9  服务生成、发布及服务访问过程

服务生成与元数据管理紧密相关，元数据的完整与准确是生成服务的前提条件；服务生成后通过服务管理平台的服务注册发布功能提供给外部访问；业务信息系统用户同样通过服务管理平台的服务检索查询功能来查找所需服务，并通过服务代理功能去访问发布的服务以操作基础数据库数据。

② 纵向数据交换。纵向跨上下级数据交换是指部队日常工作中存在大量的机构、人员、物资等数据需上报上级单位或分发至下级单位，各类不同的业务数据具有数据量大小不一、同步频率要求不一的特点，因此各个业务系统根据自身的业务数据特点分别进行纵向数据交换的设计和开发。以部队管理业务系统为例设计和实现纵向数据交换工具，因为部队管理系统是某部队机构、人员、物资数据的源头系统，对于横向、纵向数据共享和交换来说，属于数据量大、实时性要求比较高的具有代表性和典型性的业务系统。

（4）具体实现方法

① 数据维护方法。机构数据添加时需要指定所属上级机构，机构层级关系主要依赖上级消防机构在数据库中的记录主键来建立。

人员信息添加是建立在机构的基础上进行添加的，通过在相应软件（警务、政工、工作单位与人员管理模块）里选中机构后即可对该机构进行人员（干部、士兵、学员、非编制人员等）进行添加，同时将人员信息同步至同级的基库中。若是在总队添加的人员信息，人员信息将同步至公安部消防局基库。

分配账号是针对人员所在机构下的账号分配的功能，IAM 分配账号时，同时会把该分配的账号写进同级的基库中。若分配账号是在总队进行，则总队 IAM 会把该账号同步至部级 IAM，同时公安部消防局 IAM 把该账号同步至公安部消防局基库中。

机构、人员、账号信息修改的数据流程类似添加操作流程，由相应业务系统维护至基础数据库。

若对机构进行撤销需要满足该机构下没有挂接人员、账号以及下属单位的条件。人员信息注销后，相应的账号也需要随之注销，为保证系统其他数据的正常使用，账号不能被物理删除，只能被逻辑删除。注销后的账号仍然保留在数据库中，可以被查看。该账号将不能登录任何系统。

② 一体化数据共享方法。鉴于消防机构层级多，人员数据量大等特点，在部署模式上采用两到三级灵活分布式部署，提供自动定时更新数据以及手动实时更新数据的功能，在减轻公安部消防局负载的同时保证上下级数据实时一致以及软件性能。

③ 数据同步方法。消防一体化项目中，数据的横向和纵向共享主要是通过公共服务平台和基础数据平台实现的。针对每一个关键的基础数据，必须先确定内部（纵向）基准库和其维护软件（源头入口软件），再确定对外（横向）基准库（某一级的基础数据库）。源头入口软件必须有效保证两个基准库间基础数据的及时同步。该软件必须要能及时感知对外基准库与内部基准库间的差异，必须对每一条基础数据设置"是否已发布"的标志，数据只有正确写到对外基准库才算正式发布。

在横向同步时，首先由作为数据维护源的业务系统将本系统的数据通过基础数据平台的数据批量导入接口导入到基础数据库中，然后其他的业务系统再从基础数据库获取需要同步的数据。

以某系统的人员信息纵向同步实现为例，纵向同步每次执行时，从总队人员基本信息表将未同步的人员分别同步到本级基础数据库和公安部消防局业务库的人员基本信息表中，之后通过横向数据同步至公安部消防局基础数据库，实现数据共享，见图 5-10。

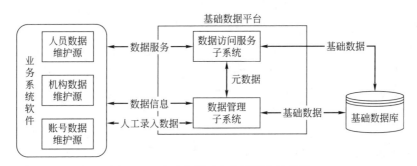

图 5-10　基础数据平台数据同步示意图

**3. 数据补偿机制**

由于网络等复杂的客观原因，工作环境中基库与业务系统之间数据会出现不一致的情况，需要对数据进行定期的核查比对和一致化处理。另外，业务系统在调用数据访问服务更新（或获取）基库数据失败时，通过重写补偿机制，以保证数据的一致性。数据补偿机制一般包括定时和手工两种方式。

数据补偿机制的规则为，将数据维护软件的业务库与基库中的数据量、数据记录状态等关键字段进行比对，将不一致的数据进行处理。存在不一致的情况及处理一般规则主要有：

- 业务库比基础数据库中数据多，将业务库多的数据同步到基础数据库；
- 业务库比基础数据库中数据少，将基础数据库多的数据记录状态置为无效；
- 存在业务库中无效而在基础数据库中有效的数据，在基础数据库中将这些数据的数据记录状态置为无效；
- 存在业务库中有效而在基础数据库无效的数据，在基础数据库中将这些数据的数据记录状态置为有效；
- 业务库中与基础数据库中关键字段不一致的数据，以业务库为标准，修改基础数据库中的数据。

### （三）典型数据流向

一体化项目中，人员包括现役消防人员、非现役消防人员以及其他消防人员三大类。按照人员类别划分，现役消防人员又分为干部、士兵以及学员三类。干部人员数据通过政治工作管理系统进行维护，士兵和学员数据通过警务管理系统进行维护，非现役消防人员由综合业务平台工作单位与人员管理模块进行维护。

机构数据由机构名称、机构类别、机构代码等属性组成，存储在机构基本信息表中。按照公安部消防局、总队、支队、大队、中队和派出所六类应用级别进行分级。

用户登录平台或各业务系统软件是通过相应的账号实现的，通过身份与管理系统为人员进行账号分配。在基础数据库中，人员与账号分别存储在不同的数据表中。对用户权限的控制实际上是通过对账号权限进行控制来实现的。另一方面，用户和账号数据又分别挂接在所属的机构下。权限控制（RBAC）模型如图 5-11 所示。

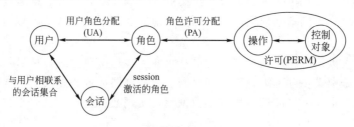

图 5-11　RBAC 模型

RBAC（Role-Based Access Control，基于角色的访问控制），就是用户通过角色与权限进行关联。一个用户拥有若干角色，每一个角色拥有若干权限。这样就构造成"用户-角色-权限"的授权模型。在这种模型中，用户与角色之间，角色与权限之间，一般是多对多的关系。

一体化项目中的权限控制思想基于 RBAC 模型，即用户扮演角色，角色按照策略访问相应的资源。结合项目自身特点，将 RBAC 模型进行拓展，将通过角色控制权限的思想应用到消防全业务系统。通过身份与授权管理子系统的授权管理为用户授予或者取消针对应用级的访问权限。对业务系统的访问权限和业务系统内部功能模块访问权限进行分级灵活控制。通过统一的用户身份管理、统一身份认证以及统一授权管理功能，实现一体化统一用户数据源的管理思想。

典型数据流列举如下，包括：编制信息维护、工作单位信息维护、干部信息维护、士兵信息维护、账号信息维护。

#### 1. 编制信息维护

编制数据的维护源头仅在公安部消防局警务系统（不管通过哪种维护方式，业务流程如何，从数据的角度来说，编制数据都是先存储到公安部消防局警务库）。编制数据流转机制如图 5-12 所示。

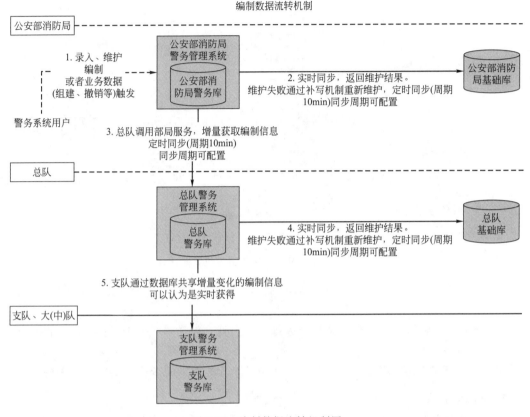

图 5-12　编制数据流转机制图

维护编制数据或者业务操作触发，操作成功，编制数据存储在公安部消防局警务业务数据库中；

编制数据实时同步至公安部消防局基础数据库，如果实时同步失败，补写机制每隔 10min 进行一次补写；

横向同步成功后，总队可见该编制数据的审计信息，总队调用公安部消防局服务增量获取编制数据，每隔 10min 同步一次；

总队纵向同步成功后，实时横向同步至总队基础数据库，如果实时同步失败，补写机制每隔 10min 进行一次补写；

支队实际上与总队使用同一业务数据库和基础数据库，因此支队实时共享总队的编制数据。

**2. 工作单位信息维护**

工作单位可以在公安部消防局维护也可以在总队维护，下面以总队为例介绍流转过程，工作单位数据流转机制如图 5-13 所示。

（1）在总队 OSM 系统中录入、修改、撤销工作单位或挂接编制信息；

（2）调用总队 GIS 标准地址服务，将工作单位地址及坐标信息存储在本地 OSM 库中；

（3）实时横向同步至总队基础数据库，如实时同步失败，可通过定时同步补偿，目前设置的定时间隔为 3min；

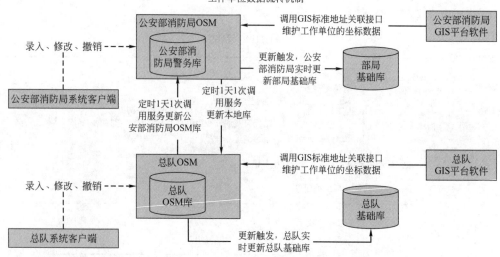

工作单位数据流转机制

注：调用服务均有回调结果。调用失败有定时补写机制，定时时间设置为3min。

图 5-13　工作单位数据流转机制图

（4）总队 OSM 调用公安部消防局服务纵向同步增量数据至公安部消防局 OSM，每天同步一次；

（5）总队 OSM 调用公安部消防局服务每天从公安部消防局 OSM 同步一次其他总队的增量工作单位数据；

（6）公安部消防局 OSM 实时向公安部消防局基础数据库增量写入工作单位数据。

**3. 干部信息维护**

干部数据维护可以在支队、总队、公安部消防局。干部数据流转机制如图 5-14 所示。

（1）维护干部数据或者操作触发，支队实际上与总队使用同一业务数据库和基础数据库，因此支队保存成功后，总队实时可见；

（2）干部数据以 5min 间隔的定时方式同步至总队 OSM 数据库，总队 OSM 系统实时调用基础数据平台服务向总队基础数据库同步该数据，无论写 OSM 库还是写基础数据库失败，此次同步操作视为失败（事务回滚），政工系统的补写机制每隔 5min 进行一次补写，直至同步成功；

（3）横向同步成功后，总队调用公安部消防局服务增量同步干部数据，每隔 5min 定时同步一次；

（4）纵向同步成功后，公安部消防局政工系统横向同步至公安部消防局 OSM 库和公安部消防局基础库。

**4. 士兵信息维护**

士兵数据维护可以在支队、总队、公安部消防局。士兵数据流转机制如图 5-15 所示。

（1）士兵维护或者新兵登记触发，支队实际上与总队使用同一业务数据库和基础数据库，因此支队保存成功后，总队实时可见；

（2）士兵数据实时至总队 OSM 数据库，总队 OSM 系统实时调用基础数据平台服务向总队基础数据库同步该数据，无论写 OSM 库还是写基础数据库失败，此次同步操作视为失败（事务回滚），警务系统的补写机制每隔 10min 进行一次补写，直至同步成功；

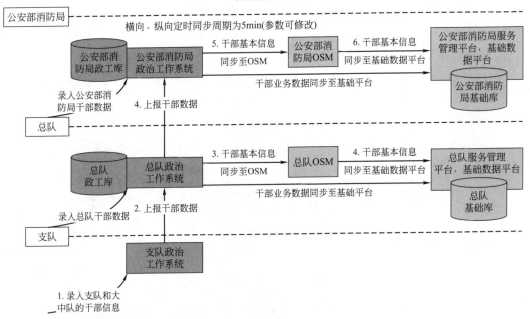

图 5-14 干部数据流转机制图

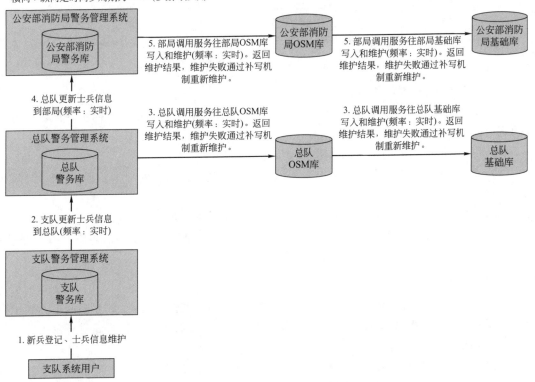

图 5-15 士兵数据流转机制图

（3）横向同步成功后，总队调用公安部消防局服务实时增量同步士兵数据；

（4）纵向同步成功后，公安部消防局警务系统横向同步至公安部消防局 OSM 库和公安部消防局基础库。

**5. 账号信息维护**

账号可以在公安部消防局维护也可以在总队维护，下面以总队为例介绍流转过程，账号数据流转机制如图 5-16 所示。

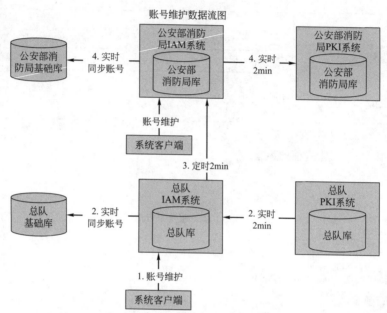

注：调用服务均有回调结果。调用失败有定时补写机制，定时时间设置为10min。

图 5-16　账号数据流转机制图

（1）在总队 IAM 系统中维护账号；

（2）实时横向同步至总队基础数据库，如实时同步失败，可通过定时同步补偿，目前设置的定时间隔为 10min；

（3）以间隔为 2min 的定时同步方式同步至总队 PKI 系统；

（4）总队 IAM 调用公安部消防局服务纵向同步增量数据至公安部消防局 IAM，时间间隔为 2min；

（5）公安部消防局 IAM 实时向公安部消防局基础数据库增量写入账号数据；

（6）公安部消防局 IAM 以间隔 2min 的定时同步方式同步至公安部消防局 PKI 系统。

# 三、系统部署策略

消防部队应用系统主要部署在公安网（指挥调度网和消防信息网）和互联网上，为了有效利用资源，减少系统维护管理，系统总体上采用集中与分布相结合的方式进行部署，根据不同的应用要求，满足用户要求。

服务器部署主要依托公安网，由消防信息网和指挥调度网构成，分别形成公安部消防局、总队、支队三级网络结构。消防信息网是各级消防部队的日常办公网络，作为消防业务传输网。指挥调度网主要用于公安部消防局、总队、支队、大队（中队）等单位的视频会

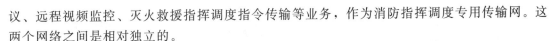

议、远程视频监控、灭火救援指挥调度指令传输等业务，作为消防指挥调度专用传输网。这两个网络之间是相对独立的。

互联网与公安网在物理上属于隔离的，这两个网络间进行数据交换主要通过特殊的安全技术手段进行，如通过安全的光盘介质进行交换。

数据库服务器由于其特殊性要求单独组建私网，另行分配私网 IP 地址（如 192、168.1.X），与应用服务器网络逻辑上相对独立，数据库服务器只允许与其私网直接相连的应用服务器访问。

## （一）分级部署

### 1. 分级部署的原则

应用系统分级部署指采用分级部署方式，在不同级别机构安装、运行，并完成各级系统之间信息交换的应用系统。集中部署是指集中开发的应用系统，集中进行安装、配置统一的数据库，使用单一的运行环境，进行集中管理，达到各类用户通过一站式登录使用的要求的过程。

一体化消防业务信息系统各软件在设计之时就确定了是否支持分级部署。在进行应用系统部署规划时，考虑只有符合以下特性的应用系统才能采用分级部署的方式，其他应用系统应采用集中部署方式。

（1）性能方面

① 应用系统的用户数量较大，而且级别越低，用户数量越多；

② 应用系统的并发用户数量较大，而且并发数量主要分布在较低的级别机构上；

③ 各级机构对并发情况下的系统响应要求较高，远程访问系统的时间延迟不在用户可承受范围之内。

（2）数据方面

① 各级机构的信息格式一致；

② 上级对下级的数据要求以汇总、统计、分析数据为主。

（3）业务方面

① 应用系统使用机构具有明显的层次性；

② 各级机构的业务范畴基本相同；

③ 各级机构之间具有较为完整独立的流程体系，涉及上下级联动的流程数占流程总数的比例较小；

④ 各级机构之间的应用流程具有相似性；

⑤ 各级机构之间的关联，主要以文档、报表等数据文件传递为主。

（4）管理方面

① 应用系统使用机构的信息管理具有层次性；

② 各级机构的信息主要由本级管理员管理，上下级管理员对本级信息没有管理权，也没有业务上需求；

③ 本级机构的信息可以存放在本级机构的相应区域或者设备上，不会对其他级别的信息存储造成影响。

### 2. 分级部署注意事项

一体化系统的分级部署模式较为灵活，可以分为独立部署和混合部署两种模式。各总队可根据自身实际情况和条件自行选择部署模式。考虑到支队规模和业务量的差异，在网络稳定性和带宽满足的前提下，规模大的支队独立部署应用系统，规模小的几个支队可集中部署在总队，满足不同支队的业务需要。

### （二）跨网部署

#### 1. 跨网部署的原则

系统是否需要跨网部署，主要依赖于系统使用的业务需求。目前，跨网部署主要包括跨公安网和互联网、跨消防信息网和指挥调度网两种情况。

（1）跨公安网和互联网。系统跨公安网和互联网部署时，公安网和互联网之间网络物理隔离，信息交换通过光盘等安全方式进行。对于在互联网与公安网系统协同处理的业务，必须同时在互联网和公安网部署系统，信息交换按照社会公众服务平台内外网数据交换格式进行打包、解包，数据包必须通过光盘等安全介质方式进行中转。

（2）跨消防信息网和指挥调度网。通常情况下，消防信息网和指挥调度网分别部署日常办公业务类软件与指挥调度类软件，当系统跨消防信息网和指挥调度网部署时，在各自网络中，如消防信息网，公安部消防局、总队、支队三级系统间可以互相访问。消防信息网和指挥调度网之间的系统一般不允许互相访问，对于个别需要本级跨网应用的特殊服务器，通过双网卡或者划分 VLAN 的方式进行跨网部署。跨网部署服务器需指明该服务器以消防信息网为主还是以指挥调度网为主，为主的网络可以纵向访问，非主网络只能访问本级系统。总的原则是不存在既跨网又跨级的服务器。

例如，一体化消防业务信息系统中，跨公安网和互联网部署的系统有：社会公众服务平台、消防监督管理系统和装备管理系统。跨消防信息网和指挥调度网的系统有灭火救援指挥系统和地理信息服务平台。其他大部分业务软件都是只部署在消防信息网，如基础数据平台、警务管理系统等。

#### 2. 跨网数据共享方式

（1）跨公安网和互联网。互联网同消防信息网、指挥调度网之间物理隔离，两个网络间数据交换主要采用光盘介质进行，见图 5-17。

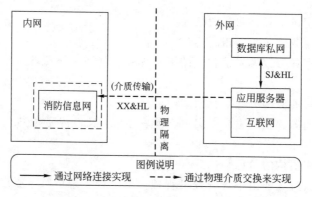

图 5-17　跨公安网和互联网的数据共享图

（2）跨消防信息网和指挥调度网。指挥调度网与消防信息网之间按照安全策略进行逻辑隔离，具有特定业务功能的设备需配置跨网访问，其他设备只能配置在一个网络中，不能跨网进行访问。

消防信息网和指挥调度网的跨网访问部署可通过 Vlan 或双网卡方式，见图 5-18。

应用服务器和数据库服务器可通过服务器上的双网卡进行集成，对于同一个系统同时部署在指挥调度网和消防信息网时，可通过访问私网中同一个数据库进行信息共享。

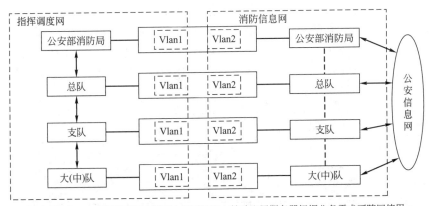

注：1. 消防信息网和指挥调度网在逻辑上相对独立，特殊应用服务器根据业务需求可跨网使用。
2. 消防信息网和指挥调度网对应的局域网内相关设备(含网络设备、应用设备等)应分别进行"一机两用"地址保护。

图 5-18 跨消防信息网和指挥调度网的数据共享图

**3. 跨网部署注意事项**

（1）跨公安网和互联网。公安网与互联网间只能通过安全方式进行数据交换，且必须遵循消防内外网数据交互规则及要求。

（2）跨消防信息网和指挥调度网。对于跨网时 IP 分配的问题，由于各地的 IP 资源不均衡，采取以下两种方式解决：①IP 资源比较充足的总队，如指挥调度网和消防信息网采用了不同的网段，建议跨网服务器采用双网卡的方式进行跨网访问；②资源不足的总队，两个网使用了同一个 IP 网段，建议采用划分 VLAN 的方式进行跨网调整。

跨网访问服务器只能主网络纵向访问，不能横向跨级访问（图 5-19）。

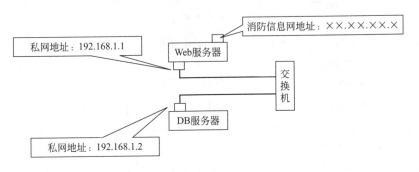

图 5-19 应用服务器和数据服务器的数据共享图

## 第三节 一体化消防业务信息系统

一体化消防业务信息系统包括两大平台和五大业务系统，两大平台指基础数据平台和公共服务平台，是统一技术体制、统一标准化体系、统一交换体系、统一信息整合平台，实现信息共享的具体实现。基础数据平台包括基础数据库和基础数据平台软件，为整个消防业务系统提供一致的基础数据的存储、访问和交换。公共服务平台包括消防综合业务平台、服务管理平台、信息交换平台和地理信息服务平台，为各类消防业务系统的集成和互联互通提供服务支撑。

五大业务系统是指：灭火救援指挥系统、消防监督管理系统、部队管理系统、社会公众服务平台和综合统计分析信息系统，是消防部队各类业务人员开展业务工作的应用系统。业务系统基于基础数据及公共服务平台，采用一体化设计，为消防部队提供统一、完整的信息系统支撑。各级部署的业务系统之间存在着信息数据的共享和交换，实现不同层级的数据汇总与上报。其总体架构如图 5-20 所示。

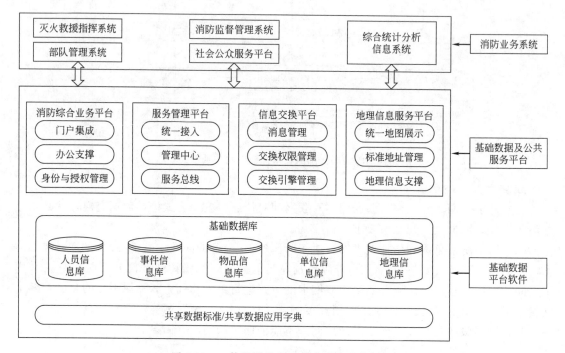

图 5-20　一体化消防业务信息系统总体架构

　　两大平台通过如下接口方式为五个业务系统提供支撑：
　　① 基础数据平台与业务信息系统的接口：业务信息系统通过调用数据访问服务实现对数据库中数据的访问和维护。
　　② 消防综合业务平台与业务信息系统的接口：业务信息系统的界面通过消防综合业务平台进行集成；业务信息系统的流程通过消防综合业务平台进行集成；业务信息系统的登录权限和功能权限由消防综合业务平台统一管理。
　　③ 服务管理平台和业务信息系统的接口：业务信息系统在服务管理平台上注册和维护服务信息；业务信息系统在服务管理平台上查询和使用服务。
　　④ 信息交换平台与业务信息系统的接口：业务信息系统利用信息交换平台进行信息的发布、查询和订阅；业务信息系统利用信息交换平台进行信息交换。
　　⑤ 地理信息服务平台与业务信息系统的接口：业务信息系统调用地理信息服务平台提供的地理信息服务。

## 一、基础数据及公共服务平台

　　基础数据及公共服务平台是本次消防一体化软件建设的核心，为上层各业务应用提供统一的、公共的软件平台支撑，通过对界面层、应用层和数据层的集成，实现数据、信息、服务的共享和互联互通，最终达到一体化的应用效果。具体包括消防综合业务平台、基础数据

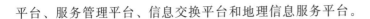

平台、服务管理平台、信息交换平台和地理信息服务平台。

### （一）消防综合业务平台

消防综合业务平台为用户提供统一的系统访问入口，实现单点登录和跨业务信息系统访问，提供统一流程管理，强化督办机制；包含身份认证、单点登录和各类待办事项、提醒事项的综合集成、工作流管理、办公支撑等功能。

#### 1. 系统组成

（1）总体结构。消防综合业务平台作为消防平台软件的组成部分，包括身份与授权管理子系统、门户集成子系统和办公支撑子系统。

（2）主要信息关系。消防综合业务平台对身份的认证凭证是公安部金盾数字证书，因此用户管理系统支持与金盾 CA 的接口，其中主要包括证书注册接口和证书 CRL 接口。

消防综合业务平台作为各消防业务信息系统的工作门户，不仅对各业务系统提供待办事项、提醒事项和工作流定义的集成，并且辅助日常流转办公的委托事务和个人常用批语的管理维护。

消防综合业务系统内部纵向方面包括上下级之间的用户数据同步、权限数据同步以及消防公文的上传和下达等。

（3）功能组成。消防综合业务平台的主要功能和结构如图 5-21 所示。

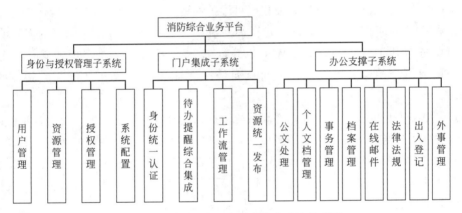

图 5-21　消防综合业务平台办公系统组成图

其中，身份与授权管理子系统是为消防所有应用系统提供集中、统一的用户身份管理、身份认证以及授权管理等功能，是其他应用系统的唯一用户数据源。身份与授权管理子系统集中管理所有应用系统的用户信息，其中包括用户身份信息、用户系统级授权信息和用户生命周期信息等，同时它还实现了各应用系统的单点登录功能，是用户访问各应用系统的统一入口（注：同时保留用户直接访问应用系统的通道），并对用户的登录行为和认证行为进行管控。身份与授权管理子系统由用户身份管理模块、用户授权管理模块、日志审计模块、系统管理模块四部分组成。

门户集成子系统：该子系统主要包含用户身份统一认证、待办提醒综合集成、工作流管理以及资源统一发布四大模块。用户身份统一认证模块主要用于实现消防工作人员单点登录以及全网漫游的功能。待办提醒综合集成模块主要用于实现各类待办事项、提醒事项的统一管理功能。工作流管理模块主要用于提供系统级和用户级的工作流管理功能，系统管理员可在此模块中创建、管理各类业务信息系统中需使用的系统级审批流程信息，用户可在此模块创建、管理个人流转审批事项中需使用的工作流程信息。资源统一发布模块主要用于提供用户在系统定义的资源库中添加文件的功能，此功能须经管理员确认后才可生效。

办公支撑子系统：该子系统包括公文处理、个人文档管理、事务管理、在线邮件、法律法规以及外事管理等模块。其中公文处理包括各类公文的审批、流转和传阅等功能。个人文档管理模块提供网络化的个人文档管理功能。事务管理模块包括个人事务和单位事务两大模块。其中个人事务包括委托管理、日程安排、警官日记、月度小结、批语管理、个性设置、个人通讯录和密码修改等模块。单位事务包括通知通告、日常制度和通讯录等模块。档案管理功能模块包括档案录入、档案入库、查询统计和档案维护等管理模块（其中管理的档案信息包括公文文书、消防监督、灭火救援、战评、组织建设、思想政治教育、财务会计、执勤岗位、其他等档案信息）。在线邮件模块提供向本级、上一级、下一级办公服务平台用户进行邮件收发的服务，其中包括邮件收发、邮件组管理等功能。法律法规模块提供法律法规、案例的管理。外事管理模块提供来访、出访登记和护照管理功能。

### 2. 系统特点

（1）采用 B/S 的多层应用架构，提高系统的可维护性和可扩展性。综合业务平台采用 B/S 架构开发，使系统更新升级更便捷。系统代码采用界面层、业务层和数据层的三层结构设计，在系统需求的变更和扩展时，使代码可维护性更好。

（2）采用标准的 WebService 技术，提高系统的开放性和适应性。综合业务平台对外数据接口服务都基于 XML 标准的 Web Service 技术，可以很好地实现和其他业务信息系统之间的数据交换和业务协同，并可满足跨平台应用的集成和其他业务软件的二次开发要求。

（3）采用多方位的安全性控制，提高系统数据的安全性。综合业务平台通过身份认证与授权系统进行用户身份认证和系统访问控制，保证登录用户的合法性和控制用户的单点漫游范围；通过权限分配控制用户功能使用范围；通过提供公文查阅权限、通讯录显示、邮件显示等一系列的设置控制用户的信息查阅范围和显示；通过分配对外数据接口服务的授权，保障数据服务接口的合法调用。

（4）采用完备的设计策略，提高系统的稳定性和数据的一致性。综合业务平台采用状态服务器来保存会话信息，保障单点登录功能的稳定。检测与数据库连通情况，断开恢复后，应用自动连接。记录与身份验证网关、信息交换平台、服务管理平台等相关平台软件和与上级综合业务平台之间的连通情况，提供应急处理策略和恢复后的重新处理策略，保障系统的稳定性。

提供消息触发、定时触发和手工同步三种数据同步策略和失败重新处理策略，保障与基础数据库之间数据的一致性。各级综合业务平台之间的数据交换除提供实时交互方式外，还提供实时交互失败后的后台服务定时处理策略，保障各级综合业务平台之间的相关数据一致性。

### 3. 部署方式

消防综合业务平台支持公安部消防局、总队、支队物理三级部署，具体部署根据各地实际情况确定。

### （二）基础数据平台

#### 1. 系统组成

（1）总体结构。基础数据平台包括共享数据标准、基础数据库和基础数据平台软件。基础数据平台软件由数据管理子系统、数据访问服务子系统组成。基础数据平台软件总体结构如图 5-22 所示。

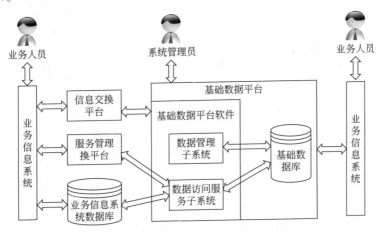

图 5-22　基础数据平台软件总体结构图

基础数据库保存各业务中的基础数据，通过共享数据标准建立访问和更新机制，实现各业务信息系统中基础数据的一致性。

数据管理子系统针对基础数据库的维护管理提供一系列的管理工具。其主要功能模块包括：元数据管理、数据库访问管理、基础数据维护、数据库打包部署、数据库系统管理、访问权限管理、日志管理和数据采集。系统管理员通过数据管理子系统可以对基础数据进行维护操作。数据管理子系统从信息交换平台获得业务信息系统操作基础数据的请求信息，随后对基础数据库做相应操作。

数据访问服务子系统以服务方式实现业务信息系统对基础数据的访问。提供定制数据访问服务的工具，同时提供预置的数据访问服务。主要功能模块包含：用户管理、权限管理、服务生成、服务监控和技术元数据管理。数据访问服务子系统生成的数据服务发布到服务管理平台上供业务信息系统调用。数据访问服务子系统对基础数据库进行相应操作。

（2）主要信息关系。基础数据平台软件主要信息关系结构如图 5-23 所示。

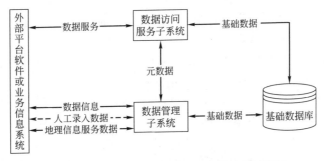

图 5-23　基础数据平台软件主要信息关系结构图

数据访问服务子系统从数据管理子系统中获得相应的元数据信息，构建数据服务。数据访问服务子系统对外提供数据服务。数据访问子系统从基础数据库获得基础数据，并对它进行维护。

数据管理子系统接受信息交换平台发送的业务信息系统的数据维护信息，对基础数据库进行维护。数据管理子系统接受人工录入数据，对基础数据库进行维护。

（3）功能组成。基础数据平台由基础数据库和基础数据平台软件组成。

基础数据库由机构、人、物、事、地五类数据组成。消防业务工作分类较多，并且在各类业务工作中产生了大量的数据，经过对灭火救援、消防监督、政工、部队管理、后勤以及社会公众服务各项业务的需求调研和分析，从整体角度对这些数据进行了梳理和分类工作，将消防数据划分为五要素，即人员信息、物类信息、机构信息、事件信息、地理信息。

基础数据平台软件由数据管理子系统、数据访问服务子系统组成，如图 5-24 所示。

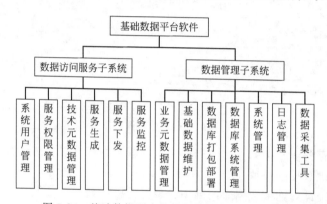

图 5-24　基础数据平台软件子系统功能模块组成

数据管理子系统由业务元数据管理、基础数据维护、数据库打包部署、数据库系统管理、系统管理、日志管理和数据采集工具 7 个模块组成，各模块的功能如下：

- 业务元数据管理：提供了对数据元和数据字典统一管理的功能；
- 基础数据维护：提供了对基础数据库数据维护的功能；
- 数据库打包部署：打包部署功能为元数据的版本和表结构进行管理控制；
- 数据库系统管理：提供通过界面对数据库系统进行管理；
- 系统管理：主要是对系统的用户、角色、权限、资源、菜单等进行维护设定；
- 日志管理：提供对数据管理系统日志进行管理功能；
- 数据采集工具：提供基础数据的采集功能。

数据访问服务子系统由系统用户管理、服务权限管理、技术元数据管理、服务生成、服务下发和服务监控 6 个模块组成，各模块的功能如下：

- 系统用户管理：提供对服务访问用户的管理维护。服务访问用户是访问基础数据平台服务的业务信息系统用户，不是平台登录用户；
- 服务权限管理：是对服务访问权限进行配置管理；
- 技术元数据管理：负责采集、维护、备份数据库中对象信息，包括表、字段、主外键关系等数据库中的基本信息；
- 服务生成：是基于数据表或视图，加上一定的业务逻辑来定制生成数据服务。能够定制访问服务的服务调用方式、访问数据的内容、服务访问所需参数等；
- 服务下发：把公安部消防局定制的服务分发到各总队；

• 服务监控：提供对数据服务的访问频率、响应时间、在线情况等提供统计监视。

**2. 部署方式**

基础数据平台软件采取公安部消防局、总队两级部署。

在每一级部署的基础数据平台软件与各业务信息系统（业务数据库）之间的关系如下：

基础数据平台软件与信息交换平台：基础数据平台软件与信息交换平台之间能建立信息通道，基础数据平台软件与各业务信息系统间的数据交换、数据共享可以利用这个信息通道进行来完成；

基础数据平台与服务管理平台：各业务信息系统可以调用基础数据平台软件在服务管理平台上注册的服务，来达到基础数据平台软件与各业务信息系统间的数据交换、数据共享的目的。

### （三）服务管理平台

服务管理平台实现对各级服务信息的统一注册、查询、代理、路由、监控和管理等，实现了"统一服务管理"，提供了跨级、跨业务的 Web 服务共享手段，使各级服务信息通过服务管理平台实现跨级共享，从而为应用服务的全网共享和服务治理提供支撑手段。

**1. 系统组成**

（1）总体结构。服务管理平台包括注册中心、服务总线、系统管理平台、管理监控、统一接入。注册中心由服务注册发布、服务检索查询、服务信息修改、服务注销、导入/导出、服务权限管理和服务分类管理等功能组成。服务总线由服务代理、路由管理、协议转换、格式转换和异常处理等功能组成。系统管理平台由用户管理、访问控制、配置管理、日志管理和异常处理等功能组成。管理监控由资源使用状况监控、服务运行状况监控、服务访问日志监控、访问异常日志监控等功能组成。统一接入对外提供一个统一的服务入口，提供对 HTTP/HTTPS、SOAP、JMS、EMAIL、FTP、FILE 和 SOCKET 等协议的接入支持。总体结构如图 5-25 所示。

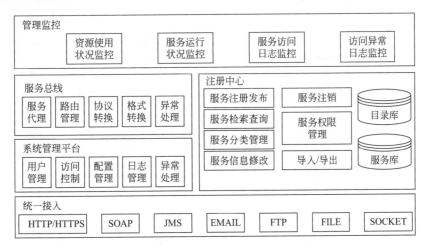

图 5-25 服务管理平台——总体结构图

（2）主要信息关系。服务管理平台主要信息有：服务元数据、平台管理员、服务提供者、服务使用者、服务权限信息、服务分类信息、服务资源描述信息以及服务。服务元数据主要指服务类型、服务 URL、服务资源描述信息等。服务资源描述信息主要是 WSDL。它们之间的关系如图 5-26 所示。

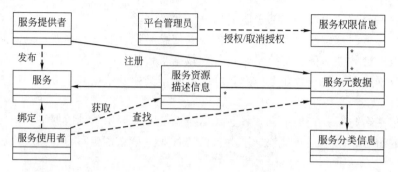

图 5-26　服务管理平台——主要信息关系图

服务提供者可以对服务元数据进行注册、修改或注销。服务使用者可以查找服务元数据，获取服务资源描述信息，然后对服务进行绑定。服务元数据包括了服务分类信息以及服务资源描述信息等。平台管理员可以对服务元数据进行授权以及取消授权。

（3）功能组成。服务管理平台系统总体功能模块划分图如图 5-27 所示。

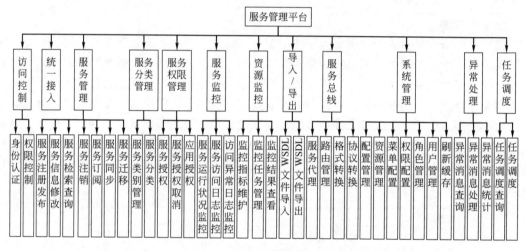

图 5-27　服务管理平台——功能组成图

① 访问控制。对访问该平台的所有用户进行身份以及权限认证，主要包括身份认证和权限监控。

② 统一接入。统一接入对外提供一个统一的服务入口，提供对 HTTP/S、SOAP（SOAP1.1，SOAP1.2）、JMS、EMAIL、FTP、FILE 和 SOCKET 等协议的接入支持。

服务管理平台对以上功能均提供后台支持。

③ 服务管理。服务管理由服务检索查询、服务管理、服务订阅、服务同步、服务迁移等功能组成。

④ 服务分类管理。可以增加、修改、删除用户自定义各种类别（类别是多层次结构的展现），并对服务赋予各种类别属性。

⑤ 服务权限管理。服务权限管理包括服务授权、服务授权取消、应用授权。

⑥ 服务监控。服务监控由服务运行状况监控、服务访问日志监控、访问异常日志监控、服务运行监控策略设置等功能组成。

⑦ 资源监控。资源监控包括监控指标维护、监控任务管理、监控结果查看三个功能。

⑧ 导入/导出。导入/导出包括 WSDL 文件导入、WSDL 文件导出两个功能。

⑨ 服务总线。服务总线由服务代理、路由管理、协议转换、格式转换、异常处理、统一接入等功能组成。

⑩ 系统管理。包括配置管理、资源管理、菜单配置、权限配置、角色管理、用户管理、刷新缓存、数据同步、系统升级等功能。

⑪ 异常处理。该功能包括异常消息查询、异常消息处理、异常消息统计三个功能。

⑫ 任务调度。该功能包括任务调度、任务调度查询两个功能。

**2. 部署方式**

服务管理平台采用公安部消防局、总队两级部署的方式。

### (四) 信息交换平台

信息交换平台为业务信息系统建立通信通道，收集业务信息系统通过通信通道所发布的信息，按照订阅发布机制发送给订阅该信息的业务信息系统。信息交换平台负责将消息从发送者通道传递到接收者通道，从而降低业务信息系统之间的耦合性。针对消防业务信息系统分布的特点，信息交换平台提供公安部消防局、总队和支队业务信息系统之间的信息交换。

**1. 系统组成**

(1) 总体结构。信息交换平台主要包括应用信息交换、交换引擎、管理信息数据库和接入管理。各级消防业务信息系统间的信息交换平台通过内部统一的传输和交换机制实现互联互通，实现对消防业务信息的统一集中管理。信息交换平台结构图如图 5-28 所示。

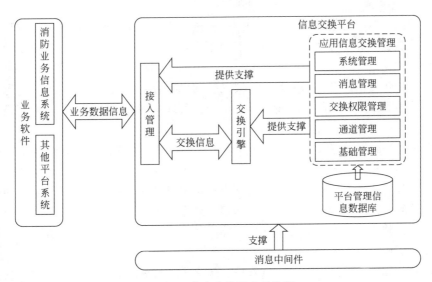

图 5-28　信息交换平台结构图

信息交换平台主要解决业务信息系统异步信息交换的问题，应用信息交换由系统管理、消息管理、交换权限管理、通道管理和基础管理等组成。应用信息交换、交换引擎和接入管理等功能模块共同构成了信息交换平台体系。

　　（2）主要信息关系。信息交换平台通过交换管理信息（系统管理、交换权限管理和消息管理等）、交换支撑信息（通道管理和基础管理等）和消息中间件来为交换引擎提供支撑，使交换引擎能够为应用信息交换提供服务；业务信息系统使用信息交换平台提供的 SDK 开发包实现信息的收发功能。信息交换平台主要信息关系图如图 5-29 所示。

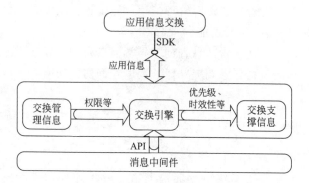

图 5-29　信息交换平台主要信息关系图

　　（3）功能组成。信息交换平台的功能模块如图 5-30 所示。

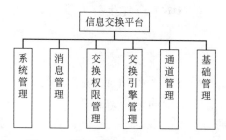

图 5-30　信息交换平台功能模块图

　　系统管理：是对参与信息交换的应用或平台进行管理。系统管理包含角色管理、用户管理、平台管理、应用分类管理、应用管理、应用组管理、平台通信检测、系统配置管理和系统升级管理等功能；

　　消息管理：作为信息交换的约定，需要交换的参与者共同遵守，才能保证消息在消防各业务信息系统间和平台纵向的正确传输。它由消息管理功能、主题订阅管理和交换关系导入导出功能组成；

　　交换权限管理：是信息交换平台对业务信息系统间通信权限的管理，有通信权限的业务信息系统才能通信；

　　交换引擎管理：作为信息交换平台的核心承担着信息的收集、处理和转发的功能，需要完成消息头处理、优先级处理、任务调度和信息处理等；

　　通道管理：独立于传输中间件的管理功能，在支持的中间件平台上，提供统一用户操作界面，对传输的通道进行管理；

　　基础管理：涵盖了信息交换的信息管理。包含了平台编码管理、信息优先级的管理、实效性管理、死信管理、日志管理、交换系统资源监控、联机帮助、异常处理和开发组件管理等功能。

### 2. 部署方式

　　信息交换平台支持三级部署，依据实际应用情况对交换信息的部署要求确定二级或三级部署。

### （五）地理信息服务平台

地理信息服务平台遵循消防信息化建设一体化的设计原则，以地图应用为目标，覆盖公安部消防局、总队、支队和大（中）队用户，实现对消防一体化软件的地理应用支撑和消防业务地理信息数据的统一展现。地理信息服务平台统一制定消防地图显示比例尺与信息分类标准，建立消防地理信息数据库，提供统一的地图服务和标准地址数据管理。

#### 1. 系统组成

（1）总体结构。地理信息服务平台（图5-31）包括地理信息业务数据库、地理信息空间库、地理信息地图服务、地理信息服务平台软件及支撑。地理信息服务管理平台软件包括统一地图展示系统、地理信息标准地址管理系统、标准地址关联接口、地理信息应用模板。地图信息服务平台支撑包括智能定位服务、支队119同步服务、路径分析服务、地图代理服务列表。地图信息服务平台提供的地图服务包括：导航地图要素服务、影像地图要素服务、透明导航地图要素服务、单位地图要素服务、水源地图要素服务、营房地图要素服务、装备地图要素服务、宣传地图要素服务、视频监控点地图要素服务。

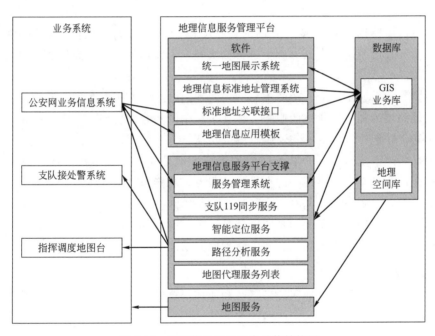

图5-31 地理信息服务平台总体结构图

GIS业务库保存GIS的各个系统所需的数据。地理空间库保存与坐标相关的数据，数据由业务系统采集，随后业务系统将采集的数据同步至基础数据库，地理信息服务平台从基础数据库将空间数据同步至地理空间库。

统一地图展示系统为用户提供查看地图及进入地理信息服务平台其他系统的入口。其主要功能模块包括：快速定位、地图查询、消防专题地图、统计图管理、路径导航、用户管理。

服务管理系统对地图服务进行统一的管理，并提供获得地图服务属性信息的WebService服务。其主要功能模块包括：地图服务和系统管理。

标准地址管理系统为用户提供增加、修改、删除、查询、审核标准地址的功能。其主要功能模块包括：地址查询、地址管理、地址表编辑。

地理信息应用模板通过提供地图控件，封装控件的调用为 javascript 脚本调用为各业务系统提供地图应用模板。

（2）功能组成。地理信息服务平台的功能组成如图 5-32 所示。

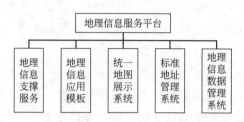

图 5-32　地理信息服务平台功能组成图

地理信息服务平台软件包括地理信息支撑服务、地理信息应用模板、统一地图展示系统、标准地址管理系统和地理信息数据管理系统组成。

地理信息支撑服务包括服务管理、数据同步、路径分析、智能定位和地图服务扫描功能。

地理信息应用模板是基于 B/S 应用的典型 GIS 应用模板，根据消防业务的特点制作，提供给业务系统直接使用或在其基础上进行二次开发，以达到快速、高效的实现地理信息相关功能的目的。

统一地图展示系统是一套在消防信息网内的地图网站，实现对各类业务图层的目录化管理、统一的地图展示和个性化地图服务，体现了一张图的管理思想，主要包括快速定位、地图查询、消防专题地图、我的标签、统计图等功能。

标准地址管理系统建立了一套消防专用的标准地址库，实现了标准地址数据的维护管理，为一体化的业务系统提供统一的标准地址服务，功能包括地址维护、地址查询、与业务数据进行关联等，主要包括：基本查询、基本表编辑和地址管理三个部分。

地理信息数据管理系统是面向系统管理员，提供空间数据的管理和维护，以及地图工程的编辑和配置功能，包含数据管理、地图管理两大功能。

**2. 部署方式**

地理信息服务平台的统一地图展示系统和地理信息服务管理系统是公安部消防局一级部署，其他系统为公安部消防局、总队两级部署。

**3. 与 PGIS 的关系**

（1）对接关系。消防 GIS、PGIS 平台、PGIS 相关业务系统和消防日常业务系统部署在消防信息网，灭火救援指挥调度系统部署在消防指挥调度网，与消防 GIS 和 PGIS 平台实现跨网访问。

消防 GIS 和 PGIS 平台的对接方式是部消防局 GIS 与部 PGIS 平台对接，消防总队 GIS 同时与省公安厅（局）PGIS 平台和地（市）公安局 PGIS 平台对接。消防 GIS 和 PGIS 平台对接后，可以实现各级消防业务通过 PGIS 代理访问同级 PGIS 平台的资源，也可以实现部级公安业务系统访问部消防局 GIS，省级及各地市以下公安业务访问总队消防 GIS。详情如图 5-33 所示。图 5-33 中的每条线代表的意义如表 5-4 所示。

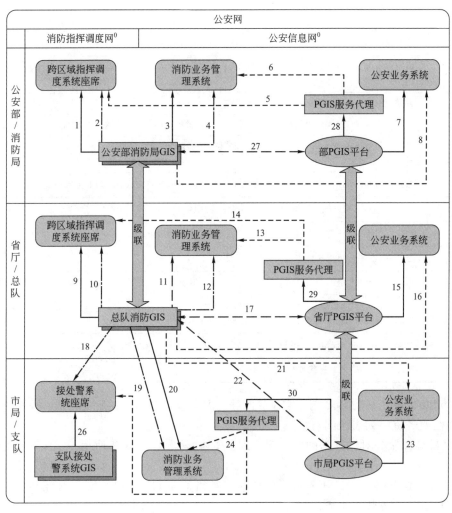

图 5-33　消防 GIS 与 PGIS 平台对接关系图

**表 5-4　对接关系图中编号的说明**

| 编号 | 含　义 |
|------|--------|
| 0 | 消防信息网为部署运行公安、消防日常业务系统的公安网,消防指挥调度网属于具有一定安全逻辑隔离措施保障的特殊公安网,部署运行灭火救援指挥系统及音视频传输 |
| 1,3 | 公安部消防局 GIS 可以被公安部消防局跨区域指挥调度系统和消防业务管理系统调用 |
| 2,4 | 公安部消防局 GIS 地图服务列表可以被公安部消防局跨区域指挥调度系统和消防业务管理系统调用 |
| 5,6 | 消防 GIS 和 PGIS 平台对接后,部 PGIS 平台可以被公安部消防局跨区域指挥调度系统和消防业务管理系统调用 |
| 7 | 公安部 PGIS 平台可以被部级的公安业务系统调用 |
| 8 | 消防 GIS 和 PGIS 平台对接后,公安部消防局 GIS 可以被部级的公安业务系统调用 |
| 9,12 | 总队消防 GIS 可以被总队级的跨区域指挥调度系统和消防业务管理系统调用 |

续表

| 编号 | 含　义 |
|---|---|
| 10,11 | 总队消防 GIS 的地图服务列表可以被总队级跨区域指挥调度系统和消防业务管理系统调用 |
| 13,14 | 消防 GIS 和 PGIS 平台对接后，省厅 PGIS 平台可以被总队级跨区域指挥调度系统和消防业务管理系统调用 |
| 15 | 省厅 PGIS 平台可以被省级的公安业务系统调用 |
| 16 | 消防 GIS 和 PGIS 平台对接后，总队消防 GIS 可以被省级的公安业务系统调用 |
| 17,22 | 总队消防 GIS 物理上集中部署，逻辑上按总队、支队两级管理，分别与省厅 PGIS 平台、市局 PGIS 平台进行对接 |
| 18,19 | 总队消防 GIS 的地图服务列表可以被支队接处警系统座席和支队级消防业务管理系统调用 |
| 20 | 总队消防 GIS 可以被支队级的消防业务管理系统调用 |
| 21 | 消防 GIS 和 PGIS 平台对接后，总队消防 GIS 可以被地市级的公安业务系统调用 |
| 23 | 市局 PGIS 平台可以被地市级的公安业务系统调用 |
| 24,25 | 消防 GIS 和 PGIS 平台对接后，市局 PGIS 平台可以被支队接处警系统座席和支队级的消防业务管理系统调用 |
| 26 | 支队接处警系统 GIS 服务器可以被接处警系统座席调用 |
| 27 | 公安部消防局 GIS 和公安部 PGIS 平台进行对接 |
| 28,29,30 | PGIS 面向消防的服务代理与 PGIS 平台对接 |

（2）对接内容。消防 GIS 与 PGIS 平台对接内容包括基础地图服务对接、业务图层数据共享和地图服务资源列表访问对接三个方面。

① 基础地图服务对接。基础地图服务对接是指消防 GIS 共享使用 PGIS 平台的基础地图服务。

② 业务图层数据共享。业务图层数据共享是指消防 GIS 与 PGIS 平台互相共享自有的业务地图服务和业务数据服务。

③ 地图服务资源列表访问对接。在 PGIS 平台实现地图服务资源列表并提供访问服务后，根据实际环境进行对接。PGIS 平台未提供资源列表访问服务前，通过手工配置方式，实现相关地图服务的注册管理。

消防 GIS 与 PGIS 平台对接内容如图 5-34 所示。

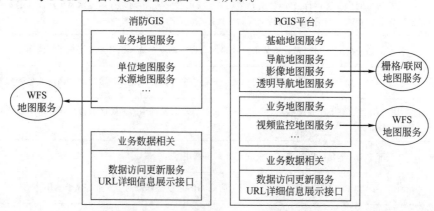

图 5-34　消防 GIS 与 PGIS 平台对接内容

PGIS 平台的基础地图服务采用栅格地图图片服务（简称"栅格地图服务"）或栅格地图图片联网服务（简称"联网地图服务"）的方式发布，栅格地图服务/联网地图服务包括 PGIS 平台发布的导航地图服务、影像地图服务和透明导航地图服务。

PGIS 平台的业务图层数据采用 WFS 服务、Web Service 数据访问更新服务、URL 详细信息展示接口等三种方式发布，内容包括 PGIS 平台发布的单位、小区、视频监控点等业务图层。

消防 GIS 的业务图层数据采用 WFS 服务、URL 详细信息展示接口方式发布，内容包括消防 GIS 发布的单位、水源、营房坐落、联勤保障单位、应急联动单位等地图服务。

## 二、消防监督管理系统

消防监督管理系统覆盖公安部消防局、总队、支队、大队和基层派出所各级、各类业务应用需求，努力实现消防监督"业务网上办、文书网上走、信息网上查、档案网上建、质量网上考"的工作机制，实现全业务过程网上规范执法和办事结果公开，为执法规范化建设提供技术支撑。

### （一）系统组成

消防监督管理主要由受理登记子系统、行政许可子系统、消防监督检查子系统、火灾事故调查子系统、行政处罚子系统、网上督察子系统、社会管理子系统、档案管理子系统、基础信息子系统、决策分析子系统、查询统计子系统、系统维护子系统等组成。

消防监督管理系统的组成如图 5-35 所示。

消防监督管理系统的使用涉及公安部消防局、总队、支队、大队、公安派出所五级用户。

公安部消防局：公安部消防局主要使用决策分析、网上督查，以及火灾事故认定复核、行政许可中的专家评审备案功能。

总队：主要使用基础信息、受理登记、行政许可、备案抽查、监督检查、火灾调查、行政处罚、档案管理、网上督查、网上考评、决策分析、社会管理、查询统计、系统维护等功能。

支队、大队：主要使用基础信息、受理登记、行政许可、备案抽查、监督检查、火灾调查、行政处罚、档案管理、网上督查、网上考评、决策分析、社会管理、查询统计、系统维护等功能。

公安派出所：主要使用基础信息、受理登记、监督检查、火灾调查、行政处罚、网上督查、档案管理、决策分析、查询统计、系统维护等功能。主要对各类单位按比例进行监督检查、大型群众性活动举办前消防安全检查、公安派出所实施的日常消防监督检查、对接到报警的火灾事故进行调查处理。

### （二）信息流

#### 1. 软件内部的信息流关系

专家评审信息：支队将行政许可专家评审信息上报给总队。

重点单位、建筑等信息：支队将（支队、大队、派出所）采集后的重点单位、建筑等基础信息上报给总队。

社会管理信息：支队汇总后的社会管理信息上报给总队。

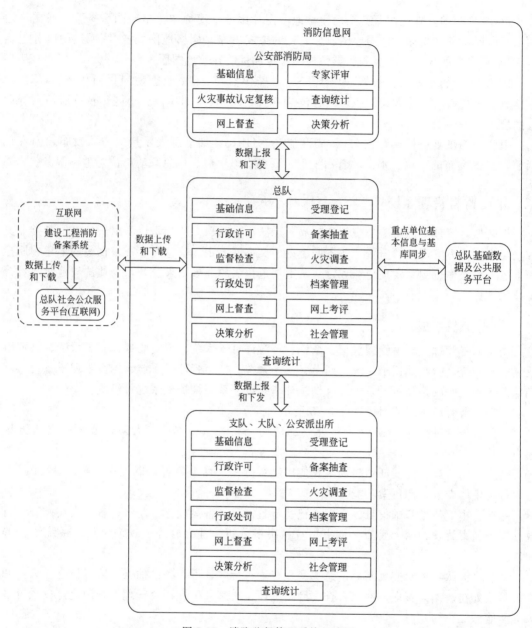

图 5-35　消防监督管理系统组成图

　　火灾隐患信息：支队汇总后的火灾隐患信息上报给总队，总队汇总后的火灾隐患信息上报给公安部消防局。

　　备案信息：建设工程消防备案系统（外网消防办事大厅）受理的备案信息交互至消防监督管理系统监督检查子系统进行处理，处理结果反馈至外网。

### 2. 与外部系统的主要关系

　　消防监督管理系统主要与消防综合业务平台、服务管理平台、社会公众服务平台、地理信息服务平台和基础数据平台交互。与外部系统的主要关系图如图 5-36 所示。

　　（1）消防监督管理系统与消防综合业务平台的信息关系。消防监督管理系统通过在消防综合业务平台登录，获得统一的功能权限。

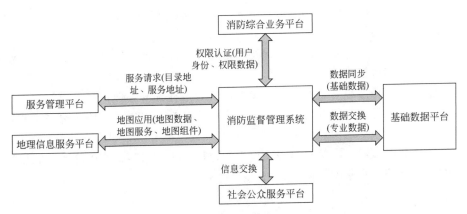

图 5-36 消防监督管理系统外部信息关系图

（2）消防监督管理系统与服务管理平台的信息关系

① 消防监督管理系统在服务管理平台上注册服务信息；

② 消防监督管理系统在服务管理平台上查询其他系统服务接口。

（3）消防监督管理系统与社会公众服务平台的信息关系。消防监督管理系统通过社会公众服务平台进行信息交换。

（4）消防监督管理系统与地理信息服务平台的信息关系

① 消防监督管理系统调用地理信息服务平台提供的地理信息服务；

② 消防监督管理系统开发人员利用地理信息服务平台提供的功能接口，开发相关应用。

（5）消防监督管理系统与基础数据平台的信息关系

① 消防监督管理系统利用数据交换软件实现数据库间的数据交换；

② 消防监督管理系统通过调用基础数据平台数据访问服务提供的数据服务实现对数据库中数据的访问和维护；

③ 消防监督管理系统直接对基础数据库进行访问和维护；

④ 消防监督管理系统通过基础数据管理软件维护基础数据库中的基础数据。

消防监督管理系统与外部的信息共享与交换，主要采用三种方式：

（1）基于文件方式的共享。这种方式主要用于离线的、无法互联的系统之间的数据交换。

（2）集中式的数据存储与管理。将分布在不同地方的数据，通过共享用户名、口令的方式，直接在数据层实现共享交换。这种方式主要用于使用同一数据库平台或数据库引擎的应用系统间的信息交换。

（3）使用标准的 Web Service 方法，基于 Intranet 和 Internet 网络将数据及功能以标准的服务发布，实现共享与交换。这种方式主要用于异构平台、异构系统间的信息交换和互操作。

## （三）系统特点

消防监督管理系统严格遵循规范执法、以人为本、统筹兼顾、全面覆盖、互联共享、安全可靠等原则。同时，消防监督管理系统体现了自身的特色，主要包括以下 3 个方面。

### 1. 技术先进

采用最新的开发平台和开发技术，运用 MVC 构架理念，对系统进行分层构架：用户界面层（WebPage）、业务逻辑层（Business）、数据访问层（Data Access）、数据实体层（Data Model），这种构架带来的好处：

（1）划分各层功能，使之在逻辑上保持相对独立，从而使系统逻辑结构上更为清晰，提供系统的可维护性和可扩展性；

（2）由于各层的功能独立，所以具有良好的可升级性和开放性；

（3）运行应用的各层并行开发，选择最合适的语言和开发工具，使系统高效开发，达到较高的性价比；

（4）运用业务逻辑层，有效隔离表示层和数据层，未授权用户难以绕过中间层访问数据层，严格的安全管理奠定坚实基础。

**2. 功能设计**

功能设计更符合一体化要求，主要体现在：

（1）数据更多地采用代码表管理，增加文书中字段的可修改性和可维护性；

（2）流程设计更人性化，各个总队、支队可根据本单位实际，自行定制符合业务的法律文书审批流程；

（3）任务页面的列表管理可满足不同用户的需求，可按受理时间自近及远排列；

（4）打印文书更方便，审批后法律文书自动生成，可直接打印。

**3. 数据关联性强**

（1）采用标准代码信息，数据能保持一致性；

（2）生成法律文书的信息关联，如《公众聚集场所投入使用、营业前消防安全检查申请表》审批后，提示承办人员去现场检查，填写《消防监督检查记录》，当根据检查结果，若合格，填写《公众聚集场所投入使用、营业前消防安全检查合格证》，若不合格，填写《不同意投入使用、营业决定书》；

（3）监督任务横向关联，如：从行政许可任务→监督检查任务→行政处罚任务→监督复查任务等；

（4）监督任务纵向关联，如：支队火灾事故调查任务→总队认定复核任务→支队重新认定任务；

（5）档案完整性：建立单位执法档案、个人执法档案。

## （四）部署方式

消防监督管理系统功能覆盖消防监督全部业务，使用人群涉及公安部消防局、总队、支队、大队、专职消防队和公安派出所六级用户。根据业务特点，采用公安部消防局、总队和支队三级部署模式。

**1. 公安部消防局消防监督管理系统**

供公安部消防局用户使用，对全国消防监督管理基础数据汇总；供公安部消防局领导根据全国消防监督数据情况进行决策分析和对各总队网上督查，以及火灾事故认定复核、行政许可中的专家评审备案功能。

**2. 各省消防总队消防监督管理系统**

供各省消防总队用户使用，对本省内消防监督管理基础数据汇总；供总队领导根据本省消防监督数据情况进行决策分析和对各支队网上督查，以及火灾事故认定复核、行政许可专家评审和系统维护的基础代码、知识库等代码数据的管理。

**3. 各支队/直辖市总队消防监督管理系统**

供支队/直辖市总队用户、大队用户、公安派出所用户、专职消防队用户使用，包括基础信息、受理登记、行政许可、监督检查、火灾调查、行政处罚、网上督查、档案管理、社会管理、决策分析、查询统计、系统维护等功能。

## 三、灭火救援指挥系统

灭火救援指挥系统纵向贯通公安部消防局、总队、支队、大队、中队，横向联通政府应急指挥部门、公安机关、社会联动单位，综合利用各种语音、视频、数据等资源，规范日常灭火救援业务工作，为各级消防部队灭火救援指挥，跨部门协同作战提供全方位、全过程的信息支持和综合通信手段。

### （一）系统组成

灭火救援指挥系统，包括灭火救援业务管理子系统、消防接处警子系统、跨区域指挥调度系统和指挥中心信息直报子系统。

这些子系统的部署根据总队承担的任务不同，在组成结构上也有所不同。

省（自治区）总队上下级灭火救援指挥系统的组成关系如图 5-37 所示。

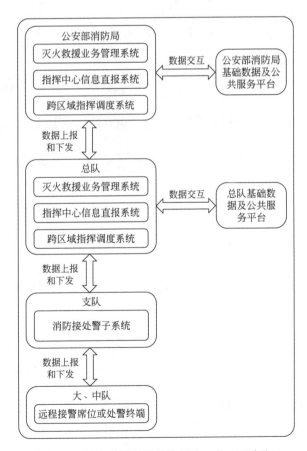

图 5-37 灭火救援指挥系统组成（省、区总队）

直辖市总队上下级灭火救援指挥系统的组成关系如图 5-38 所示。

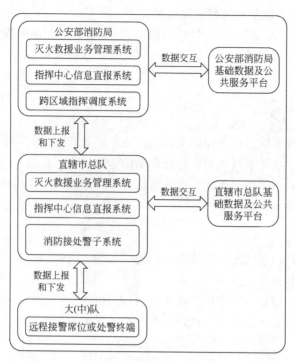

图 5-38　灭火救援指挥系统组成（直辖市总队）

**1. 灭火救援业务管理子系统**

在公安部消防局、总队两级部署，支撑公安部消防局、总队、支队、（大）中队四级应用，包括 8 个主要业务功能模块：

（1）执勤实力：结合执勤中队每日交接班，实现对执勤实力（人员、车辆、装备、灭火剂等）动态管理，为接处警调度提供支撑。

（2）业务训练：实现训练计划、周安排、训练检查考核、统计分析、训练安全管理、训练科目维护等功能。

（3）水源管理：基于地图实现消防水源分布展示，实现消防水源的采集、建档、确认、检查、维修、拆除全生命周期管理。

（4）预案管理：包括灭火预案单位的录入、预案的制作与审批、查询等功能，预案可供接处警调度时调阅、查询。

（5）指挥决策：提供 28 种计算公式，对灾害现场灭火剂及用水量计算，提供化学危险品查询、灭火救援资源圈分析功能。

（6）战评总结：通过获取接处警过程数据，按照规则进行分析、整理，形成战评总结所需的部分客观数据。战评总结可作为典型案例在全国共享。

（7）警情补录：在消防接处警子系统未实现全部上线运行或没有通过电话报警的灾情，通过补录灾情的各阶段信息，为战评总结提供依据。

（8）综合查询：实现分级对每日交接班、执勤实力、训练、预案、水源、战评等基础信息进行查询、统计。

**2. 消防接处警子系统**

接警调度席位分文字台、语音调度台、地图台三部分，按一机三屏显示，主要部署在直辖市总队及省（自治区）总队的城市消防支队，部分远郊大队部署了远程接警席位，集中受

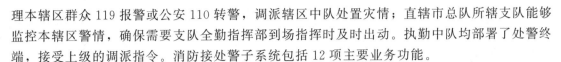

理本辖区群众 119 报警或公安 110 转警，调派辖区中队处置灾情；直辖市总队所辖支队能够监控本辖区警情，确保需要支队全勤指挥部到场指挥时及时出动。执勤中队均部署了处警终端，接受上级的调派指令。消防接处警子系统包括 12 项主要业务功能。

（1）接警调度：自动显示报警人、装机地址、主叫号码等三字段信息。分类录入火灾、抢险救援、社会救助、反恐排爆等警情的立案信息，对重点单位进行提示，查询单位灭火预案，一键式调派车辆、器材、应急联动单位、联勤保障单位、专家等信息，生成出车单，发往相关中队，监视排队电话、早释电话和多报案件等信息。

（2）案件处置：按时段查询并显示案件列表，对每起案件的立案信息、录音信息、调派力量、车辆状态变化进行监控查询，向上级发送增援请求，接受上级指令及文电信息，录入火场文书及现场反馈信息，对同案件进行合并，设置虚假警，对处置完毕的案件进行结案、归档。

（3）转警、错位及辅助接警：与"三台合一"系统数据对接后，实现接收 110 指挥中心的转警信息功能，对非本辖区警情进行处理，将立案信息转移至辖区支队处置，辅助接警对无呼入报警电话的警情进行立案，调派力量处置。

（4）班长监控：实时监控所有纳入调派的车辆状态（16 种），监视所有接处警席位、中队处警终端的在线、离线状态，对系统用户进行管理和角色设置，查看上级设定的重大案件上报阈值。

（5）待警信息：显示当日值班、气象信息，统计当日、当月、当年分类警情数量，显示当前警情列表和所有执勤车辆信息。

（6）手机报警定位：群众手机报警时，系统自动通过向运营商"一打一查"获得报警人所在位置的坐标，固话报警时通过三字段信息的装机地址，匹配标准地址库，可自动在地图台上显示报警人位置。

（7）语音调度：与语音管理平台集成，实现报警人、接警员、辖区中队、公安 110 指挥中心等多方通话，在软件内可直接与设置的人员、单位电话和无线通信系统进行通话。

（8）调派方案管理：根据不同灾害类型或灾情等级，设置调派力量方案，调度时提供与方案匹配的力量资源清单，实现一键式调度。

（9）短信提醒：与短信平台实现对接，将灾情信息发送到相关领导和值班人员手机上。

（10）录音录时：对报警、有无线语音通信进行录音，记录时间、时长等信息。

（11）地图显示：显示导航地图、大比例尺地图、遥感地图、水源及重点单位分布、基于灭火救援圈计算资源分布、车辆行驶轨迹、灾情位置、等地理信息。与图像管理平台集成，在地图上调取中队营区监控、3G 图传、卫星传输图像等，调度命令下达后，联动显示中队车库出动图像。

（12）中队处警终端：接受指挥中心下达的调派指令，显示立案信息，打印出车单，可自动联动开启车库、广播、警铃等设备，查询本单位正在处置的案件信息。

### 3. 跨区域指挥调度子系统

分为文字台、语音调度台、地图台三部分，按一机三屏显示，主要部署在公安部消防局和省（自治区）总队，直辖市总队通过消防接处警系统实现相应功能。主要包括 9 项主要业务功能：

（1）灾情接收：接受消防接处警系统上报灾情，包括所有立案信息和达到上报阈值的重要案件信息。

（2）力量调度：针对单个灾情，可进行跨区域增援调度。包括预案调度和临机调度。预案调度是调取灭火救援业务管理系统编制好的预案内容，自动生成增援调派力量清单，并可进行调整；临机调度是根据力量资源分布情况，手动生成增援派力量清单。两种方式均通过一键式向下级下发增援调派命令。

（3）文电传输：针对单个灾情，接受或发送文字及附件信息，主要用于重要事项提醒、领导指示传达、相关资料传输、作战力量部署或调整的图例传输等应用场景。

（4）灾情监控：对单个灾情，可查询案件的立案、调度及记录的全部过程信息。对达到上报阈值的案件进行突出提醒，引起值班人员关注，对需处理的信息进行待办提示。

（5）辅助决策：显示各级值班、天气、案件统计等辅助信息，利用动态立体灭火救援圈计算力量资源的分布情况，可直接生成调度清单，查询危险化学品信息。

（6）语音调度：与语音综合管理平台进行集成，在软件内实现对已设定的单位、个人电话及无线通信系统进行直接通话。

（7）地图展示：显示导航地图、大比例尺地图、遥感地图、水源及重点单位分布等地理信息，与图像综合管理平台集成，在地图上调取中队营区监控、3G图传、卫星传输图像等信息。

（8）阈值设定。对下级设定重要案件上报所需达到的阈值，如出动车辆、人员、被困人数、伤亡人数、燃烧面积、灾情等级、高层（地下）建筑、人员密集场所、石油化工、地震等自然灾害等。

（9）统计查询。实现分区域、分时段、分类别对所有案件信息进行查询统计。

**4. 指挥中心信息直报子系统**

在公安部消防局、总队部署，供公安部消防局、总队、支队三级指挥中心应用，主要包括6项主要业务功能：

（1）信息接收：按照今日、昨日、近一周和所有信息分类，接收和显示下级单位上报的值班等信息。

（2）信息上报：下级向上级报送值班、要事、要情及重大灾害事故等信息，并能监控上级单位接收情况。

（3）部局刊物及各地信息：公安部消防局编发每日消防信息、七局信息、每月信息研判、网情摘报等电子刊物，可设置刊物或总队信息是否公开，共各地共享查阅。

（4）通知通告：上级向下级发送通知通告。

（5）值班排班：对本级进行值班排班，上级可查询下级值班排班情况。

（6）值班日志：拟制本级当日值班日志，查询历史值班日志。

**（二）信息流**

**1. 内部信息流**

灭火救援指挥系统内部信息流如图5-39所示。

（1）火警受理信息流程

① 支队火警受理模块接收到座机、手机等多种报警来源的报警信息；

② 查询信息支持部分情报信息库数据，获取直辖市总队/支队执勤实力数据和预案数据，编制第一出动方案；

③ 支队火警受理模块向中队火警终端模块下达出动命令，启动大、中队联动装置，中队火警终端模块接收出动命令；

④ 支队火警受理模块接收火警终端模块的出动信息反馈；

⑤ 记录火警受理全过程，并归档到情报信息库中；

⑥ 火警终端监控模块定时监控火警终端状态；

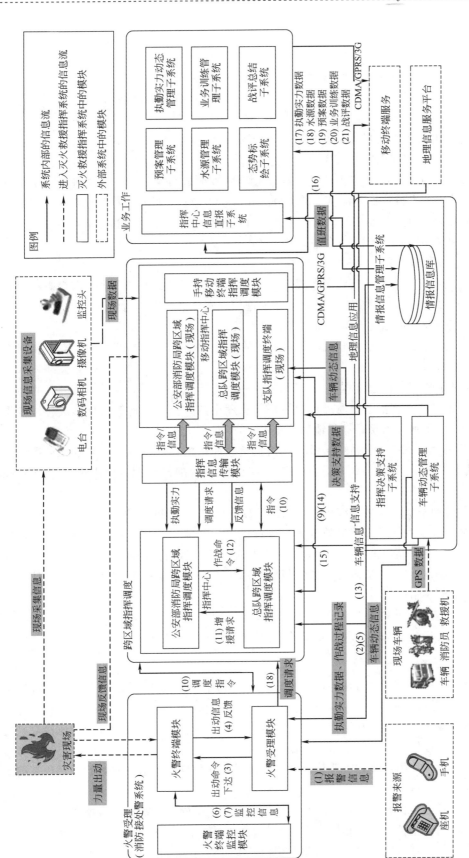

图 5-39 灭火救援指挥系统内部信息流图

⑦ 定时发送信息到火警终端监控模块。

（2）跨区域指挥调度信息流程

① 总队跨区域指挥调度系统接收到跨区域增援请求；

② 通过指挥决策支持子系统提供的决策支持数据和信息支持部分的执勤实力数据，并结合现场信息，形成跨区域指挥调度方案；

③ 向方案涉及的支队指挥调度终端（或现场指挥中心）下达作战指令；

④ 必要时向公安部消防局指挥中心发送跨省区域增援请求；

⑤ 公安部消防局跨区域指挥调度系统接收到跨省区域增援请求后，通过指挥决策支持子系统提供的决策支持数据和信息支持部分的执勤实力数据，并结合现场信息，形成跨省区域指挥调度方案，向方案涉及的总队指挥中心（或现场指挥中心）下达作战指令；

⑥ 记录指挥调度过程到情报信息库中。

（3）信息支持部分信息流程

① 指挥决策支持子系统接收到各级跨区域指挥调度系统的现场态势信息等数据后，通过预案管理子系统、情报信息管理子系统和地理信息服务平台提供的数据，形成新的灾害处置方案，并把方案反馈给各级跨区域指挥调度系统；

② 车辆动态管理子系统接收到车辆等设备的 GPS 数据，向各级指挥调度系统提供车辆状态、位置的订阅和分发功能。

（4）业务工作部分信息流程

① 指挥中心信息直报系统通过获取情报信息库中的人员、机构等信息形成各级各类值班信息，并将值班情况信息存储于情报信息库；

② 执勤实力动态管理子系统通过获取情报信息库中的人员、机构、装备器材等信息在日常业务工作中维护其状态信息，保证当前执勤实力的准确状况，供灭火救援指挥调度使用；

③ 水源管理子系统将采集维护的水源信息数据存储于情报信息库；

④ 预案管理子系统通过获取情报信息库中的单位、建（构）筑物、场所等信息，形成各级各类预案，并存储于情报信息库，供火警受理、跨区域指挥调度系统使用；

⑤ 业务训练管理子系统通过获取情报信息库中的人员、机构等信息，将训练计划、考核评定信息存储于情报信息库；

⑥ 战评总结子系统对作战记录（语音、图像、图文）汇总和整理，形成规范统一的战评资料。能够将战评总结资料和相对应的战评总结报告进行归档存储。

**2. 外部信息流**

灭火救援指挥系统主要与基础数据及公共服务平台和外围设备交互。与外部系统的主要关系如图 5-40 所示。

（1）灭火救援指挥系统利用信息交换平台进行信息的发布、查询和订阅，通过信息交换平台实现指令调度、现场情况等信息传输。

（2）灭火救援指挥系统在服务管理平台上注册服务信息并可通过服务管理平台查询其他系统服务接口。

（3）灭火救援指挥系统通过调用基础数据平台数据访问服务提供的数据服务实现对数据库中数据的访问和维护。灭火救援指挥系统获取的数据主要包含部队管理系统维护的机构、干部、士兵、装备器材数据以及消防监督管理系统维护的消防重点单位数据。

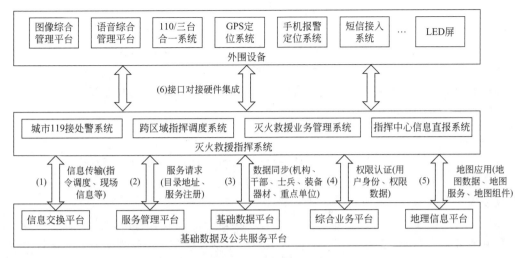

图 5-40 灭火救援指挥系统外部信息关系图

（4）灭火救援指挥系统通过在消防综合业务平台登录，获得统一的功能权限。

（5）灭火救援指挥系统调用地理信息服务平台提供地图数据、地图应用服务和地图组件。

（6）灭火救援指挥系统通过各类软硬件接口实现与外围设备的综合集成，包括与图像综合管理平台、语音综合管理平台、手机报警定位等。

### （三）系统特点

**1. 警情受理**

（1）大集中接警。充分发挥消防业务部门专业化处警的优势，实现各级消防部队之间的指令贯通。在符合公安"三台合一"三种模式的前提下采用消防大集中接警模式，是为了更好地实现"三台合一"。通过大集中接警，利用综合集成图像和语音管理平台可以实现支队指挥视频、3G 图像、卫星图像、营区监控和城市远程监控等视频资源的统一管理和调用，消防部队上下共享，与公安机关等横向互通，实现可视化指挥。

（2）手机报警定位，地图直观判断。在地图上显示拨打 119 报警电话的手机定位信息，可与灾害地点进行比对，有助于快速识别、部分排除虚假警的可能。

（3）软件与硬件的接口实现标准化，解决下级与上级单位跨区域指挥调度的指令信息传输问题，解决原接处警软件进行改造问题，解决外围系统互联互通和互操作问题。

（4）错位报警转接及跨区域、跨部门之间的语音联合调度。当受理到非辖区警情时，可通过总队实现警情的转移。同时在大集中接警的前提下，实现公安 110、消防 119 与报警人三方通话和系统间的资源共享，有利于协同指挥。

**2. 跨区域指挥调度**

（1）"一键式"调派，根据灭火救援预案，可以实现"一键式"力量调度，调集的力量既包括辖区内的力量也包括跨区域增援的力量。

（2）基于动态立体灭火救援圈理论的辅助决策计算，在跨区域调集力量时，科学计算所需车辆类型、数量，组成力量编成，自动计算出详细的力量调派清单，并估算各种力量到达灾害地点所需要的时间。

（3）各级之间的警情直报及预警，上级单位可为下级设置灾情直报阈值，阈值可以是灾情类型、灾害规模和出动力量的任意组合。当灾情达到上报阈值后，上级指挥中心和全勤指挥部成员都会自动收到灾情提示。

（4）移动终端应用向灭火救援指挥现场的延伸，移动终端可记录灾情变化和指挥决策的过程信息，同时还可以收发指令和查阅道路、水源、预案等信息。

（5）综合集成，资源共享。利用综合集成，实现了网络通道化、图像频道化、语音分机化、数据目录化。

### 3. 业务管理及信息直报

（1）灭火救援基础业务与信息化管理的有机融合，利用信息系统，将水源管理、预案管理、业务训练、执勤实力动态管理、战评总结等基础业务工作信息化，建立台账的同时也为灭火救援指挥调度提供数据支持。

（2）对灭火救援基础数据和业务流程进行了相对统一，灭火救援指挥所需的人员、机构、车辆装备、药剂等信息由政工、警务、装备等系统提供唯一的数据来源，并通过审批流程的定义，确保数据质量。

（3）实现了"一张图"的管理思想，通过统一的地理信息数据标准，使所有的消防业务图层信息在一张图上展示，使基于地图的消防业务信息量最大化。

（4）对灭火救援全过程的信息采集和支持，在战评总结时，能够将接警、调度、现场指挥全过程的信息记录进行还原，为战评提供客观依据。

### （四）部署方式

灭火救援业务管理系统部署方式：部署平台为 B/S 结构，系统部署在公安部消防局和各总队。

消防接处警子系统部署方式：部署平台为 C/S 结构，系统部署在直辖市总队和省（自治区）总队的城市消防支队，部分远郊大队部署了远程接警席位。处警终端部署在中队。

跨区域指挥调度系统部署方式：部署平台为 C/S 结构，系统部署在公安部消防局和省（自治区）总队。

指挥中心信息直报系统部署方式：部署平台为 B/S 结构，系统部署在公安部消防局、和各总队。

## 四、部队管理系统

部队管理系统的建设实现了对各级消防部队政治思想工作、编制、人员、装备、财务、审计、被装、营房、卫生、宣传、日常办公操作和机关办公等部队日常管理业务从传统手工模式向信息化作业模式的全面转变，实现了跨地域跨业务的纵向贯通、横向互联，极大提高了消防部队的管理水平。

部队管理系统是一体化消防业务信息系统基础数据的主要来源，战时为指挥员决策提供准确、全面的数据支撑。其中，警务管理系统是编制信息和士兵的数据维护方，政治工作系统是干部的数据维护方，装备管理系统是装备、车辆器材等数据的维护方；同时，部队管理各个系统均遵循一体化架构设计要求，基于基础数据及公共服务平台，共享基础数据，因此，本部分内容以警务管理系统、政治工作系统和装备管理系统为例，一方面说明了基础数据维护的设计思路；另一方面也说明了基础数据共享的应用思路。

### （一）警务管理系统

警务管理系统是遵循"以管理流程为依据、以数据库为中心、以信息更新和整合为重点"原则设计研制的信息化系统。消防警务管理系统采用公安部消防局和总队两级部署，其功能覆盖公安部消防局、总队、支队、大队以及中队的消防警务管理业务，是对部队消防警务管理业务全系统、全过程、全寿命的管理系统，是消防部队信息化建设的组成部分之一。

### 1. 系统组成

警务管理系统的组成如图 5-41 所示。

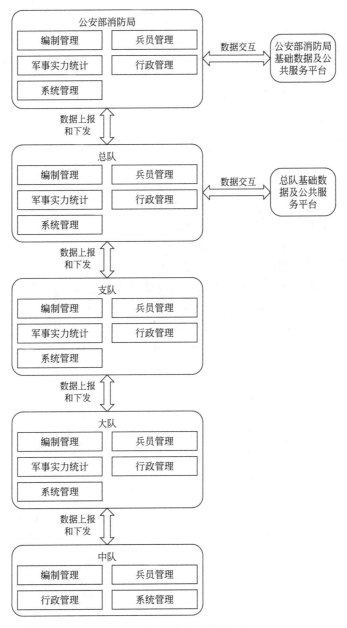

图 5-41　警务管理系统组成图

图 5-41 中所示警务管理系统的使用覆盖公安部消防局、总队、支队、大队、中队五级。

公安部消防局：公安部消防局主要使用编制管理、兵员管理、军事实力统计、行政管理和系统管理等功能；公安部消防局警务管理系统从公安部消防局基础数据平台获取干部信息、非现役人员信息、工作单位、账号等信息，向公安部消防局基础数据平台同步编制信息数据和士兵数据；公安部消防局向总队下发编制数据，总队向公安部消防局上报士兵数据和业务数据。

总队：总队主要使用编制管理、兵员管理、军事实力统计、行政管理和系统管理等功能；总队警务管理系统从总队基础数据平台获取干部信息、非现役人员信息、工作单位、账号等信息，向公安部消防局基础数据平台同步编制信息数据和士兵数据；总队向支队下发编制信息数据，支队向总队上报士兵数据和业务数据。

支队：主要使用编制管理、兵员管理、军事实力统计、行政管理和系统管理等功能。

大队：主要使用军事实力统计、行政管理和系统管理等功能；大队向支队上报业务数据。

中队：主要使用行政管理等功能；中队向大队上报业务数据。

**2. 信息流**

警务管理系统是编制信息和士兵信息的来源，是一体化系统的重要组成部分，以下介绍一下编制信息和士兵信息的流向。

（1）编制信息流

① 支队起草编制调整请示，其他级别类似；

② 支队内部审批通过后上报至所属总队；

③ 总队审批通过后上报至公安部消防局；

④ 公安部消防局审批通过后，由公安部消防局对编制进行调整；

⑤ 调整后的编制信息同步至公安部消防局基础数据库，供公安部消防局级其他业务系统使用；

⑥ 调整后的编制信息下发至各总队，因警务管理系统总队和支队是逻辑部署，所以编制信息下发到各总队时，总队下辖的支队及下级单位就已经取到调整后的编制信息；

⑦ 调整后的编制信息同步至总队基础数据库，供总队和支队级其他业务系统使用，见图 5-42。

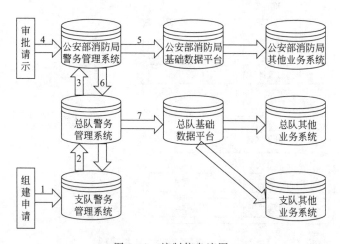

图 5-42　编制信息流图

（2）士兵信息流

① 支队维护士兵信息，其他级别类似；

② 支队审核通过维护过士兵信息后，数据流转至总队；

③ 总队警务管理系统通过调用总队工作单位与人员管理模块（OSM）的接口向总队基础数据库同步数据；

④ 总队工作单位与人员管理模块（OSM）完成向基础数据库同步数据供总队和支队级其他业务系统使用；

⑤ 维护过的士兵信息同步至公安部消防局警务管理系统；

⑥ 公安部消防局警务管理系统通过调用总队工作单位与人员管理模块（OSM）的接口向公安部消防局基础数据库同步数据；

⑦ 公安部消防局工作单位与人员管理模块（OSM）完成向基础数据库同步数据供公安部消防局级其他业务系统使用，见图 5-43。

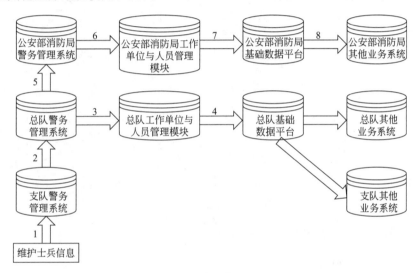

图 5-43　士兵信息流图

**3. 系统特点**

（1）全系统、全寿命周期的管理

① 编制生命周期

• 严格按照编制管理流程进行设计，涵盖了从组建到撤销的全过程；

• 实现了编制信息全过程的无纸化档案管理，便于不同部门、人员的使用见图 5-44。

② 士兵生命周期

• 严格按士兵管理流程进行设计，涵盖了从新兵入伍到退役的全过程；

• 实现了士兵管理全过程的无纸化档案管理，便于不同部门、人员的检索管理；

• 对士兵管理中涉及的事件（兵员奖惩、士官培训、兵员调动等）进行了合理的关联整合，系统对士兵管理工作的包容性好，见图 5-45。

（2）其他关联业务对接

① 在装备管理系统中处理警务部门受理的安全事故信息；

② 在政治工作管理系统中维护士兵的党团关系信息。

**4. 部署方式**

警务管理系统覆盖公安部消防局、总队、支队、大队、中队五级警务业务应用，物理上

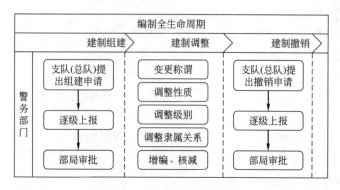

图 5-44　编制生命周期图

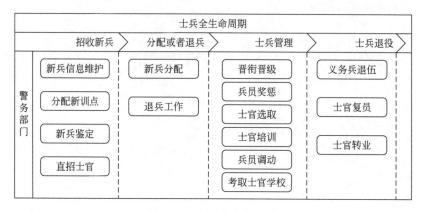

图 5-45　士兵生命周期图

采用公安部消防局和总队两级部署。

### （二）政治工作系统

政治工作系统是遵循"以管理流程为依据、以数据库为中心、以信息更新和整合为重点"原则设计研制的信息化系统。消防政治工作系统采用公安部消防局和总队两级部署，其功能覆盖公安部消防局、总队、支队、大队以及中队的消防政治工作业务，是对部队消防政工业务全系统、全过程、全寿命的管理系统，是消防部队信息化建设的组成部分之一。

### 1. 系统组成

政治工作系统的组成如图 5-46 所示。

政治工作系统的应用范围覆盖公安部消防局、总队、支队、大队、中队五级。

公安部消防局：主要使用干部管理、组织建设、经常性思想工作、心理工作和宣传文化工作等功能；公安部消防局政治工作系统从公安部消防局基础数据平台获取士兵信息、非现役人员信息、编制信息、工作单位、账号等信息，向公安部消防局基础数据平台同步干部数据和政工业务数据；总队向公安部消防局上报干部数据和业务数据。

总队：主要使用干部管理、组织建设、经常性思想工作、心理工作和宣传文化工作等功能；总队政治工作系统从公安部消防局基础数据平台获取士兵信息、非现役人员信息、编制信息、工作单位、账号等信息，向公安部消防局基础数据平台同步编制信息数据和士兵数

图 5-46 政治工作系统组成图

据；支队向总队上报士兵数据和业务数据。

支队：主要使用干部管理、组织建设、经常性思想工作、心理工作和宣传文化工作等功能。

大队：主要使用组织建设、经常性思想工作、心理工作和宣传文化工作等功能。

中队：主要使用组织建设、经常性思想工作、心理工作和宣传文化工作等功能。

**2. 信息流**

政治工作系统是消防一体化系统中干部数据的唯一来源。

干部信息由各级政治工作系统分别维护。下面以较为典型的支队维护一条干部数据举例,支队干部信息维护后,通过调用总队的工作单位与人员管理模块(OSM)的接口将维护过的干部信息同步至本级的基础数据库,供其他业务系统使用。然后同步至公安部消防局政治工作系统,公安部消防局政治工作系统调用公安部消防局的工作单位与人员管理模块(OSM)接口同步至公安部消防局基础数据库,供其他业务系统使用,见图 5-47。

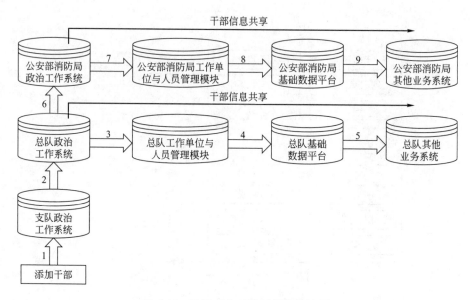

图 5-47    政治工作系统干部信息流图

### 3. 系统特点

(1)全系统、全寿命周期的管理

① 严格按干部管理流程进行设计,涵盖了从干部增员到干部减员的全过程;

② 实现了政工业务管理全过程的无纸化档案管理,便于不同部门、人员的检索管理;

③ 对干部管理中涉及的事件(干部任免、警衔管理、干部考核等)进行了合理的关联整合,系统对政工业务工作的包容性好,如图 5-48 所示。

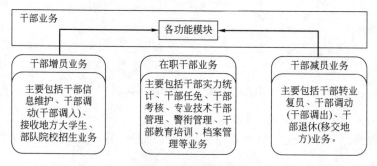

图 5-48    干部生命周期图

(2)其他关联业务对接

① 在政治工作系统中可以对综合业务平台维护的请销假信息进行统计。

② 系统中可以维护警务系统中士兵的党团关系信息。

#### 4. 部署方式

政治工作系统覆盖公安部消防局、总队、支队、大队、中队五级政工业务应用，物理上采用两级部署。

### （三）装备管理系统

装备管理系统是遵循"以管理流程为依据、以数据库为中心、以信息更新和整合为重点"原则设计研制的信息化系统，管理消防装备全系统、全过程、全生命周期。装备管理系统物理上采用两级部署，其功能包括装备规划编制、消防车辆、装备、器材和灭火药剂的实力统计、采购、出入库、调（价）拨、调配、直接配备、日常使用、维修、检测、改进、退役报废、事故调查与处理、车辆牌照、驾驶证以及人员培训等，覆盖公安部消防局、总队、支队、大队、中队五级装备工作业务，是消防一体化中消防车辆、装备、器材和灭火药剂数据的来源。

#### 1. 系统组成

装备管理系统的组成如图 5-49 所示。图中所示装备管理系统的使用覆盖公安部消防局、总队、支队、大队、中队五级。

公安部消防局：公安部消防局统一管理和审核装备生产厂家信息，各级把需要采集的生产厂家信息上报到公安部消防局，公安部消防局通过光盘介质交互由生产厂家从互联网维护的自身数据；公安部消防局主要使用实力统计、战勤保障、事故调查与处理、装备规划、车辆牌照和驾驶证管理、人员管理和系统管理等功能；公安部消防局装备管理系统从公安部消防局基础数据平台获取人员、工作单位、账号等信息，向公安部消防局基础数据平台同步装备基础数据和实力数据；公安部消防局向总队下发采集的装备数据，总队向公安部消防局上报实力数据和业务数据。

总队：主要使用实力统计、装备维修、装备配备、装备退役报废、战勤保障、装备采购、证照管理、装备规划等功能；总队装备管理系统从总队基础数据平台获取人员、工作单位、账号等信息，向总队基础数据平台同步装备基础数据和实力数据；总队向支队下发本级采集的装备数据，支队向总队上报实力数据。

支队：主要使用实力统计、装备维修、装备配备、装备退役报废、战勤保障、装备储备、证照管理、装备规划等功能；支队向大队下发本级采集的装备数据，大队向支队上报实力数据。

大队：主要使用装备配备、装备储备等功能；大队向中队下发本级采集的装备数据，中队向大队上报实力数据。

中队：主要使用装备使用、数据采集等功能；中队向大队上报实力数据。

#### 2. 信息流

装备管理系统信息流如图 5-50 所示。

（1）上传待采集生产厂家信息：装备生产厂家信息由公安部消防局负责统一维护管理，各级发现的生产厂家逐级上报到公安部消防局，公安部消防局通过介质把要采集的生产厂家上传到公安部消防局社会公众服务平台互联网；

（2）上传待采集生产厂家信息：公安部消防局社会公众服务平台互联网把从消防信息网获取的待采集生产厂家信息通过调用 webservice 服务上传到装备互联网采集模块，等待相关生产厂家采集详细的基本信息；

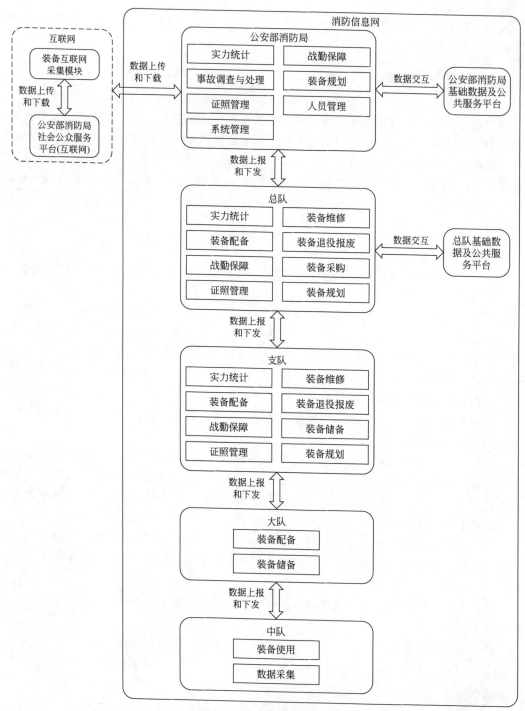

图 5-49　装备管理系统组成图

（3）下载已采集生产厂家及信息：生产厂家登录装备互联网采集模块录入本企业的详细基本信息；公安部消防局社会公众服务平台互联网通过调用 webservice 服务下载已采集的生产厂家信息；

（4）下载已采集生产厂家及信息：通过介质进行内外网数据交换，公安部消防局获

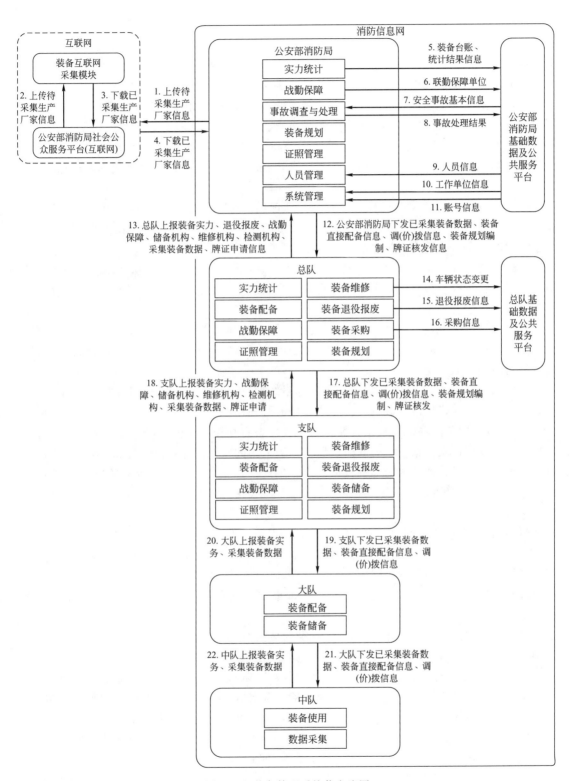

图 5-50　装备管理系统信息流图

取已采集的生产厂家信息，由公安部消防局助理员审核后更新到公安部消防局装备数
据库中；

（5）装备台账、统计结果信息：公安部消防局装备管理系统通过调用 webservice 服务把装备档案、车辆、器材等台账信息和对装备档案、装备储备情况的统计结果同步到公安部消防局基础数据平台，为警务管理系统的军事实力统计、机关管理系统的车辆管理、营房管理系统的单位管理和灭火救援指挥系统的业务训练提供信息；

（6）联勤保障单位：公安部消防局装备管理系统通过调用 webservice 服务把联勤保障单位同步到公安部消防局基础数据平台，为灭火救援指挥系统提供信息；

（7）安全事故基本信息：公安部消防局装备管理系统通过调用 webservice 服务从公安部消防局基础数据平台获取安全事故基本信息，基础数据平台中的安全事故基本信息是由警务管理系统提供的；

（8）事故处理结果：公安部消防局装备管理系统根据安全事故基本信息对事故进行处理，并把处理结果通过调用 webservice 服务同步到公安部消防局基础数据平台，为警务管理系统中的安全事故管理提供事故处理结果；

（9）人员信息：公安部消防局装备管理系统通过调用 webservice 服务从公安部消防局基础数据平台获取士兵、干部等人员信息供人员管理中的装备专家、装备技师、人员培训等功能使用；

（10）工作单位信息：公安部消防局装备管理系统通过调用 webservice 服务从公安部消防局基础数据平台获取警务管理系统提供的编制信息供装备储备机构、装备维修机构、装备储备机构使用；

（11）账号信息：公安部消防局装备管理系统通过调用 webservice 服务从公安部消防局基础数据平台获取账号信息进行装备登录账号的管理；

（12）公安部消防局下发已采集装备数据、装备直接配备信息、调（价）拨信息、装备规划编制、牌证核发信息：公安部消防局把本级采集的联勤保障单位信息和已有的车辆、器材、药剂及多种形式消防队的车辆数据信息、生产厂家信息、装备直接配备信息、调（价）拨信息、装备规划编制、车辆牌照核发信息、驾驶证的核发信息通过 webservice 服务下发到总队使用；

（13）总队上报装备实力、退役报废、战勤保障、储备机构、维修机构、检测机构、采集装备数据、牌证申请信息：总队把本级采集的联勤保障单位信息和已有的车辆、器材、药剂及多种形式消防队的车辆数据信息、生产厂家信息、装备实力统计信息、退役报废、战勤保障、储备机构、维修机构、检测机构、牌证申请等信息通过 webservice 服务上报给公安部消防局；

（14）车辆状态变更：总队利用总队自身的装备维修力量对所属部队装备进行维修，把车辆状态变更通过 webservice 服务同步到总队基础数据平台，供灭火救援指挥系统使用；

（15）退役报废信息：依据相关标准规定，对部队现有装备进行检查鉴定，认为不能正常使用、或使用可能导致危险发生事故的装备，做出退役报废处理，总队把退役报废结果通过 webservice 服务同步到总队基础数据平台，供灭火救援指挥系统使用；

（16）采购信息：总队负责本总队集中采购的装备项目，并把采购的信息通过 webservice 服务同步到总队基础数据平台，供财务管理系统使用；

（17）总队下发已采集装备数据、装备直接配备信息、调（价）拨信息、装备规划编制、牌证核发：总队把本级的联勤保障单位信息和已有的车辆、器材、药剂及多种形式消防队的车辆数据信息、装备直接配备信息、调（价）拨信息、装备规划编制、车辆牌照核发信息、驾驶证的核发信息通过 webservice 服务下发到支队使用；

（18）支队上报装备实力、战勤保障、储备机构、维修机构、检测机构、采集装备数据、牌证申请：支队把本级采集的联勤保障单位信息和已有的车辆、器材、药剂及多种形式消防队的车辆数据信息、生产厂家信息、装备实力统计信息、役报废、战勤保障、储备机构、维修机构、检测机构、牌证申请等信息通过 webservice 服务上报给总队；

（19）支队下发已采集装备数据、装备直接配备信息、调（价）拨信息：支队把本级采集的联勤保障单位信息和已有的车辆、器材、药剂及多种形式消防队的车辆数据信息、装备直接配备信息、调（价）拨信息下发给大队，由于支队和大队使用同一个数据库，因此支队和大队之间的数据流直接由底层数据库进行管理，从应用系统层面实现支队和大队之间信息流；

（20）大队上报装备实力、采集装备数据：大队把本级采集的联勤保障单位信息和已有的车辆、器材、药剂及多种形式消防队的车辆数据信息和实力统计信息上报给支队，由于支队和大队使用同一个数据库，因此支队和大队之间的数据流直接由底层数据库进行管理，从应用系统层面实现支队和大队之间信息流；

（21）大队下发已采集装备数据、装备直接配备信息、调（价）拨信息：大队把本级的联勤保障单位信息和已有的车辆、器材、药剂及多种形式消防队的车辆数据信息、装备直接配备信息、调（价）拨信息下发给中队，由于大队和中队使用同一个数据库，因此大队和中队之间的数据流直接由底层数据库进行管理，从应用系统层面实现大队和中队之间信息流；

（22）中队上报装备实力、采集装备数据：中队把本级采集的联勤保障单位信息和已有的车辆、器材、药剂及多种形式消防队的车辆数据信息和装备实力统计信息上报给大队，由于大队和中队使用同一个数据库，因此大队和中队之间的数据流直接由底层数据库进行管理，从应用系统层面实现大队和中队之间信息流。

**3. 系统特点**

（1）全系统、全寿命周期的管理

① 第一次严格按照装备管理流程进行设计，涵盖了从采购到报废的全过程；

② 实现了装备管理全过程的无纸化档案管理，便于不同部门、人员的检索管理；

③ 对装备管理中涉及的人、装备、事件（战勤保障、事故调查等）进行了合理的关联整合，系统对装备管理工作的包容性好，如图 5-51 所示。

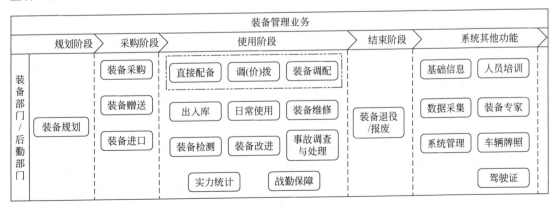

图 5-51　装备管理业务生命周期图

（2）分类、分级管理、内外互联

① 根据装备管理手段和方式不同，区分为单件和批次管理，抓住了消防装备管理重点，既保证了对消防车、消防船艇的有效管理，也兼顾了数量大、更新频繁的消耗性装备的管理；

② 数据库管理来源多元化，公安部消防局、基层部队、消防装备生产企业都是数据库录入节点，既保证了装备型号数据库目录的准确性，也保证了其内容的鲜活性；

③ 实现了装备基础数据库内外网互联，依托外网厂家数据采集功能，丰富内网数据库内容，实现了部队内外信息的有效交互。

（3）其他关联业务对接

① 在装备管理系统中处理警务部门受理的安全事故信息；

② 在装备管理系统中处理战训报修的车辆，实现与其他部门业务对接；

③ 中队驾驶员进行车辆报停，中队长确认车辆报停，申请维修；

④ 装备技师在装备管理系统接收灭火救援业务系统的车辆报修申请，在装备系统中进行维修，装备完成维修后，自动通知灭火救援业务系统恢复执勤。

（4）多种表现形式

基于GIS平台展示装备实力，战勤、联勤保障信息，通过报表、直方图上直观地了解当前的装备情况，实现多种表现方式。

### 4. 部署方式

装备管理系统覆盖公安部消防局、总队、支队、大队、中队五级装备业务应用，物理上采用两级部署，对于有特殊要求的支队可以采用三级部署。部署内容具体如下。

（1）功能。各级部署基本一致，仅在用户及操作权限上有相应的差异；各级可通过服务管理平台对上、下级发布的服务进行定制使用；

（2）数据。各级部署的数据则完全不同：除标准规范及业务必需的共享信息各级保持一致外，各级专业库中仅包含本级及其所属下级单位的业务信息。本级仅录入本级业务数据，并维护本级权限管理的标准规范数据，定期或事件驱动的向下级统一下发；下级数据通过信息交换平台提供的定期或事件驱动的向上级提交数据。本级专业数据仅与本级基础数据库进行数据交换。

## 五、社会公众服务平台

社会公众服务平台主要由互联网管理系统、公众信件及公安网管理系统组成。其中，互联网管理系统包括消防门户网站及后台管理子系统，网站为公众提供资讯信息、办事服务、与社会公众进行信息交互；后台管理子系统提供对前台发布信息内容的管理，交互类信息的支撑，以及内外网交互数据包互联网上的处理流转功能。公众信件及公安网管理系统实现内外网交互数据包公安网内的处理流转，公众信件处理，稿件管理功能。

其中，互联网管理系统部署在互联网，公众信件及公安网管理系统部署在公安网。消防部门需要在互联网管理系统发布的信息既可从公安网导入到互联网管理系统进行发布，也可在互联网管理系统中直接采编发布，消防部门通过互联网管理系统采集公众信件（申诉、申报、咨询等），并通过内外网数据交互功能导入内网，经公众信件及公安网管理系统处理或转发到对应业务系统，相关业务人员处理后，将处理结果导回到互联网管理系统进行发布，最终反馈给社会公众。

## （一）系统组成

社会公众服务平台的组成如图 5-52 所示。

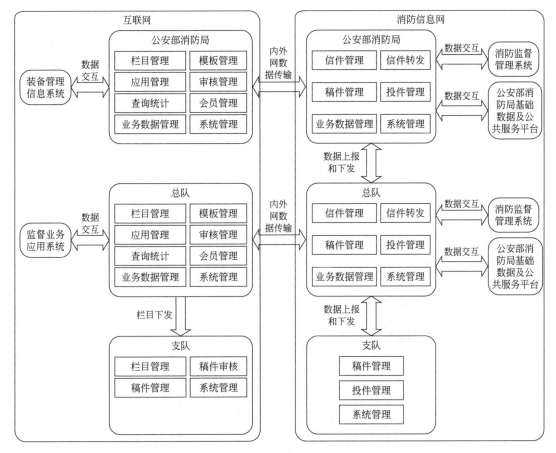

图 5-52 社会公众服务平台组成图

社会公众服务平台包括互联网管理系统、公众信件及公安网管理系统，分别部署在互联网和公安网，其使用范围覆盖公安部消防局、总队、支队三级。

公安部消防局：在互联网作为公安部消防局官方门户网站，面向社会公众提供政务公开信息、互动交流、办事服务导航、子站导航功能。同时为公安部消防局级各业务应用系统提供内外网数据交互的通道，传递公众信件数据、基础数据、装备业务数据等信息，在公安网内为消防部门提供稿件采编、投诉咨询等公众信件的业务处理功能。

总队：在互联网作为各总队的消防官方门户网站，面向社会公众提供政务公开信息、互动交流、办事服务功能。同时为总队级各业务应用系统提供内外网数据交互的通道，传递公众信件数据、基础数据、消防监督业务数据等信息，在公安网内为消防部门提供稿件采编、投诉咨询等公众信件的业务处理功能。

支队：在互联网作为各支队的消防官方门户网站，面向社会公众提供各类政务公开及资讯信息，消防支队人员可以在外网进行稿件编辑发布。在公安网内消防支队人员可以进行稿件编辑、投稿，处理投诉举报。

## （二）信息流

社会公众服务平台信息流如图 5-53 所示。

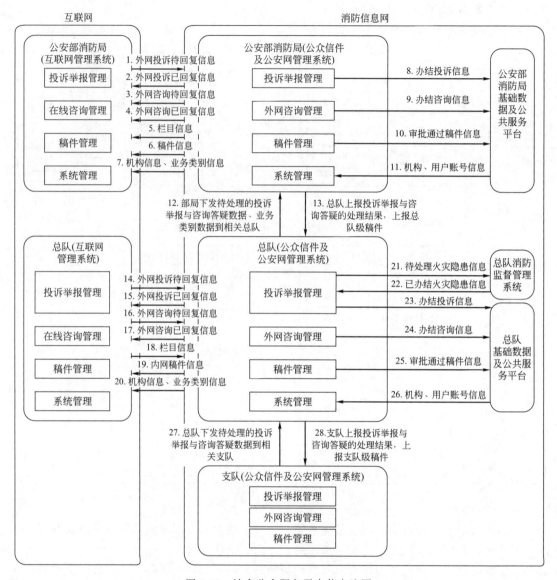

图 5-53　社会公众服务平台信息流图

　　① 外网投诉待回复信息：社会公众通过社会公众服务平台消防门户网站向消防部门进行火灾隐患、消防产品或其他事件的投诉举报，该条投诉举报信息通过内外网交互功能传递到内网，由消防相关部门进行处理并填写回复意见；

　　② 外网投诉已回复信息：投诉信件由消防相关部门处理后，回复意见通过内外网交互功能传递到互联网，并在门户网站上进行发布；

　　③ 外网咨询待回复信息：社会公众通过社会公众服务平台消防门户网站向消防部门进行法律法规、消防产品或其他事宜进行咨询，该条咨询信息通过内外网交互功能传递到内网，由消防相关部门进行处理并填写回复意见；

　　④ 外网咨询已回复信息：咨询信件由消防相关部门处理后，回复意见通过内外网交互功能传递到互联网，并在门户网站上进行发布；

　　⑤ 栏目信息：互联网门户网站的栏目结构会定期同步到公安网内的公众信件及公安网

管理系统，供稿件采编人员进行查看、投稿；

⑥ 稿件信息：来自消防内部的稿件信息通过审批后会通过内外网数据交互功能传递到互联网并由网站维护人员进行发布；

⑦ 工作单位信息、业务类别信息：公安部消防局一级互联网管理系统的工作单位信息和投诉咨询业务类别信息的维护都来源公安网，社会公众服务平台工作单位信息从基础数据及公共服务平台同步过来，投诉咨询业务类别信息的日常维护由系统管理员在公众信件及公安网管理系统中完成操作，因此需要定期向互联网管理系统同步，以保持内外网基础信息的一致性；

⑧ 办结投诉信息：对于已经办结完成的投诉举报信息会同步到基础数据及公共服务平台的相关业务库中；

⑨ 办结咨询信息：对于已经办结完成的咨询信息会同步到基础数据及公共服务平台的相关业务库中；

⑩ 审批通过的稿件信息：已经审批通过后待发布的稿件会同步到基础数据及公共服务平台的相关业务库中；

⑪ 工作单位、用户账号信息：公安部消防局级的工作单位、用户账号信息均来源于基础数据及公共服务平台，需要定期进行该类基础数据的同步，以保证消防一体化系统基础信息的一致性；

⑫ 公安部消防局下发待处理的投诉举报与咨询数据、业务类别数据到相关总队：公安部消防局在接到投诉举报和咨询信件时按照被举报对象所在辖区总队下发到相应的总队进行处理；对于公安部消防局向公众开放的投诉举报与咨询的类别需要同步到总队，总队可以再现有基础上增加投诉举报和咨询的受理范围；

⑬ 总队上报投诉举报与咨询答疑的处理结果，上报总队级稿件：对于公安部消防局下发的投诉和咨询信件，总队处理完成后需要将回复意见和处理过程上报到公安部消防局进行审核；总队稿件管理员编辑完成的稿件需要在公安部消防局网站上发布的可以向上级投稿；

⑭ 外网投诉待回复信息：社会公众通过总队的消防门户网站向消防部门进行火灾隐患、消防产品或其他事件的投诉举报，该条投诉举报信息通过内外网交互功能传递到内网，由消防相关部门进行处理并填写回复意见；

⑮ 外网投诉已回复信息：投诉信件由消防相关部门处理后，回复意见通过内外网交互功能传递到互联网，并在门户网站上进行发布；

⑯ 外网咨询待回复信息：社会公众通过总队的消防门户网站向消防部门进行法律法规、消防产品或其他事宜进行咨询，该条咨询信息通过内外网交互功能传递到内网，由消防相关部门进行处理并填写回复意见；

⑰ 外网咨询已回复信息：咨询信件由消防相关部门处理后，回复意见通过内外网交互功能传递到互联网，并在门户网站上进行发布；

⑱ 栏目信息：互联网门户网站的栏目结构会定期同步到公安网内的公众信件及公安网管理系统，供稿件采编人员进行查看、投稿。仅限于采取完全部署方式的总队才需要进行栏目信息的同步；

⑲ 稿件信息：来自消防内部的稿件信息通过审批后会通过内外网数据交互功能传递到互联网并由网站维护人员进行发布；

⑳ 工作单位信息、业务类别信息：总队一级互联网管理系统的工作单位信息和投诉咨询业务类别信息的维护来源与公安网，社会公众服务平台工作单位信息从总队基础数据及公共服务平台同步过来，投诉咨询业务类别信息的日常维护由系统管理员在公众信件及公安网

管理系统中完成操作，因此需要定期向互联网管理系统同步，以保持内外网基础信息的一致性；

㉑ 待处理火灾隐患信息：投诉举报信件管理人员在接收到火灾隐患的投诉举报信件时直接转发或系统自动转发到消防监督管理系统，由防火部门按照相应的流程进行处理并填写回复意见；

㉒ 已办结火灾隐患信息：已经处理完成并审批通过的火灾隐患投诉信件将返回到公众信件及公安网管理系统，并通过内外网交互功能将回复意见传递到互联网并在网站进行发布；

㉓ 办结投诉信息：对于已经办结完成的投诉举报信息会同步到基础数据及公共服务平台的相关业务库中；

㉔ 办结咨询信息：对于已经办结完成的咨询信息会同步到基础数据及公共服务平台的相关业务库中；

㉕ 审批通过稿件信息：已经审批通过后待发布的稿件会同步到基础数据及公共服务平台的相关业务库中；

㉖ 工作单位、用户账号信息：总队的工作单位及用户账号信息来源于总队基础数据及公共服务平台，需要定期进行该类基础数据的同步，以保证消防一体化系统基础信息的一致性；

㉗ 总队下发待处理的投诉举报与外网咨询数据到相关支队：总队在接到投诉举报和咨询信件时按照被举报对象所在辖区支队下发到相应的支队进行处理；

㉘ 支队上报投诉举报与外网咨询的处理结果，上报支队级稿件：对于总队下发的投诉和咨询信件，支队处理完成后需要将回复意见和处理过程上报到总队进行审核；支队稿件管理员编辑完成的稿件需要在上级网站上发布的可以向总队投稿。

### （三）系统特点

基于一体化软件的总体架构，采用功能组件化设计理念；构建了网站群模式的各级消防互联网门户网站；构建了公共的内外信息交互平台，实现"外网受理，内网处理，外网公开"的业务协同处理模式，为社会管理创新和执法规范化提供支撑。

### （四）部署方式

社会公众服务平台在互联网与公安网分别两级部署。其中公安部消防局互联网部署互联网管理子系统，公安部消防局公安网部署公众信件及公安网管理子系统；总队互联网部署互联网管理子系统，对于选择新建互联网门户网站的总队，直接部署总队示范版互联网门户网站；选择保留原互联网门户网站的总队，在总队互联网门户网站上以栏目形式嵌入社会公众服务平台"办事直通车"模块，总队公安网部署公众信件及公安网管理子系统。

## 六、综合统计分析信息系统

综合统计分析信息系统是以武警消防部队历史业务数据为依托，遵循"横向综合分析，纵向专业贯通"的数据分析原则，为消防部队各级单位提供专业的报表统计分析工具。

综合统计分析信息系统采用公安部消防局和总队两级部署，系统应用覆盖公安部消防局、总队、支队、大队及中队五级单位，其功能不仅支持有数据源做基础的报表统计和数据分析需要，还能满足无数据源支撑的统计需求。为决策层更好地指导消防工作发展提供依据；为各专业业务人员提供方便、快捷的统计分析平台。

### （一）系统组成

如图 5-54 所示综合统计分析信息系统的使用覆盖公安部消防局、总队、支队、大队、中队五级。

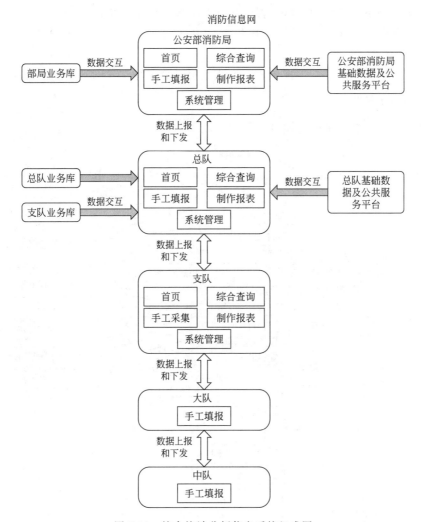

图 5-54　综合统计分析信息系统组成图

公安部消防局：实现覆盖全国各地区，汇总各省（自治区、直辖市）消防单位业务数据；对于有数据源的统计分析，公安部消防局系统以公安部消防局基础数据库作为数据支撑；公安部消防局业务库包含各总队业务库的数据，公安部消防局业务系统负责将这些数据同步入公安部消防局基础库，再由综合统计分析信息系统将数据从公安部消防局基础数据库抽取至公安部消防局数据仓库；另一方面，综合统计分析信息系统直接从业务库获取数据，以实现覆盖消防全域数据库。对于没有数据源支撑的报表，可以采用手工填报的方式，将统计报表还原在系统中，以采集单的形式分发至各个单位，待各个单位填报完成后，把数据自动进行汇总归档。公安部消防局综合统计分析信息系统从公安部消防局基础数据平台获取人员、工作单位、账号等信息。

总队：总队主要使用首页、综合查询、手工填报、制作报表、系统管理功能；总队综合统计分析信息系统的系统应用从总队基础数据平台获取人员、工作单位、账号等信息；总队统计分析的数据来源为总队基础数据库和总队业务库，以及本总队下属支队业务库数据；总队向支队下发本级手工填报单，支队向总队上报无数据源支撑的手工填报数据。

支队：主要使用首页、综合查询、手工填报、制作报表、系统管理等功能；支队向大队下发本级手工填报单，大队向支队上报无数据源支撑的手工填报数据。

大队：大队向中队下发本级手工填报单，中队向大队上报无数据源支撑的手工填报数据。

中队：主要接收大队手工填报单，向大队上报无数据源支撑的手工填报数据。

## （二）信息流

综合统计分析信息系统信息流见图 5-55。

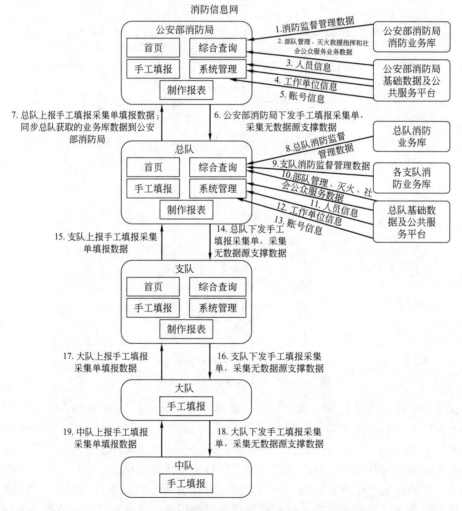

图 5-55　综合统计分析信息系统信息流图

① 消防监督管理数据：横向从公安部消防局消防监督管理业务数据库获取统计分析需要消防监督业务数据；

② 部队管理、灭火救援指挥和社会公众服务业务数据：公安部消防局综合统计分析信

息系统数据仓库，通过 ETL 数据同步工具 ODI 同步从基础数据库同步如下业务数据，部队管理系统干部、士兵、宣传、卫生等业务数据，灭火救援指挥系统水源、预案等业务数据，以及社会公众服务业务数据供系统中综合查询固定报表和自定义报表功能统计使用；

③ 人员信息：公安部消防局综合统计分析信息系统通过调用 webservice 服务从公安部消防局基础数据平台获取人员信息供公安部消防局系统管理在公安部消防局本级使用；

④ 工作单位信息：公安部消防局综合统计分析信息系统通过调用 webservice 服务从公安部消防局基础数据平台获取警务管理系统提供的工作单位信息供系统管理模块使用；

⑤ 账号信息：公安部消防局综合统计分析信息系统通过调用 webservice 服务从公安部消防局基础数据平台获取账号信息进行综合统计分析信息系统登录账号的管理；

⑥ 公安部消防局下发手工填报采集单，采集无数据源支撑数据：公安部消防局把本级需要采集的无数据源支撑的数据，通过手工填报采集单下发到各个总队进行数据填报；

⑦ 总队上报手工填报采集单填报数据，同步总队获取的业务库数据到公安部消防局：总队把本级手工填报的采集单数据汇总后上报到公安部消防局，同时总队把横向同步总队业务库数据、纵向同步的各个支队的数据同步到公安部消防局；

⑧ 总队消防监督管理数据：总队数据仓库横向从总队消防监督管理业务数据库获取统计分析需要消防监督业务数据；

⑨ 支队消防监督管理数据：总队数据仓库纵向从其所属各个支队消防监督管理业务数据库获取统计分析需要消防监督业务数据；

⑩ 部队管理、灭火救援指挥和社会公众服务业务数据：总队综合统计分析信息系统数据仓库，通过 ETL 数据同步工具 ODI 从基础数据库，同步部队管理系统干部、士兵、宣传、卫生等业务数据，灭火救援指挥系统水源、预案等业务数据，以及社会公众服务业务数据供系统中综合查询固定报表和自定义报表功能统计使用；

⑪ 人员信息：总队综合统计分析信息系统通过调用 webservice 服务从总队基础数据平台获取人员信息供系统管理模块在总队、支队、大队和中队使用；

⑫ 工作单位信息：总队综合统计分析信息系统通过调用 webservice 服务从总队基础数据平台获取警务管理系统提供的工作单位信息供系统管理模块使用；

⑬ 账号信息：总队综合统计分析信息系统通过调用 webservice 服务从总队基础数据平台获取账号信息进行综合统计分析信息系统登录账号的管理；

⑭ 总队下发手工填报采集单，采集无数据源支撑数据：总队把本级需要采集的无数据源支撑的数据，通过手工填报采集单下发到各个支队进行数据填报；

⑮ 支队上报手工填报采集单填报数据：支队把本级手工填报的采集单数据汇总后上报到总队；

⑯ 支队下发手工填报采集单，采集无数据源支撑数据：支队把本级需要采集的无数据源支撑的数据，通过手工填报采集单下发到各个大队进行数据填报；

⑰ 大队上报手工填报采集单填报数据：大队把本级手工填报的填报采集单数据汇总后上报到支队；

⑱ 大队下发手工填报采集单，采集无数据源支撑数据：大队把本级需要采集的无数据源支撑的数据，通过手工填报采集单下发到各个中队进行数据填报；

⑲ 中队上报手工填报采集单填报数据：中队把本级手工填报的采集单数据汇总后上报到大队。

### （三）系统特点

**1. 统计报表样式多元化，图文并茂直观展示**

根据分析人员的请求，快速灵活地进行大数据量的复杂查询处理和统计内容的展现，同时可以将统计结果以直观易懂的图形展示，系统提供的统计展现方式有表格、饼图、柱状图、文字叙述、折线图等多种展现方式，明朗直观。

**2. 数据导航钻取功能，全面剖析数据产生根源**

特有的数据钻取和导航功能可强化关联数据，由统计数据向明细数据逐步剖析。

**3. 报表定制灵活，系统扩展性强**

① 根据定义的统计报表表头和统计值，直接将其拖拽到横向或者竖向表头区域，数据区域生成统计报表和统计图。

② 当有数据源支撑，已经提供的表头区域和统计值不能满足要求时，只需要修改模型即可，根据新增的模型元素生成报表。

③ 分析人员能动态在各个角度之间切换或进行多角度综合分析。

**4. 表格式数据采集手工填报功能，替代传统采集方式**

手工填报将与 Excel 格式类似的表格式统计报表还原在系统中，以手工填报单的形式分发至各个单位，待各个单位填报完成后，把数据自动进行汇总归档。该功能既可以替代传统的下发电子表格收集、汇总数据的工作方式，也是针对综合查询中没有数据来源的统计报表需求的有效补充。手工填报功能具有手工填报单制作灵活、流程控制严格、数据自动汇总的特点。

### （四）部署方式

综合统计分析信息系统覆盖公安部消防局、总队、支队、大队、中队五级应用，物理上采用两级部署。部署内容具体如下：

**1. 功能**

各级部署基本一致，仅在用户及操作权限上有相应的差异；各级可通过服务管理平台对上、下级发布的服务进行定制使用。

**2. 数据**

各级部署的数据则完全不同：除标准规范及业务必须的共享信息各级保持一致外，各级统计分析数据范围仅包含本级及其所属下级单位的数据，总队统计的数据来源为总队基础数据库和总队业务数据库，对于三级部署的业务库，获取总队下属支队的数据。对无数据源支撑的手工填报单只需要录入本级的统计项，并对本级的数据进行审核汇总上报。

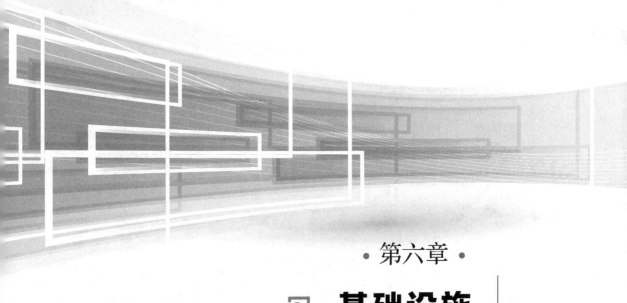

## · 第六章 ·

### → 基础设施

本章主要介绍消防通信指挥中心和信息中心机房的基础设施需求及技术实现要点。第一节介绍消防通信指挥中心的地位与作用、相关硬件基础设施需求以及技术实现要点。并提供总队通信指挥中心、支队通信指挥中心和移动指挥中心的参考工程实例。第二节通过对信息中心机房建设、等级划分、主机房功能分区、综合布线、信息中心机房应具备的环境条件以及信息中心机房的基础支撑系统等内容，阐述了信息中心机房的建设要点，并介绍了一个信息中心机房的建设案例。

---

**第一节** **消防通信指挥中心**

## 一、功能和作用

消防通信指挥中心按指挥层级分为公安部消防局通信指挥中心、消防总队通信指挥中心、消防支队通信指挥中心和大（中）队消防站通信室。在纵向上，各级消防通信指挥中心结构如图 6-1 所示。

移动消防指挥中心是通信指挥中心的延伸和补充，负责现场通信指挥，并与通信指挥中心保持实时的话音、图像和数据通信。

### （一）公安部消防局通信指挥中心

公安部消防局通信指挥中心具有对全国消防部队实力实施宏观管理，对区域性重特大火灾及其他灾害事故进行跨省、多部门联合作战指挥调度以及消防情报信息管理、消防舆情监测等功能。

公安部消防局移动消防指挥中心是公安部消防局通信指挥中心的延伸和补充，负责现场通信指挥，并与公安部消防局通信指挥中心保持实时话音、图像和数据通信。

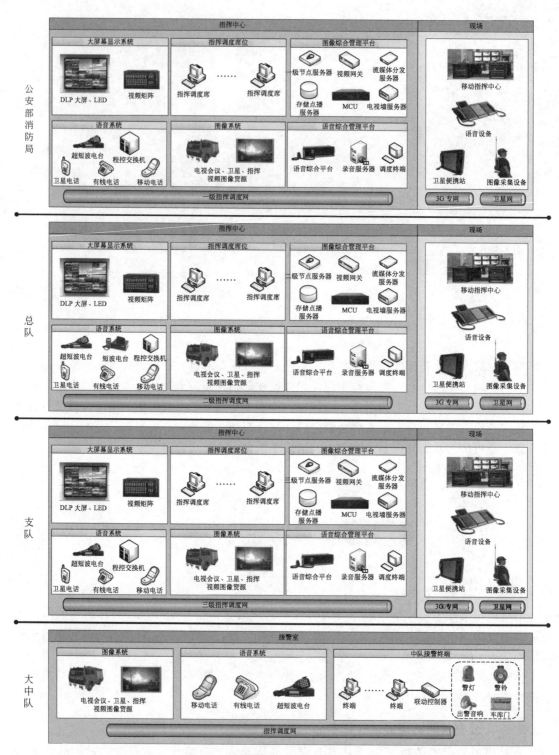

图 6-1　各级消防通信指挥中心结构图

## （二）总队通信指挥中心

### 1. 省（自治区）总队

省（自治区）总队通信指挥中心连通各支队、灭火救援有关单位，能与省（自治区）公安机关指挥中心、公共安全应急机构的系统互联互通，具有消防实力宏观管理、跨区域联合作战指挥调度以及消防情报信息管理等主要功能。

**2. 直辖市总队**

除具有省（自治区）总队指挥中心的调度指挥、现场指挥、指挥信息支持等职能外，还具有受理责任辖区火灾及其他灾害事故处警职能。

### （三）支队通信指挥中心

支队通信指挥中心连通各大（中）队消防站、灭火救援有关单位，能与公安机关指挥中心、公共安全应急机构的系统互联互通，具有本辖区消防实力宏观管理、受理责任辖区火灾及其他灾害事故报警、灭火救援指挥调度、情报信息管理等功能。

### （四）消防站通信室

消防站通信室通过通信网络与消防通信指挥中心联网，接收消防通信指挥中心指挥调度指令。

## 二、基础设施需求

### （一）通信指挥中心

**1. 基础设备**

消防通信指挥中心应设置火警受理工作座席（具备接警职能）、调度指挥座席、大屏幕显示和控制设备、数字会议设备、音响扩声设备、集中控制设备、局域网设备等。

**2. 功能分区**

通信指挥中心应按使用功能划分为接警调度区、指挥会议区、通信设备区。

**3. 计算机通信网络**

（1）局域网络宜为交换式快速以太网，宜采用星型拓扑结构。主干网络线路速率不应低于 1000Mbit/s，到各终端计算机网络接口不应低于 100Mbit/s。能根据系统内各不同组成部分功能及数据处理流向适当划分 VLAN。

（2）计算机通信网络性能应能满足语音、数据和图像的多业务应用需求。具有全网统一的安全策略、QoS 策略、流量管理策略和系统管理策略。能保证各类业务数据流的高效传输，时效性强，延时小。具有良好的扩展性能，能支持未来扩充需求。

**4. 物理安全**

（1）系统设备运行环境具有防雷、防火、防静电、防尘、防腐蚀等措施。能提供稳定的供电环境。

（2）符合国家现行的有关电磁兼容技术标准。消防通信指挥中心和消防站的设备用房应避开强电磁场干扰，或采取有效的电磁屏蔽措施。室内电磁干扰场强在频率范围 1 MHz～1GHz 时，不应大于 10V/m。

**5. 运行安全**

（1）重要设备或重要设备的核心部件应有备份。指挥通信网络应相对独立、常年畅通。能实时监控系统运行情况，并能故障告警。

（2）系统软件不能正常运行时，能保证电话接警和指挥调度畅通。火警电话呼入线路或设备出现故障时，能切换到火警应急接警电话线路或设备接警。火警调度电话专用线路或设备出现故障时，能利用其他有线、无线通信方式进行指挥调度。

**6. 供电**

（1）消防通信指挥中心的供电应按一级负荷设计。省（自治区）、大中型城市消防通信指挥中心的主电源应由两个稳定可靠的独立电源供电，并应设置应急电源。其他城市消防通信指挥中心的主电源不应低于两回路供电。

（2）系统配电线路应与其他配电线路分开，并应在最末一级配电箱处设自动切换装置。消防站应设置通信专用交流配电箱，其电源容量不应小于5kVA。

（3）系统由市电直接供电时，电源电压变动、频率变化及波形失真率应符合《电子计算机场地通用规范》GB 2887中B级设定的要求。

通信设备的直流供电系统应由整流配电设备和蓄电池组组成，可采用分散或集中供电方式供电。其中整流设备应采用开关电源，蓄电池应采用阀控式密封铅酸蓄电池。通信设备的直流供电系统应采用在线充电方式以全浮充制运行，直流基础电源电压应为−48V。系统配备的发电机组应具有自动投入功能。

（4）系统供电线路导线应采用经阻燃处理的铜芯电缆。交流中性线应采用与相线截面相等的同类型电缆。

（5）具有不间断和无瞬变要求的交流供电设备，宜采用UPS电源。接警、调度系统采用在线式UPS电源供电，在外部市电断电后能保证所有设备正常供电时间不应小于12h；如有后备发电系统，则UPS电源能保证正常供电时间不应小于2h。

**7. 机房**

（1）消防通信指挥中心通信室和指挥室的总建筑面积不宜小于150m²。消防站通信室的建筑面积，普通消防站不宜小于30m²；特种消防站不宜小于40m²。消防通信指挥中心和消防站的设备用房的净高应符合表6-1的要求。设备用房的荷载应符合表6-2的要求。室内温、湿度应符合表6-3的要求。

表6-1　设备用房的净高要求

| 设备用房 | | | 房屋净高/m |
|---|---|---|---|
| 消防通信指挥中心 | 接警调度大厅 | 标准结构 | ≥3.0 |
| | | 2层通高结构 | ≥7.0 |
| | 指挥室 | | ≥3.0 |
| 消防站 | 通信室 | | ≥3.0 |

表6-2　设备用房的荷载要求

| 房间名称 | 楼、地面等效均布活荷载/(kN/m²) |
|---|---|
| 电力、电池室 | <200Ah时，4.5 |
| | 200～400Ah时，6.0 |
| | ≥500Ah时，10.0 |
| 普通设备机房 | ≥4.5 |
| 电话、电视会议室 | ≥3.0 |

表 6-3 室内温、湿度要求

| 名称 | 温度/℃ | | 相对湿度/% | |
| --- | --- | --- | --- | --- |
| | 长期工作条件 | 短期工作条件 | 长期工作条件 | 短期工作条件 |
| 指挥中心通信机房 | 18~25 | 15~30 | 45~65 | 40~70 |
| 指挥中心指挥室 | 15~30 | 10~35 | 40~70 | 30~80 |
| 消防站通信室 | 15~30 | 10~35 | 30~80 | 20~90 |

（2）机房地面及工作面的静电泄漏电阻，应符合《电子计算机场地通用规范》（GB 2887）的要求。机房内绝缘体的静电电位不应大于 1kV。机房不用活动地板时，可铺设导静电地面；导静电地面可采用导电胶与建筑地面粘牢，导静电地面电阻率均应为 $1.0 \times 10^7 \sim 1.0 \times 10^{10} \Omega \cdot cm$，其导电性能应长期稳定且材料不易起尘。机房内采用的活动地板可由钢、铝或其他有足够机械强度的难燃材料制成。活动地板表面应采用导静电材料，严禁暴露金属部分。

（3）消防通信指挥中心和消防站的设备用房照度要求距地板面 0.75m 的水平工作面为 200~500lx。距地板面 1.40m 的垂直工作面为 50~200lx。

（4）机房设备应根据系统配置及管理需要分区布置。当几个系统合用机房时，应按功能分区布置。地震基本烈度为 7 度及以上地区，机房设备的安装应采取抗震措施。墙挂式设备中心距地面高度宜为 1.5m，侧面距墙不应大于 0.5m。

（5）机房内设备的间距和通道要求机柜正面相对排列时，其净距离不应小于 1.5m。背后开门的设备，背面距墙面不应小于 0.8m。机柜侧面距墙不应小于 0.5m，机柜侧面距其他设备净距不应小于 0.8m，当需要维修测试时，则距墙不应小于 1.2m。并排布置的设备总长度不小于 4m 时，两侧均应设置通道。机房内通道净宽不应小于 1.2m。

## （二）消防站通信室

### 1. 物理环境

通信室宜设在车库旁边，通信室的门应直通车库并靠近车库正门一侧，向室内开启。通信室与车库之间的墙上宜设有可开启窗户。

通信室内应设置设备间或设备区，用于放置网络设备、标准机柜等。

通信室地面应设置防水层，并铺设防静电地板。

通信室及其设备间不应设置在电磁场干扰或其他可能影响通信设备工作的用房附近。

### 2. 通信设施

通信室的远程接警席位和火警受理终端台应设在便于通信员从可开启窗户观察车辆出动情况的地方。

通信室的墙面上，应设置不少于 5 个多用电源插座，便于通信设备的使用或充电；火警受理终端台下地面，应设置不少于 2 个多用电源插座；设备间或设备区的墙面上应设置不少于 3 个多用电源插座。

通信室的布线应包括有线通信、无线通信、计算机网络、联动控制装置（警灯、警铃、火警广播、车库门）、视频监控、应急警报控制等有关线路。

通信室及其设备间的供电、防雷与接地、综合布线、防静电、照度、室内温、湿度等应符合现行国家标准《消防通信指挥系统设计规范》GB 50313 的有关要求。

### （三）移动指挥中心

**1. 一般要求**

消防移动指挥中心（以下简称移动中心）应具有下列通用性能：

（1）具有较高机动性能，应能快速到达火场及其他灾害事故现场；

（2）建立通信链路时间在 10 分钟完成；

（3）应符合国家有关电磁兼容技术规范标准，各种技术设备不得相互干扰；

（4）车内设备布局合理，应有减震、降噪、隔音、防静电、防雷等措施；

（5）工作界面应设计合理，操作简单、方便；

（6）应采用模块化设计，具有良好的共享性和可扩展性；

（7）应采用北京时间计时，计时最小量度为秒，系统内保持时钟同步。

**2. 基础设备**

移动中心按选用的车辆可划分为大型、中型、小型。按实现的主要功能可划分为综合型、作战指挥室型。

（1）综合型功能单元组合

- 现场通信组网设备。
- 现场指挥通信设备。
- 现场情报信息设备。
- 指挥通信室设备。
- 供配电保障设备。
- 空调等环境保障设备。
- 内、外照明保障设备。
- 饮水等生活保障设备。

（2）作战指挥室型功能单元组合

- 现场通信组网设备，或利用其他通信保障车通信组网。
- 现场指挥通信设备。
- 现场情报信息设备。
- 作战指挥室设备。
- 通信控制室设备。
- 附属卫生间设备。
- 供配电保障设备。
- 空调等环境保障设备。
- 内、外照明保障设备。
- 饮水、食物冷藏和加热等生活保障设备

**3. 功能分区**

移动中心宜设置相对独立的作战指挥室和通信控制室，也可由通信保障车和作战指挥室车组合而成，采用通信线缆或无线网络设备联网。作战指挥室可设置综合显示屏和配套音响，显示播放通用格式的图像、语音和文本信息。设置附属设备仓的大、中型移动消防指挥中心，附属设备仓与其他工作区应隔离。

**4. 现场通信组网**

（1）移动中心应能通过外接电话接口或卫星通信链路，开通电话通信。通过车载电话交换机和有线电话通信线路，开通现场有线电话指挥通信网络。

（2）移动中心应具有现场指挥广播、扩音功能。

（3）移动中心应能通过车载电台、手持电台等无线用户终端设备进行指挥通信。

（4）移动中心应能在发生自然灾害或突发技术故障造成大范围通信中断时，通过卫星电话、短波电台等设备，提供应急通信保障。

（5）移动中心可通过移动通信基站，采用通信中继等方式，保证无线通信盲区的语音通信不间断。通过采用地下无线中继等方式，实现地铁、隧道、地下室等地下空间内的语音通信。

（6）移动中心可通过移动卫星站（车载或便携）双向传输语音、数据、图像信息。

（7）移动中心应具有内部计算机网络，并可在现场范围内建立无线局域网。

（8）移动中心应能通过无线图像传输等设备，采集现场实况图像，并能将图像传输到消防通信指挥中心。应能召开现场视频指挥会议，并能参加公安、政府等召开的视频会议。

**5. 现场通信控制**

（1）移动中心应能进行电话、无线电台呼叫、应答、转接。

（2）移动中心应能进行现场有线、无线录音和选择回放指定录音，录音录时功能应符合 GB 50313 的规定。应能进行现场图像的预显、存储、检索和选择回放。

（3）移动中心应能进行现场图文信息的切换、显示。应能进行交互多媒体作战会议操作。应能进行现场指挥广播扩音操作。

**6. 装载与保障**

（1）车载移动中心应根据功能需求合理选择大、中、小型车辆底盘，车辆底盘应为专业汽车厂家的定型产品，具有中国强制性产品质量认证证书。

（2）移动中心车辆改装应由专业汽车改装厂承担。移动中心车辆底盘离地间隙、接近角、离去角应保持原车参数。不应更改原车底盘的发动机、传动系、制动系、行驶系和转向系等关键总成。整车最大总质量不应大于原车最大允许总质量。车辆在空载和满载状态下，装备质量和总质量应在各轴之间合理分配，轴荷应在左右车轮之间均衡分配。

（3）移动中心车辆运行安全技术条件应符合《机动车运行安全技术条件》（GB 7258）的规定。车辆外廓尺寸应符合《道路车辆外廓尺寸、轴荷及质量限值》（GB 1589）的规定。车载通信设备应用环境条件应符合《电工电子产品应用环境条件第 5 部分：地面车辆使用》（GB 4798.5）的规定。车内有关设备的微波和超短波辐射强度应符合《微波和超短波通信设备辐射安全要求》（GB 12638）的规定。

（4）移动中心应提供足够的物品存放空间。移动中心应具有隔音、保温、防水、通风措施。

（5）移动中心车内装饰材料应符合环保要求，其燃烧特性应符合《汽车内饰材料的燃烧特性》GB 8410 的规定。车内高度应能使人员进出方便。车内地板应防静电、防滑、耐磨损。移动中心车内温度应控制在 $18\sim26℃$。

（6）照明

- 车辆外部照明和光信号装置应符合《汽车及挂车外部照明和光信号装置的安装规定》（GB4785）的规定；
- 可采用交、直流照明设备；
- 应提供车内外设备检修照明；
- 作战指挥室照明应符合召开多媒体会议的相关标准；

- 车内照明应采用光滑无尖锐角度的灯具，台面光照度不应小于 300lx。

（7）供电系统

- 可分为照明供电、设备供电、空调供电。
- 可采用自动切换外接电源和自备发（供）电两种供电方式。
- 自备发（供）电可采用车载发电机、取力发电、车用电瓶等方式。
- 应能保证 24h 不停机满负荷运行。
- 车载发电机额定功率应大于整车用电功耗的 20%。
- 车载发电机安装应有减振、降噪、强制排风换气等措施，并便于维护检修。距离车载发电机 7m 处，噪声不应大于 65dB（A）。
- 车载发电机工作时，作战指挥室内噪声不应大于 75dB（A）。
- 一次配电单元应由电源接口板、发电机、配电盘等组成，提供空调、照明等用电。
- 二次配电单元应由 UPS 电源、交直流配电盘等组成，提供电子设备用电。
- UPS 电源应采用在线式，并保证电子设备正常使用 30min。应具有完善的短路保护、过载保护、漏电保护装置和稳压装置。

（8）接地

- 接地技术安全应符合《系统接地的型式及安全技术要求》（GB 14050）的规定。
- 应有临时接地装置。

## 三、技术实现要点

### （一）通信指挥中心

#### 1. 功能区划分

通信指挥中心按功能划分为接警调度区、指挥会议区、通信设备区等。

（1）接警调度区设置火警受理、指挥调度、信息管理等工作席。

（2）指挥会议区设置数字会议、大屏幕显示和音响等设备。

（3）通信设备区设置有线、无线、计算机通信设备和集中控制等设备。

#### 2. 席位设置

（1）接警处警座席。接警处警座席用于接收火灾报警、调派灭火救援力量，设置在直辖市总队、地级市支队以及下辖多个中队的大队等具有受理本辖区火灾报警功能的通信指挥中心。火警受理座席主要由计算机、显示器、电话以及操作台（工作桌椅）等组成。采用"一机多屏"方式，分屏显示接处警文字信息、地理信息以及通信控制等信息。

（2）指挥调度座席。指挥调度座席用于灭火救援指挥调度，主要由计算机、显示器、电话以及操作台等组成。根据不同的通信指挥功能定位，各类通信指挥中心设置不同数量的指挥调度座席。公安部消防局通信指挥中心在指挥室配置不少于 3 套指挥调度座席，总队、支队以及下辖多个中队的大队通信指挥中心配置不少于 2 套指挥调度座席。

（3）信息管理座席。信息管理座席用于综合信息管理、图像显示集中控制、消防车辆动态管理等，主要由计算机、显示设备、电话、操作台等组成。总队级通信指挥中心配置不少于 2 个座席，用于情报信息管理。支队通信指挥中心至少配置 1 个综合管理座席，用于对情报信息管理、图像显示控制。

#### 3. 通信设备

（1）有线通信系统，主要包括程控交换机、电话调度台、录音录时设备、接警、调度和日常工作电话等。

（2）无线通信系统，是灭火救援指挥和战斗行动通信的基础通信设备之一，主要有常规/集群通信设备、短波和移动数据通信设备。常规无线通信组网应符合消防 350MHz 常规无线通信系统组网技术要求。集群通信以通话组形式加入当地公安部门 350MHz 无线集群网络，建立消防无线通信网，在技术体制上应与当地公安部门一致。

（3）局域网，根据需要配置 1 台以上交换机，汇聚（接入）火警受理、指挥调度等终端设备。

（4）卫星通信系统，按照《消防卫星网设备入网技术要求》等相关标准设置。

**4. 大屏幕显示系统**

大屏幕显示设备分为数字光处理（Digital Light Procession，DLP）显示系统、液晶显示器（Liquid Crystal Display，LCD）、发光二极管（Light-Emitting Diode，LED）图文显示系统和投影显示系统等类型。

（1）数字光处理显示屏数字光处理 DLP 屏技术，是先把影像信号经过数字处理，然后再把光投影出来。通过大屏幕拼接软件系统，实现大屏幕显示效果。

① 单元箱体，采用铝合金型材，相邻箱体之间物理拼缝不小于 0.5～1mm。

② 显示分辨率，1024×768（标分）或者 1400×1050（高分）。

③ 亮度，以 ANSI 流明为单位，一般在 700～1500lm。

④ 对比度，是一幅图像中明暗区域最亮的白和最暗的黑之间不同亮度层级的测量，一般都在 1300～2000 之间。

⑤ 颜色，是指所能展示出不同颜色值的数量，一般都在 8bit，16M 以上。

⑥ 拼缝大小，是指拼接屏幕之间缝隙大小，DLP 拼接系统一般物理缝隙 0.5mm 以内，光学图像缝隙 1mm 以内。

⑦ 光源，大致有四种，分别为超高功率光源、发光二极管光源、激光器光源和混合光源。

超高功率（Ultra High Performance，UHP）光源是 2010 年以前 DLP 系统几乎唯一的可用光源。UHP 属于超高压汞灯泡，其寿命较长，一般 100/120W 标称 8000h，最长的甚至标称 12000h，累计工作时间 4000h 后亮度也不会出现明显的衰减；200/250W 使用寿命在 3000h 左右。因为 UHP 灯泡发出的光是理想的冷光源，所以目前普遍应用在正投投影机和 DLP 和 LCD（较早的背投大屏）背投拼接墙上。

发光二极管（Light Emitting Diode，LED）的基本结构是一块电致发光的半导体材料，置于一个有引线的架子上，然后四周用环氧树脂密封，起到保护内部芯线的作用，所以 LED 的抗震性能好。

激光器（Light Amplification by Stimulated Emissionof Radiation，LASER）光源是利用激发态粒子在受激辐射作用下发光的电光源，是一种相干光源。LASER 光源系统在 2008 年开始研发，2012 年开始进入 DLP 拼接系统。在亮度对比上，LASER 是最高的。在 DLP 显示系统中更多应用于数字影院等高亮度正投中，混合光源系统，主要解决 LED 光源绿色灯亮度不足的问题，2011 年开始出现 LED（R＼B）＋LASER（G）的产品。

（2）液晶拼接显示屏。液晶屏的构造是在两片平行的玻璃当中放置液态的晶体，两片玻璃中间有许多垂直和水平的细小电线，透过通电与否来控制杆状水晶分子改变方向，将光线折射出来产生画面。

LCD 拼接系统成本低，系统扩展实现简单，但无法消除拼缝。当前 LCD 拼接墙逐渐被信息显示应用领域用户所认可。

① 高亮度，与 TV 和 PC 液晶屏相比，LCD 液晶屏拥有更高的亮度。TV 或 PC 液晶屏的亮度一般只有 $250\sim300cd/m^2$，而 LCD 液晶屏的亮度可以达到 $700cd/m^2$（46″）。

② 高对比度，液晶屏具有 3000：1（46″）对比度，比传统 PC 或 TV 液晶屏要高出一倍以上，是一般背投的三倍。

③ 更好的彩色饱和度、更宽的视角，目前普通 CRT 的彩色饱和度只有 50％左右，而 LCD 可以达到 92％的高彩色饱和度，这得益于为产品专业开发的色彩校准技术，通过这个技术，除了对静止画面进行色彩校准外，还能对动态画面进行色彩的校准，这样才能确保画面输出的精确和稳定。

PVA（Patterned Vertical Alignment）技术即"图像垂直调整技术"，利用这种技术，可视角度可达双 178°以上（横向和纵向）。

④ 纯平面显示、超薄窄边设计，LCD 是真正的纯平显示器，完全无曲率大画面，无变形失真。LCD 拼接单元左边及上边框厚度为 4.3mm；右边及下边框厚度为 2.4mm；综合拼接边框厚度 7mm 左右，拼接墙的机柜厚度仅为 180mm。

⑤ 亮度均匀，影像稳定不闪烁，由于 LCD 每一个点在接收到信号后就一直保持那种色彩和亮度，而不像 CRT 那样需要不断刷新像素点。因此，LCD 亮度均匀、画质高无闪烁。

⑥ 液晶拼接墙系统具有亮度、对比度、色度、白平衡的调整功能，参数自动保存，保证整幅拼接屏幕的色彩一致性和亮度的均匀性。

⑦ 使用寿命长，普通的 NB、PC 及 TV 使用的 LCD 液晶屏其背光源的使用寿命为 10000h 至 30000h，而 LCD 液晶屏背光源的使用寿命均可达 60000h 以上。

（3）投影显示屏。大屏幕投影显示系统，其亮度一般可达 $5000\sim10000lm$。系统可按以下方法分类。

① 按投影方案分，可分为单通道投影，多通道投影。绝大多数情况下，多通道投影都是左右拼接的，这样可以得到更大更宽的投影画面。比如，单通道的投影画面是 4：3 或 16：9，而三通道画面可以达到 10：3 左右，每个通道使用一台投影机。

② 按屏幕结构分，可分为直幕、环幕和球幕，技术难度依次增加，成本也依次增加。对于直幕，不需要使用曲面校正技术，大部分情况下用投影机本身的调整功能就能满足要求。环幕和球幕都需要使用边缘融合和曲面校正技术，成本大大增加。

③ 按屏幕类型分，可分为普通软幕、金属软幕、普通硬幕、金属硬幕、背投幕等。软幕便宜，运输、安装、拆卸都比较方便，效果也非常好，但是对于环幕来说，不可避免会有一点鼓起来，不能保证精准的圆柱面。硬幕则反之，制造、运输、安装、拆卸都比较困难，成本也比较高，但可以保证比较精准的圆柱面。普通白幕可满足一般投影，但对于被动式立体投影来说。必须使用金属幕，因为金属幕才不会散射投影机打过来的偏振光。金属幕亮度高，色彩艳丽，不光是做立体投影的时候必须使用，做普通投影也效果非常好，是目前流行的趋势。但是，金属幕价格相对昂贵，制造难度很大。特别是对于幅宽 2.4m 以上的大型硬幕，基材往往需要拼接，而金属涂层又是相当敏感的东西，必须做到完全均匀才能保证效果，大面积喷涂金属漆本身就是一个很大的挑战，而基材稍微有一点不平整往往就会导致投影效果有明显的明暗不均，因此技术难度相当大。

④ 按投影技术分，可分为 LCD 和 DLP 投影技术。通常认为，LCD 技术具有比较大的色差，因此投影机要经过适当挑选才能满足多通道投影的需求。

（4）图文显示屏。图文显示屏又叫电子显示屏或者飘字屏幕。由 LED 点阵和 LED 面板组成，通过红色、蓝色、白色、绿色 LED 灯的亮灭来显示文字、图片、动画、视频、内容。传统 LED 显示屏通常由显示模块、控制系统及电源系统组成。

① 使用环境，室内屏，点密度较高，在非阳光直射或灯光照明环境使用，观看距离在几米以外，屏体不具备密封防水能力。

室外屏，点密度较稀，可在阳光直射条件下使用，观看距离在几十米以外，屏体具有良好的防风抗雨及防雷能力。

半室外屏，介于户外及户内两者之间，具有较高的发光亮度，可在非阳光直射户外下使用，屏体有一定的密封，一般在屋檐下或橱窗内。

② 单色，双基色，三基色（全彩），单色是指显示屏只有一种颜色的发光材料，多为单红色。双基色屏一般由红色和黄绿色发光材料构成。三基色屏分为全彩色（由红色、黄绿色、蓝色构成）和真彩色（由红色、纯绿色、蓝色构成）。

③ 同步和异步控制，同步方式是指 LED 显示屏的工作方式基本等同于电脑的监视器。异步方式是指 LED 屏具有存储及自动播放的能力，在 PC 机上编辑好的文字及无灰度图片通过串口或其他网络接口传入 LED 屏，然后由 LED 屏脱机自动播放，一般没有多灰度显示能力，主要用于显示文字信息，可以多屏联网。

④ 像素密度或像素直径，室内屏主要有：$\phi$3.0mm 62500 像素/m²、$\phi$3.75mm 44321 像素/m²、$\phi$5.0mm 17222 像素/m²。

⑤ 显示性能，普通视频显示一般为全彩色显示屏，320×240 点阵；数字标准 DVD 显示≥640×480 点阵；完整计算机视频显示≥800×600 点阵；

文本显示一般为单基色显示屏；图文显示一般为双基色显示屏；行情显示一般为数码管或单基色显示屏。

**5. 音视频切换设备**

音视频切换设备主要指音视频矩阵，目前矩阵分为网络矩阵、数字矩阵和模拟矩阵三类。

（1）网络矩阵。是在原有模拟矩阵的基础上增加了编码传输的模块，远程客户端软件或者监控中心软件可以通过软件连接该矩阵的编码模块，实现矩阵的网络化，能实现远程控制和传输，方便集中管理和控制。

（2）数字矩阵。矩阵的信号输入/输出是数字信号，也可以是解码后的模拟信号。数字矩阵主要的作用是接收多个输入点的音视频信号，选择性的输出到其他存储设备、显示设备或者网络设备。可以完全用软件实现、任意扩容、灵活配置，可以实现设备分布式设计和布局，以便更好的利用好网络资源。但是，音视频传输的实时性不能和模拟矩阵相比，取决于远程主机编码速度和网络模块的传输效率。传输的效果取决于编码模块和网络传输模块。

（3）模拟矩阵。运行稳定，操作简单，切换、控制均有较好的实时性。扩容、联网不如数字矩阵方便。

**6. 音响系统**

音响系统包括会议音响和楼宇音响。

（1）会议音响设备设置在会议室或会商室，主要由主席机、代表机、控制主机、话筒、音响设备等组成。满足指挥调度、专家会商等会议需要。主席机具有优先控制功能，能够控制代表发言，并且可以根据需要关闭正在发言的代表话筒。系统具备良好的可扩展性，需要时可以方便快捷的增加代表单元。话筒采用嵌入式或桌面式发言话筒。

（2）楼宇广播系统为楼宇工作区提供语音广播等功能。火警或紧急事故时，则可作为火警广播。

**7. 集中控制设备**

集中控制设备是指对声、光、电等各种设备进行集中控制的设备。可用按钮式控制面板、计算机显示器、触摸屏和无线遥等设备，通过计算机和中央控制系统软件控制投影机、展示台、影碟机、录像机、卡座、功放、话筒、计算机、笔记本、电动屏幕、电动窗帘、灯光等设备。

集中控制系统由用户界面、中央控制主机、控制接口、受控设备四部分组成。主要实现以下功能。

（1）显示系统控制。通过主机串口，控制显示系统的所有功能，如开/关机、VIDEO/VGA 输入切换等；并且能够自动实现关联动作，如关闭系统时，自动将投影机关闭；

可以利用中控触摸屏的视频预览功能，在将视频投出到屏幕之前，确认播放的视频图像就是所需要的视频图像。

（2）矩阵控制。通过主机串口，控制矩阵进行切换，自动切换 DVD、VCR、计算机的音频输入；自动切换 DVD、VCR、实物展台、预留视频的图像到显示系统。

通过主机红外（IR）控制引脚和红外发射棒（IRP2），控制 DVD（录像机、实物展台）的所有动作，如播放、暂停、停止、快进、快退、上一曲、下一曲、菜单、上/下/左/右等；并且可以自动将 DVD（录像机、实物展台）的图像切换到显示系统。

（3）环境系统控制。通过中控强电继电器，控制日光灯的开关；并通过中控调节白炽灯的亮度，使得灯光迎合各种的场合需要。如播放 DVD 时将灯光亮度变暗，以便于更好观看影像；

通过中控强电继电器，控制窗帘的开/合，迎合各种场合的需要；

通过中控强电继电器，控制投影机、A/V 设备的设备电源，实现电源的自动、节能管理，而且可以更好的保护设备，如系统会在投影机关机后预留足够的时间使投影机散热，然后自动断开投影机的电源。

**8. 消防站火警受理终端**

消防站受理终端通过通信网络与消防通信指挥中心联网，接收消防通信指挥中心指挥调度指令。其硬件设备主要由由座席计算机、显示器、打印机等信息技术设备；电话及录音录时设备，警灯、警铃、火警广播等联动控制设备；机柜、UPS 等配套辅助设备构成。

独立接警的大队（中队）配置火警远程接警席位，用于对火灾和抢险救援报警的受理。

## （二）移动指挥中心

移动消防指挥中心根据使用方式和规模可以分为车载移动指挥中心和临时搭建的移动指挥中心。移动指挥中心内部划分为办公会议区、通信区和生活区。

**1. 通信系统**

移动消防指挥中心通信系统构成如图 6-2 所示。

（1）有线通信设备主要有车载小型电话交换机（集团电话）、语音网关及电话机、背覆线等。可开通现场有线电话通信网。

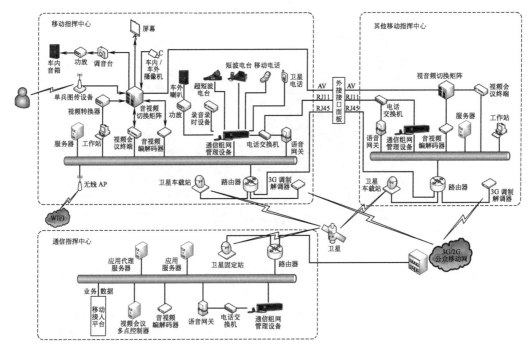

图 6-2　移动消防指挥中心通信系统构成

（2）无线通信设备主要包括车载台、车载转信台、手持电台等。

（3）卫星通信设备主要用于建立与通信指挥中心的通信链路。设备包括卫星天线、射频设备、调制解调设备和指挥视频终端等设备。

（4）网络设备包括网络交换机、路由器、无线局域网设备等。建立局域网，实现图像、语音、数据的传输。

（5）指挥调度座席设备包括车载计算机、电话机以及操作台（工作桌椅）等。实现通信控制和指挥调度。

（6）图像信息采集和传输设备包括车顶摄像设备、车内摄像设备、数码摄像机和数码相机、单兵图像传输等设备。通过摄像设备进行现场图像信息的采集和传输。

（7）多媒体会议设备包括电视会议终端、会议桌椅等。实现现场的多媒体会议。

（8）显示和控制设备包括大尺寸液晶（投影、LED）显示器、切换矩阵、画面分割器、硬盘录像机、图像编辑器、集中控制器等。实现现场音视频信号的显示和控制。

（9）车外广播扩音设备包括功放机、号筒喇叭、话筒等，实现现场喊话和声音扩声功能。车内音响设备包括调音台、功放机、音箱、话筒等。实现车内的声音扩声。

**2. 保障系统**

（1）装载体。车体采用专业汽车厂家的定型底盘，并进行必要的改装，如车体加固、综合布线、防雷接地、供电及信号接口等。并配备车内/外照明、空调、机柜等。为通信设备正常运行提供环境保证。

临时搭建的移动消防指挥中心可以采用帐篷作为装载体，帐篷外观如图 6-3 所示。

（2）保障设备。供电保障设备，包括车载发电机、UPS、配电盘等设备。实现移动消防指挥中心的供电保障。

图 6-3　帐篷外观

　　照明设备，包括车内工作照明和车外环境照明、远光照明等设备。实现移动消防指挥中心现场的照明。

　　生活保障设备，包括饮水、食物加热和冷藏等设备以及车载卫生间等。为现场人员提供简单的生活保障。

# 四、工程实例

## （一）总队通信指挥中心

　　某省公安消防总队通信指挥中心基础环境、图像显示系统和会议音响等基础设施情况。总队通信指挥中心系统结构如图 6-4 所示。系统逻辑如图 6-5 所示。

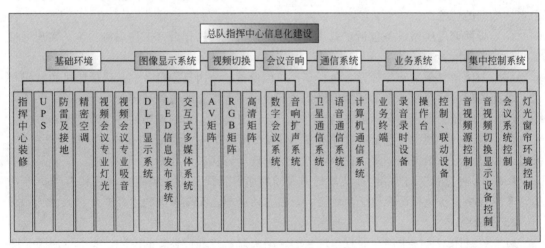

图 6-4　总队通信指挥系统结构图

### 1. 图像显示系统

　　图像显示系统是对汇集到省消防通信指挥中心的所有数据信息及视频等进行显示、控制和管理，使指挥人员能以最直观的方式快速了解和掌握情况，为决策提供支持。该系统将现场图像、视频录像机、实物展示台、有线（无线）电视信号、摄像机、VCD、DVD、计算

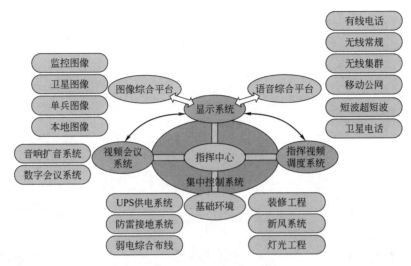

图 6-5 总队通信指挥系统逻辑图

机（网络信息）和工作站数据等信号清晰、实时地展现在指挥中心。

图像显示系统采用 DLP 数字光处理技术，由 2×4 块 67 英寸 DLP 投影单元、图像处理器系统、大屏控制管理软件和视频矩阵、RGB 矩阵、AV 矩阵等设备等附属设备组成。通过视频矩阵对图像源进行切换和控制；计算机图像切换矩阵将指挥中心计算机图像切换到大屏幕显示。通过多屏拼接控制技术，支持单屏、多屏以及跨屏等不同的显示模式，实现图像窗口的缩放、移动、漫游等功能。支持多路 RGB 画面和视频图像的实时显示，同时支持与计算机网络图像的混合开窗显示和任意跨屏漫游。

（1）组合显示屏。大屏幕投影显示系统由基于 DLP（数字光源处理系统）技术的投影单元（含投影箱体、DDX、DDSP 系列 DLP 投影机、专业背投影显示屏幕、内置图像处理模块）、多屏拼接控制系统、专用系统控制软件及相关外围设备（框架、底座、线缆等）组成。

组合屏底座高度在 1m 左右，控制台到大屏幕的观看距离不小于 3m。同时，为了方便安装维护，投影单元箱体后面需要保留净空间 60cm。

组合规模：2×4 共 8 台 67 英寸 DLP 投影单元

单屏尺寸：1370mm(宽)×1027mm(高)×890mm(厚)

组合尺寸：5480mm(宽)×2054mm(高)×890mm(厚)

（2）系统结构。选用一台多屏拼接控制器（4 路 RGB 输入/8 路视频输入/2 路网络/8 路 DVI 输出）、配合相应的矩阵，构成多通道、分布式的全屏信号处理显示系统，大屏幕显示系统结构如图 6-6 所示。系统拓扑结构如图 6-7 所示。

采用多通道的图像处理模式，使大屏幕整体系统可靠性大大提高。

采用高性能多屏拼接控制器，可实现多路网络/RGB/视频图像的全屏任意开窗显示。

图像显示模式除了任意跨屏开窗形式，还可将多路视频图像在全屏上以 M×N 的形式组合放大显示。

视频信号和 RGB 信号可直通上屏显示，图像质量和实时性不受任何影响。

多通道的方式减轻了多屏拼接控制器负担，使其保持良好的处理速度和显示驱动能力

多通道的方式使系统具有了应急备份功能，当拼接控制器发生故障时，视频信号和 RGB 信号仍然能在大屏幕上显示。

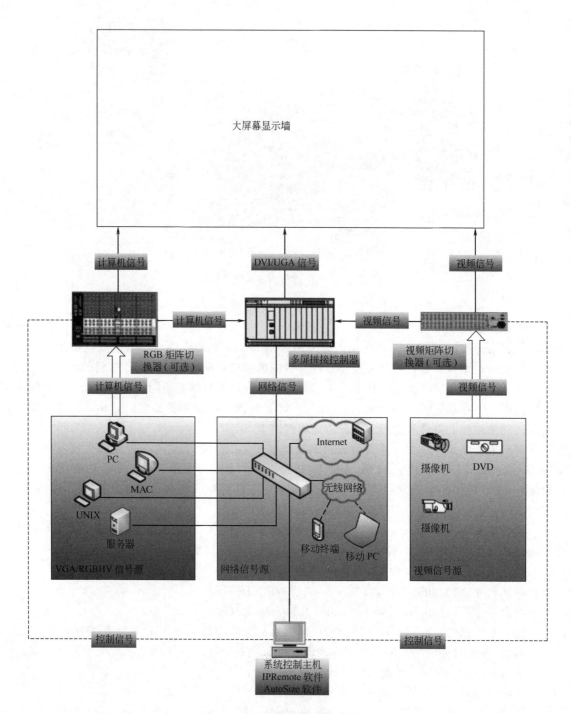

图 6-6  大屏幕显示系统结构图

（3）系统功能。大屏幕显示系统具有如下功能。

① 全数字接口。投影机配置国际标准 DVI 数字接口，可直接输入前端图像处理设备输出的数字 RGB 信号，整个信号处理、传输、显示过程完全实现数字化，显示高清晰度、高质量的数字图像。

多屏拼接控制器也同样具有 DVI 数字接口，并采用专业的 DVI 线缆完成处理器与投影

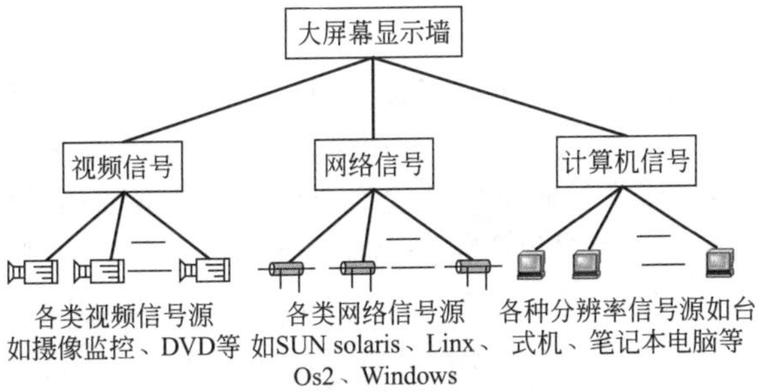

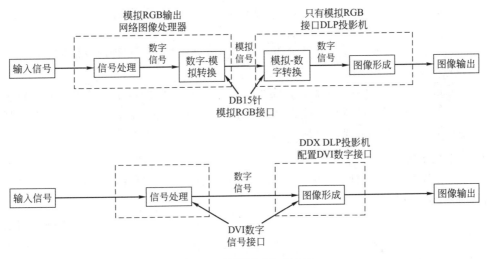

图 6-7　大屏幕显示系统结构拓扑图

单元的连接，使图像整个传输过程完成了全数字化。使大屏幕系统在整个信号的传输、处理、显示过程中取消了传统的 A/D-D/A 转换环节，真正实现全数字化信号流程，从而在根本上消除了信号传输环节中失真、噪声、杂波等因素的影响，在大屏上显示高度清晰、色彩鲜艳、画面逼真、无噪点、无抖动的数字图像，各类信号图像窗口的显示速度更快捷、实时性更强。两种不同方式连接方式如图 6-8 所示。

图 6-8　两种不同方式连接

② 直通显示。内置图像处理模块配合矩阵切换设备，可以灵活显示多路视频和计算机信号，对于 2×4 组合屏，可以显示 1～8 路视频或计算机混合信号。

通过控制软件，操作员可以通过模式存储和调用方式，非常简单地控制屏幕图像的切换、缩放和定位。

每台投影机内置图像处理模块，把计算机信号和视频信号通过矩阵设备输入到每个投影单元，可以在组合大屏幕上以 $M×N$ 的方式缩放显示图像，如单屏显示一路视频或计算机或以 2×4 等组合放大显示一路视频或计算机。

整个大屏幕显示系统中，多块图像处理模块组成一套功能强大的内置图像处理系统。这些模块能够根据图像的拼接组合和大小，自动对输入的信号进行分割和放大显示。如对于一个 2×2 拼接图像，在无需任何外加处理设备的情况下，视频图像或计算机图形，可以直接显示在整个 2×2 大屏上，而实际上，每块屏只显示其中的四分之一画面，从而达到单屏直通显示或多屏拼接显示的效果。

图像的拼接和组合操作简单方便，用户只需通过控制软件以简单的拖拉方式就可实现图像的单屏或放大跨屏显示。

利用投影单元的内置图像处理模块，结合 RGB 矩阵切换器和视频矩阵切换器，能够非常方便地实现 RGB 信号和视频信号的显示，在组合屏上任意显示多窗口画面，无延时、无抖动。同时，矩阵切换器的切换控制可以通过系统控制软件进行集中控制。

③ 任意开窗漫游显示。利用多屏拼接控制器，大屏幕能够灵活地显示计算机网络图形、视频图像和 RGB 图形，三者可以灵活组合、缩放、叠加。多屏拼接控制输出 DVI 数字 RGB 信号，可以同投影机的数字端口直接相连，驱动 DMD 显示模块。完整的数字处理、传输和显示方式，保证了显示画面的高质量。

通过拼接控制器，可以连接用户的计算机网络，将网络上的计算机图形调到多屏拼接控制器的图形界面上。

视频信号可以通过拼接控制器的视频输入端口接入，通过软件以开窗的方式显示在拼接控制器的图形界面上。

计算机 VGA 信号也可以通过的 RGB 捕获模块输入，以软件开窗的方式显示在的图形界面上。

网络图形、视频窗口、VGA 窗口，DVI 窗口，根据实际需要组合显示在大屏上，灵活方便。

另外用户可以通过拼接控制软件远程控制多屏拼接控制器，配合远程鼠标键盘。完成图形窗口的移动、缩放、组合。

④ 信号混合显示。直通显示方式，实现了图像的 $M \times N$ 跨屏拼接效果。同外置多屏拼接控制器，实现了图像的任意组合缩放显示。用户可以通过系统控制软件，实现两种显示模式的完美组合，获得最佳的显示效果。

### 2. 图文显示系统

图文显示系统采用 LED 显示技术，用来全时滚动显示发布当日重要事项、会议通知、天气信息以及其他相关信息。

（1）系统组成。在大屏幕图像显示系统上方配置一块长条 LED 屏幕，两侧分别配置一块高 $2 \times 1m$ 的矩形 LED 屏幕。实现动态显示情报信息、值班信息、天气情况、重要通知、欢迎致辞等图文信息。

LED 灭火救援业务信息发布系统结构如图 6-9 所示。在一体化软件灭火业务情报库中创建视图模板，控制软件从灭火业务情报库中读取视图进行显示。

图 6-9　LED 灭火救援业务信息发布系统结构图

显示系统含显示屏体、框架、软件系统，控制系统，专用计算机等。LED 显示系统如图 6-10 所示。

① 数据分配和扫描单元。数据分配和扫描单元是模块化结构设计，一定数量的像素单元纵横排列成适当大小的模块，许多模块就能拼成大屏，这样的模块化设计便于拆装维修和

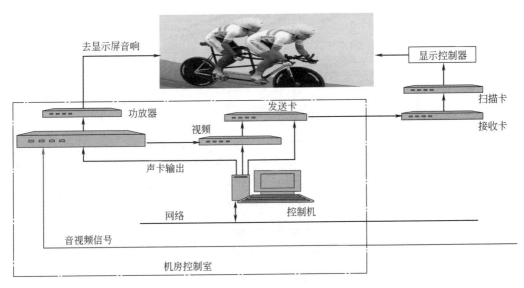

图 6-10 LED 显示系统

适应用户的多种尺寸要求而且每个像素点都可以更换，它将显示数据按区域分配到显示屏上，并完成显示数据扫描。

② 显示屏屏体。显示屏由多个显示单元板组成，它们分成不同的区域接受数据分配和扫描单元传来的显示数据，以单元板化结构显示。

屏幕背后保留有维修空间，方便屏幕的安装调试，以及日后的维修维护等操作。

③ 控制系统。同步控制系统，主要用来实时显示视频、图文、通知等。显示屏的工作方式基本等同于电脑的监视器，以至少 60 帧/s 更新速率点点对应地实时映射电脑监视器上的图像，通常具有多灰度的颜色显示能力。LED 显示屏同步控制系统一般由发送卡、接收卡和 DVI 显卡组成。

异步控制系统又称显示屏脱机控制系统。主要用来显示各种文字、符号和图形或动画为主，可以分区域控制显示屏幕内容。画面显示信息由计算机编辑，经 RS232/485 串行口预先置入 LED 显示屏的帧存储器，然后逐屏显示播放，循环往复。

（2）系统功能。提供简单方便和交互的节目制作/播放环境，显示功能和编辑手段。显示内容可通过键盘等手段实时进行编辑，即编即显，或依照时间节目程序自动变换。可同屏播放图像及计算机画面，也可以将视频图像与计算机画面进行迭加。

- 系统采用 VGA 同步技术，大屏内容与 CRT、视频同步显示。
- 可显示中、英文文字、图形、动画、视频图像。
- 计算机键盘、鼠标、扫描仪等输入工具与视频直接接通。
- 多种特技方式，移动、旋转、百叶窗、放大或缩小、覆盖、推出。
- 多种字体的文本编辑，可做阴影效果等。

### 3. 数字会议系统

数字会议系统组成如图 6-11 所示，由会议发言系统、会议音响扩声系统和会议辅助系统等组成。

（1）会议发言系统。会议发言系统如图 6-12 所示，由会议主机、发言单元等组成，主要功能有：

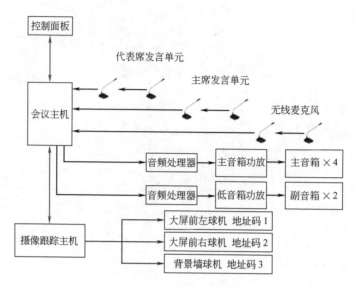

图 6-11  数字会议系统组成

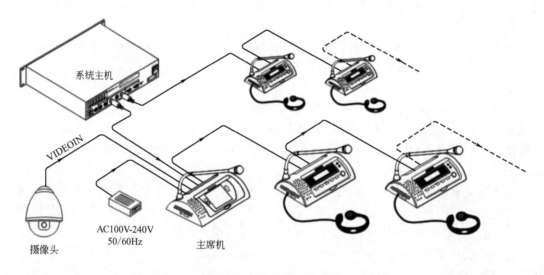

图 6-12  数字会议发言系统

会议控制，由主机设置话筒的开启数量和开启模式来控制会议秩序。可设置摄像头自动跟踪发言话筒方向，实现联动。配合电话耦合器可进行远程电话会议。

先进先出模式，设定可以同时打开的发言单元数量，后面打开的发言单元会自动将之前已经打开的发言单元关闭。

指定发言模式，会议指定发言人时，通过会议管理界面打开相应的发言单元。

申请发言模式，按键申请发言，再按一下按钮即可取消申请。也可设置为不可撤消申请模式。

定时发言模式，可设置各单元发言次序及发言时间。

（2）会议音响扩声系统。会议音响扩声系统主要由媒体矩阵数字音频处理器、音箱、功放等组成，会议音响扩声系统如图 6-13 所示。

① 媒体矩阵数字音频。处理器，可以预存不同发言人不同的声音模式、普通会议模

图 6-13 会议音响扩声系统

式、视频会议模式、背景音乐模式、报告模式等各种使用模式。支持 DVD/CD 光盘机、磁带录音机、MD 机、VTR 录像机、硬盘录像机、DVD 刻录机等播放源。

② 会议扬声器，由主音音箱和低音音箱组成。主音音箱可以输出全频段的声音，在大屏幕左右两侧分别布置，叠加使用，适合对会议音频等各种声源的完美还原。在两侧区域内分别放置超低频扬声器，与主音音箱组成 3 分频扩声结构，增加低频段声音的增益，达到更强烈和震撼的效果。

③ 功率放大器，与扬声器的功率配比保持在 2∶1 以上，可满足大动态的节目信号输出，有一定量的功率余量。纯后级功放可以对处理过的音频信号进行完全还原放大处理，以适应较大面积场所内的均匀声场覆盖。

### 4. 集中控制系统

集中控制系统通过触摸式显示控制屏对电气设备进行控制，包括投影机、屏幕升降、影音设备、信号切换，以及会场内的灯光照明、系统调光、音量调节等。免去了复杂而数量繁多的遥控器。集中控制系统组成如图 6-14 所示。

红外发射棒控制投影机、DVD、VCR、功放、视频会议系统和电动窗帘，实现 A/V 系统的自动化控制；

串行通信口控制 A/V 矩阵和 VGA 矩阵，实现所有音视频、VGA 信号的自由切换，投影机等带串行通讯协议的设备；

电源控制器控制屏幕、升降架、日光灯和设备电源，实现所有电源的自动控制。白炽灯从全暗到全亮，实现无级调光。

### 5. 后备电源系统

UPS 系统是连接在输入电源和负载之间，为重要负载提供不受电网干扰、稳压、稳频的电力供应的电源设备，系统配备 UPS 电源 1 套，后备电源供电时间不低于 2 小时，为网络、服务器、计算机等关键设备提供在线式不间断供电。

指挥中心的供电负荷估算如表 6-4 所示。实际配置 1 台 80kVA 的 UPS 电源和 64 块 12V100Ah 的电池。

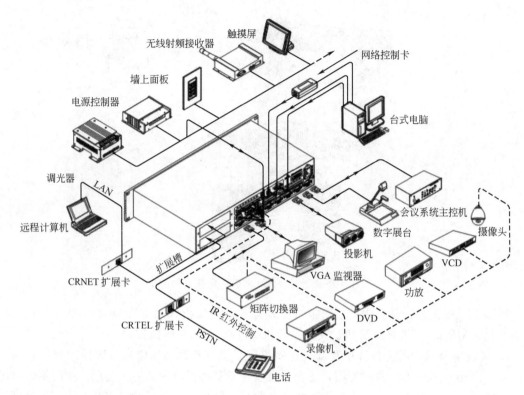

图 6-14　集中控制系统组成

表 6-4　指挥中心的供电负荷量估算

| 区　　域 | | 用电量/W | 数量 | 同时使用系数 | 小计/W |
|---|---|---|---|---|---|
| 指挥中心大厅 | 大屏区 DLP | 340 | 18 | 1 | 6120 |
| | 大屏区 LED | 2000 | 2 | 0.7 | 2800 |
| | 大屏区 IDB | 500 | 1 | 1 | 500 |
| | 指挥决策区　座席 | 200 | 3 | 0.5 | 300 |
| | 操作调度区　座席 | 200 | 10 | 0.5 | 1000 |
| | 会商区　座席 | 200 | 4 | 0.5 | 400 |
| | 行政值班区　座席 | 200 | 4 | 0.5 | 400 |
| | 总机区　座席 | 200 | 4 | 1 | 800 |
| | 信息中心区　座席 | 200 | 8 | 0.5 | 800 |
| 信息机房 | 机柜 | 3400 | 19 | 0.7 | 45220 |
| 其他 | | 6000 | 1 | 1 | 6000 |
| 合计 | | | | | 64340 |

## 6. 灭火救援指挥系统

总队及支队灭火救援指挥系统采用"大集中"模式部署，灭火救援指挥系统结构如

图 6-15 所示。大集中的方式主要包括：

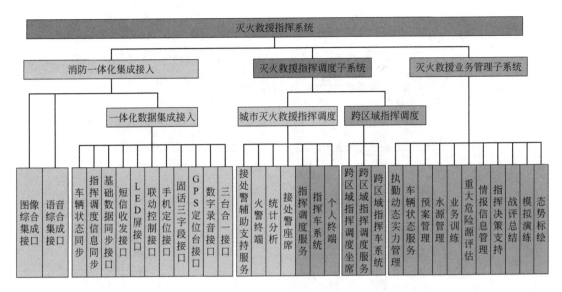

图 6-15　灭火救援指挥系统结构图

（1）三网统一融合，公安网、指挥调度网、数据专网的融合在总队、采用统一的技术手段实行融合，各支队不再需要融合设备；

（2）外网统一接入，外围系统网络（卫星通信、互联网、3G 通信网、电信运营商数据交换的私有数据网、政务网等非公安网）统一在总队通过边界接入平台接入；全省各个支队的移动终端均通过 3G 连接系统开展应用，3G 的统一接入平台在总队统一建设；移动应用终端连接到总队的外围系统网络接入平台，并由其将数据汇聚到内网服务器中。桌面应用终端通过指挥调度网或公安网直接访问总队的内网服务或数据。三字段信息、手机定位信息、GPS 定位数据等统一由总队建设中间件平台，并统一实现信息由运营商专网转入指挥调度网。

（3）数据集中传输，总队、支队通信指挥中心的信息互联、指令互通统一通过指挥调度网实现；主要包括指挥视频图像传输、指挥语音通信、一体化业务系统的数据通信。

（4）设备集中部署，为减少总体硬件成本和维护难度，尽可能把一些服务部署到总队，在保证系统运行的情况下加大总队级信息中心的硬件设备的投入，降低支队级信息中心的投入，便于人员集中培训及维护，提高后期运维工作效率。

（5）业务集中处理，在负载和功能允许的情况下，大中队的业务尽量集中在支队实现，支队的业务尽量集中在总队实现。业务功能有重合的系统集成在一个系统实现。

灭火救援业务管理系统统一部署在总队，支队不单独部署；

灭火救援数据库统一部署在总队，支队仅保留基础数据及辅助查询的部分；

跨区域灭火救援指挥系统接口统一部署在总队，包括指挥信息同步服务、基础数据同步服务、车辆状态同步服务等；

支队配置前置同步服务器，用于为城市级灭火救援指挥调度系统提供灭火救援业务管理相关的数据及服务、外围系统信息交互（三字段信息、手机定位信息、GPS 定位数据等），为了便于工程实施，前置同步服务器应部署在指挥调度网。灭火救援指挥系统部署图如图 6-16 所示。

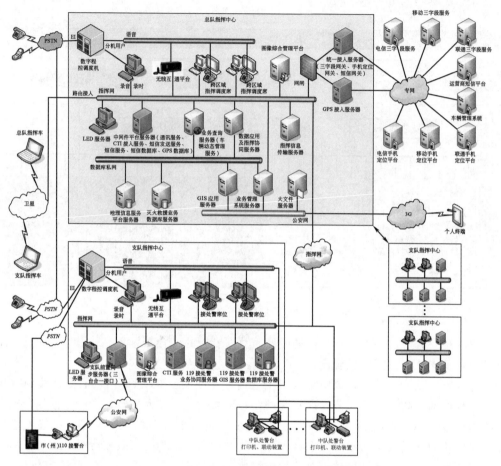

图 6-16　灭火救援指挥系统部署图

### 7. 基础环境

通信指挥中心的工作环境以国家有关标准及规范为依据，综合考虑采光、防尘、隔音、温度、湿度等因素，力求做到布局的合理化和科学化，保证设备的可靠运行。

在经济实用的前提下，选择优质机房专用装修材料，主体装修材料选用吸音效果好、不易变形、变色、易清洁、防火性好，且高度耐用的材料，达到最佳装修效果。

室内控制设备、电器设备、布线系统的选材注重可靠性，全部采用符合国家标准的产品，以确保系统投入运行后故障率为最低。

根据消防防火级别设置确定机房的消防设计，按机房面积和设备分布装设烟雾、温度检测装置、自动报警警铃和指示灯、自动/手动灭火设备和器材。

按照有关规范，土建预留遵循平行线缆相互隔离的距离不小于 50～60cm，竖井通过楼层时尽量保持间距，避免电力线干扰通信传输。在机房、站区通信、电力线密集人井、电缆房中，注意各自的盘绕、路径的最优布设。

规范进行机房建筑防雷设计与施工，机房的建筑防雷除有效保护建筑自身的安全之外，也为设备的防雷及工作接地打下良好的基础，机电工程多采用联合接地方式，系统设备接地与建筑接地连接在一起。禁止直接使用建筑接地线和电源接地线作为系统设备的地线。

（1）功能分区。总队通信指挥中心大厅建筑面积 247m²。长 15.3m×宽 16.2m，层高

3.5m。主要由大屏显示区、指挥决策区、操作调度区、会商区、行政值班区、总机区、信息中心区等功能分区。

大屏区，设置2行4列，采用67″8套DLP显示单元。大屏幕一侧设有检修门，其后侧留有维修通道。

会商区，设置于靠近大屏两侧。纵向摆放桌椅，大屏左右两侧各4席位，共8席位。

指挥决策区，1排，正中8个席位；

操作调度区，设置于会商区后侧，分二排，每排设5席位，共10席位。

行政值班区，1排，4个席位。

总机区，1排，4个席位。

信息中心区，1排，分二排，每排设4席位，共8席位。

信息机房，主要包括机柜、UPS等。

（2）综合布线。指挥中心席位不少于1个数据点、1个语音点。每个服务器机柜按不少于12个六类铜缆/光纤点。弱电系统桥架采用上走线方式。

### （二）支队通信指挥中心

某总队下属支队通信指挥中心系统结构如图6-17所示，系统拓扑如图6-18所示。

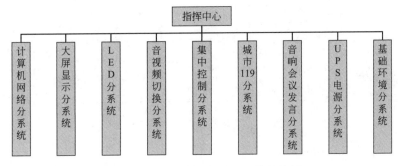

图 6-17 支队通信指挥中心系统结构图

**1. 计算机网络**

指挥中心计算机网络由消防信息网、指挥调度网、互联网组成。

（1）公安信息网接入，配置1台路由器、1台防火墙、通过100M带宽线路接入支队当地公安局，指挥调度网接入公安信息网如图6-19所示。

（2）指挥调度网，配置1台路由器、1台防火墙、通过租用8M带宽线路接入总队。

（3）互联网接入，配置1台交换机/路由器、1台防火墙、通过租用2M线路接入支队。

互联网接入如图6-20所示。

**2. 图像显示系统**

大屏幕图像显示系统安装46寸液晶电视显示单元拼接墙体，2(行)×4(列)，共计8块。用于视频会议、视频监控、计算机信号等图像信号集中分区显示，满足8路视频信号、8路RGB信号输入。由图像控制器、拼接控制软件和接口、线缆等外围设备组成，大屏幕图像显示系统如图6-21所示。

**3. 图文显示系统**

系统由室内φ3.75双基色显示屏、控制卡、LED显示控制软件组成，LED图文显示系统如图6-22所示。

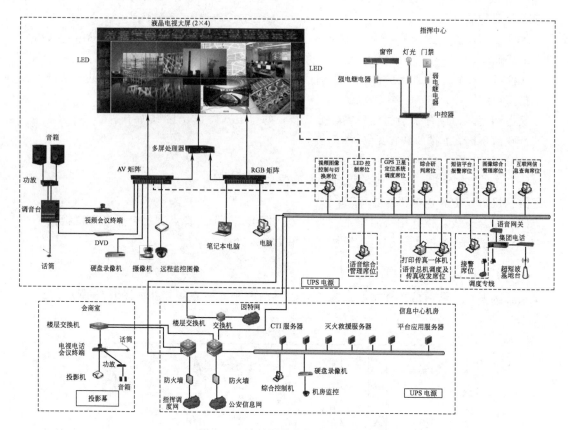

图 6-18　支队通信指挥中心拓扑图

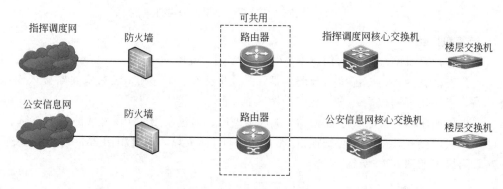

图 6-19　指挥调度网接入公安信息网

图 6-20　互联网接入

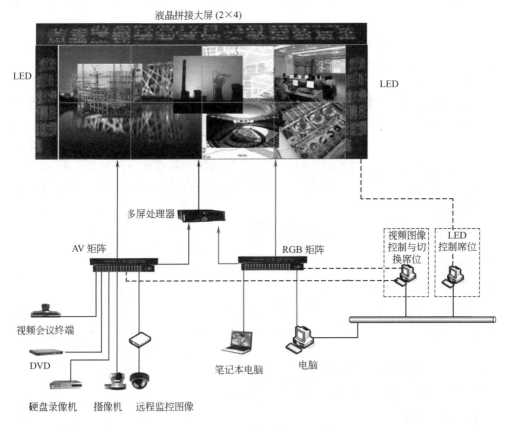

图 6-21 大屏幕图像显示系统

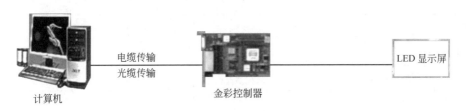

图 6-22 LED 图文显示系统

### 4. 音视频系统

配备 32×32 的 RGB 矩阵、64×64 视频矩阵各一台和 VIDEO 转 VGA 转换器、VGA 转 VIDEO 转换器。实现 VGA 信号和视频信号的切换。

音视频矩阵切换器支持 64 路视频信号输入/输出。视频输入、输出端口采用 BCN 接口，具有独立的音频平衡/非平衡输入、输出端子。具有掉电记忆功能带有断电现场保护、LCD 液晶显示、音视频同步或分离切换等功能。具有红外遥控功能和 RS232 通信功能。采用可编程逻辑陈列电路，任意交互切换。其主要功能指标如下：

- 支持 64 路视频信号输入，64 路视频信号输出。
- 支持快速切换操作。
- 独立的音频平衡/非平衡输入、输出端子。
- 视频信号输入、输出端口采用 BNC 接口。

- 具有掉电记忆功能带有断电现场保护、LCD 液晶显示、音视频同步或分离切换等功能。
- 具有红外遥控功能和 RS232 通信功能。
- 采用可编程逻辑陈列电路，任意交互切换。

视频矩阵切换器支持 32 路视频信号输入/输出。采用高性能的图像处理器及信号长距离传输失真增益补偿技术，使图像信号长距离传输高保真输出。具有 RS232 通信接口，方便与电脑、遥控系统或各种远端控制设备交换数据。支持视频信号类型有：RGBHV，RGBS，RGsB，RsGsBs。视频信号输入、输出端口采用 BNC 接口。具有掉电记忆功能带有断电现场保护、LCD 液晶显示、音视频同步或分离切换等功能。具有红外遥控功能和 RS232 通信功能。具有网络接口，可通过以太网控制。采用可编程逻辑陈列电路，任意交互切换。其主要功能指标如下：

- 支持 32 路视频信号输入，32 路视频信号输出。
- 支持快速切换操作。
- 独立的 RGBHV 分量平衡/非平衡输入、输出端子。
- 支持视频信号类型有：RGBHV，RGBS，RGsB，RsGsBs。
- 视频信号输入、输出端口采用 BNC 接口。
- 具有掉电记忆功能带有断电现场保护、LCD 液晶显示、音视频同步或分离切换等功能。
- 具有红外遥控功能和 RS232 通信功能。
- 采用可编程逻辑陈列电路，任意交互切换。

**5. 集中控制系统**

集中控制系统设备控制方式如表 6-5 所示。采用 8.4 寸 65K 真彩色 TFT 真彩色无线画

表 6-5　设备控制方式表

| 序号 | 设备名称 | 控制方式 |
| --- | --- | --- |
| 1 | 投影机 | 红外 或 RS-232 |
| 2 | 视频会议系统 | 红外 |
| 3 | DVD | 红外 |
| 4 | 录像机 | 红外 |
| 5 | 音箱 | NO |
| 6 | 摄像机 | RS-485 或继电器开关量 |
| 7 | 视频展台 | 红外 或 RS-232 |
| 8 | 电子白板 | NO |
| 9 | 电动屏幕 | 继电器开关量 |
| 10 | 电动窗帘 | 红外或继电器开关量 |
| 11 | 电动升降架 | 继电器开关量 |
| 12 | 日光灯开关 | 继电器开关量 |
| 13 | 矩阵 | RS232 |

中画触摸屏，解析度 800×640 像素，16∶9 的宽屏显示。通过 CR-RFA 无线接收器与可编程主机进行通信，支持 433MHz 频率的控制指令传输。

可编程控制系统中控系统，采用主频 210MHz 的 32 位内嵌式处理器，内置了 8M 内存和 2M 存储 FLASH，内置可编程接口，可以控制所有的外接设备（包括第三方设备），可实现一键发双代码等红外逻辑控制。支持 3 路 CR-NET 控制总线，可扩充达 256 个网络设备。可通过扩展以太网控制接口实现计算机远程控制。

串口分配器，支持 8 路串口分配器输出，通过 RS-232 与主机通信，将主机发送过来的数据转换成指定的波特率并从相应的 COM1-COM8 输出口输出。CR-NET 四位网络接口，用于连接外接设备。支持 ID 码设置。可安装于任何标准的 9 英寸的机柜上。

电源控制器，与可编程主机或 PC 机通信实现多种设备的控制。用于控制灯光，电动屏幕，电动窗帘，电动窗帘及投影机等外设供电电源。

### 6. 会议音响系统

会议音响系统如图 6-23 所示，配置了音视频播放设备，以满足指挥大厅的音视频播放功能。整个系统配置了 24 个会议发言单元，来满足整个会议系统的不同发言需求。

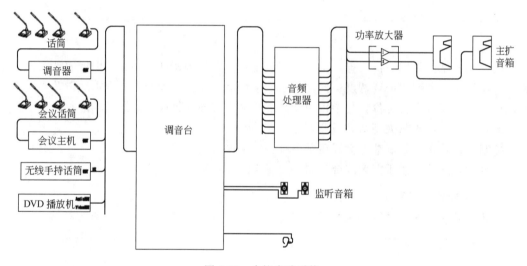

图 6-23　会议音响系统

① 扬声器。由主音音箱和低音音箱组成。主音音箱可以输出全频段的声音，适合对会议音频和现场音频等各种声源的完美还原。低音音箱可以增加低频段声音的增益，达到更强烈和震撼的效果。

② 功率放大器。功率放大器与扬声器的功率配比保持在 2∶1 以上，可满足大动态的节目信号输出，有一定量的功率余量。纯后级功放可以对处理过的音频信号进行完全还原放大处理，以适应指挥中心大厅较大面积场所内的均匀声场覆盖。

③ 数字音频处理器。作为整个音频处理的核心设备，可以把所接入的任何声源进行调节配置，其内置前级增益控制、参量及图示均衡、路由矩阵、压限器、扬声器反向均衡、合并控制器、优先级输入、音源选择、话筒自动混音器、延时器、门限器、电平表等。

### 7. 通信指挥中心席位

通信指挥中心的功能主要是火警受理、报表统计系统、信息维护系统三部分。指挥中心席位分为接警处警席、班长席、综合管理席、控制席等，通信指挥中心席位如图 6-24 所示。

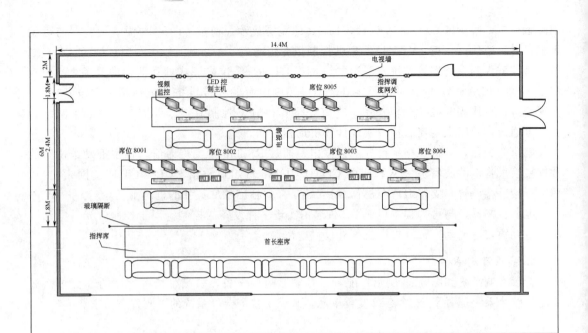

图 6-24　通信指挥中心席位示意图

接警处警席位配置一机三屏，文字屏实现主要的接处警调度功能，辅助屏实现辅助信息展示、通信录、一键式语音调度、异常提示、系统运行监控，地图屏显示本地以及周边地区的地理信息，实现灾害定位，与指挥调度系统联动，实现接处警的地图功能。

班长席位：用于重大警情处置及席位监控等。

控制席位：用于控制液晶大屏显示系统、图文屏幕显示系统。

综合管理席位：用于图像综合控制，语音综合控制。

### 8. 消防接处警子系统

支队消防接处警子系统的接处警采用完全大集中模式，接处警模式如图 6-25 所示。

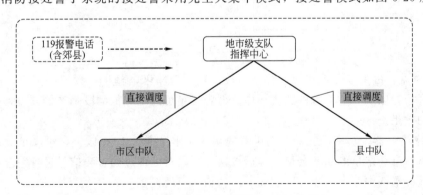

图 6-25　接处警模式

支队将辖区（含郊县）的 119 报警语音线路，以及各级公安 110 转警的语音线路全部汇聚至本级指挥中心，实现支队大集中接警。大（中）队作为终端用户，在大（中）队或公安 110 指挥中心设置远程处警席位。

消防接处警子系统完成警情信息接入、受理、调度、灾情上报、发送增援请求、上级指令接收等功能。火警受理子系统与火警终端子系统紧密结合，通过网络或语音方式下达出动命令，接收火场信息、实力状态信息等。

消防接处警子系统设备部署如图 6-26 所示。系统通过后台服务，与总队消防一体化各系统通信，完成灾情上报、发送增援请求、上级指令接收、基础数据同步等功能。

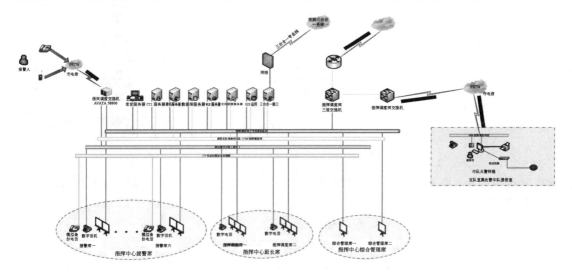

图 6-26 消防接处警子系统设备部署图

消防接处警子系统通过集成中间件平台，获取 CTI 服务、手机定位、电话三字段查询、短信收发、GPS 定位、录音录时、视频管理和控制、LED 显示控制等服务，并与公安 110 系统等进行数据交换和语音通信。

**9. 消防站火警受理终端**

消防站火警终端由计算机、接警电话、打印机、UPS 电源、无线电台、扩音设备、联动控制设备、调度台及中队终端软件等组成。

消防站接收由消防通信指挥中心转来的 119 处警电话，可与通信指挥中心形成三方通话；

火警受理终端接收通信指挥中心发送的火警信息、火场地形图、建筑物平面图、水源分布图、重点单位作战预案、扑救对策、灭火战术等资料。

自动接收市消防通信指挥中心下达的出动命令并打印出车单，同时启动警灯、警铃联动设备，发出声、光报警。

联动控制设备如图 6-27 所示。能自动或手动控制警灯、警铃及广播、夜间照明设备。

能向市消防通信指挥中心火警受理台发送本站消防实力信息及其他有关灭火信息。

智能化开关控制和自动告警联动装置。告警控制盒共 16 个控制通道。1～8 通道为告警通道，位于前面板，每一通道启动时均有告警音；9～16 通道为开/关控制通道。其主要功能如下：

- 电话到达告警。
- 定时放音、扩音、报时控制，也可自动循环播放。
- 自动控制警灯、警铃等联动设备的启动与停止。
- 自动控制大门、车库门、灯光等相关装置的开启和关闭。

**（三）移动消防指挥中心**

**1. 车体**

某单位移动消防指挥中心车辆部分选用考斯特作为改装平台，在保证整车性能的前提下

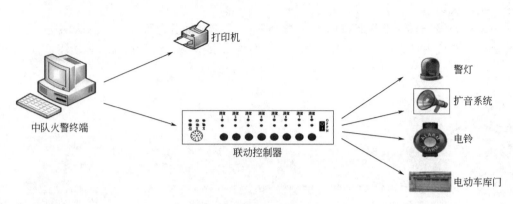

图 6-27　联动控制设备

对车辆进行改装，实现符合设备技术要求的工作环境。改装后，车辆侧面、顶面剖面图和内部前后机柜如图 6-28 所示。

- 所有设备及机架需采取防震措施；
- 加装发电机隔音罩及消音器；
- 加装车载发电机，为设备提供 AC220V 电源；
- 计算上装设备配重，合理进行改装。

车厢底部走线槽全部涂胶密封，在地板穿线孔采用过线护套，并涂胶密封，确保车底的热气、水、尘土进入线槽或套管进入车内。

走线槽要有扩展的空间，方便开启和闭合，便于线缆维护。电源线及各种信号线槽分开，避免电磁干扰。

**2. 通信设备**

配备 350MHz 的集群车载台、单兵无线图像传输系统、3G 图像传输系统，卫星通信设

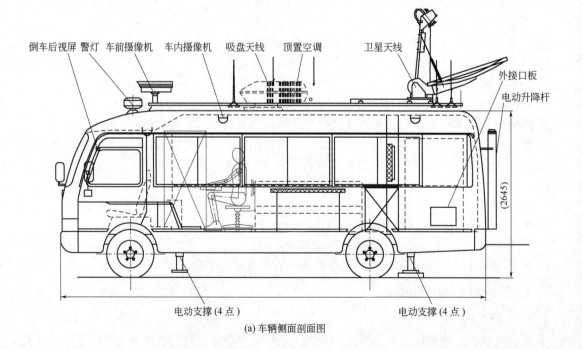

(a) 车辆侧面剖面图

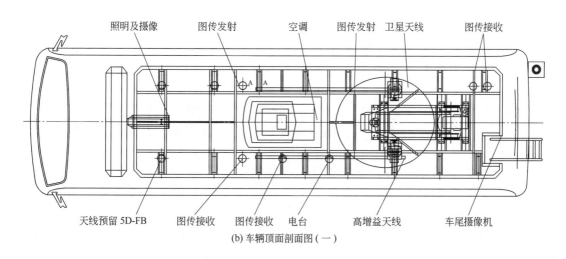

照明及摄像　　图传发射　　空调　　图传发射　卫星天线　　图传接收

天线预留 5D-FB　　图传接收　图传接收　电台　　高增益天线　　车尾摄像机

(b) 车辆顶面剖面图 (一)

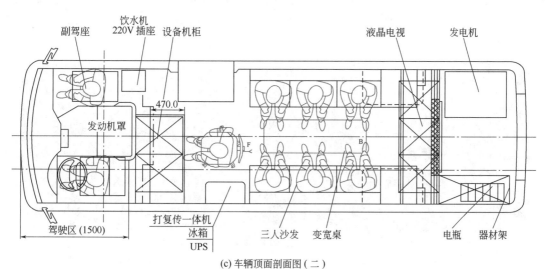

副驾座　　饮水机220V 插座　设备机柜　　液晶电视　　发电机

470.0

发动机罩

驾驶区 (1500)　　打复传一体机　　三人沙发　变宽桌　　电瓶　器材架
冰箱
UPS

(c) 车辆顶面剖面图 (二)

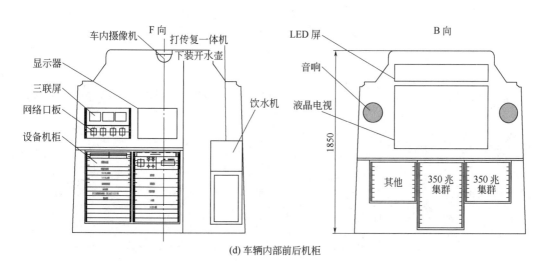

车内摄像机　　F 向　　打传复一体机　　LED 屏　　B 向
显示器　　下装开水壶　　音响
三联屏　　饮水机
网络口板　　液晶电视
设备机柜

其他　350 兆集群　350 兆集群

1850

(d) 车辆内部前后机柜

图 6-28　改装后的车体

备、便携式打印机、网络和计算机设备等。

车载 GSM 无线传真机可利用 GSM/GPRS 在车辆移动中收发传真，该设备还配备语音手柄，亦可作为车载移动电话使用。

利用 3G 图传系统将回传至车内的图像传输至国内任何支持 3G 网络的地区。

配备数字硬盘录像机可对现场图像进行录像，160G 的硬盘可连续录制录像资料，并可随时回放显示，该设备还可通过 USB 接口及数据端口与车载电脑或其他设备相连接，便于录像资料的导入和导出。

15 英寸屏幕液晶显示器镶嵌安装于车辆隔断上，利用视频切换和画面分割功能实现图像灵活显示，车载工控计算机的光盘刻录功能可记录事发现场的情况。

### 3. 照明设备

车顶配备 4×600W 第二代氙灯作为主照明光源，保证周边不小于 50m 范围内的照明，车外照明如图 6-29 所示。专用的镝灯伺服机构可实现水平旋转 355°、俯仰运动 −45°～+45°，使照明摄像实现无死角。此外，灯具配备散光、聚光两种灯罩，适用任何照明情况。

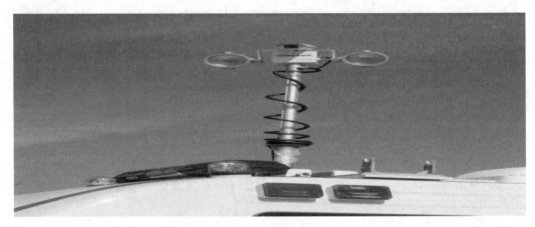

图 6-29　车外照明

车内照明如图 6-30 所示，在会商区安装长排日光灯，照度达到 40lx，满足会商、指挥工作需要。工作台上方安装照明灯，照度达到 100lx，车内工作区照明灯可以通过控制灯光开启数量调整光线亮度。另外配备 1 个手持式应急照明灯。

图 6-30　车内照明

#### 4. 会议设备

配有可变式会议座椅如图 6-31 所示，会议桌等多种办公设施和视频会议设备。会议桌两端分别安装一个带电源\网络\VGA 视频\COM 等端口的弹起式综合端口组件，为车内便携设备（如笔记本电脑）提供电源及网络接口，方便使用笔记本电脑及并可将笔记本图像显示于 37 寸主显示屏上。车内工作区域设置阅读灯、工作灯，车内还增设日光灯，提高了该车的舒适性和适用性，便于车上指挥和办公。

图 6-31　会议桌椅

## 第二节　信息中心机房

### 一、信息中心机房建设

#### （一）概述

信息中心机房是为电子信息设备提供运行环境的场所，可以是一幢建筑物或建筑物的一部分，包括主机房、辅助区、支持区和行政管理区等。机房建设是一个系统工程，要做到从需要出发，满足功能，兼顾美观实用，为设备提供安全运行的空间，为从事计算机操作的工作人员创造良好的工作环境。

信息中心机房平面布局的设计应考虑三方面的因素：一是机房布局需考虑功能间的分配，按计算机设备和机柜数量规划布置机房面积与设备间距；二是机房的功能需考虑各个系统的设置；三是机房布局要符合有关国家标准和规范，并满足电气、通风、消防、装修及环境标准的要求。

信息中心机房是由主机房（包括网络交换机、服务器群、存储器、数据输入/出、配线、通信区和网络监控终端等）、基本工作间（包括办公室、缓冲间、走廊、更衣室等）、第一类辅助房间（包括维修室、仪器室、备件间、存储介质存放间、资料室）、第二类辅助房间（包括低压配电、UPS 电源室、蓄电池室、精密空调系统用房、气体灭火器材间等）、第三类辅助房间（包括储藏室、一般休息室、洗手间等）组成的。

信息中心机房的各个系统是按功能需求设置的，其主要工程包括机房区、办公区、辅助区的装修与环境工程；可靠的供电系统工程（UPS、供配电、防雷接地、机房照明、备用电源等）；专用空调及通风；消防报警及自动灭火；智能化弱电工程（视频监控、门禁管理、环境和漏水检测、综合布线、KVM 系统等）。

## （二）绿色信息中心

绿色信息中心，就是通过自动化、资源整合与管理、虚拟化、安全以及能源管理等新技术，解决目前信息中心普遍存在的成本快速增加、资源管理日益复杂、信息安全以及能源危机等问题，打造与业务动态发展相适应的计算机信息中心。有两种方法来应对信息中心供电和散热的挑战：一是减少信息中心 IT 设备对能量的需求，降低能耗和发热量；二是提高信息中心的供电和散热效率，减少不必要的浪费。

### 1. 利用技术解决效率问题

（1）服务器级技术。微处理器采用 p-State、多核和服务器虚拟化等技术来实现节能和降低发热量的目标。

① 处理器 p-State 技术。服务器设置电源状态寄存器，实现在不影响性能的条件下节电的要求。该技术可以根据服务器的工作负载改变处理器频率和电压，使处理器在不同的供电水平下运行，达到节电和不影响应用性能的目的。

② 多核技术。多核处理器采用独立缓存设计，将多个处理器内核整合在同一芯片上可以提高性能，每个内核又可以同时执行多个线程。"多核"、"多线程"处理器能够实现在不提高甚至降低主频的条件下，提高处理器的性能，从而同时实现高性能、低功耗、低发热量。

③ 低电压、低功耗处理器。低电压、低功耗和高性能处理器能够以较低的功耗和发热量运行高端应用。

④ 电源管理技术。通过改变电源主频和电压控制性能的特性，电源管理技术通过降低服务器处理器的频率和内核电压，减少没有得到充分利用的处理器的电源供应量，而处理器频率的降低，功耗自然也就随之降低；另一种电源管理技术是动态功率封顶技术，可以在不影响性能的前提下，通过服务器供电的动态配置，按峰值功率封顶或平均功率封顶，重新分配与优化使用信息中心的电力和散热资源。

⑤ 热量智控技术。热量智控技术是一种应用于提高刀片服务器散热能力的技术。其设计的核心是自适应性，可根据热量分布和环境温度的变化，有针对性地自动调整并改变电源负载和制冷处理，从而大幅度提高供电和散热的效率。

⑥ 服务器虚拟化。虚拟化技术是一种服务器技术，可帮助降低能源成本。借助这种技术，可以将多台没有得到充分利用的服务器的工作负载整合到同一台服务器上，最大限度地提高服务器的利用率。由于在工作负载相同的情况下，所需的服务器数量减少，因此还可以大大减少电源设备，这样最多可以节省 50% 的电源成本。

（2）存储级技术。数据中心内存储量以每年增加一倍的速度扩展，存储设备耗电量在信息中心总功耗中所占份额也越来越大。存储虚拟化是一种存储在数据块级的透明抽象化，就是在访问数据的时候不需要考虑它们的具体存储位置和存储方式，可降低与数据存储相关的电源成本。

（3）机架级技术。机架级技术是对机架和机箱级集成电源管理，将涉及刀片技术。可实现整个刀片机箱及其刀片服务器的电源集中化管理，如动态电力回收管理技术能让数据中心的机箱、机架管理员动态地调整服务器的电力供应。这种按设备群方式集中调度电力的方案，可以大大加强机架级的电力利用和散热管理，最多可节省 25% 的能源成本。此外，液体冷却机架可以直接对机架内部进行散热，大大改进效率和功率密度。

（4）数据中心级技术。信息中心采用紧耦合散热技术，可以提高对各设备散热需求的敏

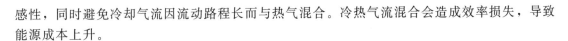

感性，同时避免冷却气流因流动路程长而与热气混合。冷热气流混合会造成效率损失，导致能源成本上升。

**2. 提高信息中心能效的步骤**

创建节能的绿色信息中心是一个循序渐进的过程，整个过程可分为4步。

第1步：应用电源管理、虚拟化和整合技术。

多数情况下，服务器会配置有电源管理功能。在管理控制台上按下相应的按钮启动该功能。电源管理可以节省大量电源成本。虚拟化技术可以控制电源和散热成本。虚拟化技术可以集中共享服务器、存储设备以及其他IT资产，提高利用率，减少环境中物理服务器和存储系统的数量，进而降低电源和散热成本。

第2步：应用最佳实践。

数据中心实践中积累了大量节能省电的经验，被称为数据中心节能的"最佳实践"。例如，给机架加上空白面板，密封地板内的线缆切口，合理调整活动地板高度，整理活动地板下电缆、消除未使用的电缆，将设备排成长排、中间不留缺口，采用冷热过道设计，在服务器等设备上采用节能模式等。这些最佳实践可以达到20%左右的节能效果。

第3步：调节环境。

数据中心的整体调节和优化。借助计算流体动力学及其他工程设计工具，可以更好地了解电源盒散热问题，并及时解决问题。例如，计算流体动力学可用来确定设备和地板砖的最佳布局，以提高效率，节省成本。

第4步：针对具体的热负荷配置紧耦合散热解决方案。

将散热解决方案与各个IT设备的发热量紧密联系起来，根据具体的发热量来提供散热能力。

## 二、信息中心机房等级划分

### （一）等级划分

我国制定的《电子信息机房设计规范》（GB 50174—2008）中根据信息中心机房的使用性质、管理要求及其在经济和社会中的重要性将其划分为A、B、C三级，其中A级要求最高。

A级：电子信息系统运行中断将造成重大的经济损失或造成公共场所秩序严重混乱。

B级：电子信息系统运行中断将造成较大的经济损失或者造成公共场所秩序混乱。

C级：不属于A级或B级的信息中心机房应为C级。

根据信息中心机房的规模，还可以将其划分为超大型、大型、中型和小型数据中心等。

超大型：通常面积大于2000m²，服务器机柜数量大于1000个。

大型：通常介于800～2000m²，服务器机柜数量200～1000个。

中型：面积为200～800m²，机柜数量为50～200个。

小型：面积为30～200m²，机柜数量为10～50个。

根据消防部队现实信息中心机房的规模，通常属于小型机房。

在异地建立的备份机房，设计时应与主用机房等级相同。同一个机房内的不同部分可根据实际情况，按不同的标准进行设计。

### （二）性能要求

A级信息中心机房内的场地设施应按容错系统配置，在电子信息系统运行期间，场地设施不应因操作失误、设备故障、外电源中断、维护和检修而导致电子信息系统运行中断。

B级信息中心机房内的场地设施应按冗余要求配置，在电子信息系统运行期间，场地设施在冗余能力范围内，不应因设备故障而导致电子信息系统运行中断。

C级电子信息系统机房内的场地设施应按基本需求配置，在场地设施正常运行情况下，应保证电子信息系统运行不中断。

## 三、主机房功能分区

主机房内放置大量网络交换机、服务器群等，是综合布线和信息化网络设备的核心，也是信息网络系统的数据汇聚中心，其特点是设备 24h 不间断运行，电源和空调不允许中断，对机房的洁净度、温湿度要求较高。机房内安装有 UPS 不间断电源、精密空调、机房电源等大量配套设备，需要配置辅助机房。为方便管理，通信机房与信息网络机房可合并建设。此外，机房布局时还应设独立的出入口；当与其他部门共用出入口时，应避免人流、物流交叉；人员出入主机房和基本工作间应更衣换鞋。机房与其他建筑物合建时，应单独设防火分区。机房安全出口不应少于两个，并尽可能设于机房两端。按照主机房功能分区原则，根据设备用途，可将主机房分为主机区、存储器区、通信区、监控及调度区。

### （一）主机区（服务器）

主机区存放各类服务器，在主机区内根据服务器的分类、各个连接的网络或用途可再次进行分区。

从广义上讲，服务器是指网络中能对其他机器提供某些服务的计算机系统（如果一个 PC 对外提供 FTP 服务，也可以叫服务器）。从狭义上讲，服务器是专指某些高性能计算机，能通过网络，对外提供服务。相对于普通计算机来说，稳定性、安全性、性能等方面都要求更高，因此在 CPU、芯片组、内存、磁盘系统、网络等硬件和普通计算机有所不同。它是网络上一种为客户端计算机提供各种服务的高性能的计算机，它在网络操作系统的控制下，将与其相连的硬盘、磁带、打印机、Modem 及各种专用通信设备提供给网络上的客户站点共享，也能为网络用户提供集中计算、信息发布及数据管理等服务。它的高性能主要体现在高速度的运算能力、长时间的可靠运行、强大的外部数据吞吐能力等方面。服务器系统的硬件构成与平常所接触的电脑有众多的相似之处，主要的硬件构成仍然包含如下几个主要部分：中央处理器、内存、芯片组、I/O 总线、I/O 设备、电源、机箱和相关软件。服务器根据不同标准可作如下分类：按应用层次划分为入门级服务器、工作组级服务器、部门级服务器和企业级服务器四类；

按服务器的处理器架构（也就是服务器 CPU 所采用的指令系统）划分把服务器分为 CISC 架构服务器、RISC 架构服务器和 VLIW 架构服务器三种；

按服务器的机箱结构来划分，可以把服务器划分为台式服务器、机架式服务器、机柜式服务器和刀片式服务器四类；

按服务器使用的功能可将服务器分为 WEB 服务器、数据库服务器和通信服务器；

按服务器连接的网络可将服务器分为消防信息网服务器、消防指挥调度网服务器、数据库私网服务器、互联网服务器等。服务器的类型将根据环境及应用的特性进行选择。

### （二）存储器区

存储器区存放数据库服务器和存储设备，通过网络区与服务器区连接。

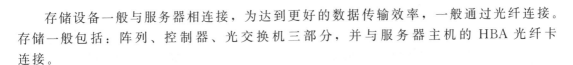

存储设备一般与服务器相连接，为达到更好的数据传输效率，一般通过光纤连接。存储一般包括：阵列、控制器、光交换机三部分，并与服务器主机的 HBA 光纤卡连接。

**1. 存储设施**

信息中心作为数据的主要存放地，存储设备作为数据存储关键设备，在信息中心中属于关键业务设备。存储设备主要分为三类：主机存储、外设存储和移动存储。

**2. 磁盘阵列**

在机房内的存储以磁盘阵列（Redundant Arrays of Inexpensive Disks，RAID）为主。磁盘阵列的原理是利用数组方式来作磁盘组，配合数据分散排列的设计，提升数据的安全性。磁盘阵列是由很多价格较便宜的磁盘，组合成一个容量巨大的磁盘组，利用个别磁盘提供数据所产生加成效果提升整个磁盘系统效能。利用这项技术，将数据切割成许多区段，分别存放在各个硬盘上。磁盘阵列还能利用同位检查（Parity Check）的观念，在数组中任一颗硬盘故障时，仍可读出数据，在数据重构时，将数据经计算后重新置入新硬盘中。

磁盘阵列有三种：一是外接式磁盘阵列柜；二是内接式磁盘阵列卡；三是利用软件来仿真。

## （三）通信区

通信区用于安置为信息中心的正常运行及操作提供数据交换的各种网络设备，主要包括光端机、路由器、交换机设备、配线架机柜等。通信区可以是一个独立的机房也可以是服务器机房内一个单独分区。

**1. 光端机**

光端机，就是光信号传输的终端设备。在远程光纤传输中，光缆对信号的传输影响很小，光纤传输系统的传输质量主要取决于光端机的质量，因为光端机负责光电转换以及光发射和光接收，它的优劣直接影响整个系统。光端机主要分为准同步数字系列（Plesiochronous Digital Hierarchy，PDH）光端机、同步数字系列（Synchronous Digital Hierarchy，SDH）光端机和同步-准同步数字系列（Synchronous Plesiochronous Digital Hierarchy，SPDH）光端机三类。光端机的传输距离取决于设备和实际环境等多种因素，双纤的光端机一般可传输 1～120km，单纤的一般可传输 1～80km。光端机的典型物理接口主要包括 BNC 接口、光纤接口、RJ-45 接口、RS-232 接口和 RJ-11 接口等几类。

**2. 路由器**

路由器（Router）用于连接多个逻辑上分开的网络，所谓逻辑网络是代表一个单独的网络或者一个子网。当数据从一个子网传输到另一个子网时，可通过路由器的路由功能来完成。因此，路由器具有判断网络地址和选择 IP 路径的功能，它能在多网络互联环境中，建立灵活的连接，可用完全不同的数据分组和介质访问方法连接各种子网，路由器只接受源站或其他路由器的信息，属网络层的一种互联设备。它不关心各子网使用的硬件设备，但要求运行与网络层协议相一致的软件。

路由器分本地路由器和远程路由器，本地路由器是用来连接网络传输介质的，如光纤、同轴电缆、双绞线；远程路由器是用来连接远程传输介质，并要求配置相应的设备，如电话线要配制调制解调器，无线要通过无线接收机、发射机。

### 3．交换机

交换机（Switch）是一种用于电信号转发的网络设备。它可以为接入交换机的任意两个网络节点提供独享的电信号通路。最常见的交换机是以太网交换机。其他常见的还有电话语音交换机、光纤交换机等。

交换（switching）是按照通信两端传输信息的需要，用人工或设备自动完成的方法，把要传输的信息送到符合要求的相应路由上的技术统称。根据工作位置的不同，可以分为广域网交换机和局域网交换机。广域网交换机可以管理多个局域网，支持路由功能，内置安全机制，可大大提高安全性。

### 4．配线架

配线架是管理子系统中最重要的组件，是实现垂直干线和水平布线两个子系统交叉连接的枢纽。配线架通常安装在机柜或墙上。通过安装附件，配线架可以满足 UTP、STP、同轴电缆、光纤、音视频的需要。在网络工程中常用的配线架有双绞线配线架和光纤配线架。双绞线配线架的作用是在管理子系统中将双绞线进行交叉连接，用在主配线间和各分配线间。双绞线配线架的型号很多，每个厂商都有自己的产品系列，并且对应 3 类、5 类、超 5 类、6 类和 7 类线缆分别有不同的规格和型号，根据实际情况进行配置。光纤配线架的作用是在管理子系统中将光缆进行连接，通常在主配线间和各分配线间。

### 5．机柜

机柜一般是冷轧钢板或合金制作的用来存放计算机和相关控制设备的物件，可以提供对存放设备的保护，屏蔽电磁干扰，有序、整齐地排列设备，方便以后维护设备。机柜一般分为服务器机柜、网络机柜、控制台机柜等。

（1）机柜摆放。信息中心机房的设备布置应满足机房管理、人员操作和安全、设备和物料运输、设备散热、安装和维护的要求。产生尘埃及废物的设备应远离对尘埃敏感的设备，并宜布置在有隔断的单独区域内。当机柜内或机架上的设备为前进风/后出风方式冷却时，机柜或机架的布置宜采用面对面、背对背方式。主机房内通道与设备间的距离应符合下列规定：

① 用于搬运设备的通道净宽不应小于 1.5m；

② 面对面布置的机柜或机架正面之间的距离不宜小于 1.2m；

③ 背对背布置的机柜或机架背面之间的距离不宜小于 1m；

④ 当需要在机柜侧面维修测试时，机柜与机柜、机柜与墙之间的距离不宜小于 1.2m；

⑤ 成行排列的机柜，其长度超过 6m 时，两端应设有出口通道；当两个出口通道之间的距离超过 15m 时，在两个出口通道之间还应增加出口通道。出口通道的宽度不宜小于 1m，考虑到实际中会遇到柱子等的影响，局部可为 0.8m。

（2）机柜间的连接

① 主机房各机柜应按网络应用进行划分，应设置外线接入机柜区、指挥网机柜区、公安网机柜区、互联网机柜区、数据库私网机柜区、卫星网机柜；

② 机柜间网络应采用单模（多模）室内软光纤或六类及以上等级的对绞电缆进行连接；

③ 当主机房内的机柜或机架成行排列或按功能区域划分时，宜在主配线架和机柜之间配置配线列头柜。

### （四）监控及调度区

监控及调度区主要功能是故障管理、配置管理、计费管理、性能管理、安全管理等，并通过网络管理系统对网络中心的服务器和工作站以及整个地区网络进行监控（包括网络流量、网络攻击、网络拓扑图等），保证其正常工作和稳定安全运行，及时排除故障，并提供完整的运行、值班记录。同时维护操作人员可通过桌面显示器监控设备、操作设备。

**1. 一般规定**

（1）信息中心机房应设置环境和设备监控系统及安全防范系统，各系统的设计应根据机房的等级，按现行国家标准《安全防范工程技术规范》（GB 50348—2004）和《智能建筑设计标准》（GB/T 50314—2006）以及《电子信息系统机房设计规范》（GB 50174—2008）附录 A 的要求执行。

（2）环境和设备监控系统宜采用集散或分布式网络结构。系统应易于扩展和维护，并应具备显示、记录、控制、报警、分析和提示功能。

（3）环境和设备监控系统、安全防范系统可设置在同一个监控中心内，各系统供电电源应可靠，宜采用独立不间断电源系统电源供电，当采用集中不间断电源系统供电时，应单独回路配电。

**2. 环境和设备监控系统**

监控区内应配置机房综合监控系统，对机房场地的环境实现集中监控，包括机房动力系统（包括 UPS、配电柜、开关量）、环境系统（机房专用精密空调、漏水监测、温湿度监测、新风监测）、防雷监测、消防报警监测、视频监控、门禁系统等。

（1）环境和设备监控系统宜符合下列要求

① 监测和控制主机房和辅助区的空气质量，应确保环境满足电子信息设备的运行要求；

② 主机房和辅助区内有可能发生水患的部位应设置漏水检测和报警装置；强制排水设备的运行状态应纳入监控系统；进入主机房的水管应分别加装电动和手动阀门。

（2）机房专用空调、柴油发电机、不间断电源系统等设备自身应配带监控系统，监控的主要参数宜纳入设备监控系统，通信协议应满足设备监控系统的要求。

（3）A 级和 B 级电子信息系统机房主机的集中控制和管理宜采用 KVM 切换系统。

以上功能分区通过信息中心综合布线系统连接起来。

# 四、综合布线

## （一）概述

综合布线是一套用于建筑物内或建筑群之间，为计算机、通信设施与监控系统预先设置的信息传输通道。它将语音、数据、图像等设备彼此相连，同时能使上述设备与外部通信数据网络相连接。它的核心就是"综合"，也就是各个弱电系统均可用综合布线系统进行信息传输。

传统的布线是总线拓扑结构，而综合布线采用星形拓扑结构，在房间的各个位置留有充足的端口可供选择，而且每个房间都有预留线缆，扩展空间大，便于集中控制及集中管理。

综合布线系统应用高品质的标准材料，以非屏蔽双绞线和光纤作为传输介质，采用组合压接方式，统一进行规划设计，组成一套完整而开放的布线系统。综合布线的硬件包括传输介质（非屏蔽双绞线、大对数电缆盒光缆等）、配线架、标准信息插座、适配器、光电转换设备、系统保护设备等。

## （二）机房综合布线与大楼布线的交接界面

大多数中心机房的网络间是作为大楼主配线间的，机房综合布线涉及与大楼内部主干的交接和与电信运营商的外线交接两部分。大楼交界面将机房布线作为一个独立的水平子系统。

### （三）机房综合布线的系统结构设计

首先要确定工作区信息点的布局和数量。

最理想的当然是能够明确设备需求，这样可对当前的设备有准确的信息点配置，在此基础上，在考虑一定的扩展余量，一般建议取 10%～20%，不宜太多，因为机房服务于整个网络，其内部设备的变化比较频繁，准确的预计比较困难，更多地考虑扩展方便而不是一步到位。考虑扩展性时，应将布线的路由通道考虑充分。

机房内服务器和终端数量众多，设备的安装形式分为两种主要的布置模式：塔式服务器和机柜式设备。二者对信息插座的密度需求相差较大。布置时应确定安装模式、数量、接口数、接口规格。

#### 1. 塔式服务器

采用落地安装模式，安装密度很低，每平方米不到 2 台。也有用户将塔式服务器安装在标准服务器机柜内，一台机柜只能安装 2～4 台。还可采用多层的敞开式机架，机架为 3 层，一个机架可安装 12 台左右的服务器，平均每平方米 5～6 台。

#### 2. 标准机柜式服务器

目前最薄的服务器厚度仅有 1U，但通常不完全塞满机柜空间。这样一台标准服务器机柜可以安装 8 台（4U）到 16 台（1U）左右的服务器，需要的信息点的数量也较大。建议一个标准服务器机柜按照 8～16 台配置。

在确定了信息点的大致数量后，需要对布线结构进行合理规划。当机房面积较小（200m² 以下），信息点在 200 点以下时，建议只采用水平布线模式，将配线架安装在网络机房的配线柜内，所有机房信息点直接端接到配线架上，如图 6-32 所示。

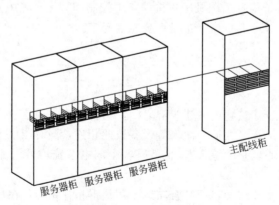

主配线柜

服务器柜 服务器柜 服务器柜

图 6-32　一级配线

当机房面积较大，特别是信息点数量多的情况下，如果仍然采用水平布线模式，将会增加线槽的数量和线槽的横截面。如果线槽布置在活动地板下，将对有精密空调的区域造成很大的送风阻力，实践表明这是影响空调效果的主要原因之一。同时，众多线缆全部汇集到一处的星型布局使线缆清理困难，增加了管理的难度。这时采用两级布线：水平子系统和干线子系统。将分配线柜放置到机房信息点密集的地方（如主机室），经过交换机后，再通过主干连接到网络室。这种将配线架深入需求中心的结构可大幅度减少电缆数量，减少机房地板下各专业管线打架的概率，减少对下送风空调的影响，如图 6-33 所示。

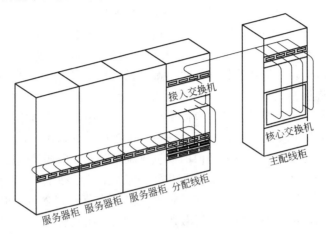

图 6-33  两级配线

确定布线等级。系统选型应根据需要选择合适的布线等级。目前主要采用的是超五类和六类系统。超五类系统的测试带宽达到 155MHz，六类系统的测试带宽达到 200MHz，可以在铜缆链路上支持千兆传输。

布线又分屏蔽系统和非屏蔽系统，两者的区别主要体现在线缆上。双绞线本身是由对绞的两根线缆组成，再由多对线组成电缆。它应用了平衡线缆的概念：一条线缆有两条同样的导线，两条线上运行的电压对地极性相反、大小相等，通过相互绞合在一起，可以在一定距离上维持平衡。使两条导线之间的距离最小化的方法是将它们绞合在一起，这样有助于补偿它们接收到的外部干扰。平衡线缆意味着双绞线对中的两条导线是同样的长度和尺寸。它们之间越一致、靠在一起越紧密，就越容易抵御外部线路对他们产生的干扰。

更高的传输速率需要更高的线路抗干扰能力，因此采用屏蔽布线系统对提高系统带宽是有益的。通常屏蔽双绞线采用每对线对单独屏蔽，再将所有线对总体屏蔽的方法实现最高的抗干扰能力。屏蔽电缆（FTP）的屏蔽原理不同于双绞的平衡抵消原理，FTP 电缆是在双绞线的外面加一层或两层铝箔，利用金属对电磁波的反射、吸收和趋肤效应原理（所谓趋肤效应是指电流在导体截面的分布随频率的升高而趋于导体表面分布，频率越高，趋肤深度越小，即电磁波的穿透能力越弱），有效地防止外部电磁干扰进入电缆，同时也阻止内部信号辐射出去干扰其他设备的工作。实验表明，频率超过 5MHz 的电磁波只能透过 38m 厚的铝箔。如果屏蔽层的厚度超过 38m，就可以将透过屏蔽层进入电缆内部的电磁干扰的频率限制在 5MHz 以下，而对于 5MHz 以下的低频干扰可用双绞的原理有效的抵消。

屏蔽系统的难点是对施工工艺要求更为严格，否则反而可能引入不必要的干扰，降低性能。屏蔽系统的另一个主要特点是保密功能，可以防止信息的泄漏。

### （四）机房综合布线的路由设计

机房布线的信息点数量多，而且在机房运行过程中，随着计算机和网络设备的增加，会随时要求增加信息点。路由设计应充分考虑扩展性。在路由选材上，首先应尽量采用金属材料，不宜采用 PVC 管材。金属管道的良好接地可减少干扰，并提高机房的线路防火等级，并可充分利用线槽，容易增加线缆。

对于线槽的布置，一般围绕设备进行布置。在目前机柜使用越来越普遍的情况下，可以考虑和成排的机柜平行布局。一般每排机柜布置一条线槽，并采用上走线的方式。

采用上走线方式需要有设备布局的配合，这种布局主要适用于标准机架式布局的场合，而且机柜的尺寸特别是高度应基本一致。上走线采用线槽有两种安装模式：支架吊装在顶上、支架支撑在地面上。上走线线槽通常采用敞开梯型桥架式，在设计时根据机房平面中机柜的总体规划，每排机柜设置一路。敞开式梯架的优点是便于维护。因为不需要额外的开孔，增减线路很方便；不需要掀地板，只需要梯子即可实施，工作量小，便于发现故障。敞开式梯架通常和强电一并考虑。通常考虑上、中、下三层，分别作为强电线路、铜缆线路和光缆线路的通道。因为光缆特别是机房内的大量光跳线是比较脆弱的，因此其中的光缆线路桥架常采用封闭式的，这样的布局很容易管理。每层之间的距离不小于300mm。如果机房的层高不够，也可减少层数，采用左右布局。要注意按规范控制强电和弱电梯架间的距离。如果距离仍无法达到，可考虑强电采用屏蔽线或者采用封闭式。

强弱电线路的间距见表6-6。

表6-6　强弱电线路的间距

| 其他管线 | 最小平行净距/mm | 最小交叉净距/mm |
|---|---|---|
| | 电缆、光缆或管线 | 电缆、光缆或管线 |
| 避雷引下线 | 1000 | 300 |
| 保护地线 | 50 | 20 |
| 给水管 | 150 | 20 |
| 压缩空气管 | 150 | 20 |
| 热力管(不包封) | 500 | 500 |
| 热力管(包封) | 300 | 300 |
| 煤气管 | 300 | 20 |

### （五）机房综合布线的信息点安装模式

根据设备的安装模式和装饰方式，信息插座有几种安装方式。如果机房内布置有架空抗静电活动地板，一般有下面几种设备布置模式。

（1）塔式设备落地安装。采用活动地板下安装信息插座。插座的安装高度控制在插座的上表面到活动地板的下表面距离在10cm左右，也可在地板表面安装弹起插座的模式。但采用弹起插座需要注意：不要将插座布置在设备之间的走道上，否则容易碰掉；弹起插座的连线在插座接线盒内是活动的，插座的弹起和压下容易造成松动；另外一个插座建议不要超过2个信息点，否则插座安装盒内的空间拥挤，更容易引起接线松动、插座弹不起来等问题。

（2）操作台的终端。信息插座安装方式和前述相同。

（3）机柜式服务器。对于服务器机柜的信息点安装，采用机柜式RJ45配线架的模式。一个2U的配线架（含理线器）可以提供16～32口的信息点容量，可以满足机柜的需求。而且由于直接安装在机柜内，便于管理，安装效果整齐美观。考虑到服务器通常的插座接口在后部，配线架可安装在机柜后面。

### （六）线缆的选择

机房线缆分强电、弱电，强电线路必须根据机柜内设备负荷进行选择，并保证一定负载冗余，以防止出现启动时瞬间电流过大的情况。但机柜强电负荷并不一定等于机柜内所有设备满负荷运载总和，应根据实际情况进行估算。

机房强电采用机柜、空开一一对应原则，即：每个机柜所配置电源插座均对应到配电柜里一个空开。并需在机房每个分区里都配置一个总空开，以防止线路负载过大。

弱电线缆建议考虑千兆线缆，如普通网线长度超过 50m，为防止信号衰减需增加集线器或交换机。光纤需根据光模块进行选择，单模光模块可传输更远的距离。

### （七）布线要求与注意事项

主机房、辅助区、支持区和行政管理区应根据功能要求划分成若干工作区，工作区内信息点的数量应根据机房等级和用户需求进行配置。承担信息业务的传输介质应采用光缆或六类及以上等级的对绞电缆，传输介质各组成部分的等级应保持一致，并应采用冗余配置。当主机房内的机柜或机架成行排列或按功能区域划分时，宜在主配线架和机柜或机架之间设置配线列头柜。A级机房宜采用电子配线设备对布线系统进行实时智能管理。敷设在隐蔽通风空间的缆线应根据电子信息系统机房的等级，按《电子信息系统机房设计规范》（GB 50174—2008）附录 A 的要求执行。

缆线采用线槽或桥架敷设时，线槽或桥架的高度不宜大于 150mm，线槽或桥架的安装位置应与建筑装饰、电气、空调、消防等协调一致。

电子信息系统机房的网络布线系统设计，应符合现行国家标准《综合布线系统工程设计规范》（GB 50311—2007）的有关规定。

### （八）线缆捆扎与堆叠

机房线缆应分类布置，强电、弱电线路分开走桥架。在机柜里弱电线路应靠边绕行并与机柜立柱进行捆扎，并在线缆两端进行标记以方便故障维护。强弱电走线应采用不同走线方式，强电采用下走线方式，弱电采用上走线方式。各机柜六类线（软光纤）等弱电走线应汇集到列头柜的总配线架上。

## 五、环境条件

### （一）基本原则

#### 1. 选址原则

信息中心机房选址应远离产生粉尘、油烟、有害气体以及生产或贮存具有腐蚀性、易燃、易爆物品的场所；远离水灾和火灾隐患区域；远离强振源和强噪声源；避开强电磁场干扰；电力供给应稳定可靠，交通、通信应便捷，自然环境应清洁。选择设在建筑物的中间层，方便管理和布线。避免设在最高层、地下室、地面一楼。对于多层或高层建筑物内的信息中心机房，在确定主机房的位置时，应对设备运输、管线敷设、雷电感应和结构荷载等问题进行综合分析和经济比较；采用机房专用空调的主机房，应具备安装空调室外机的建筑条件。

在对机房选址时，必须考虑以下主要因素：

（1）主机房净高，应按机械高度和通风要求确定，不低于 3m。

（2）机房主体结构应具有耐久、抗震、防火、防止不均匀沉陷等性能。变形缝和伸缩缝不应穿过主机房。

（3）机房围护结构的构造和材料应满足保温、隔热、防火等要求。

（4）机房所在楼层过道尺寸均应保证设备运输方便。

**2. 使用面积规划**

规划信息中心机房面积时应具有超前意识，根据未来信息化建设规划和当前实际应用需求确定信息中心机房大小，能满足现有各类设备的存放要求，并为今后的发展预留可扩展的空间。

（1）主机房。主机房的使用面积应根据电子信息设备的数量、外形尺寸和布置方式确定，并应预留今后业务发展需要的使用面积。在对电子信息设备外形尺寸不完全掌握的情况下，主机房的使用面积可按下式确定：

① 当电子信息设备已确定规格时，可按下式计算：

$$A = K \sum S$$

式中　$A$——主机房使用面积，$m^2$；

　　　$K$——系数，可取 5～7；

　　　$S$——电子信息设备的投影面积，$m^2$。

② 当电子信息设备尚未确定规格时，可按下式计算：

$$A = FN$$

式中　$F$——单台设备占用面积，可取 3.5～5.5$m^2$/台；

　　　$N$——主机房内所有设备（机柜）的总台数。

（2）辅助区。辅助区的面积宜为主机房面积的 0.2～1 倍。

（3）用户工作室。用户工作室的面积可按 3.5～4$m^2$/人计算；硬件及软件人员办公室等有人长期工作的房间面积，可按 5～7$m^2$/人计算。

**3. 容量规划**

由于消防部队的信息中心机房通常为中、小型，下面以中型机房为例说明其规划与设计。容量是指中型数据中心机房初期、终期的服务器等 IT 设备数量或者面积。容量规划可以基于两个方面考虑：

（1）信息中心机房的机柜数量×平均每机柜服务器数量。在采用普通地板送风制冷方式下，每个机柜的热密度为 3～5kW/rack，超过这个热密度就必须采用高热密度的制冷解决方案；

（2）机房的电力供应。当机房的供电系统（市电＋发电机）容量确定之后，可以计算出服务器的总功率。比如发电机最大容量为 500kVA，那么根据机房的能效 PUE 值（按 2.0 考虑），得出机房最大承载服务器容量为 250kVA。其中，能量使用效率（Power Usage Effectiveness，PUE）的定义为：

$$PUE = \frac{Total\ Facility\ Power（数据中心总能耗）}{IT\ Equipment\ Power（IT\ 设备总能耗）}$$

**4. 设备布置**

信息中心机房的设备布置应满足机房管理、人员操作和安全、设备和物料运输、设备散热、安装和维护的要求。产生尘埃及废物的设备应远离对尘埃敏感的设备，并宜布置在有隔断的单独区域内。当机柜内或机架上的设备为前进风/后出风方式冷却时，机柜或机架的布置宜采用面对面、背对背方式。

主机房内通道与设备间的距离应符合下列规定：

（1）用于搬运设备的通道净宽不应小于 1.5m；

（2）面对面布置的机柜或机架正面之间的距离不宜小于 1.2m；

（3）背对背布置的机柜或机架背面之间的距离不宜小于 1m；

（4）当需要在机柜侧面维修测试时，机柜与机柜、机柜与墙之间的距离不宜小于 1.2m；

（5）成行排列的机柜，其长度超过 6m 时，两端应设有出口通道；当两个出口通道之间的距离超过 15m 时，在两个出口通道之间还应增加出口通道。出口通道的宽度不宜小于 1m，局部可为 0.8m。

### （二）建筑与结构

#### 1. 一般规定

（1）建筑平面和空间布局应具有灵活性，并应满足信息中心机房的工艺要求。

（2）主机房净高应根据机柜高度及通风要求确定，且不宜小于 3m。

（3）变形缝不应穿过主机房。

（4）主机房和辅助区不应布置在用水区域的垂直下方，不应与振动和电磁干扰源为邻。围护结构的材料选型应满足保温、隔热、防火、防潮、少产尘等要求。

（5）设有技术夹层和技术夹道的信息中心机房，建筑设计应满足各种设备和管线的安装和维护要求。当管线需穿越楼层时，宜设置技术竖井。

（6）改建的信息中心机房应根据荷载要求采取加固措施，并应符合国家现行标准《混凝土结构加固设计规范》（GB 50367—2005）、《建筑抗震加固技术规程》（JGJ 116—2009）和《混凝土结构后锚固技术规程》（JGJ 145—2004）的有关规定。

表 6-7 为各级信息中心机房建筑和机构技术要求的相关技术参数。

表 6-7　各级信息中心机房建筑和结构技术要求的相关技术参数

| 项目 | 技术要求 | | | 备注 |
|---|---|---|---|---|
| | A 级 | B 级 | C 级 | |
| 抗震设防分类 | 不应低于乙类 | 不应低于丙类 | 不宜低于丙类 | |
| 主机房活荷载标准值/(kN/m²) | 8～10　组合值系数 0.9<br>频遇值系数 0.9<br>准永久值系数 0.8 | | | 根据机柜的摆放密度确定荷载值 |
| 主机房吊挂荷载/(kN/m²) | 1.2 | | | — |
| 不间断电源系统室活荷载标准值/(kN/m²) | 8～10 | | | — |
| 电池室活荷载标准值/(kN/m²) | 16 | | | 蓄电池组双列 4 层摆放 |
| 监控中心活荷载标准值/(kN/m²) | 6 | | | — |
| 钢瓶间活荷载标准值/(kN/m²) | 8 | | | — |
| 电磁屏蔽室活荷载标准值/(kN/m²) | 8～10 | | | — |

**2. 人流、物流及出入口**

（1）主机房宜设置单独出入口，当与其他功能用房共用出入口时，应避免人流和物流的交叉。

（2）有人操作区域和无人操作区域宜分开布置。

（3）信息中心机房内通道的宽度及门的尺寸应满足设备和材料的运输要求，建筑入口至主机房的通道净宽不应小于 1.5m。

（4）电子信息系统机房可设置门厅、休息室、值班室和更衣间。更衣间使用面积可按最大班人数的 $1\sim3m^2$/人计算。

**3. 防火和疏散**

（1）信息中心机房的建筑防火设计，除应符合《电子信息系统机房设计规范》（GB 50174—2008）的规定外，尚应符合现行国家标准《建筑设计防火规范》（GB 50016—2006）的有关规定。

（2）信息中心机房的耐火等级不应低于二级。

（3）当 A 级或 B 级信息中心机房位于其他建筑物内时，在主机房与其他部位之间应设置耐火极限不低于 2 小时的隔墙，隔墙上的门应采用甲级防火门。

（4）面积大于 $100m^2$ 的主机房，安全出口不应少于两个，且应分散布置。面积不大于 $100m^2$ 的主机房，可设置一个安全出口，并可通过其他相邻房间的门进行疏散。门应向疏散方向开启，且应自动关闭，并应保证在任何情况下均能从机房内开启。走廊、楼梯间应畅通，并应有明显的疏散指示标志。

（5）主机房的顶棚、壁板（包括夹芯材料）和隔断应为不燃烧体。

**4. 室内装修**

信息中心机房室内装修主要包括机房地面工程、机房天花工程、机房墙面工程、机房隔断工程和机房安防设施等几个方面，其中装修应遵守下列规定：

（1）室内装修设计选用材料的燃烧性能除应符合《电子信息系统机房设计规范》（GB 50174—2008）的规定外，尚应符合现行国家标准《建筑内部装修设计防火规范》（GB 50222—2001）的有关规定。

（2）主机房室内装修，应选用气密性好、不起尘、易清洁、符合环保要求、在温度和湿度变化作用下变形小、具有表面静电耗散性能的材料，不得使用强吸湿性材料及未经表面改性处理的高分子绝缘材料作为面层。

（3）主机房内墙壁和顶棚的装修应满足使用功能要求，表面应平整、光滑、不起尘、避免眩光，并应减少凹凸面。

（4）主机房地面设计应满足使用功能要求，当铺设防静电活动地板时，活动地板的高度应根据电缆布线和空调送风要求确定，并应符合下列规定：

① 活动地板下的空间只作为电缆布线使用时，地板高度不宜小于 250mm；活动地板下的地面和四壁装饰，可采用水泥砂浆抹灰；地面材料应平整、耐磨；

② 活动地板下的空间既作为电缆布线，又作为空调静压箱时，地板高度不宜小于 400mm；活动地板下的地面和四壁装饰应采用不起尘、不易积灰、易于清洁的材料；楼板或地面应采取保温、防潮措施，地面垫层宜配筋，维护结构宜采取防结露措施。

（5）技术夹层的墙壁和顶棚表面应平整、光滑。当采用轻质构造顶棚做技术夹层时，宜设置检修通道或检修口。

（6）A级和B级电子信息系统机房的主机房不宜设置外窗。当主机房设有外窗时，应采用双层固定窗，并应有良好的气密性。不间断电源系统的电池室设有外窗时，应避免阳光直射。

（7）当主机房内设有用水设备时，应采取防止水漫溢和渗漏措施。

（8）门窗、墙壁、地（楼）面的构造和施工缝隙，均应采取密闭措施。

### （三）温度、相对湿度及空气含尘浓度

① 主机房和辅助区内的温度、相对湿度应满足电子信息设备的使用要求，应根据等级满足表6-8要求。

表6-8　各级信息中心机房环境技术要求

| 项　　目 | 技术要求 | | | 备注 |
|---|---|---|---|---|
| | A级 | B级 | C级 | |
| 主机房温度（开机时） | 23℃±1℃ | | 18～28℃ | 不得结露 |
| 主机房相对湿度（开机时） | 40%～55% | | 35%～75% | |
| 主机房温度（停机时） | 5～35℃ | | | |
| 主机房相对湿度（停机时） | 40%～70% | | 20%～80% | |
| 主机房和辅助区温度变化率（开、停机时） | <5℃/h | | <10℃/h | |
| 辅助区温度、相对湿度（开机时） | 18～28℃、35%～75% | | | |
| 辅助区温度、相对湿度（停机时） | 5～35℃、20%～80% | | | |
| 不间断电源系统电池室温度 | 15～25℃ | | | |

② A级和B级主机房的空气含尘浓度，在静态条件下测试，每升空气中大于或等于$0.5\mu m$的尘粒数应少于18000粒。

### （四）噪声、电磁干扰、振动及静电

① 有人值守的主机房和辅助区，在电子信息设备停机时，在主操作员位置测量的噪声值应小于65dB（A）。

② 当无线电干扰频率为0.15～1000MHz时，主机房和辅助区内的无线电干扰场强不应大于126dB。

③ 主机房和辅助区内磁场干扰环境场强不应大于800A/m。

④ 在电子信息设备停机条件下，主机房地板表面垂直及水平向的振动加速度不应大于$500mm/s^2$。

⑤ 主机房和辅助区内绝缘体的静电电位不应大于1kV。

### （五）空气调节

**1. 一般规定**

（1）主机房和辅助区的空气调节系统应根据信息中心机房等级确定，A级和B级的主机房和辅助区应设置空气调节系统，C级的主机房和辅助区可设置空气调节系统。A级和B级的不间断电源系统电池室宜设置空调降温系统，C级的不间断电源系统电池室可设置空调

降温系统。主机房应保持正压。

（2）与其他功能用房共建于同一建筑内的信息中心机房，宜设置独立的空调系统。

（3）主机房与其他房间的空调参数不同时，宜分别设置空调系统。

（4）信息中心机房的空调设计，除应符合《电子信息系统机房设计规范》（GB 50174—2008）的规定外，尚应符合现行国家标准《民用建筑供暖通风与空气调节设计规范》（GB 50736—2012）和《建筑设计防火规范》（GB 50016—2014）的有关规定。

**2. 负荷计算**

（1）电子信息设备和其他设备的散热量应按产品的技术数据进行计算。

（2）空调系统夏季冷负荷应包括下列内容：

① 机房内设备的散热；

② 建筑围护结构散热；

③ 通过外窗进入的太阳辐射热；

④ 人体散热；

⑤ 照明装置散热；

⑥ 新风负荷；

⑦ 伴随各种散湿过程产生的潜热。

（3）空调系统湿负荷应包括人体散湿和新风负荷。

**3. 气流组织**

（1）主机房空调系统的气流组织形式，应根据电子信息设备本身的冷却方式、设备布置方式、布置密度、设备散热量、室内风速、防尘、噪声等要求，并结合建筑条件综合确定，如表 6-9 所示。

表 6-9 主机房气流组织形式、风口及送回风温差

| 气流组织<br>形式 | 下送上回 | 送上回（或侧回） | 上侧送侧回 |
| --- | --- | --- | --- |
| 送风口 | 1. 带可调多叶阀的格栅风口<br>2. 条形风口（带有条形风口的活动地板）<br>3. 孔板 | 1. 散流器；2. 带扩散板风口；3. 孔板；4. 百叶风口；5. 格栅风口 | 1. 百叶风口<br>2. 格栅风口 |
| 回风口 | 1. 格栅风口；2. 百叶风口；3. 网板风口；4. 其他风口 | | |
| 送回风温差 | 4～6℃送风温度应高于室内空气露点温度 | 4～6℃ | 6～8℃ |

（2）对机柜或机架高度大于 1.8m、设备热密度大、设备发热量大或热负荷大的主机房，宜采用活动地板下送风、上回风的方式。

（3）在有人操作的机房内，送风气流不宜直对工作人员。

**4. 系统设计**

（1）要求有空调的房间宜集中布置；室内温、湿度参数相同或相近的房间，宜相邻布置。

（2）设置采暖散热器时，应设有漏水检测报警装置，并应在管道入口处装设切断阀，漏水时应自动切断给水，且宜装设温度调节装置。

（3）信息中心机房的风管及管道的保温、消声材料和黏结剂，应选用不燃烧材料或难燃

B1级材料。冷表面应作隔气、保温处理。

（4）采用活动地板下送风时，断面风速应按地板下的有效断面积计算。

（5）风管不宜穿过防火墙和变形缝。必须穿过时，应在穿过防火墙和变形缝处设置防火阀。防火阀应具有手动和自动功能。

（6）空调系统的噪声值超过65dB（A）时，应采取降噪措施。

（7）主机房应维持正压。主机房与其他房间、走廊的压差不宜小于5Pa，与室外静压差不宜小于10Pa。

（8）空调系统的新风量应取下列两项中的最大值：

① 按工作人员计算，每人40$m^3$/h；

② 维持室内正压所需风量。

（9）主机房内空调系统用循环机组宜设置初效过滤器或中效过滤器。新风系统或全空气系统应设置初效和中效空气过滤器，也可设置亚高效空气过滤器。末级过滤装置宜设置在正压端。

（10）设有新风系统的主机房，在保证室内外一定压差的情况下，送排风应保持平衡。

（11）打印室等易对空气造成二次污染的房间，对空调系统应采取防止污染物随气流进入其他房间的措施。

（12）分体式空调机的室内机组可安装在靠近主机房的专用空调机房内，也可安装在主机房内。

（13）空调设计应根据当地气候条件采取下列节能措施：

① 大型机房宜采用水冷冷水机组空调系统；

② 北方地区采用水冷冷水机组的机房，冬季可利用室外冷却塔作为冷源，并应通过热交换器对空调冷冻水进行降温；

③ 空调系统可采用电制冷与自然冷却相结合的方式。

### 5. 设备选择

（1）空调和制冷设备的选用应符合运行可靠、经济适用、节能和环保的要求。

（2）空调系统和设备应根据电子信息系统机房的等级、机房的建筑条件、设备的发热量等进行选择，并应按《电子信息系统机房设计规范》（GB 50174—2008）附录A的要求执行。

（3）空调系统无备份设备时，单台空调制冷设备的制冷能力应留有15%～20%的余量。

（4）选用机房专用空调时，空调机应带有通信接口，通信协议应满足机房监控系统的要求，显示屏宜有汉字显示。

（5）空调设备的空气过滤器和加湿器应便于清洗和更换，设备安装应留有相应的维修空间。

## （六）电气技术

### 1. 供配电

（1）电子信息系统机房用电负荷等级及供电要求应根据机房的等级确定，如表6-10所示。

（2）电子信息设备供电电源质量应根据电子信息系统机房的等级确定，如表6-11所示。

（3）供配电系统应为电子信息系统的可扩展性预留备用容量。

（4）户外供电线路不宜采用架空方式敷设。当户外供电线路采用具有金属外护套的电缆时，在电缆进出建筑物处应将金属外护套接地。

表 6-10　各级信息中心机房电气技术要求

| 项目 | 技术要求 | | | 备注 |
|---|---|---|---|---|
| | A 级 | B 级 | C 级 | |
| 供电电源 | 两个电源供电<br>两个电源不应同时受到损坏 | | 两回线路供电 | |
| 变压器 | $M(1+1)$冗余<br>$(M=1、2、3\cdots)$ | | N | 用电容量较大时设置专用电力变压器供电 |
| 后备柴油发电机系统 | $N$ 或 $(N+X)$<br>冗余$(X=1\sim N)$ | $N$<br>供电电源不能满足要求时 | 不间断电源系统的供电时间满足信息存储要求时,可不设置柴油发电机 | — |
| 后备柴油发电机的基本容量 | 应包括不间断电源系统的基本容量、空调和制冷设备的基本容量、应急照明和消防等涉及生命安全的负荷容量 | | — | — |
| 柴油发电机燃料存储量 | 72h | 24h | | — |
| 不间断电源系统配置 | $2N$ 或 $M(N+1)$<br>冗余$(M=2、3、4\cdots)$ | $N+X$ 冗余<br>$(X=1\sim N)$ | $N$ | — |
| 不间断电源系统电池备用时间 | 15min 柴油发电机作为后备电源时 | | 根据实际需要确定 | — |
| 空调系统配电 | 双路电源(其中至少一路为应急电源),末端切换。采用反射式配电系统 | 双路电源,末端切换。采用反射式配电系统 | 采用反射式配电系统 | — |

表 6-11　各级信息中心机房供电电源质量技术要求

| 项目 | 技术要求 | | | 备注 |
|---|---|---|---|---|
| | A 级 | B 级 | C 级 | |
| 稳态电压偏移范围/% | ±3 | | ±5 | — |
| 稳态频率偏移范围/Hz | ±0.5 | | | 电池逆变工作方式 |
| 输入电压波形失真度/% | ≤5 | | | 电子信息设备正常工作时 |
| 零地电压/V | <2 | | | 应满足设备使用要求 |
| 允许断电持续时间/ms | 0~4 | 0~10 | — | — |
| 不间断电源系统输入端 THDI 含量/% | <15 | | | 3~39 次谐波 |

（5）信息中心机房应由专用配电变压器或专用回路供电，变压器宜采用干式变压器。

（6）信息中心机房内的低压配电系统不应采用 TN-C 系统。电子信息设备的配电应按设备要求确定。

（7）电子信息设备应由不间断电源系统供电。不间断电源系统应有自动和手动旁路装置。确定不间断电源系统的基本容量时应留有余量。不间断电源系统的基本容量可按下式计算：

$$E \geqslant 1.2P$$

式中　$E$——不间断电源系统的基本容量（不包含备份不间断电源系统设备）〔kW/（kV·A）〕；

　　　$P$——电子信息设备的计算负荷〔kW/（kV·A）〕。

（8）用于信息中心机房内的动力设备与电子信息设备的不间断电源系统应由不同回路配电。

（9）电子信息设备的配电应采用专用配电箱（柜），专用配电箱（柜）应靠近用电设备安装。

（10）电子信息设备专用配电箱（柜）宜配备浪涌保护器、电源监测和报警装置，并应提供远程通信接口。当输出端中性线与 PE 线之间的电位差不能满足电子信息设备使用要求时，宜配备隔离变压器。

（11）电子信息设备的电源连接点应与其他设备的电源连接点严格区别，并应有明显标识。

（12）A 级信息中心机房应配置后备柴油发电机系统，当市电发生故障时，后备柴油发电机应能承担全部负荷的需要。

（13）后备柴油发电机的容量应包括不间断电源系统、空调和制冷设备的基本容量及应急照明和关系到生命安全等需要的负荷容量。

（14）并列运行的柴油发电机，应具备自动和手动并网功能。

（15）柴油发电机周围应设置检修用照明和维修电源，电源宜由不间断电源系统供电。

（16）市电与柴油发电机的切换应采用具有旁路功能的自动转换开关。自动转换开关检修时，不应影响电源的切换。

（17）敷设在隐蔽通风空间的低压配电线路应采用阻燃铜芯电缆，电缆应沿线槽、桥架或局部穿管敷设；当配电电缆线槽（桥架）与通信缆线线槽（桥架）并列或交叉敷设时，配电电缆线槽（桥架）应敷设在通信缆线线槽（桥架）的下方。活动地板下作为空调静压箱时，电缆线槽（桥架）的布置不应阻断气流通路。

（18）配电线路的中性线截面积不应小于相线截面积；单相负荷应均匀地分配在三相线路上。

**2. 照明**

（1）主机房和辅助区一般照明的照度标准值宜符合表 6-12 规定。

（2）支持区和行政管理区的照度标准值应按现行国家标准《建筑照明设计标准》（GB 50034—2004）的有关规定执行。

（3）主机房和辅助区内的主要照明光源应采用高效节能荧光灯，荧光灯镇流器的谐波限值应符合现行国家标准《电磁兼容限值谐波电流发射限值》（GB 17625.1—2012）的有关规定，灯具应采取分区、分组的控制措施。

（4）辅助区的视觉作业宜采取下列保护措施：

① 视觉作业不宜处在照明光源与眼睛形成的镜面反射角上；

② 辅助区宜采用发光表面积大、亮度低、光扩散性能好的灯具；

③ 视觉作业环境内宜采用低光泽的表面材料。

（5）工作区域内一般照明的照明均匀度不应小于 0.7，非工作区域内的一般照明照度值

表 6-12　主机房和辅助区一般照明的照度标准值

| | 房间名称 | 照度标准值 | 统一眩光值 UGR | 一般显色指数 Ra |
|---|---|---|---|---|
| 主机房 | 服务器设备区 | 500 | 22 | 80 |
| | 网络设备区 | 500 | 22 | |
| | 存储设备区 | 500 | 22 | |
| 辅助区 | 进线间 | 300 | 25 | |
| | 监控中心 | 500 | 19 | |
| | 测试区 | 500 | 19 | |
| | 打印室 | 500 | 19 | |
| | 备件库 | 300 | 22 | |

不宜低于工作区域内一般照明照度值的 1/3。

（6）主机房和辅助区应设置备用照明，备用照明的照度值不应低于一般照明照度值的 10%；有人值守的房间，备用照明的照度值不应低于一般照明照度值的 50%；备用照明可为一般照明的一部分。

（7）信息中心机房应设置通道疏散照明及疏散指示标志灯，主机房通道疏散照明的照度值不应低于 5lx，其他区域通道疏散照明的照度值不应低于 0.5lx。

（8）信息中心机房内不应采用 0 类灯具；当采用 I 类灯具时，灯具的供电线路应有保护线，保护线应与金属灯具外壳做电气连接。

（9）信息中心机房内的照明线路宜穿钢管暗敷或在吊顶内穿钢管明敷。

（10）技术夹层内宜设置照明，并应采用单独支路或专用配电箱（柜）供电。

**3. 静电防护**

（1）主机房和辅助区的地板或地面应有静电泄放措施和接地构造，防静电地板、地面的表面电阻或体积电阻值应为 $2.5 \times 10^4 \sim 1.0 \times 10^9 \Omega$，且应具有防火、环保、耐污耐磨性能。

（2）主机房和辅助区中不使用防静电活动地板的房间，可铺设防静电地面，其静电耗散性能应长期稳定，且不应起尘。

（3）主机房和辅助区内的工作台面宜采用导静电或静电耗散材料，其静电性能指标应符合《电子信息系统机房设计规范》（GB 50174—2008）第 8.3.1 条的规定。

（4）信息中心机房内所有设备的金属外壳、各类金属管道、金属线槽、建筑物金属结构等必须进行等电位联结并接地。

（5）静电接地的连接线应有足够的机械强度和化学稳定性，宜采用焊接或压接。当采用导电胶与接地导体粘接时，其接触面积不宜小于 20cm²。

**4. 防雷与接地**

（1）信息中心机房的防雷和接地设计，应满足人身安全及电子信息系统正常运行的要求，并应符合现行国家标准《建筑物防雷设计规范》（GB 50057—2010）和《建筑物电子信息系统防雷技术规范》（GB 50343—2012）的有关规定。

（2）保护性接地和功能性接地宜共用一组接地装置，其接地电阻应按其中最小值确定。

（3）对功能性接地有特殊要求需单独设置接地线的电子信息设备，接地线应与其他接地线绝缘；供电线路与接地线宜同路径敷设。

（4）信息中心机房内的电子信息设备应进行等电位联结，等电位联结方式应根据电子信息设备易受干扰的频率及信息中心机房的等级和规模确定，可采用 S 型、M 型或 SM 混合型。

（5）采用 M 型或 SM 混合型等电位联结方式时，主机房应设置等电位联结网格，网格四周应设置等电位联结带，并应通过等电位联结导体将等电位联结带就近与接地汇流排、各类金属管道、金属线槽、建筑物金属结构等进行连接。每台电子信息设备（机柜）应采用两根不同长度的等电位联结导体就近与等电位联结网格连接。

（6）等电位联结网格应采用截面积不小于 $25mm^2$ 的铜带或裸铜线，并应在防静电活动地板下构成边长为 $0.6\sim3m$ 的矩形网格。

（7）等电位联结带、接地线和等电位联结导体的材料和最小截面积，应符合表 6-13 的要求。

表 6-13　等电位联结带、接地线和等电位联结导体的材料和最小截面积

| 名　　　称 | 材料 | 最小截面积/$mm^2$ |
|---|---|---|
| 等电位联结带 | 铜 | 50 |
| 利用建筑内的钢筋做接地线 | 铁 | 50 |
| 单独设置的接地线 | 铜 | 25 |
| 等电位联结导体(从等电位联结带至接地汇集排或至其他等电位联结带;各接地汇集排之间) | 铜 | 16 |
| 等电位联结导体(从机房内各金属装置至等电位联结带或接地汇集排;从机柜至等电位联结网格) | 铜 | 6 |

### （七）消防

**1. 一般规定**

（1）信息中心机房应根据机房的等级设置相应的灭火系统，并应按现行国家标准《建筑设计防火规范》（GB 50016—2014）、《高层民用建筑设计防火规范》（GB 50045—1995）2005 年修订版和《气体灭火系统设计规范》（GB 50370—2005）的要求执行。

（2）A 级电子信息系统机房的主机房应设置洁净气体灭火系统。B 级电子信息系统机房的主机房，以及 A 级和 B 级机房中的变配电、不间断电源系统和电池室，宜设置洁净气体灭火系统，也可设置高压细水雾灭火系统。

（3）C 级电子信息系统机房可设置高压细水雾灭火系统或自动喷水灭火系统。自动喷水灭火系统宜采用预作用系统。

（4）信息中心机房应设置火灾自动报警系统，并应符合现行国家标准《火灾自动报警系统设计规范》（GB 50116—1998）的有关规定。

**2. 消防设施**

（1）采用管网式洁净气体灭火系统或高压细水雾灭火系统的主机房，应同时设置两种火灾探测器，且火灾报警系统应与灭火系统联动。

（2）灭火系统控制器应在灭火设备动作之前，联动控制关闭机房的风门、风阀，并应停止空调机和排风机、切断非消防电源等。

（3）机房内应设置警笛，机房门口上方应设置灭火显示灯。灭火系统的控制箱（柜）应

设置在机房外便于操作的地方，且应有防止误操作的保护装置。

（4）气体灭火系统的灭火剂及设施应采用经消防检测部门检测合格的产品。

（5）自动喷水灭火系统的喷水强度、作用面积等设计参数，应按现行国家标准《自动喷水灭火系统设计规范》（GB 50084—2001）2005 年修订版的有关规定执行。

（6）信息中心机房内的自动喷水灭火系统，应设置单独的报警阀组。

（7）信息中心机房内，手提灭火器的设置应符合现行国家标准《建筑灭火器配置设计规范》（GB 50140—2005）的有关规定。灭火剂不应对电子信息设备造成污渍损害。

### 3. 安全措施

（1）凡设置洁净气体灭火系统的主机房，应配置专用空气呼吸器或氧气呼吸器。

（2）信息中心机房应采取防鼠害和防虫害措施。

## （八）给水排水

### 1. 一般规定

（1）与主机房无关的给水排水管道不应穿越 A 级和 B 级主机房，不宜穿越 C 级主机房。

（2）信息中心机房内安装有自动喷水灭火系统、空调机和加湿器的房间，地面应设置挡水和排水设施。

### 2. 管道敷设

（1）信息中心机房内的给水排水管道应采取防渗漏和防结露措施。

（2）穿越主机房的给水排水管道应暗敷或采取防漏保护的套管。管道穿过主机房墙壁和楼板处应设置套管，管道与套管之间应采取密封措施。

（3）主机房和辅助区设有地漏时，应采用洁净室专用地漏或自闭式地漏，地漏下应加设水封装置，并应采取防止水封损坏和反溢措施。

（4）信息中心机房内的给排水管道及其保温材料均应采用难燃材料。

## （九）安全防范系统

信息中心的安全防范系统宜由视频安防监控系统、入侵报警系统和出入口控制系统组成，各系统之间应具备联动控制功能。在紧急情况时，出入口控制系统应能接受相关系统的联动控制而自动释放电子锁。此外，室外安装的安全防范系统设备应采取防雷电保护措施，电源线、信号线应采用屏蔽电缆，避雷装置和电缆屏蔽层应接地，且接地电阻不应大于 $10\Omega$。以下分别对各子系统进行介绍。

### 1. 视频安防监控系统

视频安防监控系统主要功能是辅助对信息中心机房内的现场实况进行监视。管理人员在控制室中能观察到所有重点地点的人员活动状况，一是为安防系统提供了动态的图像信息，并且对数字视频报警监控系统来说，可以对监控地点实现动态检测。当有入侵时，动态检测器发出警报信号，启动录像装置进行实时录像，把控制室的主机屏幕迅速切换为事故现场的图像。二是为消防系统的运行提供了监视手段。

### 2. 入侵报警系统

入侵报警系统就是负责信息中心机房内、外的点、线、面、区域的全方位的探测。遇到非法入侵时，做到及时报警，并通知相关人员。同时还可启动其他系统与之配合。例如，当有非法入侵时，监控系统与入侵报警系统联动，中心控制室监控系统迅速切换至事故现场画

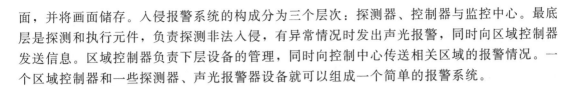

面，并将画面储存。入侵报警系统的构成分为三个层次：探测器、控制器与监控中心。最底层是探测和执行元件，负责探测非法入侵，有异常情况时发出声光报警，同时向区域控制器发送信息。区域控制器负责下层设备的管理，同时向控制中心传送相关区域的报警情况。一个区域控制器和一些探测器、声光报警器设备就可以组成一个简单的报警系统。

### 3. 出入口控制系统

出入口控制系统即"门禁管理"系统，是用来控制进出信息中心机房的管理系统，属公共安全管理系统范畴。出入口自动管理系统采用个人识别卡方式，给每个有权进入的人发一张个人身份识别卡，系统根据该卡的卡号和当前的时间等信息，判断该卡持有人是否可以进出。出入口控制系统主要由中央管理主机、控制器、读卡器、执行机构四大部分组成。出入口控制系统的功能主要包括：

（1）监测及报警：能实时收到所有读卡记录；通过门磁开关检测门的开关状态；对门的异常开启能及时报警。

（2）控制：当检测到合法用户进入时，能发出控制命令使电子门锁开启。

（3）联动：当接到消防报警信号时，能控制电子门锁的自动开启，保障人员的疏散。

（4）管理：计算机管理系统能对所接收到的信息进行处理，存储、列出各种报警信息报表。对出入口控制系统的设备进行管理，如设定卡片的权限、设定每个电子门锁的开启时间。

## 六、基础支撑系统

### （一）移动接入平台

#### 1. 用途

满足移动办公、移动执法、移动指挥等业务的需要，解决全国消防部队移动业务的安全接入问题，实现消防信息网基于公网（3G、4G）等的移动延伸和拓展，使全国消防一线人员能够通过笔记本电脑、PDA 等移动终端，以无线方式连接到公安信息网，根据相应访问权限进行信息上传、信息检索、作战命令下达与接收、消防监督现场执法、部队管理、移动办公等业务操作，为工作决策提供准确、可靠和及时的信息支持，达到提高工作效率和指挥水平的目的。

#### 2. 设计原则

（1）规范性原则。符合公安部《技术指导书》要求，满足全国消防系统移动业务应用需求和安全需求。

（2）先进性原则。系统技术具有先进性和前瞻性，既可以承接消防系统现有移动业务，又可满足未来发展的需求，实现对用户和各种复杂应用的支持及对承载网络的无缝升级。

（3）安全性原则。建立独立、可靠的安全保障体系，确保移动应用具有稳定性、可靠性、高效性。系统安全保障措施不依赖于移动公网所提供的安全保障。

（4）可靠性原则。整个系统自身的可靠性对公安信息移动接入及应用系统的可靠运行至关重要。

（5）可操作性原则。提高系统的可操作性设计，提供全国消防部队各种不同的移动应用提供简单易用的安全接入方案。

（6）适用性原则。设计实现广泛支持相关的国际标准和国内标准，包括证书标准、应用接口标准和安全协议，具备丰富的移动终端支持功能。

**3. 系统功能介绍**

（1）高速无线接入。通过运营商提供的无线数据链路与移动接入骨干网络相连，并通过移动运营商提供的安全措施（APN、VPDN 等）增强系统的安全性。在无线覆盖的情况下，消防人员通过移动终端可随时访问各地消防和公安网（含 HTTPS/HTTP 应用系统及其他 C/S 应用系统）内的信息资源。

（2）信息安全传输。确保移动终端和后台网络之间的数据在公网传输上的安全，即通过使用国密 SM1 加密算法保证数据机密性（内容不可见）、通过数字签名机制保证数据完整性（内容不可更改）和不可抵赖性；接入网关对终端设备证书（由系统 CA 服务器签发，存放于安全密码卡）和终端设备物理信息进行身份认证，保证接入设备的可信性；同时支持现有公安民警数字身份证书，使用公安内部各类应用系统。

（3）透明支持多种移动应用。支持灭火救援现场指挥、消防监督现场执法、现场数据（照片、图像、业务表单等）及时采集和回传、信息检索、实时下载后台数据、实时与后台控制指挥中心进行数据交互；IPSec/SSL VPN 公网安全传输机制相对应用透明，上层应用不需做任何改动就可享受安全传输服务。

（4）支持的移动终端类型广泛，包括笔记本电脑、PDA 等专用数据终端等。

**4. 系统技术指标介绍**

（1）管理用户证书数不小于 3000 个；

（2）同时在线用户数不少于 2000 个；

（3）网关的 SM1 加解密速度不小于 100Mbit/s；

（4）安全隔离网闸的数据吞吐量不小于 500Mbit/s；

（5）USB 密码卡的 SM1 加解密速率不小于 1Mbit/s；

（6）TF 密码卡的 SM1 加解密速率不小于 200Kbit/s；

（7）数据专线的带宽不小于 100Mbit/s。

**5. 系统技术路线介绍**

（1）移动终端与公安信息网通过基于公钥数字证书身份认证技术和 VPN 技术的安全接入系统进行连接。通过应用环境、应用边界和安全通信的三重安全防护体系，采用通过国家密码管理局安全审查且得到公安部认可的商用密码产品，保障公安信息公网移动接入系统的安全。

（2）采用多层应用体系结构和先进、成熟的技术。

（3）采用信息开放等级划分、权限管理和身份认证的方法。

（4）采用多级审计和校验模式。

（5）安全设计应兼顾系统的流量与性能管理。

（6）丰富的移动终端支持。

移动接入系统提供了身份认证、数据保密传输、数据完整性保护等服务功能。

**6. 系统结构介绍**

全国消防移动接入系统由公安部消防局和各公安消防总队移动接入系统组成。如图6-34所示。

架构说明：公安部消防局及各公安消防总队分别依托于各自所在地运营商的移动通信网络（3G 网络），与公安部消防局业务应用系统建立移动的安全接入通道，各单位自行管理。

应用系统及数据库系统全国互通，实现资源共享。用户需要通过本地移动应用服务平台

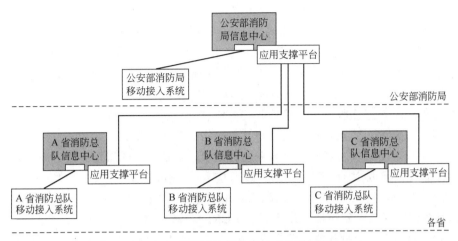

图 6-34 公安消防部队移动系统架构图

查询异地数据时，本地的消防移动业务安全接入及应用系统利用应用支撑平台中的请求服务系统进行异地请求服务，通过数据交换系统传输报文，通过安全认证系统对异地请求进行安全认证。如图 6-35 所示。

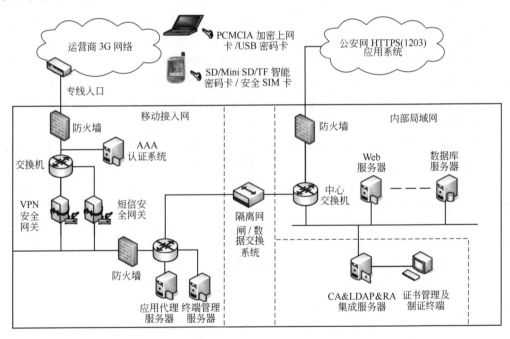

图 6-35 消防移动接入系统拓扑图

注：上图中的隔离网闸，可以用符合公安部科技信息化局于 2007 年发布的
《公安信息通信网边界接入平台安全规范（试行）》的数据交换系统替换。

### 7. 系统组成和工作流程介绍

移动接入系统由公网移动接入及安全数据通信子系统、移动接入身份认证 PKI 系统和安全短消息接入子系统组成。

（1）公网移动接入及安全数据通信子系统。公网移动接入及安全数据通信子系统由位于笔记本电脑/PDA 的 VPN 客户端软件和位于移动接入网边界的 VPN 安全网关组成，用于为整个系统提供安全移动接入和公网数据通信安全保障功能。

VPN 系统为授权用户建立从终端到 VPN 安全网关的加密信息通道，所有终端和后台网络之间的应用层网络通信（包括 TCP 应用和 UDP 应用）都可受其保护，确保移动终端可以安全地通过无线接入内部信息网络，并安全地与内部信息网进行 TCP/IP 数据通信。解决下述安全传输问题：

① 信息的完整性：接收者可以确信收到的消息与发送时是一致的；

② 信息的保密性：防止未授权的用户获取网络传输的数据；

③ 防止重放攻击：攻击者不能用截获的数据包，在适当的时机重新发送来进行攻击。

（2）移动接入身份认证 PKI 系统。移动接入身份认证 PKI 系统由位于内网的集成 CA&LDAP&RA 服务器、CA 管理和制证终端组成。其中集成 CA&LDAP&RA 服务器用于签发和管理数字证书、发布证书作废列表（CRL）等，CA 管理和制证终端用于配置和管理集成 CA&LDAP&RA 服务器，向集成 CA&LDAP&RA 服务器提交证书签署请求、并将签发的证书下载至终端安全密码卡之类的证书介质内。

在移动接入过程中，VPN 网关将通过隔离网闸访问集成 CA&LDAP&RA 服务器的 CRL 列表，以查询移动终端设备数字证书的有效性。

移动接入系统的 PKI 系统单独建设，不与全国消防 PKI 体系互联互通。

移动终端无线公网接入过程分为无线拨号、VPN 隧道建立和应用访问三步，每一步都需要对不同的实体进行身份认证。

① 无线拨号过程中，对无线通信设备的身份认证与网络运营商有关，运营商应可通过拨号域名或 SIM/UIM 卡号码阻止其他非公安域用户通过各地消防总队专用逻辑端口进入消防系统内部网络，无线拨号时用户名/口令认证可由移动后台服务器或位于移动接入网的 AAA 认证服务器完成。

② VPN 安全隧道建立过程中需要对移动终端设备的身份进行认证，移动终端的设备数字证书存储在加密无线数据通信卡（USB 智能密码卡）/SD/Mini SD/TF 智能密码卡内，该证书由移动接入身份认证 PKI 系统签发。只有通过 VPN 安全网关认证的移动终端设备才能接入消防局的内部网络。

③ VPN 安全隧道建立后，就可运行移动终端上的移动应用。不管移动应用是否采用和采用何种用户认证机制和通信安全机制，它在公网路段移动应用通信都将受到该 VPN 隧道的严密保护，而不需对现有的应用系统做任何改动。

（3）安全短消息接入子系统

① 应用加密短信通过公用移动网络为工作人员提供短信提醒、紧急通知、会议通知和短信群呼等服务，并保证通知内容的准确性、完整性和不可抵赖；

② 为指定的工作人员提供手机短信的加密措施，保证其实现保密、安全的短信通信；

③ 为得到授权的人员提供远程移动的信息网信息综合查询服务，并保证信息传输过程中的安全，除授权查询者本人外任何人（包括移动运营商）无法截取；

④ 结合安全 SIM/UIM 卡及 SIM 卡贴片密码卡与移动终端的应用模块，为使用者提供基于短消息方式，对信息网中信息进行查询、录入、短信回复等移动应用。

**8. 系统设备配置**

（1）移动终端配置

① PCMCIA（或 USB）加密上网卡/USB 智能密码卡（配合笔记本电脑使用的普通无

线上网卡使用）；

② SD/Mini SD/TF 智能密码卡（配合 PDA 使用）；

③ 安全 SIM 卡/SIM 卡贴片密码卡（配合 PDA、普通手机使用，实现安全短信）；

④ VPN 客户端软件（笔记本电脑/PDA 版本）；

⑤ 消防业务应用系统客户端软件。

（2）系统设备配置

① VPN 安全网关、短信安全网关。VPN 安全网关、短信安全网关等移动接入网关为移动终端提供安全接入服务和移动应用转发服务，移动接入网关和移动终端之间实现安全加密通信。可根据实际情况设置其中一台或多台同类网关（负载均衡或容灾备份）。

② 集成 CA&LDAP&RA 服务器。集成 CA&LDAP&RA 服务器包括有证书注册模块、证书签发模块、证书发布模块、密钥管理模块四个部分，实现用户信息注册/签发及更新、证书恢复、证书废除、证书重发、证书注销列表（CRL）与 CA 证书下载和内置 LDAP 服务等服务。

③ 安全隔离网闸或数据交换系统。安全隔离网闸或数据交换系统是移动接入区和公安信息网的网络边界，能实现对移动接入区和公安信息网交换的信息进行内容过滤。

④ AAA 认证服务器。AAA 认证服务器实现对移动用户的认证、鉴权和计费等功能。

⑤ 防火墙。接入网关外侧的防火墙主要用于检查公网与接入网关之间进出数据包的合法性，只有允许的数据包才能通过。接入网关内侧的防火墙主要用于检查接入网关与移动接入区其他服务器之间进出数据包的合法性，只有允许的数据包才能通过。

⑥ 应用代理服务器。应用代理服务器为移动终端访问公安信息网资源提供代理服务，不使用隔离网闸的代理功能。

⑦ 终端管理服务器。通过终端安全管理软件实现对终端的安全管理、资源及设备访问控制、终端设备安全审计等功能。

### 9. 公网和设备的安全要求

（1）对移动接入网络运营商的要求。移动公司、电信公司、联通公司等主流通信网络基本满足消防业务访问要求。可根据 3G 网络的传输速率、覆盖率、通信质量、安全性、服务、价格等指标选择相应的移动网络运营商，租用其数据接入专线。移动接入网络运营商应满足以下安全要求：

① 提供稳定可靠的传输服务；

② 保证数据通信信息在完整性、访问控制、审计跟踪等安全要求；

③ 建立公安虚拟专线 VPDN/APN，减少消防局内部信息被泄漏、窃取和篡改的安全风险；

④ 建立防止对公安信息公网移动接入及应用系统及其他相关系统发动任何形式攻击的防范措施；

⑤ 对攻击防御、网络安全事件调查、安全问题的发现和解决等各项工作进行积极配合，并且有保障措施和承诺；

⑥ 在后台上为消防系统开辟与其内部网络相连的专用逻辑端口，保证 Internet 用户不能访问该逻辑端口；

⑦ 运营商提供的 SIM 卡只准开通消防移动接入系统的数据和安全短信的通道，严禁同时启用访问互联网等其他网络的通道。

（2）对移动接入平台提供厂商要求。移动接入平台需由获得公安信息移动接入及应用系统集成建设资格的厂商承建。目前，公安部第一研究所、公安部第三研究所和郑州信大捷安信息技术有限公司具有该系统集成的资格。

消防移动接入系统实现接入认证及数据加密传输后，在提供可靠安全通道的同时，也对传输速率有所影响。可根据具体业务应用和网络情况，确定系统的下行或上行策略。

（3）对隔离网闸产品的特殊要求。隔离网闸产品必须允许 LDAP 访问数据通过，以便 IPSec/SSL VPN 安全网关访问内网侧的集成 CA&LDAP&RA 服务器。

（4）对应用代理服务器和和终端管理服务器的要求。消防移动接入系统的应用代理服务器和终端管理服务器应设置在外网，传输的数据只能通过应用代理服务器和终端管理服务器的授权端口才能进入内网访问。

### 10. 设备清单

表 6-14 为系统设备清单。

表 6-14 系统设备清单

| 序号 | 参考设备名称 | 数量 | 备注 |
|---|---|---|---|
| 1 | 集成 CA&LDAP&RA 服务器 | 1 | 支持 3000 用户 |
| 2 | VPN 安全网关 | 1 | 千兆设备,支持不少于 2000 用户同时在线,SM1 加解密速率不小于 100Mbit/s |
| 3 | 短信安全网关 | 1 | 提供短消息安全解密功能,支持不少于 2000 用户同时在线,密钥协商速度不小于 10 个/s,SM1 加解密速率不小于 100Mbit/s |
| 4 | AAA 认证服务器 | 1 | 对终端 SIM 卡完成接入认证、授权等功能,支持用户数不少于 3000 个 |
| 5 | 安全隔离网闸 | 1 | 千兆设备,内部交换带宽不小于 2Gbit/s,数据吞吐量不小于 500Mbit/s |
| 6 | 防火墙 | 2 | 千兆设备,吞吐流量不小于 2Gbit/s,最大并发连接数不小于 250 万个 |
| 7 | 服务器 | 2 | 分别用于应用代理和终端管理服务器,双四核 5500 系列 CPU,主频不小于 2.0GHz,内存不小于 8GB |
| 8 | 终端安全加固系统 | 1 | 实现终端安全加固系统的策略配置及远程监测功能,包含服务器和客户端。客户端根据实际用户数配置 |
| 9 | USB 智能密码卡 | 根据用户数配制 | 根据实际用户数配置。为笔记本移动终端提供基于数字证书的身份认证,USB2.0 接口,支持 SM1 密码算法硬件加、解密,SM1 加、解密速率不小于 1.2Mbit/s |
| 10 | TF 智能密码卡 | 根据用户数配制 | 根据实际用户数配置。为 PDA 终端提供基于数字证书的身份认证,存储容量不少于 2G,支持 SM1 密码算法硬件加、解密,SM1 加、解密速率不小于 200Kbit/s |
| 11 | 安全 SIM 卡/SIM 卡贴片密码卡 | 根据用户数配制 | 根据实际用户数配置。提供短信数据硬件加、解密等功能,存储容量不少于 64KB |

### （二）短信系统

#### 1. 概述

（1）目的。随着作战指挥中心职能多元化和集成化程度的提高，越来越多的作战指挥中心要将短信非电话业务接入到指挥中心座席，以达到快速灵活调度及时处警的目的。短信调度是作战指挥中心的座席通过非话务综合接入服务器和 DS 短信网关将短信发送给指定手机用户。

（2）总体设计思想与目标。综合接入服务器按照用户要求定制短信调度座席和短信报警处理座席。每个座席可以进行单条短信调度，也可以进行群发短信调度，而且群发的手机号码不区分运营商。综合接入服务器进行短信调度时，先判断手机号码的有效性和手机号码属于哪家运营商，然后调用相应的短信网关服务器进行发送。对于超长短信的调度，短信网关服务器将短信内容分割成多条进行发送。另外，为了实现大批量的短信群发调度，综合接入服务器自身带有大批量的群发的操作平台。

（3）遵循的标准规范。非话务综合接入服务器中短信调度遵循运营商短信协议规范。移动：CMPP 协议，联通：SGIP 协议，电信：SMGP 协议、国际：SMPP 协议、GSM 规范等。

**2. 系统功能**

（1）系统结构。短信调度的后台服务器由非话务综合接入服务器和网关服务器组成。非话务综合接入服务器中短信调度的网络拓扑结构分为两种：

① 直接与运营商的短信服务器连接，通过数据消息实现。如图 6-36 所示。

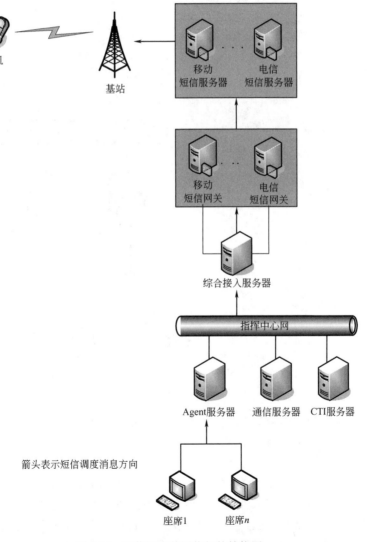

图 6-36　短信调度的网络拓扑结构图

每个运营商对应一个短信网关，所有短信网关都连接到综合接入服务器上。

② 通过 GSM 模块设备实现短信调度。如图 6-37 所示。

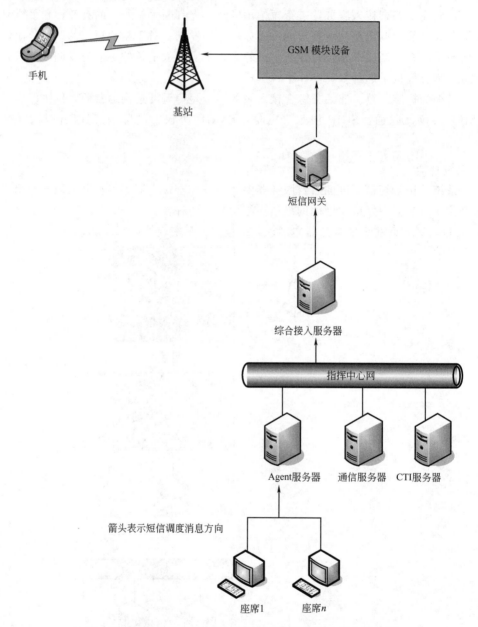

图 6-37 通过 GSM 模块设备实现短信调度的网络拓扑结构图

一个网关服务器对应多家运营商。如果为了扩大短信调度流量，也可以用多个 GSM 模块设备，让每个网关服务器对应一家运营商。

（2）子模块功能

① 短信调度。对系统来说短信调度操作可分为 2 种：客户端短信调度和后台短信调度。即座席计算机短信调度客户端软件调度和后台服务自动发送调度短信。

短信调度方式分为 2 种方式：单发和群发，其中群发又分为 4 种类型：移动、联通、电信和混合型。单发指一条短信发送给一个手机用户，群发指一条短信发送给多个手机用户。

对于客户端短信调度而言，客户端软件是按照规定的消息格式将短信封装成的消息包发送给接入服务器，由接入服务器转发给网关发送出去。服务器可以按照用户的要求定制座席的短信调度功能。由于目前的座席的短信调度不考虑手机号码属于哪家运营商，所以远端的群发短信调度种类属于混合型。

对于本地短信调度而言，短信调度操作平台如图 6-38 所示。

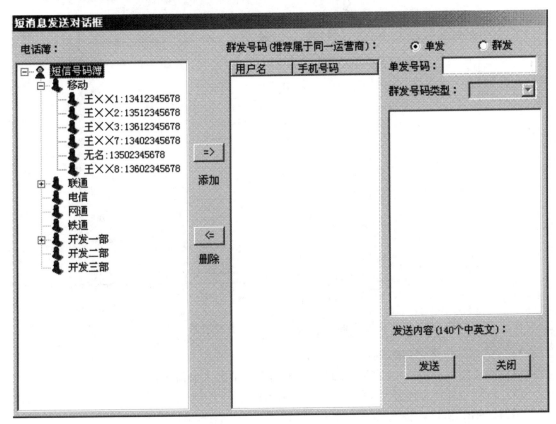

图 6-38　本地发送短信操作平台

图 6-38 中群发号码类型：移动、联通、电信和混合型。电话簿对应着 2 张数据库表。对大批量的群发，一般推荐短信内容最好不要超过 140 个汉字，其他情况调度的短信内容长度无限制。

② 短信交流。短信交流指手机用户与座席通过短信进行交流。在事先定购的时间范围内，座席发送短信给手机用户，该手机用户发送的短信只会被分配到该座席上。每次座席发送短信给手机用户，DSInServer 服务器都要重新设置一下座席和手机号码的关系，让手机号对应一个最近进行短信调度的座席。

③ 短信查询统计。综合接入服务器可以对调度的短信进行综合查询，其操作界面如图 6-39 所示。综合查询条件如下：

a. 短信操作类型：发送和接收。

b. 运营商：移动、联通、电信、网通、铁通和全部。

c. 时间段：以天为单位。

d. 短信号码：用户的手机号。

e. 包含内容：短信内容，支持模糊查询。

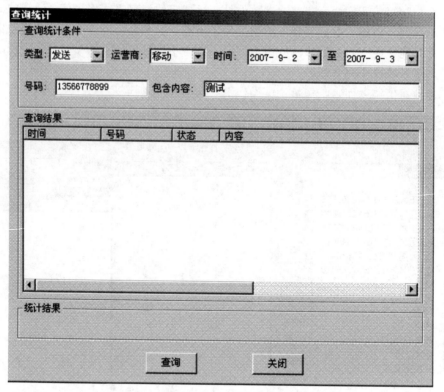

图 6-39　短信查询统计操作界面

按照查询条件，显示出满足查询条件的记录，统计记录条数。

**3. 短信网关中运营商的接入方式**

短信网关提供了多样化的接入方式，以根据实际情况来灵活选择。

（1）短信协议：中国移动 CMPP 协议、中国联通 SGIP 协议、中国电信 SMGP 协议以及通用的 SMPP 协议，将这些协议封装成 API 开发包，供短信网关调用。

优点：可重用性高。

缺点：开发和调试难度大。

（2）WEB 方式：基于 HTTP 协议格式，利用 Web Server 方式与运营商进行消息通信。

优点：可以利用 Internet 网进行短信调度，不需要专门的物理线。

缺点：安全性差，延迟性大。

（3）GSM 模块设备：借助于 GSM 模块设备进行短信调度。

优点：不需要专门的物理线路，一个 GSM 模块可以实现所有运营商的短信调度。

缺点：每次进行短信调度的数量很小。

（4）API 开发包：也是一种短信协议的方式，只是 API 开发包由运营商提供。

优点：开发和调试容易。

缺点：可重用性差。

（5）数据库/存储过程：借助于数据库与运营商进行消息交换。

优点：开发和调试容易。

缺点：可重用性差、延迟性大而且程序不停扫描数据库，对硬盘损坏大。

短信网关与运营商之间接入方式简图如图 6-40 所示。

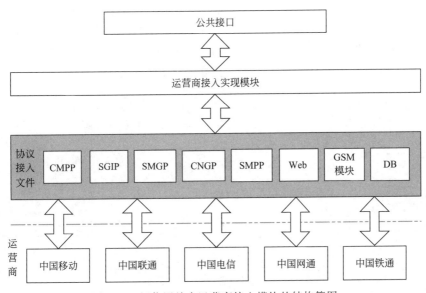

图 6-40　短信网关中运营商接入模块的结构简图

对于 GSM 模块设备接入方式，网关服务器就类似于一部手机，可以进行短信发送，不需要考虑运营商，而综合接入服务器是将所有短信调度当作该运营商的短信来考虑。

### 4. 短信网关中短信分割

运营商对调度的短信内容有长度范围限制，不同的短信协议规定的长度不同，一般不超过 80 个汉字，因此 DS 短信网关必须要对该短信内容进行分割，再进行发送。短信网关以 70 个汉字为分割标准，将分割的短信以多条发出，但是搜集整理后以一条短信发送结果反馈给接入服务器和座席。

### 5. 物理连接线路

非话务综合接入服务器中短信调度实现需要经过综合接入服务器、DS 网关服务器和运营商短信服务器处理后才能送到运营商的基站进行发送，它们之间网络物理连接涉及 2 处连接。

（1）短信网关服务器与短信运营商之间连接。它们之间可以采用专线或者 Internet 网进行连接，隔离方式可以采用防火墙、网闸等措施进行安全隔离。如图 6-41 所示。

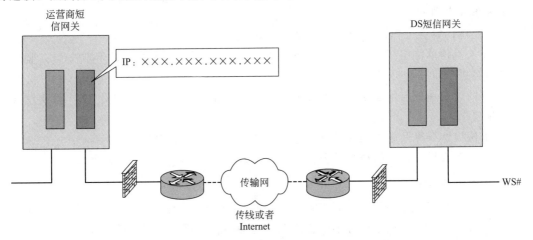

图 6-41　短信运营商与短信网关服务器之间连接

（2）短信网关与综合接入服务器之间连接。在逻辑上，短信网关作为综合接入服务器的子节点，呈树型结构，它们之间的通信采用 TCP 通信或串口通信。一般它们处于不同网络内，中间可以用网络隔离（如网闸）或串口隔离。如图 6-42 所示。如果它们处于同一个网络内，多个网关服务器和接入服务器可以处于同一台计算机上。

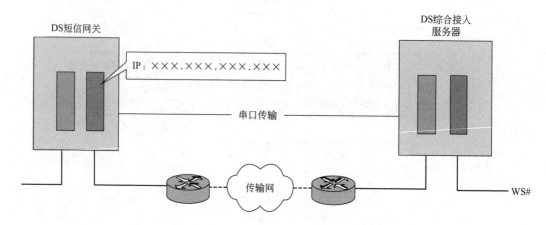

图 6-42　短信网关与综合接入服务器之间连接

# 七、信息中心机房监理和验收

## （一）信息中心机房监理

信息中心机房的建设应满足整个机房环境，机房环境应整洁、并具有一定的扩容空间。信息中心机房的建设监理分为三个阶段，即工程设计阶段、工程实施阶段和工程验收阶段，下面分别进行介绍。

### 1. 工程设计阶段

（1）监理目标。监理机构通过监理工作，应实现如下目标：

① 推动建设单位、承建单位对机房系统工程项目需求和设计进行规范化的技术描述，为工程实施提供优化的设计方案；

② 促进机房系统工程计划、设计方案满足项目需求，符合相关的法律、法规和标准，并与工程承建合同相符。

（2）监理内容。工程设计阶段的监理工作主要内容如下：

① 要求承建单位组织人员对机房系统工程需求进行调研和分析，并形成文档。监理机构对其内容进行审核后提出监理意见；

② 协助建设单位与承建单位签订工程设计委托合同，明确双方的责、权、利及设计文件的质量要求；

③ 审核设计概算及施工图预算的合理性和业主单位投资能力的可行性；

④ 全面审查设计合同的执行情况，核定设计费用。

### 2. 工程实施阶段

（1）监理目标。监理机构通过监理工作，应实现如下目标：

① 加强机房系统工程实施方案的合法性、合理性、与设计方案的符合性；

② 促使机房系统工程所使用的产品和服务符合承建合同及国家相关法律法规、机房系

统工程技术规范与标准；

③ 明确机房系统工程实施计划、对于计划的调整应合理、受控；

④ 促使机房系统工程实施过程满足承建合同的要求，并与工程设计方案、工程实施方案、工程实施计划相符。

（2）监理内容。工程实施阶段的监理工作主要内容如下：

① 组织监理人员进场，熟悉监理合同和承建合同，对监理人员进行合理分工，建立监理人员岗位责任制，编制和审批监理实施细则；

② 审查承建单位的资质，符合国家相应的规定方准进场施工；

③ 审核承建单位报审的工程实施组织设计方案、工程实施方案、工程实施计划，并签署意见，督促承包商实施，其审核内容主要有以下几点：

a. 施工采用的标准是否适宜；

b. 工程实施计划编制是否符合实际情况要求；

c. 关键工序的施工工艺是否符合规范要求；

d. 施工安全保护措施是否全面和可行性；

e. 项目组织机构人员配置是否满足施工要求，相关人员是否具备相应的资格证书或上岗证。

④ 组织图纸会审，并形成图纸会审纪要。

**3. 工程验收阶段**

（1）监理目标。监理机构通过监理工作，应实现如下目标：

① 确认工程达到验收条件，明确机房系统工程测试验收方案的可行性、与承建合同的符合性；

② 确认按照验收方案所规定的验收程序，实施初验、试运行和终验，促使机房系统工程的最终功能和性能符合承建合同、法律、法规和相关技术标准的要求；

③ 推动承建单位所提供的工程各阶段形成的技术、管理文档的内容和种类符合相关标准。

（2）监理内容。工程验收阶段的监理工作主要内容如下：

① 协调建设单位和承建单位在验收计划、验收目标、验收范围、验收内容、验收方法和验收标准达成一致，并填报工程备忘录；

② 处理承建单位提交的工程验收申请，审核其中的验收计划、验收方案等，并签署监理意见；

③ 审核并确认承建单位达到验收条件；

④ 督促建设单位、承建单位按照事先约定，编制、签署并妥善保存验收阶段的各类工程文档；

⑤ 督促建设单位和承建单位及时整理并妥善保管整个工程相关文档；

⑥ 协助建设单位完成验收工作；

⑦ 协助建设单位和承建单位完成工程移交工作；

⑧ 督促承建单位完成项目实施方案中确定的培训，并对培训效果做出评估；

⑨ 编制项目监理总结报告，整理并向建设单位提交与工程有关的全部监理文档。

## （二）信息中心机房验收

**1. 工程验收应具备的条件**

（1）工程施工应符合批准的设计文件和施工图的要求，约定的各项施工内容已经施工完毕。

（2）分部（子分部）工程、分项工程和检验批的工程质量应符合本标准和相关专业施工及验收规范的规定并验收合格。

（3）完整并经过核定的工程质量控制资料。

（4）施工单位对工程质量的自行检查评定应合格。

（5）工程达到合同约定的工程质量标准，有关安全和功能项目的检测结果符合相关专业质量验收规范的规定。

**2. 工程验收的程序**

机房工程质量竣工验收工作应按下列程序依次进行。

（1）竣工验收准备阶段

① 工程质量自检；

② 竣工验收准备；

③ 编制竣工验收计划；

④ 提交竣工验收报告。

（2）竣工验收阶段

① 竣工资料审核与验收；

② 组织现场验收；

③ 签署竣工验收记录。

**3. 工程验收的组织**

（1）施工单位项目经理全面负责工程质量竣工验收准备阶段的工作。

（2）建设单位负责人或项目负责人负责组织竣工验收阶段的工作：组织设计、施工单位负责人或项目负责人及施工单位的技术、质量负责人和监理单位的总监理工程师进行竣工验收工作。

（3）工程竣工验收参加单位：

① 建设单位负责人或项目负责人。

② 设计单位负责人或项目负责人。

③ 施工单位负责人或项目负责人及技术和质量负责人。

④ 监理单位的总监理工程师。

⑤ 相关单位的负责人或专业负责人。

**4. 工程验收的依据**

（1）批准的设计文件、施工图纸及说明书。

（2）工程施工合同。

（3）设备、系统的技术说明书。

（4）图纸变更记录。

（5）施工验收规范和质量验收标准。

**5. 工程质量验收合格的判定**

工程质量应符合合同约定的质量标准，满足建成投入使用或生产的各项要求。具体体现在以下几个方面：

（1）工程项目所含单位（子单位）、分部（子分部）和分项工程的质量均应验收合格。

（2）工程质量控制资料应可靠完整。

（3）工程有关安全和功能的检测资料应可靠完整，主要功能项目的抽查或合同约定功能项目的检查应符合要求。

（4）工程观感质量应符合要求。

**6. 其他**

工程竣工验收合格后，工程项目负责人应在规定的时间内尽快向建设单位负责人办理工程移交。

在施工组织设计中，需要具备的表格包括隐蔽工程验收记录表（室内装饰装修）、隐蔽工程（系统封闭）检查记录、分项工程质量验收记录、分部（子分部）工程验收记录、单位（子单位）工程质量竣工验收记录、单位（子单位）工程质量控制资料核查记录、工程档案验收与移交记录、电子信息机房综合测试报告（温度/相对湿度/照度/噪声/尘埃/风速/系统电阻/静电/供电）、信息系统机房安全检查、工程施工进度表。

# 八、信息中心机房建设案例

以下以某单位信息中心机房建设方案为例进行介绍：

## （一）方案组成

方案由项目概述和设计要求两大部分组成。

## （二）案例介绍

×××单位信息中心机房建设方案

第一部分 项目概述

**1. 项目概况**

信息中心机房面积设计约为 $160m^2$，层高 3.7m，框架结构。荷载：主机房规划区域楼板荷载 $800kN/m^2$，辅助办公区 $800kN/m^2$。

机房建成后将作为单位核心网络和应用机房，机房按照 B 级机房标准建设。

**2. 设计依据**

| | |
|---|---|
| 《电子信息系统机房设计规范》 | （GB 50174—2008） |
| 《计算机场地通用规范》 | （GB/T 2887—2011） |
| 《防静电活动地板通用规范》 | （SJ/T 10796—2001） |
| 《电子信息系统机房施工及验收规范》 | （GB 50462—2008） |
| 《智能建筑设计标准》 | （GB/T 50314—2006） |
| 《建筑装饰装修工程质量验收规范》 | （GB 50210—2001） |
| 《建筑内部装修设计防火规范》 | （GB 50222—1995） |
| 《火灾自动报警系统施工及验收规范》 | （GB 50166—2007） |
| 《民用建筑电气设计规范》 | （JGJ/16—2008） |
| 《低压配电设计规范》 | （GB 50054—2011） |
| 《供配电系统设计规范》 | （GB 50052—2009） |
| 《防静电项目技术规程》 | （J 1011—2000） |
| 《民用建筑供暖通风与空气调节设计规范》 | （GB 50736—2012） |

| 《综合布线系统工程设计规范》 | （GB 50311—2007） |
| 《综合布线系统工程验收规范》 | （GB 50312—2007） |
| 《建筑物防雷设计规范》 | （GB 50057—2010） |
| 《建筑物电子信息系统防雷技术规范》 | （GB 50343—2012） |
| 《安全防范工程技术规范》 | （GB 50348—2004） |
| 《视频安防监控系统工程设计规范》 | （GB 50395—2007） |
| 《出入口控制系统工程设计规范》 | （GB 50396—2007） |
| 《气体灭火系统设计规范》 | （GB 50370—2005） |
| 《气体灭火系统施工及验收规范》 | （GB 50263—2007） |

机房建筑图纸资料

**3. 建设标准**

机房按 B 级机房规划设计。

**4. 设计架构**

总体架构见图 6-43。

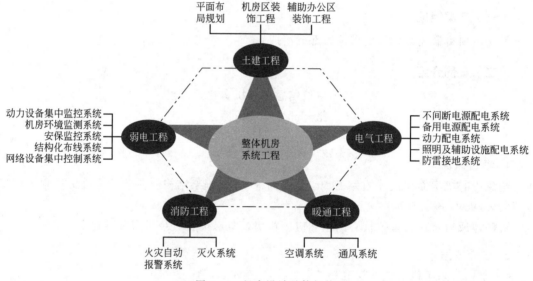

图 6-43　机房设计总体架构

### 第二部分　设计要求

**1. 机房装饰工程技术要求**

（1）建筑隔墙工程。机房区域划分为"维修间、主机房、电源室、备品备件库"四个功能区。

依据设备平面布置图对原建筑隔墙进行拆除，并在维修间与主机房之间新建玻璃隔墙，隔墙玻璃采用 12mm 厚单片铯钾防火玻璃，边框采用 80×60 成品铝合金型材。玻璃隔墙地板下及天棚内需作防火封堵，隔断。

（2）建筑墙面工程。从信息中心机房的洁净度考虑，装修四面墙面采用易清洁不起尘的防火装饰材料。主机房及维修间墙面采用 50mm 厚石膏板夹心彩钢板，彩钢板厚度不小于 0.5mm 厚。彩钢板骨架采用 75 系列骨轻钢龙骨，骨架竖向龙骨中-中距离不得大于 400mm，骨架间填充 50mm 厚岩棉保温材料。其他区域采用乳胶漆墙面。踢脚板采用

90mm 高不锈钢踢脚线。

（3）天棚工程。机房天棚选用无孔铝合金方板，规格 600mm×600mm×0.8mm（燃烧性能等级 A 级）。吊顶设计高度为 3m。吊顶板与墙面交接线采用金属角线收边。吊件中-中距离不得大于 1.20m，边龙骨距墙不得大于 0.15m。吊顶前需对吊顶内楼板面及墙面作防尘处理。

（4）地面工程。维修间、主机房、电源室采用架空地板，备品备件库采用玻化砖地面。架空地板选用 600mm×600mm×35mm 无边全钢抗静电板，地板安装前，地板下空间的墙面、柱面、地面均刷涂防尘漆。精密空调区域贴 20mm 厚橡塑保温材料，保温材料表面采用 0.5mm 镀锌钢板保护，保证空调送风系统的空气洁净及空调的节能效果。在安装静电地面时，机房热负荷集中部位需安装通风地板，通风地板保证每个机柜一块。地面处理的其他要求：

① 架空地板安装高度不小于 0.4m。

② 防水堰：为了防止机房空调四周产生水浸，机房空调区域制作防水堰，防水堰采用水泥砌体并刷防水涂料，并采用 DN50 UPVC 管接至室外。空调四周防水堰高度为 100mm。

③ 踏步：为便于工作人员和设备进入机房，应在机房的入口设置踏步，踏步采用红砖基层，表面贴黑金沙石材。

（5）门窗工程。主机房及电源室按无窗设计，靠外墙侧原塑钢窗采用红砖进行封堵，为了外墙美观，封堵前加装百叶窗帘，其封堵面积约为 42m²。备品备件室门利旧，维修间至主机房门采用 1000×2100 防火玻璃门，其他门采用 1200×2100 双开钢制防火门，并向疏散方向开启，其门窗风格应与其他办公室风格一致。

**2. 机房电气工程**

（1）机房供配电

① 机房供配电系统拓扑图。

如图 6-44 所示为机房配电拓扑图。

在办公楼低压配电室安装一台 ATS 双电源切换配电柜，双电源切换柜一路电源引自市电低压配电屏，另一路引自柴油发电机配电屏；市电与柴油发电机电源在办公大楼低压配电室切换后将电源电缆引入新建机房市电配电柜，分别向机房的通风空调、UPS 电源、照明、维修插座提供市电。机房电子设备经 UPS 电源与 UPS 输出配电柜进行供电。

② 主电缆引入：主电缆采用 ZR YJV-4×150＋1×70 电缆，主电缆长度约 300m（包括市电及备用电源引入新增双电源切换柜电缆），电缆室内部分沿办公楼地下车库强电桥架敷设；室外部分穿 SC100 钢管沿花台敷设，埋深不小于 0.7m，线缆敷设完后需对原花草进行复原。

③ 其他配电线缆、配电柜及其相应配电回路，都以满足用电峰值为其设计负荷。服务器机柜电峰值负荷按 6kW 设计，网络布线机柜按照 4kW/台核算。电缆以环境温度为＋40℃时的电缆载流量作为选择电缆规格的依据。

④ 机房服务器及网络机柜采用两个独立回路汇聚到 UPS 输出柜进行集中控制。

⑤ 机房网络机柜、服务器机柜端配电采用两套 PDU 电源分配单元＋大功率工业连接器。

a. 服务器机柜端 PDU 电源分配单元：标准 19 寸机架安装，输出 10A 位数为 8＋1 位（8 位 10A IEC C13 45 度锁紧插座，1 位 10A 万用插座），额定输入电流：32A，带 3m 输入线缆。

b. 网络机柜端 PDU 电源分配单元：标准 19 寸机架安装，输出 10A 位数为 8 位万用插座；额定输入电流：32A，带 3m 输入线缆。

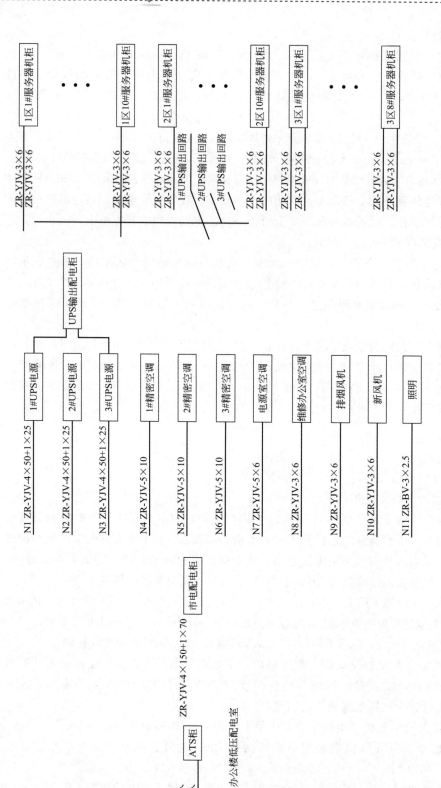

图 6-44  机房供配电系统拓扑图

c. 工业连接器：具有防脱落装置，具有优异的电气绝缘性能和介质强度，耐冲击，可稳定地工作在较低或较高温度的室内或室外环境，达到 IP44 的防水等级。

⑥ 机房内线缆采用 KBG 管及封闭式金属桥架敷设，金属线槽底部距地 50mm 安装，线槽桥架的容量大小必须经过计算并考虑 30% 的余量。金属桥架板材厚度 1.2mm 以上，布置不影响空调送风。所有金属管、金属线槽均可靠接地。

⑦ 配电柜要求

a. 双电源切换柜：

● 开关配置要求：ATS021 智能控制器，两个带有机械联锁及电动操作机构的 320A/4P 断路器；插拔式接线、双电机驱动机构、可手动、电动及自动操作、带单相检测功能。

● 柜体规格：满足电气元件安装及操作空间、柜体板材不小于 1.5mm 厚。

b. 市电配电柜：

● 开关配置要求：1 路 320A/3P 输入断路器，4 路 125A/3P 输出断路器，4 路 50A/3P 输出断路器，3 路 32A/3P 输出断路器，4 路 25A/1P 输出断路器。

● 柜体规格：450mm×750mm×1800mm。柜体板材不小于 1.5mm 厚。

c. UPS 输出配电柜：

开关配置要求：3 路 125A/3P 输入断路器，66 路 32A/1P 输出断路器，4 路 25A/1P 输出断路器。

⑧ 蓄电池组

蓄电池组 2 组，每组配备 dc 12V/200AH 全密封免维护铅酸电池 32 只。定制全钢电池架安装。每个电池柜配备 320A 直流断路器 1 个，满足分断系统的直流最大电流。各指标应满足现有国家标准、规范的相关要求。

（2）照明系统

① 主机房照度不低于 500lx，设应急照明灯，其照度不低于 10lx，应急照明平时由市电供电，停电时由 UPS 供电。机房的照明应光线均匀（最低照度与平均照度之比不宜小于 0.7）并且无眩光。

② 机房照明的照度应符合技术指标中的要求，同时应考虑工作位置排列与操作人员的方位要求与灯具排列的关系，尽量避免直接反射光，避免灯光从作业面至眼睛的直接反射，损坏对比度。机房照明线路穿钢管暗敷或在吊顶内穿钢管明敷。

③ 照明要求：

a. 机房的照明应光线均匀（最低照度与平均照度之比不宜小于 0.7）并且无眩光。照明荧光灯盘使用 3×40W 哑光电化铝产品，要求配消防型电子镇流器，带铝合金反光罩，配三基色灯管。

b. 机房的照明电源应分组控制。机房应设应急照明，其照度不低于 5lx，应急照明由平时市电供电停电时自动切换到 UPS 供电，有自动切换装置。

c. 机房应设置疏散指示灯和安全出口的指示灯，其照度不应低于 1lx。

（3）防雷和接地系统。防雷和接地系统建成后由中标人向市防雷办申请并通过验收。

① 防雷工程。雷电防护系统施工要满足《建筑物防雷设计规范》（GB 50057—2010）、《建筑物电子信息系统防雷技术规范》（GB 50343—2012）的要求，以充分保障机房供电系统全天候的运行安全。目前大楼总配电室根据建筑物防雷设计规范，提供了第一级防雷，因此，在市电配电箱前配置第二级防雷器，在 UPS 输出配电柜端配置三级防雷。

a. 防雷器采用独立模块，并应具有失效告警指示，当某个模块被雷击失效时可单独更换该模块，而不需要更换整个防雷器。

b. 二级防雷器的主要参数指标要求：单相通流量为：$\geqslant 60kA$（$8/20\mu s$），响应时间：$\leqslant 25ns$。

c. 三级防雷主要参数指标要求：单相通流量为：$\geqslant 40kA$（$8/20\mu s$），响应时间：$\leqslant 25ns$。

② 接地工程。采用联合接地系统。在机房架空地板下铺设 $30 \times 3mm$ 的紫铜排网，工作接地、保护接地、直流工作接地均与防雷地共用接地体，接地电阻不大于 $1\Omega$。机房接地采取与大楼接地系统多点连接，并采取等电位措施。

供电的接地形式采用 TN-S 系统，从总配电屏开始中性线与保护线分开，不得混接。

电气设备正常不带电的可导电部分与金属防静电活动地板均、金属墙板、铝天花均作保护接地，并接至接地铜排网。

机房接地工程经过测试后必须达到国家标准要求。

a. 静电防护：机房安全接地应符合《计算机场地通用规范》（GB/T 2887—2011）中的规定。

b. 接地与防雷接地：按照《建筑物防雷设计规范》（GB 50057—2010）作好防雷措施，电源防雷装置至少分为二级。

c. 接地装置的设置应满足人身的安全及计算机正常运行和系统设备的安全要求。地线系统：直流工作接地 $\leqslant 1\Omega$、交流工作接地 $\leqslant 4\Omega$ 安全保护接地 $\leqslant 4\Omega$。《计算机场地通用规范》（GB/T 2887—2011）和《建筑物防雷设计规范》（GB 50057—2010）的规定，符合技术指标中的有关要求，有特殊要求的设备进行特殊处理。

**3. 机房通风空调系统**

（1）新风系统：新风机采用吊顶式新风机，设计新风量为 $1500m^3/h$，新风机带温湿度预处理，新风机组前端需加初中效过滤器，以配合新风设备的运行。

（2）空调系统：主机房采用 3 台精密空调，电源室采用 1 台工业空调，维修间采用一台 3P 普通舒适性空调。

① 精密空调技术要求

a. 设备制冷量（$24℃$、$50\%RH$）：单台空调制冷量 $\geqslant 30kW$，风量 $\geqslant 8600m^3/h$，采用下送风上回风的方式。数量：3 台。

b. 空调操作界面显示要求：大屏幕中文液晶显示，触摸操作，应有优良的人机界面，显示图形要求简洁明了直观。并显示系统中所有的运行控制参数及有关信息，并连续监控机组的运行情况。

c. 空调机组微电脑控制器应具备 RS485 通信接口，提供远程计算机监控接口，开放通讯协议，并免费提供通信协议。

d. 空调机组应具备电脑控制、制冷、加热、加湿、除湿功能，加湿量不小于 $9kg/h$；配置不锈钢空气滤网。

e. 风冷型空调室外机必须采用全不锈钢外壳，室外冷凝风扇无级可调冷凝风扇，冷凝风扇转速 $0 \sim 100\%$ 可调。含室外机支架安装。

② 工业空调技术要求：

a. 电源：$380V$，$50Hz$，三相，总制冷量 $\geqslant 12kW$；压缩机：涡旋式。

b. 送风量 $\geqslant 29m^3/min$；运转音 $\leqslant 50dB$；重量 $\leqslant 55kg$；标准机外静压：$20Pa$。

③ 3P 柜式空调技术要求：

a. 类别：3P 商用立柜式空调，带湿度显示。

b. 制冷量≥7200W，制冷功率≥2330W，循环风量≥1100m³/h。

（3）排风系统。为了便于气体灭火后残余气体的排出，机房需设排风系统，排风机选用轴流风机，风量不小于主机房 12 次/h 的换气量。排风管道也需要设相应的防火阀与止回阀，与火灾报警系统联动。

**4. 机房综合布线及机柜系统**

（1）总体要求

① 采用六类非屏蔽布线系统；建成后的结构化综合布线系统符合相关国际、国内标准对六类非屏蔽布线系统的性能指标要求。

② 为了便于管理，机房网络布线采用上走线方式。采用 400mm×100mm 开放式桥架，线缆在桥架内采用专用固线器固定，固线器绑扎距离不大于 500mm。

③ 机房内每台服务器机柜端（机房布置服务器机柜 25 台）敷设 24 条六类非屏蔽线。采用 24 口数据配线架端接。网络机柜内配线架与服务器机柜内配线架一一对应。

④ 其他功能区设置相应的数据点，线缆汇聚至网络机柜进行端接。

⑤ 从办公楼原信息中心机房引 3 根 24 芯多模千兆光缆至机房，两机房距离约 400m。其中 2 根光缆两端 ODF 架进行端接，另外一根作为备用。

⑥ 600mm×1000mm×2000mm 服务器机柜 14 台，800mm×600mm×2000mm 网络机柜 3 台，600mm×600mm×2000mm 网络机柜 1 台。

⑦ 48 口交换机 5 台，配置 10 块 SFP-GE 多模模块。

（2）网络布线技术要求

① 六类综合布线系统产品必须满足 ISO11801—2002 或 TIA/EIA-568B.2 标准要求。

② 布线产品包括线缆、跳线、面板、配线架必须为同一厂家产品。

（3）机柜技术要求

① 机柜规格及数量：服务器机柜 600mm（宽）×1000mm（深）×2000mm（高）—14 台；网络机柜 800mm（宽）×600mm（深）×2000mm（高）—3 台；网络机柜 600mm（宽）×600mm（深）×2000mm（高）—1 台。

② 机柜配置：每个服务器机柜配置 8 口 KVM-LCD 一体机（17 英寸）一套，带配套连接线；网络机柜配置五块固定托盘，服务器机柜配置一块固定托盘。

③ 前后门：高密度网孔波浪前门及高密度网孔后门；开启角度大于 150°，通风率达 70% 以上；便于通风散热、外部观察。

④ 承重：最大静载达 1000kg，移动承载 800kg。

⑤ 颜色：RAL9005 或 RAL7021（国际流行黑）。

⑥ 材料：要求采用高强度的冷轧钢板，主体骨架不少于 2.0mm，其他不少于 1.5mm。每排机柜配置可拆卸扣门式侧板（厚度不少于 1.5mm）。前后门均为网孔门，机柜前后门均带专业锁，方便开启。

⑦ 结构：19 英寸，EIA 标准立柱，快捷的拆装结构，前、后、侧门都可以方便地拆卸，合理的线路通道。机柜内装有 19 英寸安装方孔条，方孔条应采用不小于 2.0mm 的钢材制成，可前后调节。每个机柜上部进缆。机柜内左后侧由上而下带有接地铜条，铜条每隔 200mm 具有螺丝。

⑧ 接地：机柜应有完善可靠的接地系统，门与柜体以及各个部件应有良好的接地连接。

（4）48口交换机技术要求

① 支持全线速转发，交换容量≥240G，包转发率≥72M。

② 每台交换机配置不少于48个10/100/1000Base-T以太网端口，2个1000M SFP端口，2个SFP-GE-多模模块。

③ 支持基于端口的VLAN，支持基于MAC的VLAN，802.1q Vlan封装，最大Vlan数≥4094，支持QinQ、GVRP、Voice VLAN。

④ 支持SNMP V1/V2/V3；RMON；CLI；TELNET等设备管理方式。

**5. 机房环境监控系统**

（1）总体要求。建立一套机房环境集中监控系统对机房场地的环境实现集中监控，包括机房动力系统（包括UPS、供电质量、开关状态）、环境系统（机房专用精密空调、漏水监测、温湿度监测、新风监测）、防雷监测、消防报警监测、视频监控、门禁系统等，报表动态实时生成三部分子系统进行现场实时监控，并在办公大楼值班人员办公场所实现对各个监控点的远程监控及报警（要求与中心机房监控主机同步显示监控系统信息），实现相关信息采集的实时化以及报警信息处理的自动化，提供一个稳定、安全的机房环境保障。

整个系统主要由以下几个部分组成：监控中心管理平台、现场设备采集层、远程IE浏览站。

① 监控中心管理平台：监控中心管理平台设在中心机房，通过一台嵌入式监控主机负责以上监控内容进行集中监控管理，显示机房集中监控管理系统内容。

② 监控中心实现对机房数据的实时处理分析、存储、显示和输出等功能，处理所有的报警信息，记录报警事件，通过电话语音等输出报警内容。

③ 现场设备采集层：中心机房实时监测3台UPS、3台精密空调、市电输入质量、4个温湿度、1套漏水系统、三道门禁管理的现场信息，并将采集的信息经过采集、处理以后，直接上传到中心机房的监控主机。

④ 远程IE浏览：监控主机为嵌入式，监控界面为远程IE浏览实现监控管理，并能进行语音报警。

⑤ 远程报警方式至少支持电话拨号、短信报警和多媒体语音报警。

（2）各监控单元技术要求

① 配电监测子系统。通过安装电力监测仪实现供电质量的监测，实时监测配电总进线的电压、电流、有功、无功及功率因数等，支持设定电压、电流的上限值与下限值功能。当监测的电压或电流超过设定的允许值时，系统诊断为有故障（报警）事件发生，监控主系统发出报警。其开关状态采集可以通过开关量转换模块把强电转成弱点接到开关量采集模块，由开关量采集模块与监控电脑采集分析，判断开关的开与关状态，并发出报警信号。

② UPS监测子系统。监控对象：对机房UPS的运行状态进行实时监测管理，不对UPS进行控制。

③ 精密空调监控子系统。监控对象：对机房精密空调进行监控。

④ 漏水检测子系统。监控对象：对机房内的精密空调及其进出水管沿线、地面、接水斗等的漏水检测报警。

⑤ 温湿度监测子系统

a. 监控对象：对机房内各个区域中的温度和湿度实施监测。

b. 监控实现：在机房内的重要区域安装温湿度传感器，其输出模拟量，通过模拟量采集模块采集后，与主机进行实时通信。显示温湿度数据。以电子地图方式实时显示并记录每个温湿度传感器所检测到的室内温度与湿度的数值，显示短时间段内的变化情况曲线图。并可设定每个温湿度传感器的温度与湿度的上限与下限值。当任意一个温湿度传感器检测到的数据超过设定的上限或下限时，监控主系统发出报警。

⑥ 门禁管理子系统

a. 监控对象：对机房内各主要进出通道实施门禁进出管理。

b. 监控实现：门禁采用 4 门禁控制器和非接触式感应卡。监控系统用 RS-485 总线与门禁控制器通信，读取其资料，包括刷卡者 ID、时间、门编号和方向等。还可以进行开门控制。采用非接触式感应卡和密码双重保护，实现对机房主要通道的人员控制并记录。每人一张卡，通过卡管理系统授权，进入不同区域。记录并显示从各门禁入口的进出门管理资料及门的开关状态。当有人员刷卡进门时，系统立刻弹出相应的门禁记录管理窗口，同时可将相应持卡人的照片与管理资料一并弹出（按出门按钮出门时可不显示出门资料）。在进出门资料中，显示持卡者的进门时间、卡编号、持卡者的姓名、所属部门以及所进、出门的名称。能实现远程开门，并有门开超时报警等。

### 6. 气体消防系统

（1）机房消防系统采用气体灭火系统。

（2）设置烟感、温感探测器穿钢管在吊顶内敷设，钢管须涂防火漆。

（3）机房消防报警部分设置一个气体灭火控制系统，实现对机房设备的火灾报警、消防设备的联动控制和气体灭火。控制系统能对气体灭火控制盘进行启动、停止控制，可实现自动、手动控制功能；发生火灾时，气体灭火控制盘能切除相关的非消防电源（如空调、新风、普通照明等）。

（4）所有使用的消防产品必须经过国家有关部门的认证。

（5）工程需经消防部门验收合格。

## 参 考 文 献

［1］ GB/T 2887—2011. 计算机场地通用规范.

［2］ GB 50174—2008. 电子信息系统机房设计规范.

［3］ GB 50311—2007. 综合布线系统工程设计规范.

［4］ GB 50313—2013. 消防通信指挥系统设计规范.

［5］ GB 50401—2007. 消防通信指挥系统施工及验收规范.

［6］ GB 8702—1988. 电磁辐射防护规定.

［7］ GB 50343—2004. 建筑物电子信息系统防雷技术规范.

［8］ GA/T 528—2005. 公安车载应急通信系统技术规范.

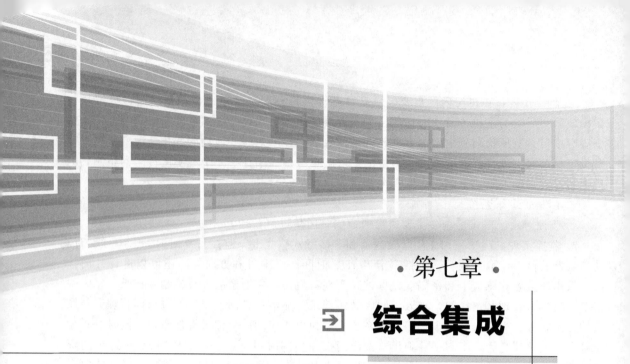

## 第七章

# ⇥ 综合集成

本章介绍综合集成的基础知识，说明消防信息化综合集成的技术实现方法，介绍消防信息化综合集成的内容和技术要求。

## 第一节　综合集成基础知识

### 一、综合集成概念

按照信息的属性可将消防信息资源划分为语音、图像和数据三类；按照信息的所有权可将信息资源划分为信息的提供者、管理者和获取者。

信息化综合集成是通过解决"接口"和"人机交互"，实现各系统间的信息资源有机融合和统一管理。在各子系统独立运行的情况下，进一步解决各子系统间的有机融合问题，实现各子系统间的互联、互通、互操作。

各子系统设计的先进性、开放性，会影响综合集成的途径和效率。同样，综合集成对各子系统建设具有指导意义。

全国消防部队信息化综合集成，主要包括基础通信网络和基础应用平台的集成，其总体结构图如图 7-1 所示。

基础通信网络包括计算机通信网、有线通信网、无线通信网、卫星通信网，其中，计算机通信网又包括消防信息网、指挥调度网、互联网和政务网。

基础应用平台包括图像综合管理平台、语音综合管理平台、一体化消防业务信息系统。

（1）图像综合管理平台实现卫星、电视电话会议、指挥视频、营区监控、社会道路监控、现场图像（3G）传输系统等图像汇接与管理。

（2）语音综合管理平台实现有线电话、移动电话、IP 电话、卫星电话、超短波电台、短波电台、POC 手机等音频源的汇接与管理。

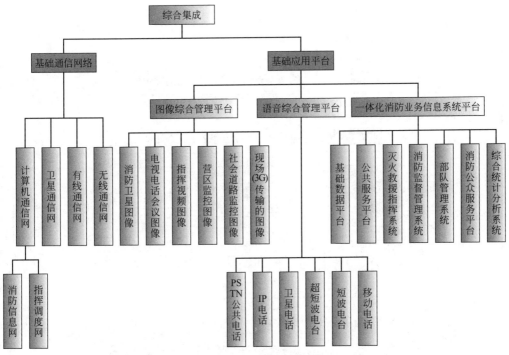

图 7-1 综合集成总体结构图

（3）数据集成主要是通过基础数据及公共服务平台，把不同来源、格式、特点性质的数据有机集中，从而为一体化消防业务信息系统提供全面的数据共享。此外，数据集成还包括门户集成和服务集成。

## 二、消防信息化综合集成目标

全国消防部队信息化综合集成的核心目标就是将不同时期建设的，不同技术体制的多种信息系统整合为一个有机的一体化信息系统，实现各系统间的信息资源有机融合和统一管理，提升信息系统的整体应用效能。全国消防部队信息化综合集成的具体目标如下。

（1）语音集成。语音综合管理平台"总机化"，语音终端"分机化"，实现不同语音终端间像拨打分机一样通信。

（2）图像集成。图像综合管理平台"电视台化"，图像资源"频道化"，实现不同的图像资源在统一平台管理下，按照频道发布，自由调用切换。

（3）数据集成。一体化消防业务信息系统"集市化"，信息资源"目录化"，实现基础数据共享，统一门户，统一服务。

（4）互联互通互操作。音视频资源按数据信息组织，以目录服务形式发布，其他业务软件通过接口，按统一数据访问机制访问各类子系统提供的音、视频资源，并逐步实现对跨子系统设备的统一控制操作。

## 三、体系结构

消防信息化综合集成的总体框架图如图 7-2 所示。总体拓扑图如图 7-3 所示。建设三级图像综合管理平台，实现四级部署；建设三级语音综合管理平台，实现四级部署；建设三级

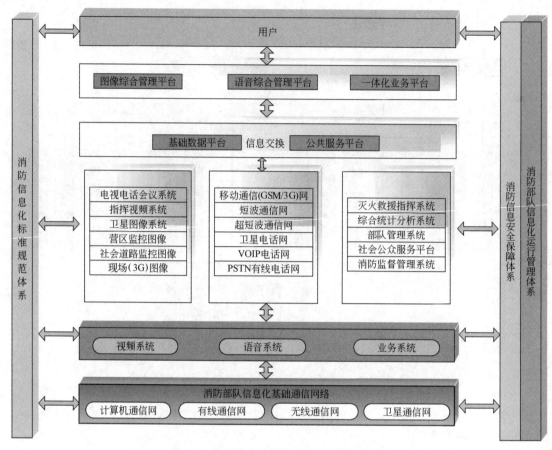

图 7-2　消防信息化综合集成的总体框架图

一体化消防业务信息系统，实现四级部署。通过图像综合管理平台、语音综合管理平台、一体化消防业务信息系统可以实现对各子系统的功能调用、信息共享。

## 四、技术路线和设计要求

### （一）技术路线

消防信息化综合集成遵循统一组织、统一标准、自上而下，由分到总的原则建设。

综合集成是一个动态、渐进、分阶段发展完善的过程，应严格依据"统一规划、统一标准、分级建设、资源共享"的原则，遵循"科学筹划、整体推进、突出重点、稳步发展"的思路，分步推进，逐步完善。

按照"先分系统集成，后跨系统集成"的途径，即先实现分系统自身功能完备，运行可靠，以此为基础再完成跨系统、跨网络的集成。

各级新建子系统，应最终实现横向、纵向的互联、互通、互操作。各单位已建的子系统改造，应采取"先互联互通，再互操作"的技术路线，按照上述综合集成的原则、思路和技术要求，优先改造核心关键设备，实现图像、语音和业务信息子系统的互联互通，逐步更新、统一终端应用设备，实现系统间的互操作，最大限度地保护现有投资。

### （二）设计要求

#### 1. 综合性

综合集成应面向消防实际业务应用需求，全面覆盖消防信息化的各个层面。从纵向到横

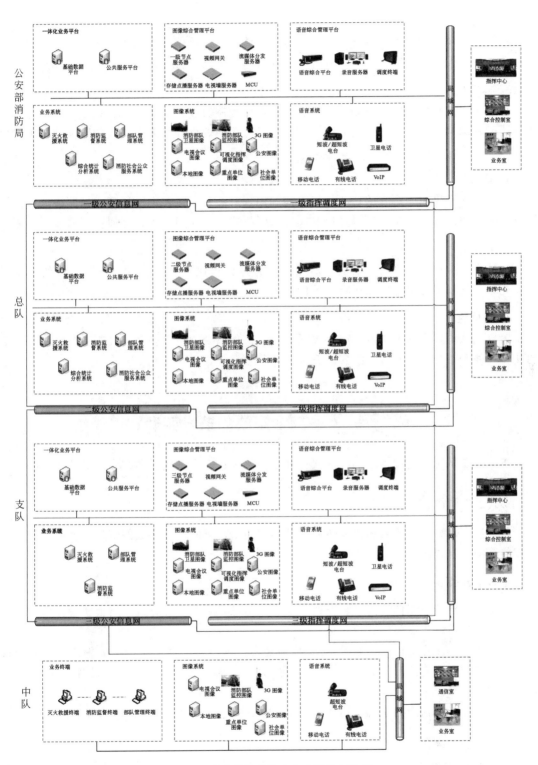

图 7-3 消防信息化综合集成总体拓扑图

向，从硬件到软件，从基础设施到业务应用，进行全方位、立体化的集成，体现综合集成效果。

### 2. 先进性

系统总体设计的技术路线符合信息技术发展趋势，遵循国际通用的编解码算法和网络传输标准协议，设备选型符合主流技术标准，充分考虑发展趋势，适度超前。

### 3. 标准化

基本统一各硬件设备的编解码算法、网络通信控制协议、传输方式和数据标准。业务应用系统采用国家及相关部门颁发的统一编码体系，应用软件开发采用统一的数据结构和交换标准。

### 4. 兼容性

充分考虑已建各子系统的现状，尽可能利用现有装备，兼容主流厂商的控制协议、传输协议、接口协议、视音频编解码及视音频文件的格式等，实现互联、互通、互操作。

### 5. 可靠性

选择成熟、稳定、可靠的产品，对项目实施过程实现严格的技术管理和设备的冗余配置，充分保证系统的安全性和运行维护的可靠性。

### 6. 扩展性

信息化系统建设的不同阶段应可灵活配置、扩展系统规模和功能，具有不断吸收新技术的能力，便于系统将来改造、扩容、升级。

## 第二节 综合集成的技术实现

本节主要从统一资源管理、统一服务和个性化推送三个方面说明综合集成技术思路。

## 一、统一资源管理

通过数字化、统一编码和协议转换，将不同网络、不同体制格式的信息变换成可统一管理和共享的信息资源。

### （一）数字化

对于模拟语音、图像等信号和普通纸质文档信息，要想在计算机网络上实现在各应用系统之间的互享，首先需要将其数字化。

模拟语音、图像等信号，通过模拟/数字变换技术，将信息变换为统一编码、统一协议和统一格式的数字信息。例如：摄像机采集的会议现场视频信号，接入编码器等视频设备，转换为数字信号。

纸质文件经扫描或拍照后，转换为 PDF 或 JPG 格式的数字文件，将其数字化。

### （二）统一编码

#### 1. 语音和图像

统一编码是指音视频信号的编码格式应该有一定的规则，在客户端和视频终端要有相应

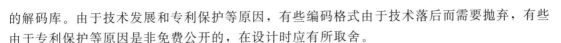

的解码库。由于技术发展和专利保护等原因，有些编码格式由于技术落后而需要抛弃，有些由于专利保护等原因是非免费公开的，在设计时应有所取舍。

各音视频设备厂商采用的编码标准不尽相同，同一标准下的设备也含有私有协议，造成信息互通共享困难，因此，在综合集成过程中需要确定统一的编码标准，并尽可能地兼容已建系统的音视频设备。

**2. 数据管理**

为实现数据综合集成，需要建立统一技术体制和数据标准规范，要首先解决数据格式标准化、数据存储集中化和数据访问一致化的问题。

（1）数据格式标准化。通过基础数据平台的数据建模、元数据管理能力，统一数据存储的标准，从而统一数据共享中对语义理解，规范相同数据项的名称类型和长度。

（2）数据存储集中化。通过对消防部队各业务信息系统所需要的信息进行全面梳理，确定信息需求，建立消防部队基础数据的信息标准和信息系统模型，最终建设消防基础数据库，将有共享需求和需要沉淀的业务数据保存在基础数据库中。一方面，为业务系统间的数据共享提供中介；另一方面，为数据统计分析、数据挖掘等高层数据应用提供数据资产。

（3）数据访问一致化。数据集成的核心任务是将互相关联的分布式异构数据源集成到一起，使用户能够以透明的方式访问这些数据源，而不必关心数据源的存储位置和存储方式。通过提供基于 Web Services 方式的数据访问服务，屏蔽数据库的访问途径差异，统一数据访问。

## （三）协议转换

对于一体化信息系统之外可用的信息资源，例如已运行多年并积累了大量数据的业务软件，已建成的视频监控和会议系统等，暂时不能统一对接传输协议的，要考虑采用协议转换方式实现系统对接。

**1. 网关**

系统对接通常有三种方式：开发对接、协议对接和 SDK 对接。开发对接通常是在系统开发阶段进行预留或者在开发完成后新增接口，由双方讨论好对接方式和接口，这种对接方式通常都能实现用户所需的各种功能，不需要使用网关设备。而协议对接和 SDK 对接通常需要使用网关设备来加以实现，如：SIP 网关、电视电话会议网关和监控网关等。

网关（Gateway）又称网间连接器、协议转换器，主要功能是将两个不同的网络、不同协议的设备或系统进行对接，以使现互联互通和互操作。

在消防图像综合集成中，使用了电视电话会议网关和视频网关服务器两种网关设备。电视电话会议网关集成了 H.323 和 SIP 协议，用于与电视电话会议系统和语音系统的对接，这种对接实现的是双向音视频交互；视频网关服务器集成了 GB/T 28181—2011 和 ONVIF 协议，同时还集成了国内常用视频设备的 SDK 开发包，用于 DVR、IP 摄像机、3G 单兵图传等设备的对接，这种对接通常是单向视频、双向语音。

**2. 协议对接**

协议对接是指一方根据国际/国家公开标准协议，将被对接方的系统或设备接入。这种对接方式只能实现被对接方的部分功能，也就是国际/国家公开的标准协议那部分。

在协议对接中，通常不需要被对接方的厂商提供支持和文档，由对接方根据国际/国家公开标准的协议实现对接。目前国际/国家常用的音视频协议有：H. 323、SIP、GB/T 28181—2011 和 ONVIF 等。

综合集成在协议对接时，通常需要使用相应的网关设备进行对接，这是因为各类协议针对的系统和平台不同，如 H. 323 通常用于电视电话会议系统，GB/T 28181—2011 通常用于 DVR、IP 摄像机等设备和平台，各类协议在使用时都有一定的局限性。

电视电话会议网关是将传统 H. 323 协议的电视电话会议系统接入消防图像综合管理平台，使指挥视频终端与电视电话会议系统的音视频互通。同时，也能实现图像综合管理平台内的任意音视频信号接入电视电话会议系统。

### 3. SDK 对接

SDK 对接是指对接方根据被对接方系统或设备提供的 SDK 开发包（Software Development Kit，软件开发工具包）进行再次开发，将被对接方的系统或设备的接入。这种对接方式的质量根据被对接方的 SDK 开发包质量而定，一般都能实现被对接方系统或设备的大部分功能。

SDK 对接需要对接方进行大量的开发工作，还需要被对接方提供相应的技术支持，并且被对接方新的设备或平台进行了相关改动时，对接方还需要进行重新的开发。

SDK 对接通常也需要增加网关设备加以实现，以保障整个系统的稳定性和可维护性。

### 4. 计算机与电话集成

计算机与电话集成（Computer Telephony Integration，CTI）是在现有的通信交换设备上，综合计算机系统的功能。CTI 充分发挥电信交换系统的呼叫处理能力与计算机的数据库处理能力这两者的优势，将计算机系统的良好的用户界面、庞大的数据库、优良的应用软件和交换通信系统的呼叫控制相结合，提供基于呼叫的数据选择、计算机拨号、呼叫监视、智能路由、屏幕管理和语音，数据处理等功能。CTI 技术实现了互联网电话、主叫用户身份识别、交互式语音应答、语音邮件和视频会议等应用。

目前，CTI 的构成可分为两种方式：一种是个人电脑与电话机综合，使用者在个人电脑上操作电话机，获得 CTI 所要求的各种功能，这种方式是以个人电脑为基础，交换网络与电脑网络并未综合集成在一起；另一种则是个人电脑与电话间并没有直接的联系，而是采用 client/server 结构，CTI 服务器连接到 PBX 上和大型计算机的数据库中，或分布式结构的服务器上。CTI 的软件包括过程化程序语言、图形应用开发环境、电话部件、可视化编程工具等。

## 二、统一服务

对于语音、图像信息系统的统一服务是指通过"总机化、频道化"将不同渠道获取的资源汇接起来，按照各种业务需求统一分发调用，见本章第三节。这里主要讨论一体化消防业务信息系统数据、门户的统一服务。

### 1. 数据访问

基础数据库中集中存储了各类基础数据，基础数据平台软件对这些基础数据进行统一管理、维护和访问控制，并提供上层应用系统和外部系统访问基础数据库的访问接口，以服务方式实现其他系统对基础数据的访问。由数据使用方提出数据访问请求，数据访问服务按照数据访问的要求对所需数据进行必要的组织和整理，传输给数据使用方，数据使用方使用这些数据。数据使用方必须是系统注册的数据访问服务用户，且具有访问该服务的权限。

数据访问服务涉及的数据表或视图的选择、数据字段的选择和查询条件中关联关系的验证等信息都由元数据库提供。用户直接访问服务，服务再根据定义的业务规则去访问基础数据库，取得数据经过转换后再返回给用户。

### 2. 统一门户

通过建设信息门户，突破原先各业务系统间的数据交互壁垒、达到全网单点登录，平台无缝漫游，为用户提供统一的系统访问入口，实现单点登录和跨系统访问。同时，提供统一流程管理，强化督办机制，建立统一的内部流程监督和督办机制。门户集成由消防综合业务平台实现，支撑一体化消防业务信息系统的用户身份统一认证、单点登录以及全网漫游、各类待办事项、提醒事项的统一管理等功能。

### 3. 地理信息

以地理信息库为基础，提供统一的地理信息相关服务，包括地图数据服务（背景底图和业务图层）、智能定位服务和路径导航服务等。

同时，提供地理信息应用模板（基于 B/S 应用的典型 GIS 应用模板）和标准地址接口，供其他一体化消防业务信息系统进行二次开发。

## 三、个性化推送

### 1. 图像推送

图像综合管理平台设置了图像视频网关，用户可以通过笔记本电脑、智能手机、平板电脑等移动终端，借助有线网络或 3G 网络，使用图像综合管理平台分配的权限登录系统。图像综合管理平台为不同角色的人员定义了不同的会议室，并在会议室中推送用户所需的视频图像。例如：灭火救援移动指挥终端和个人手机用户在出警途中查看现场回传的视频。

### 2. 语音推送

语音综合管理平台实现了无线电台、有线电话、广播系统等音频设备的综合集成。语音综合管理平台通过语音交换机为其分配的电话号码可向指定的固定或移动电话发起呼叫，使其与平台中的指定其他语音设备进行语音互通。例如：发生一起灾害事故，领导出差或在赶往现场的途中，指挥中心通过语音综合管理平台拨打领导手机，并与现场无线电台组成通话组，实现领导手机与现场无线电台的互通。便于领导及时了解现场情况，下达指令进行作战部署。

### 3. 数据推送

（1）短信平台。灭火救援指挥系统与短信平台实现了对接，指挥中心利用灭火救援指挥系统可将模版化的值班信息、灾情信息、要情快报、事务提醒等内容，向指定用户（如当日值班领导）进行推送。

（2）移动指挥平台。移动指挥平台与灭火救援指挥系统互联互通。移动指挥平台可将从灭火救援指挥系统中获取的灾情信息、力量调派信息等向不同层级的灭火救援移动指挥终端进行推送，全勤指挥部的灭火救援移动指挥终端可针对此灾情定向将态势标绘、作战指令、火场文书、要情快报等图文信息推送到下级的灭火救援移动指挥终端和消防指挥中心。

## 第三节　消防信息化综合集成

本节从背景需求、实现方法、分级部署、应用案例等方面介绍消防部队信息化综合集成的内容和技术要求。

## 一、网络集成

### （一）消防信息通信网络

消防部队建设或接入的信息通信网络主要有：消防信息网、指挥调度网、消防卫星网、互联网、政务网、公众移动通信网等。

（1）消防信息网，基于公安信息网建设，主要用于承载日常办公业务等系统。

（2）指挥调度网，是公安信息网的组成部分，主要用于灭火救援接警调度数据和消防图像及指挥调度语音的传输。

（3）消防卫星网，由公安部消防局、各总队固定卫星地面站和各总队、支队移动卫星地面站组成，实现公安部消防局中心、各总队分中心及移动卫星站之间的双向语音、数据、图像通信。主要用于应急通信时图像、语音、数据的传输。

（4）公众移动通信网，主要用于移动办公、消防监督移动执法、灭火救援现场指挥和基于移动通信系统的图像传输。

（5）互联网：主要用于消防宣传服务和行政审批结果公开，主要部署消防公众服务平台。

（6）政务网：主要用于消防部门与其他相关政府单位的信息交互。

### （二）跨网信息交互

由于一体化消防业务信息系统纵向部署在公安部消防局、总队、支队三级，每一级的业务横向覆盖灭火救援（指挥调度网）、消防政务和行政审批公开（互联网）、现场指挥和移动执法（公众网络）、应急通信（消防卫星网）以及消防监督和部队管理（消防信息网），上述业务具有跨网访问数据的需求，见图7-4。

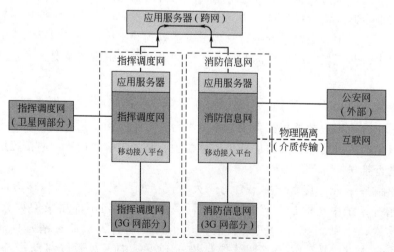

图7-4　跨网信息交互需求

（1）消防信息网与指挥调度网信息交互。两个网络要求在逻辑上隔离，在某些业务信息系统应用时，有跨两个网络访问的需求，如灭火救援指挥系统的"要情快报"。

（2）卫星网与指挥调度网信息交互。卫星网传输的图像、语音、数据信息需要通过路由器接入在指挥调度网运行的音视频系统和灭火救援指挥系统，可作为指挥调度网的接入网络。

（3）公众移动网与指挥调度网、消防信息网信息交互。需要在与公众移动运营商 APN 专线接入的基础上建立有身份认证功能的安全接入平台。

（4）互联网与消防信息网信息交互。两个网络严格要求物理隔离，但在某些业务信息系统应用时，有跨两个网络人工交互数据的需求。根据互联网单向数据采集的要求，可实现互联网向公安网单向实时传输。

由于图像资源分布在不同的网络内，既有有线网也有无线网；既有公安网也有指挥调度网和互联网，所以实现跨网络信息交互是图像综合集成的前提。跨网信息交互具体实现方式参见本书第二章第四节有关内容，不再重复。

## 二、图像综合集成

### （一）消防业务图像资源

消防部队目前采集、获取和应用的业务图像有：消防卫星系统传输的图像、电视电话会议图像、指挥视频图像、消防部队营区监控图像、公众移动网（3G/4G）传输系统传输的现场图像、公安道路监控图像、社会重点单位监控图像、指挥中心本地图像等。

图像信号源主要分两类：一种是电视电话会会议、远程监控、卫星图像等数字信号源；另一种是指挥中心本地外部传递的模拟信号源。

### （二）图像资源共享难点

要实现各种图像系统互联互通，以及图像系统与语音系统及一体化消防业务信息系统互联互通互操作，需要将各类图像资源统一汇集和分类管理。

由于图像资源中的视频信号既有模拟信号也有数字信号。为节省带宽，实现流量控制和纠错以适应多媒体在 IP 网络中的传输，还需要对数字信号进行压缩编（解）码，而为了各自的商业目的，视频设备、系统的生产商家都有不同于其他厂家的数字信号压缩编（解）码方式。

因此，如何将视频信号数字化并实现统一的视频数字信号压缩编（解）码，搭建统一的图像综合管理平台，将各种视频资源统一汇集、分类管理，按照不同的消防业务应用需求分发调用，是实现图像综合集成的关键。

### （三）图像综合管理平台

图像综合管理平台在公安部消防局、总队、支队三级部署。实现在多种网络环境、多种系统、多种设备之间的图像资源的汇聚，使平台内的图像资源能被各级授权用户快速的调用和转发。

#### 1. 平台组成

图像综合管理平台由 MCU 服务器、流媒体分发服务器、视频网关服务器组成。

（1）MCU 服务器。MCU 服务器是图像综合管理平台的关键设备，支持多级树状级联、流媒体路由选择、跨网传输和转发等。

① 负责整个图像综合管理平台的信令的发送和转发,这些信令包括平台内音视频流的路由选择、服务器间的通信等;

② 负责图像综合管理平台的后台管理,进行图像资源树的构建、存储和更新、设备管理、权限分配等;

③ 负责指挥视频音视频流的转发。

(2)流媒体分发服务器。流媒体分发服务器负责将视频网关服务器接入的音视频进行转发,这样可以保证在消防部队日常管理中调用监控图像资源时不影响到应急指挥及重大活动指挥视频的使用。因为各大(中)队的营区监控、重点单位监控以及道路监控数量庞大,设置流媒体分发服务器专司音视频转发可以减轻 MCU 服务器的压力,保障系统的稳定可用。流媒体分发服务器同样支持多级树状架构、跨网传输转发等,与 MCU 服务器的区别就是不负责资源树的架构和服务器音信令的转发和调度。

(3)视频网关服务器。视频网关服务器主要是将第三方厂商的各类网络编解码器设备通过代理注册方式接入到图像综合管理平台,并将这些设备的音视频流汇聚到流媒体分发服务器作为图像综合管理平台的一个资源树节点,实现图像资源的分枝汇聚。

① 支持软件开发工具包(SDK)的二次开发,能够根据设备厂商提供的二次开发包进行定制开发,以将不同类型的网络编解码设备接入图像综合管理平台。

② 通过代理注册的方式,使第三方厂商的网络编解码设备能够像原生设备一样实现在图像综合管理平台的认证注册,并纳入图像综合管理平台的管理和集中音视频流转发。

③ 支持设备控制信令的转发,能够对前端编解码设备实现云台控制、语音对讲等功能。

**2. 协议标准**

图像综合管理平台支持的标准传输协议和音视频编解码协议主要有:

支持 TCP、UDP、RTP、RTSP 等网络传输协议;

支持 H.323、SIP 等网络通信协议;

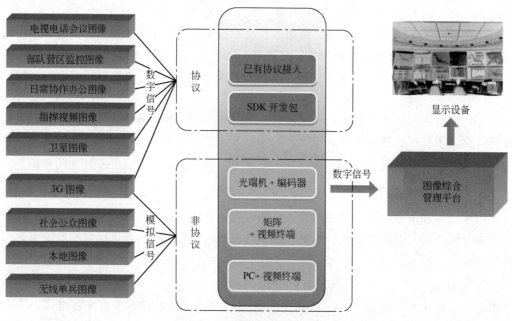

图 7-5 图像资源接入方式

支持 H.263、H.263＋、H.264 以及 H.246 High Profile 等视频编解码协议和 H.239、H.239＋等数据流编解码协议；

支持 G.711、G.722、G.722.1、G.723、G.729 以及 Audec 等音频编解码协议。

**3. 图像资源接入方式**

图像信号源接入方式可分为两大类：一种是协议接入方式；另一种是非协议接入方式。如图 7-5 所示。

（1）协议接入方式，主要有两种接入手段：一是图像综合管理平台支持的协议信号直接接入；二是通过集成设备厂商提供的 SDK 开发包，将厂商的数子信号接入。

（2）非协议接入方式。主要有光端机加编码器、视频矩阵加视频终端和 PC 机加视频终端三种手段接入。

无论哪种接入方式，最终都是将模拟信号转为数字信号接入图像综合管理平台。图像综合管理平台内部管理、分发的都是数字图像信号。

表 7-1 列出了常见消防图像资源接入图像综合管理平台的条件和方式。

表 7-1　常见消防图像资源接入图像综合管理平台的条件和方式

| 序号 | 图像资源 | 接入方式说明 | 网络条件 |
|---|---|---|---|
| 1 | 指挥视频图像和卫星图像 | 直接接入图像综合管理平台 | 指挥视频部署在指挥调度网<br>卫星网络需要与指挥视频网打通 |
| 2 | 电视电话会议图像 | 会议网关接入：视频会议网关同时加入到电视电话会议系统的 MCU 服务器及图像综合管理平台，要求原电视电话会议系统符合以下条件：<br>①通信协议：ITU-H.323v4 版本以上标准协议，H.224/H.281 远端摄像机控制，H.323 AnnexQ 远端摄像机控制，H.225 标准协议，H.245 标准协议，H.239 双流标准协议<br>②支持视频编解码协议标准：H.264 协议，H.263 协议<br>③支持音频编解码协议标准：G.711 alaw，G.711 ulaw，G.722-64k，G.729A，G.7221 | 电视电话会议系统部署在指挥调度网 |
| | | 模拟接入：电视电话会议系统和指挥视频终端的音视频信号接入到矩阵，由指挥视频终端负责电视电话会议系统图像的接入 | 电视电话会议系统部署在其他网络 |
| | | 直接接入：符合图像综合管理平台建设技术体制的电视电话会议系统直接接入 | 电视电话会议系统部署在指挥调度网 |
| 3 | 部队营区监控图像 | 设备接入：指前端监控设备注册在视频网关服务器，由视频网关负责监控设备的接入，要求原监控设备厂商提供 SDK 开发接口协议，视频编解码协议标准符合 H.264 协议 | 监控系统部署在指挥调度网 |
| | | 平台接入：指已经部署的监控平台建设完整、运行稳定，由视频网关负责原监控平台的接入。需要前端设备厂商提供 SDK 开发接口协议，视频编解码协议标准符合 H.264 协议 | |
| | | 模拟接入：通过解码器将监控视频还原为模拟信号后，将模拟信号接入到矩阵或直接输入到编码器（可多路），该编码器注册到视频网关服务器，由视频网关负责监控图像的接入<br>对于只有监控客户端的单位，需要提供解码器将监控图像进行还原 | 监控系统部署在其他网络 |

续表

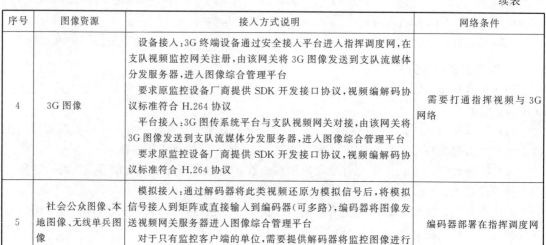

| 序号 | 图像资源 | 接入方式说明 | 网络条件 |
|---|---|---|---|
| 4 | 3G 图像 | 设备接入：3G 终端设备通过安全接入平台进入指挥调度网,在支队视频监控网关注册,由该网关将 3G 图像发送到支队流媒体分发服务器,进入图像综合管理平台<br>要求原监控设备厂商提供 SDK 开发接口协议,视频编解码协议标准符合 H.264 协议<br>平台接入：3G 图传系统平台与支队视频网关对接,由该网关将 3G 图像发送到支队流媒体分发服务器,进入图像综合管理平台<br>要求原监控设备厂商提供 SDK 开发接口协议,视频编解码协议标准符合 H.264 协议 | 需要打通指挥视频与 3G 网络 |
| 5 | 社会公众图像、本地图像、无线单兵图像 | 模拟接入：通过解码器将此类视频还原为模拟信号后,将模拟信号接入到矩阵或直接输入到编码器(可多路),编码器将图像发送视频网关服务器进入图像综合管理平台<br>对于只有监控客户端的单位,需要提供解码器将监控图像进行还原 | 编码器部署在指挥调度网 |

### （四）典型应用

在总队或支队指挥中心通过图像综合管理平台,可在大屏幕上将所需的各类图像集中显示。典型应用包括：

（1）出警途中或到场后回传卫星图像、3G 图像到本级和上级指挥中心;

（2）公安、交管安装的重点区域和交通路口监控图像应用于接警出动、现场戒严和远程指挥;

（3）总队、支队的战训、警务等部门通过中队的营区视频监控,远程进行执勤战备拉动的检查、考核和部队正规化管理;

（4）总队对所辖支队、中队,支队对所辖中队进行每日值班视频点名;

（5）在各总队指挥中心,总队全勤指挥部参加公安部消防局指挥中心每天组织的随机视频点名。

上述应用时,视频信号的流向见图 7-6。

## 三、语音综合集成

### （一）消防指挥语音资源

消防部队目前使用的语音通信设备主要有公众固定电话、公众移动电话、短波无线电台、超短波无线电台、全球卫星电话、IP 电话,以及会议音响等。输入/输出的语音信号主要有两种：一种是公众固定电话、公众移动电话等的电话信号;另一种是短波无线电台、超短波无线电台以及会议音响等的模拟语音信号。

### （二）指挥语音互通难点

消防语音资源既有模拟语音信号,又有数字信令信号,并且来自于不同通信网络、不同的频率和不同的制式。既有无信令控制的,也有有信令控制的;信令既有模拟的,也有数字的;频率既有公安专用的,也有公网共用的。

因此,搭建统一的语音综合管理平台,将各种不同制式、不同频率、不同通信传输接口的音频信号统一汇集、分类管理,按照不同的消防业务应用需求接续调用,是实现语音综合集成的关键。

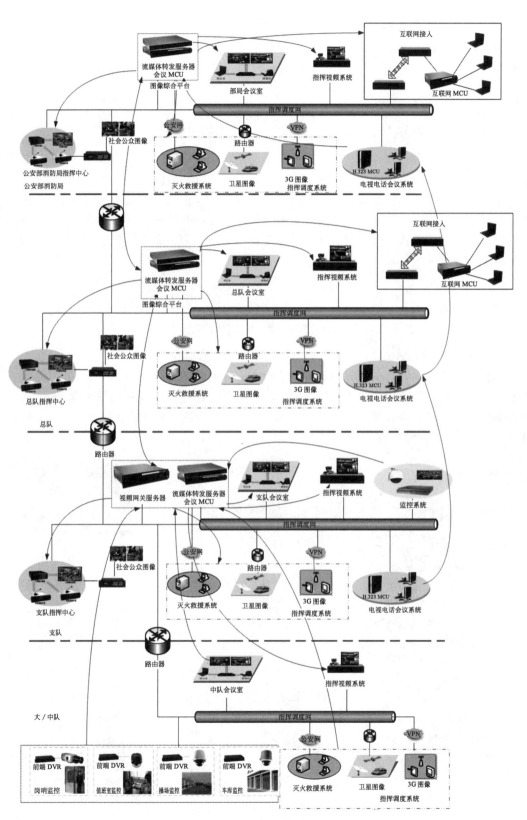

图 7-6 典型应用视频信号的流向图

### （三）语音综合管理平台

语音综合管理平台将消防部队使用的短波、超短波，公网的手机、电话，卫星电话等话音资源统一汇接，实现在多种网络环境、多种系统平台、多种设备之间语音资源的互联互通。

#### 1. 平台组成

语音综合管理平台由硬件设备和综合管理软件两部分构成。

语音综合管理平台硬件部分由交换控制单元、无线信道控制单元、环路中继单元、内线用户单元组成，实现各类语音资源的汇集接入、信号处理和交换。

语音综合管理的平台软件由本地调度台、调度软件等组成，实现有/无线呼叫转接以及电话会议等各种调度功能，对接入的各类语音资源进行调度管理、构建资源树，监测系统的运行状态，对系统的各类硬件模块进行参数设置和维护，对系统的信道进行控制，并为一体化软件业务平台提供接口。

#### 2. 平台接口

语音综合管理平台有电台接口、电话接口和 IP 话路等三种物理通道接口。同时它还具有 HSP 的手柄接口、网络接口，DSP 模块接口、CPM 交换单元接口。

#### 3. 语音资源接入方式

从接入方式上主要有三种：一是模拟音频＋语音识别接入；二是协议接入；三是数字信号直接接入。无论哪种接入方式，最终都是将音频模拟信号转为统一的数字信号，连同收、发控制信号一起接入语音综合管理平台。如图 7-7 所示。表 7-2 列出了常见消防语音资源接入语音综合管理平台的方式。

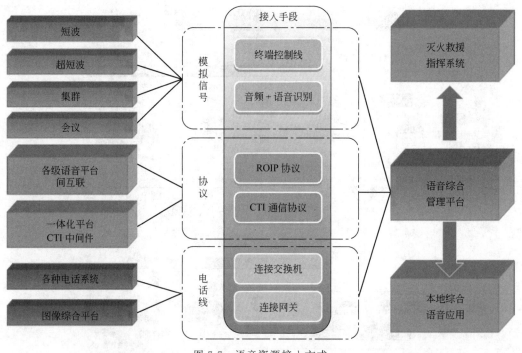

图 7-7　语音资源接入方式

表 7-2　常见消防语音资源接入语音综合管理平台的方式

| 序号 | 音频资源名称 | 接入情况 |
|---|---|---|
| 1 | 短波电台、无线常规电台、无线集群电台、调音台/音视频矩阵、手持卫星电话等 | 利用设备的无线接口模块,连接网内基地电台,由 4 线方式经电台外部接口实现音频输入输出和控发,控发方式为 VOX、VMR、COR |
| 2 | 接警电话、固定/移动电话、卫星电话等 | 通过语音综合管理平台的有线电话接口模块直接实现接入互通 |
| 3 | VOIP 电话 | 有两种方法接入:①通过 VOIP 网关后连接语音综合管理平台的有线电话接口模块;②语音综合管理平台 SIP 模块直接注册到 VOIP 网守 |
| 4 | 远程无线通信网 | 远端电台设备以专用通信线缆连接远程互联终端,远程互联终端通过指挥调度网连接语音综合管理平台的 IP 话路模块,实现远端无线网络的接入 |

**4. 语音接续方式**

（1）电台语音接续。假设 A 类型电台与 B 类型电台由于频率、制式不同而无法直接互相通信，让它们分别连接 A、B 两个 DSP（数字信号处理）模块；通过 DSP 模块 A 与 DSP 模块 B 之间相互连接就可使 A、B 两种电台建立通信连接，如图 7-8 所示。

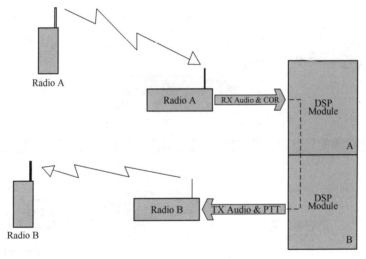

图 7-8　电台语音接续

其中 COR 信号是指电台收到音频信号后将其发往 DSP 模块；PTT 信号是指 DSP 模块有音频信号输出要发往电台。

（2）电话语音接续。如图 7-9 所示，DSP 模块连接电台，PSTN 模块连接电话系统（如固定电话线路、GSM/CDMA 手机接入模块、VOIP 话音网关等）。电台发送的音频进入 DSP 模块，通过 CPM 语音交换模块将其转成两线电话信号，在通过 PSTN 模块发往电话系统；同样，远端来的电话语音进入 PSTN 模块，通过 CPM 语音交换模块生成 PTT 信号，再经过 DSP 模块把 PTT 及音频信号发送给电台。

（3）与图像管理平台音频接续。语音综合管理平台与图像综合管理平台通过 VOIP 语音系统或会议系统实现互联互通。如图 7-10 所示。

（4）业务信息系统调用语音。语音综合管理平台通过语音综合管理平台服务器与一体化消防业务信息系统互联。一体化软件接口安装在语音综合管理平台服务器，部署在指挥调度

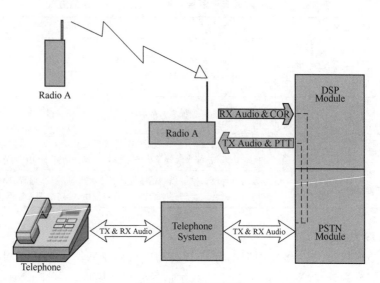

图 7-9    电话语音接续

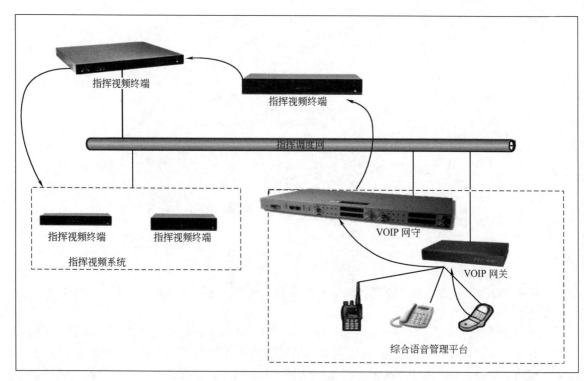

图 7-10    与图像管理平台音频接续

网内，提供外部控制接口，通过开放的语音综合集成接口协议《CTI 与语音综合管理软件接口规范及协议》，为统一语音融合中间件（CTI）提供语音资源调用接口。如图 7-11。

**5. 平台分级部署**

语音综合管理平台在公安部消防局、总队、支队三级部署，偏远大中队部署远程互联终端，通过指挥调度网连接，如图 7-12 所示。

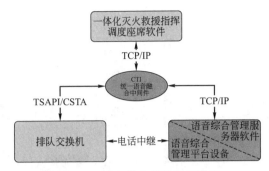

图 7-11　业务信息系统调用语音

### （四）典型应用

在总队或支队作战指挥中心的消防接警大厅的座席上，可通过语音综合管理平台接收和发送各类语音信息。典型应用包括：

① 消防指挥中心座席电话与支队、中队无线电台通话；
② 消防指挥中心座席电话与支队、中队 IP 电话通话；
③ 消防指挥中心座席电话与支队、中队调度专线电话通话；
④ 消防指挥中心座席电话与支队、中队公网固定电话通话；
⑤ 消防指挥中心座席电话与指挥员指挥视频语音通话；
⑥ 消防指挥中心座席电话与社会联动单位、应急联动单位的值班电话、手机通话。

## 四、数据综合集成

### （一）消防业务数据

数据综合集成的对象主要是消防基础数据和共享数据标准。

#### 1. 消防基础数据

消防基础数据按照五要素数据分类方式进行组织，划分为："人"类数据、"事"类数据、"物"类数据、"机构"类数据和"地"类数据。

（1）"人"类数据。"人"类数据是所有与消防业务相关的以及消防管理工作所涉及的自然人信息的高度抽象和归类，并按人的自然属性、社会属性、管理属性加以表征，按一定的数据组织方式加以存放。如干部、士兵、党团员、执勤人员等都属于人员信息范畴。

（2）"事"类数据。"事"类数据是所有客观发生的，消防业务相关的案件、事件、事故等信息的高度抽象和归类，并按事件所固有的特征加以表述，按一定的数据组织方式加以存放。如灭火救援接处警信息、作战信息、消防监督检查等信息。

（3）"物"类数据。"物"类数据是所有消防业务管理涉及的物品信息的高度抽象和概括，并按物品所固有的特征加以表述，按一定的数据组织形式加以存放。如列管单位建筑、消防站、市政消防栓、车辆、装备等。

（4）"机构"类数据。"机构"类数据是所有与消防业务工作相关的、由人组成的社会群体信息的高度抽象和概括，按机构所固有的特征加以表述，按一定的数据组织形式加以存放。如公安消防机构、培训基地、安全重点单位等。

（5）"地"类数据。"地"类数据是所有与消防业务工作相关的地点、区域和场地类信息的高度抽象和概括，并按地点所固有的特征加以表述，按一定的数据组织形式加以存放。如

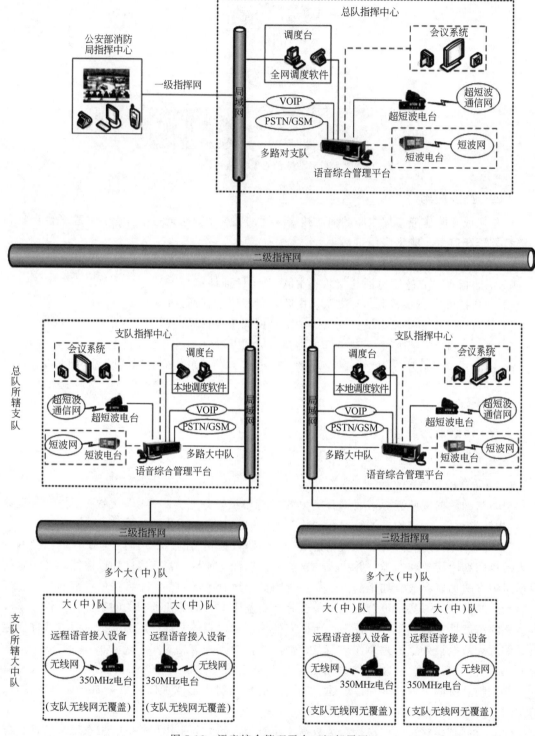

图 7-12 语音综合管理平台三级部署图

机构地址、辖区、消防水源地理位置等。

**2. 共享标准数据**

消防共享数据标准分为消防行业标准和一体化软件自定义标准，每一类数据建立一个共

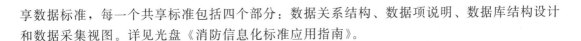

享数据标准，每一个共享标准包括四个部分：数据关系结构、数据项说明、数据库结构设计和数据采集视图。详见光盘《消防信息化标准应用指南》。

### （二）数据综合集成基础

为实现数据综合集成，基础数据平台和各业务系统均需遵循统一的数据集成规范与数据分类规范。

#### 1. 数据集成规范

各相关系统数据库结构设计和数据存储规则遵守下列规范。

（1）数据记录唯一标识。每个数据库表中都设有一个 ID 字段，该字段的值为 UUID 值，用于在数据库中唯一标识该数据库表的记录（row）。

（2）共享基础数据库的源数据和数据库表结构及数据项。通过共享基础数据库的统一表命名与数据项命名及统一的数据项的定义（如字段类型、精度等），屏蔽各个业务系统在共享数据时数据结构上的差异，统一交换数据的格式。

（3）标准服务。通过标准的数据访问服务进行基础数据库的统一访问及维护权限控制。

#### 2. 数据分类规范

参考五要素数据分类方式，人、事、物、机构、地五类业务数据可能产生歧义表达的数据项统一使用标准代码表示，各相关系统通过使用统一标准代码，对引用代码的数据项进行统一的表达和解析。

### （三）数据综合集成的实现

数据综合集成主要包括软件数据、软件服务和软件门户的综合集成。下面从数据集成、服务集成和门户集成实现的角度分别介绍。

#### 1. 数据集成

数据集成是通过基础数据平台实现的。

（1）数据集成体系结构。数据集成体系结构如图 7-13 所示。基础数据平台以基础数据库为核心，依托基础数据平台软件提供统一的数据整合，实现业务间数据的共享。基础数据平台实现对基础数据库的统一管理、维护、访问控制，为业务系统提供统一的基础数据访问的接口。

一体化消防业务信息系统中的各业务系统，可直接使用基础数据库的标准数据和基础数据，这些数据在一体化消防业务信息系统中存在唯一权威数据源进行维护，具有准确性和权威性，引用这些数据的业务系统无需在各自系统中维护这些信息。

各业务系统在使用基础数据库共享数据的同时，也可能成为部分业务数据的权威维护源来维护基础数据库。通过数据访问服务建立维护关系，以补充基础数据库的数据，保持基础数据的鲜活性。

（2）基础数据平台同步及部署策略。基础数据平台软件采用公安部消防局和总队两级部署的模式，其数据同步主要为同本级其他软件的横向同步，公安部消防局基础数据平台向总队基础数据平台下发数据字典。公安部消防局、总队纵向两级间的同步，是由业务系统自身先纵向同步，再横向同步到基础数据平台来完成的，同步策略如图 7-14 所示。数据同步项目，可概括如表 7-3 所示。数据集成内容见表 7-4。

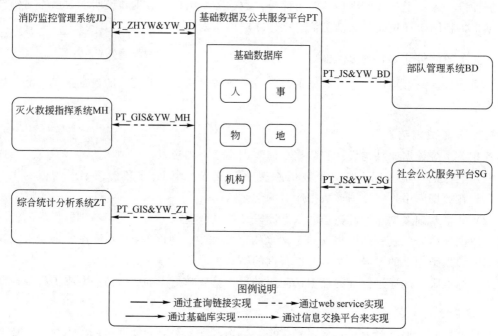

图 7-13　数据集成体系结构组成图

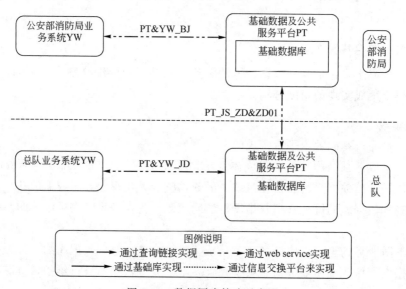

图 7-14　数据同步策略示意图

表 7-3　数据同步策略表

| 序号 | 同步项目 | 项目描述 |
|---|---|---|
| 1 | 公安部消防局业务权威数据 | 在公安部消防局节点部署的业务系统,通过公安部消防局基础数据访问服务将高质量的本业务权威基础数据写入公安部消防局基础库,并保持维护关系 |
| 2 | 公安部消防局基础数据和基础字典 | 在公安部消防局节点部署的业务系统,通过基础数据访问服务功能查询同步基础库中的基础数据和基础字典 |
| 3 | 总队业务权威数据 | 在总队节点部署的业务系统,通过总队基础数据访问服务将高质量的本业务权威基础数据写入总队基础库,并保持维护关系 |

续表

| 序号 | 同步项目 | 项目描述 |
|---|---|---|
| 4 | 总队基础数据和基础字典 | 在总队节点部署的业务系统,通过基础数据访问服务功能查询同步基础库中的基础数据和基础字典 |
| 5 | 业务数据上传下达 | 业务数据纵向的上传、下达,由业务系统内部根据本业务逻辑进行处理。<br>重要:业务系统在处理存在业务逻辑和业务关系数据的上传下达时,采用业务确认的方式进行 |
| 6 | 数据字典下发 | 公安部消防局基础数据平台负责维护数据字典,并向全国基础库同步下发 |

表 7-4　数据集成内容表

| 序号 | 集成类别 | 集成项名称 | 集成内容 |
|---|---|---|---|
| 1 | 平台与消防监督管理系统 | 用户数据集成 | 消防监督管理系统从综合业务平台同步执法人员数据 |
| 2 | | 机构数据集成 | 消防监督管理系统从综合业务平台同步执法单位数据 |
| 3 | 平台与灭火救援指挥系统 | 地理(空间)数据集成 | 地理信息服务平台向公安部消防局、跨区域指挥调度系统提供地图数据的支撑,包括全国或各省的导航图,消防机构、重点单位、水源、视频监控点等业务图层数据 |
| 4 | 平台与综合统计分析信息系统 | 地理图层数据集成 | 综合统计分析信息系统调用地理信息服务平台地理图层服务,加载地理图层展现水源、预案、火灾统计数据;同时综合统计分析信息系统向地理信息服务平台提供火灾统计等数据的访问服务,地理信息服务平台利用综合统计分析信息系统的火灾统计等数据在地理图层进行展现 |
| 5 | 平台与部队管理系统的数据集成 | 政治工作系统向平台同步人员数据的有效集成 | 政治工作系统将对人员数据进行维护,并同步到基础数据库 |
| 6 | | 政治工作系统向平台同步人员数据的安全性集成 | 基础数据平台将对每个调用本平台数据服务接口的应用进行相应的权限控制。政治工作系统同步人员账号时,需要对该系统设置数据访问权限 |
| 7 | | 警务管理系统系统向平台同步人员数据的规范性集成 | 基础数据平台对进入基础数据库的数据实施规范性验证。警务管理系统维护的人员数据的 ID 必须具有唯一性 |
| 8 | | 警务管理系统向平台同步人员的数据集成 | 警务管理系统对人员信息进行维护,并同步到基础数据库中 |
| 9 | | 装备管理系统向平台同步装备的数据集成 | 装备管理系统对装备信息进行维护,并同步到基础数据库中 |
| 10 | 平台与社会公众服务平台的数据集成 | 用户数据集成 | 社会公众服务平台的公众信件及公安网管理系统通过基础数据库同步用户数据 |
| 11 | 平台内部的数据集成 | 平台下发数据字典的数据集成 | 在公安部消防局基础数据平台,新增、修改、删除数据字典,并保存到公安部消防局基础数据库。然后对修改的数据字典进行打包,下发至各总队。各总队接收到公安部消防局下发的数据字典并部署到本级平台 |

## 2. 服务集成

服务集成是通过服务管理平台和地理信息服务平台实现的。体系结构如图 7-15 所示。

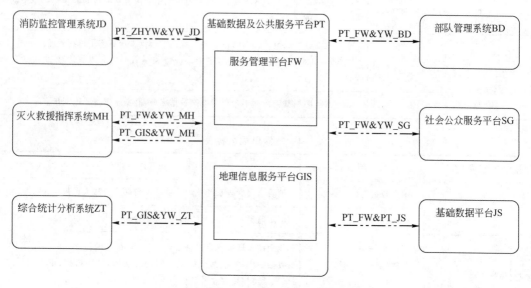

图 7-15　服务集成体系结构组成图

（1）服务管理平台。服务管理平台实现对本级服务信息的统一注册、查询和管理。本级服务包括本级发布的和供本级使用的服务。其中，供本级业务信息系统使用的服务包括其他业务信息系统提供的服务和远程业务信息系统提供的服务。各级服务信息通过服务管理平台实现跨级的共享。

（2）地理信息服务平台。地理信息服务平台以消防地理信息数据为基础，定制消防地理信息服务。地理信息服务平台内部，平台与其他业务应用之间，主要包括三种集成交互方式：地图图层服务调用、应用模板服务调用、空间数据服务调用。

地图图层服务是依靠商用 GIS 平台的服务发布功能，主要面向消防各业务系统，且满足与公安 PGIS 警用地理信息系统服务要求。

应用模板服务是提供给消防业务系统的常用地理应用功能，采用 API 接口方式，业务系统直接使用或对其进行二次开发，可快速、高效实现地理信息系统的常用功能。

空间数据服务是基于消防地理信息数据的使用，为保证业务系统中空间信息的一致性和准确性，服务集成内容见表 7-5。

表 7-5　服务集成工作内容

| 序号 | 集成类别 | 集成项名称 | 集成内容 |
|---|---|---|---|
| 1 | 平台与消防监督管理系统 | 数据访问服务的集成 | 通过综合业务平台提供的数据访问服务获取综合业务平台的执法单位和执法人员信息 |
| 2 | | 待办事项服务的集成 | 在监督系统中进行文书审批操作，调用综合业务平台提供的待办事项服务，该待办事项将在综合业务平台首页的待办事项中显示 |
| 3 | | 工作提醒服务的集成 | 在监督系统中处理案件操作时，调用综合业务平台提供的工作提醒服务，在综合业务平台首页的提醒事项中显示 |

续表

| 序号 | 集成类别 | 集成项名称 | 集成内容 |
|---|---|---|---|
| 4 | 平台与灭火救援指挥系统 | 大比例尺地图服务的集成 | 灭火救援指挥系统调用地理信息服务平台提供的大比例尺地图服务加载各地大比例尺的地图数据 |
| 5 | | 路径分析服务的集成 | 灭火救援指挥系统通过地理信息服务平台提供的路径分析服务,在跨区域指挥调度系统地图台上可以计算两点间最优路径方案 |
| 6 | | 智能定位服务的集成 | 在跨区域指挥调度系统地图台上,通过调用地理信息服务平台提供的智能定位服务,可以根据输入的单位名称、地址等进行定位 |
| 7 | | 服务集成 | 灭火救援业务管理系统通过服务管理平台提供的基础数据平台数据访问代理服务,获得视频资源信息(视频监控点表)、机构、人员等信息 |
| 8 | 平台与综合统计分析信息系统 | 地图图层服务的集成 | 综合统计分析信息系统调用地理信息服务平台地理图层服务,实现加载地理图层展现水源、预案、火灾统计数据 |
| 9 | | 数据访问服务的集成 | 综合统计分析信息系统向地理信息服务平台提供火灾统计等数据的访问服务,地理信息服务平台利用综合统计分析信息系统的火灾统计等数据在地理图层进行展现 |
| 10 | 平台与部队管理系统的服务集成 | 代理服务的集成 | 警务管理系统调用服务管理平台代理的基础数据平台数据访问服务,维护机构数据 |
| 11 | | 代理服务的集成 | 政治工作系统调用服务管理平台代理的基础数据平台的数据访问服务,维护人员数据 |
| 12 | | 代理服务的集成 | 装备管理系统调用服务管理平台代理的基础数据平台的数据访问服务,维护装备数据 |
| 13 | 平台与社会公众服务平台 | 代理服务的集成 | 社会公众服务平台调用服务管理平台代理的基础数据平台提供的数据访问服务,同步人员数据 |
| 14 | 平台内部的服务集成 | 服务管理平台与基础数据平台的服务集成 | 基础数据平台将自身提供的各种数据访问服务注册到服务管理平台上,以供其他系统进行调用 |

**3. 门户集成**

消防综合业务平台提供统一的接口,供其他业务系统调用,实现用户身份统一认证、消防工作人员单点登录以及全网漫游、各类待办事项、提醒事项的统一管理等功能。门户集成结构组成如图 7-16。门户集成内容见表 7-6。

表 7-6 门户集成工作内容

| 序号 | 集成类别 | 集成项名称 | 集成内容 |
|---|---|---|---|
| 1 | 综合业务平台与消防监督管理系统 | 单点登录集成 | 用户登录综合业务平台后,选择消防监督管理系统,不用再次输入 key 密码或用户名及密码直接登录到消防监督管理系统 |
| 2 | | 待办事项集成 | 在监督系统中进行文书审批操作,生成待办事项,该待办事项将在综合业务平台首页的待办事项中显示 |
| 3 | | 工作提醒集成 | 在监督系统中处理案件操作时,生成工作提醒,该工作提醒将在综合业务平台首页的提醒事项中显示 |

续表

| 序号 | 集成类别 | 集成项名称 | 集成内容 |
|---|---|---|---|
| 4 | 综合业务平台与灭火救援指挥系统 | 单点登录集成 | 用户登录综合业务平台后,选择灭火救援业务管理系统,不用再次输入 key 密码或者用户及密码,即可直接登录到灭火救援业务管理系统中 |
| 5 | | 事务审批集成 | 灭火救援业务管理系统各功能模块中涉及流程审批时,均调用综合业务平台的事务审批接口 |
| 6 | | 工作提醒集成 | 灭火救援业务管理系统各功能模块中涉及工作提醒时,可调用综合业务平台的工作提醒接口。该工作提醒将在综合业务平台首页的工作提醒中显示 |
| 7 | 综合业务平台与综合统计分析系统 | 单点登录集成 | 通过综合业务平台认证登录后,在综合业务平台中可以通过直接点击部队管理系统链接(如警务管理系统),直接登录到对应的系统中,用户无需进行重复认证与登录 |
| 8 | | 事务审批集成 | 综合统计分析系统中涉及事务审批的模块,均调用综合业务平台审批流程进行流程审核,综合业务平台将流程审核结果返回给综合统计分析系统 |
| 9 | | 工作提醒集成 | 综合统计分析系统中涉及工作提醒的模块,均调用综合业务平台工作提醒接口,综合业务平台将在首页显示提醒信息 |
| 10 | | 待办事项集成 | 综合统计分析系统中涉及待办事项的模块,均调用综合业务平台待办事项接口,综合业务平台将在首页显示代办事项信息 |
| 11 | 综合业务平台与部队管理系统 | 单点登录集成 | 通过综合业务平台认证登录后,在综合业务平台中可以通过直接点击部队管理系统链接(如警务管理系统),直接登录到对应的系统中,用户无需进行重复认证与登录 |
| 12 | | 待办事项集成 | 在部队管理系统中涉及待办事项的业务时,均调用综合业务平台的待办事项接口。综合业务平台将在首页中显示待办事项信息 |
| 13 | | 请销假集成 | 警务、政工通过调用综合业务平台的请销假接口,确保本系统中的请销假信息的实时性和准确性 |
| 14 | 综合业务平台与社会公众服务平台 | 单点登录集成 | 通过综合业务平台认证登录后,在综合业务平台中可以通过直接点击社会公众服务平台链接,直接登录到对应的系统中,用户无需进行重复认证与登录 |
| 15 | | 待办事项集成 | 社会公众服务平台通过综合业务平台提供的待办事项接口发布待办事项信息。业务人员可以从综合业务平台及时了解需要处理的待办事项,然后登录到公众信件及公安网管理系统进行业务处理 |
| 16 | 综合业务平台与 PKI | 综合业务平台与 PKI 的集成 | PKI 为一体化平台中统一的账号认证中心,统一验证用户身份。综合业务平台通过 PKI 提供的标准服务集成了用户账号身份验证和获取用户所能访问业务系统权限等功能 |

# 五、互联互通互操作

## (一)语音图像系统对接

语音综合管理平台与图像综合管理平台间有两种对接方式。

### 1. 对接方式一

通过 VOIP 电话系统。语音综合集成、图像综合集成均涉及 VOIP 电话系统的接入,双

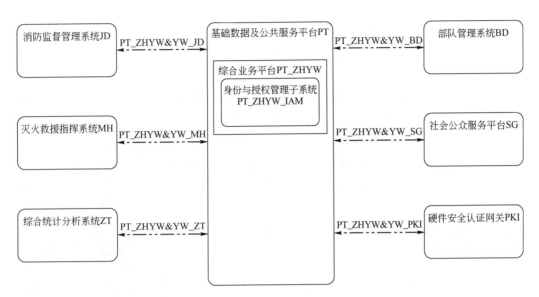

图 7-16 门户集成结构组成图

方通过共同注册在 VOIP 系统，经过图像综合集成系统建立的会议组实现语音综合管理平台与图像资源间的互通，如图 7-17 所示。

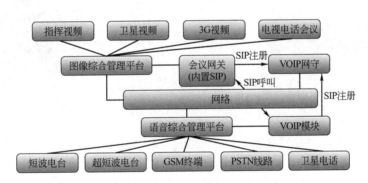

图 7-17 语音综合管理平台与图像综合管理平台间对接方式一

### 2. 对接方式二

通过调音台或音视频矩阵。在可视化指挥或视频会议中，语音综合管理平台通过连接音视频矩阵或调音台可直接加入图像综合集成会议系统，实现各类图像资源与各种语音资源间的融合，如图 7-18 所示。

### （二）业务信息系统调用图像

图像综合管理平台可以与一体化消防业务信息系统的各个子系统进行对接。主要包括基础数据库的对接、通过 WEB 页面方式调用实现与前方视频源进行音视频会话、接处警视频联动上墙、视频调度台指定视频上墙、移动视频源采集及调用等。见图 7-19。

业务信息系统与图像综合管理平台的对接通过 IP 方式实现，与基础数据库的对接采用基础数据库提供的标准对接接口实现，与其他业务系统的对接采用 XML 发送消息方式实现。

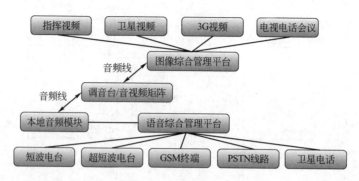

图 7-18　语音综合管理平台与图像综合管理平台间对接方式二

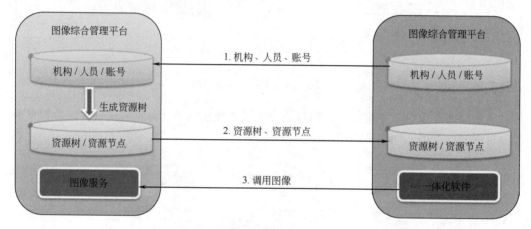

图 7-19　业务信息系统调用图像

**1. 数据交换方式**

图像综合管理平台与基础数据库的对接通过 Web Service 接口定时进行数据的实时同步，基础数据库同步图像综合管理平台的资源树、资源节点等信息，生成一个新的图像资源表，供其他业务平台调用。图像综合管理平台同步基础数据库内的机构、人员账号、密码等信息，并为相应的人员进行图像资源的授权。

**2. 图像资源调用**

通过基础数据库与图像综合管理平台的数据对接，日常办公协作平台的用户可以在消防综合业务平台进行单点登录验证，根据图像综合管理平台的图像资源授权，调用图像综合管理平台的图像资源。

地理信息平台根据从基础数据库获得图像综合管理平台内的图像资源信息，在地图台上可进行固定图像源的标绘，用户在地图台上找到这些图像源的标绘信息，通过 URL 访问方式采用 OCX 控件查看图像资源并能进行双向语音对讲。公安部消防局、总队跨区域指挥调度系统、支队消防接处警系统地图台可以向图像综合管理平台订阅移动视频源的位置信息，在地图台上动态显示移动视频源的移动位置，并能通过访问 URL 方式采用 OCX 控件查看移动视频的图像。

灭火救援系统从基础数据库获得图像综合管理平台内的图像资源信息，在进行接处警后，系统会向 MCU 服务器 119 接警监听端口发送 XML 消息指令，XML 消息指令包含事件

ID、事件地址、出动时间、出动中队图像 ID 等信息，MCU 服务器接到指令后，将相应中队图像 ID 图像资源推送到电视墙终端上和显示在大屏幕上。

一体化消防业务信息系统的音视频调度台子系统从基础数据库读取相关图像资源信息后，获得一个图像资源树的列表，选中某个图像资源后，MCU 服务器根据这个图像资源的 ID 推送到电视墙终端上和显示在大屏幕上。

图像综合管理平台是一个可开发扩展的系统，未来业务系统需要更多图像综合管理平台的音视频资源时，通过通用的协议及开发接口定义方式都可以实现融合对接。

### （三）业务信息系统调用语音

#### 1. 数据交换方式

通过一体化消防业务信息系统发布的 Web Services 数据接口进行数据交换，读取消防机构基本信息表、维护语音资源节点信息表。语音综合管理平台与一体化消防业务信息系统对接逻辑结构如图 7-20 所示。

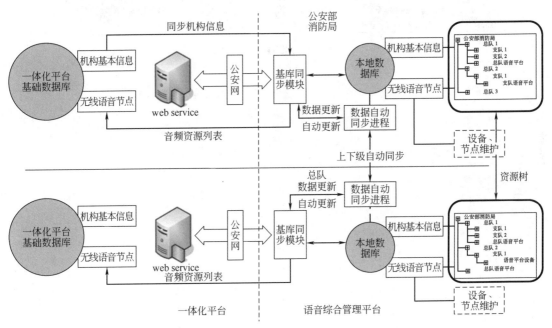

图 7-20　语音综合管理平台与一体化业务信息系统对接逻辑结构

语音综合管理软件只在公安部消防局一级基础数据库中读取机构编码表，用于生成语音资源树并与下级语音综合管理软件进行语音资源及节点数据同步工作。

语音资源表建立在公安部消防局及各总队基础数据库内，由每一级语音综合管理软件负责同步。任意一级语音综合管理软件均可以添加语音资源表记录，添加后的记录统一存储在公安部消防局语音综合管理软件服务器内。各级语音综合管理软件获取更新后的语音资源，负责同步与之相连的本级基础数据库语音资源表数据。

#### 2. 语音资源调用

语音综合集成提供开放式标准软件接口协议，向第三方提供各类语音资源调度。业务信息系统由语音资源数据库获取调用的语音资源目录树，通过 CTI 向 E-WAIS 提出调度申请，WAIS 执行结束后更新语音资源数据库并向 CTI 返回执行结果。见图 7-21。

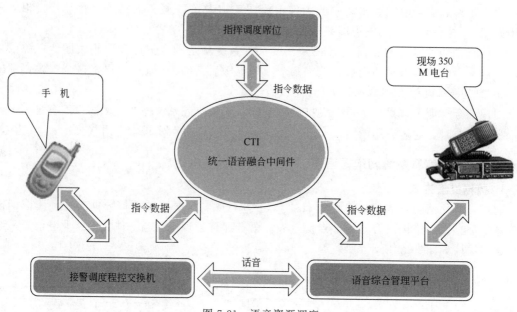

图 7-21  语音资源调度

# 第八章

## → 消防应急通信

本章介绍有关应急通信的定义、特点和国内应急通信现状等基础知识，在认真总结消防部队几年来处置地震、风灾、水灾、泥石流等重特大灾害事故现场应急通信保障的基础上，结合消防部队实际，给出了消防应急通信时的人员、装备及系统构成，包括消防应急通信的组织体系、职责任务和行动要则，以及预案编制和演练。

### 第一节　应急通信

## 一、应急通信的定义

应急通信，一般指在出现自然的或人为的突发性紧急情况时，同时包括重要节假日、重要会议等通信需求骤增时，综合利用各种通信资源，保障救援、紧急救助和必要通信所需的通信手段和方法，是一种具有暂时性的、为应对自然或人为紧急情况而提供的特殊通信机制。

## 二、应急通信的特点

### 1. 时间的突发性

所谓时间的突发性指两个方面的含义：一是对绝大多数突发事件，尤其是灾害性事件，发生的准确时间无法事先预计；二是突发事件及其处理具有时间上的阶段性，在某一个阶段呈现特殊性，过了这个阶段（在人们的努力下或自然恢复，如集会结束）即恢复到常态。

### 2. 地点的不确定性

在大多数情况下，突发事件发生的地点具有不确定性。从某种意义上说，任何一个地方均有可能发生突发事件，而地点的不确定性带来的直接问题是区域地理特征的明显差别，如山区、沙漠、沿海、丘陵、城市、岛屿等，这对通信保障要求均不同。

### 3. 地理环境的复杂性

应急通信面临的地点不固定、地形地貌复杂多变，如海边、山区、城区、地下、高楼等，环境复杂，有时也伴有放射性、有毒气体、浓烟等有害物质，这就为应急通信设备的环境适应性和设备使用人员的现场安全性提出了特别要求。

### 4. 容量需求的不确定性

在设计应急保障通信时，有个基本的问题是所设计的系统应该具有多大容量？这个问题是没有办法解决的。其一是不同的事件，所需的容量不同，比如汶川地震，所有的通信均瘫痪，而城市火灾发生时，并非所有通信均中断；二是同一类事件，程度不同，所需的通信保障容量也不一样。如地震，严重地震和轻微地震对电信基础设施的损坏不同，所需的通信保障容量也就不一样；三是地点不同，所需的应急通信保障容量和手段也不同，人口密集的城区和空旷的郊外，情况是不一样的。

### 5. 通信保障的业务多样化

在日常的通信中，有数据业务、语音业务、图像业务、视频流及多媒体业务等，而当突发事件发生时，应该保障哪些业务？显然，能保障的业务越多，设备越复杂，在电信基础被基本毁坏的情况下，构建系统的时间越长，反而不利于实施对突发事件的处理。为了利用现场一切可以利用的传输网，应急通信设备必须提供各种接口，适配有线链路、微波链路、卫星链路和无线链路，建立信息孤岛和外界的通信链路，保证通信畅通，满足语音、数据和视频图像等业务的实时传输。

### 6. 现场应用的高度自主性

在部分灾难现场，很多通信是发生在灾难现场的封闭区域内的，因此要求应急通信系统能够自成体系，不仅能提供和外界联络的通道，还能保证灾难现场的内部通信需求，为内部自救提供通信保障。

## 三、应急通信对设备的要求

应急通信系统不同于常规通信，其场景众多、环境复杂恶劣，并且应急通信呈现出日益迫切的多媒体化需求，在传递语音的基础上，还需要传送大量的数据、视频、图片等多媒体信息。

组网灵活：可根据应急通信的范围大小，迅速、灵活地部署设备，构建网络。

快速布设：不管是基于公网的应急通信系统，还是专用应急通信系统，都应该具有能够快速布设的特点。在可预测的事件诸如大型集会、重要节假日活动等，能够按需迅速布设到指定区域；在破坏性的自然灾害面前，留给国家和政府的反应时间会更短，这时应急通信系统的布设周期会显得更加关键。

小型化：应急通信设备需要具有小型化的特点，并能够适应复杂的物理环境。在地震、洪水、雪灾等破坏性的自然灾害面前，基础设施部分或全部受损，便携式的小型化应急通信设备可以迅速运输、快速布设，快速建立和恢复通信。

节能型：由于通信对电力有很强的依赖性，某些应急场合电力供应不健全甚至完全没有供电，完全依靠电池供电会带来诸多问题。因此，应急通信系统应该尽可能地节省电源，满足长时间、稳定的工作需求。

简单易操作：应急通信系统要求设备简单、易操作、易维护，能够快速地建立、部署、组网。操作界面友好、直观，硬件系统连接端口越少越好。所有接口标准化、模块化，并能兼容现有的各种通信系统。

具有良好的服务质量保障：应急通信系统应具有良好的传输性能、语言视频质量等，并且网络响应迅速，快速建立通话，能针对应急所产生的突发大话务量作出快速响应，保证语音畅通和应急短消息的及时传播。

## 四、我国应急通信概况

### 1. 国家级法规及相应机构建设

我国地域辽阔、人口众多，自然灾害频发，突发事件形式多样，为有效开展应急管理和救援，颁布了一系列法律、法规，应急管理的法律体系正逐步走向完善。

2005 年 4 月 17 日国务院出台了《国务院关于实施国家突发公共事件总体应急预案的决定》国发〔2005〕11 号，其中公布了《国家突发公共事件总体应急预案》，明确了突发性公共事件是指突然发生，造成或者可能造成重大人员伤亡、财产损失、生态环境破坏和严重社会危害，危及公共安全的紧急事件。此文件是全国应急预案体系的总纲，明确国务院是突发公共事件应急管理工作的最高行政领导机构，并设国务院应急管理办公室为其办事机构。进一步强化了建设城市应急综合信息系统的迫切性要求。从此，我国的城市应急平台的建设进入实质阶段。

2006 年国务院发布了《国家突发公共事件总体应急预案》。根据国家规定，国务院和各省已分别成立国家和省政府应急管理办公室，部分市也已建立了地方应急管理常设机构。从 2006 年开始，国家计划在未来 3～5 年时间内，在全国主要县级以上的城市推行城市应急联动与社会综合服务系统，从中央到地方一整套统一、协调、高效、规范的突发事件应急机制正在建立之中。2006 年 6 月 15 日出台的《国务院关于全面加强应急管理工作的意见》把"推进国家应急平台体系建设"列为"加强应对突发公共事件的能力建设"的首要工作，明确指出"加快国务院应急平台建设，完善有关专业应急平台功能，推进地方人民政府综合应急平台建设，形成连接各地区和各专业应急指挥机构、统一高效的应急平台体系"。应急平台建设成为应急管理的一项重要基础性工作。

2006 年 1 月 24 日原信息产业部出台了《国家通信保障应急预案》，明确了应急通信任务是通信保障或通信恢复工作，主要服务对象是特大通信事故，包括特别重大自然灾害、事故灾难、突发公共卫生事件、突发社会安全事件；党中央、国务院交办的重要通信保障任务。该预案明确了原信息产业部（现为工业和信息化部）设立国家通信保障应急领导小组，下设国家通信保障应急工作办公室，负责组织、协调相关省（区、市）通信管理局和基础电信运营企业通信保障应急管理机构，进行重大突发事件的通信保障和通信恢复应急工作。

业界对于应急通信有以下几种典型的描述：

《中华人民共和国突发事件应对法》中的第三十三条：国家建立健全应急通信保障体系，完善公用通信网，建立有线与无线相结合、基础电信网络与机动通信系统相配套的应急通信系统，确保突发事件应对工作的通信畅通。

《电信法（征求意见稿）》中的第八十四条：电信主管部门应当建立健全应急通信保障

体系，建设有线与无线相结合、基础电信网络与机动通信系统相配套的应急通信系统，确保应对突发事件的通信畅通。电信主管部门对应急通信保障工作进行统一部署协调，必要时可以调用各种公用电信设施和专用电信设施。

《国家突发公共事件总体应急预案》中有关通信保障的要求：建立健全应急通信、应急广播电视保障体系，完善公用通信网，建立有线和无线相结合、基础电信网络与机动通信系统相配套的应急通信系统，确保通信畅通。

**2. 我国应急通信建设**

我国应急通信系统建设工作自 20 世纪 90 年代以来得到了较快发展，并在卫星通信系统、基于公用电信网的应急通信设施、集群通信系统和部分专用通信系统等方面取得了一定进展。但总体来说，由于我国应急通信系统建设起步较晚，现有的应急通信设施还需进一步完善，应急通信系统的能力还有一定不足。例如，目前我国虽然建设了部分具有自主产权的实用卫星通信系统，但这些系统还主要以广播通信类卫星为主，直接提供语音/视频通信的卫星系统还较少，在应对重大灾害或突发事件时，国外卫星通信设备还占据主流。另外，虽然我国各部门、各级政府纷纷建立了应急通信保障队伍和设施，但这些系统的功能还相对单一，科技含量也不是很高，其规模和能力还有待进一步加强。

（1）卫星通信系统。我国自 1970 年 4 月成功发射第一颗卫星以来，先后发射了数十颗卫星，这些卫星中一部分为应用实验卫星，另一部分为不同专业领域的专用卫星，其中广播电视直播卫星和北斗定位卫星系统是目前我国规模较大且在应急通信领域具有实际应用的卫星系统，另外，一些国际化的卫星系统如海事卫星在我国应急通信领域有着较好的应用。

① ChinaSat 卫星系列。ChinaSat 卫星系列主要实现广播、电视类服务，由中国卫星通信集团公司管理运营。"中卫 1 号"卫星可覆盖我国本土和南亚、西亚、东亚、中亚及东南亚地区，可为国内及周边国家提供通信、广播、电视及专用网卫星通信业务。中星 6B 通信卫星覆盖亚洲、太平洋及大洋洲，可传送 300 套电视节目。目前，中星 6B 承担着中央电视台，各省、市、自治区电视台、教育电视台及收费频道等 136 套电视节目和 40 套语音广播。中星 9 号通信卫星覆盖全国 98％以上地区，接收天线体积小，得到广泛应用，特别是在"村村通"工程中为广大偏远山区和无电视信号地区提供了丰富多彩的电视、广播节目。

ChinaSat 卫星系列在紧急情况下可以帮助政府和救援机构颁布灾害或突发事件的预警消息、灾情信息、安抚公告等。另外，ChinaSat 卫星系列也能提供一定程度的专网通信能力。

② 鑫诺卫星系列。鑫诺（SINOSAT）系列卫星由中国航天工业总公司、原国防科工委、中国人民银行和上海市人民政府合资组成的鑫诺卫星通信有限公司运营管理，主要提供广播、电视类节目的转播。鑫诺卫星系列承担了以中央电视台为主的大量卫星电视转播任务，这些电视台覆盖面广，受众多，在紧急情况下通过鑫诺卫星可以很方便地将灾害或突发事件相关信息以及政府需要颁布的消息传达到广大公众，对灾害的应对和处理具有重大的意义。例如，在我国 2008 年汶川地震中，中国卫通通过鑫诺卫星紧急开通 4 个临时电视传输通道，为电视、广播颁布灾区信息提供了平台，鑫诺卫星在抗震救灾中发挥了重要的作用。

③ 亚太卫星系列。亚太（APSTAR）卫星系列覆盖亚洲、大洋洲、太平洋以及夏威夷

地区。该系列卫星由中国卫通和中国航天科技联合控股的亚太卫星控股有限公司运营。

亚太卫星系列在紧急情况下除了可以为用户提供广播、电视信息外，随着亚太V号和亚太Ⅵ号卫星业务的不断丰富，还可以在紧急情况下为VSAT专网、互联网骨干网、宽带接入以及移动基站链路等通信设施的应急需求提供空中接口服务，为灾害或突发事件现场的通信保障提供服务。

④ 北斗卫星定位系统。北斗卫星定位系统是由我国建立的区域导航定位系统，该系统可向我国领土及周边地区用户提供定位、通信（短消息）和授时服务，已在测绘、电信、水利、交通运输、渔业、勘探、地震、森林防火和国家安全等诸多领域发挥重要作用。

北斗卫星在应急场景下可以为指挥调度、抢险救援等活动提供导航定位功能，提高应急工作效率，同时，北斗卫星的短消息业务也可以实现紧急情况下的信息沟通，例如，在汶川地震中，部队和救援机构装备了大量北斗卫星终端设备，很多地区灾后第一次与外界通信就是通过北斗卫星短消息业务实现的。在交通设施破坏严重的情况下，北斗卫星导航定位功能也为救援队伍顺利抵达救灾现场提供了重要帮助。

⑤ 海事卫星通信系统。国际海事卫星通信系统（Inmarsat）后更名为"国际移动卫星通信系统"，是由国际移动卫星公司管理的全球第一个商用卫星移动通信系统。国际移动卫星公司现已发展为世界上惟一能为海、陆、空各行业用户提供全球化、全天候、全方位公用通信和遇险安全通信服务的机构。我国是Inmarsat1979年成立时的创始成员国之一，我国北京海事卫星地面站自1991年正式运转至今已经能够提供几乎所有Inmarsat业务。另外，北京国际海事卫星地面站也是全球海上遇险与安全系统的重要组成部分，能够接收一定距离内的海上遇险船只求救信号，是全球海上联合救援网络的重要节点。

海事卫星是集全球海上常规通信、遇险与安全通信、特殊与战备通信于一体的实用性高科技产物。到目前为止，海事卫星系统和设备在我国已经广泛地应用于政府、国防、公安、消防救援机构、传媒、远洋运输、民航、水利、渔业、石油勘探、应急响应、户外作业等诸多领域。例如，在汶川地震中，大量海事卫星电话被紧急调集到灾区，为灾区抢险救灾和恢复重建发挥了重要作用，尤其是在灾区公用电信网没有恢复的时期，海事卫星是当时灾区与外界沟通的最重要手段之一。

⑥ VSAT卫星通信网。VSAT是20世纪80年代中期在美国最先兴起、很快发展到全球范围的卫星应用技术。VSAT系统在我国得到了较广泛的使用，1993年8月国务院颁发55号文件，明确规定把国内VSAT卫星通信业务向社会放开经营并对此项业务实行经营许可证制度。在国家针对VSAT的开放政策推动下，VSAT业务迅速发展，尤其是在20世纪90年代无线寻呼大发展期间VSAT作出了重要贡献。另外，VSAT网络对保障突发事件或自然灾害情况下的应急通信也具有重要作用，例如，目前中国电信、中国联通的机动通信局都配备了VSAT通信设备，VSAT设备通过"中卫2号"卫星转发器与全国范围的VSAT大网连接，实现VSAT网内通信能力。同时，VSAT网络通过固定站接入公用电信网，可以实现VSAT网用户与公用电信网用户的互通。

由于VSAT本身具有的特点，VSAT系统在偏远地区、应急救援、野外作业、企业应用等方面还是具有不可替代的优势。同时，由于公众用户对信息服务水平需求越来越高，VSAT在电视、广播、远程教育、远程医疗、抢险救灾、应急响应、农村电话、卫星上网、视频通信等业务方面还大有可为。

（2）基于公用电信网的应急通信。我国基于公用电信网的应急通信包括机动通信局、应急联动平台、公网支持应急通信等几个方面。工业和信息化部于 20 世纪 90 年代建立了 12 个机动通信局，分别由前中国电信和中国网通进行管理，这些机动通信局通过配备与公用电信网互通的通信设备或针对特定场景的专用网络，可以方便地利用公用电信网资源优势开展应急通信服务，实现专业设备和公用电信网的优势互补，保证紧急情况下的指挥、调度和救援通信需求。这些机动通信局目前拥有包括 Ku 频段卫星通信车、C 频段卫星通信车、100W 单边带通信车、一点多址微波通信车、用户无线环路设备和 24 路特高频通信车、1000 线程控交换车、900M 移动电信通信车、自适应电台海事卫星 A 型站、B 型站、M 型站等通信手段。另外，中国移动也在筹建机动通信局，建设完成后，我国三大电信运营商将全部具备专业化的应急通信保障队伍。

除针对突发公共事件或自然灾害的应急通信系统建设外，我国从 1986 年就开始建设公安 110 通信系统，为广大公众在日常工作和生活遇到的突发事件提供报警平台，其后 122、119、120 等系统相继建成，一些城市的市政等部门也设立了热线电话服务系统，如 12345 信访热线、95598 电力呼叫中心系统、12348 法律援助热线、12319 城市建设热线、12369 环保热线等系统。但由于五花八门的报警号码和应急平台过于繁杂，重复建设现象严重，影响到报警平台的功能和服务质量，不利于政府或救援机构开展联合行动，影响到应急事件的指挥调度和救援效率。建立基于统一特服号的城市应急联动指挥系统被国家和各级政府提上了议事日程，特别是在 2003 年 SARS 事件后，城市应急联动系统的建设步伐进一步加快，整合 110、119、120、122 等指挥调度系统，实现跨部门、跨地区、跨警种的统一指挥协调，并通过应急联动平台实现突发事件情况下的资源共享。

另外，我国电信主管部门针对公用电信网覆盖广、用户多、业务形式丰富等特点，陆续出台了一系列政策措施，如核心设备备份、多节点、多路由、异地备份等容灾备份要求，并积极地开展利用公用电信网实现应急通信的研究工作，如重要用户优先通信保证机制、应急公益短消息等。

（3）集群应急通信系统。我国集群通信系统有 GoTa、GT800、TETRA、iDEN 4 种制式。TETRA 和 iDEN 技术标准开发较早，技术较为完善，我国基于这两种制式建成了大量数字集群通信系统。GoTa、GT800 是我国自主研发的数字集群通信系统，分别由中兴和华为公司开发。经过试验推广，取得了较好的发展。

作为专业化的指挥、调度通信设施，数字集群通信系统具有体积小、组网灵活、使用方便、成本低廉等特点，可实现调度、群呼、优先呼、虚拟专用网、漫游等功能，在紧急情况下为政府、应急指挥中心、救援人员的通信保障提供最强有力的支持。我国公安、消防、城市应急联动、交通、港务等部门大量配备了集群通信系统，在大多数灾害和突发事件中都少不了集群通信系统的身影。

（4）其他应急通信系统。目前，我国还有很多专业部门如水利、电力、交通、矿业、林业等部门也建立了各自的专用通信网络，这些专用通信网大多数是以专业部门或地方机构自建、自用方式为主，且这些分散的专用系统的功能相对单一、网络规模通常不大，在较大灾害或重大突发事件情况下对外提供应急通信服务的能力还有一定不足。但总体来说，这些专用通信网为相关部门或地方机构的日常工作指挥调度及小范围的应急响应处置提供了最基础的保障手段，并发挥着重要作用。

## 第二节 消防应急通信

### 一、消防应急通信基本概念

#### （一）消防应急通信定义

消防应急通信是指：为了保障消防部队各项行动的顺利开展，充分利用各种有效通信手段，克服环境制约因素，达到信息沟通顺畅、有效指挥的通信活动。通过通信设备和通信人员两个要素的有机结合，保证在各种突发情况下部队上下级之间、前后方之间、友邻部队之间、部队和地方之间、公安各警种之间的沟通联络，以及作战指挥、协同作业和情报传递。

大型人员聚集、火灾、地震、洪灾等现场，具有时间的突发性、地点的不确定性、地理环境的复杂性、容量需求的不确定性、通信保障的业务多样性和现场应用的高度自主性等特点，为了达到有效指挥必须建立严密的消防应急通信保障体系，明确通信先行，遂行保障的保障机制，有效实现灾害现场和各级指挥部之间语音、图像和数据的互联互通，保障现场指挥的顺利进行。

目前，以公安部消防局应急通信平台为中心，以总队级和支队级平台为节点，建设了上下贯通、左右衔接、互联互通、信息共享、各有侧重、互为支撑、安全畅通的应急通信体系，实现对突发事件的监控预警、信息报告、综合研判、辅助决策、指挥调度等主要功能。

#### （二）消防应急通信的职责任务

消防应急通信的主要任务是保障公安消防部队灭火救援应急指挥调度畅通、有序、高效。其主要职责是：掌握本部队通信人员的编制、军政素质、装备器材和遂行任务的能力，熟悉应急处置现场区域内通信设施，分析地形、气象对通信联络的影响，制定通信保障方案，组织通信保障工作，确保指挥员和参战部队作战指挥的迅速、准确和不间断的通信联络。具体任务有：

(1) 建立机动通信枢纽；

(2) 开设应急通信枢纽；

(3) 建立并保持对上级的指挥通信；

(4) 建立并保持对所属部（分）队的指挥通信；

(5) 建立并保持对有关协同单位的协同通信；

(6) 为后续增援部队通信联络提供基础和支持等。

#### （三）消防应急通信组成

消防应急通信由指挥中心（公安部消防局、总队、支队）、前方指挥部和救援分队（单兵）等通信环节构成，各通信节点通过应用以下系统完成应急通信保障任务：

**1. 通信调度子系统**

通信调度子系统可由固定通信网、移动通信网、互联网等公用电信网及卫星、集群、微波等专用网络和相关设备组成。主要功能是建立灾害或突发事件现场与后方指挥中心双向的联系，双向传输数据、音视频信息和作战命令到指挥部。

**2. 辅助决策子系统**

辅助决策子系统包括数据统计分析以及灾害评估工作。以表格、图形方式按时间段、地区、类型统计事件数量、资源使用情况、事件处理的反馈情况，以及灾害事件所产生的损失情况，作为各级单位工作的资料，也可以供各级领导为以后的工作安排和人员管理做参考。统计分析的结果可以通过多媒体文档管理模块存档，作为决策支持子系统的专家知识库。

**3. 信息采集子系统**

现场信息采集子系统可由便携式无线音、视频采集设备或车载式音、视频采集设备组成。主要功能是采集现场地理位置信息、图像信息、声音信息、环境参数信息以及危险源等信息。

**4. 移动办公子系统**

移动办公子系统主要依靠多功能一体机、便携式笔记本电脑和其他移动办公设备实现。这些设备既可固定安装使用，也易于搬移使用。受空间限制，可选择一台集打印机、复印、扫描、传真于一体的移动性强的现代化多功能网络办公设备。

**5. 工作协同子系统**

该系统主要利用现场的无线宽带局域网，构建一个由中心点对多点的无线网络，可以指定一辆通信指挥车作为现场应急救援的最高指挥场所，对现场的其他部门应急通信车进行指挥调度，实现现场紧急救援协同指挥。

**6. 指挥视频子系统**

该系统主要由 MCU、指挥视频终端等设备组成。系统配置支持 H.323 的视频会议终端，支持双路视频传送，支持 H.264 和 PPPoE，内置多点控制单元（MCU），设备内置的 CPU 支持 5 点 IP＋ISDN 同时开会，支持主席控制和声音自动控制方式。

**7. 图像传输子系统**

该系统主要由便携式无线图像传输设备和车载式图像传输设备组成，支持非视距图像传输。主要功能是图像编码和传输现场音视频信息、图像及数据。

### （四）消防应急通信装备编成

（1）前方总指挥部和总队指挥部主要配备以下 4 类通信装备，视情集成在卫星通信车上或打包携带，由灾害发生地总队和增援总队提供。

① 语音通信装备：包括无线转信台、固定台、车载台、卫星电话、语音图像综合管理平台、短波电台等设备，并设置本地及跨区域增援作战超短波通信频点。

② 视频通信装备：包括卫星通信站及配套音视频、无线图传等设备。

③ 办公设备：便携式计算机、录音电话机，传真、打印、扫描、复印一体机等相关设备。

④ 其他附属装备：发电机及网线、电话被覆线、音视频线、电源线、车载电源逆变器等辅助设备。

（2）遂行分队装备编成：通信指挥车及语音、视频、办公和其他附属通信设备。

### （五）消防应急通信保障模式

消防应急通信通常采用单兵模式、通信保障分队模式、前方指挥部模式和跨区域指挥模式等。大（中）队单独行动，采用单兵通信模式；支队行动采用通信保障分队模式；总队参与的行动一般采用前方指挥部模式；公安部消防局参与的行动一般采用跨区域指挥模式。

### （六）消防应急通信联络原则

各级公安消防部队要按照"属地为主、分级负责、遂行保障、纵向调度、横向协调"的原则，建立健全应急通信保障机制，组织实施应急通信保障工作。通信联络基本原则是组织实施通信联络的基本准则，也是通信联络的战术原则，主要包括：

（1）平战结合、确保畅通。是实施快速反应，确保部队灭火救援作战指挥的重要基础，也是应急通信联络的根本目的。

（2）统一计划、按级负责。是通信联络的组织管理原则，是保证通信设备正常运行的关键。

（3）全面组织、确保重点。是计划组织与实施通信联络，顺利完成通信联络的重要保证，是正确运用通信力量应遵循的原则，是对通信力量的具体运用和体现，是通信保障工作力争主动的重要措施。

（4）以无线电通信为主，综合运用多种通信手段。无线电通信是应急通信的主要通信手段，有时甚至是唯一的通信手段，在组织实施通信联络时，坚持以无线电通信为主，综合运用各种通信手段，形成优势互补，充分发挥整体通信效能。

（5）掌握通信预备队。掌握通信预备队是计划组织通信联络，分配和使用通信力量应遵循的基本原则是保持通信不间断的重要措施。

（6）快速反应、提高通信时效。是部队战斗力的重要组成部分，是完成各种任务的重要保障。

（7）严格通信保密。包括信息保密、传输保密、通信设施保密、文件资料保密等几个方面。

（8）周密组织通信装备器材保障。是保持通信联络的持续性，提高通信系统再生能力的重要措施。

（9）主动配合、密切协作。保证参战通信力量协调一致行动，确保通信联络全程、全网顺畅的重要因素。

## 二、消防应急通信行动要则

从战时准备、集成运输、途中通信、现场通信和撤收与转移等几个阶段进行阐述。

### （一）战时准备

做好战时准备工作是圆满完成应急通信保障任务的前提，战时准备工作主要包括接受任务、战斗动员、装备临战测试和临战训练。

#### 1. 接受任务

（1）命令下达。根据应急通信保障需求，由上级、本级消防或上级公安机关向应急通信分队下达命令。

主要内容有：

① 灾害发生地基本情况和本部队任务。

② 本级和友邻参战部队位置及预计行动的地点。

③ 相关通信系统开设时间、地点及预计行动的地点。

④ 通信联络组织和保障的重点、通信预备队的编成、配置地点及可能使用的时机和方法。

⑤ 各种联络文件。

⑥ 利用既设通信设施的规定和要求。

⑦ 通信防护和通信电子防护措施和要求。

⑧ 装备、技术、战术和后勤保障的组织和要求。

⑨ 通信检查的时间，战斗准备、通信系统展开和通信联络建立的时限等。

（2）人员装备选派。应急通信分队受领任务后，要根据上级指示，结合本分队的实际，对通信任务和通信人员的军政素质及装备器材等情况进行认真研究分析，对任务进行区分，调派相关车辆、人员、器材装备进行人员、装备编成。同时，应立即通知相关人员在规定的时间内集结。

（3）任务传达。人员装备集结后，应急通信分队指挥员应立即向所属队员传达任务具体内容。传达的主要内容有：

① 灾害现场通信现状。

② 本分队任务。

③ 既设线路可资利用的程度、方式。

④ 完成各种准备工作的时限，出发时间、行进路线和方式以及通信开通时间和联络方式等。

⑤ 其他有关规定和要求。

（4）制定方案。应急通信分队应当根据实际情况和自身实际，制定初步方案。方案主要包括如下内容：

① 临战动员的方式、内容。

② 任务区分。

③ 人员、器材编组。

④ 通信枢纽、遂行分队、通信预备队的编成、任务和配置。

⑤ 通信电子防护的具体措施。

⑥ 物资器材保障和遂行作战的各种情况的处置方法等。

（5）任务分工。应急通信保障根据具体任务可分为现场通信指挥保障、图像保障、语音保障、后方指挥中心通信保障等多个子任务。将各个要素分配给相应的通信保障队员。

**2. 战斗动员**

（1）出发前动员。动员的内容通常包括：

① 简要介绍灾害地情况。

② 传达上级指示和要求。

③ 讲清完成任务的意义和有利条件。

④ 提出克服困难的办法。

⑤ 宣布完成准备工作的时限以及部队集合、出发的时间和地点。

（2）战前动员。战前动员通常由应急分队指挥员组织，要结合本单位的实际，进一步有针对性地进行战斗动员，主要内容有：

① 进一步明确任务和完成任务的有关要求。

② 讲清完成任务的意义。

③ 分析完成任务的有利条件和不利因素。

④ 统一思想，提高认识，全体人员战斗热情高涨，思想准备充分。

⑤ 制定切实可行的保障措施等。

战前动员要简短、实在，讲清目的意义，激发全体人员的斗志和完成任务的信心。

**3. 装备准备**

充分的装备准备，是完成应急通信保障任务的物质基础。当发生跨区域增援力量出动时，应根据灭火救援任务的需要，携带能够自我保障的通信装备。主要装备有：

（1）语音通信装备

① 超短波电台。350MHz 无线转信台、固定台、车载台各 1 部，手持台每人 1 部（含电池 2 块、充电器 1 个），设置跨区域增援作战超短波通信频点，用于作战、通信保障时人员内部语音通信。

② 短波电台。根据任务需要，携带背负式短波电台或车载式短波电台（含天线和电源），用于现场指挥部与后方指挥中心之间的通信联络。

③ 语音组网设备。携带语音综合管理平台 1 套，用于对现场不同制式语音通信设备的统一调度联络。

④ 卫星电话。卫星电话 2 部（可车载和便携式使用），用于前后方之间通信联络。这里的前后方可以是灾害现场与后方指挥中心，也可以是前方单兵与现场指挥部之间。

⑤ 其他语音通信设备。有线通信、野战光纤等。

（2）视频通信装备

① 卫星通信站。根据任务要求携带卫星便携站或者"动中通"、"静中通"卫星车，通过卫星建立数据链路，用于传输音视频数据。

② 图像传输设备。图像传输设备通常有 3G 图传和微波图传设备。当现场公网完全瘫痪时，应当选用 340M 无线图传设备（具备现场组网功能，含显示器、麦克和功放等），用于将现场图像传输到现场指挥部通信中心。

③ 图像采集设备。根据需求携带摄像机若干部，用于现场图像采集。

（3）办公设备。根据任务需要携带：录音电话机，便携式计算机、传真、打印、扫描、复印一体机，全国地图（含行政区划图、地形图各 1 张，要求分别标注公路里程和等高线），指南针等。

（4）其他附属装备。发电机及网线、电话被覆线、音视频线、电源线、车载电源逆变器、电源插座、天线转接头等相关线材、检修工具等 1 套，器材便携箱 1 组（含便携式机柜）。

**4. 临战测试**

（1）单个设备测试。应急通信分队队员应当根据分工对各个设备（如海事卫星电话、对讲机、短波电台、摄像机、发电机等）进行测试，看设备是否完整好用。检查测试的主要内容有：

① 检查装备器材的战术技术性能。

② 抢修带故障的装备、器材。

③ 检查备用器材、电池、备件是否充足。

④ 检查联络文件、各种报表（包括有关信、记号表）、软件及工作用品是否正确、

齐全。

（2）设备联调。通常进行现场通信保障时，是多个设备协调工作共同发挥作用，因此，在单个设备检查测试的基础上，卫星通信、视频会议、3G图传等设备需要与指挥中心进行联调，检查声音、图像、数据是否正常。

（3）通信指挥车检查。当使用通信指挥车作为应急通信指挥平台时，出动前必须进行车辆及车载设备检查。

① 车载设备检查。车载所有设备不仅要单个测试，而且要和指挥中心之间进行联调，确保完整好用。

② 车辆底盘检查。要对车辆、油料、电瓶等进行仔细检查，进行出动前维护保养，确保行车安全。

**5. 临战训练**

结合本应急通信分队实际和任务需求，进行临战训练。

应急通信分队指挥员在传达布置任务、进行战斗动员的基础上，按照相关要求，结合实际组织实施临战训练。主要内容包括：组织部署有针对性地专业训练、战术适应性训练；了解和掌握灾害区域的地形、天气和通信现状；熟悉应急通信方案和有关规定；当得到新装备时，应抓紧操作使用和组织运用的训练。

### （二）集成运输

**1. 设备装箱**

① 箱体选择。由于通信器材属于精密仪器，应当选择易于携带运输且抗震、防水、防潮、抗压性能优越的箱体。

② 装箱原则。在保证设备安全、便于取用和运输的前提下，分类装箱。箱内空隙使用海绵等进行填充。

③ 箱体标识。为便于途中运输和设备取用，在箱体显著位置粘贴标识。

**2. 人员装备运输**

通过飞机、火车托运器材装备时，根据行业规定，注意发电机、电池等危险物品的处理。出发前清空发电机内燃油；若乘坐飞机，需向机场提供介绍信，取得电池等登机许可，并将电池妥当包裹。陆路运输时，由灾害地总队负责接站，并落实陆路交通工具前往灾害现场。

### （三）途中通信

应急通信分队在出动、途中、到达前等时段必须保持与现场指挥部和后方指挥中心不间断的联系。行进过程中可使用多种手段保持与指挥部之间联络。距离较短时，可选用超短波电台；距离较长时可选用短波电台；公共通信网络没有瘫痪的条件下，根据任务要求，也可使用公共通信手段。

### （四）现场通信

**1. 任务需求**

掌握通信装备资源分布情况，根据灭火救援指挥需要，调配通信装备，组织建立灭火救援应急通信网络，指导协调参战各个消防应急通信分队和人员开展保障工作。

**2. 人员及装备编程**

（1）人员配备。指挥部应根据灭火救援指挥需要，配备不少于 6 名熟悉通信知识、熟练操作通信装备的人员。

（2）装备编程。前方指挥部主要配备以下 4 类通信装备，视情集成在卫星通信车上或打包携带，由灾害发生地总队和增援总队提供。

① 语音通信装备：350MHz 无线转信台 1 部、350MHz 固定台 1 部、350MHz 车载台 1 部、350MHz 手持台每人 1 部（含电池 2 块、充电器 1 个），设置跨区域增援作战超短波通信频点，卫星电话 2 部（可车载和便携式使用），语音综合管理平台 1 套，视情配备 1 部短波电台。

② 视频通信装备：卫星移动站及配套音视频设备 1 套，3G 或 340M 无线图传设备（具备现场组网功能，含显示器、麦克和功放等）各 1 套。

③ 办公设备：录音电话机 2 部，便携式计算机 1 台（配 3G 上网卡 3 张，分属 3 个移动通信运营商，外接音箱、话筒和耳麦各 1 套），传真、打印、扫描、复印一体机 1 台，投影机 1 台（含投影幕布 1 个），录音笔 1 支（含备用电池 2 组、USB 转接线 1 条），照相机 1 部（含备用电池 1 块、充电器 1 个、USB 转接线 1 条），U 盘（2GB 以上）2 个，照明灯具 2 个（含充电器 2 个），全国地图 2 张（含行政区划图、地形图各 1 张，要求分别标注公路里程和等高线），收音机 1 台（交直流两用），指南针 1 个，视情配备 1 台卫星电视接收机（含室外天线 1 副）、1 部手持式 GPS 导航定位仪（含全国地图）、1 台无线传真机（含 SIM 卡 1 张，开通无线传真功能）、1 部子母电话机（子机可扩充）。

④ 其他附属装备：发电机及网线、电话被覆线、音视频线、电源线、车载电源逆变器、电源插座、天线转接头等相关线材、检修工具等 1 套，器材便携箱 1 组（含便携式机柜）。

**3. 通信组织**

消防应急通信保障体系由各级消防指挥中心和应急现场通信保障系统两大部分组成（如图 8-1 所示）。其中，各级消防指挥中心作为消防应急通信保障体系中的分中心和节点，形成部、省、地市、县（区）4 级结构。现场应急通信系统可以与其他部门或解放军应急通信系统进行协同通信；现场应急通信保障系统由各种本地有线、移动通信系统和多种机动应急通信装备组成。

**4. 通信联络**

通信联络，是救援部队之间运用各种通信手段传递信息的过程。应急救援现场的通信联络，根据部队组织指挥体系和作战指挥需要，通常区分为指挥通信、协同通信、报知通信和后方（勤）通信。其中，指挥通信是通信联络的主要部分。上述通信可以分别组成通信网络，也可以组成综合通信网。

（1）指挥通信。指挥通信是保障指挥员和指挥机关对所属部队、分队实施不间断指挥，是按照消防部队指挥关系建立的通信联络，包括作战编成内上下级之间建立的通信。可分为按级指挥通信和越级指挥通信。按级指挥是指本级同直接下级建立的指挥通信，如公安部消防局与总队之间的指挥通信；越级指挥通信是指本级同下级的下级之间建立的指挥通信，如公安部消防局直接与支队或某救援队建立的指挥通信。

① 指挥通信的组织方法

a. 无线电台通信。按级指挥通信，根据作战需要和遂行人员、器材情况，组织若干个

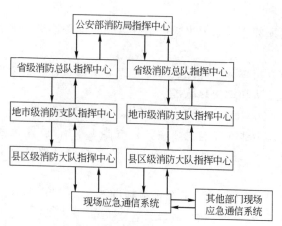

图 8-1　消防应急通信保障体系组成

无线电台指挥网和专向。如前方指挥部与救援总队之间开设短波指挥网；指挥部人员之间开设超短波指挥网；为保证与公安部消防局指挥中心之间联络，开设前方指挥部与公安部消防局的指挥通信专向。

越级指挥通信，根据情况，可采用插入下级指挥网（专向）、组织越级指挥网、组织多级指挥网。

b. 无线接力通信。通常以支线通信、干线通信和网路通信建立多路无线电通信网。

c. 卫星通信。通常以网路通信建立卫星通信网。按照消防部队卫星通信有关规定和前方指挥部的需求，视情开设与公安部消防局指挥中心的可视化指挥专向。

d. 野战线路通信和电（光）缆通信。野战线路通信，通常以支线通信、干线通信或支干结合建立有线电通信网；电（光）缆通信，通常单独组网或作为传输信道与其他通信手段结合组网，根据需要从既设电（光）缆通信网中引线（电）路。

e. 运动通信和简易信号通信。运动通信和简易信号通信，通常以直接传递和直接传达的方法实施，有时也可以采用中间转递和中间转达的方法实施。

② 建立指挥通信的规定

a. 组织权限。指挥通信由公安部消防局或各级司令部自上而下统一计划，按级组织。必要时，可由实施越级指挥的司令部越级组织。

b. 人员、器材使用原则。无线电通信、运动通信和简易信号通信，由公安部消防局或各总队自行负责；野战线路通信，通常按级负责；进入灾害地公共电信网、公安网由灾害地总队负责；建立现场通信网由灾害地总队配合公安部消防局实施；卫星通信按照公安部消防局的统一要求实施。

凡属上级统一计划和组织的指挥通信，下级没有编配所需人员、器材或人员、器材难以保障时，由上级负责调配。

（2）协同通信。协同通信是按照跨军兵种、跨部门协同关系组织建立的通信联络。它包括执行共同任务并有直接协同关系的各军兵种部队之间，友邻部队之间，以及配合作战的其他单位和部门之间建立的通信联络。如：消防部队同武警部队及解放军诸军兵种和民兵之间；消防部队同公安其他警种之间；消防部队同配合行动的其他单位之间建立的通信联络。

协同通信，是部队协同行动的基础。消防部队处置重大灾害事故时，通常都要同有关部队（单位）协同，只有迅速建立顺畅的协同通信，才能有准确及时的协同行动，从而共同完成上级赋予的战斗任务。

① 协同通信的组织方法。组织协同通信时，消防部队与其他部队或单位之间按协同原则执行，或由上级临时指定；消防部队与民兵之间由部队负责组织；协同通信应坚持以无线电通信为主，多种通信手段结合使用。协同通信联络，应能适应协同关系复杂多变的需要。协同通信顺畅，是协同各方共同的责任，必须积极主动，密切配合，密切协作。

a. 无线电台通信。利用无线电台组织协同通信的方法主要有：建立协同法、派遣协同法、转信协同法、兼网协同法和插入协同法等。

建立协同法，通过组织协同行动的单位统一组织的协同网建立协同通信。如执行公安部消防局下发的无线通信联络规定或灾害地总队通过 350MHz 某一频点建立的协同通信网。

派遣协同法，是通过协同一方向另一方派出电台建立协同通信。如交通、治安、政府应急办与消防前方指挥部协同，由消防向交通、治安、政府应急办派出的电台实施协同。

转信协同法，通过其他电台转信建立的协同通信。

兼网协同法，通过指挥兼协同网建立协同通信。

插入协同法，协同一方以电台加入到另一方组织的网络（专向）建立协同通信。

b. 有线电通信。消防部队友邻间的协同通信，通过上级指挥部通信枢纽接转。

消防部队与解放军的协同通信，通过进入军队有线电通信网实施。

消防部队与公安、地方政府的协同通信，通过公安、地方电信部门有线通信网实施。

在处置突发事件或执行临时性任务，需要直接建立应急线路时，按上级规定执行，上级未明确时，按照协同通信的原则建立。

c. 运动通信。运动通信，通常由协同双方互相派遣，直接传递。或经上级指挥部通信枢纽转递。

d. 简易信号通信。简易识别信号（记号、口令），由公安部消防局负责制定。

② 建立协同通信的规定

a. 组织权限。协同通信，根据协同关系的需要，通常由组织协同行动的司令部统一组织，或者由上级指定协同的某一方负责组织。在有多个部队（单位）参与的处置突发事件、重大灾害事故抢险救援中，通常由组织协同行动的联合指挥部统一组织。有时也可由上级指定协同的某一方负责组织。

b. 使用的人员器材。当建立无线电台协同网（专向）时，使用的电台由协同各方自行负责，当因电台的制式、频点限制时，可由一方提供电台或双方交换电台互相进入对方的指挥网组织实施。建立协同应急有线电线路，通常由负责组织的一方建立；当进入任务区域固定通信网时，应由协同各方自行负责。运动通信和简易信号通信，应由组织协同的一方或上级指定的一方统一计划，协同各方自行负责。

**5. 后方通信**

后方通信包括公安部消防局、总队、支队、大（中）队指挥中心（室）之间，各指挥中心与增援部队之间，后勤指挥与上级派出的供应单位之间，后勤保障部队、地方支前机构之间建立的通信联络。

① 组织方法

a. 各级指挥中心（室），按照现行的有、无线和可视化系统实施。前后方之间，通常建立无线电台指挥网（专向）、卫星宽带通信网。

b. 后勤保障分队与前方指挥部、增援部队之间，需要时通常以电台加入指挥网的形式组织与实施。

② 使用的人员器材。各级指挥中心（室）由全勤值班人员负责；后勤保障分队由应急通信分队派遣的遂行人员负责。

**6. 报知通信**

报知通信是为传递警报信号和情报信息组织建立的通信联络。分为警报报知通信和情报报知通信。消防部队在实施抢险救援时，可以以电台（收音机）的形式加入当地政府警报通播网；也可以通过有线、无线或公网卫星加入互联网、电视网收听、收看有关灾情信息。

**（五）撤收与转移**

接到撤收转移的命令后，应当按照以下几个步骤组织实施：

（1）应急通信分队指挥员应当迅速向所属人员部署撤收转移方案，明确具体规定和要求；

（2）按照先架设的设备后收，后架设的设备先收的原则，有序集中器材装备；

（3）对器材装备进行装箱，并安排专人看护；

（4）按照现场指挥部统一安排，装车撤离或转移；

（5）做好转移中的通信联络。

## 第三节　日常训练、预案编制与综合演练

### 一、设备点验和日常训练

为了保证战时通信工作的顺利展开，做好日常设备点验和操法训练工作尤为重要。

首先各级信通部门要根据上级单位要求，结合本地实际，制定各类通信设备的训练操法，同时要制定设备点验和日常训练计划，组织定期点验和训练，并做好登记和记录工作。确保设备随时处于完整好用状态。

日常训练可以从以下几方面开展：

① 无线系统岗位：保障消防常规、集群、短波等无线通信系统的正常运行，保障临时架设的转信台、无线应急通信车、车载台及手台的正常使用；

② 网络系统岗位：保障有线专网的畅通；

③ 系统运行岗位：保障计算机信息系统及各数据库的可靠运行；

④ 卫星系统岗位：保障卫星通信网的畅通，负责申请、分配、调整及监控上、下行载波频率、上行发射功率及下行接收信号强度；

⑤ 资料制作岗位：负责各类声像资料的收集整理与编辑制作；

⑥ 信息传递岗位：负责重要信息资料的上传与报送；

⑦ 现场行动组。视现场工作任务的情况分设若干个工作小组，每组由一名组长负责现场情况的观察与分析，并及时向指挥组报告，同时采集各类现场声像资料；

⑧ 应急车行动组。由预案中指定的领导任组长，负责将现场行动组及其他部门、单位采集的声像资料传回，必要时临时组成工作小组，承担现场声像资料的采集任务。应急车行动组的工作地点可根据需要设置在应急现场或现场附近安全有效的位置。

## 二、预案

### （一）主要内容

预案内容一般包括预案的总则、风险描述、风险分析、适用条件、处置措施、组织机构、物资与装备、队伍编成、专业资料、背景资料等。

### （二）编制依据

《中华人民共和国电信条例》、《中华人民共和国无线电管理条例》、《国家通信保障应急预案》和《公安消防部队跨区域灭火救援应急通信保障预案》等有关法规和规章制度。

### （三）编制形式

**1. 文字式**

文字式编制方法就是仅使用文本编制的预案。

**2. 文字附图表式**

文字附图表式编制方法是使用文本、图表等多种方式编制的预案。

### （四）应急通信预案的拟制方法

**1. 灾害事故想定**

灾害事故想定是对可能发生的灾害事故和其他事故的设想，通常根据消防部队通信业务训练大纲、年度训练计划、演习课题类型、消防部队作战特点，结合设想的地理条件和事故发生区域的情况等因素编写。

**2. 装备编成**

根据灾害事故想定，应急通信装备主要由以下几类组成。

（1）无线应急通信车。无线应急通信车中配备有常规转信台或集群基站，具备现场临时组网能力，以保障现场话音业务为主。有条件的应急现场，无线应急通信车也能通过有线或无线链路连接消防专用无线调度通信网的固定台站或系统控制中心，在多网并存地区还可以通过互通终端来实现跨网互联。

（2）现场图像采集系统。现场图像采集系统一般由移动图像采集前端（单兵）和移动图像中继车组成。在现场局域组网时，移动中继车可以就近放置在现场指挥部附近；当需要在本地城域组网时，还可以利用固定中继站的转接将现场图像传输至本地的消防指挥中心。由于传输一路图像需要占用 $2\sim8MHz$ 的射频带宽，因此需要申请专用的频率资源；当需要传输的图像路数较多时，还可使用业余频段或临时征用本地空闲的电视频道。

（3）车载短波电台。对于地广人稀地区，配备车载短波电台是满足应急通信保障之需的一种实用选择；在公安专用无线通信网覆盖范围较小的地区，也可配备车载或背负式短波电台来保证应急时的话音业务。

（4）卫星通信指挥车。卫星通信指挥车属于专用机动应急通信装备，主要装备省（直辖市）消防总队和有条件的城市消防支队，一般集成有卫星地球站、常规转信台或集群基站、现场图像采集设备等多种通信装备，可以实现省内的跨地市调度指挥和现场图像采集、传输及数据查询等多种应急功能。

（5）机载应急通信装备。在消防警用直升机（或无人机）中配备常规转信台、集群基站和图像采集系统，可以实现应急现场通信保障系统的快速部署、大范围覆盖和全景图像拍摄。

（6）与各种公共/专用、有线/无线通信系统的应急直联设备。

**3. 通信组网方案**

（1）途中通信：设定应急救援通信保障在前往灾害现场途中的通信方式。

（2）现场无线通信组网：通过掌握通信装备资源分布情况，根据灭火救援指挥需要，调配通信装备，组织建立现场灭火救援应急通信网络，指导协调参战消防部队应急通信保障工作。

**4. 通信设备保障措施**

根据预案做好通信设备的调用和保障，专人管理应急通信保障任务所需的各种设备和器材应由专人管理、定点存放、定期维护、确保完好。

**5. 通信分队的分工**

应急通信分队应根据总指挥部的任务分工，迅速制定相应的通信保障方案，保障现场的音视频、数据传输，确保通信畅通。

（1）队长（1人）：按照总指挥部的要求，负责指挥协调整个分队的通信保障任务。

（2）副队长（1人）：辅助队长协调整个分队的通信保障。

（3）队员（3~6人）：按照上级的指示，负责在现场建立有线、无线、计算机指挥通信网络，与前方总指挥部联网，完成分队所在现场的图像、语音、计算机数据传输，保障前方总指挥部的指挥调度。

**6. 注意事项**

（1）执行应急通信保障任务的人员应熟悉应急通信保障方案的各项内容，认真履行职责；平时要加强学习与训练。在上级统一组织下，定期开展以实战为背景的演练，掌握和积累在各种情况下开通各类通信装备的技术数据资料，为执行任务打下良好的基础。

（2）强化通信运行管理，做好设备维护，严格按照设备维护标准进行检测，确保各类应急通信装备和车辆处于良好的战备状态。

（3）加强组织纪律性，坚决执行上级有关应急通信的指示和要求，一切行动听指挥，做到令行禁止。

（4）建立健全岗位责任制，做到分工明确，责任到人，确保一声令下就能立即出动，拉得出，通得上，用得好。

**7. 图表**

根据预案制定相关图表。例如现场350MHz手台呼号表、全国跨区域增援作战超短波通信频点表等。

## 三、演练

### （一）演练的作用

应急预案的演练，可以培养消防部队通信官兵勇敢顽强的意志品质和连续作战的战斗作风，提高遂行部队作战的通信保障能力。

### （二）实施内容和步骤

演练实施一般按以下步骤进行。

**1. 下达演练命令，组织部队展开**

演练开始前，首长以电话或文书的形式向所属部（分）队下达演练课题、目的、时间、方法和要求等。各单位接到演练任务后，即进入演练过程。执行重大通信保障任务前组织的演练，可由作战值班室以紧急电话通知的形式直接向所属分队下达。通信分队接到演练命令后，立即组织部队向演练地域开进，在平时充分准备的基础上，按照通信保障方案，认真组织通信实施。

（1）组织展开时的通信准备。通常包括演练的通信保障方案准备，演练时通信装备器材、物资准备，参加演练的通信保障人员对通信保障方案熟悉程度等内容的准备。

（2）组织展开时的主要工作。一是进行通信装备器材检查；二是组织人员进行编组训练；三是进行无线电网络检查；四是导调通信人员、器材，确保开进时通信联络不间断。

**2. 通信演练具体实施**

（1）导调。演练过程中，导演组应全面掌握演练情况，并要根据演练进展情况和演练效果，设置演练情况变化，引导部队变换演练方向，充分调动部队的通信保障能力，提供给各级指挥员发挥指挥决策、应变能力的空间，以获取演练的最佳效益。如演练过程中，在发生重大错误或背离演练初衷，但不影响大局时，导演组应适时给予指出，可不中断演练。如出现影响到通信运行的情况，或有可能通信中断时，导演组应立即向领导小组请示，而后下达中断演练命令。

（2）组织实地演练。组织实地演练，通常分为演练待演、演练推演和推演结束三个阶段。

演练待演阶段，是指从导演组发出演练指令至参演者到达演练指定场所形成待演的过程，是演练的补充准备阶段，这个阶段时间跨度短，准备涉及内容多。导演组通常应向参演者概略明确演练题目、方式、方向、地区和要求，使参演者有针对性地做好演练前的准备工作。导调人员除完成自身的准备外，还应参与参演者的演练准备活动。参演者应根据导演组的要求和指令，在导调人员的指导下，认真研究演练情况，熟悉演练的有关材料和参考资料，认真地完成推演的各项准备工作，使演练有个良好的开端。各种保障人员应按计划和规定迅速到位，履行各自的职责。如担任警戒、调整勤务人员开始警戒和调整勤务工作；担任通信保障的人员必须提前进入演习角色，确保通信指挥的快速传递等。

演练推演阶段，是指从发出演练开始信号起至推演完最后一个情况的过程，是演练的实体阶段。这个阶段的特点是：紧张激烈，作业量大，时效要求高。这个阶段，导演的主要活动是：全面了解情况，掌握推演进程，及时处理演练中的重大问题，精心指导演练的全过程。当发现演练失调时，及时采取调整、变更措施，并将调整变更事项通知有关人员；经常与导调员保持联系；保证情况显示、导调工作与参演者的行动相协调；检查、督促各项保障、安全工作，及时发现和消除安全隐患。导调员的主要工作：组织传递、报送演练文件，或提供演练补充条件，或组织情况显示；根据推演内容和导演意图，以灵活的方法和手段，不间断地实施导调；把握好演练时间和内容进程；掌握上下级情况的通达和处置结果，与导演、导调组保持经常的联系，及时向导演报告情况；推演完一个问题或情况，抓紧时间，有针对性地进行简明扼要的讲评，肯定成绩，指出不足，提出改进措施。参演者的活动：依据提供的演练条件，按照组织指挥战斗的一般程序、内容和方法，在规定的时限内，演练各自的动作并接受导调。

推演结束阶段，是指推演完最后一个情况至离开演练场所的过程，是演练的收尾阶段。

当演练按计划进行完毕并已收到预期效果时，或出现重大问题必须中断演练时，导演组应通过电话（对讲系统）或其他形式，向所属分队宣布演练结束，并对善后工作提出相关要求。其特点是：演练推演结束，人员易于松懈；演练人员分散，组织工作复杂；收尾时间紧张，善后工作繁多。此时，导调人员应及时发出演练结束信号或指示，组织演练人员离开演练场所，或到指定地点集中，听候安排；参演者接到演练结束的号令或通知后，应迅速停止演练活动，按导调人员的安排行动，警戒分队继续担负警戒任务，等演练场所清理完毕后，按命令撤出警戒地区或位置。

（3）演练讲评。综合演练结束后，通信部门应组织对演练情况进行总结讲评。演练讲评由演练导演亲自实施，通常在演练结束后进行，有时在演练实施过程中按训练问题分阶段讲评，演练结束后再作综合讲评。

演练讲评没有固定的模式，通常分为演练的基本情况、演练的主要成绩（或主要收获）、演练存在主要问题、下步努力的方向四个部分。

基本情况是对整个演练的概要叙述和总评价。通常按顺序写明下列内容：演练背景（即组织演练的依据）、演练时间、课题、目的、参演实力、演练的主要方法、演练的主要问题、演练的主要成绩以及对演练的总评价。对演练基本过程的归纳要简洁、明快、条理清楚。对演练的评价要切合实际，掌握好分寸，主要写明演练有哪些收获、达到了什么目的。如：通过演练，强化了年度课题训练；使各级指挥员进一步熟悉了组织指挥的方法、程序，增强了组织指挥能力；锻炼了部队的作风，增强了综合保障能力，演练达到了预期目的。

主要成绩，是讲评的主要部分，也是重点，应该重点写，写深写透。写这一部分时，要以演练事实为依据，紧紧围绕演练目的和主要演练内容，以写指挥机关活动和部队活动及其战斗作风为主，突出运用和组织指挥，对部队演练的主要成绩实事求是地做出客观评价。基本方法是先归纳、提炼出观点，列出小标题，从全局着眼，对演练的整个过程进行通盘考虑，综合分析，从大量事实中抽出最值得总结的内容，作为小标题。主要成绩和收获，有时还可以主要特点的面目出现，即通过概括演练的特点，把成绩和收获说清楚。

存在问题主要写演练中存在的不足和发现的问题。要先把具体问题罗列出来，归纳分类。写问题应开门见山，一针见血，必要时举例说明；指明问题后，还应分析存在问题的主、客观原因。

最后一部分是下一步努力方向。主要针对演练中暴露的问题，提出改进通信训练的意见或着重解决的问题。一般是针对存在的问题，结合下一步的训练任务，列项分写。由于这一部分对部队训练具有指导意义，因此要写得恳切、具体、实在，便于操作。既要指明训练重点，交代清楚任务，又要拿出详细的改进意见和具体的办法措施，还要明确有关要求，以便部队贯彻执行。

### （三）注意事项

（1）清理演练现场。演练结束后，必须认真清场，撤除各种演练设施，收回各种演练器材。清理演练场的工作一定要认真做好。组织者应亲自督促指导，不留隐患。

（2）组织部队撤回。演练结束后，导演组通常要拟制并下达撤回指示（命令）。撤回指示（命令）主要明确各单位撤回路线、时间、方式、以及有关规定。在拟制撤回指示（命令）时，要科学安排各部（分）队撤回的时间和方式，有针对性地提出要求，确保演练部队安全返回。

（3）收集整理资料。演练资料主要有：演练组织准备阶段领导指示；演练想定、计划、规定和各种参考资料等；演练阶段的各种导调文书和作业文书，以及演练中首长的指示，演练结束后的讲评，总结材料等。这些资料既是演练情况的反映，又是以后研究演习的重要参考材料。因此，在演练结束后，要注意把各种演练资料收集齐全，并归类整理，装订成册，存档备案。

## 四、想定演练

### （一）定义

想定演练，是以消防部队通信部门遂行某一想定的任务为背景，以情况想定为依据，将通信技术、战术和勤务保障等内容贯穿于一个或数个战术课题中进行的一种训练活动。

### （二）分类

根据想定任务的不同，一般可分为火灾、地震等灾害事故救援、化学危险品泄漏事故处理等类别。

### （三）一般程序

（1）编写演练想定。演练想定是对消防部队通信部门遂行保障不同作战任务的设想，是引导通信分队进行训练的文书。是使受训者能在近似实战的情况下，进一步理解和运用理论原则，以提高组织和指挥能力。想定，通常根据训练大纲、训练计划所制定的训练课目、目的、问题、时间、方法以及首长指示和部队训练的实际情况进行编写。

（2）组织实施。演练实施是按照想定的演练方案指导演练的过程。它根据演练的想定内容，明确按照具体的推演步骤、演练部队（人员）可能采取的行动方案、以及相应的工作程序和工作内容来组织实施演练。

（3）演练讲评。综合演练结束后，通信部门应组织对演练情况进行总结讲评。演练讲评通常在演练结束后进行，有时在演练实施过程中按训练问题分阶段讲评，演练结束后再作综合讲评。演练讲评通常分为演练的基本情况、演练的主要成绩（或主要收获）、演练存在主要问题、下步努力的方向四个部分。

## 五、举例

### 抗震救灾行动应急通信预案

**A**

20××年×月×日×时×分，A 地区发生里氏 8.0 级特大地震，人民生命财产遭受重大损失，地震发生后，党中央、国务院迅速启动国家应急响应机制，成立了国家抗震救灾联合指挥部，统一指挥军、警、民多方力量，尽早摸清灾情实况，尽最大努力挽救人民生命财产安全，减少灾害造成的损失。

**B**

根据国家抗震救灾联合指挥部的要求和公安部的命令，AH 省消防总队接到上级命令：命令你部按照预案迅速集结力量，组建 300 人左右的抗震救灾突击队，赴灾区参加抗震救灾行动。

**C**

AH 省消防总队接到命令后，立即召开紧急作战会议，成立总队抗震救灾指挥部并派出前指，统一指挥总队抗震救灾救援队。按照上级指示，总队抗震救灾指挥部当前主要任务：一是集结收拢人员，做好出发的准备工作，按照预案，将抗震救援力量编成为救援1队、救援2队、救援3队，并按照全省地域分布，分别在1号、2号、3号集结点集结，按计划采用航空投送、铁路运输和摩托化开进三种方式开赴灾区；二是做好面对最困难情况的准备，救灾过程中要立足自我保障、准备好救灾设备、生活物资和应急通信设备。通信设备配备见表8-1；三是搜集灾区各项情报信息，包括气象、水文、人文资料及交通、电力、通信等基础设施损毁情况；四是接收上级加强的抗震救灾设备和应急通信装备（见表8-2），配发到各应急分队，并与厂家协调，选派精干技术力量进行装备维修保障；

表 8-1　省消防总队抗震救灾通信保障分队装备表

| 序号 | 装备名称 | 数量 | 备注 |
|---|---|---|---|
| 1 | 卫星通信指挥车 | 1台 | 含配套语音、图像综合管理平台各1套 |
| 2 | 350MHz车台 | 2部 | |
| 3 | 350MHz转信台 | 3部 | 各分队配发1部 |
| 4 | 350MHz手持台 | 150部 | 每部含电池2块、充电器1个，各分队2人1部 |
| 5 | 卫星电话 | 3部 | 各分队配发1部 |
| 6 | 单兵图传设备 | 4套 | 340M无线图传设备（具备现场组网功能、含显示器、麦克风和功放等），各分队配发1套 |
| 7 | 办公设备 | 1套 | 录音电话、计算机、打印机、卫星电视接收机等 |
| 8 | 短波电台 | 1套 | |

表 8-2　上级加强给总队抗震救灾通信人员和装备表

| 序号 | 装备名称 | 数量 | 备注 |
|---|---|---|---|
| 1 | 125W短波自适应电台车 | 1台 | 含人员 |
| 2 | CDMA机动式移动通信车 | 1台 | 含人员 |
| 3 | 16/32路微波接力车 | 2台 | 含人员 |
| 4 | 通用超短波电台 | 2部 | 含人员 |
| 5 | CDMA手持终端 | 10部 | |

**D**

AH省消防总队抗震救灾指挥部接到上级通信指示：

为最大限度做好抢险救灾通信保障工作，经与有关单位协调，为你部加强部分通信装备和人员，在规定时间内到现场总指挥部请领，并要求你部要加强组织、管理，正确使用通信装备，确保通信联络稳定畅通。

**E**

AH省消防总队根据上级要求和力量部署，立即安排以下工作：

① 拟制抗震救灾跨区机动应急通信保障方案。

② 挑选综合素质过硬的技术骨干，组建应急通信分队，担负抗震救灾突击队的通信保障任务。

③ 申领、调配、采购应急通信器材及备品备件。

④ 支援各救援队，充实通信保障力量。

F

AH 省消防总队接到上级情况通报如下：

（1）国家抗震救灾联合指挥部通信枢纽已在 B 地区（距离 A 地区最近）的机场开设完毕。

（2）现场通信情况

① 公众通信网。各救援力量到达现场后，可通过附近未受毁损的既设通信设施，接入固定电话网、因特网，各电信运营商负责为各救援力量提供接入保障，或提供各类中继信道保障，国家抗震救灾联合指挥部电话号码表（略），信息网络 IP 地址（略）。

② 短波通信网。建立联指至各救援力量的情报报知通信，公安部消防局开通全国消防短波指挥网，各参加救援的消防总队参加。

③ 卫星通信网

a. 各救援力量加入全国消防卫星网，向部消防局和各总队传输灾害救援现场的实时图像，建立语音和数据传输通道。

b. 联指使用鑫诺卫星，建立联指 1 号卫星通信网，公安部消防局、武警指挥部、A 地区政府指挥部等单位参加。

c. 利用公众卫星电话设备，建立跨区域卫星电话网，各救援力量参加。

④ 运动通信。联指在机场、指挥部、A 地区市政府建立文件交换站。每日 17 时在上述地点交换文件，急件随到随送。

（3）无线电管理。联指在 A 地区、B 地区等地设立无线电管理技术站，实施救灾区域的无线电管理，实施无线电管制，管制的频段为：$2 \sim 30\text{MHz}$、$60 \sim 100\text{MHz}$、$140 \sim 160\text{MHz}$、$260 \sim 280\text{MHz}$、$320 \sim 480\text{MHz}$ 频段。

G

省总队抗震救灾指挥部接到开进命令如下：

① 救援 1 队于 20××年×月×日×时×分，从 1 号集结地，乘坐民用飞机向灾区机动，可携带便携及背负式装备，抵达 B 地区机场后，总指挥部安排车辆按预定方案投入抗震救灾行动。

② 救援 2 队于 20××年×月×日×时×分，从 2 号集结地，乘坐火车至紧靠 A 地区的 C 市火车站，由总指挥部安排车辆按预定方案投入抗震救灾行动。

③ 救援 3 队于 20××年×月×日×时×分，从 3 号集结地，经××公路，携带大型救援装备，各类保障装备实施机动，按预定方案开展抗震救灾行动，总队前指随救援 3 队行进。

④ 各救援队到达指定位置后，建立各队指挥所。

H

执行事项：

（1）熟悉想定，根据想定材料，通信指挥员以总队信息通信处处长（主管参谋）的身份，完成如下作业：

① 提出通信保障建议报告，拟制抗震救灾行动通信保障方案（文字附表形式）。

② 根据导调材料，建立通信联络组织，处置各种通信情况。

（2）熟悉想定，根据想定材料，通信参谋（士官）以各救援分队通信负责人的身份，完成如下作业：

① 撰写本分队通信保障方案（文字附表形式）。

② 根据导调材料，建立救援分队通信联络组织，处置各种通信情况。

（3）熟悉想定，根据想定材料和配备的装备（不含上级加强的装备），分别搭建前线指挥所和各分队指挥所，按照既定的通信保障方案，实现前线指挥所同上级指挥部、各分队指挥所的音视频可视化指挥，在规定的时间内将声音和图像上传到部消防局和省消防总队。

I

补充想定一：

熟悉想定，根据想定材料，通信参谋（士官）以各救援分队通信负责人的身份，完成如下作业：

（1）制定夜间应急通信保障方案（文字附表形式），确保分队各救援组、指挥所和前指、总队全勤指挥部的图像语音通信畅通。

（2）根据导调材料，建立夜间救援分队通信联络组织，处置各种通信情况。

补充想定二：

熟悉想定，根据想定材料，通信参谋（士官）以各救援分队通信负责人的身份，完成如下作业：

（1）撰写本分队地处山区、救援现场面积大、人员分散广的通信保障方案（文字附表形式），确保分队各救援组、指挥所和前指、总队全勤指挥部的图像语音通信畅通。

（2）根据导调材料，建立山区救援分队通信联络组织，处置各种通信情况。

# 第三篇

# 保障篇

第九章　安全保障系统
第十章　标准规范体系
第十一章　运行维护体系

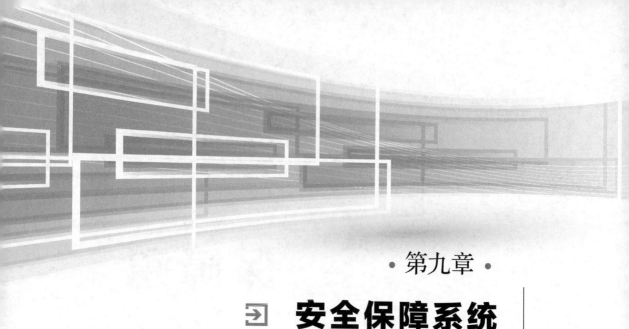

・第九章・

## ⇒ 安全保障系统

本章介绍信息安全保障系统基础知识，并从消防部队信息系统安全实际工作出发，结合网络安全技术典型应用，深入浅出地介绍了操作系统、数据库、网关、服务器以及防火墙等常用的网络安全技术和设备，从技术、管理、运维三大体系入手，对消防信息安全保障系统进行详细阐述。

### 第一节　基础知识

## 一、信息系统安全的定义

信息系统安全是关注信息本身的安全，以防止偶然的或未授权者对信息的恶意泄露、修改和破坏，从而导致信息的不可靠或无法处理等问题，使用户在最大限度地利用信息服务的同时而不招致损失或使损失最小。

## 二、信息安全保障的定义

计算机信息安全保障是关注信息本身的安全，通过保护计算机硬件、软件、数据不因偶然的或恶意的原因而遭到破坏、更改、泄露，为各类处理数据的信息系统提供技术、管理、工程和人员等方面的安全保护，确保系统连续可靠正常地运行，信息服务不中断。即保障信息的可用性、机密性、完整性、可控性、不可抵赖性。

## 三、安全保障体系术语

### 1. 可用性
根据授权实体的要求可访问和利用的特性。

## 2. 保密性

信息不能被未授权的个人、实体或者过程利用或知悉的特性。

## 3. 完整性

保证信息的完整和准确，只有得到允许的人才能修改数据，并且能够判别出数据是否已被篡改。

## 4. 审计

收集和监控网络环境中每一个组成部分的系统状态、安全事件、日志信息，以便集中报警、分析、处理的一种技术手段。对出现的网络安全问题提供调查的依据和手段。

## 5. 安全漏洞

计算机系统软硬件，包括操作系统和应用程序固有的缺陷或者配置的错误，这些缺陷和错误很容易被黑客利用，并据此对计算机系统进行攻击。

## 6. 威胁

可能对资产或组织造成损害的潜在原因。威胁可以通过威胁主体、资源、途径等多种属性来达到目的。

## 7. 脆弱性

可能被威胁利用对资产造成损害的薄弱环节。

## 8. 风险

人为或自然的威胁利用系统存在的脆弱性，导致安全事件发生的可能性及其造成的影响。它由安全事件发生的可能性及其造成的影响这两种指标来衡量。

## 9. 信息安全风险评估

依据有关信息安全技术与管理标准，对信息系统及由其处理、传输和存储的信息的机密性、完整性和可用性等安全属性进行评价的过程。

## 10. 风险管理

组织识别安全风险、分析安全风险和控制安全风险的活动。

## 11. 安全措施

保护资产、抵御威胁、减少脆弱性、降低安全事件的影响，以及打击信息犯罪而实施的各种实践、规程和机制的总称。

## 12. 信息安全事件

一个信息安全事件由单个的或一系列的有害或意外信息安全事态组成，它们具有损害业务运作和威胁信息安全的可能性。

## 13. 安全策略

为保障一个单位信息安全而规定的若干安全规划、过程、规范和指导性文件等。

## 14. 信息安全管理

信息技术中，在访问控制、认证服务、网络安全、安全体系结构与模型、运行安全、业务连续性规划以及法律与职业道德等方面的管理。

## 15. 信息安全管理体系

是整个管理体系的一部分。它是基于业务风险方法来建立、实施、运行、监视、评审、保持和改进信息安全的。

**16. 网络安全**（network security）

网络中各网络节点、网络通信的软硬件安全问题。

**17. 系统安全**（system security）

网络中服务器及各类主机的操作系统层面的安全保护问题。

**18. 应用安全**（application security）

运行在网络中的应用软件及其相关的数据库的安全保护问题。

**19. 物理隔离**（physical separation）

保证内部网不直接或间接地连接到公共网即国际互联网的措施。如果内部网与其相连，虽然可以利用防火墙、代理服务器、入侵检测等技术手段来抵御非法入侵，但这些手段都还存在许多漏洞、不能彻底保证内网信息的绝对安全，只有物理隔离，才能真正保证内部信息网络不受来自互联网的攻击。典型的物理隔离产品就是网闸。

**20. 逻辑隔离**（logical separation）

根据 OSI 模型的工作原理，在内外网之间的边界上安装隔离软件的措施。在应用层、会话层与网络层上对数据的包头、内容进行检测、过滤等，将来自外部网络的攻击和非法入侵过滤掉，从而达到外网与内网的隔离效果。逻辑隔离的原则是在保证网络正常使用的情况下，尽可能安全。典型的逻辑隔离产品就是防火墙。

**21. 密钥**（key）

在计算机安全中，一种控制加密或解密操作的变长位串。

**22. 公钥基础设施**（Public Key Infrastructure，PKI）

运用公钥的概念与技术来实施并提供安全服务的具有普遍适用性的网络安全基础设施。

**23. 入侵检测系统**（Intrusion Detection System，IDS）

一种自动进行入侵检测的监视和分析过程的硬件或软件产品，对发生在计算机系统或者网络上的事件进行监视和分析，以确定是否出现入侵的过程。

入侵检测系统是主动保护自己免受攻击的一种网络安全设备。作为防火墙的合理补充，入侵检测系统能够帮助系统对付网络攻击，扩展了系统管理员的安全管理能力（包括安全审计、监视、攻击识别和响应），提高了信息安全基础结构的完整性。目前入侵检测系统已经成为企业网络安全防护系统的三大重要组成部分之一。

**24. 入侵防御系统**（Intrusion Prevention System，IPS）

集防火墙、入侵检测和入侵防御为一体的网络安全技术。既可以进行入侵的检测，又可以进行实时的防御。当检测到入侵发生时，通过一定的响应方式，实时地阻止入侵行为，并阻止其进一步发展，保护信息系统不受实质性攻击。

该技术可以解决防火墙的防外不防内，或绕过防火墙的外部入侵问题，同时解决入侵检测系统只能检测不能阻止的问题，已成为入侵检测系统的替代品。同时，它具有智能性，能根据从入侵模式中发现的入侵方式，生成更智能的保护操作。

**25. 分布式拒绝服务**（Distributed Denial Of Service，DDOS）

分布式拒绝服务指借助于客户/服务器技术，将多个计算机联合起来作为攻击平台，对一个或多个目标发动 DOS 攻击，从而成倍地提高拒绝服务攻击的威力。

**26. 一机两用监控系统**

"一机两用"行为指公安信息网内的计算机设备同外网（互联网）进行连接的行为。包括同时连接公安网和互联网，以及断开公安网后连接互联网。发生原因多为操作失误、计算机送外维修、有意外联互联网等违规行为引起。

"一机两用"监控系统可通过软件方式，实时监控和告警网络中存在的客户端违规行为和安全事件；依据系统报警信息，管理人员在控制台远程对异常网络或者违规客户端机器采取处理措施（如断网、告警、远程协助等）。

## 第二节 信息安全标准

信息安全等级保护是指对国家秘密信息、法人和其他组织及公民的专有信息以及公开信息和存储、传输、处理这些信息的信息系统分等级实行安全保护，对信息系统中使用的信息安全产品实行按等级管理，对信息系统中发生的信息安全事件分等级响应、处置。

等级保护不仅是对信息安全产品或系统的检测、评估以及定级，更重要的是，等级保护是围绕信息安全保障全过程的一项基础性的管理制度，是一项基础性和制度性的工作。通过将等级化方法和安全体系方法有效结合，设计一套等级化的信息安全保障体系，是适合我国国情、系统化地解决大型组织信息安全问题的一个非常有效的方法。

信息安全等级保护的核心是对信息安全分等级、按标准进行建设、管理和监督。信息系统的安全保护等级分为五级，如表 9-1 所示。

表 9-1 信息系统安全保护等级表

| 第一级 | 信息系统受到破坏后，会对公民、法人和其他组织的合法权益造成损害，但不损害国家安全、社会秩序和公共利益 |
| --- | --- |
| 第二级 | 信息系统受到破坏后，会对公民、法人和其他组织的合法权益产生严重损害，或者对社会秩序和公共利益造成损害，但不损害国家安全 |
| 第三级 | 信息系统受到破坏后，会对社会秩序和公共利益造成严重损害，或者对国家安全造成损害 |
| 第四级 | 信息系统受到破坏后，会对社会秩序和公共利益造成特别严重损害，或者对国家安全造成严重损害 |
| 第五级 | 信息系统受到破坏后，会对国家安全造成特别严重损害 |

## 一、信息安全标准分类及列表

信息安全等级保护相关标准大致可以分为四类：基础类、应用类、产品类和其他类。

### （一）基础安全类标准

《计算机信息系统安全保护等级划分准则》（GB 17859—1999）
《信息系统安全等级保护基本要求》（GB/T 22239—2008）

### （二）应用安全类标准

《信息系统安全保护等级定级指南》（GB/T 22240—2008）
《信息系统安全等级保护实施指南》（GB/T 25058—2010）

《信息系统通用安全技术要求》（GB/T 20271—2006）

《信息系统等级保护安全设计技术要求》（GB/T 25070—2010）

《信息系统安全管理要求》（GB/T 20269—2006）

《信息系统安全工程管理要求》（GB/T 20282—2006）

《信息系统物理安全技术要求》（GB/T 21052—2007）

《网络基础安全技术要求》（GB/T 20270—2006）

《信息系统安全等级保护体系框架》（GA/T 708—2007）

《信息系统安全等级保护基本模型》（GA/T 709—2007）

《信息系统安全等级保护基本配置》（GA/T 710—2007）

《信息系统安全管理测评》（GA/T 713—2007）

### （三）产品安全类标准

**1. 操作系统**

《操作系统安全技术要求》（GB/T 20272—2006）

《操作系统安全评估准则》（GB/T 20008—2005）

**2. 数据库**

《数据库管理系统安全技术要求》（GB/T 20273—2006）

《数据库管理系统安全评估准则》（GB/T 20009—2005）

**3. 网络**

《网络端设备隔离部件技术要求》（GB/T 20279—2006）

《网络端设备隔离部件测试评价方法》（GB/T 20277—2006）

《网络脆弱性扫描产品技术要求》（GB/T 20278—2006）

《网络脆弱性扫描产品测试评价方法》（GB/T 20280—2006）

《网络交换机安全技术要求》（GA/T 684—2007）

《虚拟专用网安全技术要求》（GA/T 686—2007）

**4. PKI**

《公钥基础设施安全技术要求》（GA/T 687—2007）

《PKI系统安全等级保护技术要求》（GB/T 21053—2007）

**5. 网关**

《网关安全技术要求》（GA/T 681—2007）

**6. 服务器**

《服务器安全技术要求》（GB/T 21028—2007）

**7. 入侵检测**

《入侵检测系统技术要求和检测方法》（GB/T 20275—2006）

《计算机网络入侵分级要求》（GA/T 700—2007）

**8. 防火墙**

《防火墙安全技术要求》（GA/T 683—2007）

《防火墙技术测评方法》

《信息系统安全等级保护防火墙安全配置指南》

《防火墙技术要求和测评方法》(GB/T 20281—2006)

《包过滤防火墙评估准则》(GB/T 20010—2005)

### 9. 路由器

《路由器安全技术要求》(GB/T 18018—2007)

《路由器安全评估准则》(GB/T 20011—2005)

《路由器安全测评要求》(GA/T 682—2007)

### 10. 交换机

《网络交换机安全技术要求》(GB/T 21050—2007)

《交换机安全测评要求》(GA/T 685—2007)

### 11. 其他产品

《终端计算机系统安全等级技术要求》(GA/T 671—2006)

《终端计算机系统测评方法》(GA/T 671—2006)

《审计产品技术要求和测评方法》(GB/T 20945—2006)

《虹膜特征识别技术要求》(GB/T 20979—2007)

《应用软件系统安全等级保护通用技术指南》(GA/T 711—2007)

《应用软件系统安全等级保护通用测试指南》(GA/T 712—2007)

《网络和终端设备隔离部件测试评价方法》(GB/T 20277—2006)

## (四)其他安全类标准

《信息安全风险评估规范》(GB/T 20984—2007)

《信息安全事件管理指南》(GB/Z 20985—2007)

《信息安全事件分类分级指南》(GB/Z 20986—2007)

《信息系统灾难恢复规范》(GB/T 20988—2007)

# 二、信息安全标准简介

## (一)《计算机信息系统安全保护等级划分准则》(GB 17859—1999)

### 1. 主要用途

本标准对计算机信息系统的安全保护能力划分了五个等级,并明确了各个保护级别的技术保护措施要求。本标准是国家强制性技术规范,其主要用途包括:一是用于规范和指导计算机信息系统安全保护有关标准的制定;二是为安全产品的研究开发提供技术支持;三是为计算机信息系统安全法规的制定和执法部门的监督检查提供依据。

### 2. 主要内容

本标准界定了计算机信息系统的基本概念:计算机信息系统是由计算机及其相关的和配套的设备、设施(含网络)构成的、按照一定的应用目标和规则对信息进行采集、加工、存储、传输、检索等处理的人机系统。

信息系统安全保护能力五级划分。信息系统按照安全保护能力划分为五个等级:第一级用户自主保护级;第二级系统审计保护级;第三级安全标记保护级;第四级结构化保护级;第五级访问验证保护级。

从自主访问控制、强制访问控制、标记、身份鉴别、客体重用、审计、数据完整性、隐蔽信道分析、可信路径、可信恢复等十个方面，采取逐级增强的方式提出了计算机信息系统的安全保护技术要求。

**3. 使用说明**

本标准是等级保护的基础性标准，其提出的某些安全保护技术要求受限于当前技术水平尚难以实现，但其构造的安全保护体系应随着科学技术的发展逐步落实。

## （二）《信息系统安全等级保护基本要求》（GB/T 22239—2008）

**1. 主要用途**

根据《信息安全等级保护管理办法》的规定，信息系统按照重要性和被破坏后对国家安全、社会秩序、公共利益的危害性分为五个安全保护等级。不同安全保护等级的信息系统有着不同的安全需求，为此，针对不同等级的信息系统提出了相应的基本安全保护要求，各个级别信息系统的安全保护要求构成了《信息系统安全等级保护基本要求》（以下简称《基本要求》）。《基本要求》以《计算机信息系统安全保护等级划分准则》（GB 17859—1999）为基础研究制定，提出了各级信息系统应当具备的安全保护能力，并从技术和管理两方面提出了相应的措施，为信息系统建设单位和运营使用单位在系统安全建设中提供参照。

**2. 主要内容**

（1）总体框架。《基本要求》分为基本技术要求和基本管理要求两大类，其中技术要求又分为物理安全、网络安全、主机安全、应用安全、数据安全及其备份恢复五个方面，管理要求又分为安全管理制度、安全管理机构、人员安全管理、系统建设管理和系统运行维护管理五个方面。

技术要求主要包括身份鉴别、自主访问控制、强制访问控制、安全审计、完整性和保密性保护、边界防护、恶意代码防范、密码技术应用等，以及物理环境和设施安全保护要求。

管理要求主要包括确定安全策略，落实信息安全责任制，建立安全组织机构，加强人员管理、系统建设和运行维护的安全管理。提出了机房安全管理、网络安全管理、系统运行维护管理、系统安全风险管理、资产和设备管理、数据及信息安全管理、用户管理、安全监测、备份与恢复管理、应急处置管理、密码管理、安全审计管理等基本安全管理制度要求，提出了建立岗位和人员管理制度、安全教育培训制度、安全建设整改的监理制度、自行检查制度等要求。

（2）保护要求的分级方法。由于信息系统分为五个安全保护等级，其安全保护能力逐级增高，相应的安全保护要求和措施逐级增强，体现在两个方面：一是随着信息系统安全级别提高，安全要求的项数增加；二是随着信息系统安全级别的提高，同一项安全要求的强度有所增加。例如，三级信息系统基本要求是在二级基本要求的基础上，在技术方面增加了网络恶意代码防范、剩余信息保护、抗抵赖等三项要求。同时，对身份鉴别、访问控制、安全审计、数据完整性及保密性方面的要求在强度上有所增加；在管理方面增加了监控管理和安全管理中心等两项要求，同时对安全管理制度评审、人员安全和系统建设过程管理提出了进一步要求。安全要求的项数和强度的不同，综合体现出不同等级信息系统安全要求的级差。

**3. 使用说明**

《基本要求》给出了各级信息系统每一保护方面需达到的要求，不是具体的安全建设整改方案或作业指导书，所以，实现基本要求的措施或方式并不局限于《基本要求》给出的内容，要结合系统自身的特点综合考虑采取的措施来达到基本要求提出的保护能力。

《基本要求》综合了《信息系统物理安全技术要求》、《信息系统通用安全技术要求》和《信息系统安全管理要求》的有关内容，在进行系统安全建设整改方案设计时可进一步参考后三个标准。

由于系统定级时是根据业务信息安全等级和系统服务安全等级确定的系统安全等级，因此，在进行系统安全建设时，应根据业务信息安全等级和系统服务安全等级确定《基本要求》中相应的安全保护要求，而通用安全保护要求要与系统等级对应。

信息系统运营使用单位在根据《基本要求》进行安全建设整改方案设计时，要按照整体安全的原则，综合考虑安全保护措施，建立并完善系统安全保障体系，提高系统的整体安全防护能力。

## （三）《信息系统安全等级保护实施指南》（GB/T 25058—2010）

### 1. 主要用途

《信息安全等级保护管理办法》（公通字［2007］43号）第九条规定，信息系统运营、使用单位应当按照《信息系统安全等级保护实施指南》具体实施等级保护工作。信息系统从规划设计到终止运行要经历几个阶段，《信息系统安全等级保护实施指南》（以下简称《实施指南》）用于指导信息系统运营使用单位，在信息系统从规划设计到终止运行的过程中如何按照信息安全等级保护政策、标准要求实施等级保护工作。

### 2. 主要内容

（1）总体框架。《实施指南》正文介绍了等级保护实施的基本原则、参与角色和几个主要工作阶段。对于信息系统定级、总体安全规划、安全设计与实施、安全运行与维护和信息系统终止五个工作阶段进行了详细描述和说明。本标准以信息系统安全等级保护建设为主要线索，定义信息系统等级保护实施的主要阶段和过程，包括信息系统定级、总体安全规划、安全设计与实施、安全运行与维护、信息系统终止五个阶段，对于每一个阶段，介绍了主要的工作过程和相关活动的目标、参与角色、输入条件、活动内容、输出结果等。

（2）实施等级保护基本流程。对信息系统实施等级保护的基本流程见图9-1。

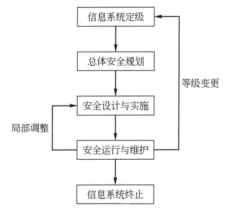

图 9-1 信息系统安全等级保护实施的基本流程

信息系统定级阶段内容。用于指导信息系统运营使用单位按照国家有关管理规范和《信息系统安全等级保护定级指南》，确定信息系统的安全保护等级。

总体安全规划阶段内容。用于指导信息系统运营使用单位根据信息系统定级情况，在分析信息系统安全需求基础上，设计出科学、合理的信息系统总体安全方案，并确定安全建设项目规划，以指导后续的信息系统安全建设工程实施。

安全设计与实施阶段内容。用于指导信息系统运营使用单位按照信息系统安全总体方案的要求，结合信息系统安全建设项目计划，进行安全方案详细设计，实施安全建设工程，落实安全保护技术措施和安全管理措施。

安全运行与维护阶段内容。用于指导信息系统运营使用单位通过实施操作管理和控制、变更管理和控制、安全状态监控、安全事件处置和应急预案、安全评估和持续改进、等级测评以及监督检查等活动，进行系统运行的动态管理。

信息系统终止阶段内容。用于指导信息系统运营使用单位在信息系统被转移、终止或废弃时，正确处理系统内的重要信息，确保信息资产的安全。

另外，在安全运行与维护阶段，信息系统因需求变化等原因导致局部调整，而系统的安全保护等级并未改变，应从安全运行与维护阶段进入安全设计与实施阶段，重新设计、调整和实施安全保护措施，确保满足等级保护的要求；当信息系统发生重大变更导致系统安全保护等级变化时，应从安全运行与维护阶段进入信息系统定级阶段，开始新一轮信息安全等级保护的实施过程。

### 3. 使用说明

本标准属于指南性标准，读者可通过该标准了解信息系统实施等级保护的过程、主要内容和脉络，不同角色在不同阶段的作用，不同活动的参与角色、活动内容等。

在实施等级保护的过程中除了参考本标准外，在不同阶段和环节中还需要参考和依据其他相关标准。例如在定级环节可参考《信息系统安全等级保护定级指南》。在系统建设环节可参考《计算机信息系统安全保护等级划分准则》、《信息系统安全等级保护基本要求》、《信息系统通用安全技术要求》、《信息系统等级保护安全设计技术要求》等。在等级测评环节可参照《信息系统安全等级保护测评要求》、《信息系统安全等级保护测评过程指南》等。

## （四）《信息系统安全等级保护定级指南》（GB/T 22240—2008）

### 1. 主要用途

《信息安全等级保护管理办法》（以下简称《管理办法》）对信息系统的安全保护等级给出了明确定义。信息系统定级是等级保护工作的首要环节，是开展信息系统安全建设整改、等级测评、监督检查等后续工作的重要基础。《信息系统安全等级保护定级指南》（以下简称《定级指南》）依据《管理办法》，从信息系统对国家安全、经济建设、社会生活的重要作用，信息系统承载业务的重要性以及业务对信息系统的依赖程度等方面，提出确定信息系统安全保护等级的方法。

### 2. 主要内容

《定级指南》包括了定级原理、定级方法以及等级变更等内容。

（1）定级原理。给出了信息系统五个安全保护等级的具体定义，将信息系统受到破坏时所侵害的客体和对客体造成侵害的程度两方面因素作为信息系统的定级要素，并给出了定级要素与信息系统安全保护等级的对应关系。

（2）定级方法。信息系统安全包括业务信息安全和系统服务安全，与之相关的受侵害客体和对客体的侵害程度可能不同，因此，信息系统定级可以分别确定业务信息安全保护等级和系统服务安全保护等级，并取二者中的较高者为信息系统的安全保护等级。具体定级方法如图9-2所示。

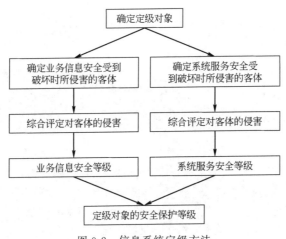

图 9-2　信息系统定级方法

（3）等级变更。信息系统的安全保护等级会随着信息系统所处理信息或业务状态的变化而变化，当信息系统发生变化时应重新定级并备案。

**3. 使用说明**

应根据《关于开展全国重要信息系统安全等级保护定级工作的通知》（公信安 [2007] 861 号）要求，参照《定级指南》开展定级工作。

（1）定级工作流程。可以参照以下步骤进行：①摸底调查，掌握信息系统底数；②确定定级对象；③初步确定信息系统等级；④专家评审；⑤上级主管部门审批；⑥到公安机关备案。

（2）定级范围。新建信息系统和已经投入运行的信息系统（包括网络）都要定级。新建信息系统应在规划设计阶段定级，同步建设安全设施、落实安全保护措施。

## 第三节　消防信息化安全保障体系

### 一、体系结构

本体系结合消防部队的安全现状，根据国家和公安部制定的相关信息安全建设要求，在安全策略的指导下，需要从技术体系、管理体系、运维体系三大体系入手，进行规划的设计与建设。信息安全保障体系结构如图 9-3 所示。

### 二、功能与特点

#### （一）安全策略建设

安全策略是制定信息网络与信息系统的长期安全目标，是从消防部队决策者的角度审视和评估信息安全现状，确定在未来的发展过程中，要应对各种变化所要达到的安全目标，制定和调整消防部队信息化的指导纲领，原则上以最适合的规模，最适合的成本，去做最适合的信息安全工作。从信息系统安全角度看，安全策略是为了利用信息安全各项建设和实施来保障其业务流程而确定的发展方向。

消防部队需要一套清晰的安全策略，并通过在组织内对安全策略的发布和保持来证明对

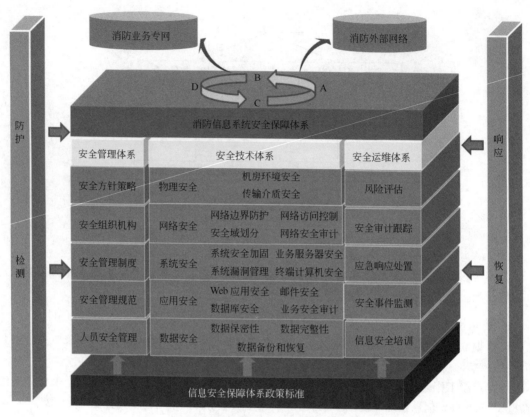

图 9-3　消防信息安全保障体系结构图

信息安全的支持与承诺。安全策略框架如图 9-4 所示。

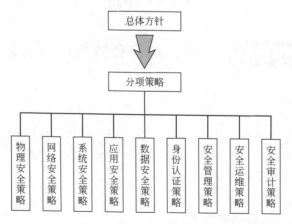

图 9-4　安全策略框架示意图

### （二）安全技术体系建设

信息安全技术体系的作用是通过使用安全产品和技术，支撑和实现安全策略，达到信息系统的保密、完整、可用等安全目标。

安全技术体系方面主要从技术角度提出了对信息系统的安全防护、检测、响应和恢复四种技术能力的要求。安全防护是根据系统存在的各种安全漏洞和安全威胁所采用的相应的技术防护措施，是安全保障体系的重心所在；检测是随时监测系统的运行情况，及时发现和制止对系统进行的各种攻击；响应恢复是在安全防护机制失效的情况下，进行应急处理和响应，及时地恢复信息，减少被攻击的破坏程度。这些不同层次的安全技术根据安全策略和不同的需要，部署到合适的网络环境，为信息系统提供有效可靠的安全服务。

安全技术体系框架如图 9-5 所示。

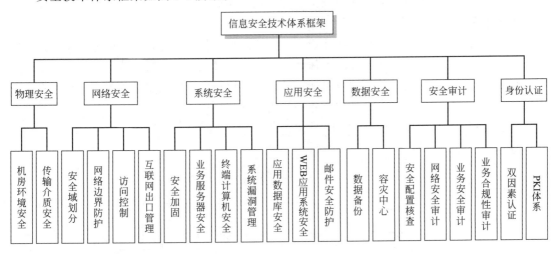

图 9-5　安全技术体系框架图

### （三）安全管理体系建设

消防部队的安全管理体系建设将针对消防信息系统自身的业务特点，开展信息安全管理工作，达到与现有的业务管理体系及安全技术体系相互依托、高度融合的目标，更好地发挥技术体系作用，同时安全管理体系将融入到日常的运维体系当中，从组织、人员、运维等方面体现管理本质的信息安全管理体系建设。

安全管理体系的建设内容将重点放在最能体现管理本质的组织架构、规章制度方面。

安全管理体系建设如图 9-6 所示。

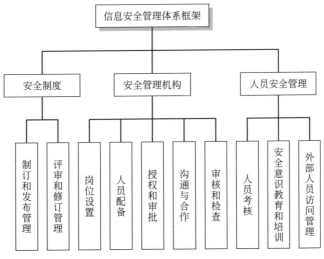

图 9-6　安全管理体系建设

### （四）安全运维体系建设

运维阶段是整个信息系统生命周期中最长的一个阶段，也是安全问题最集中的阶段，因此该阶段的安全管理对整个信息系统的安全应起到非常关键的作用。在这个阶段的建设中，不仅将依据规范从风险评估、安全审计、日常维护、信息资产、口令、电子文档、系统等方面对运维过程中的重要管理问题进行安全管理建设，还应进行全方位的、系统的运维保障管理和技术体系的应用。

安全运维管理是对安全管理体系建设各项制度进行细化、落实，将制定可操作的体系化的规范和流程，与安全管理体系和技术体系一起形成层次化的安全策略体系。

安全运维体系的高效运作不仅仅是通过管理手段实现，而应以安全服务、安全技术手段作为支持，技术监控行为要与日常安全管理行为相结合。

应定制的运维体系框架如图 9-7 所示。

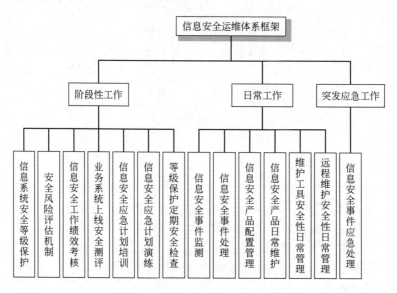

图 9-7　信息安全运维体系框架

## 三、安全技术体系

### （一）物理安全

#### 1. 面临的风险

物理安全考虑因素包括机房环境、机柜、电源、服务器、网络设备和其他设备的物理环境。该层为上层提供了一个生成、处理、存储和传输数据的物理媒体。物理安全面临的风险主要包括：

（1）电磁泄漏造成信息泄密；

（2）非法人员访问、接触物理设备，造成系统的泄漏或破坏；

（3）火灾、地震、水灾、电力中断等各类灾害对系统造成的损坏。

物理安全作为技术体系的一部分，对机房的建设和技术的采用作了相关规定。通常，要结合实际情况在机房的物理安全中应包含电气系统、综合布线、视频监控、门禁系统、环境监控系统等。

## 2. 常用系统和设备

（1）电气系统

① 配电柜。信息中心机房供配电系统是机房安全运行动力保证，应采用中心机房专用配电柜来规范中心机房供配电系统，根据实际用电情况合理设计配电系统并配置相应输入输出配电柜。保证中心机房供配电系统的安全、合理。

② UPS 配电。机房电源进线正常时由市电供电，市电故障时由 UPS 供电，根据不同的等级要求，保证信息中心 4～24h 的不间断供电。

UPS 配电系统的供电范围是：服务器机柜、监控系统设备等 IT 设备。

③ 防雷接地。防雷接地要求与其他接地应严格分开，并保持一定的距离（一般需大于 20m），应装设浪涌电压吸收装置。

（2）综合布线。采用先进、合理的布线结构、稳定可靠、故障率低、便于链路维护、扩展及设备变更升级、符合国际公认的结构化布线标准（EIA/TIA-568A）高性价比。

机房布线应考虑不同网段间的物理隔离，从基础环境上杜绝误操作的可能性。通常综合布线系统主要材料（各种线缆、跳线、信息模块、配线架、理线器、信息面板等）应采用同一品牌产品。

（3）空调系统。为了保证电脑机房内工作人员有一个舒适的工作环境，保证机房内的空气洁净程度，精密空调系统可以将新风系统送入机房，同时也能维持机房内的正压需要，具备自启动、制冷、加热、加湿、除湿的功能。能够保证 7×24h 连续工作。

（4）视频监控。视频安防监控系统是安全技术防范系统的重要组成部分，主要通过摄像机、监视器、录像机等系列设备使管理人员直接观察和录制图像信息，系统建设目标就是要通过对各重要场所的监控，提高技防现代化水平，节约人力、物力。

（5）门禁系统。在信息中心机房各功能间出入口、主要通道、各辅助机房门等位置设立门禁点位，可以通过非接触式感应卡的方式对出入口进行设防，对人员的身份、进出及停留时间作记录，对电动门锁进行控制，既能防止外盗，又能防止内部作案，要能实时反映、记录各点工作状态，且不可更改。

（6）环境监控系统。环境监控系统应该支持各种设备：可以实时检测 UPS 以及电池监控、精密空调、机房内配电柜、温湿度传感器、漏水检测器（在精密空调下设置）、新风机监控、防雷监控、智能照明系统等设备的工作状态和各种运行参数。将所有的监控内容统一集成在一个环境监控中心平台内，实时对机房内设备的监控和管理。

## （二）网络安全

### 1. 防范内容

网络层安全建设需要考虑如下方面的内容。

（1）网络结构安全域划分。消防部队信息系统及网络的建设是由业务系统的驱动建设而成的，初始的网络建设缺乏统一规划，部分系统是独立的网络，部分系统又共用一个网络，而这些系统的业务特性、安全需求和等级、使用的对象、面对的威胁和风险各不相同。

结合信息系统等级保护要求，进行安全域的划分和安全改造，从信息系统的全局出发，全面分析和理清各信息系统之间的业务联系、通信要求、网络关系，按照业务功能、系统通信、网络互连的要求，从整体上把信息系统划分为多个独立的安全域，然后对每个独立的信息系统进行进一步的安全划分和边界整合。

此项工作基本上可分为四个过程：安全域的划分与边界整合、安全域的防护策略设计、安全域的防护改造、安全域的管理制度设计，由于工作的复杂性，该项工作可与安全服务提供商共同实施，并结合等级保护工作的各个阶段进行推进。

对于网络结构安全域划分相关建设主要包括：

① 应保证主要网络设备的业务处理能力具备冗余空间，满足业务高峰期需要；

② 保证网络各个部分的带宽满足业务高峰期需要；

③ 应在业务终端与业务服务器之间进行路由控制建立安全的访问路径；

④ 应绘制与当前运行情况相符的网络拓扑结构图；

⑤ 应根据各部门的工作职能、重要性和所涉及信息的重要程度等因素，划分不同的子网或网段，并按照方便管理和控制的原则为各子网、网段分配地址段；

⑥ 应避免将重要网段部署在网络边界处且直接连接外部信息系统，重要网段与其他网段之间采取可靠的技术隔离手段；

⑦ 应按照对业务服务的重要次序来指定带宽分配优先级别，保证在网络发生拥堵的时候优先保护重要主机。

（2）网络访问控制。访问控制是对信息系统中发起访问的主体和被访问的数据、应用、人员等客体之间的访问活动进行控制，防止未经授权使用信息资源的安全机制。

按用户身份及其所归属的某项定义组来限制用户对某些信息项的访问，或限制对某些控制功能的使用。访问控制通常用于系统管理员控制用户对服务器、目录、文件等网络资源的访问。

访问控制主要有以下的功能：

① 防止非法的主体进入受保护的网络资源。

② 允许合法用户访问受保护的网络资源。

③ 防止合法的用户对受保护的网络资源进行非授权的访问。

访问控制的类型：访问控制可分为自主访问控制和强制访问控制两大类：

① 自主访问控制，是指由用户有权对自身所创建的访问对象（文件、数据表等）进行访问，并可将对这些对象的访问权授予其他用户和从授予权限的用户收回其访问权限。

② 强制访问控制，是指由系统（通过专门设置的系统安全员）对用户所创建的对象进行统一的强制性控制，按照规定的规则决定哪些用户可以对哪些对象进行什么样操作系统类型的访问，即使是创建者用户，在创建一个对象后，也可能无权访问该对象。

对于网络结构安全域划分相关建设主要包括：

① 应在网络边界部署访问控制设备，启用访问控制功能；

② 应能根据会话状态信息为数据流提供明确的允许/拒绝访问的能力，控制粒度为端口级；

③ 应对进出网络的信息内容进行过滤，实现对应用层 HTTP、FTP、TELNET、SMTP、POP3 等协议命令级的控制；

④ 应在会话处于非活跃一定时间或会话结束后终止网络连接；

⑤ 应限制网络最大流量数及网络连接数；

⑥ 重要网段应采取技术手段防止地址欺骗；

⑦ 应按用户和系统之间的允许访问规则，决定允许或拒绝用户对受控系统进行资源访问，控制粒度为单个用户；

⑧ 应限制具有拨号访问权限的用户数量。

（3）互联网出口管理。目前消防部队均有自己的互联网出口，大部分消防部队对其管理力度比较薄弱，存在比较大的安全隐患，是病毒传播、木马攻击的主要原因，从长远看，在条件允许的情况下，还是应进行互联网统一出口的建设。现阶段应以加强消防部队的互联网出口的安全控制和管理作为重点。各互联网出口当前应采用访问控制技术、审计机制以及管理手段对连接互联网的行为进行监督管理。

（4）网络边界保护。把不同安全级别安全域的网络相连接，就产生了网络边界，在不同信任级别或同一级别不同安全需求的安全区域之间也形成了网络边界。

消防信息网是覆盖全国各级消防部队内部数据、语音和图像传输的专用网络。消防信息网上运行各类消防信息系统。为提高消防部队的工作效率和能力，提升消防部队的战斗力发挥着重要作用。因此，消防信息网的安全、可靠运行是消防部队正常工作的重要保证。如何既保证消防部队与外部开展正常业务信息共享的同时，又保证整体消防信息网的安全，成为需要解决的问题。

消防部队所有要求通过消防信息网向外提供信息服务和接收外部信息的业务按接入对象划分，主要分成三大类：社会企事业单位接入业务、党/政/军机关接入业务、消防部队驻地外接入业务。

接入业务操作方式可分为数据交换和授权访问两大类：

① 数据交换：指以文件、数据库、流媒体等方式进行信息共享与交换的过程，该类操作方式一般不要求与消防信息网进行实时交互。

② 授权访问：指持有不同权限的数字身份证书交互式访问消防信息网的过程，该类操作实时性要求较高。

为防止来自网络外界的入侵就要在网络边界上建立可靠的安全防御措施，应在互联网边界部署防火墙、IPS、防病毒网关等安全防护设备，通过设备管理权限，统一上网行为管理策略，统一互联网边界防护策略的方式，保障消防部队内网以及外网各安全域边界安全。消防信息网网络边界层面的防护应考虑如下安全机制：

① 建立有效的边界隔离，可以实现对非法访问的阻断，对源/目的地址及端口进行控制，实现会话状态检测及内部网络地址隐藏。能够实时发现入侵行为及病毒、蠕虫传播，并及时报警；

② 针对各类接入业务在边界接入过程中网络和系统的边界安全方面，建立有效的身份识别与访问控制机制，实现对源地址的定位、识别和控制，实现粗粒度控制下合法访问者对网络和系统的访问；

③ 建立有效的对抗攻击能力，实现对异常流量、恶意代码、有目标的渗透等情况的鉴别和防护；

④ 建立深度应用识别与攻击检测，对应用数据包进行深度检测，防范欺骗；

⑤ 实现业务间隔离与带宽资源控制，保障重要业务访问；

⑥ 要保护数据传输安全，防止数据被窃听和篡改；

⑦ 集中监控与审计实现对边界接入的安全监控，管理与审计。针对用户、业务应用系统、设备等的安全审计功能、以及对异常事件的追踪。主要包括：用户行为审计，即用户信息、访问的资源、访问的事件等；业务应用系统审计。

（5）网络安全审计。业务信息系统及安全域的安全是一个循环上升的过程，同理，安全域的管理也是一个循环上升，不断往复的过程。在对业务信息系统的安全域划分和边界整合完毕，并部署了相应的安全保障措施之后，就需要对业务信息系统进行长期的运行安全进行管理、维护、监控和改进。此时，安全域的审计管理就成为工作的重中之重了。

审计的目的是客观地获取消防业务信息系统的安全防护信息，涉及对业务系统操作、数据库访问等业务行为的审计工作是一种被实际证明有效的风险控制方案，它建立在对业务操作行为审计基础之上，能够发挥监管、控制及取证作用，从而有效地帮助用户控制业务系统的相关安全风险。同时在系统安全建设中信息安全策略的贯彻执行需要相应的检查和核实，业务安全审计作为风险控制重要内容之一，是检查安全策略落实情况的一种手段。向管理者提供决策依据和参考，以将消防业务信息系统维持在正确的安全保护等级或者组织能够接受的安全风险程度内。

关于网络安全审计的相关建设主要包括：

① 应对网络系统中的网络设备运行状况、网络流量、用户行为等进行日志记录；

② 审计记录应包括：事件的日期和时间、用户、事件类型、事件是否成功及其他与审计相关的信息；

③ 应能够根据记录数据进行分析，并生成审计报表；

④ 应对审计记录进行保护，避免受到未预期的删除、修改或覆盖等。

（6）涉密计算机网络物理隔离。涉密信息系统必须与互联网及其他公共信息网络实行物理隔离。严禁同一计算机既上互联网又处理涉密信息。

移动存储设备不得在涉密信息系统和非涉密信息系统间交叉使用，涉密移动存储设备不得在非涉密信息系统中使用。

## 2. 常用网络安全设备

（1）防火墙。防火墙指的是一个由软件和硬件设备组合而成、在内部网和外部网之间、专用网与公共网之间的界面上构造的保护屏障。是一种获取安全性方法的形象说法，它是一种计算机硬件和软件的结合，使 Internet 与内部网络之间建立起一个安全网关（Security Gateway），从而保护内部网免受非法用户的侵入，防火墙主要由服务访问规则、验证工具、包过滤和应用网关 4 个部分组成，防火墙就是一个位于计算机和它所连接的网络之间的软件或硬件。该计算机流入流出的所有网络通信和数据包均要经过此防火墙。

（2）入侵防护系统（IPS）。网络入侵防护系统（IPS）作为一种在线部署的产品，提供主动的、实时的防护，其设计目标旨在准确监测网络异常流量。自动对各类攻击性的流量，尤其是应用层的威胁进行实时阻断，而不是简单地在监测到恶意流量的同时或之后才发出告警。IPS 是通过直接串联到网络链路中而实现这一功能的，即 IPS 接收到外部数据流量时，如果检测到攻击企图，就会自动地将攻击包丢掉或采取措施将攻击源阻断，而不把攻击流量放进内部网络。如图 9-8 所示。

（3）防病毒网关。防病毒网关是一种网络设备，用以保护网络内（一般是局域网）进出数据的安全。主要体现在病毒杀除、关键字过滤（如色情、反动）、垃圾邮件阻止的功能，同时部分设备也具有一定防火墙的功能。

对于单位内部网络，一个安全系统的首要任务就是阻止病毒通过电子邮件与附件入侵。当今的威胁已经不单单是一个病毒，经常伴有恶意程序、黑客攻击以及垃圾邮件等多种威胁。网关作为单位内部网络连接到另一个网络的关口，就像是一扇大门，一旦大门敞开，企业的整个网络信息就会暴露无遗。从安全角度来看，对网关的防护得当，就能起到"一夫当关，万夫莫开"的作用，反之，病毒和恶意代码就会从网关进入单位内部网，为单位带来巨

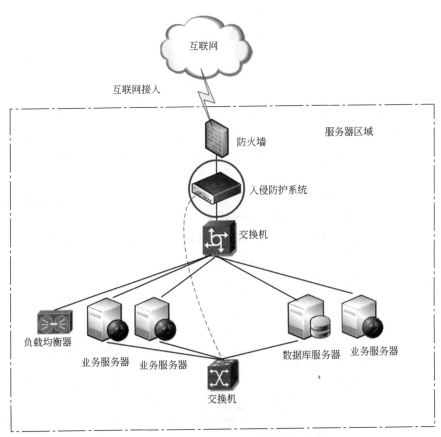

图 9-8　网络入侵防护系统部署示意图

大损失。

基于网关的重要性,部署防病毒网关主要的功能就是阻挡病毒进入网络。这种网关防病毒产品能够检测进出网络内部的数据,对 HTTP、FTP、SMTP、IMAP 四种协议的数据进行病毒扫描,一旦发现病毒就会采取相应的手段进行隔离或查杀,在防护病毒方面起到了非常大的作用。

(4) 统一威胁管理系统。统一威胁管理系统 (Unified Threat Management,UTM) 是将防病毒、入侵检测和防火墙等安全网关设备划归统一威胁管理新类别。UTM 是指由硬件、软件和网络技术组成的具有专门用途的设备,它主要提供一项或多项安全功能,同时将多种安全特性集成于一个硬件设备里,构成一个标准的统一管理平台。从定义的前半部分来看,众多安全厂商提出的多功能安全网关、综合安全网关、一体化安全设备等产品都可被划归到 UTM 产品的范畴;而从后半部分来看,UTM 的概念还体现出在信息产业经过多年发展之后,对安全体系的整体认识和深刻理解。

虽然 UTM 集成了多种功能,但却不一定要同时开启。根据不同用户的不同需求以及不同的网络规模,UTM 产品分为不同的级别。也就是说,如果用户需要同时开启多项功能,则需要配置性能比较高、功能比较丰富的产品。

(5) 防 DOS 攻击网关。DDOS (分布式拒绝服务) 攻击由于攻击简单、容易达到目的、难于防止和追查,越来越成为常见的攻击方式。拒绝服务攻击可以有各种分类方法,如果按照攻击方式来分可以分为:资源消耗、服务中止和物理破坏。资源消耗指攻击者试图消耗目标的合法资源，例如：网络带宽、内存和磁盘空间、CPU 使用率等。通常，网络层的拒绝服务攻击利用了网络协议的漏洞，或者抢占网络或者设备有限的处理能力，造成网络或者服务的瘫痪，而 DDOS 攻击又可以躲过目前常见的网络安全设备的防护，诸如防火墙、入侵监测系统等，这就使得对拒绝服务攻击的防御，成为了一个令管理员非常头痛的问题。

传统的攻击都是通过对业务系统的渗透，非法获得信息来完成，而 DDOS 攻击则是一种可以造成大规模破坏的黑客武器，它通过制造伪造的流量，使得被攻击的服务器、网络链路或是网络设备（如防火墙、路由器等）负载过高，从而最终导致系统崩溃，无法提供正常的 Internet 服务。

针对目前流行的 DDOS 攻击，包括未知的攻击形式，业界通过部署专业的抗拒绝服务（DDOS）系统，及时发现流量中各种类型的攻击流量，可以迅速对攻击流量进行过滤或旁路，保证正常流量的通过。该系统可以在多种网络环境下轻松部署，不仅能够避免单点故障的发生，同时也能保证网络的整体性能和可靠性。如图 9-9 所示。

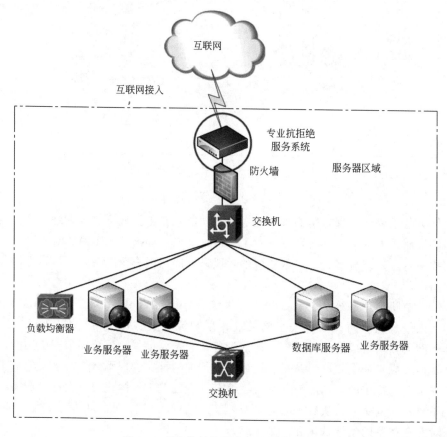

图 9-9　专业抗拒绝服务系统部署示意图

（6）入侵检测系统。入侵检测系统（简称"IDS"）是继防火墙之后迅猛发展起来的一类安全产品，一种对网络传输进行即时监视，通过检测、分析网络中的数据流量，从中发现网络系统中是否有违反安全策略的行为和被攻击的迹象，及时识别入侵行为和未授权网络流量，并且在发现可疑传输时发出警报或者采取主动反应措施的网络安全设备。它与其他网络安全设备的不同之处便在于，IDS 是一种积极主动的安全防护技术。

我们做一个形象的比喻：假如防火墙是一幢大楼的门卫，那么IDS就是这幢大楼里的监视系统。一旦小偷爬窗进入大楼，或内部人员有越界行为，只有实时监视系统才能发现情况并发出警告。IDS入侵检测系统以信息来源的不同和检测方法的差异分为几类。根据信息来源可分为基于主机IDS和基于网络的IDS，根据检测方法又可分为异常入侵检测和滥用入侵检测。不同于防火墙，IDS入侵检测系统是一个监听设备，没有跨接在任何链路上，无须网络流量流经它便可以工作。因此，对IDS的部署，唯一的要求是：IDS应当挂接在所有所关注流量都必须流经的链路上。在这里，"所关注流量"指的是来自高危网络区域的访问流量和需要进行统计、监视的网络报文。在如今的网络拓扑中，已经很难找到以前的HUB式的共享介质冲突域的网络，绝大部分的网络区域都已经全面升级到交换式的网络结构。因此，IDS在交换式网络中的位置一般选择在：

① 尽可能靠近攻击源；

② 尽可能靠近受保护资源。

这些位置通常是：服务器区域的交换机上；Internet接入路由器之后的第一台交换机上；重点保护网段的局域网交换机上。

（7）网络安全审计系统。网络系统的安全与否是一个相对的概念，而没有绝对的安全。在网络安全整体解决方案日益流行的今天，安全审计系统是网络安全体系中的一个重要环节。

安全审计系统（Security Audit System）是在一个特定的企事业单位的网络环境下，为了保障业务系统和网络信息数据不受来自用户的破坏、泄漏、窃取，而运用各种技术手段实时监控网络环境中的网络行为、通信内容，以便集中收集、分析、报警、处理的一种技术手段。

安全审计系统的主要特点如下：

① 细粒度的网络内容审计。安全审计系统可对网站访问、邮件收发、远程终端访问、数据库访问、论坛发帖等进行关键信息监测、还原；

② 全面的网络行为审计。安全审计系统可对网络行为，如网站访问、邮件收发、数据库访问、远程终端访问、即时通讯、论坛、在线视频、P2P下载、网络游戏等，提供全面的行为监控，方便事后追查取证；

③ 综合流量分析。安全审计系统可对网络流量进行综合分析，为网络带宽资源的管理提供可靠策略支持。

对于网络系统中的安全设备、网络设备、应用系统和运行状况进行全面的监测、分析、评估是保障网络安全的重要手段。网络安全是动态的，对已经建立的系统，如果没有实时的、集中的、可视化审计，就不能及时有效地评估系统究竟是不是安全的，并及时发现安全隐患。所以安全系统需要集中的审计系统。在安全解决方案中，跨厂商产品的简单集合往往会存在漏洞，从而使威胁乘虚而入，危及安全。当某种安全漏洞出现时，如果必须针对不同厂商的技术和产品先进行人工分析，然后综合分析，提出解决方案，将降低对攻击的反应速度，并潜在地增加成本。如果不能将在同一网络中多个不同或者相同厂商的产品实现技术上互操作，实现集中的审计，就无法发挥有效的安全性，就无法有效管理。

安全审计系统就可以满足这些要求，对网络中的各种设备和系统进行集中的、可视的综合审计，及时发现安全隐患，提高安全系统成效。如图9-10所示。

**3. 特殊网络防护**

（1）单向数据交换。为了满足政府型服务的要求，各级消防部门必须加强对外服务的力

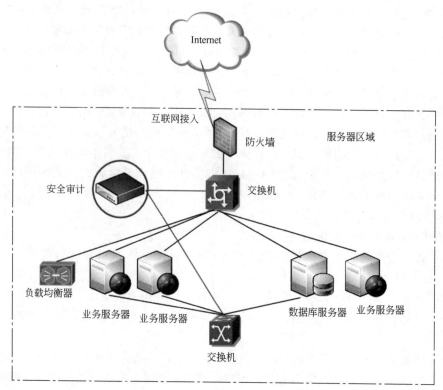

图 9-10　网络安全审计系统部署示意图

度，不仅需要从互联网采集数据，也需要为社会公众提供信息查询、在线审批、请求服务等新型应用。形势所迫，在保证安全的前提下，各级消防部门必须积极探索解决涉密网或非涉密网与互联网之间的数据单向传输方案。

　　由于互联网是一张安全隐患极高的网络，因此，需要对从互联网导入的数据进行应用层安全检查，确保合法的数据可控传输。如图 9-11 所示。

　　（2）网络隔离设备。在不同网络或不同安全域之间往往存在双向数据交换的需求，对于边界交换设备首选需要符合等级保护的相关要求，其次需要有效解决结构化、非结构化的数据交换需求。

　　需要对交换的结构化数据进行字段级的深度安全检查，对非结构化数据进行后缀、文件头深度安全检查，确保合法数据的可控交换。如图 9-12 所示。

　　（3）移动接入系统。在消防监督执法和灭火救援现场指挥的部分业务工作中，由于其需要访问公安信息网中的应用系统，而通常工作环境中没有常规有线公安信息网，所以通过建设移动接入系统，以解决全国消防系统移动业务的安全接入问题，使全国消防一线人员能够通过笔记本电脑、PDA 等移动终端，以无线方式连接到公安信息网，根据相应访问权限进行信息上传、信息检索、作战命令下达与接收、消防监督现场执法、部队管理、移动办公等业务操作，为工作决策提供准确、可靠和及时的信息支持，达到提高工作效率和指挥水平的目的。

　　全国公安消防部队的移动接入系统在 2010 年开始启动建设，主要有以下特点：

　　① 技术规范：遵循公安部科技信息化局下发的两份文件：关于印发《公安信息移动接入及应用系统建设技术指导书》和《公安信息移动接入及应用系统安全管理暂行规定》的通知（公信通［2006］541 号），后来为增强移动警务系统的安全性又下发了：关于印发《移

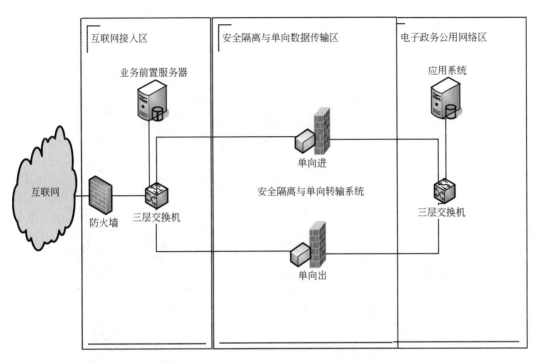

图 9-11　安全隔离与单向数据传输系统部署示意图

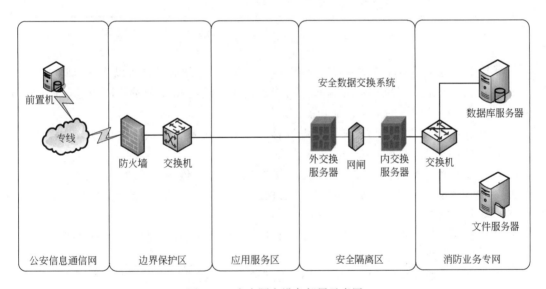

图 9-12　安全隔离设备部署示意图

动警务 B/S 应用安全接入规范》的通知（公科信［2010］130 号），《移动警务 B/S 应用安全接入规范》是原《公安信息移动接入及应用系统建设技术指导书》的补充和完善，两者合并执行共同构成移动接入系统的建设指导规范。

② 部署范围：公安部消防局和 31 个总队各独立部署 1 套移动接入平台，为本单位的移动接入终端提供通信服务。

③ 承建厂商：按照公安部科技信息化局的要求，必须由有承建资格的公司建设。

移动接入系统由公网移动接入及安全数据通信子系统、移动接入身份认证 PKI 系统和安全短消息接入子系统组成。系统拓扑图如图 9-13、图 9-14 所示。

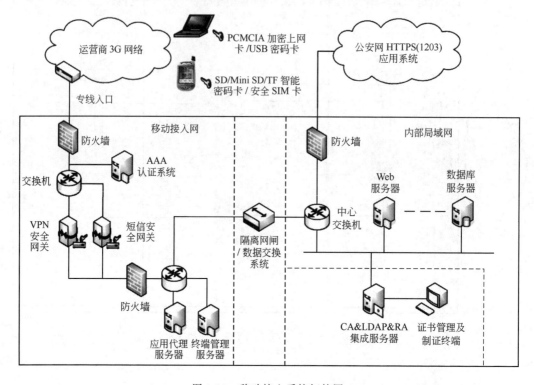

图 9-13　移动接入系统拓扑图

依据技术规范及消防部队的具体业务需求，移动接入系统必须提供以下安全服务：

a. 身份认证功能：提供移动终端和移动接入网关之间的相互身份认证功能，提供移动业务应用系统对移动用户的身份认证功能。

b. 数据保密传输功能：为全国消防系统移动业务应用系统提供公网路段（从移动终端到移动接入网关之间）的数据保密传输功能。

c. 数据完整性保护功能：可检测和发现数据在公网路段传输过程中是否被修改。

d. 终端加固功能：基于硬件密码对终端进行安全加固，保证终端计算环境、资源和网络访问的安全和控制。

e. 访问控制功能：在 B/S 应用模式下，访问控制保证公安信息网资源只能被授权的终端访问，并对异常的访问进行阻断。

为了实现以上安全服务要求，基于 PKI 技术和 VPN 技术相结合，采用多层应用体系结构和先进、成熟技术，提供具有信息开放等级划分、权限管理、身份认证、数据保密传输和数据完整性保护的移动安全接入系统，并通过专业防火墙起到隔离、访问控制、抗攻击等作用。

上述功能由以下功能模块实现：

（1）PKI 身份认证模块。PKI 身份认证模块提供系统中网关设备、移动终端的数字身份管理、身份认证机制，主要完成网关身份数字证书的制证、发证，提供系统信任域的根证书，完成移动终端的数字证书制证、发证，提供证书作废列表等服务。PKI 可以作为支持认证、完整性、机密性和不可否认性的技术基础，从技术上解决网上身份认证、信息完整性和

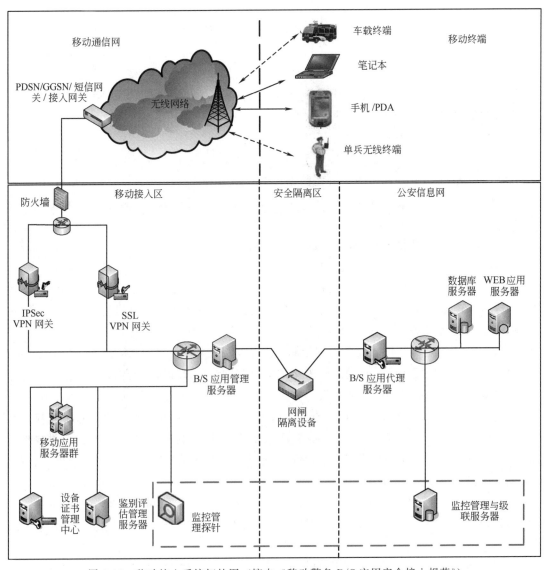

图 9-14　移动接入系统拓扑图（摘自《移动警务 B/S 应用安全接入规范》）

抗抵赖等安全问题，为网络应用提供可靠的安全保障。

（2）VPN 安全接入模块。VPN 安全接入模块由 VPN 网关和 VPN 客户端软件组成。它采用国家密码管理局标准，实现安全通信协议来保护消防局移动终端和移动接入网之间交互的数据安全，提供基于证书的身份认证、数据加密和完整性等安全服务。

① VPN 网关。VPN 网关由管理模块、PKI 模块、客户端接入模块、IKE 协商模块、通信模块、密码卡模块、日志模块等功能部件组成。

VPN 网关启动后，由管理模块加载其他各功能模块，然后管理员通过管理模块调用 PKI 模块生成设备密钥和证书，设置客户端接入的策略、参数等信息。VPN 客户端通过接入协议访问接入模块，经过身份认证，获得下发的策略，启动 IKE 协商。VPN 网关的 IKE 协商模块根据动态生成的隧道策略接受客户端的协商，生成安全策略和会话密钥，写入通信模块。通信模块截获 IP 层的数据包，匹配安全策略，进行加密封装后再转发，从而实现客户端通过安全的加密隧道访问网关保护的资源的目的。

② VPN 客户端。客户端为 VPN 安全接入模块客户端软件，部署于移动设备中，程序主要由管理模块、接入模块、PKI 模块、IKE 模块、通信模块、虚拟网卡模块、密码卡模块等部分组成。

（3）内外网安全隔离模块。内外网安全隔离模块由采用 GAP 技术的安全隔离网闸或数据交换系统组成，部署在移动接入应用区域与公安信息网之间，实现内、外网安全隔离、格式检查和数据过滤，保护公安信息网络安全。

① 安全隔离网闸的基本原理是：

a. 切断网络之间的通用协议连接；

b. 将数据包进行分解或重组为静态数据；

c. 对静态数据进行安全审查，包括网络协议检查和代码扫描等；确认后的安全数据流入内部单元；

d. 内部用户通过严格的身份认证机制获取所需数据。

② 数据交换系统的基本功能是：

a. 由内数据交换系统、外数据交换系统和网闸三部分组成，网闸用于切断网络间通用协议的连接，内数据交换发起交换任务，外数据交换接受任务抓取数据进行数据交换；

b. 实现对数据的格式检查、内容过滤；

c. 满足用户对异构数据源及各类应用间的数据交换需求。

（4）移动终端加固系统。移动终端安全加固由鉴别评估管理服务器和移动终端安全加固组件及终端安全卡共同实现。主要功能：

① 系统安全加强。支持足够强度的身份认证；可集中分配用户对终端资源访问权限粒度，严格限制账户的访问权限，实现基于最小权限原则的访问控制和授权；可从终端操作系统内核对系统关键文件、进程等资源进行完整性保护；支持终端漏洞的检测、分析与告警，并提供系统更新机制。

② 网络与外设控制。支持网络资源访问控制，确保终端仅能访问公安信息网资源，无法访问其他网络，防止"一机两用"；支持对终端的 I/O 接口屏蔽功能，防止非授权移动设备使用。

③ 文件与数据保护。针对终端中的特定文件和数据采取防护措施，包括文件级加密存储；文件或数据的生命周期管理，如创建、修改、删除等。

④ 终端安全管理和审计。采用统一的身份与访问控制管理系统，实现账号统一管理、认证管理、授权与访问控制管理等，确保安全策略和安全强度一致。安全审计方面支持行为级的安全审计，对账号登录、身份授权、资源访问等进行有效审计。

（5）B/S 应用访问控制。B/S 应用访问控制基于移动接入系统身份信息，采用业务相关、属地化、角色管理的"白名单"机制，通过代理模式、报警阻断等手段，提供无法旁路的应用访问接口，实现 B/S 应用模式的访问控制。

B/S 应用访问控制由 B/S 应用管理服务器和 B/S 应用代理服务器共同实现。

主要功能实现：

① 身份认证。对用户证书基本信息的管理；从移动接入网关传递的信息中获取用户身份信息；能够将用户身份信息传递给 B/S 应用代理服务器。

② 授权访问管理。对用户能够进行分角色、分组管理；对公安信息网资源进行分类管

理控制，包括 URL 资源、IP/端口方式资源等；基于白名单方式的策略控制，根据角色和资源进行访问控制，采用属地化和业务相关的基本原则，先申请、再注册和监管的流程；可根据时间和流量对用户进行控制。

③ 业务审计。对违反规则的业务行为进行记录和告警；可对所有或特定用户的访问行为全记录、审计和关联追踪倒查。

④ 行为阻断。可基于行为、时间和流量异常情况设定阻断；对非法用户访问自动阻断；对合法用户的异常访问自动阻断；对特定用户访问的人工阻断。

### （三）系统安全

#### 1. 防范内容

系统安全包括各类服务器、终端和其他办公设备操作系统面临的安全风险。主要来自两个方面：一方面来自系统本身的脆弱性；另一方面来自对系统的使用、配置和管理。这导致系统存在随时被黑客入侵或蠕虫爆发的可能。主要从以下几个方面防范。

（1）安全加固

① 安全设备部署。根据安全现状，进行安全设备/措施的部署，以有效抵御威胁，减少脆弱性。防病毒系统、入侵检测、防火墙、安全审计等安全设备都是在消防部队信息系统中可用的安全设备。

② 网络设备加固。网络设备通常面临的威胁包括非法登录、配置篡改、非授权访问、流量攻击等。网络设备加固的目标主要包括：增强设备的可靠性，增强网络控制数据的交换输出安全性，强化管理安全和对设备的访问控制，部署合理有效的网络安全策略，对网络承载数据进行隔离和访问控制等。

③ 服务器和操作系统安全加固。服务器及系统平台面临的主要威胁包括数据窃取、数据篡改、非授权访问、病毒破坏等。安全加固的目标主要包括：增强服务器和操作系统平台的可靠性，增强对服务器访问控制和审计，强化恶意代码防护，增强对关键数据的保护等。

④ 数据库系统安全加固。数据库面临的威胁主要包括非法登录与访问、数据损坏与篡改、漏洞攻击等。数据库系统安全加固的主要目标包括：增强数据库系统的可靠性；强化对数据的访问控制；数据的备份与恢复；增强系统的抗攻击能力等。

⑤ 通用应用系统安全加固。对于通用的应用开发平台、应用平台、WEB 及 Email 等通用服务软件，根据业务应用需要和评估发现的问题，对应用系统进行定制和加固。

（2）业务服务器安全。作为系统中重要的组成部分，业务服务器数量众多，资产价值高，面临的安全风险极大。一方面，业务服务器作为信息存储、传输、应用处理的基础设施，是信息系统业务数据和信息的主要载体，这些业务数据和信息是系统信息资产的重要组成部分；另一方面，终端和业务服务器构成信息系统各项支撑业务的起点和终点。

在针对服务器进行安全防护的工作时，一定要注意服务器的防护工作与终端防护工作有很大区别，对于一些敏感的操作，如数据库打补丁，应确认所做工作确实必要并得到充分验证后再实施。同时对于服务器的防护还要充分考虑到其在整个系统、网络的位置，一些安全控制措施可在网络层面上实现，以规避对服务器操作带来的额外风险。通过统一的维护接入管理平台，规范维护操作，实施记录和审计维护过程，实现运维管理安全。

（3）终端计算机安全。终端是组成网络的基本单元，它们的安全与否对网络自身的健康运行有着深远的影响。近年来，随着信息安全建设的不断深入和安全形势的不断发展，终端安全问题开始凸现。传统的以组织边界和核心资产为保护对象的安全体系逐渐显示出严重的缺陷，无法有效应对终端安全管理中面临的诸多问题。如果终端安全受到威胁，即使网络中的核心设备安然无恙，整个网络的业务运行也会受到严重影响甚至瘫痪，终端已经成为信息安全体系的薄弱环节，一旦失控，将严重威胁整个网络的安全。

### 2. 常用系统和设备

（1）漏洞扫描系统。漏洞是在硬件、软件、协议的具体实现或系统安全策略上存在的缺陷，可以使攻击者在未授权的情况下访问或破坏系统。安全漏洞有很多种分类方式，按照漏洞宿主不同，可以分为三大类：

第一类是由于操作系统本身设计缺陷带来的安全漏洞，这类漏洞将被运行在该系统上的应用程序所继承；

第二类是应用软件程序的安全漏洞；

第三类是应用服务协议的安全漏洞。

近年来，针对应用软件程序和应用服务协议安全漏洞的攻击越来越多，同时利用病毒、木马技术进行网络盗窃和诈骗的网络犯罪活动呈快速上升趋势，产生了大范围的危害，由此造成的经济损失也是越发巨大。

漏洞的危害越来越严重，发展的趋势也日益严峻。归根结底，产生这些问题的原因是系统漏洞的存在并被攻击者恶意利用。软件由于在设计初期考虑不周导致的问题仍然没有得到很好的解决，人们依然用着"亡羊补牢"的方法来应付每一次攻击，利用漏洞的攻击成为人们心中永远的痛。

目前，从技术和管理两个角度来看，漏洞问题已经有了较为成熟的解决方案。漏洞管理就是这样一套能够有效避免由漏洞攻击导致的安全问题的解决方案，它从漏洞的整个生命周期着手，在周期的不同阶段采取不同的措施，是一个循环、周期执行的工作流程。一个相对完整的漏洞管理过程如图9-15所示。

① 对用户网络中的资产进行自动发现并按照资产重要性进行分类；

② 自动周期对网络资产的漏洞进行检测评估并将结果自动发送和保存；

③ 采用业界权威的分析模型对漏洞评估的结果进行定性和定量的风险分析，并根据资产重要性给出可操作性强的漏洞修复方案；

④ 根据漏洞修复方案，对网络资产中存在的漏洞进行合理的修复或者调整网络的整体安全策略进行规避；

⑤ 对修复完毕的漏洞进行修复确认；

⑥ 定期重复上述步骤①～⑤。

漏洞管理能够对预防已知安全漏洞的攻击起到很好的作用，做到真正的"未雨绸缪"。相对于传统的漏洞扫描产品而言，漏洞管理产品能够带来更多的价值。如图9-16所示。

（2）网络防病毒。病毒是消防部队网络中的重大危害，病毒在爆发时将使路由器、3层交换机、防火墙等网关设备性能急速下降，并且占用整个网络带宽。

针对病毒的风险，应该通过终端与网关相结合的方式，以终端防病毒软件控制加防病毒网关进行综合控制，重点是将病毒消灭或封堵在终端这个源头上。在病毒风险最高的安全边界部署防病毒网关，可以对病毒进行过滤、防止病毒扩散。同时，在所有终端主机和服务器上部署网络防病毒系统，加强终端主机的病毒防护能力，与防病毒网关组成纵深防御的病毒防御体系。

图 9-15　开放漏洞管理过程图

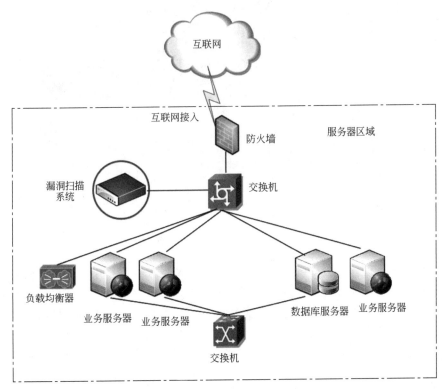

图 9-16　漏洞扫描系统部署示意图

在公安部消防局、总队、支队各级信息中心安全管理域中，可以部署防病毒服务器，制定终端主机防病毒策略，建立全网统一的升级服务器，由各级管理中心升级服务器通过互联网或手工方式获得最新的病毒特征库，分发到信息中心节点的各个终端。同时，在公安部消防局建设的病毒升级服务器，具备纵向升级、管理的能力，可以对有需要的总队、支队提供病毒库升级服务。如图 9-17 所示。

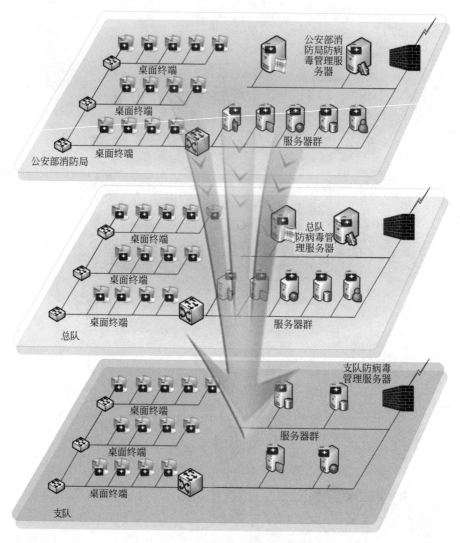

图 9-17    防病毒软件部署示意图

（3）终端安全管理。在公安部消防局、总队、支队的三级网络中，内部泄密和内部攻击已经成为威胁网络安全应用的最大隐患。可以通过统一部署终端安全管理软件，通过对终端和访问行为进行限制和保护，达到安全业务访问的目的。终端安全管理软件由公安部消防局统一购置，可以在公安部消防局、总队、支队各级网络的安全管理区中部署终端安全管理软件的管理主机服务器、控制台、数据库，由各单位根据自身应用情况进行本地管理，并由公安部消防局进行统一监控。

终端是指部署在消防部队信息系统中的各类计算机终端。是用户接触最多，也是最容易遭到攻击的场所。终端安全软件部署在所有计算机终端，可以对内部终端计算机进行集中的安全保护、监控、审计和管理，可自动向终端计算机分发系统补丁，禁止重要信息通过外设和端口泄漏（移动存储介质管理），防止终端运行违规程序，防止终端计算机非法外联，防范非法设备接入内网，有效地管理终端资产等。

对于移动存储介质的管理，可以实现多层次的灵活配置。系统可以彻底禁用 USB 接口，所有移动存储设备都将无法使用；系统也可以做到允许通用的 USB 设备使用，而只禁用 U 盘等 USB 存储设备，并可以配置对禁用的 USB 存储设备做只读访问。此外，系统还能够在禁止通用的 USB 存储设备的同时，允许管理员对 U 盘进行认证，对于认证过的 U 盘等移动存储设备，可以在网络中指定的计算机上进行使用。

通过对 USB 移动存储设备进行细化管理，可以做到防止用户通过 USB 存储设备将涉密文件带走，同时对 U 盘进行认证还能满足内网中对 USB 移动存储设备的授权使用需求。

对于防止终端运行违规程序，终端安全管理软件可严格限制网络冲浪、聊天、下载、游戏等程序使用，并且可自定义网络程序、协议、端口等，并限制执行。

终端安全管理系统可以与防火墙进行有机联动，共同提供全网安全解决方案。

终端安全管理系统参照公安部及国家相关主管部门现有标准进行建设，在建设中，要求系统具备快速定制开发和可升级能力，以满足公安部未来新的标准要求，做到规范建设，实现"互联、互通、互操作"的建设目标。如图 9-18 所示。

（4）一机两用监控软件。根据消防部队的实际情况，一机两用监控功能的实现，主要基于目前公安现有的系统模式，由各级政府机构进行统一监控管理，同时在公安部消防局和总队两级增加"一机两用"监控管理终端，"一机两用"监控管理终端由公安部统一配发。如图 9-19 所示。

一机两用监控软件的主要功能：

① 能够控制计算机终端所连接的网络，确保计算机终端只连接一种网络；
② 能够检测计算机终端是否采取安全隔离措施连接网络；
③ 能够对计算机终端的网络连接情况进行监控和审计；
④ 能够检测计算机终端中是否存在涉密信息；
⑤ 能够控制涉密计算机终端无法连接到非涉密网络；
⑥ 能够对涉密计算机终端所处理的涉密信息进行监控和审计。

### （四）应用安全

**1. 防范内容**

（1）Web 应用安全。各级消防部队门户网站属于政府机构网站，政府部门的网站普遍存在业务数据机密性要求高、业务连续性要求强、网络结构相对封闭、信息系统架构形式多样等特点。而网站中不同业务功能模块的信息安全需求又各不相同。如对外便民服务信息系统具有相对开放的结构特点，用户一般为普通民众，便民服务业务对数据的可用性和完整性要求往往大于其对机密性要求，而在网站上独立运行的业务信息系统具有相对封闭的结构特点，用户一般为内部用户，用户对数据的完整性和保密性要求往往大于可用性要求。因此政府网站安全风险贯穿前端 Web 访问到后端数据处理和反馈整个过程。因此可以定性地认为：前一类信息系统面临的服务中断、外部黑客攻击、非法入侵、安全漏洞等威胁的概率比较大，而后一类信息系统面临的内网泄密、监管审计不到位等威胁的概率比较大。

要通过专门针对消防门户网站特定业务应用进行安全建设，实现在贯穿消防门户网站全生命周期的信息安全建设过程中，从安全监测、安全防护、安全恢复、安全检查和应急响应

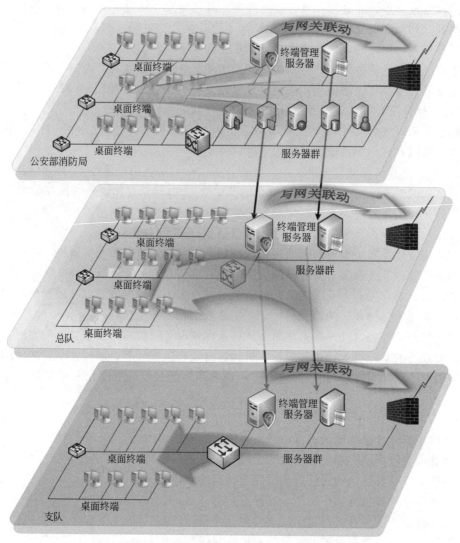

图 9-18　终端安全管理软件纵向部署示意图

五个方面对消防门户网站信息安全体系的完善，将网站安全需求转化为可以实现的技术和管理安全防护手段，为各级消防部队门户网站应用全面性、及时性、准确性、完整性、保密性、无障碍性等业务要求提供安全保障。

（2）邮件防护。电子邮件因为其成本低、效率高，已经成为通信的最重要形式，电子邮件目前在消防部队内部和外部沟通中扮演着十分重要的角色，已经成为每个人的常用通信工具。电子邮件在安全方面的问题主要有以下直接或间接的几方面：一是邮件内容被截获，造成泄密事件；二是附件中携带病毒。

应在消防部队部署防垃圾邮件网关，实时隔离恶意邮件，同时通过管理运维制度、安全培训等方式强化对邮件的管理。

（3）灾备体系。应按照消防部队信息系统的相关部署，在系统安全防护体系的整体框架下，依据系统的安全风险评估、战略规划等相关信息，结合网络和业务自身的实际情况，分析各相关系统不同等级的安全需求，平衡效益与成本，制定备份及恢复策略，在此基础上实现备份技术方案，构建并执行恢复预案，以便于提高系统抵御灾难的能力，尽可能减小因灾

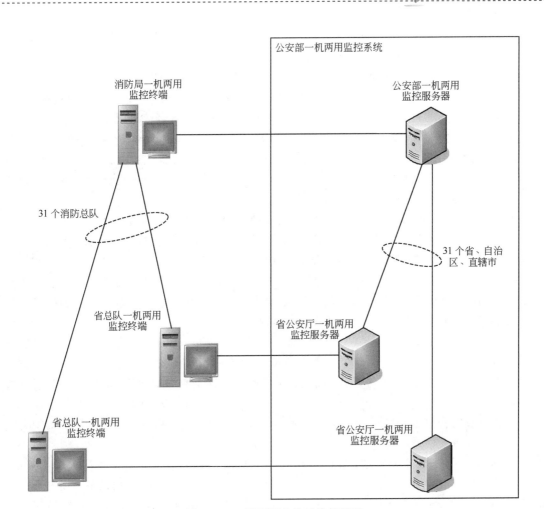

图 9-19 一机两用监控系统部署图

难引起的各种损失，从而增强系统的安全防护能力和持续作业能力，保证消防部队业务系统持续不间断运转。

主要的工作有备份及恢复策略的制定、灾难备份技术方案的实现、人员和技术支持能力的实现、运行维护管理能力的实现、灾难恢复预案的实现。

**2. 常用系统和设备**

（1）Web 应用安全防护系统

① 网页篡改在线防护。按照网页篡改事件发生的时序，WEB 应用防护系统提供事中防护以及事后补偿的在线防护解决方案。事中，实时过滤 HTTP 请求中混杂的网页篡改攻击流量（如 SQL 注入、XSS 等）。事后，自动监控网站所有需保护页面的完整性，检测到网页被篡改，第一时间对管理员进行短信告警，对外仍显示篡改前的正常页面，用户可正常访问网站。

② 网页挂马在线防护。网页挂马是一种相对比较隐蔽的网页篡改方式，本质上这种方式也破坏了网页的完整性。网页挂马攻击的目标为各类网站的最终用户，网站作为传播网页木马的"傀儡帮凶"，严重影响网站的公信度。

当用户请求访问某一个页面时，WEB 应用防护系统会对服务器侧响应的网页内容进行在线检测，判断是否被植入恶意代码，并对恶意代码进行自动过滤。

③ 敏感信息泄露防护。WEB 应用防护系统可以识别并更正 Web 应用错误的业务流程，识别并防护敏感数据泄露，满足合规与审计要求，具体如下：

a. 可自定义非法敏感关键字，对其进行自动过滤，防止非法内容发布为公众浏览。

b. Web 站点可能包含一些不在正常网站数据目录树内的 URL 链接，比如一些网站拥有者不想被公开访问的目录、网站的 WEB 管理界面入口及以前曾经公开过但后来被隐藏的链接。WEB 应用防护系统提供细粒度的 URL ACL，防止对这些链接的非授权访问。

c. 网站隐身：过滤服务器侧出错信息，如错误类型、出现错误脚本的绝对路径、网页主目录的绝对路径、出现错误的 SQL 语句及参数、软件的版本、系统的配置信息等，避免这些敏感信息为攻击者利用、提升入侵的概率。

d. 对数据泄密具备监管能力。能过滤服务器侧响应内容中含有的敏感信息。

（2）操作系统安全策略设置。操作系统的安全策略配置，包括十条基本配置原则。

① 操作系统安全策略。利用 Windows 系统的安全配置工具来配置安全策略，微软提供了一套的基于管理控制台的安全配置和分析工具，可以配置服务器的安全策略。在管理工具中可以找到"本地安全策略"。可以配置四类安全策略：账户策略、本地策略、公钥策略和 IP 安全策略。在默认的情况下，这些策略都是没有开启的。

② 关闭不必要的服务。Windows 的终端服务（Terminal Services）和信息服务（Internet Information Services，IIS）等都可能给系统带来安全漏洞。为了能够在远程方便的管理服务器，很多机器的终端服务都是打开的，对这类终端，要确认正确的终端服务配置。

有些恶意的程序也能以服务方式悄悄地运行服务器上的终端服务。要留意服务器上开启的所有服务并每天检查。

③ 关闭不必要的端口。关闭端口意味着减少功能，如果服务器安装在防火墙的后面，被入侵的机会就会少一些，但是不可以认为高枕无忧了。用端口扫描器扫描系统所开放的端口，在 Winnt \ system32 \ drivers \ etc \ services 文件中有知名端口和服务的对照表可供参考。

一台 Web 服务器只允许 TCP 的 80 端口通过就可以了。TCP/IP 筛选器是 Windows 系统自带的防火墙，功能比较强大，可以替代防火墙的部分功能。

④ 开启审核策略。安全审核是 Windows 系统最基本的入侵检测方法。系统进行某种方式（如尝试用户密码，改变账户策略和未经许可的文件访问等）入侵的时候，都会被安全审核记录下来。通常需要将系统登录、账户管理、对象访问、策略更改、特权使用等系统策略的开启和关闭进行记录。

⑤ 开启密码策略。密码对系统安全非常重要。本地安全设置中的密码策略在默认的情况下都没有开启。需要设置的密码策略通常有：密码复杂性要求、密码长度最小值 6 位、强制密码历史 5 个。

⑥ 开启账户策略。开启账户策略可以有效地防止字典式攻击。需要设置的账户策略通常有；复位账户锁定计数器 30min、账户锁定时间 30min、账户锁定阈值 5 次等。

⑦ 备份敏感文件。把敏感文件存放在另外的文件服务器中；把一些重要的用户数据（文件，数据表和项目文件等）存放在另外一个安全的服务器或磁盘阵列中，并对其进行备份。

⑧ 不显示上次登录名。默认情况下，终端服务接入服务器时，登录对话框中会显示上次登录的账户名，本地的登录对话框也是一样。黑客们可以得到系统的一些用户名，进而做

密码猜测。通过修改注册表可以禁止显示上次登录名。

⑨ 禁止建立空链接。默认情况下，任何用户通过空连接连上服务器，进而可以枚举出账号、猜测密码。可以通过修改注册表来禁止建立空链接。

⑩ 下载最新的补丁。经常访问微软和一些安全站点，下载最新的 Service Pack 和漏洞补丁，是保障服务器长久安全的唯一方法。

（3）补丁分发与管理。补丁分发与管理系统，通过自动跟踪需要修补的系统并在企业范围内部署所需要的补丁程序，可以将管理员从繁重的工作中解放出来。

补丁管理运行平台构架是：通过外网补丁下载服务器及时从补丁厂商网站获取最新补丁；补丁安全测试后，通过补丁分发管理中心服务器对网络用户进行分发、安装；补丁安装支持自动和手动两种方式。

公安部消防局、总队、支队信息中心建立系统补丁分发中心，各级中心建立级联关系，设置补丁分发服务器，各级单位的业务计算机由本级中心实现统一管理。补丁分发管理软件部署在安全管理中心，并与终端安全软件配合完成补丁的分发和管理。

主要功能如下：
① 能够对操作系统以及常用软件的漏洞进行管理；
② 提供操作系统及常用软件的安全威胁查询；
③ 能够针对各种漏洞或安全威胁，提供相应的安全防护建议；
④ 能够将操作系统及软件的漏洞补丁导入；
⑤ 能够对所有漏洞补丁进行查询等操作；
⑥ 能够根据终端安全软件的需要将各种补丁分发到计算机终端；
⑦ 能够根据配置自动为联网的计算机终端修补漏洞；
⑧ 能够对大量补丁进行管理；
⑨ 能够支持终端漏洞扫描软件和安全管理软件。

### （五）数据安全

**1. 防范内容**

数据安全主要考虑数据完整性、数据保密性以及数据备份和恢复。在安全建设时，对数据的实时备份是非常重要的。目前主要采用数据库技术，保证数据本身的完整性和私密性，同时利用数据存储与备份方案，完成数据的备份与恢复。同时，还需要考虑网络设备和通信线路的备份。

（1）数据存储安全。数据是整个系统正常运行的核心，人为的操作错误，软件缺陷，硬件故障，电脑病毒，骇客攻击，自然灾难等诸多因素，均有可能造成数据的丢失，从而给整个系统造成无法估量的损失。因此，在消防部队信息系统中，信息中心的数据存储是系统安全、稳定、可靠和持续运行的关键。

根据数据的存储形态，消防部队信息系统中存在的数据可以分为数据文件和数据库。为了保障信息系统的数据安全，需要根据数据文件和数据库的特点分别采取不同的安全防护措施。

对于数据文件可以采用加密文件柜的方式保护数据安全，而对于数据库则需要部署主机数据库系统访问控制及审计系统进行保护。

（2）数据传输安全。由于数据在网络之间传输过程中，数据存储安全机制对其机密性及完整性的防护将完全失效，为实现数据在网络间传输过程中的机密性、完整性保护，目前的核心思想是以密码技术为核心，通过在网络边界部署网络加密设备，从而在公共网络平台上构建 VPN 虚拟通道，将传输的数据包进行加密，保护传输数据的机密性和完整性。

由于 VPN 技术通过在网络层对 IP 数据包进行相应安全处理来组建安全传输通道，故采用 VPN 技术组建的虚拟专用网络无须考虑底层链路传输协议，具有适应性和广泛性。

（3）数据备份及恢复。随着计算机信息系统的不断发展，消防部队的核心业务越来越依赖于信息系统的可靠运行，信息系统中的关键业务数据已经成为消防部队最为重要的资产。因此，对关键的业务数据进行备份保护刻不容缓。利用基于数据备份与恢复技术的解决方案，对备份数据的介质进行有效管理。同时在容灾中心建立备用业务系统，当业务系统遇到灾难破坏后，备用中心能够很快投入工作。

系统的备份和恢复能力直接决定着系统的整体安全水平，即使系统被破坏，只要及时地进行恢复，即可将损失降低到最低甚至没有损失。例如对外的 WEB 服务，当网站被攻击后，纠错系统具备对网站的恢复功能。如网页防篡改可以迅速恢复被修改的网页；数据库恢复系统能保证被破坏的数据迅速恢复；网络设备瘫痪以后，配置文件能迅速恢复。

（4）数据安全交换的原则及策略。数据在不同安全级别系统间的交换应该遵守以下原则：

① 防止高级别区域的数据未经安全过滤流入低级别数据区域。即如果定义为三级区域内的数据需要与二级区域内的数据做交换，应首先进行安全过滤处理，将敏感程度较高的内容降低密级后再流入到低级别区域或者根据实际情况禁止敏感程度高的数据流入低级别区域。

② 如果不同级别系统的网络独立且边界清晰，最好增加边界访问控制措施。如果共同使用一个网络平台，需要在系统及应用层面对区域做隔离保护处置措施。

**2. 常用系统与设备**

（1）数据冗余备份。公安部消防局已建成数据备份系统，可以对数据和操作系统进行本地/异地备份。该备份系统在本地和异地都是由备份服务器、备份磁盘阵列、备份软件三部分组成。在各类业务信息系统的服务器上安装部署了备份软件，能够完成本地以及异地数据备份功能。

① 提供本地数据备份与恢复功能，完全数据备份至少每天一次，备份数据场外存放；

② 提供异地数据备份功能，利用备份通信网络将关键数据定时批量传送至异地数据备份场地；

③ 应采用冗余技术设计网络拓扑结构，避免关键节点存在单点故障；

④ 应提供主要网络设备、通信线路和数据处理系统的硬件冗余，保证系统的高可用性。

（2）VPN 数据加密通道。利用 VPN 技术组建网络安全平台的思想是：在中心节点及各个地方节点网络的出口处，部署网络加密设备，并将所有的 VPN 设备纳入全网统一的安全管理机构的管理范围，使 VPN 设备按照设定的安全策略对进出网络的 IP 数据包进行加/解密，从而在 IP 层上构建起保障网络安全传输的 VPN 平台，为不同层的应用系统和业务系统无需做任何更改即可实现安全通信。

采用安全保密性很强的 VPN 技术，利用 VPN 设备所具有的身份鉴别/认证、数据加/解密以及访问控制等安全保密功能，可以将广域网络中存在的密级较高敏感信息与其他信息进行安全有效地隔离。这样可以有针对性地满足网络传输的安全需求，实现信息的正确流向与安全传输，在提高网络安全风险抵抗能力的基础上实现对网络的整体逻辑屏蔽与隔离。

（3）加密文件柜。为了保障数据文件不受病毒等的破坏，而且不被非法使用以及数据信息泄漏，需要采取加密文件柜的方式进行保护。加密文件柜的功能如下：

① 能够对 Word 文档等进行加密存储；

② 能够对加密的文件进行各种操作；

③ 支持基于身份认证设备和口令相结合的文件操作权限控制；

④ 能够对数据文件进行完整性检验；

⑤ 能够对加密文件的各种操作进行记录；

⑥ 能够根据文件操作记录，进行各种安全审计。

（4）主机数据库访问控制及审计安全管理制度。针对公安部消防局、总队、支队网络中的关键服务器，通过部署主机数据库访问控制及审计系统，增加系统用户操作的访问控制管理和系统用户操作的事件进行行为审计，从内部提升数据库系统的整体安全。

主机数据库系统访问控制及审计系统是在网络安全技术手段之上的新形式的应用保护体系，通过综合身份认证技术、访问控制技术、授权管理技术、安全审计技术、账号密码管理技术、数据传输加密技术、PKI 技术等安全技术为一体，针对主机以及数据库整个操作过程予以安全防护，可以达到对业务操作人员、软件开发人员、系统维护人员等各种人员的身份进行认证，并且集中定制访问策略以及做到操作范围可以控制，做到所有目标设备（主机及数据库）远程操作行为可控、可跟踪、可审计，安全事件可鉴定。

需要审计的数据库包括 ORALCE、SQLSERVER、MYSQL、DB2、Sybase、Infomix、Postgresql 等主流数据库，可实时监控数据库各种账户的数据库操作行为（如：插入、删除、更新、用户自定义操作等），准确发现记录各种非法、违规操作，并及时告警响应处理，从而降低数据库安全风险，保护消防部队数据库资产安全。

主机数据库系统访问控制及审计系统，根据实际需要可以在内、外网系统中各部署一套。如图 9-20 所示。

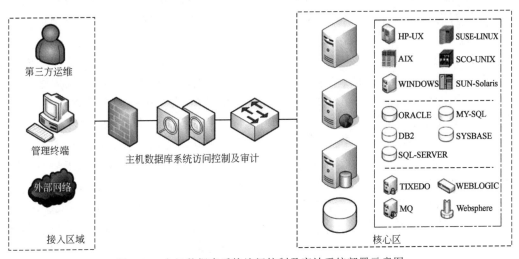

图 9-20　主机数据库系统访问控制及审计系统部署示意图

### （六）身份认证和授权系统

**1. 系统组成**

（1）PKI 体系主要由以下部分组成：

① 认证中心 CA（Certificate Authority）：即数字证书的签发机关，CA 必须具备权威性

的特征。它通过对一个包含身份信息和相应公钥的数据结构进行数字签名来捆绑用户的公钥和身份。

② 注册中心 RA（Register Authority）：注册中心 RA 是 PKI 可选择的组成部分。使用独立的 RA 时，它是 CA 签发证书的可信终端实体。它作为用户和 CA 的接口，所获得的用户标识的准确性是 CA 颁发证书的基础。CA 可委托 RA 完成其管理功能的一部分，它可以分担 CA 的一定功能以增强系统的可扩展性并且降低运营成本。

③ 数字证书库：用于存储已签发的数字证书及公钥，用户可由此获得所需的其他用户的证书及公钥。

④ 时间戳（Time Stamp）：时间戳技术是证明电子文档在某一特定时间创建或签署的一系列技术。时间戳主要应用于以下两个方面：建立文档的存在时间，例如签署的合同或是实验笔记，与专利权相关；延长数字签名的生命期，保证不可否认性。

⑤ 应用接口：PKI 的价值在于使用户能够方便地使用加密、数字签名等安全服务，因此一个完整的 PKI 必须提供良好的应用接口系统，使得各种各样的应用能够以安全、一致、可信的方式与 PKI 交互，确保安全网络环境的完整性和易用性。

（2）PMI 原理。PMI 特权管理基础设施是在 PKI 提出并解决了信任和统一的安全认证问题后提出的，其目的是解决统一的授权管理和访问控制问题。

PMI 的基本思想是，将授权管理和访问控制决策机制从具体的应用系统中剥离出来，在通过安全认证确定用户真实身份的基础上，由可信的权威机构对用户进行统一的授权，并提供统一的访问控制决策服务。

PMI 实现的机制有多种，如 Kerberos 机制、集中的访问控制列表（ACL）机制和基于属性证书（Attribute Certificate，AC）的机制等。基于 Kerberos 机制和集中的访问控制列表（ACL）机制的 PMI 通常是集中式的，无法满足跨地域、分布式环境下的应用需求，缺乏良好的可伸缩性。基于属性证书的 PMI 通过属性证书的签发、发布、撤销等，在确保授权策略、授权信息、访问控制决策信息安全、可信的基础上，实现了 PMI 的跨地域、分布式应用。

（3）PMI 与 PKI 的关系。PKI 和 PMI 都是重要的安全基础设施，它们是针对不同的安全需求和安全应用目标设计的，PKI 主要进行身份鉴别，证明用户身份，即"你是谁"；PMI 主要进行授权管理和访问控制决策，证明这个用户有什么权限，即"你能干什么"，因此它们实现的功能是不同的。

尽管如此，PKI 和基于属性证书 PMI 两者又具有密切的关系。基于属性证书的 PMI 是建立在 PKI 基础之上的，一方面，对用户的授权要基于用户的真实身份，即用户的公钥数字证书，并采用公钥技术对属性证书进行数字签名；另一方面，访问控制决策是建立在对用户身份认证的基础上的，只有在确定了用户的真实身份后，才能确定用户能干什么。

此外，PKI 和基于属性证书的 PMI 还具有相似的层次化结构、相同的证书与信息绑定机制和许多相似的概念，如属性证书和公钥证书，授权管理机构和证书认证机构等。

### 2. 公安 PKI/PMI 体系

公安 PKI 系统采用公安部根 CA、公安部机关及省、市厅（局）CA 二层结构。其中，根 CA 和公安部机关 CA 部署在公安部机关，省、市厅（局）二级 CA 部署在各省、市厅（局）。一般，地市局只建设 RA 系统和 PMI 系统。

公安部机关 CA 和省级 CA 作为二级 CA，由公安部根 CA 产生。每个二级 CA 为若干个 RA

系统提供证书签发服务，并且每个 CA 配备一个密钥管理中心（KMC）。RA 系统以及下属受理点（LRA）为公安用户提供录入、审核、制证、吊销、更新等服务。如图 9-21 所示。

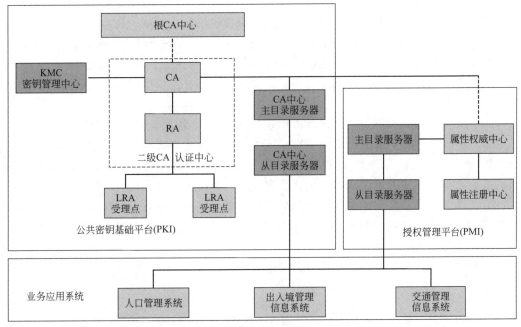

图 9-21　公安 PKI/PMI 体系结构

PMI 系统部署在公安部机关及各个省、市厅（局），为应用系统提供授权服务。

### 3. 消防部队 PKI/PMI 体系

消防部队的 PKI 完全采用公安部 PKI 体系，消防不再重复建设自己的 CA，利用公安现有的 PKI 发证体系，依托公安部消防局机关和各省公安厅的 CA、RA 系统，为全国消防部队建设相对应的 LRA 系统，实现数字证书的自主申请、审核、制作发放。其总体部署结构如图 9-22 所示。

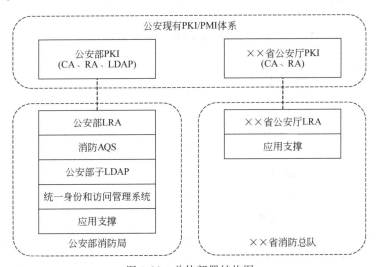

图 9-22　总体部署结构图

（1）在公安部消防局、总队分别部署公安 LRA，分别与公安部、公安厅的 RA 相连接，解决数字证书的申请、制作、管理。消防系统内部不再重复建设自己的 CA、RA。

（2）统一身份和访问管理系统是与 PKI 体系配套的管理系统，是一套管理全国消防人员访问应用系统的账号和证书的生命周期管理和应用访问控制管理服务系统。这套系统只在公安部消防局集中部署一套，各级管理员采用分级授权的模式共享一套系统。

（3）在应用支撑部分中各应用系统与 PKI 之间设立一套安全认证网关，作为 PKI 的应用支撑体系，同时该网关还承担与 LDAP 数据同步和本地认证、鉴权功能。安全认证网关支持多级部署。认证网关的功能除了身份认证和鉴权以外，还承担着当网络故障时，由网关实现本地认证和鉴权。

（4）在公安部消防局部署一套审计查询系统（AQS），提供证书申请状态查询。

（5）在公安部消防局部署一套公安部子 LDAP，从公安部复制相关数据，并发布 CRL。在该 LDAP 中存储了公安和消防的全域用户数据。但由于访问量不是很大，各总队可以不部署。需要查询时一般由网关承担，LADP 定时与网关同步。

（6）支队部署各种应用系统时，可部署认证网关。主要是预防当支队与总队之间的网络出现故障时，支队网管可承担本地认证和鉴权功能，同时也分解了全部集中到总队认证的压力。

公安部消防局详细部署结构如图 9-23 所示。

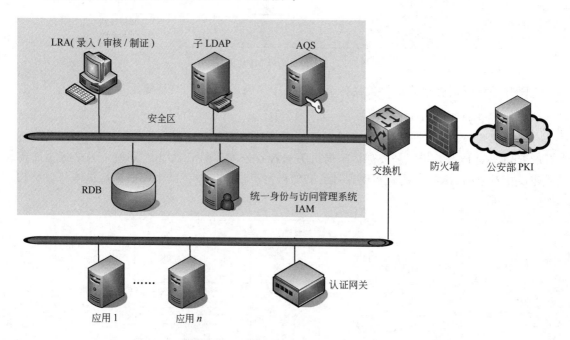

图 9-23    公安部消防局详细部署结构图

总队详细部署结构如图 9-24 所示。

支队详细部署结构如图 9-25 所示。

### 4. PKI 典型应用——电子签章

（1）基本理论。数字签名（又称公钥数字签名、电子签章）是一种类似写在纸上的普通的物理签名，但是使用了公钥加密领域的技术实现，用于鉴别数字信息的方法。一套数字签名通常定义两种互补的运算，一个用于签名；另一个用于验证。数字签字由公钥密码发展而来，它在网络安全，包括身份认证、数据完整性、不可否认性以及匿名性等方面有着重要应

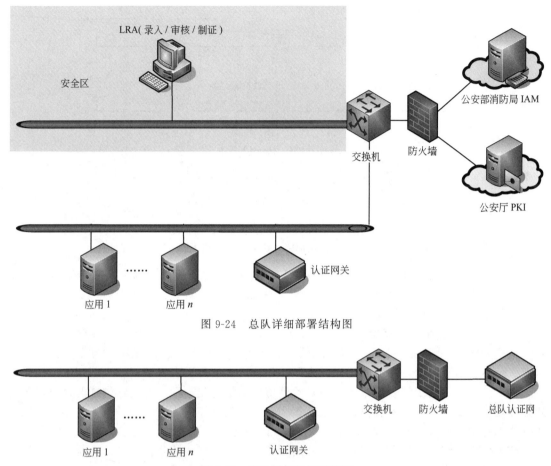

图 9-24　总队详细部署结构图

图 9-25　支队详细部署结构图

用。特别是在大型网络安全通信中的密钥分配、认证以及电子商务系统中都有重要的作用，数字签名的安全性日益受到高度重视。

　　数字签名的实现通常采用非对称密码体系。与对称密码体系不同的是，非对称密码体系的加密和解密过程分别通过两个不同的密钥来实现，其中一个密钥已经公开，称为公开密钥，简称公钥；另一个由用户自己秘密保管，称为保密密钥，简称私钥。只有相应的公钥能够对用私钥加密的信息进行解密，反之亦然。以现在的计算机运算能力，从一把密钥推算出另一把密钥是不大可能的。所以，数字签名具有很大的安全性，这是它的一个优点。

　　数字签名的基本方式主要是：信息发送方首先通过运行散列函数生成一个欲发送报文的信息摘要，然后用其私钥对这个信息摘要进行加密以形成发送方的数字签名，这个数字签名将作为报文的附件和报文一起发送给报文的接收方。接收方在收到信息后首先运行和发送相同的散列函数生成接收报文的信息摘要，然后再用发送方的公钥进行解密，产生原始报文的信息摘要，通过比较两个信息摘要是否相同就可以确认发送方和报文的准确性。当然，上述过程只是对报文进行了签名，对其传送的报文本身并未保密。为了同时实现数字签名和秘密通信，发送者可以用接收方的公钥对发送的信息进行加密，这样，只有接收方才能通过自己的私钥对报文进行解密，其他人即使获得报文并知道发送者的身份，由于没有接收方的密钥也无法理解报文。如图 9-26 所示。

　　（2）数字签名的优点

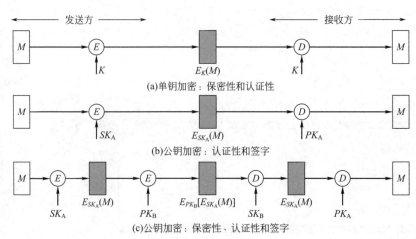

图 9-26　公钥加密、认证和签字流程图

① 鉴权。公钥加密系统允许任何人在发送信息时使用公钥进行加密，数字签名能够让信息接收者确认发送者的身份。当然，接收者不可能百分之百确信发送者的真实身份，而只能在密码系统未被破译的情况下才有理由确信。

② 不可抵赖。在密文背景下，抵赖这个词指的是不承认与消息有关的举动（即声称消息来自第三方）。消息的接收方可以通过数字签名来防止所有后续的抵赖行为，因为接收方可以出示签名给别人看，来证明信息的来源，在技术和法律上有保证。

（3）消防部队电子签名签章系统。随着消防部队信息化的深入开展，传统的办公业务模式正在发生改变，公文网上收发、网上会签、网上验证已经成为实现电子政务的必需。以消防部队现有的身份认证和授权管理体系（PKI/PMI 系统）为基础，构建的适应全国公安消防部队工作需要的电子签名签章管理和应用系统，可以满足一体化信息系统全流程、无纸化应用的需要，实现对各类电子文档的电子签名和签章，实现签署者身份认证和对文档、数据内容真实性、完整性和不可否认性验证的有效保障，并采用公安部消防局和总队两级集中物理部署、分级管理的应用模式，实现与一体化信息系统的高度集成，为全国公安消防部队信息化安全、规范、有序应用提供可靠的基础支撑。系统拓扑如图 9-27 所示。

电子签名签章系统的部署及应用模式：

① 电子签名签章系统部署安装在各级消防信息网中，电子签名签章验证系统部署在公安部消防局互联网上；

② 电子签名签章系统服务器部署于公安部消防局和总队，公安部消防局、总队两级物理部署，公安部消防局、总队和支队三级系统管理，公安部消防局、总队、支队、大队和中队五级应用的模式建设和部署；

③ 基于安全性和稳定性考虑，电子签名签章服务器采用互备模式，当公安部消防局和总队的二级服务器宕机时系统能够自动切换到公安部消防局的一级服务器继续相应的应用，不影响正常业务开展和使用；

④ 电子签名签章验证系统部署在公安部消防局互联网，面向社会公众的电子文书发布后，社会公众可以通过该平台进行电子文书的验证。

## 四、安全管理体系

### （一）安全管理与系统管理

安全管理是实现安全保障系统集中控制和管理的核心，通常由安全管理中心承担。在部

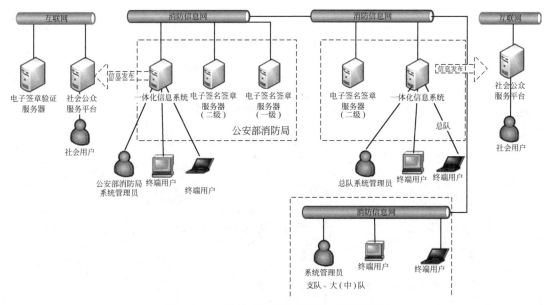

图 9-27 电子签名签章系统总体应用拓扑图

队信息系统建设中，需要为各级信息系统部署安全管理中心，同时为了实现安全管理中心之间的配合和统一管理，上下级安全管理中心之间需要交换信息，同时下级安全管理中心必须受上级安全管理中心的管理和控制，如图 9-28 所示。

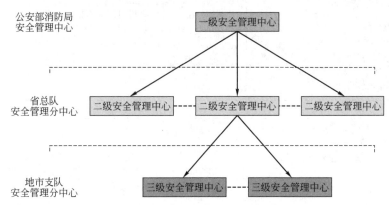

图 9-28 安全管理中心的部署方式

安全管理中心通过三级管理结构，管理消防专网中的所有安全设备。

系统管理实现对服务器、存储、网络、数据库、客户机等计算单元及其上搭建的应用系统的跨平台、一体化的集中管理；为消防部队信息系统提供集网络管理、系统管理、应用管理于一体的综合管理机制，保证信息化基础设施和其上应用系统的正常运行，发挥系统的最大效能。系统管理是在系统建设和运行过程中不可忽视的重要部分。

消防部队信息化系统管理覆盖了公安部消防局、总队、支队、大队（中队）四级网络，包括了众多的通信网络设备、存储设备、服务器和用户终端设备，对集中式系统管理和网络管理的要求较高。本次系统管理，将采用两级中心管理模式进行建设。系统管理的体系结构如图 9-29 所示。

**1. 目标与方式**

为消防部队信息系统提供集网络管理、系统管理于一体的综合管理机制，保证信息化基

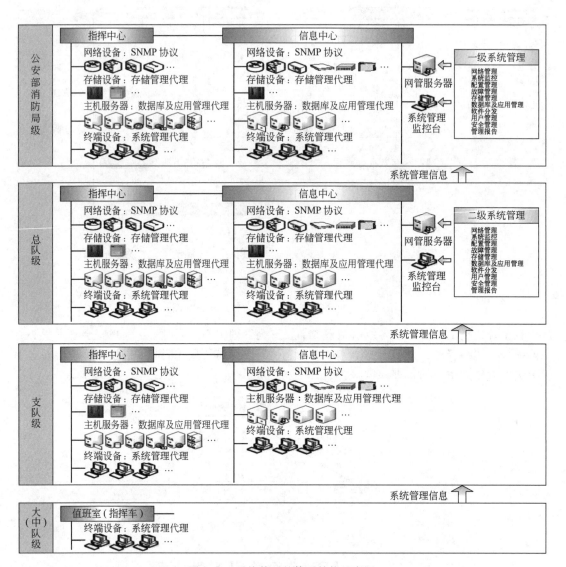

图 9-29　系统管理的体系结构示意图

础设施的正常运行，发挥系统的最大效能。

在公安部消防局、总队的信息中心建立系统管理中心，部署系统管理软件，提供系统监控和管理功能。通过网络，收集计算机系统的各种信息，并送到系统管理中心进行汇总，以便用户对系统资源进行统一的管理，确保集成后的各业务信息系统可靠和可预见地运行；提供设置触发机关，当出现错误时会产生警报或异常提示，并采取相关行为。

系统管理软件的主要功能包括：网络管理、系统监控、配置管理、故障管理、数据库管理、软件分发、用户管理、管理报告。

系统管理软件在消防部队信息化要达到的目标和要完成的任务如下：

（1）对网络上的可管理设备进行监测，包括对网络设备（路由器、交换机）、服务器、用户终端设备的监测；

（2）了解网络性能和现状，为网络管理维护提供依据；

（3）掌握网络运行负荷及设备运行状态，以便采取改进措施来有效利用网络资源；

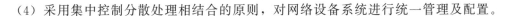

（4）采用集中控制分散处理相结合的原则，对网络设备系统进行统一管理及配置。

**2. 日常运维**

运维阶段是整个信息系统生命周期中最长的一个阶段，也是安全问题最集中的阶段，因此该阶段的安全管理对整个信息系统的安全应起到非常关键的作用。在这个阶段的建设中，不仅将依据规范从风险评估、安全审计、日常维护、信息资产、口令、电子文档、系统应急响应等方面对运维过程中的重要管理问题进行安全管理建设，还应进行全方位的、系统的运维保障管理和技术体系的应用。

安全运维管理是对安全管理体系建设各项制度进行细化、落实，将制定可操作的体系化的规范和流程，与安全管理体系和技术体系一起形成层次化的安全策略体系。

安全运维体系的高效运作不仅仅是通过管理手段实现，而应以安全服务、安全技术手段作为支持，技术监控行为要与日常安全管理行为相结合。

**3. 事件的响应与处置**

应急计划是在信息系统发生紧急安全事件（包括入侵事件、软硬件故障、网络病毒、自然灾害等）之后，为尽快恢复其正常运行，降低安全事件的负面影响而制订的预案。有关应急计划内容应包括计划制订、计划培训和计划演练。

事件响应是在安全事件发生后根据应急计划对事件进行监控、处置和报告，采取措施将损失降到最低程度并从中吸取教训的活动。事件响应工作应包括事件监控和事件处置。

各级消防部队应对应急计划及事件响应流程进行宣贯，并组织必要的演练。在安全事件处理过程中应遵守事件处理和上报流程。

应建立事件响应的支持力量（如外聘专家、安全服务商、国家专门的事件响应处理机构等），为事件响应工作提供建议和帮助。

**（二）安全制度**

信息安全管理体系中在管理制度、制定和发布、评审和修订三个方面对安全管理制度提出了要求。各级消防部门应根据信息系统的实际情况，在信息安全领导小组的负责下，组织相关人员制定和发布信息安全工作的总体方针、政策，说明信息安全工作的总体目标、范围、方针、原则和责任。并定期进行评审和修订。

信息安全规章制度是所有与信息安全有关的人员必须共同遵守的行为准则。信息安全规章制度的作用在于通过规范所有与信息安全有关人员的行为来保证实现安全策略中规定的目标和原则。

安全管理制度是指导各级消防部队信息系统等级保护建设维护管理工作的基本依据，安全管理和维护管理人员必须认真对待的制度，并根据工作实际情况，制定并遵守相应的安全标准、流程和安全制度实施细则，做好安全维护管理工作。

安全管理制度的适用范围是各级消防部队信息系统拥有、控制和管理的所有信息系统、数据和网络环境，适用于属于信息系统范围内的所有部门。对人员的适用范围包括所有与信息系统的各方面相关联的人员，它适用于各级消防部队信息系统等级保护建设的相关工作人员，整个项目范围内容的维护人员。

安全制度建立的价值在于推进信息安全管理体系的建立，包括：

① 安全策略和制度体系的建设；

② 安全组织体系的建设；

③ 安全运维体系的建设。

规范信息安全规划、采购、建设、维护和管理工作，推进信息安全的规范化和制度化建设。

**1. 制定和发布**

（1）应指定或授权专门的部门或人员负责安全管理制度的制定；

（2）安全管理制度应具有统一的格式，并进行版本控制；

（3）应组织相关人员对制定的安全管理制度进行论证和审定；

（4）安全管理制度应通过正式、有效的方式发布；

（5）安全管理制度应注明发布范围，并对收发文进行登记。

**2. 评审和修订**

（1）信息安全领导小组应负责定期组织相关部门和相关人员对安全管理制度体系的合理性和适用性进行审定；

（2）应定期或不定期对安全管理制度进行检查和审定，对存在不足或需要改进的安全管理制度进行修订。

### （三）安全管理机构

信息安全管理体系在岗位设置、人员配备、授权和审批、沟通和合作、审核和检查等方面对安全管理机构提出了具体的要求。各级消防部门应该建立专门的安全职能部门，配备专门的安全管理人员，管理信息系统的信息安全管理工作，同时对安全管理人员的活动进行指导。

**1. 岗位设置**

（1）设立信息安全管理工作的职能部门，设立安全主管、安全管理各个方面的负责人岗位，并定义各负责人的职责；

（2）设立系统管理员、网络管理员、安全管理员等岗位，并定义各个工作岗位的职责；

（3）成立指导和管理信息安全工作的委员会或领导小组，其最高领导由单位主管领导委任或授权；

（4）制定文件明确安全管理机构各个部门和岗位的职责、分工和技能要求。

**2. 人员配备**

（1）配备一定数量的系统管理员、网络管理员、安全管理员等；

（2）配备专职安全管理员，不可兼任；

（3）关键事务岗位应配备多人共同管理。

**3. 授权和审批**

（1）根据各个部门和岗位的职责明确授权审批事项、审批部门和批准人等；

（2）针对系统变更、重要操作、物理访问和系统接入等事项建立审批程序，按照审批程序执行审批过程，对重要活动建立逐级审批制度；

（3）定期审查审批事项，及时更新需授权和审批的项目、审批部门和审批人等信息；

（4）记录审批过程并保存审批文档。

**4. 沟通和合作**

（1）加强各类管理人员之间、组织内部机构之间以及信息安全职能部门内部的合作与沟通，定期或不定期召开协调会议，共同协作处理信息安全问题；

（2）加强与兄弟单位、公安机关、电信公司的合作与沟通；

（3）加强与供应商、业界专家、专业的安全公司、安全组织的合作与沟通；

（4）建立外联单位联系列表，包括外联单位名称、合作内容、联系人和联系方式等信息；

（5）聘请信息安全专家作为常年的安全顾问，指导信息安全建设，参与安全规划和安全评审等。

**5. 审核和检查**

（1）安全管理员应负责定期进行安全检查，检查内容包括系统日常运行、系统漏洞和数据备份等情况；

（2）由内部人员或上级单位定期进行全面安全检查，检查内容包括现有安全技术措施的有效性、安全配置与安全策略的一致性、安全管理制度的执行情况等；

（3）制定安全检查表格实施安全检查，汇总安全检查数据，形成安全检查报告，并对安全检查结果进行通报；

（4）制定安全审核和安全检查制度规范安全审核和安全检查工作，定期按照程序进行安全审核和安全检查活动。

## （四）人员安全管理

人员安全管理要求在人员的考核、培训以及第三方人员管理上，都要考虑安全因素。

**1. 人员考核**

（1）定期对各个岗位的人员进行安全技能及安全认知的考核；

（2）对关键岗位的人员进行全面、严格的安全审查和技能考核；

（3）对考核结果进行记录并保存。

**2. 安全意识教育和培训**

（1）对各类人员进行安全意识教育、岗位技能培训和相关安全技术培训；

（2）对安全责任和惩戒措施进行书面规定并告知相关人员，对违反违背安全策略和规定的人员进行惩戒；

（3）对定期安全教育和培训进行书面规定，针对不同岗位制定不同的培训计划，对信息安全基础知识、岗位操作规程等进行培训；

（4）对安全教育和培训的情况和结果进行记录并归档保存。

**3. 外部人员访问管理**

外部人员包括软件开发商、硬件供应商、系统集成商、设备维护商和服务提供商等。对外部人员的访问应进行监控和审计；给外部人员的权限应该严格控制和检查，对外部人员的依赖程度应该能够控制并有补救措施。通常应做到：

（1）信息系统对外部人员的物理访问和逻辑访问实施访问控制，根据其在系统中完成工作的时间、性质、范围、内容等方面的需要给予最低授权；

（2）外部人员的现场工作或远程维护工作内容应在合同中明确规定，如工作涉及敏感信息内容，应要求其签署保密协议；

（3）一般情况下，外部人员严禁将数据库、系统、互联网扫描、入侵检测及其他软件的安装等接入自带的设备；

（4）外部人员的现场工作应在消防部队将有关人员的陪同和监督下完成。外部人员自带设备与生产系统的接入应得到特别授权，其操作应受到审计；

（5）外部人员工作结束后，应及时清除有关账户、过程记录等信息。

## 第四节　安全保障案例介绍

### 一、政府机构安全保障体系建设案例

由于政府机构网络很容易遭受到国内外一些敌对分子的攻击，结合政府机构业务的多种信息种类、不同开放程度和安全级别等情况，政府机构的网络和信息系统主要面临系统软硬件故障造成的服务不可用或者数据丢失；自然灾害或人为的物理破坏；内部人员（合法用户）滥用权力，有意犯罪，读取政府机构机密信息，或者恶意篡改数据；来自内部或外部的黑客针对网络基础设施、主机系统和应用服务的各种攻击，造成网络或系统服务不可用、信息泄密、数据被篡改等破坏；有害信息（如病毒）的传播等威胁。

#### （一）安全体系模型构建

政府网络安全保障的设计必须建立在科学的安全体系结构模型之上，此案例提出了适合政府信息网络的安全体系结构模型。该模型表现为一个三维立体框架结构，如图9-30所示。

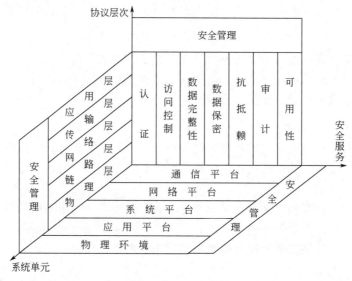

图 9-30　网络安全体系三维立体框架结构图

#### （二）安全保障设计原则

从上述安全体系结构模型出发，某政府网络安全设计包括机密性、完整性、可用性、认证性、不可否认性五个方面的防护原则。

##### 1. 建立应用安全体系

建立一套用户管理、权限控制和分配机制，并在应用软件设计、应用软件开发的全过程切实贯彻这一机制，使得在任何情况下，任何人只能获取在其当时、当地允许获取的信息或操作。推行 PKI/PMI 认证机制，关键应用还需采用公钥/私钥保护，防止犯罪分子伪造证件，假冒身份登录系统。

##### 2. 建立网络安全体系

（1）防火墙系统。防火墙通过监测、限制、更改通过防火墙的数据流，可以保护内部系

统不受来自外部的攻击。在 IP 专网的出口处配置一台千兆防火墙，用于党政信息网、专网的隔离接入。

（2）入侵检测系统。传统防火墙的作用主要防范外部网络攻击，而对内部发起的攻击没有很强的抵御能力，如果要同时防止内外网络威胁，必须使用入侵检测系统监控网络内部的流量，能够快速定位攻击源头，并能够与防火墙实现应急联动攻击进行阻断。

（3）端点准入系统。当一个系统或用户连接入网时，对其安全状态进行评估，一旦系统连接入网，对其安全状态进行连续监控，基于系统状态，执行网络访问和系统修复策略。

（4）防止外来接入。通过接入认证、实现计算机 MAC 地址与交换机端口的绑定，没有经过认证的终端接入立即就被阻断（防止陌生的 IP 终端接入），可有效避免专网 IP 端口被盗用。

### 3. 建立全面的安全审计体系

对用户所有操作和网络服务进程具备完备的审计机制，对系统中发生的每一件事进行审核和记录。配置一台认证服务器，为拨号入网的用户提供认证、授权或过滤，并对用户的活动审计跟踪，用户的管理由各地市网络管理中心负责。提供网络的审计机制，实时地监测网络上的各种活动，记录每一次连接，防范内外的黑客攻击和有害信息的传播。

### 4. 建立全面的病毒防护体系

在网络上部署防病毒软件，对所有数据都进行全面的病毒防护，保护网络上的服务器和计算机，防止病毒在网络上蔓延。

### 5. 建立系统漏洞扫描服务

利用网络漏洞扫描服务定期或不定期地对受保护系统进行扫描、评估。根据扫描、评估报告对网络系统存在的高、中、低风险漏洞分别采取相应的措施进行修补，主动发现修复各类安全隐患。

### 6. 建立主机系统安全体系

视频管理服务器和数据库服务器配置双机热备，保证核心管理和数据库的安全稳定。在应用成熟的时候，可对关键应用服务器升级，采用双机热备技术，实现应用运行故障自动倒换功能。

### 7. 建立数据存储安全体系

提供 RAID、热备等磁盘冗余保护，磁盘故障时可自动进行重建，支持 RAID 容量在线动态扩展，提供 UPS 掉电保护，提供多重报警模式，为阵列数据存储提供全面保护。必要时提供数据的异地冗余备份。

### 8. 建立安全管理体制与管理制度

为保证各项安全措施的实施并真正发挥作用，除了注重技防以外，还必须注重人防，在技术安全体系建立的同时，制定以下各项安全管理规章制度。

（1）人员安全管理制度。包括安全审查制度、岗位安全考核制度、安全培训制度、离岗人员安全管理制度等。

（2）文档管理制度。各种文档（包括书面的和电子等各种形式）必须有清晰的密级划分，妥善管理。

（3）系统运行环境安全管理制度。包括机房出入控制、环境条件保障管理、自然灾害防护、防护设施管理、电磁波与磁场防护等。

（4）应用系统运营安全管理制度。包括操作安全管理、操作权限管理、操作规范管理、操作监督管理、操作恢复管理等。

（5）应急安全管理制度。制订应急预案和应急实施计划、应急备用管理、应急恢复管理、应急后果评估管理。

### （三）结束语

本案例提出的安全体系模型与安全保障设计能够抵御业务信息化所带来的各种威胁，系统的设计与实现能提供足够的可靠性与安全性，具备一定的容错、容灾能力，有效地防止内部人员的故意犯罪，抵御来自内部与外部、针对各种对象的各种方式的攻击，防止有害信息的传播，并且通过严格的安全管理制度，提供比技术防范工作模式更加安全的管理机制，结合严格的授权管理与审计管理机制，使得业务处理人员无法或不敢滥用职权。

## 二、涉密信息系统安全保障体系案例

### （一）项目背景

某部委于 2001 年、2005 年和 2007 年先后实施了信息化一期、二期工程以及通信信息系统改造工程，建设了涉密局域办公网，即某部委电子政务涉密信息系统，并与外网物理隔离，整体提高了部机关行政办公的信息化水平。为加强涉及国家涉密信息系统的保密管理，依据相关国家标准，某部委对其内网电子政务涉密信息系统进行了相应等级的安全保密建设和管理。

### （二）建设路线

在某部委电子政务信息系统分级保护建设实施过程中，依据《某部委电子政务涉密信息系统分级保护工程详细设计方案》及国家相关标准规范等文件，严格按照项目管理方法论，对项目启动后把实施过程分为设计（深化）过程、落地（建设）过程、监控过程三个过程组，并通过调研分析、体系规划、体系建设和体系完善的建设思路，运用岗位与职责、策略体系、流程体系、技术工具、人员培训、安全管控等方法进行落地实施。

在落地过程中，通过信息安全保障体系落地方法论，建立技术、管理、运维三大保障体系，按照《分级保护深化设计及实施方案》，分为安全域改造、应用系统改造、安全策略部署与试运行以及安全服务四个阶段，完成某部委电子政务信息系统安全保护的建设工作。

### （三）建设落地

实施落地过程从安全域改造、网络割接到应用系统改造、集成部署、策略实施及安全服务全环节实现分级保护体系建设的落地过程。

#### 1. 安全域改造

依据标准要求，综合考虑信息密级、信息分类、信息交换、行政级别、功能需要和业务需求等方面，将原有内网结构及连接信息作备份，通过网络割接、区域调整、VLAN 划分等方式，重新调整某部委涉密内网安全策略，包括内网中的网络、主机、终端、存储等密级标识、访问控制、权限绑定等策略，使不同密级的信息资源、用户不能互联互通，且需要物理隔离，安全域边界采用访问控制、入侵监测和网络审计等边界防护设备。通过划分安全域，可将传统的"按最高密级防护原则"转变为"分域分级防护策略"，大幅度降低建设成本和运营管理成本。

## 2. 应用系统改造

应用系统中严格遵照"最小授权原则"和"强制访问控制要求",安全认证实现统一身份管理、统一身份认证、统一权限管理、统一访问控制、统一责任认定和统一信息交换"六个统一"等。对应用系统中产生的涉密文件进行密级标识,并与认证账户相关联实现抗抵赖性和不可否认性设计。改造应用系统实现账户管理和口令管理功能,根据账户授予其相应的访问权限,实现三权分立。对应用系统设计实现系统安全审计功能,进行系统启动和关闭,账户登录和修改,以及对涉密文件的操作:建立、复制、修改、删除、打印等进行审计内容设计和实现。

## 3. 集成部署

集成部署分为三个阶段,包括软、硬件产品集成采购,硬件设备安装、上架,软硬件系统配置,集成期间对人力资源进行优化配置,通过项目质量管理和沟通管理等手段协调各厂商工程师现场支持集成部署工作。

## 4. 安全服务

(1)安全加固。严格遵照项目管理理论框架,通过统筹规划、综合协调、实效性落实、人员考核等管控过程,将安全加固实施落地。对于网络及安全设备,提供专业加固建议和策略,防止大规模蠕虫病毒的攻击,将网络病毒的攻击影响降至最低;对于操作系统和应用,关闭远程桌面服务、禁用 Windows 共享、停止 Windows 自动更新、加装主机审计与补丁分发系统等安全加固策略;对于终端在涉密终端操作系统部署安全登录、主机监控与审计、补丁分发及网络准入控制系统,并对所有涉密终端进行 IP 与 MAC 地址绑定。每次加固都遵从规范化原则,确保加固过程的可控性、有效性、安全性。

(2)风险评估。风险评估是对某部委电子政务内网中的服务器/网络设备/安全设备等资产进行威胁性和脆弱性分析,针对特定威胁利用资产一种或多种脆弱性,导致资产丢失或损害的潜在可能性进行评估分析,本案例中主要风险评估服务包括资产识别、威胁分析、脆弱性分析、已有安全措施分析和风险分析。经过量化评估后,形成风险评估报告,制定风险处理计划实施风险管控措施。

(3)安全培训。安全及保密培训是本案例的一个重要组成部分,展开对全员安全意识和保密意识培训。培训落实到决策层、管理层和执行层各个层面,不仅是安全管理、使用、维护的一体化应用上,更重要的是通过对政策、制度、标准的制定和贯彻,使全员了解并掌握安全知识,把握信息安全战略规划在信息化建设规划中的重要性,做好短中长期安全规划。

## (四)项目价值

### 1. 实现对内安全保护需求

当前,随着我国经济快速发展和国际地位不断提高,我国已成为各种情报窃密活动的重点目标。信息技术的发展和我国信息化建设的推进,涉密载体呈现出多样性和复杂性,泄密渠道随之增多,窃密与反窃密越来越具有高技术抗衡的特点。电子政务涉密信息系统分级保护建设工程为维护国家秘密安全、保障国家涉密信息、推进系统保密工作发挥重要作用。

### 2. 顺利通过安全保密测评

体系落地实施覆盖技术的物理、网络、主机、应用、数据等层面,管理覆盖策略、制度、流程、表单四级体系,做到技管并重,日常安全运维还包括了安全加固和风险评估,具有全面性、合规性和前瞻性,较好地通过职责、策略、流程、工具等进行落地,最终以较好地成绩通过安全保密测评。

# 三、等级保护安全保障体系建设案例

## （一）建设目标

完善电子政务外网安全防护体系，不断提高电子政务外网信息系统的安全保障能力和防护水平，确保网络与信息系统的安全稳定运行，达到国家信息安全等级保护相关标准要求。保证业务信息和网络的机密性、完整性、可用性、可控性和可审计性，确保某部整体达到信息系统第三级安全保护等级。

## （二）方案设计

### 1. 方案设计目标

某部（部机关）等级保护建设整改是根据国家等级保护政策制度的工作方案思路，依照《信息系统安全等级保护基本要求》等政策标准规范要求编制总体设计方案，用于指导某部机关安全建设整改工作。方案的总体目标是设计符合某部实际业务应用、实际网络信息系统运行模式和国家等级保护建设整改工作要求的总体方案，实现某部机关政务外网的安全保护总体达到信息系统安全保护等级第三级基本要求。

### 2. 方案设计框架

某部安全保障体系框架根据等级保护基本要求，参照国内外相关标准，并结合某部已有网络与信息安全体系建设的实际情况，最终形成依托于安全保护对象为基础，纵向建立安全管理体系、安全技术体系、安全运行体系和安全管理中心的"三个体系，一个中心，三重防护"的安全保障体系框架。

（1）"三个体系"：信息安全管理体系、信息安全技术体系和信息安全运行体系，把等级保护基本要求的控制点结合某部实际情况形成相适应的体系结构框架。

（2）"一个中心"：信息安全管理中心，实现"自动、平台化"的安全工作管理、统一技术管理和安全运维管理。

（3）"三重防护"：安全计算环境防护措施、安全区域边界防护措施和安全网络通信防护措施，把安全技术控制措施与安全保护对象相结合。

### 3. 方案总体思路

（1）信息系统风险评估和等级保护差距。通过采用信息安全风险评估的方法，对某部机关政务外网信息系统进行全面综合分析，并深化对已经定级、备案的信息系统进行资产、脆弱性、威胁和风险综合分析，在整体网络框架基础上，通过差距分析的方法与等级保护基本要求进行差距分析，形成信息系统等级保护建设整改的整体安全需求。

（2）安全保障体系框架和总体安全策略。根据等级保护的整体保护框架，并结合某部信息安全保障体系建设的实际情况，建立符合某电子政务系统特性的安全保障体系，分别是安全管理体系、安全技术体系和安全运行体系，并制定各个体系必要的安全设计原则和安全策略。

（3）安全保障体系总体设计方案。结合某部机关电子政务外网信息系统的实际应用情况，设计具体安全技术体系控制措施、安全管理体系控制措施和安全运行体系控制措施，其中：

① 安全管理体系的实现依据《基本要求》，设计了某部机关政务外网的信息安全组织机

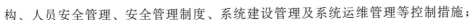

构、人员安全管理、安全管理制度、系统建设管理及系统运维管理等控制措施；

② 安全技术体系的实现一方面重点落实《基本要求》，另一方面采用《安全设计技术要求》的思路和方法设计了安全计算环境、安全区域边界和安全通信网络的控制措施；

③ 安全运行体系的实现根据《基本要求》，设计了符合系统全生命周期的安全需求、安全建设、安全设计与安全运维的运行体系要求，重点阐述了安全运维体系的框架和控制组成；

④ 安全管理中心的实现根据《基本要求》和《安全设计技术要求》，结合某部机关已经建立的运行保障平台，形成覆盖安全工作管理、安全运维管理、统一安全技术管理于一体的"自动、平台化"的安全管理中心。

（4）总体实施计划。根据总体设计方案的安全保障体系要求，结合某部机关安全建设的实际情况，将某部机关政务外网信息安全保障体系建设分成两个阶段，分别是基本整改和深化完善阶段。

## （三）整改效果

经过安全建设整改后，某部本级政务外网信息系统将在统一的安全保护策略下，具有抵御大规模、较强恶意攻击的能力；具有抵抗较为严重的自然灾害的能力；具有防范计算机病毒和恶意代码危害的能力；具有检测、发现、报警、记录入侵行为的能力；具有对安全事件进行响应处置、并能够追踪安全责任的能力；在系统遭到损害后，具有能够较快恢复正常运行状态的能力；对于服务保障性要求高的系统，具有能快速恢复正常运行状态的能力；具有对系统资源、用户、安全机制等进行集中控管的能力。

## 参 考 文 献

[1] 龚小勇/张选波等．网络安全运行与维护．第1册．北京：高等教育出版社，2010.

[2] 吴世忠，姜常青，彭勇．国家信息安全培训丛书：信息安全保障基础．北京：航空工业出版社，2009.

[3] 沈鑫剡．计算机网络安全．第1册．北京：清华大学出版社，2009.

[4] 杨明福．计算机网络技术教材．北京：经济科学出版社，2005.

[5] 张兆信等．计算机网络安全与应用．第4版．北京：机械工业出版社，2007.

[6] 刘天华，孙阳，朱宏峰编．网络安全．北京：科学出版社，2010.

[7] 段钢编著．加密与解密．第3版．北京：电子工业出版社，2008.

[8] 万立夫．木马攻防全攻略深入剖析．北京：电脑报电子音像出版社，2009.

# 标准规范体系

本章主要介绍了标准规范的基础知识和消防信息化标准体系，主旨是让从事消防信息化建设人员更好地掌握标准规范的相关知识、对消防信息化标准规范的技术体系有一个全面了解，以更好地应用到消防信息化的实践工作中。

## 第一节　标准规范基础知识

### 一、基本概念

我国自 20 世纪 90 年代末开始，随着网络技术的迅速普及，整个社会的发展与信息技术的关系越来越密切，人们越来越关注信息技术对社会发展的影响，尤其是伴随着近年来国家信息化战略的实施，信息化应用深度与广度不断拓展，对信息标准与规范的要求也更加迫切。通过信息化标准规范体系的建立，能够提高信息化管理水平，使信息化工作有计划、有目标、有秩序地进行，为信息化建设中一系列标准的制定提供科学依据，为信息化标准化的宏观决策提供服务，从而更加系统地指导和推进行业信息化标准化工作。

#### （一）标准

**1. 标准的定义**

国家标准 GB/T 20000.1—2002《标准化工作指南 第 1 部分：标准化和相关活动的通用词汇》中对于标准的定义如下："为了在一定的范围内获得最佳秩序，经协商一致制定并由公认机构批准，共同使用和重复使用的一种规范性文件"。并注明："标准宜以科学、技术和经验的综合成果为基础，以促进最佳的共同效益为目的"。该标准的定义也是国际标准化组织（ISO）和国际电工委员会（IEC）等权威机构发布的 ISO/IEC 指南 2：1996《标准化和相关活动通用词汇》对标准的定义。

**2. 标准的价值和使用价值**

标准是多方共同协商按照一定的规则和程序编制，并由公认机构批准发布的，可以理解为一种"技术商品"，标准的产品属性决定了标准具有自身的价值和使用价值。

（1）标准的价值。标准的价值是标准的一种社会属性，是客观存在的。标准的价值不是反映标准是否有用或者有用性的大小，而是指标准这种技术产品在生产过程中物化在该标准中的一般性人类劳动。尽管标准作为一种技术产品，但在商品市场上并不能像其他商品的价值那样直接转化商品的价格，进行交换，但是投入在标准中的一般性人类劳动是存在的。

（2）标准的使用价值。标准的有用性是标准的使用价值，研究和制定标准的目的首先是有用，在社会生产和生活中人们会应用它。如果一个标准制定发布后了解和使用它的人很少，它的使用价值就小。反之，如果一个标准的应用非常广泛，在某一行业或某一方面大家都去遵守它，这个标准的使用价值就越大。

标准的编制过程是一个复杂的工程，是凝结许多专家心血和高智商脑力劳动集成的过程。标准是对标准对象的抽象与概括，是一个复杂的劳动，要对标准对象进行反复的研究、对比、测试和实验，需要人类脑力的付出；同时，标准的编制过程中需要一定的物质和经济投入，如样品的生产、检测和测试装置的研制都需要大量资金的支持，需要大量研究时间的支持；标准要为人们知晓和广泛的应用，必须有其传递的形式，即标准的载体，总要表现为一种文件的形式，如打印印刷或者刻录光盘，这些都是需要物质和人工的投入的，是标准生产的一个必然过程，也是把标准定义为技术产品的客观依据。

## （二）标准化

**1. 标准化的定义**

GB/T 20000.1—2002《标准化工作指南 第1部分：标准化和相关活动的通用词汇》（等同采用 ISO/IEC 指南）对标准化给出了如下的定义："为了在一定范围内获得最佳秩序，对现实问题或潜在问题制定共同使用和重复使用的条款的活动。标准化的主要作用在于为了其预期目的改进产品、过程和服务的适用性，防止贸易壁垒，并促进技术合作。"

**2. 标准化的对象**

GB/T 20000.1—2002《标准化工作指南 第1部分：标准化和相关活动的通用词汇》对标准化的对象定义为"需要标准化的主题"。

标准化的对象首先是必须有"需要"，才能成为标准化的对象。如社会交往和文化交流所需要的语言、文字和符号；生产和生活所需要的计算、计时和度量等。

"主题"通常针对实体，主要指"能被单独描述和考虑的事物"，可以是某一产品，某一过程或者某一服务。主题涉及的对象不同，标准体现的技术内容和表现形式也不同。主要分为两类：一类是具体对象，即需要制定标准的具体事物；一类是总体对象，即各种具体对象的总和构成的主体，通过它可以研究各种具体对象的共同属性、本质和普遍规律。在实际的使用中，为了方便应用，还可进行如下的分类：术语标准、符号标准、实验标准、产品标准、过程标准、服务标准和接口标准等。

**3. 标准化的作用**

标准是现代工业的产物，在经济发展中起着不可替代的重要作用，主要表现在如下几个方面。

（1）建立最佳秩序的工具。现代化生产以科学技术和高度社会化为特征，一方面提高生产效率，提升产品质量；另一方面要求全球化或者区域化越来越细的合作分工。这种高度耦合的全球化合作生产背景，必然要以某种秩序为前提，标准化就是建立这种最佳秩序的工具。高标准才有高质量，没有标准化的进步，就没有质量的成功。

这种工具之所以科学和有效，因为其对生产活动具有一定的约束性。它比一般的行政规定更具科学根据，既能促进人们活动不断合理化，又受到人们的尊重。同时，这种约束是从全局出发，照顾平衡各方面的利益，是在充分协商的基础上建立的，是一种无偏见的约束。这种约束是对现代化生产技术和管理统一协调的权威，这种权威可以跨越国界。

（2）技术转化和管理提升的基础。科学技术是生产力，在研究阶段还没有转化为真正的现实生产力，标准可以提供一个平台将科学技术迅速转化为生产力，标准化是强有力的幕后推手，从而产生巨大的社会和经济效益。无论政府和企业都要追求效率，包括工作效率和生产效率，要有一个规范化、科学化和程序化的指导与准则，这些都离不开标准和标准化。

（3）提高国家创新能力。创新是人类发展的动力之源，是突破，是质变。在现阶段科学技术和经济飞速发展，社会进步的大背景下，一个国家的创新能力已成为一个国家综合国力的象征。但创新即代表成本和风险，一个国家要创建一个很好的体制，搭建一个开发包容的平台，把前人的经验和成果以标准化的形式沉淀到这个平台来，供所有人使用，降低未来创新开发所带来的风险。

（4）保障身体健康及生命安全。大量的环境保护标准、卫生标准和安全标准制定和发布后，用法律的形式强制执行，对保证人民身体健康和生命财产安全具有重大意义。

（5）建立贸易优势地位。贸易双方进行货物或服务交换时，技术标准对贸易对象的形式、功能和其他技术特性所作的一致性规定，为贸易双方提供了一种共同背景、共同语言和共同客观依据，是双方进行贸易的基本要求。因此标准为消除贸易壁垒和建立统一市场创造了条件，没有标准就没有贸易。

标准化是人类社会的伟大创举，在社会进步和发展过程中发挥了巨大的作用，但也是一把双刃剑。标准有它的时效性和某些限制。标准化要与时俱进，不断的发展和改进，在推进的过程中一定要遵守公平公正的原则。总之，标准决定着市场的控制权，谁的技术成为标准，为世界所认同，会获得极高的地位和巨大的经济利益。"国力之争是市场之争，市场之争是企业之争，企业之争是技术之争，技术之争是标准之争"，深刻概括这几方面之间的关系，也说明了标准的重要性。

## （三）标准体系

### 1. 标准体系

标准体系是一定范围内（如一个行业或部门），具有内在联系的标准所组成的科学的有机整体。是一种由标准组成的系统，标准是构成标准体系的基本元素，是对标准化对象某一方面属性或行为的规范和约束。与某个标准化对象相关的所有标准，按照标准化对象的内在属性和运动规律联系起来，彼此间相互参照和引用，就形成了标准体系。

### 2. 标准体系表

标准体系表是一定范围的标准体系内的标准按其内在联系排列起来的图表，是表达标准体系概念的模型，是标准体系的图示表达方式。标准体系表是层次结构式图表，如序列式、矩阵式标准体系表。

标准体系表包括该行业或部门所必需的现有的、正在制定的和应予制定的所有标准。它由多个相互关联和相互作用的子体系构成，多采用标准体系框架（层次结构图）和明细表的形式表示。其中，标准体系框架通常以结构图的形式，框架性地描述该行业或部门对标准的类别和内容的需求，为构建标准体系明细表打下基础；标准体系明细表给出具体标准的列表。

标准体系表是动态的、发展的，不是一成不变的。随着时间推移，内外环境和需求的变化，标准应不断修订、删减和补充完善。

## 二、标准分类

标准的分类表如表 10-1 所示。

表 10-1  标准的分类

| 标准划分原则 | 标 准 类 型 | 细 分 子 类 |
|---|---|---|
| 按照标准的宗旨划分 | 公共标准 | |
| | 自有标准 | |
| 按照制定标准的层级划分 | 国际标准 | |
| | 区域标准 | |
| | 国家标准 | |
| | 行业标准 | |
| | 地方标准 | |
| | 企业标准 | |
| 按照标准的属性划分 | 技术标准 | 基础标准 |
| | | 产品标准 |
| | | 设计标准 |
| | | 工艺标准 |
| | | 检验和试验标准 |
| | | 信息标识、包装、搬运、存储、安装、交付、维修、服务标准 |
| | | 设备和工艺装备标准 |
| | | 基础实施和能源标准 |
| | | 医药卫生和职业健康标准 |
| | | 安全标准 |
| | | 环境标准 |
| | 管理标准 | 管理基础标准 |
| | | 技术管理标准 |
| | | 经济管理标准 |
| | | 生产经营管理标准 |
| | | 工作标准 |
| 按照标准的性质划分 | 强制性和推荐性标准 | 强制性标准 |
| | | 推荐性标准 |
| | WTO 的技术法规和标准 | |
| | 欧盟的指令和标准 | |
| 按照标准的信息载体划分 | 标准文件 | |
| | 标准样品 | |

## （一）按标准的宗旨划分

标准各有其宗旨，可以分为两大类：一类是为社会公众服务的"公共"标准；另一类是本组织"自有"的标准。

### 1. 公共标准

公共标准是动用公共资源制定的标准，其宗旨是维护公共秩序，保护公共利益，为全社会服务，适于全社会使用，对产品、过程和服务做出统一的规定。

国家标准、行业标准和地方标准都属于公共标准。

### 2. 自有标准

由非公共资源制定的标准，具有独占性质，为本组织的利益服务，提高本组织的竞争力，获取最大利益。

我国的国有企业、合资企业、民营企业、独资企业、联合体的标准以及各类事实上的标准都属于自有标准。

## （二）按标准的层级划分

按标准的层级或者主体，标准可分为国际标准、区域标准、国家标准、行业标准、地方标准和企业标准。

### 1. 国际标准

国际标准的定义：指国际标准化组织（ISO）、国际电工委员会（IEC）和国际电信联盟（ITU）指定的标准、以及所谓的"国际标准化组织确认并公布的其他国际组织制定的标准"，这里有两方面的含义：第一，可以制定国际标准的其他国际组织必须经过 ISO 认可并公布。目前，ISO 网站公布认可的其他国际组织共有 39 个。第二，并非这 39 个组织制定的标准都是国际标准，只有经过 ISO 确认并列入 ISO 国际标准年度目录中的标准才是国际标准。

国际标准的种类。按制定的组织划分有：ISO 标准、IEC 标准、ITU 标准和其他组织的标准；按标准涉及的专业划分：ISO 有九大类标准，IEC 有八大类标准；事实上的国际标准。一些国际组织、专业组织和跨国公司制定的标准在国际经济技术活动中客观上起着国际标准的作用，被称为"事实上的国际标准"。

### 2. 区域标准

区域标准是指由区域标准化组织或区域标准组织通过并发布的标准。通常按照制定区域标准的组织划分，目前有影响的区域标准主要有：欧洲标准化委员会（CEN）标准，欧洲电工标准化委员会（CENELEC）标准，欧洲电信标准协会（ETSI）标准，欧洲广播联盟（EBU）标准，独联体跨国标准化、计量与认证委员会（EASC）标准，太平洋地区标准会议（PASC）标准，亚太经济合作组织/贸易与投资委员会/标准与合格评定分委员会（APEC/CTI/SCSC）标准，东盟标准与质量咨询委员会（ACCSQ）标准，泛美标准委员会（COPANT）标准，非洲地区标准化组织（ARSO）标准，阿拉伯标准化与计量组织（AS-MO）标准等。

### 3. 国家标准

国家标准是指由国家标准化主管机构通过并批准发布，对全国经济、技术发展有重大意义，且在全国范围内统一的标准。我国的国家标准是在全国范围内统一技术要求，由国务院标准化行政主管部门编制计划，协调项目分工，组织制定（含修订），统一审批、编号、发布。国家标准的年限一般为 5 年，过了年限后，国家标准就要被修订或重新制定。如我国国家标准的代号：GB；美国国家标准的代号：ANSI；英国国家标准的代号：BS；俄罗斯国家标准的代号：GOSTR；德国国家标准的代号：DIN；日本国家标准的代号：JIS；澳大利亚国家标准的代号：AS。

#### 4. 行业标准

行业标准是指由行业组织通过并发布的标准。工业发达国家的行业协会属于民间组织，制定的标准种类繁多、数量庞大，通常称为行业协会标准。我国的行业标准是指国家有关行业行政主管部门公开发布的标准。根据我国现行标准化法的规定，对没有国家标准而又需要在全国某个行业范围内统一技术要求，可以制定行业标准，行业标准由国务院有关行政主管部门制定。如公安安全行业标准的代号：GA；教育行业标准的代号：JY；交通行业标准的代号：JT 等。

#### 5. 地方标准

地方标准是指在国家的某一个地区通过并发布的标准。我国的地方标准是指由省、自治区、直辖市标准化行政主管部门公开发布的标准。根据我国现行标准化法的规定，对没有国家标准和行业标准而又需要在省、自治区、直辖市范围内统一的工业产品的安全、卫生要求，可以制定地方标准。地方标准的编号由四部分组成："DB（地方标准代号）" + "省、自治区、直辖市行政区代码前两位" + "/" + "顺序号" + "年号"如北京市制定的地方标准：DB 11/039—1994《电热食品压力炸锅安全卫生通用要求》。

#### 6. 企业标准

企业标准是由企业制定并由企业法人代表或其授权人批准、发布的自有标准，是对企业范围内需要协调、统一的技术要求、管理要求和工作要求所制定的标准。企业标准与国家标准有着本质的区别，企业标准是企业的无形资产，在符合法律的前提下，完全由企业自己决定标准采取什么形式，规定什么内容，以及标准制定的时机。通常针对某一具体产品时企业标准的规定要高于行业或者国家标准。企业标准一般以 "QB" 作为企业标准的开头。如 QB/XXX J2，1-2007，XXX 为企业代号，可以是企业简称的汉语拼音大写字母，J 为技术标准代号，G 为管理标准，Z 为工作标准（或以 1，2，3 数字表示）如：2，1 为某个标准在企业标准体系中的位置号，2 为技术标准体系中的第二序列产品标准，1 为其中的第一个产品标准。

### （三）按标准的属性划分

按照标准化对象的属性划分，标准分为技术标准和管理标准两类。

#### 1. 技术标准

技术标准是指对标准化领域中需要协调统一的技术事项所制定的标准，技术标准是工业社会最先创立的标准。技术标准是标准体系的主体，量大、面广、种类繁多，其中主要包括：基础标准、产品标准、设计标准、工艺标准和环境标准等。

#### 2. 管理标准

管理标准是指对标准化领域中需要协调统一的管理事项所制定的标准。管理标准对管理实践中所出现的各种具有重复性特性的管理活动，进行科学总结，形成规范，用以指导人们更有效地从事管理活动。管理标准同样具有二重属性，自然属性和社会属性。管理标准的自然属性，就是要求在制定和贯彻管理标准的活动中，充分反映生产发展的自然规律和技术要求。管理标准的社会属性，就是要求在制定和贯彻管理标准的活动中，充分反映不同社会的生产关系和客观经济规律要求，要符合不同社会阶层的经济利益。管理标准主要包括：管理基础标准、技术管理标准、经济管理标准、生产经营管理标准等。

### （四）按标准的性质划分

#### 1. 强制性和推荐性标准

按标准实施的约束力，我国标准分为"强制性标准"和"推荐性标准"。

（1）强制性标准。根据我国标准化法的规定，强制性标准是指保障人体健康和人身、财产安全的标准，同时，涉及国家安全、产品安全和环境安全的标准都是强制性标准。强制性标准具有法律属性，一经颁布实施，利用国家法制必须强制执行。

强制性标准可分为全文强制和条文强制两种形式：标准的全部技术内容需要强制时，为全文强制形式；标准中部分技术内容需要强制时，为条文强制形式。

（2）推荐性标准。强制性标准以外的标准是推荐性标准，或者称为非强制性标准，指生产、交换、使用等方面，通过经济手段或市场调节而自愿采用推荐性标准的一类标准。推荐性标准具有倡导性、指导性和自愿性的特点。任何单位均有权决定是否采用该类标准，推荐性标准一经接受并采用，或各方商定同意纳入经济合同中，就成为各方必须共同遵守的技术依据，具有法律上的约束性。

#### 2. WTO 的技术法规和标准

在 WTO 的《贸易技术壁垒协议》（WTO/TBT）中，对技术法规的定义是："强制执行的规定产品特性或相应加工和生产方法的文件。技术法规也可以包括或专门规定用于产品、加工和生产方法的术语、符号、包装、标志或标签要求"，技术法规是强制性文件。

#### 3. 欧盟的指令和标准

欧共体于 1985 年通过了《关于技术协调和标准化新方法》的理事会决议，决定实行新的制定欧共体技术法规的方法（即新方法，按照新方法制定的技术法规称为新方法指令），新方法规定：欧共体的技术法规只规定有关安全、健康、消费者权益以及可持续发展的基本要求，详细的技术规范和定量指标则由相关的"协调标准"规定。

### （五）按标准的信息载体划分

按照标准信息载体，标准可分为标准文件和标准样品。标准文件的作用主要是提出要求或者作出规定，作为某一领域的共同准则；标准样品的作用是提供实物，作为质量检验、鉴定的对比依据。

#### 1. 标准文件

标准文件有不同的形式，包括标准、技术规范、规程、法规、指南和技术报告等。

标准的物理载体可是纸质的文件或者电子版文件等。

#### 2. 标准样品

根据 GB/T 15000.1—1994《标准样品工作导则（1）在技术标准中陈述标准样品的一般规定》的规定："在技术标准中规定的各项技术指标以及有关标准分析试验方法，凡需要标准样品配合才能确保这些技术标准应用效果在不同时间、空间的一致性时，都应规定研制和使用相应的标准样品。"由此可见标准样品是保证文字标准有效实施的实物标准，是文字标准的必要补充，是标准工作一个不可分割的组成部分。按其权威性和适用范围分为内部标准样品和有证标准样品。

## 三、我国标准化法律法规

我国于 1988 年颁布了《中华人民共和国标准化法》（以下简称《标准化法》），确定了我国的标准体系、标准化管理体制和运行机制的架构。随后国务院于 1990 年颁布《中华人民共和国标准化发实施条例》（以下简称《实施条例》），对于落实《标准化法》提出了具体的规定。《标准化法》及其《实施条例》规定了不同层级标准的制定主体，以及各主体之间有关标准制定的管理关系和各层级标准之间的关系；规定了对标准实施的分类管理、认证制度、检测机构的设立以及各方承担的法律责任。随着我国技术经济的发展，标准化工作发展的需要，国家标准化管理部门又制定了一系列的适应新形势的编制工作规章制度。同时，国务院各部门、地方政府根据自身标准化工作的需要也分别制定了一批标准化工作部门规章、地方法规，使标准化工作更加规范，形成了较完善的标准化法律法规的立法体系结构。标准化法律法规立法体系结构如图 10-1 所示。

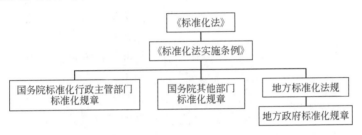

图 10-1 标准化法律法规立法体系结构图

## 第二节 消防信息化标准体系

## 一、地位和作用

消防信息化标准体系的地位和作用主要体现在：

① 消防信息化标准体系的建设，首先能够从总体上对消防信息化建设所需的标准进行梳理和统筹规划，建立起消防信息标准化工作发展的规划与蓝图，保证标准建设的系统性和完整性和可维护性。

② 消防信息化标准体系的建设，能够理顺现有的、正在制定的和应予制定的所有相关标准之间的相互支撑与相互配合的关系，减少彼此的交叉重叠，重复冲突，有利于明确消防信息标准化工作的重点和发展方向。

③ 消防信息化标准体系的建设，有利于编制消防信息化标准的制修订计划，有目的、有计划、有步骤、有重点地进行公安领域的标准规范建设，从而加快标准的制修订速度和效率，提高信息标准化工作的系统性，为消防信息化建设的长远发展奠定坚实的基础。

## 二、体系框架

消防信息化标准体系遵循公安信息化的标准体系，按照在消防信息化工程建设中实现的功能结构划分，消防信息化标准体系由总体标准、数据标准、应用标准、基础设施标准、安全标准和管理标准6个子体系组成，消防信息化标准体系总体框架方框图如图10-2所示。

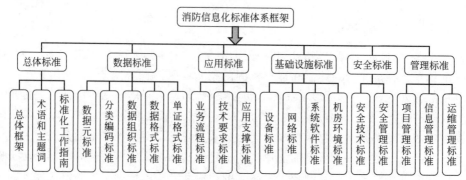

图10-2    消防信息化标准体系总体框架方框图

## （一）总体标准

总体标准是指消防信息化建设所需的总体性、通用性的标准和规范。总体标准应满足"金盾工程"的建设要求以及消防信息化建设的总体设计、总体规划的要求。包括：总体框架、术语和主题词表和标准化工作指南3类标准，总体标准结构方框图如图10-3所示。

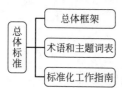

图10-3    总体标准结构方框图

### 1. 总体框架

总体框架标准是指消防信息化建设的总体框架性的标准。一般包括消防信息化建设的总体技术要求等，主要用于消防信息化建设中系统的设计开发。

### 2. 术语和主题词表

术语标准用于规范消防信息化建设中通用的术语。包括术语标准的编写原则方法以及消防信息化建设过程中常用的信息技术术语和消防业务术语等。适用于业务人员和技术人员在业务描述、系统设计、软件开发、使用维护等方面对术语的内涵和外延获得准确一致的理解。其中信息技术术语直接引用已颁布的国家标准，消防业务术语标准一般由消防部门自行编制。

主题词表标准规定主题词表编制的一般原则和方法，以及规范化的消防主题词表。适用于消防信息资源的标引和检索。消防信息资源既包括关系数据库中的结构化数据，也包括一般文档、网站内容以及收集的外部信息等。利用主题词表对这些信息资源进行组织，有助于实现信息资源的有效交换与共享。

### 3. 标准化工作指南

标准化工作指南标准规范消防行业标准化管理体制、工作程序等方面的内容。一般包括消防信息标准化工作指南、消防标准的结构和编写规则等。用于指导消防标准项目的管理以及消防标准的研制。

## （二）数据标准

数据标准用于系统建设过程中对信息资源的统一描述，主要通过对数据基本单元、数据结构、格式、分类编码、数据组织等各个方面进行规范化和标准化，保证数据的准确性、可靠性、可控制性和可校验性，以实现数据交换与共享以及信息集成。包括：数据元、分类与编码、数据组织、数据格式和单证格式 5 类标准，数据标准结构方框图如图 10-4 所示。

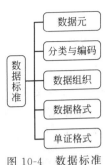

图 10-4 数据标准结构方框图

### 1. 数据元

数据元标准是指不从业务的角度而是按照公安业务办理中数据的自然属性对公安数据的统一描述，通过对数据元的名称、表示形式、值域等多个属性的规范，可以保证系统建设中对同一对象的描述和表达准确一致。如《公安数据元（1）》、《公安数据元（4）》等，该类标准还包含数据标准的方法与原则标准，如《公安数据元编写规则》等。消防数据元统一归入公安数据元，为《公安数据元》标准的一部分。

### 2. 分类与编码

分类与编码标准是指消防各项业务用到的信息分类编码标准（代码标准）以及通用的代码编制规则标准。如国家标准《国家行政区划代码》、行业标准《消防信息代码》等。

### 3. 数据组织

数据组织标准包括按照消防某一业务领域或从某一业务应用出发，对消防数据的分层组织形成各业务领域复合类数据标准，该类标准是针对具体业务应用所制定的数据标准，如：数据项规范、数据结构规范等。也包括规范化消防业务数据采集、生成、加工等方面标准。

### 4. 数据格式

数据格式标准是指规范消防数据交换、存储、传输等方面数据格式的标准。其中，数据交换格式标准是消防各应用系统之间或消防应用系统与其他行业的应用系统之间进行数据交换时必须遵守的标准。数据交换格式标准作为传递各类业务信息的有效载体，封装了各信息系统及各应用间信息交换时所用到的业务数据、是消防信息系统共享的关键应用。该类标准主要规范交换数据的数据表示格式（数据名称、数据类型、数据长度等）、数据封包格式、数据拆包格式、数据交换接口等方面。

### 5. 单证格式

消防业务单证是消防系统在办理各项业务中记载数据信息的载体，单证格式标准是对消防业务办理过程涉及的证照、证书、申请表、审批表、登记表等单证格式的规范，通过该类标准统一规范消防各项业务数据的显现格式。

## （三）应用标准

应用标准是指规范消防各应用系统开发与维护过程中涉及的各种标准，是面向业务系统、业务流程的应用设计规范，规定了不同应用系统必须采用的统一技术规范。其作用是保障应用系统的功能完善、性能优良、技术先进、架构开放，具备较强的可维护性和可扩展性。包括：业务流程规范、技术要求和应用支撑 3 类标准。应用标准结构方框图如图 10-5 所示。

### 1. 业务流程规范

业务流程规范为消防核心业务流程的梳理和构造提供支撑，该类标准主要对业务功能、业务流程及业务流程的设计方法、业务环节、人员角色等内容进行规范的标准。同时，还包括为办理消防相关业务，所制定的工作流程方面的标准，如操作规程、业务相关的指南、要求等。

### 2. 技术要求

应用系统技术要求用于规范各业务应用系统的技术架构、基本功能、基本性能、用户界面等方面的技术要求，适用于消防各业务系统的开发。

### 3. 应用支撑

应用支撑标准包括为消防各类业务应用提供支撑技术（如基础服务、消息传输服务、互操作机制、构件等）的技术标准和规范，其作用是支撑业务应用系统的良好运行，如：《消防基础数据平台接口规范》等。

### （四）基础设施标准

基础设施指消防信息化建设的网络设施、信息处理的设备、计算机操作系统及数据库系统等基础软件系统、人员与设备的工作环境。基础设施标准用于基础设施的规划、采购及建设。包括：设备、网络、系统软件和机房环境4类标准，基础设施标准结构方框图如图10-6所示。

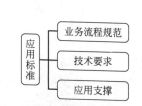

图 10-5  应用标准结构方框图

图 10-6  基础设施标准结构方框图

### 1. 设备

设备标准是指消防信息化工程建设中使用的各种设备标准，用来指导设备选型、安装调试、验收、招标等方面的工作，以便实现信息处理设备间的互相兼容与互联。主要包括计算机及外围设备、网络通信设备、机房设备等方面的标准。

### 2. 网络

网络标准是指消防信息化系统的消防信息网、指挥调度网和互联网所涉及的标准。它主要包括网络的总体规划、拓扑结构、接入和设备选型、互联要求、网络域名规划、网络 IP 地址分配等方面的技术要求，如《公安网信息网络 TCP/IP 主机名编码规范》（GA/T 606—2006）等。

### 3. 系统软件

系统软件标准是指操作系统、数据库系统等系统软件方面的标准，用于指导系统软件的选型、安装调试、验收、招标等，如《信息技术系统及软件完整性级别》等。

### 4. 机房环境

机房环境标准是指为计算机系统、设备及工作人员提供工作环境的机房等建设标准，以及综合布线方面标准，如《计算机场地通用规范》、《电子信息系统机房设计规范》等。

## （五）安全标准

安全标准是指为消防信息化建设提供各种安全保障的技术和管理方面的标准规范。包括：安全技术和安全管理2类标准，安全标准结构方框图如图10-7所示。

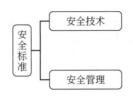

图 10-7　安全标准结构方框图

### 1. 安全技术

安全技术标准包括为消防的网络系统、操作系统、应用系统、数据等方面提供安全保障的各种技术标准和规范，如：《计算机信息系统安全等级保护网络技术要求》等。

### 2. 安全管理

安全管理标准包括对消防的网络系统、操作系统、应用系统、数据等方面进行有效管理，以达到安全目的的各种管理标准和规范，如：《计算机信息系统安全等级保护管理要求》等。

## （六）管理标准

管理标准为整个消防信息化建设提供管理的手段和措施，是实现科学管理、保证信息系统有效运转的重要保障。包括：项目管理、信息资源管理、系统运维管理3类标准，管理标准结构方框图如图10-8所示。

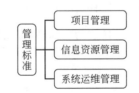

图 10-8　管理标准结构方框图

### 1. 项目管理

项目管理标准包括消防信息化建设项目的立项、可行性研究、建设、监理、验收等环节需要遵守的标准和规范，如：《电子政务标准化指南 第2部分：工程管理》等。

### 2. 信息资源管理

信息资源管理标准包括对消防信息化建设中产生的各类信息资源进行有效管理的标准，包括标准管理、数据及代码管理、数据库、数据质量、软件、文档、网站内容等信息资源管理，如：《公安数据元管理规程》等。

### 3. 系统运维管理

系统运维管理标准包括消防信息化各类系统运行维护管理的标准和规范，如：《公安信息系统维护与管理规范》等。

## 第三节　消防信息化标准明细

消防信息化标准体系明细由整个消防信息化建设所需的标准规范组成，包括消防部门制定的标准、通用的公安信息化标准和直接引用的国际标准、国家标准以及其他行业标准组成。这些标准包括：已发布的、正在制定的和规划待制定的各种标准、参考标准、技术规范和与标准直接相关的各种规章制度等。

消防信息化标准体系明细表内容构成三维示意图如图 10-9 所示，消防信息化标准体系明细表如表 10-2 所示。

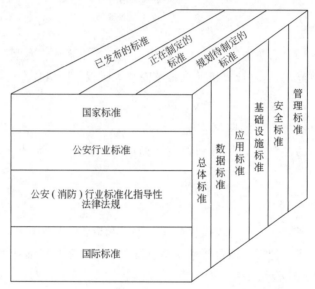

图 10-9　消防信息化标准体系明细表内容构成三维示意图

**表 10-2　消防信息化标准体系明细表**

| 1　总体标准 | | | | | | | |
|---|---|---|---|---|---|---|---|
| 1.1 总体框架 | | | | | | | |
| 序号 | 分类号 | 标准性质 | 标准名称 | 标准编号 | 内容简介 | 标准状态 | 标准类别 |
| 1 | 1.1.1 | 推荐性 | 消防信息化标准体系 | | 本文件规定了消防信息化标准体系框架和信息化标准明细表 | 制定中 | 行业标准化文件 |
| 2 | 1.1.2 | 推荐性 | 消防信息系统总体技术框架 | | 本标准规定了消防信息化系统的总体架构，提出了基础通信网络层、应用支撑层、业务应用层、安全保障系统、标准规范体系以及运行维护系统的结构组成，用于指导消防信息化系统的建设 | 制定中 | 行业标准 |
| 3 | 1.1.3 | 推荐性 | 消防信息系统总体技术要求 | | 本标准规定了消防信息化系统的总体结构，提出了基础通信网络层、应用支撑层、业务应用层、安全保障系统、标准规范体系以及运行维护系统的技术要求，用于指导消防信息化系统的建设 | 待制定 | 行业标准 |

续表

| 序号 | 分类号 | 标准性质 | 标准名称 | 标准编号 | 内容简介 | 标准状态 | 标准类别 |
|---|---|---|---|---|---|---|---|
| 4 | 1.1.4 | 推荐性 | 公安信息系统总体技术要求 | | 本标准规定了公安信息化系统的总体结构,提出了其网络系统、数据中心、支撑平台、应用系统、安全系统以及标准体系的技术要求,用于指导公安信息化系统的建设<br><br>适用于公安部、全国各省级公安机关以及市(地)局、县(区)局公安信息化系统建设 | 待制定 | 行业标准 |
| 5 | 1.1.5 | 推荐性 | 政务信息资源目录体系　第1部分　总体框架 | GB/T 21063.1—2007 | 本部分描述了政务信息资源目录体系的总体框架、建设内容和建设要求,主要内容包括总体结构、基本功能、工作流程以及标准各部分之间的关系<br><br>适用于跨部门政务信息资源目录体系的规划和建设,同时可作为其他信息资源目录体系规划和建设的参考 | 已发布 | 国家标准 |
| 6 | 1.1.6 | 推荐性 | 政务信息资源交换体系　第1部分　总体框架 | GB/T 21062.1—2007 | 本部分规定了政务信息资源交换体系的总体结构、概念模型、交换模式、交换结点、基本功能和应用参考模型<br><br>适用于政务信息资源交换体系建设的规划者、开发者、建设者和其他与交换体系建设相关的人员规划和设计政务信息交换体系的系统架构时使用 | 已发布 | 国家标准 |

1.2 术语和主题词表

| 序号 | 分类号 | 标准性质 | 标准名称 | 标准编号 | 内容简介 | 标准状态 | 标准类别 |
|---|---|---|---|---|---|---|---|
| 7 | 1.2.1 | 推荐性 | 信息技术　词汇 | GB/T 5271.(1,4,6,8,9,11,12,23~28)—2000 | 本标准给出了与信息处理领域相关的概念的术语及其定义,并明确了各术语词条之间的关系;定义了信息技术领域的基本概念 | 已发布 | 国家标准 |
| 8 | 1.2.2 | 推荐性 | 数据处理　词汇 | GB/T 5271.(2,3,5,7,10,13~22)—2000 | 本标准给出了与信息处理领域相关的概念的术语及其定义,并明确了各术语词条之间的关系;定义了信息技术领域的基本概念 | 已发布 | 国家标准 |
| 9 | 1.2.3 | 推荐性 | 公安基础业务术语 | | 本标准规定了公安基础业务术语及其定义,有助于实现公安基本概念的统一 | 待制定 | 行业标准 |
| 10 | 1.2.4 | 推荐性 | 消防基础业务术语 | | 本标准规定了消防基础业务术语及其定义,有助于实现消防基本概念的统一 | 待制定 | 行业标准 |
| 11 | 1.2.5 | 推荐性 | 电子政务主题词表编制规则 | GB/T 19486—2004 | 本标准规定了电子政务主题词表(包括综合电子政务主题词表)编制中应遵循的原则、方法和要求。主要内容有词表结构、选定词、参照系统、主题词款目格式、排序、主表、附表、索引、出版形式、综合电子政务主题词表与专业电子政务主题词表的关系等 | 已发布 | 国家标准 |

续表

| 序号 | 分类号 | 标准性质 | 标准名称 | 标准编号 | 内 容 简 介 | 标准状态 | 标准类别 |
|---|---|---|---|---|---|---|---|
| 12 | 1.2.6 | 推荐性 | 公安主题词表 | | 本标准规定了公安业务中所涉及的主题词 | 待制定 | 行业标准 |
| 13 | 1.2.7 | 推荐性 | 消防主题词表 | | 本标准规定了消防业务中所涉及的主题词 | 待制定 | 行业标准 |

### 1.3　标准信息化工作指南

| 序号 | 分类号 | 标准性质 | 标准名称 | 标准编号 | 内 容 简 介 | 标准状态 | 标准类别 |
|---|---|---|---|---|---|---|---|
| 14 | 1.3.1 | 推荐性 | 公安信息化标准化指南 | | 本指南主要按照一定的主题和层次结构,阐述公安信息化标准体系中涵盖的行业标准的详细内容、使用方法,以及如何选用信息化建设中可能涉及的国家标准或其他行业标准 | 待制定 | 行业标准化指南 |
| 15 | 1.3.2 | 推荐性 | 公安标准维护和管理办法 | | 本标准规定了公安行业标准的维护和管理流程、要求、权限、内容等方面 | 待制定 | 行业标准 |
| 16 | 1.3.3 | 推荐性 | 电子政务标准化指南 第1部分:总则 | | 本指南描述了电子政务标准化的指导思想、工作思路、总体目标和工作任务,并给出了电子政务标准体系。此外,本指南还给出了电子政务标准化工作的运行管理机制,以及我国标准化的法律法规和规章制度 | 已发布 | 国家电子政务标准化指南 |
| 17 | 1.3.4 | 推荐性 | 电子政务标准化指南 第4部分:信息共享 | | 本指南描述了信息资源的统筹规划、业务流程模型化、基础数据标准化、信息分类规范化、电子文档格式化。给出了电子政务信息共享的基本原则,并围绕电子政务信息共享标准化各个阶段所应关注的标准化工作进行重点分析 | 已发布 | 国家电子政务标准化指南 |
| 18 | 1.3.5 | 推荐性 | 标准化工作导则 第1部分:标准的结构和编写 | GB/T 1,1—2009 | 本部分规定了标准的结构、起草表述规则和编排格式,还给出了有关表述样式<br><br>适用于国家标准、行业标准和地方标准以及国家标准化指导性技术文件的编写,其他标准的编写可参照使用 | 已发布 | 国家标准 |
| 19 | 1.3.6 | 推荐性 | 标准化工作指南 第1部分:标准化和相关活动的通用词汇 | GB/T 20000,1—2002 | 本部分给出了有关标准化和相关活动的通用术语和定义,本部分适用于标准化、认证和实验室认可及其他相关领域 | 已发布 | 国家标准 |
| 20 | 1.3.7 | 推荐性 | 标准化工作指南 第2部分:采用国际标准 | GB/T 20000,2—2009 | 本部分规定了:国家标准与相应国际标准一致性程度的判定方法;采用国际标准的方法;识别和表述技术性差异和编辑性修改的方法;等同采用ISO标准和IEC标准的国家标准编号方法;国家标准与相应国际标准一致性程度的标示方法。本部分适用于国家标准采用国际标准,也可供其他标准采用国际标准时参考 | 已发布 | 国家标准 |

续表

| 序号 | 分类号 | 标准性质 | 标准名称 | 标准编号 | 内容简介 | 标准状态 | 标准类别 |
|---|---|---|---|---|---|---|---|
| 21 | 1.3.8 | 推荐性 | 标准编写规则 第1部分:术语 | GB/T 20001,1—2001 | 本部分规定了标准编写中的术语描述。本部分适用于国家标准、行业标准和地方标准的编写和出版,企业标准和标准指导性技术文件的编写可参照使用 | 已发布 | 国家标准 |
| 22 | 1.3.9 | 推荐性 | 标准编写规则 第2部分:符号 | GB/T 20001,2—2001 | 本部分规定了标准编写中的符号约定。本部分适用于国家标准、行业标准和地方标准的编写和出版,企业标准和标准指导性技术文件的编写可参照使用 | 已发布 | 国家标准 |
| 23 | 1.3.10 | 推荐性 | 标准编写规则 第3部分:信息分类编码 | GB/T 20001,3—2001 | 本部分规定了标准编写中的相关信息分类与编码规范<br>适用于国家标准、行业标准和地方标准的编写和出版,企业标准和标准指导性技术文件的编写可参照使用 | 已发布 | 国家标准 |

**2　数据标准**

**2.1　数据元标准**

| 序号 | 分类号 | 标准性质 | 标准名称 | 标准编号 | 内容简介 | 标准状态 | 标准类别 |
|---|---|---|---|---|---|---|---|
| 24 | 2.1.1 | 推荐性 | 公安数据元管理规程 | GA/T 541—2011 | 本标准规定了公安业务工作中涉及的数据元的管理规程 | 已发布 | 行业标准 |
| 25 | 2.1.2 | 推荐性 | 公安数据元编写规则 | GA/T 542—2011 | 本标准规定了公安业务工作中涉及的数据元的编写规则 | 已发布 | 行业标准 |
| 26 | 2.1.3 | 推荐性 | ★公安数据元 | GA/T543,(1~4)—2011、GA/T543,5—2012 | 本标准规定了公安业务工作中所用到的数据元,给出了数据元的标识符、中文名称、英文名称、说明、字段名、数据类型及格式等一系列属性。适用于公安信息化建设中业务系统的开发建设,以及业务信息的处理、交换和共享 | 已发布 | 行业标准 |
| 27 | 2.1.4 | 推荐性 | 公安数据元标准化原则与方法 | | 本标准规定了公安数据元的标准化原则与方法 | 待制定 | 行业标准 |
| 28 | 2.1.5 | 推荐性 | 信息技术 数据元的规范与标准化 第1部分:数据元的规范与标准化框架 | GB/T 18391,1—2002 | 本标准为系列标准,整个系列标准规定了数据元组成的基本内容,包括元数据。本部分规定于人、机共享数据元的规范化表示和含义 | 已发布 | 国家标准 |
| 29 | 2.1.6 | 推荐性 | 信息技术 数据元的规范与标准化 第2部分:数据元的分类 | GB/T 18391,2—2002 | 本标准为系列标准,整个系列标准规定了数据元组成的基本内容,包括元数据。本部分规定了数据元的分类规范 | 已发布 | 国家标准 |
| 30 | 2.1.7 | 推荐性 | 信息技术 数据元的规范与标准化 第3部分:数据元的基本属性 | GB/T 18391,3—2002 | 本标准为系列标准,整个系列标准规定了数据元组成的基本内容,包括元数据。本部分规定了数据元的基本属性规范 | 已发布 | 国家标准 |
| 31 | 2.1.8 | 推荐性 | 信息技术 数据元的规范与标准化 第4部分:数据定义的编写规则与指南 | GB/T 18391,4—2002 | 本标准为系列标准,整个系列标准规定了数据元组成的基本内容,包括元数据。本部分规定了数据定义的编写规则和指南 | 已发布 | 国家标准 |

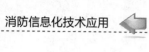
续表

| 序号 | 分类号 | 标准性质 | 标准名称 | 标准编号 | 内容简介 | 标准状态 | 标准类别 |
|---|---|---|---|---|---|---|---|
| 32 | 2.1.9 | 推荐性 | 信息技术 数据元的规范与标准化 第5部分:数据元的命名和标识原则 | GB/T 18391,5—2002 | 本标准为系列标准,整个系列标准规定了数据元组成的基本内容,包括元数据。本部分规定了数据元的命名和标识原则 | 已发布 | 国家标准 |
| 33 | 2.1.10 | 推荐性 | 信息技术 数据元的规范与标准化 第6部分:数据元的注册 | GB/T 18391,6—2002 | 本标准为系列标准,整个系列标准规定了数据元组成的基本内容,包括元数据。本部分规定了数据元的注册流程等相关规范 | 已发布 | 国家标准 |
| 34 | 2.1.11 | 推荐性 | 电子政务数据元 第1部分:设计和管理规范 | GB/T 19488,1—2004 | 本部分规定了电子政务数据元的基本概念和结构、电子政务数据元的表示规范以及特定属性的设计规则和方法,并给出了电子政务数据元的动态维护管制机制 | 已发布 | 国家标准 |
| 35 | 2.1.12 | 推荐性 | 政务信息资源目录体系 第3部分 核心元数据 | GB/T 21063,3—2007 | 本部分定义了描述政务信息资源所需的核心元数据集合、各元数据语义定义和著录规则等,用来提供有关政务信息资源的标识、内容、管理以及维护描述信息 适用于政务信息资源的编目、发布、共享以及有关的数据交换和网络查询服务等 | 已发布 | 国家标准 |
| 36 | 2.1.13 | 推荐性 | ★数据元和交换格式 信息交换 日期和时间表示法 | GB/T 7408—2005 | 本标准规定了公历日期和时间的表示法。包括:①用年、月和月中的日表示的日历日期;②用年和年中的日表示的顺序日期;③用年、星期数和天数表示的日期;④基于24小时计时制的一天的时间;⑤当地时间与协调世界时间(UTC)之间的时差;⑥日期和时间的组合;⑦含有起始和终止点或仅有其中一点或无起始和终止点的时间段;不包括日期和时间表示法中用文字描述的日期和时间 | 已发布 | 国家标准 |

### 2.2 分类编码标准

| 序号 | 分类号 | 标准性质 | 标准名称 | 标准编号 | 内容简介 | 标准状态 | 标准类别 |
|---|---|---|---|---|---|---|---|
| 37 | 2.2.1 | 推荐性 | 消防信息代码 | GA/T974,(1~73)—2011 | 本标准规定了消防业务工作中所使用的信息分类与编码,目前已发布73个部分 | 已发布 | 行业标准 |
| 38 | 2.2.2 | 推荐性 | 消防装备器材分类与代码 | | 本标准规定了消防装备器材的分类、代码及计量单位,适用于消防装备资产管理、清查、登记、统计及相关信息化应用系统建设等工作 | 制定中 | 行业标准 |
| 39 | 2.2.3 | 推荐性 | 公安装备资产分类名称与代码 | | 本标准规定了公安装备资产的分类、代码及计量单位,适用于公安装备资产管理、清查、登记、统计及相关信息化应用系统建设等工作 | 已发布 | 行业标准 |
| 40 | 2.2.4 | 推荐性 | ★化学品危险性分类与代码 | GA/T 972—2011 | 本标准规定了公安业务工作中涉及的化学品危险性分类与代码,适用于公安信息化建设以及信息的处理与管理 | 已发布 | 行业标准 |

续表

| 序号 | 分类号 | 标准性质 | 标准名称 | 标准编号 | 内容简介 | 标准状态 | 标准类别 |
|---|---|---|---|---|---|---|---|
| 41 | 2.2.5 | 推荐性 | ★搜救犬品种代码 | GA/T 973—2011 | 本标准规定了公安机关在执行物品侦检、人员搜救等任务时常用的搜救犬品种代码,适用于公安信息化建设以及信息的处理与管理 | 已发布 | 行业标准 |
| 42 | 2.2.6 | 推荐性 | 地形类型代码 | GA/T 1001—2012 | 本标准规定了地形类型的代码,适用于公安信息化建设以及信息的处理与管理 | 已发布 | 行业标准 |
| 43 | 2.2.7 | 推荐性 | 天气状况分类与代码 | | 本标准规定了公安业务工作中涉及的天气状况的分类与代码,适用于公安信息化建设以及信息的处理与管理 | 制定中 | 行业标准 |
| 44 | 2.2.8 | 推荐性 | ★全国公安机关机构代码编制规则 | GA/T 380—2012 | 本标准规定了全国公安机关机构代码编制规则,适用于全国公安机关机构代码的编制,也适用于公安机关临时机构代码的编制 | 已发布 | 行业标准 |
| 45 | 2.2.9 | 推荐性 | ★警衔与文职级别代码 | GA/T 964—2011 | 本标准规定了公安机关使用的警衔与文职级别代码,适用于公安信息化建设以及信息的处理与管理 | 已发布 | 行业标准 |
| 46 | 2.2.10 | 推荐性 | 公安信息分类编码规则与方法 | | 本标准规定了公安信息分类编码标准的基本原则和方法。指导公安信息分类编码标准的制修订 | 待制定 | 行业标准 |
| 47 | 2.2.11 | 推荐性 | 消防信息分类编码规则与方法 | | 本标准规定了消防信息分类编码标准的基本原则和方法。指导公安信息分类编码标准的制修订 | 待制定 | 行业标准 |
| 48 | 2.2.12 | 推荐性 | 政务信息资源目录体系　第5部分政务信息资源标识符编码方案 | | 本部分规定了政务信息资源标识符的编码方案,以便为每一项政务信息资源分配一个唯一不变的标识符。适用于政务信息资源的编目、注册、发布、查询、维护和管理 | 制定中 | 国家标准 |
| 49 | 2.2.13 | 推荐性 | 信息分类和编码的基本原则与方法 | GB/T 7027—2002 | 本标准规定了信息分类和编码的基本原则和方法 | 已发布 | 国家标准 |
| 50 | 2.2.14 | 推荐性 | 政务信息资源目录体系 第4部分 政务信息资源分类 | GB/T 21063,4—2007 | 本部分规定了政务信息资源的分类原则和方法,用于指导政务信息资源的分类工作,以便促进政务部门间资源共享和面向社会的公共服务,是建立政务信息资源目录的重要的分类依据<br>本部分适用于政务信息资源目录体系的规划、建设、管理及使用 | 已发布 | 国家标准 |
| 51 | 2.2.15 | 推荐性 | 标准编写规则 第3部分:信息分类编码 | GB/T 20001,3—2001 | 本部分规定了信息分类编码标准的结构和编写规则 | 已发布 | 国家标准 |
| 52 | 2.2.16 | 推荐性 | 信息技术 安全技术 校验字符系统 | GB/T 17710—2008 | 本标准提供了对键入和抄录数据时发生的错误进行校验的方法,目的是满足各系统之间对交换数据的校验 | 已发布 | 国家标准 |
| 53 | 2.2.17 | 推荐性 | 全国干部、人事管理信息系统指标体系分类与代码 | GB/T 14946.1—2009 | 本标准规定了全国干部(含国家公务员)、人事管理信息系统的指标体系、分类代码和指标项说明 | 已发布 | 国家标准 |

| 序号 | 分类号 | 标准性质 | 标准名称 | 标准编号 | 内 容 简 介 | 标准状态 | 标准类别 |
|---|---|---|---|---|---|---|---|
| 54 | 2.2.18 | 强制性 | 公民身份证号码 | GB 11643—1999 | 本标准规定了公民身份号码的编码对象、号码的结构和表示形式,使每个编码对象获得一个唯一的、不变的法定号码 | 已发布 | 国家标准 |
| 55 | 2.2.19 | 推荐性 | 个人基本信息分类与代码 第1部分:人的性别代码 | GB/T 2261, 1—2003 | 本部分规定了个人基本信息分类代码——人的性别代码,适用于个人基本信息的信息处理和信息交换 | 已发布 | 国家标准 |
| 56 | 2.2.20 | 推荐性 | 个人基本信息分类与代码 第2部分:婚姻状况代码 | GB/T 2261, 2—2003 | 本部分规定了个人基本信息分类代码——婚姻状况代码,适用于个人基本信息的信息处理和信息交换 | 已发布 | 国家标准 |
| 57 | 2.2.21 | 推荐性 | 个人基本信息分类与代码 第3部分:健康状况代码 | GB/T 2261, 3—2003 | 本部分规定了个人基本信息分类代码——健康状况代码,适用于个人基本信息的信息处理和信息交换 | 已发布 | 国家标准 |
| 58 | 2.2.22 | 推荐性 | 个人基本信息分类与代码 第4部分:从业状况(个人身份)代码 | GB/T 2261, 4—2003 | 本部分规定了个人基本信息分类代码——从业状况(个人身份)代码,适用于个人基本信息的信息处理和信息交换 | 已发布 | 国家标准 |
| 59 | 2.2.23 | 推荐性 | 个人基本信息分类与代码 第5部分:港澳台侨属代码 | GB/T 2261, 5—2003 | 本部分规定了个人基本信息分类代码——港澳台侨属代码,适用于个人基本信息的信息处理和信息交换 | 已发布 | 国家标准 |
| 60 | 2.2.24 | 推荐性 | 个人基本信息分类与代码 第6部分:人大代表、政协委员代码 | GB/T 2261, 6—2003 | 本部分规定了个人基本信息分类代码——人大代表、政协委员代码,适用于个人基本信息的信息处理和信息交换 | 已发布 | 国家标准 |
| 61 | 2.2.25 | 推荐性 | 学历代码 | GB/T 4658—2006 | 本标准规定了学历代码。本标准适用于教育管理、人事管理、户籍管理、人口普查等领域的信息处理和信息交换 | 已发布 | 国家标准 |
| 62 | 2.2.26 | 推荐性 | 职业分类与代码 | GB/T 6565—2009 | 本标准规定了我国职业的分类结构、类别和代码,并附有相应说明 | 已发布 | 国家标准 |
| 63 | 2.2.27 | 推荐性 | 中国各民族名称的罗马字母拼写法和代码 | GB/T 3304—1991 | 本标准规定了我国各民族名称和罗马字母拼写法和代码,并附有相应说明 | 已发布 | 国家标准 |
| 64 | 2.2.28 | 强制性 | 信息技术 中文编码字符集 | GB 18030—20005 | 本标准规定了信息交换中使用汉字编码字符集、基本集的扩充的要求 | 已发布 | 国家标准 |
| 65 | 2.2.29 | 推荐性 | 专业技术职务代码 | GB/T 8561—2001 | 本标准规定了专业技术职务代码,对原标准中的部分专业技术职务进行了修改和补充,适用于人事管理、统计等领域的信息处理和信息交换 | 已发布 | 国家标准 |
| 66 | 2.2.30 | 推荐性 | 政治面貌代码 | GB/T 4762—1984 | 本标准规定了政治面貌的代码,适用于适用信息处理系统进行人事档案管理、社会调查、公安户籍管理等方面工作时信息处理之间的信息交换 | 已发布 | 国家标准 |
| 67 | 2.2.31 | 推荐性 | 党、派代码 | GB/T 4763—2008 | 本标准规定了党、派名称的代码,适用于使用信息处理系统进行人事档案管理、社会调查、统计、公安户籍等方面工作时信息处理系统之间的信息交换 | 已发布 | 国家标准 |

续表

| 序号 | 分类号 | 标准性质 | 标准名称 | 标准编号 | 内容简介 | 标准状态 | 标准类别 |
|---|---|---|---|---|---|---|---|
| 68 | 2.2.32 | 推荐性 | 干部职务名称代码 | GB/T 12403—1990 | 本标准规定了党政机关、企事业单位、人民团体、军队干部职务名称代码 | 已发布 | 国家标准 |
| 69 | 2.2.33 | 推荐性 | 职务级别代码 | GB/T 12407—2008 | 本标准规定了职务级别代码。适用于信息处理和信息交换。本标准采用两位数字顺序编码 | 已发布 | 国家标准 |
| 70 | 2.2.34 | 推荐性 | 语种熟练程度和外语考试等级代码 | GB/T 6865—2009 | 本标准规定了语种熟练程度的表示方法,语言熟练程度是指某人对除本国主要语种和本人使用的主要语种之外的其他语种的掌握程度,适用于任何信息处理系统之间的信息交换 | 已发布 | 国家标准 |
| 71 | 2.2.35 | 推荐性 | 中华人民共和国学位代码 | GB/T 6864—2003 | 本标准规定了中华人民共和国学位代码,适用于相关信息处理系统之间的信息交换。中华人民共和国学位按学科门类和专业学位类型授予。本标准中所使用的学位级别、称号和学科门类的名称根据《中华人民共和国学位条例》及《中华人民共和国学位条例暂行实施办法》确定 | 已发布 | 国家标准 |
| 72 | 2.2.36 | 推荐性 | 社会兼职代码 | GB/T 12408—1990 | 本标准规定了县级以上人大、政协、民主党派、工会、共青团、妇联、侨联、文联、科协(国家一级为副部以上的人民团体)、中国科学院和中国社会科学院学部委员以上的兼职职务及代码 | 已发布 | 国家标准 |
| 73 | 2.2.37 | 推荐性 | 奖励、纪律处分信息分类与编码 第1部分:奖励代码 | GB/T 8563,1—2005 | 本部分规定了奖励代码,适用于任何信息处理系统之间的信息交换 | 已发布 | 国家标准 |
| 74 | 2.2.38 | 推荐性 | 奖励、纪律处分信息分类与编码 第2部分:荣誉称号和荣誉奖章代码 | GB/T 8563,2—2005 | 本部分规定了荣誉称号和荣誉奖章代码,适用于任何信息处理系统之间的信息交换 | 已发布 | 国家标准 |
| 75 | 2.2.39 | 推荐性 | 奖励、纪律处分信息分类与编码 第3部分:纪律处分代码 | GB/T 8563,3—2005 | 本部分规定了纪律处分代码,适用于任何信息处理系统之间的信息交换 | 已发布 | 国家标准 |
| 76 | 2.2.40 | 推荐性 | 中央党政机关、人民团体及其他机构名称代码 | GB/T 4657—2002 | 本标准规定了中央一级的党政机关、人民团体及其他机构的代码 | 已发布 | 国家标准 |
| 77 | 2.2.41 | 推荐性 | 固定资产分类与代码 | GB/T 14885—1994 | 本标准规定了固定资产的分类、代码及计算单位 | 已发布 | 国家标准 |
| 78 | 2.2.42 | 推荐性 | 中华人民共和国行政区划代码 | GB/T 2260—2007 | 本标准规定了中华人民共和国县级及县级以上行政区划的数字代码和字母代码。本标准适用于对县级及县级以上行政区划进行标识,信息处理和交换等 | 已发布 | 国家标准 |
| 79 | 2.2.43 | 推荐性 | 世界各国和地区名称代码 | GB/T 2659—2000 | 本标准规定了世界各国和地区名称的代码 | 已发布 | 国家标准 |

续表

| 序号 | 分类号 | 标准性质 | 标准名称 | 标准编号 | 内容简介 | 标准状态 | 标准类别 |
|---|---|---|---|---|---|---|---|
| 80 | 2.2.44 | 推荐性 | 表示货币和资金的代码 | GB/T 12406—2008 | 本标准提供了表示货币和资金的三位字母型代码结构和相应的三位数字型代码结构。对有辅助单位的货币,也给出了辅助单位与本币的十进制关系。本标准还确立了维护机构的程序并规定了申请代码的方法 | 已发布 | 国家标准 |
| 81 | 2.2.45 | 推荐性 | 学科分类与代码 | GB/T 13745—2009 | 本标准规定了学科的分类与代码,适用于国家宏观管理和科技统计 | 已发布 | 国家标准 |
| 82 | 2.2.46 | 推荐性 | 经济类型分类与代码 | GB/T 12402—2000 | 本标准规定了我国经济类型的分类和代码。经济类型:按不同资本(资金)来源和资本组合方式划分经济组织和其他组织机构的类别。本标准的类别划分以我国各类组织机构现存的资本(资金)来源和资本组合方式为依据。采用线分类法,分为大类、中类、小类 | 已发布 | 国家标准 |
| 83 | 2.2.47 | 推荐性 | 国民经济行业分类 | GB/T 4754—2002 | 本标准规定了我国经济活动的行业分类及代码 | 已发布 | 国家标准 |

2.3　数据组织标准

| 序号 | 分类号 | 标准性质 | 标准名称 | 标准编号 | 内容简介 | 标准状态 | 标准类别 |
|---|---|---|---|---|---|---|---|
| 84 | 2.3.1 | 推荐性 | 公安业务数据规范标准编写要求 | | 本标准规定公安业务数据规范标准的编写原则与基本要求,用于指导公安各类业务数据规范标准的编写 | 待制定 | 行业标准 |
| 85 | 2.3.2 | 推荐性 | 公安数据项标准编写要求 | | 本标准规定了公共安全行业数据项标准的编写要求,适用于公共安全行业数据项标准的编写 | 待制定 | 行业标准 |

2.4　数据交换标准

| 序号 | 分类号 | 标准性质 | 标准名称 | 标准编号 | 内容简介 | 标准状态 | 标准类别 |
|---|---|---|---|---|---|---|---|
| 86 | 2.4.1 | 推荐性 | 公安业务应用系统数据交换 | | 本标准规定了公安各业务系统数据交换内容、数据交换接口的一般性要求、接口类型及数据质量要求,并给出了主要交换数据的名称、类型和格式。本标准适用于公安业务系统及与其进行数据交换的相关系统的设计、开发与应用 | 待制定 | 行业标准 |
| 87 | 2.4.2 | 推荐性 | 基于 XML 的数据交换格式设计指南 | | 本标准规定了公安信息化建设中设计 XML 格式的数据交换格式时应遵循的方法和原则,适用于设计公安行业内或公安与其他行业间 XML 数据交换格式 | 待制定 | 行业标准 |
| 88 | 2.4.3 | 推荐性 | 公安信息系统数据目录体系 | | 本标准规定了公安信息系统数据目录体系的总体框架,信息资源分类、信息资源标识符编码规则、信息资源元数据以及目录体系建设运行和维护管理等内容　适用于公安信息系统数据目录体系的建立、运营、维护与管理,建立统一的数据目录体系,为公安信息资源的发现、定位、检索提供服务和支持依据,便于实现资源共享和有效管理 | 待制定 | 行业标准 |

续表

**2.5 业务单证格式标准**

| 序号 | 分类号 | 标准性质 | 标准名称 | 标准编号 | 内容简介 | 标准状态 | 标准类别 |
|---|---|---|---|---|---|---|---|
| 89 | 2.5.1 | 推荐性 | 公安业务文档格式 | | 本标准针对公安的不同业务,给出不同业务的各类文档目录,并给出每份文档的规范格式样例集合,主要规定了文档标识符、业务文档格式结构等内容 | 待制定 | 行业标准 |
| 90 | 2.5.2 | 推荐性 | 公安信息系统软件工程文档编制规范 | | 本标准规定了公安信息系统软件在开发过程和管理过程中应编制的主要文档及其编制的内容、格式的基本要求 | 待制定 | 行业标准 |
| 91 | 2.5.3 | 推荐性 | 印刷、书写和绘图纸幅面尺寸 | GB/T 148—1997 | 本标准规定了印刷、书写和绘图纸的幅面尺寸要求 | 已发布 | 国家标准 |
| 92 | 2.5.5 | 推荐性 | 发文稿纸格式 | GB/T 826—1989 | 本标准规定了发文稿的标准格式。适用于国家各机关、各社会团体和企事业单位的文件生成、传递和处理过程 | 已发布 | 国家标准 |
| 93 | 2.5.6 | 推荐性 | 文书档案案卷格式 | GB/T 9705—2008 | 规定了案卷卷皮格式(包括硬卷皮格式、软卷皮格式、卷盒格式、填写要求)、卷内文件目录格式、卷内备考表格式、案卷各部分的排列格式、单证档案案卷格式监制 | 已发布 | 国家标准 |
| 94 | 2.5.7 | 推荐性 | 基于 XML 的电子公文格式规范 第1部分:总则 | GB/T 19667,1—2005 | 本部分规定了基于 XML 的电子公文的通用要求和基本原则<br>适用于党政机关制发的基于 XML 的电子公文。其他机关和团体制发的电子公文可参照执行 | 已发布 | 国家标准 |
| 95 | 2.5.8 | 推荐性 | 基于 XML 的电子公文格式规范 第2部分:公文体 | GB/T 19667,2—2005 | 本部分规定了电子公文公文体的组成要素、结构模型及基于 XML 的电子公文公文体描述规则和方法等<br>适用于党政机关制发的基于 XML 的电子公文。其他机关和团体制发的电子公文可参照执行 | 已发布 | 国家标准 |

**3 应用标准**

**3.1 业务流程标准**

| 序号 | 分类号 | 标准性质 | 标准名称 | 标准编号 | 内容简介 | 标准状态 | 标准类别 |
|---|---|---|---|---|---|---|---|
| 96 | 3.1.1 | 推荐性 | 公安业务流程规范 | | 本标准规定公安业务流程的规范要求、基本内容、格式要求等,为公安业务流程规范提出指导 | 待制定 | 行业标准 |

续表

| 序号 | 分类号 | 标准性质 | 标准名称 | 标准编号 | 内容简介 | 标准状态 | 标准类别 |
|---|---|---|---|---|---|---|---|
| 97 | 3.1.2 | 推荐性 | 电子政务业务流程设计方法通用规范 | GB/T 19487—2004 | 本标准的业务建模技术为如下方面提供了描述方法：①为形成规范化管理文件提供图示化手段；②为业务建模、需求建模和软件建模平滑过渡减少交流差错提供手段；③为提取数据元、设计电子文档、实现数据标准化提供手段。本标准适用于描述电子政务系统建设中可程序化的业务流程 | 已发布 | 国家标准 |

3.2 应用系统技术要求

| 序号 | 分类号 | 标准性质 | 标准名称 | 标准编号 | 内容简介 | 标准状态 | 标准类别 |
|---|---|---|---|---|---|---|---|
| 98 | 3.2.1 | 推荐性 | 公安业务应用系统总体技术要求 | | 本标准规定了公安业务系统中应用系统的总体技术架构，应用系统中的应用支撑平台、业务应用系统和门户系统的功能要求和技术要求，同时还规定了应用系统性能指标等方面的技术要求。适用于公安应用系统的设计、建设、运行、维护与管理，为系统需求分析人员、系统开发人员和管理人员等提供统一、规范的系统设计与管理标准依据，以便于应用系统的开发、建设、运营与管理 | 待制定 | 行业标准 |
| 99 | 3.2.2 | 推荐性 | 电子政务系统总体设计要求 | GB/T 21064—2007 | 本标准规定了电子政务系统的建设原则、总体设计架构、系统功能要求、网络运行环境、用户界面、技术与性能指标等基本要求 | 已发布 | 国家标准 |
| 100 | 3.2.3 | 强制性 | ★消防通信指挥系统设计规范 | GB 50313—2013 | 本标准规定了消防通信指挥系统设计要求，包括：总则、术语、系统技术构成、系统功能及主要性能要求、子系统功能及其设计要求、系统的基础环境要求、系统通用设备和软件要求、系统设备配置要求等 | 已发布 | 国家标准 |
| 101 | 3.2.4 | 强制性 | ★消防通信指挥系统施工及验收规范 | GB 50401—2007 | 本标准规定了消防通信指挥系统施工及验收要求，包括：总则、施工前准备、系统施工、系统验收、系统使用和维护以及附录等 | 已发布 | 国家标准 |
| 102 | 3.2.5 | 推荐性 | ★移动消防指挥中心通用技术要求 | GB 25113—2010 | 本标准规定了移动消防指挥中心通用技术要求，包括：范围、规范性引用文件、术语和定义、构成、技术要求、设备配置要求等 | 已发布 | 国家标准 |
| 103 | 3.2.6 | 推荐性 | ★火警受理系统 | GB 16281—2010 | 本标准规定了火警受理系统的术语和定义、技术要求、试验方法、检验规则和标志。本标准适用于公安机关消防机构安装使用的火警受理系统和"三台合一"接处警系统，包括火警受理信息系统、火警调度机、火警数字录音时装置等 | 已发布 | 国家标准 |

续表

| 序号 | 分类号 | 标准性质 | 标准名称 | 标准编号 | 内 容 简 介 | 标准状态 | 标准类别 |
|---|---|---|---|---|---|---|---|
| 104 | 3.2.7 | 推荐性 | ★消防车辆动态管理装置 | GA 545, (1~2)—2005 | 本标准为系列标准,分为二部分:第1部分:消防车辆动态终端机;第2部分:消防车辆动态管理中心收发装置 | 已发布 | 行业标准 |
| 105 | 3.2.8 | 推荐性 | ★火场通信控制台 | GA/T 875—2010 | 本标准规定了火场通信控制台的术语和定义、技术要求、试验方法、检验规则和标志<br>本标准适用于公安消防部队移动通信指挥车安装使用的火场通信控制台 | 已发布 | 行业标准 |
| 106 | 3.2.9 | 强制性 | 城市消防远程监控系统技术规范 | GB 50440—2007 | 本标准规定了城市消防远程监控系统技术要求,包括:总则、术语、基本规定、系统设计、系统配置和设备功能要求、系统施工、系统验收、系统的运行及维护以及附录等 | 已发布 | 国家标准 |
| 107 | 3.2.10 | 推荐性 | 城市消防远程监控系统 | GB 26875, (1~6)—2011 | 本标准为系列标准,分为六个部分:第1部分:用户信息传输装置;第2部分:通信服务器软件功能要求;第3部分:报警传输网络通信协议;第4部分:基本数据项;第5部分:受理软件功能要求;第6部分:信息管理软件功能要求 | 已发布 | 国家标准 |
| 108 | 3.2.11 | 推荐性 | ★消防应急指挥VSAT卫星通信系统 | GA/T 791, (1~2)—2011 | 本标准为系列标准,分为二部分:第1部分:系统总体要求;第2部分:便携式卫星站 | 已发布 | 行业标准 |
| 109 | 3.2.12 | 推荐性 | 消防通信指挥系统信息显示装置 | | 本标准规定了消防通信指挥系统信息显示装置的术语和定义、一般要求、试验、检验规则、标志和使用说明书<br>本标准适用于消防通信指挥中心和移动消防通信指挥中心使用的消防通信指挥系统信息显示装置 | 制定中 | 国家标准 |
| 110 | 3.2.13 | 推荐性 | 消防话音通信组网管理平台 | | 本标准规定了消防话音通信组网管理平台的术语和定义、总体技术要求 | 制定中 | 国家标准 |
| 111 | 3.2.14 | 推荐性 | 消防员单兵通信系统通用技术要求 | GA 1086—2013 | 本标准规定了消防员单兵通信系统的术语和定义、总体技术要求 | 已发布 | 行业标准 |
| 112 | 3.2.15 | 推荐性 | 火警受理联动控制装置 | | 本标准规定了火警受理联动控制装置的术语和定义、总体技术要求 | 制定中 | 国家标准 |

3.3 应用支撑标准

| 序号 | 分类号 | 标准性质 | 标准名称 | 标准编号 | 内 容 简 介 | 标准状态 | 标准类别 |
|---|---|---|---|---|---|---|---|
| 113 | 3.3.1 | 推荐性 | ★消防基础数据平台接口规范 | GA/T 1036—2012 | 本标准规定了消防基础数据平台对应用实体提供的软件接口功能及参数,适用于消防基础数据平台,以及需要对消防基础数据进行访问和交换的应用实体的开发和应用 | 已发布 | 行业标准 |

| 序号 | 分类号 | 标准性质 | 标准名称 | 标准编号 | 内 容 简 介 | 标准状态 | 标准类别 |
|---|---|---|---|---|---|---|---|
| 114 | 3.3.2 | 推荐性 | ★消防公共服务平台技术规范 第1部分 总体架构及功能要求 | GA/T 1038.1—2012 | 本部分规定了消防公共服务平台的总体架构及功能要求,适用于消防公共服务平台及需使用消防公共服务平台的应用实体的开发和应用 | 已发布 | 行业标准 |
| 115 | 3.3.3 | 推荐性 | ★消防公共服务平台技术规范 第2部分 服务管理接口 | GA/T 1038.2—2012 | 本部分规定了消防公共服务平台中服务管理平台对应用实体提供的软件接口功能及参数,适用于服务管理平台,以及需使用服务管理平台进行服务注册发布和服务查询调用的应用实体的开发和应用 | 已发布 | 行业标准 |
| 116 | 3.3.4 | 推荐性 | ★消防公共服务平台技术规范 第3部分 信息交换接口 | GA/T 1038.3—2012 | 本部分规定了消防公共服务平台中信息交换平台对消息收发方提供的软件接口功能及参数,适用于信息交换平台,以及需使用信息交换平台进行消息发送、接收和订阅的应用实体的开发和应用 | 已发布 | 行业标准 |
| 117 | 3.3.5 | 推荐性 | 电子政务标准化指南 第5部分:支撑技术 | | 本指南从电子政务应用的基础架构平台、面向应用的公共服务等层面入手,简要阐明了电子政务标准支撑技术体系的参考模型、技术体系和构建框架,并对相关的应用支撑技术及其在电子政务中的应用以及相应的国际(国家或行业)标准进行了简要的规范性的说明 | 制定中 | 国家电子政务标准化指南 |
| 118 | 3.3.6 | 推荐性 | XML 在电子政务中的应用指南 | GB/Z 19669—2005 | 本标准对 XML 在电子政务中的应用以及相关概念进行了规定 | 已发布 | 国家标准 |
| 119 | 3.3.7 | 推荐性 | 政务信息资源目录体系 第2部分 技术要求 | GB/T 21063,2—2007 | 本部分规定了政务信息资源目录体系的技术实现要求<br>适用于各级政务部门规划和建立政务信息资源目录服务器 | 已发布 | 国家标准 |
| 120 | 3.3.8 | 推荐性 | 政务信息资源目录体系 第6部分 技术管理要求 | GB/T 21063,6—2007 | 本部分给出了建立政务信息资源目录体系的管理要求,主要包括管理总体架构、管理角色及其职责、目录体系建立活动等管理要求<br>本部分使用与政务信息资源目录体系的建立和管理工作 | 已发布 | 国家标准 |
| 121 | 3.3.9 | 推荐性 | 政务信息资源交换体系 第2部分 技术要求 | GB/T 21062,2—2007 | 本部分规定了政务信息资源交换体系技术支撑环境的功能组成及要求,规定了信息交换系统间互联互通的技术要求<br>适用于设计与建设政务信息资源交换体系 | 已发布 | 国家标准 |
| 122 | 3.3.10 | 推荐性 | 政务信息资源交换体系 第3部分 异构数据库接口规范 | GB/T 21062,3—2007 | 本部分规定了在政务信息资源交换体系中对异构数据库访问的接口规范,用于进行政务信息资源访问与信息集成 | 已发布 | 国家标准 |

续表

**4　基础实施标准**

**4.1　设备标准**

| 序号 | 分类号 | 标准性质 | 标准名称 | 标准编号 | 内容简介 | 标准状态 | 标准类别 |
|---|---|---|---|---|---|---|---|
| 123 | 4.1.2 | 推荐性 | 信息技术 入侵检测产品技术要求 第1部分:网络型产品 | GA/T 403.1—2002 | 本标准规定了网络型产品的对入侵检测功能的技术要求 | 已发布 | 行业标准 |
| 124 | 4.1.3 | 推荐性 | 信息技术 入侵检测产品技术要求 第2部分:主机型产品 | GA/T 403.2—2002 | 本标准规定了主机型产品的对入侵检测功能的技术要求 | 已发布 | 行业标准 |
| 125 | 4.1.4 | 推荐性 | 信息技术 网络安全漏洞扫描产品技术要求 | GA/T 404—2002 | 本标准规定了网络安全漏洞扫描产品的通用技术要求 | 已发布 | 行业标准 |

**4.2　网络标准**

| 序号 | 分类号 | 标准性质 | 标准名称 | 标准编号 | 内容简介 | 标准状态 | 标准类别 |
|---|---|---|---|---|---|---|---|
| 126 | 4.2.1 | 强制性 | 公安移动通信网警用自动级规范 | GA/T 176—1998 | 本标准规定了公安移动通信网警用自动级的总体技术要求 | 已发布 | 行业标准 |
| 127 | 4.2.2 | 强制性 | 全国公安无线寻呼联网技术规范 | GA/T 231—1999 | 本标准规定了全国公安无线寻呼联网的通用技术要求 | 已发布 | 行业标准 |
| 128 | 4.2.3 | 强制性 | 公安信息网络 TCP/IP 主机名编码规范 | GA/T 606—2006 | 本标准规定了全国公安信息网络主机名的编码规范,密级为:秘密 | 已发布 | 行业标准 |
| 129 | 4.2.4 | 强制性 | 公安信息网络 IP 地址编码规范 | GA/T 607—2006 | 本标准规定了全国公安信息网络 IP 地址分配和使用规范,密级为:秘密 | 已发布 | 行业标准 |
| 130 | 4.2.5 | 推荐性 | ★消防指挥调度网网络设备和服务器命名规范 | GA/T 1037—2012 | 本标准规定了消防指挥调度网络设备和服务器的命名规则,适用于消防指挥调度网的建设和运行管理 | 已发布 | 行业标准 |
| 131 | 4.2.6 | 推荐性 | 消防综合图像资源编码规范 | | 本标准规定了消防系统图像资源的综合编码,适用于各类消防图像系统的开发建设和维护管理 | 制定中 | 行业标准 |
| 132 | 4.2.7 | 推荐性 | 消防综合语音资源编码规范 | | 本标准规定了消防系统语音资源的综合编码,适用于各类消防语音系统的开发建设和维护管理 | 制定中 | 行业标准 |
| 133 | 4.2.8 | 强制性 | ★综合布线系统设计规范 | GB 50311—2007 | 本标准规定了综合布线系统工程设计要求,包括:总则、术语和符号、系统设计、系统配置设计、系统指标、安装工艺要求、电气防护及接地、防火等 | 已发布 | 国家标准 |
| 134 | 4.2.9 | 强制性 | ★综合布线系统验收规范 | GB 50312—2007 | 本标准规定了综合布线系统的验收要求 | 已发布 | 国家标准 |
| 135 | 4.2.10 | 推荐性 | 公安无线专网数据传输空中信令 | GA/T 752—2008 | 本标准规定了公安无线专网数据传输空中信令 | 已发布 | 行业标准 |

续表

| 序号 | 分类号 | 标准性质 | 标准名称 | 标准编号 | 内容简介 | 标准状态 | 标准类别 |
|---|---|---|---|---|---|---|---|
| 136 | 4.2.11 | 推荐性 | 计算机信息网络国际联网备案系统信息代码和统计要求 | GA/T 373—2001 | 本标准规定了计算机信息网络国际联网备案系统信息的代码和统计要求 | 已发布 | 行业标准 |
| 137 | 4.2.12 | 推荐性 | 351兆报警传输技术规范 | GA/T 330—2001 | 本标准规定了公安351M报警传输系统的技术要求 | 已发布 | 行业标准 |
| 138 | 4.2.13 | 推荐性 | 电子政务标准化指南 第3部分:网络建设 | | 本指南汇集了为实现网络互联互通所需要的有关标准及其使用说明,供电子政务网络建设者和维护者参考 | 制定中 | 国家电子政务标准化指南 |

### 4.3　系统软件标准

| 序号 | 分类号 | 标准性质 | 标准名称 | 标准编号 | 内容简介 | 标准状态 | 标准类别 |
|---|---|---|---|---|---|---|---|
| 139 | 4.3.1 | | 信息技术 系统及软件完整性级别 | | 本标准规定了信息系统及软件的完整性分级 | 已发布 | 国家标准 |
| 140 | 4.3.2 | 强制性 | DOS操作系统环境中计算机病毒防治产品测试方法 | GA/T 135—1996 | 本标准规定了DOS操作系统环境中计算机病毒防治产品的测试方法 | 已发布 | 行业标准 |
| 141 | 4.3.3 | 强制性 | 基于DOS的信息安全产品评级准则 | GA/T 174—1998 | 本标准规定了基于DOS信息安全产品的评级准则 | 已发布 | 行业标准 |
| 142 | 4.3.4 | 强制性 | 计算机信息系统安全产品部件 第一部分:安全功能检测 | GA/T 216,1—1999 | 本标准规定了计算机信息系统安全产品部件安全功能检测的技术要求 | 已发布 | 行业标准 |
| 143 | 4.3.5 | 强制性 | 计算机病毒防治产品评级准则 | GA/T 243—2000 | 本标准规定了计算机病毒防治产品评级准则 | 已发布 | 行业标准 |

### 4.4　机房环境标准

| 序号 | 分类号 | 标准性质 | 标准名称 | 标准编号 | 内容简介 | 标准状态 | 标准类别 |
|---|---|---|---|---|---|---|---|
| 144 | 4.4.1 | 推荐性 | 电子计算机场地通用规范 | GB/T 2887—2011 | 本标准规定了计算机场地通用要求,包括:范围、规范性引用文件、术语和定义、技术要求、安全防护、测试方法、验收规则等 | 已发布 | 国家标准 |
| 145 | 4.4.2 | 强制性 | ★电子计算机机房设计规范 | GB 50174—2008 | 本标准规定了电子信息系统机房设计要求,包括总则、术语、机房分级与性能要求、机房位置及设备布置、环境要求、建筑与结构、空气调节、电气、电磁屏蔽、机房布线、机房监控与安全防范、给水排水、消防以及附录等 | 已发布 | 国家标准 |
| 146 | 4.4.3 | 强制性 | ★电子信息系统机房施工及验收规范 | GB 50462—2008 | 本标准规定了电子信息系统机房施工及验收要求,包括机房位置及设备布置、环境条件、建筑、空气调节、电气技术、给水排水、消防与安全等 | 已发布 | 国家标准 |

续表

| 序号 | 分类号 | 标准性质 | 标准名称 | 标准编号 | 内 容 简 介 | 标准状态 | 标准类别 |
|------|--------|----------|----------|----------|-------------|----------|----------|
| 147 | 4.4.4 | 强制性 | 建筑物防雷设计规范 | GB 50057—2010 | 本标准规定了建筑物防雷设计要求,包括:总则、术语、建筑物的防雷分类、建筑物的防雷措施、防雷装置、防雷击电磁脉冲以及附录等 | 已发布 | 国家标准 |
| 148 | 4.4.5 | 强制性 | 建筑物电子信息系统防雷技术规范 | GB 50343—2012 | 本标准规定了建筑物电子信息系统防雷技术要求,包括:总则、术语、雷电防护分区、雷电防护等级划分和雷击风险评估、防雷设计、防雷施工、检测与验收、维护与管理以及附录等 | 已发布 | 国家标准 |
| 149 | 4.4.6 | 强制性 | 供配电系统设计规范 | GB 50052—2009 | 本标准规定了供配电系统设计要求,包括:总则、术语、负荷分级及供电要求、电源及供电系统、电压选择和电能质量、无功补偿、低压配电等 | 已发布 | 国家标准 |
| 150 | 4.4.7 | 强制性 | 计算机信息系统雷电电磁脉冲安全防护规范 | GA/T 267—2000 | 本标准规定了计算机信息系统雷电电磁脉冲安全防护的技术要求 | 已发布 | 行业标准 |

5 安全标准

5.1 安全技术

| 序号 | 分类号 | 标准性质 | 标准名称 | 标准编号 | 内 容 简 介 | 标准状态 | 标准类别 |
|------|--------|----------|----------|----------|-------------|----------|----------|
| 151 | 5.1.1 | | 计算机信息系统安全等级保护网络技术要求 | | 本标准规定了计算机信息系统安全等级保护在网络技术方面的要求 | | |
| 152 | 5.1.2 | 推荐性 | 电子政务标准化指南 第6部分:信息安全 | | 本指南严格遵循国家标准的要求,按照技术最大兼容性的原则,提出使用指南和标准研制规划。本指南在已有标准的基础上,根据电子政务的特点,可以直接使用的信息安全标准,直接采用;无法直接使用或缺乏的标准,则提出修订和制定的要求 | 制定中 | 国家电子政务标准化指南 |
| 153 | 5.1.3 | 强制性 | 计算机信息系统防雷保安器 | GA 173—2002 | 本标准规定了计算机信息系统用防雷保安器的定义、分类、技术要求、试验方法、检验规则、标志、包装、运输和贮存 | 已发布 | 行业标准 |
| 154 | 5.1.4 | 强制性 | 计算机病毒防治产品评级准则 | GA 243—2000 | 本标准规定了计算机病毒防治产品的定义、参检要求、检验和评级方法 | 已发布 | 行业标准 |
| 155 | 5.1.5 | 推荐性 | 信息处理系统 开放系统互连 基本参考模型 第2部分:安全体系结构 | GB/T 9387,2—1995 | 本部分确立了与安全体系结构有关的一般要素。本标准的任务是:①提供安全服务与有关机制的一般描述,这些服务与机制可以为 GB 9387,1~4—1995、1995、1996、1998 参考模型所配备;②确定在参考模型内部可以提供这些服务与机制的位置 | 已发布 | 国家标准 |

| 序号 | 分类号 | 标准性质 | 标准名称 | 标准编号 | 内容简介 | 标准状态 | 标准类别 |
|------|--------|----------|----------|----------|----------|----------|----------|
| 156 | 5.1.6 | 推荐性 | 信息技术　开放系统互连　通用高层安全　第1部分：概述、模型和记法 | GB/T 18237，1—2000 | 本部分定义了如下内容：①基于 OSI 高层安全模型（GB/T 17965）中描述的概念安全交换协议功能和安全变换的通用模型；②一组记法工具，这组工具支持抽象语法规范中的选择字段保护需求的规范，并支持安全交换和安全变换规范；③由本系列标准包含的通用高层安全设施的应用方面的一组信息性指南 | 已发布 | 国家标准 |
| 157 | 5.1.7 | 推荐性 | 信息技术　开放系统互连　通用高层安全　第2部分：安全交换服务元素（SESE）服务定义 | GB/T 18237，2—2000 | 本部分定义了由安全交换服务元素（SESE）提供的服务 | 已发布 | 国家标准 |
| 158 | 5.1.8 | 推荐性 | 信息技术　开放系统互连　通用高层安全　第3部分：安全交换服务元素（SESE）协议规范 | GB/T 18237，3—2000 | 本部分给出了由安全交换服务元素（SESE）提供的服务所需遵循的基本协议 | 已发布 | 国家标准 |
| 159 | 5.1.9 | 推荐性 | 信息技术　低层安全模型 | GB/T 18231—2000 | 本标准描述了在 OSI 参考模型低层（运输、网络、数据链路和物理层）中提供安全服务的跨层的内容。它描述了这些层的公共体系结构概念、与层间安全有关的交互作用的基础和低层中安全协议的放置 | 已发布 | 国家标准 |
| 160 | 5.1.10 | 推荐性 | ★计算机场地安全要求 | GB/T 9361—1988 | 本标准规定了计算站场地的安全要求 | 已发布 | 国家标准 |
| 161 | 5.1.11 | 推荐性 | 信息技术设备抗扰度限值和测量方法 | GB/T 17618—1998 | 本标准规定了 ITE 在 0Hz～400GHz 频率范围内的限值和测量方法。规定设备在连续和瞬变、传导和辐射骚扰，包括静电放电（ESD）情况下抗扰度试验要求 | 已发布 | 国家标准 |
| 162 | 5.1.12 | 推荐性 | 网络代理服务器的安全技术要求 | GB/T 17900—1999 | 本标准规定了网络代理服务器在低风险环境下的最低安全要求，并作为网络代理服务器的安全技术检测依据。指出由该类代理服务器所能防止的威胁，定义其实现的安全目标、使用环境以及安全功能和安全保证要求。本标准规定了网络代理服务器的安全技术要求并作为网络代理服务器的安全技术检测依据。规定了网络代理服务器在低风险环境下的最低安全要求。指出由代理服务器所能防止的威胁，定义其实现的安全目标、使用环境以及安全功能和安全保证要求 | 已发布 | 国家标准 |

续表

| 序号 | 分类号 | 标准性质 | 标准名称 | 标准编号 | 内容简介 | 标准状态 | 标准类别 |
|---|---|---|---|---|---|---|---|
| 163 | 5.1.13 | 推荐性 | 信息安全技术,路由器安全技术要求 | GB/T 18018—2007 | 本标准分等级规定了路由器的安全功能要求和安全保证要求。本标准适用于指导路由器产品安全性的设计和实现,对路由器产品进行的测试、评估和管理也可参照使用 | 已发布 | 国家标准 |
| 164 | 5.1.14 | 推荐性 | 信息技术 安全技术 公钥基础设施 在线证书状态协议 | GB/T 19713—2005 | 本标准规定了一种无需请求证书撤销列表(CRL)即可查询数字证书状态的机制(即在线证书状态协议 OCSP)。该机制可替代 CRL 或作为周期性检查 CRL 的一种补充方式,以便及时获得证书撤销状态的有关信息 | 已发布 | 国家标准 |
| 165 | 5.1.15 | 推荐性 | 信息技术 安全技术 公钥基础设施 证书管理协议 | GB/T 19714—2005 | 本标准对在信息安全技术方面公钥基础设施中有关证书的管理和管理协议进行了规定 | 已发布 | 国家标准 |

5.2 安全管理

| 序号 | 分类号 | 标准性质 | 标准名称 | 标准编号 | 内容简介 | 标准状态 | 标准类别 |
|---|---|---|---|---|---|---|---|
| 166 | 5.2.1 | 强制性 | 涉及国家秘密的信息系统分级保护管理规范 | BMB 20—2007 | 本标准给出了涉及国家秘密的信息系统的分级保护规范 | 已发布 | 行业标准 |
| 167 | 5.2.2 | 强制性 | 涉及国家秘密的计算机信息系统分级保护技术要求 | BMB 17—2006 | 本标准给出了涉及国家秘密的计算机信息系统的分级保护技术要求 | 已发布 | 行业标准 |
| 168 | 5.2.3 | 强制性 | 计算机信息系统安全保护等级划分准则 | GB 17859—1999 | 本标准规定了计算机信息系统安全保护能力的五个等级,即:第一级:用户自主保护级;第二级:系统审计保护级;第三级:安全标记保护级;第四级:结构化保护级;第五级:访问验证保护级 | 已发布 | 国家标准 |
| 169 | 5.2.4 | 推荐性 | 信息安全技术 网络基础安全技术要求 | GB/T 20270—2006 | 本标准规定了信息技术网络基础安全技术的基础准要求 | 已发布 | 国家标准 |
| 170 | 5.2.5 | 推荐性 | 信息安全技术 信息系统安全等级保护基本要求 | GB/T 22239—2008 | 本标准规定了信息系统建设中的信息系统安全等级保护的基础准要求 | 已发布 | 国家标准 |
| 171 | 5.2.6 | | 计算机信息系统安全等级保护管理要求 | | 本标准规定了计算机信息系统安全等级保护的管理要求 | | |
| 172 | 5.2.7 | 推荐性 | 信息安全技术 信息系统安全等级保护定级指南 | GB/T 22240—2008 | 本标准规定了信息系统建设中的信息系统安全等级划分的指南 | 已发布 | 国家标准 |

续表

| 序号 | 分类号 | 标准性质 | 标准名称 | 标准编号 | 内 容 简 介 | 标准状态 | 标准类别 |
|------|--------|----------|----------|----------|-------------|----------|----------|
| 173 | 5.2.8 | 推荐性 | ★信息安全技术 信息系统灾难恢复规范 | GB/T 20988—2007 | ★本标准给出了信息系统中的灾难恢复规范 | 已发布 | 国家标准 |
| 174 | 5.2.9 | 推荐性 | 信息技术 安全技术 信息技术安全性评估准则 第1部分:简介和一般模型 | GB/T 18336,1—2008 | 本部分定义了作为评估信息技术产品和系统安全特性的基础准则 | 已发布 | 国家标准 |
| 175 | 5.2.10 | 推荐性 | 信息技术 安全技术 信息技术安全性评估准则 第2部分:安全功能要求 | GB/T 18336,2—2008 | 本部分定义的安全功能组件是保护轮廓(PP)或安全目标(ST)中所表述的TOE IT 安全功能要求的基础。这些要求描述了对评估对象(TOE)所期望的安全行为,目的是满足 PP 或 ST 中陈述的安全目的。这些要求描述用户通过与TOE 直接交互(即输入,输出)或通过TOE 对刺激的反应,可以检测到的安全特性 | 已发布 | 国家标准 |
| 176 | 5.2.11 | 推荐性 | 信息技术 安全技术 信息技术安全性评估准则 第3部分:安全保证要求 | GB/T 18336,3—2008 | 本部分定义了保证要求。它包括衡量保证尺度的评估保证级(EAL)、组成保证级的每个保证组件以及 PP 和 ST 的评估准则 | 已发布 | 国家标准 |
| 177 | 5.2.12 | 推荐性 | 信息技术 信息技术安全管理指南 第1部分:信息技术安全概念和模型 | GB/T 19715,1—2005 | 本部分分为五部分,包含 IT 安全管理的指南 本部分提出来基本的管理概念和模型,对全面理解本标准的后续各部分是必需的 | 已发布 | 国家标准 |
| 178 | 5.2.13 | 推荐性 | 信息技术 信息技术安全管理指南 第2部分:管理和规划信息技术安全 | GB/T 19715,2—2005 | 本部分分为五部分,包含 IT 安全管理的指南。本部分提出了 IT 安全管理的一些基本专题以及这些专题之间的关系 | 已发布 | 国家标准 |

6 管理标准

6.1 项目管理

| 序号 | 分类号 | 标准性质 | 标准名称 | 标准编号 | 内 容 简 介 | 标准状态 | 标准类别 |
|------|--------|----------|----------|----------|-------------|----------|----------|
| 179 | 6.1.1 | 推荐性 | 电子政务标准化指南 第2部分:工程管理 | | 本指南对电子政务系统建设实施规范化的管理提供了方法指导,通过明确工程管理的目标、基本流程、有关方职责,确保工程有序的推进和质量的提高。此文档面向电子政务系统建设的业主方的管理人员,电子政务系统建设的其他方也可参阅 | 制定中 | 国家电子政务标准化指南 |

| 序号 | 分类号 | 标准性质 | 标准名称 | 标准编号 | 内 容 简 介 | 标准状态 | 标准类别 |
|---|---|---|---|---|---|---|---|
| 180 | 6.1.2 | 推荐性 | 政务信息资源交换体系 第4部分 技术管理要求 | GB/T 21062, 4—2007 | 本部分给出了构建政务信息资源交换体系的技术管理要求,主要包括技术管理要求总体架构、管理角色的职责、交换体系建立活动的管理要求<br><br>本部分适用于政务信息资源交换体系的建立和管理工作<br><br>本部分使用对象为政务信息资源交换体系建立者和管理者,其他相关方也可参考使用 | 已发布 | 国家标准 |
| 181 | 6.1.3 | 推荐性 | 信息技术 软件生存周期过程 | GB/T 8566—2007 | 本标准适用于系统和软件产品以及服务的获取,适用于软件产品的供应、开发、运行和维护,适用于固件的软件部分。本标准既可在一个组织的内部实施,也可在组织的外部实施。包括了为软件产品和服务提供环境所需要的系统定义的那些方面<br><br>本标准适用于供、需双方情况,若此双方来自同一组织时也同样适用;适用于从一项非正式协定直到法律约束的合同的各种情况。本标准可由单方作为自我改进工作来使用<br><br>本标准适用于系统和软件产品以及服务的需方,适用于软件产品的供方、开发方、操作方、维护方、管理者、质量保证管理者和用户 | 已发布 | 国家标准 |
| 182 | 6.1.4 | 推荐性 | ★计算机软件文档编制规范 | GB/T 8567—2006 | 本标准根据 GB/T 8566—2001《信息技术软件生存周期过程》的规定,主要对软件的开发过程和管理过程应编制的主要文档及其编制的内容、格式规定了基本要求<br><br>本标准原则上适用于所有类型的软件产品的开发过程和管理过程。使用者可根据实际情况对本标准进行适当剪裁(可剪裁所需的文档类型,也可对规范的内容作适当剪裁)。软件文档从使用的角度大致可分为软件的用户需要的用户文档和开发方在开发过程中使用的内部文档(开发文档)两类。供方应提供的文档的类型和规模,有软件的需方和供方在合同中规定 | 已发布 | 国家标准 |

续表

| 序号 | 分类号 | 标准性质 | 标准名称 | 标准编号 | 内 容 简 介 | 标准状态 | 标准类别 |
|---|---|---|---|---|---|---|---|
| 183 | 6.1.5 | 推荐性 | ★计算机软件需求规格说明规范 | GB/T 9385—2008 | 本标准给出了软件需求规格说明（SRS）的编制要求，描述了一份好的 SRS 的内容和质量，并在附录 A 中给出一些 SRS 提纲示例<br>本标准适用于编制 SRS。本标准并不限定任何编制 SRS 特定的方法、命名约定和工具 | 已发布 | 国家标准 |
| 184 | 6.1.6 | 推荐性 | ★计算机软件测试文档编制规范 | GB/T 9386—2008 | 本规范规定一组软件测试文件。本规范确定了各个测试文件的格式和内容，所提出的文件类型包括测试计划、测试说明和测试报告 | 已发布 | 国家标准 |
| 185 | 6.1.7 | 推荐性 | 计算机软件可靠性和可维护性管理 | GB/T 14394—2008 | 本标准规定了软件产品在其生存周期内如何选择适当的软件可靠性和可维护性管理要素，并指导软件可靠性和可维护性大纲的制定和实施 | 已发布 | 国家标准 |
| 186 | 6.1.8 | 推荐性 | 计算机软件测试规范 | GB/T 15532—2008 | 本标准为软件测试过程规定了一个标准的方法，使之成为软件工程实践中的基础。本标准描述了一个测试过程，它由一系列具有层次结构的阶段、活动及任务组成，且为每一活动定义了一个最小的任务集 | 已发布 | 国家标准 |
| 187 | 6.1.9 | 推荐性 | 软件工程，产品质量，第 1 部分：质量模型 | GB/T 16260，1—2006 | 本部分描述了关于软件产品质量的两部分模型：①内部质量和外部质量；②使用质量。模型的第一部分为内部质量和外部质量规定了六个特性，它们可进一步细分为子特性。当软件作为计算机系统的一部分时，这些子特性作为内部软件属性的结果，从外部显现出来。模型的第二部分规定了四气使用质量的特性，但没有在低于特性的层次上详细阐述使用质量的模型 | 已发布 | 国家标准 |
| 188 | 6.1.10 | 推荐性 | 信息技术　软件包　质量要求和测试 | GB/T 17544—1998 | 本标准规定了：①软件包要求（质量要求）；②针对这些要求，如何对软件包进行测试的细则（测试细则，特别是第三方测试） | 已发布 | 国家标准 |
| 189 | 6.1.11 | 推荐性 | 信息技术　CASE 工具的评价与选择指南 | GB/T 18234—2000 | 本标准定义了用于对某个 CASE 工具进行技术评价和最终选择的一系列过程一组结构化的 CASE 工具特性。涵盖了一部分或全部的软件工程生命周期。本标准提供了：①确定组织对 CASE 工具的要求指南；②把组织的需求映射到所要评价的 CASE 工具的特性的指南；③基于所定义特性的测量，从若干工具中选择最合适的 CASE 工具的过程 | 已发布 | 国家标准 |

续表

| 序号 | 分类号 | 标准性质 | 标准名称 | 标准编号 | 内容简介 | 标准状态 | 标准类别 |
|---|---|---|---|---|---|---|---|
| 190 | 6.1.12 | 推荐性 | 信息技术　软件测量　功能规模测量　第1部分:概念定义 | GB/T 18491, 1—2001 | 本标准定义了功能规模测量(FSM)的重要概念,描述了应用 FSM 方法的一般原则 | 已发布 | 国家标准 |
| 191 | 6.1.13 | 推荐性 | 信息技术　系统及软件完整性级别 | GB/T 18492—2001 | 本标准介绍了软件完整性级别的概念和软件完整性需求,定义了与完整性级别相关的概念,定义了确定完整性级别和软件完整性需求的过程,并提出对每个过程的需求。本标准不规定专门的一组完整性级别或软件完整性需求。它们必须依据某一项目的基础在该项目中加以确定 | 已发布 | 国家标准 |
| 192 | 6.1.14 | 推荐性 | 信息技术　软件生存周期过程指南 | GB/Z 18493—2001 | 本指导性技术文件的目的是为软件生存周期过程标准(GB/T 8566)的应用提供指南。本指导性技术文件对应用 GB/T 8566 时必须考虑的各种因素作了详细说明,并就可以应用 GB/T 8566 的各种不同场合作了说明 | 已发布 | 国家标准 |
| 193 | 6.1.15 | 推荐性 | 信息化工程监理规范 第1部分:总则 | GB/T 19668, 1—2005 | 本标准为系列标准,包括6个部分,分别为总则、电子设备机房系统工程监理、通用布缆系统工程监理、计算机网络系统工程监理、软件工程监理、信息化工程安全监理。本部分规定了信息化工程建设、升级、改造过程中监理工作的一般原则 | 已发布 | 国家标准 |
| 194 | 6.1.16 | 推荐性 | 信息化工程监理规范 第2部分:通用布缆系统工程监理规范 | GB/T 19668, 2—2007 | 本标准为系列标准,包括6个部分,分别为总则、电子设备机房系统工程监理、通用布缆系统工程监理、计算机网络系统工程监理、软件工程监理、信息化工程安全监理。本部分规定了信息化通用布缆系统工程建设中监理工作的规范 | 已发布 | 国家标准 |
| 195 | 6.1.17 | 推荐性 | 信息化工程监理规范 第3部分:电子设备机房系统工程监理规范 | GB/T 19668, 3—2007 | 本标准为系列标准,包括6个部分,分别为总则、电子设备机房系统工程监理、通用布缆系统工程监理、计算机网络系统工程监理、软件工程监理、信息化工程安全监理。本部分规定了信息化电子设备机房系统工程建设中监理工作的规范 | 已发布 | 国家标准 |
| 196 | 6.1.18 | 推荐性 | 信息化工程监理规范 第4部分:计算机网络系统工程监理规范 | GB/T 19668, 4—2007 | 本标准为系列标准,包括6个部分,分别为总则、电子设备机房系统工程监理、通用布缆系统工程监理、计算机网络系统工程监理、软件工程监理、信息化工程安全监理。本部分规定了信息化计算机网络系统工程建设中监理工作的规范 | 已发布 | 国家标准 |

续表

| 序号 | 分类号 | 标准性质 | 标准名称 | 标准编号 | 内容简介 | 标准状态 | 标准类别 |
|------|--------|----------|----------|----------|----------|----------|----------|
| 197 | 6.1.19 | 推荐性 | 信息化工程监理规范 第5部分:软件工程监理规范 | GB/T 19668,5—2007 | 本标准为系列标准,包括6个部分,分别为总则、电子设备机房系统工程监理、通用布缆系统工程监理、计算机网络系统工程监理、软件工程监理、信息化工程安全监理。本部分规定了信息化工程中软件工程监理的监理对象及其所属的监理阶段或支持过程,并规定了相关软件工程监理工作的要求 | 已发布 | 国家标准 |
| 198 | 6.1.20 | 推荐性 | 信息化工程监理规范 第6部分:信息化工程安全监理规范 | GB/T 19668,6—2007 | 本标准为系列标准,包括6个部分,分别为总则、电子设备机房系统工程监理、通用布缆系统工程监理、计算机网络系统工程监理、软件工程监理、信息化工程安全监理。本部分规定了信息化工程建设、升级、改造过程中各监理阶段安全监理工作的主要目标、内容和要点 | 已发布 | 国家标准 |

6.2　信息资源管理

| 序号 | 分类号 | 标准性质 | 标准名称 | 标准编号 | 内容简介 | 标准状态 | 标准类别 |
|------|--------|----------|----------|----------|----------|----------|----------|
| 199 | 6.2.1 | 强制性 | 公安信息化标准化管理办法 | | 本办法主要为规范公安信息化标准化工作,规定了公安信息化标准的组织机构、计划提出、标准制定、审批与发布、监督与实施、复审与废止、动态维护等的详细程序和要求 | 待制定 | 行业标准化文件 |
| 200 | 6.2.2 | 强制性 | 消防信息化标准化管理办法 | | 本办法主要为规范消防信息化标准化工作,规定了消防信息化标准的组织机构、计划提出、标准制定、审批与发布、监督与实施、复审与废止、动态维护等的详细程序和要求 | 待制定 | 行业标准化文件 |
| 201 | 6.2.3 | 推荐性 | 公安数据元管理规程 | | 本标准规定了公安数据元的管理规程 | 已发布 | 行业标准 |

6.3　系统运维管理

| 序号 | 分类号 | 标准性质 | 标准名称 | 标准编号 | 内容简介 | 标准状态 | 标准类别 |
|------|--------|----------|----------|----------|----------|----------|----------|
| 202 | 6.3.1 | 推荐性 | 公安信息系统数据维护与管理规范 | | 本标准规定了公安信息系统数据采集处理、组织存储、运行维护、共享交换、数据更新和数据安全管理等阶段维护与管理的主要内容和技术要求,以及公安信息化工程中数据类标准(数据类标准包括数据元、代码以及元数据标准等)中数据项的维护和管理<br>本标准适用于公安信息系统的数据维护和管理,也适用于国家和省级公安部门数据中心的数据维护与管理 | 待制定 | 行业标准 |

续表

| 序号 | 分类号 | 标准性质 | 标准名称 | 标准编号 | 内 容 简 介 | 标准状态 | 标准类别 |
|---|---|---|---|---|---|---|---|
| 203 | 6.3.2 | 推荐性 | 公安信息系统维护与管理规范 | | 本标准规定了公安信息系统维护与管理要求 | 已发布 | 行业标准 |
| 204 | 6.3.3 | 推荐性 | 消防信息系统数据维护与管理规范 | | 本标准规定了消防信息系统数据采集处理、组织存储、运行维护、共享交换、数据更新和数据安全管理等阶段维护与管理的主要内容和技术要求，以及消防数据类标准建设中数据项的维护和管理<br>本标准适用于消防信息系统的数据维护和管理，也适用于国家和省级消防部门数据中心的数据维护与管理 | 待制定 | 行业标准 |

注：★表示该标准已在标准查询系统光盘。

## 第四节　消防信息化标准规范应用

### 一、标准的认读

面对一个标准，如何认识和解读它呢？以下就按照标准要素的编排顺序：封面、目次、前言、引言、标准正文、附录、参考文献、索引，给出一个完整的说明。

**1. 封面**

如【示例10-1】所示是一个典型的标准封面，现以它为例详细说明标准封面给出了该标准的哪些详细信息。按照该封面的内容从左上至右下的顺序分别进行说明。

（1）国际标准分类号

① 简介。国际标准分类编码（International Classification for Standards，以下简称ICS）是国际标准化组织1992年发布的一类标准文献专用分类法，现行使用的是2005年发布的第六版。许多国家采用国际标准分类法对其国家的标准进行分类，我国国家标准和行业标准必须使用ICS分类编码，企业标准可不使用。WTO也明确要求各国的标准化机构在其通报工作计划时使用ICS。

ICS的特点是：列类广泛、覆盖全面、结构合理、简明实用，特别是编码方法灵活，且允许用户根据需要自行扩充，适用于手检和机检的不同需要。

② 目的。ICS可作为国际、区域和国家标准以及其他标准文献的目录框架，用于数据库和图书馆中标准及标准文献的分类。ICS也可以作为信息数据的排序工具，例如目录、选择清单的数据库等，从而促进国际、区域和国家标准在世界范围内的传播。

③ 分类体系。ICS采用层次分类方法，由三级组成，一级类目由2位数字表示，共40大类；二级类目由3位数字表示，共392类；三级类目由2位数字表示，共909类。ICS一级目录如表10-3所示（仅给出中文名称）。

【示例 10-1】

ICS 01. 120
A 00

# 中华人民共和国国家标准

GB/T 1.1—2009
代替 GB/T 1.1—2000，GB/T 1.2—2002

## 标准化工作导则
## 第 1 部分：标准的结构和编写

Directives for standardization—
Part 1：Structure and drafting of standards

(ISO/IEC Directives—Part 2：2004，
Rules for the structure and drafting of International Standards，NEQ)

2009-06-17 发布　　　　　　　　　　　　　　2010-01-01 实施

中华人民共和国国家质量监督检验检疫总局
中国国家标准化管理委员会　发 布

表 10-3　ICS 一级目录

| 编码 | 中文名称 | 编码 | 中文名称 |
|---|---|---|---|
| 01 | 综合、术语、标注化、文献 | 49 | 航天器和航天器工程 |
| 03 | 社会学、服务、公司组织和管理、行政、运输 | 53 | 材料储运设备 |
| | | 55 | 货物的包装和调运 |
| 07 | 数学、自然科学 | 59 | 纺织和皮革技术 |
| 11 | 医疗、卫生技术 | 61 | 服装工业 |
| 13 | 环境和保健、安全 | 63 | 农业 |
| 17 | 计量学和测量、物理学 | 67 | 食品技术 |
| 19 | 试验 | 71 | 化工技术 |
| 21 | 机械系统和通用件 | 73 | 采矿和矿产品 |
| 23 | 流体系统和通用件 | 75 | 石油及有关技术 |
| 25 | 制造工程 | 77 | 冶金 |
| 27 | 能源和热传导工程 | 79 | 木材技术 |
| 29 | 电气工程 | 81 | 玻璃和陶瓷工业 |
| 31 | 电子学 | 83 | 橡胶和塑料工业 |
| 33 | 电信、音频和视频工程 | 85 | 造纸技术 |
| 35 | 信息技术,办公设备 | 87 | 涂料和颜料工业 |
| 37 | 成像技术 | 91 | 建筑材料和建筑物 |
| 39 | 精密机械、珠宝 | 93 | 土木工程 |
| 43 | 道路车辆工程 | 95 | 军事工程 |
| 45 | 铁路工程 | 97 | 家用和商用设备、文娱、体育等 |
| 47 | 造船和海上构建物 | 99 | 备用 |

（2）中国标准文献分类号。中国标准文献分类法（Chinese Classification for Stardards，以下简称 CCS）是由国家标准化主管部门根据我国标准化工作的实际需要，结合标准文献的特点，参考国内外各种分类方法的基础上编制的一部中国标准文献分类方法，于 1989 年正式发布，我国各类标准参照执行。

本分类法采用两级分类方法，第一级由 1 位大写拉丁字母组成，共 24 大类；第二级由 2 位数字组成，共 100 小类。CCS 的类目设置以专业划分为主，适当结合科学分类，序列采取从总到分，从一般到具体的逻辑系统。CCS 一级目录如表 10-4 所示。

（3）标准的标志与类别。在封面的右上角以黑体，48 号字清楚地表明本标准的性质，GB 国家标准，GA 行业标准、DB 地方标准或者 Q/×××企业标准。

（4）标准的编号。标准的编号由：代号＋发布顺序号＋发布的年号组成。如果是代替标准，还要注明所代替标准的编号。

（5）标准的名称。标准名称是标准的规范性一般要素，也是必备要素，是对标准的主题最简明、最集中的概括。标准名称由几个尽可能短的要素组成：引导要素＋主体要素＋补充要素。引导要素表示标准的所属领域，是一个可选要素；主体要素表示标准所涉及的主要对象，是必备要素；补充要素表示标准主要对象的特定方面，或者给出区分该标准与其他标准的细节。对于单个标准，补充要素是可选要素，对于分部分标准，补充要素又是必备要素。标准的中文名称下面要给出标准的英文译名。

表 10-4 CCS 一级目录

| 编码 | 名　　称 | 编码 | 名　　称 |
|---|---|---|---|
| A | 综合 | N | 仪器、仪表 |
| B | 农业、林业 | P | 土木、建筑 |
| C | 医药、卫生、劳动保护 | Q | 建材 |
| D | 矿业 | R | 公路、水路运输 |
| E | 石油 | S | 铁路 |
| F | 能源、核技术 | T | 车辆 |
| G | 化工 | U | 船舶 |
| H | 冶金 | V | 航空、航天 |
| J | 机械 | W | 纺织 |
| K | 电工 | X | 食品 |
| L | 电子元器件与信息技术 | Y | 轻工、文化与生活用品 |
| M | 通信、广播 | Z | 环境保护 |

（6）与国际标准一致性程度的标识。当所制定的标准有对应的国际标准时，应在英文名称下部标示与所对应国际标准的一致性程度标识。该标识由国际标准编号、国际标准名称和一致性程度代号组成。一致性程度代号主要有：等同（IDT）、修改（MOD）、非等效（NEQ）三种。

（7）标准的发布与实施日期。标准的实施日期可以与发布日期一致，或者滞后于发布日期。

（8）标准的发布部门。给出该标准的发布部门，也可同时给出标准的发布单位。

**2. 目次**

目次可以清晰地展示标准的结构和主要内容，方便标准的使用，是一个可选的资料性概述要素。根据实际情况可酌情取舍，一般情况下如果标准的正文内容大于 16 页，就需要设置目次。目次是由电子文件自动生成，不需要手工编排，保证目次的准确性。

**3. 前言**

前言是资料性概述要素，也是必备要素。前言位于目次（如果有的话）之后和引言（如果有的话）之前。主要陈述本文件与其他文件的关系等信息。前言依次给出的内容和表述如下：

标准的结构说明，只有在系列标准或分部分标准前言中会涉及；标准编制依据的起草规则阐述；标准所代替的标准或者文件的说明；与国际文件、国外文件关系的说明；有关专利的说明；归口和起草信息的说明；所代替标准的版本情况说明。具体如【示例10-2】所示。

【示例 10-2】

---

**前　言**

本标准按照 GB/T 1.1—2009 给出的规则起草。

本标准代替 GA 380—2002《全国公安机关机构代码编制规则》。

本标准自实施之日起 GA 380—2002 即行废止。

本标准与 GA 380—2002 相比,主要技术内容变化如下:

——标准适用范围增加了公安机关临时机构;

——将 12 位数字编码规则改为用 12 位数字和字母按一定规则编制;

——对行业公安机关的机构代码编制规则做了必要的调整;

——增加了对现役公安边防消防警卫部队的机构代码编制规则;

——取消了"各地各级公安机关可参照公安部内设机构及直属单位机构代码编制本单位内设机构和直属单位机构代码。"的表述。

本标准由公安部科技信息化局提出。

本标准由公安部计算机与信息处理标准化技术委员会归口。

本标准起草单位:公安部科技信息化局、中国软件与技术服务股份有限公司、公安部第一研究所。

本标准主要起草人:马晓东、张宪华、王电、赵海平、孙晓晶、孙迎新、李如香、闫建华、马莹、侯振鹏。

本标准所代替标准的历次版本发布情况为:

——GA 380—2002。

---

### 4. 引言

引言是一个可选的资料性概述要素,主要说明标准背景、制定情况等信息,如标准编制的原因,标准技术内容的特殊信息或说明,专利的声明等。引言置于前言之后,标准正文之前。引言中说明的内容与标准本身内容密切相关,与前言相比,引言与标准正文的关系更为密切。

### 5. 标准正文

(1) 范围。范围是标准的规范性一般要素,同时也是必备要素。它永远是标准的第 1 章,位于标准正文的起始位置。范围的内容通常分为两个板块,用两段文字描述。第一板块用来界定标准化对象和涉及的各个方面,说明对什么制定了标准。同时要对技术性要素进行高度的概括,补充标准名称中无法涉及的内容。第二板块给出标准中规定的适用界限,给出标准应用的领域。

(2) 规范性引用文件。规范性引用文件属于规范性一般要素,同时又是可选要素,列出了标准中引用其他文件的清单。规范性引用文件有其固定的表述格式,即:引导语+文件清单。引导语为一段文字"下列文件对于本文件的应用是必不可少的。凡是注日期的引用文件,仅注日期的版本适用于本文件。凡是不注日期的引用文件,其最新版本(包括所有的修改单)适用于本文件。"文件清单的排列顺序为:国家标准、行业标准、地方标准、国内有关文件、国际标准、ISO 或 IEC 有关文件、其他国际标准、其他国际文件等。

在制定标准的过程中经常发现需要编写的内容在现行标准中已经作了规定,并且这些规定是适用的,我们通常不抄录需要重复的内容,而是采用引用的方法。可以有效避免标准间的不协调,抄录过程中可能造成抄录错误,造成同一规定在两个标准间不一致的现象。被抄录的标准如果后期修订过,所抄录的内容与最新版就会不同,造成不一致的结果。采用引用还可以避免本标准的篇幅过大等问题。

标准引用按照性质划分有规范性引用和资料性引用。规范性引用是指标准中引用了某文件或某文件的条款后，这些文件或其中的条款即构成了标准的规范性内容，与规范性要素具有同等的效力。资料性引用是指引用了某文件后，这些文件的内容并不构成标准的规范性内容，使用标准中可不需要遵守引用文件中被提及的内容，这些被引用的文件只是提供一些供参考的信息或者资料。

标准引用按照引用的方式分注日期引用和不注日期引用。注日期引用需要指明所引用文件的年号和版本号，意味着仅仅引用所引文件的指定版本。不注日期引用在引用时不提及年号和版本号，意味着始终引用着该文件的最新版本。

（3）术语和定义。术语和定义是规范性技术要素，在非术语标准中是一个可选要素，主要是对标准中需多次使用的概念进行定义。表述形式为：引导语＋术语条目。

（4）符号、代号和缩略语。符号、代号和缩略语是规范性技术要素，在非符号、代号和缩略语标准中是一个可选要素。如果标准中有需要解释的符号、代号和缩略语，应单独设章进行说明。符号、代号和缩略语有固定的表述格式，即：引导语＋清单。

（5）标准正文要求。标准的主要内容，按照章、条等层次阐述对标准化对象的技术要求及相关规定。

### 6. 附录

附录是标准层次的表现形式之一。附录按其性质分为规范性附录和资料性附录。每个附录均应在正文或者前言中有明确的提及。附录的顺序应该按其在正文中提及它的先后次序编排。

每个附录的前三行为我们提供了识别附录的信息。第一行为附录的编号，它由"附录"和随后表明顺序的大写拉丁字母组成，字母从"A"开始。每个附录都有编号，即使是一个附录时，仍应是"附录A"。第二行，应标明附录的性质，即说明是"规范性附录"或"资料性附录"。第三行为附录标题，每一个附录必须有标题。

### 7. 参考文献

参考文献是资料性补充要素，是一个可选要素，罗列出标准编写时参考的一些资料性文件。可列出的参考文件主要有：

- 标准条文中提及的文件；
- 标准条文中的注、图注、表注中提及的文件；
- 标准中资料性附录提及的文件；
- 标准中示例所使用或提及的文件；
- 标准起草过程中依据或参考的文件。

### 8. 索引

索引是资料性补充要素，是一个可选要素，提供一个不同于目次的检索标准内容的途径，方便标准的使用。标准中如果有索引，是最后一章。索引通常以表的形式表示，包含关键词和标准中最低层次的编号。

## 二、常用标准应用说明

标准的价值和使用价值只有在应用中才能体现出来，标准化的经济和社会效益也只有在应用中表现出来，标准的应用是最重要也是最具实践的环节，标准没有应用，标准化工作也

将失去根本意义。本节内容主要介绍六类消防已发布和正在制定中的信息化标准的基本情况、各标准之间的关系、在系统研发及建设时如何使用及注意事项等。

**1. 总体标准**

总体框架类标准正在编制有：《消防信息系统总体技术框架》，规定了消防信息系统的总体技术框架；《消防信息化标准体系》，规定了消防信息化建设的标准体系框架和标准明细表。

**2. 数据标准**

（1）数据元。数据元的标准化是信息标准化的基础。在信息化过程中，最基本的处理对象就是数据，要实现数据标准化就必须对数据元进行标准化。数据元是一组用属性描述数据的定义，通常也称为数据元素。

数据元的主要组成部分分别是：对象类：现实世界中的想法、抽象概念和事物的集合，有清楚的边界和含义，并且其特性和行为遵循同样的规则而能够加以标识；特性：对象类的所有个体所共有的某种特质；表示：描述数据如何被表示，如值域、数据类型的组合，也包括度量单位或字符集。

数据元标准化的过程为每一个数据元的相关特性进行规范化说明，以确保信息表示的一致性和准确性，经过规范化的数据将会大大增强其在系统间及环境间的实用性和共享性。标准编制过程中数据元的提取采用面向对象的方法，通过研究消防领域的业务流程，建立相应的信息模型，从信息模型中提取其对象和特征，再结合消防业务需求细化其表示。各级消防部门在进行系统建设时，所用的数据元如在标准中能够检索到，必须按照标准针对该数据元的要求进行系统开发。

消防数据元纳入到公安数据元标准化的统一管理体系。目前，信标委已发布5册公安数据元标准，标准号 GA/T 543，第4分册是消防数据元标准，共收录89个数据元标准，涉及消防不同的业务，未来还会陆续发布属于消防业务的数据元标准。数据元共包含20个属性，如【示例10-3】所示。

【示例10-3】

```
内部标识符:DE00401
  中文名称:消防专家专业类别代码
  中文全拼:xiao-fang-zhuan-jia-zhuan-ye-lei-bie-dai-ma
    标识符:XFZJZYLBDM
    版本:1.0
  同义名称:
      说明:消防安全领域相关行业专家的专业类别代码
  对象类词:消防专家
    特性词:专业类别
    表示词:代码
  数据类型:字符型
  表示格式:c4
      值域:采用 GA/T 974.1《消防信息代码 第1部分:消防专家专业分类与代码》
      关系:
  计量单位:
      状态:标准
  提交机构:公安部消防局
  主要起草人:
    批准日期:2011 年 12 月 12 日
      备注:
```

【示例 10-3】所示是消防专家专业类别代码数据元的完整表达与定义，其中要保证标识符在全公安数据元管理中的唯一性；对"对象类词"、"特性词"的提取在保持专业特点的同时力求正确、细化，为将来的分类和检索等工作提供基础；值域中凡是涉及可代码化的数据元，除值域表述相对简单的明确直接列出外，基本上采用国家标准和行业标准，便于数据元动态维护，标准编写逻辑清晰一致。

（2）分类与编码。在信息化建设中，为了实现互联互通、信息共享、交换和处理，必须遵循约定的分类原则和方法。把相同内容、相同性质的信息以及需要统一管理的信息集合在一起，而把相异的以及需要分别管理的信息区分开来，然后确定不同集合之间的关系，形成一个有条理的分类系统。消防信息化标准编制过程中的一个突破是打破以往按照人、机构、事件、物品、地点的分类原则，在编制过程中逐渐淡化这些原则概念，而是根据新形势新经济技术的发展，从业务角度出发，根据需要从业务属性、业务共性等方面进行分析和总结。

信息编码是将事物或者概念赋予具有一定规律、易于计算机和人识别处理的符号，形成代码元素集合，表现为编码对象的代码值。所有类型的信息都可以进行编码，编码的主要作用是标识、分类和参照。标识的目的是要把编码对象彼此分开，在一定的结合范围内，代码值是其唯一标识；分类的作用实质上是对类进行标识；参照的作用体现在编码对象的代码值可作为不同应用系统之间发生关联的关键字，在信息交换过程中尤为重要。

在系统间数据交换过程中，要交换某一个信息，可以直接使用该信息的编码值进行信息交换，而不需要使用具体的实体内容，提高程序编码的可读性和信息传输效率。如【示例 10-4】所示，在系统间数据交换时，要传递"斯宾格犬"，不需要传递"斯宾格犬"这四个汉字，而是直接传递"01"这个代码值，效率自然大大提高。

【示例 10-4】

| 代码 | 名称 | 说明 |
|---|---|---|
| 01 | 斯宾格犬 | |
| 02 | 拉布拉多犬 | |
| 03 | 纽芬兰犬 | |
| 04 | 金毛寻回猎犬 | |
| 05 | 英国可卡犬 | |
| 06 | 德国牧羊犬 | |
| 07 | 比利时牧羊犬 | |
| 08 | 边境牧羊犬 | |
| 09 | 昆明犬 | |
| 10 | 藏獒 | |
| 99 | 其他 | |

目前，消防信息化标准已发布 GA/T 972《化学品危险性分类与代码》标准、GA/T 973《搜救犬品种代码》标准、GA/T 974《消防信息代码》标准，《消防信息代码》标准共包含 73 个部分。代码不分层级的统一命名为《XXX 代码》，代码分二个以上层级的统一命名为《XXX 分类与代码》。如【示例 10-4】：搜救犬品种代码、【示例 10-5】：消防队体制分

类与代码所示。

【示例 10-5】

| 代码 | 名称 | 说明 |
|---|---|---|
| 10 | 公安消防队 | |
| 11 | 现役 | 公安现役体制,武警系列 |
| 12 | 非现役 | 地方公安体制 |
| 20 | 专职消防队 | |
| 21 | 政府合同制 | 政府合同制独立或混编消防队 |
| 22 | 事业单位 | |
| 23 | 企业单位 | |
| 30 | 志愿消防队 | 民办消防队 |
| 90 | 其他形式消防队 | |

（3）数据组织。数据组织标准包括按照消防某一业务领域或从某一业务应用出发，对消防数据的分层组织形成各业务领域复合类数据标准，该类标准是针对具体业务应用所制定的数据标准，如：数据项标准、数据结构标准等。

数据项标准来源于之前的数据结构类标准，标准的主要目的是需要给出每一类业务中特定业务概念的所有基本属性，即能够完整描述该特定业务信息的基本项。标准中以表的形式给出某一特定业务概念的所有基本项，是开发信息系统所要满足的基本要求，制作数据库的参考。信息系统开发时，数据项标准是对该类信息基本项的最低要求，具体研发时还必须结合当地实际情况，对数据项标准进行扩展应用。

公安部发布了《数据项标准编写要求》，对数据项的表示格式给出了新的定义，规定数据项的基本项由数据元单独或者数据元和限定词组合表示。由此引出限定词的概念，限定词是对数据项基本项从业务角度更加准确和完整的描述。基本项可以由数据元表示，但是在不同业务或者同一业务中为了区分，更加明确其含义，需要借助限定词＋数据元的形式表示，更加准确，不会产生歧义和二义性。目前正在编写灭火救援指挥业务信息基本数据项、消防监督管理业务信息基本数据项、装备业务信息基本数据项、社会公众信息服务基本数据项和消防安全重点单位与建筑物信息基本数据项等标准。

如示【示例 10-6】所示，数据项是以表的形式展现，主要包括序号、数据项名称、数据元内部标识符、限定词内部标识符、数据项标识符和说明 6 个部分。针对该业务信息，由装备名称、装备编码、年度、检测机构_单位名称和检测日期 6 个基本项组成，完成对该业务信息的基本描述。

【示例 10-6】

| 序号 | 数据项名称 | 数据元内部标识符 | 限定词内部标识符 | 数据项标识符 | 说明 |
|---|---|---|---|---|---|
| 1 | 装备名称 | DExxxxx | | zbmc | |
| 2 | 装备编码 | DExxxxx | | zbbm | |
| 3 | 年度 | DExxxxx | | nd | |
| 4 | 检测机构_单位名称 | DE00065 | DQxxxxx | jcjg_dwmc | |
| 5 | 检测日期 | DExxxxx | | jcrq | |

**3. 应用标准**

（1）技术要求。应用系统技术要求标准用于规范各业务应用系统的技术架构、基本功能、基本性能、用户界面等方面的技术要求，适用于消防各业务系统的开发。

消防已发布和正在制定中的技术要求类标准如下：

① GB 50313—2013 消防通信指挥系统设计规范

② GB 50401—2007 消防通信指挥系统施工及验收规范

③ GB 50440—2007 城市消防远程监控系统技术规范

④ GB 25113—2010 移动消防指挥中心通用技术要求

⑤ GB 16281—2010 火警受理系统

⑥ GA 545.1—2005 消防车辆动态管理装置 第1部分：消防车辆动态终端

⑦ GA 545.2—2005 消防车辆动态管理装置 第2部分：消防车辆动态管理中心收发装置

⑧ GA/T 875—2010 火场通信控制台

⑨ GB 26875.（1~6）—2011 城市消防远程监控系统

⑩ GA/T 91.（1~2）—2011 消防应急指挥 VSAT 卫星通信系统

⑪ GA 1086—2013 消防员单兵通信系统通用技术要求

⑫ 消防通信指挥系统信息显示装置（制定中）

⑬ 消防话音通信组网管理平台（制定中）

⑭ 火警受理联动控制装置（制定中）

（2）应用支撑。应用支撑标准包括为消防各类业务应用提供支撑技术（如基础服务、消息传输服务、互操作机制、构件等）的技术标准和规范，其作用是支撑业务应用系统的良好运行。

消防已发布的应用支撑类标准有以下内容。

①《消防基础数据平台接口规范》（GA/T 1036—2012）：规定了消防基础数据平台对应用实体提供的软件接口功能及参数。

②《消防公共服务平台技术规范 第1部分 总体架构及功能要求》（GA/T 1038.1—2012）：规定了消防公共服务平台的总体架构及功能要求。

③《消防公共服务平台技术规范 第2部分 服务管理接口》（GA/T 1038.2—2012）：规定了消防公共服务平台中服务管理平台对应用实体提供的软件接口功能及参数。

④《消防公共服务平台技术规范 第3部分 信息交换接口》（GA/T 1038.3—2012）：规定了消防公共服务平台中信息交换平台对消息收发方提供的软件接口功能及参数等。

**4. 基础设施标准**

消防已发布的网络类标准有《消防指挥调度网网络设备和服务器命名规范》（GA/T 1037—2013），规定了消防指挥调度网网络设备和服务器的命名规则。正在编制的信息化标准有《消防综合图像资源编码规范》，规定了消防系统图像资源的综合编码；《消防综合语音资源编码规范》，规定了消防系统语音资源的综合编码等。

## 三、分项目查阅指南

本节按照项目类型，分别列举出消防信息化建设中涉及的主要标准。各部标准的简要内容详见《消防信息化培训教材》第一册第十章第三节的消防信息化标准体系明细表。

### 1. 基础网络建设

消防信息化基础网络建设中主要涉及的标准如下：

① 消防信息系统总体技术框架（制定中）

② GA/T 1037—2012 消防指挥调度网网络设备和服务器命名规范

③ GB 26875.（1~6）—2011 城市消防远程监控系统

④ GA/T791.（1~2）—2011 消防应急指挥 VSAT 卫星通信系统

⑤ 消防话音通信组网管理平台（制定中）

### 2. 音视频系统建设

消防信息化音视频系统建设中主要涉及的标准如下：

① 消防信息系统总体技术框架（制定中）

② 公安综合图像资源编码规范（制定中）

③ 公安综合语音资源编码规范（制定中）

### 3. 机房及综合布线

消防信息化机房及综合布线主要涉及的标准如下：

① GB/T 2887—2011 电子计算机场地通用规范

② GB 50174—2008 电子信息系统机房设计规范

③ GB 50462—2008 电子信息系统机房施工及验收规范

④ GB 50057—2010 建筑物防雷设计规范

⑤ GB 50343—2012 建筑物电子信息系统防雷技术规范

⑥ GB 50052—2009 供配电系统设计规范

⑦ GB 50311—2007 综合布线系统工程设计规范

⑧ GB 50312—2007 综合布线系统工程验收规范

⑨ GA/T 267—2000 计算机信息系统雷电电磁脉冲安全防护规范

### 4. 信息中心建设

消防信息化信息中心建设中主要涉及的标准如下：

① 消防信息系统总体技术框架（制定中）

② GA/T 1037—2012 消防指挥调度网网络设备和服务器命名规范

### 5. 指挥中心建设

消防信息化指挥中心建设中主要涉及的标准如下：

① GB 50313—2013 消防通信指挥系统设计规范

② GB 50401—2007 消防通信指挥系统施工及验收规范

③ GB 25113—2010 移动消防指挥中心通用技术要求

④ GB 16281—2010 火警受理系统

⑤ GA/T 875—2010 火场通信控制台

⑥ GA/T 545.1—2005 消防车辆动态管理装置 第1部分：消防车辆动态终端

⑦ GA/T 545.2—2005 消防车辆动态管理装置 第2部分：消防车辆动态管理中心收发装置

⑧ GA 1086—2013　消防员单兵通信系统通用技术要求

⑨ 消防通信指挥系统信息显示装置（制定中）

⑩ 火警受理联动控制装置（制定中）

### 6. 软件开发维护

消防信息化软件开发维护主要涉及的标准如下：

① GB/T 8567—2006 计算机软件文档编制规范

② GB/T 9385—2008 计算机软件需求规格说明规范

③ GB/T 9386—2008 计算机软件测试文档编制规范

④ GB/T 14394—2008 计算机软件可靠性和可维护性管理

⑤ GB/T 15532—2008 计算机软件测试规范

⑥ GA/T 1036—2012 消防基础数据平台接口规范

⑦ GA/T 1038.1—2012 消防公共服务平台技术规范 第1部分 总体架构及功能要求

⑧ GA/T 1038.2—2012 消防公共服务平台技术规范 第2部分 服务管理接口

⑨ GA/T 1038.3—2012 消防公共服务平台技术规范 第3部分 信息交换接口

⑩ GA/T543.1—2011 公安数据元（1）

⑪ GA/T543.2—2011 公安数据元（2）

⑫ GA/T543.3—2011 公安数据元（3）

⑬ GA/T543.4—2011 公安数据元（4）

⑭ GA/T543.5—2012 公安数据元（5）

⑮ GA/T974.（1~73）—2011 消防信息代码（第1~73部分）

⑯ 公安装备资产分类名称与代码

⑰ GA/T 972—2011 化学品危险性分类与代码

⑱ GA/T 973—2011 搜救犬品种代码

⑲ GA/T 1001—2012 地形类型代码

⑳ 天气状况分类与代码

㉑ GA/T 380—2012 全国公安机关机构代码编制规则

㉒ GA/T 964—2011 警衔与文职级别代码

### 7. 信息安全保障

消防信息化信息安全保障主要涉及的标准如下：

① GB/T 9361—2011 计算机场地安全要求

② GB/T 20988—2007 信息安全技术 信息系统灾难恢复规范

### 8. 运行维护管理

消防信息化运行维护管理主要涉及"公安信息系统维护与管理规范"等标准规范。

# 参 考 文 献

［1］ 王忠敏等．标准基础知识实用教程．北京：中国标准出版社，2010.

［2］ 李春田等．标准化概论．第5版．北京：中国人民大学出版社，2010.

［3］ 杨洁明等．标准化实用教程．北京：中国质检出版社，2011.

［4］ 《标准体系表编制原则和要求》（GB/T 13016—2009）.

［5］ 公安部消防局、中国电子科技集团公司第十五研究所．中国人民武装警察消防部队信息化建设项目总体实施方案．
北京：2008.

［6］ 公安部消防局、中国电子科技集团公司第十五研究所．中国人民武装警察消防部队信息化建设项目标准规范分系统
实施方案．北京：2008.

［7］ 公安部．公安信息化标准体系．北京：2005.

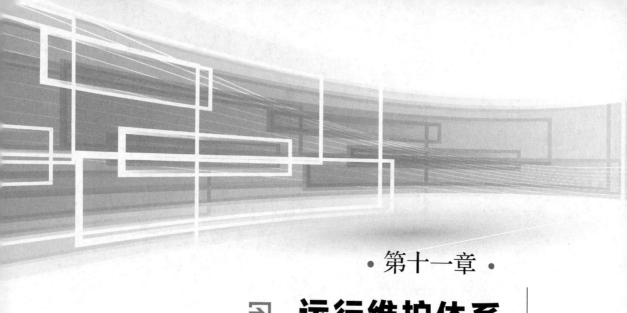

## • 第十一章 •

# → 运行维护体系

当前，消防部队信息化工作逐步由大规模建设转为建设和运行维护并行开展，需要紧密结合工作实际，充分借鉴先进的运维管理经验，转变运维观念，制定相应的管理流程和规章制度，统一运行维护和服务模式，应用各种先进的技术工具，建立科学、合理的运维体系，保证一体化消防业务信息系统的安全稳定运行。本章介绍了信息系统运维概念和国内外运维体系标准情况，结合消防信息化建设工作实际，对消防运维体系架构、运维平台建设、功能组成以及相关运维维护管理工作作了详细阐述。

## 第一节　基础知识

### 一、国内外运维体系简介

#### （一）国外运维体系介绍

**1. ITIL——信息系统服务管理行业最佳实践**

信息技术基础架构库（Information Technology Infrastructure Library，ITIL）是由英国政府部门在 20 世纪 80 年代末制定，现由英国商务部负责管理，主要适用于信息系统服务管理。从 1980 年至今，ITIL 共经历了三个主要的版本：

Version 1：1986—1999 年 ITILV1 版，主要是基于职能型的实践。

Version 2：1999—2006 年 ITIL V2 版，主要是基于流程型的实践，其中包括：服务管理（服务支持、服务提供）、实施服务管理规划、应用管理、安全管理、基础架构管理及 ITIL 的业务前景。它已经成为信息系统服务管理领域全球广泛认可的最佳实践框架。

Version 3：2004—2007 年 ITIL V3 版，整合了 ITIL V1 和 V2 的精华，强调了 ITIL 最佳实践的执行支持，以及在持续改进过程中需要注意的问题和细节。

ITIL V3 的核心架构是基于服务管理的生命周期而设计，在其核心组件中分为服务战略、服务设计、服务转换、服务运营、服务改进五大管理模块。服务战略是服务生命周期运转的核心；服务设计、服务转换和服务运营是服务实施阶段；服务改进则是对整个服务生命周期中有关的过程和服务进行优化和持续改进。

英国政府是 ITIL 的制订者，推出了基于 ITIL 的信息系统服务管理英国国家标准 BS15000，该标准成为后来 ISO 20000 的蓝本。其政府机构应用 ITIL 最广泛、最富有成效。就世界范围来看，英联邦国家，如澳大利亚、加拿大、新西兰等国家，以及其他的欧洲国家，ITIL 应用得比较早，也比较普遍。在这些国家，ITIL 不仅作为政府机构自己管理大型数据中心运行管理的实践标准，还在电子政务运维外包合同谈判时，被作为评价服务提供商资格和服务能力的强制准入标准。

在美国，ITIL 的应用起步比较晚，在 2000 年以后才被广泛关注和认可，并得到了快速的推广。2005 年 8 月，美国州政府 CIO 协会（National Association of State Chief Information Officers，NASCIO）发布了针对本国政府机构信息系统治理和管理的指导框架：《成功之道：信息系统管理框架》（IT Management Frameworks：A Foundation for Success），将 ITIL 作为信息系统运行维护管理领域的推荐标准。

### 2. ISO 20000——信息系统服务管理国际标准

2005 年 12 月，国际标准组织正式接受 BS 15000（以 ITIL 为核心标准）作为国际标准（ISO/IEC 20000：2005）。ISO/IEC 20000 标准着重于通过"信息系统服务标准化"来管理信息系统问题。该标准同时关注体系的能力、体系变更时所要求的管理水平、财务预算、软件控制和分配。最新的 IEC/ISO 20000：2010 于 2011 年 1 月 2 日正式发布，标准对部分定义做了修正，并强调"服务管理体系"的概念。

ISO 20000 标准包括两部分：

第一部分：管理规范信息系统服务管理标准介绍，定义了服务提供者交付管理服务的需求。全面阐述了组织若要实施有效服务管理需要完成的工作，涉及管理系统、关系框架、术语定义、服务流程等几部分。通过列出详细的工作目标和工作内容，ISO 20000 对企业如何落实服务管理标准要求提供了规范指导，帮助组织在内部确定、实施和维护信息系统服务管理体系，从而达到对信息系统服务的管理和控制。

第二部分：实施准则实践指导，描述了服务管理流程的最佳实践和信息系统服务管理流程质量标准。针对第一部分提出的要求进行了更详细的描述和适当的扩展。相比而言，第二部分减少了专业术语，更具体、易执行。实施准则提供了单位组织内按照 ISO 20000—1 进行信息系统服务管理的实践要点和方法指南，是组织准备通过 ISO 20000 认证或进行服务改进规划的重要工具。

ISO/IEC 20000 适用于提供信息系统服务的各类型组织，不限于其所在行业和规模大小。目前全球有近 200 家组织通过了认证，商务部中国国际电子商务中心成为国内第一家通过该认证的政府机构。通过 ISO/IEC 20000 认证，表明组织已经建立信息系统运维管理体系，能够系统化地为业务提供高质量的信息系统服务。

### （二）国内运维体系介绍

目前，随着我国企业和政府组织的业务运作大量采用信息技术，越来越多的单位考虑将其信息技术服务运营外包给专业的信息技术服务提供商，或对内部的信息技术支持部门提出更明确的服务要求，以确保提高服务质量、降低服务成本、降低因服务中断所导致的业务风险。

2009 年 6 月，我国信息技术服务标准工作组服务管理标准专业组成立，标志着中国信息技术服务管理标准制定工作正式启动。2010 年 6 月，信息技术服务标准（ITSS）工作组研制了《信息技术服务标准（ITSS）体系框架》2.0 版，形成了《信息技术服务 质量评价指标体系》、《信息技术服务 运行维护 第 1 部分：通用要求》、《信息技术服务 运行维护 第 2 部分：交付规范》、《信息技术服务 运行维护 第 3 部分：应急响应规范》、《信息技术服务 运行维护 第 4 部分：数据中心规范》五项标准征求意见稿。2010 年 8 月工信部印发了《关于同意开展信息技术服务标准验证与应用试点工作的意见》，批复国家质检总局信息办，以及北京、上海、广东、湖北、重庆、成都、沈阳、杭州等省市为信息技术服务标准验证与应用试点单位，2012 年 1 月，江苏省也加入到信息技术服务标准验证与应用试点工作中。通过验证和应用试点工作验证了信息技术服务标准体系建设的科学性、具体标准内容和条款的先进性和可实施性、不同标准之间的逻辑关系和层次的合理性，并开发了支持标准实施的工具平台和应用系统，积累了政务、金融、电力等行业 ITSS 应用的典型案例，典型案例有：重庆市工商行政管理局信息化建设服务维保项目、成都市电子政务信息技术运维服务技术支撑平台项目、中国建设银行广东省分行计算资源池运维项目等，实现了标准研制、标准验证、标准应用和标准改进闭环推进的标准化工作模式，取得了阶段性重要成果。

2012 年 11 月 5 日国家质量监督检验检疫总局、国家标准化管理委员会正式批准了 GB/T 28827.1—2012《信息技术服务 运行维护 第 1 部分：通用要求》、GB/T 28827.2—2012《信息技术服务 运行维护 第 2 部分：交付规范》、GB/T 28827.3—2012《信息技术服务 运行维护 第 3 部分：应急响应规范》3 项信息技术服务国家标准。上述三项国家标准于 2013 年 2 月正式生效。

## 二、信息系统运维概念

信息系统运维是指基于规范化的流程，以信息系统为对象，以例行操作、响应支持、优化改善和咨询评估为重点，使信息系统运行时更加安全、可靠、可用、透明和可控，提升信息系统对组织业务的支持。

信息系统运行维护服务是指采用信息技术手段及方法，依据服务级别要求，对信息系统的基础环境、硬件、软件及安全等提供的各种技术支持和管理服务。

## 三、信息系统运维体系

信息系统运维体系包括运维服务管理对象、运维活动角色及运维管理组织结构、运维服务管理流程、运维服务支撑系统和 IT 运维服务五个要素。其组成及其相互关系如图 11-1 所示。

### （一）运维服务管理对象

运维服务管理对象主要包括信息系统应用系统、基础环境、网络平台、硬件平台、软件平台、数据、用户和供应商。应用系统指由相关信息技术基础设施组成的，完成特定业务功能的系统，如邮件系统、文件分发系统等。基础环境指为应用系统运行提供基础运行环境的相关设施，如安防系统、弱电智能系统等。网络平台指为应用系统提供安全网络环境相关的网络设备、电信设施，如路由器、交换机、防火墙、入侵检测器、负载均衡器、电信线路等。硬件平台指构成应用系统的计算机设备，如服务器、存储设备等。软件平台指安装运行

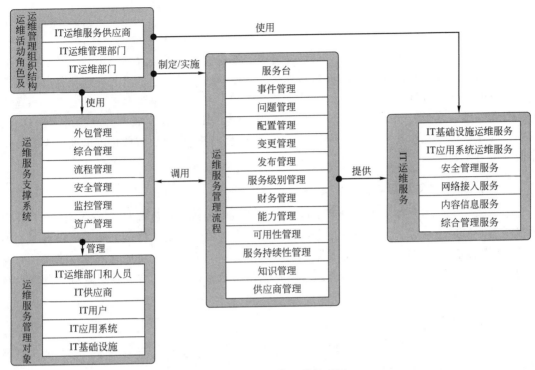

图 11-1 信息系统运维体系图

在计算机硬件中，构成应用系统的软件程序，如系统软件、支持性软件、应用软件等。数据指应用系统支持业务运行过程中产生的数据和信息，如账务数据、交易记录等。用户包括使用信息系统的用户。供应商包括信息系统基础设施和应用系统的供应商以及信息系统运维服务的供应商。运维部门和人员包括内部参与信息系统运维活动的相关部门和人员，以及提供信息系统运维服务的企业和相关人员。

### （二） 运维活动角色及运维管理组织结构

运维活动角色主要指从事信息系统运维活动的所有单位、部门或者具体工作人员，一般包括信息系统运维服务提供者、运维服务使用者以及运维服务管理者三类角色。各类角色在信息系统运维活动中所构成的组织形式构成了信息系统运维管理组织结构。

在自运维模式下运维部门作为信息系统运维服务提供者负责为本单位提供信息系统运维服务，运维部门可借助或不借助信息系统运维服务支撑系统对基础设施、应用系统、信息系统用户和供应商实施管理。该模式下，信息系统运维管理部门负责对信息系统运维服务的设计、评估和改进。

在完全外包的运维模式下运维服务供应商作为运维服务提供者，遵照其与购买服务的信息系统运维管理部门签订的服务级别协议提供信息系统运维服务。运维服务供应商可借助或不借助信息系统运维服务支撑系统对基础设施、应用系统、信息系统用户和供应商实施管理。信息系统运维服务供应商负责所承担的信息系统运维服务的设计、实施、评估和改进。该模式下，运维管理部门作为信息系统运维管理者负责对信息系统运维服务的选择、使用和评估。

在混合运维模式下信息系统运维服务供应商的职责与完全外包运维模式下相同，信息系统部门则综合了运维部门和运维管理部门的职责。

在各种运维模式下，运维部门和用户都是信息系统运维服务的使用者。

### （三）运维服务管理流程

运维服务流程管理主要指联系信息系统运维服务提供者、运维服务使用者以及运维服务管理者之间开展规范化协同工作的机制和方法。完整的信息系统运维服务管理流程应该覆盖运维服务的规划、设计、运行和持续改进等各个环节，主要涉及服务台、事件管理、问题管理、配置管理、变更管理、发布管理、服务级别管理、财务管理、能力管理、可用性管理、服务持续性管理、知识管理及供应商管理等。运维服务管理流程的信息化可借助运维服务支撑系统得以实现。

### （四）运维服务支撑系统

运维服务支撑体系指支撑信息系统运维管理组织中各运维角色按照规定的运维流程开展运维活动的信息化系统。一方面，信息系统运维服务支撑系统要支持运维服务提供者对运维服务管理对象进行管理，以实现运维服务的能力；另一方面，要支持运维服务提供者按照商定的服务级别协议方便地向运维服务使用者提供运维服务；同时，要支持运维服务管理者对整个运维服务的考核、监督和评估。

### （五）运维服务

运维服务指信息系统运维服务提供者向运维服务使用者提供的服务产品，相关的运维服务质量应该可度量，服务提供方式应该符合规定的流程。

运维服务可包括基础设施运维服务、应用系统运维服务、安全管理服务、网络接入服务、内容信息服务以及其他综合管理服务。

运维服务根据其工作目标、工作内容、交付结果分为例行操作、响应支持、优化改善和咨询评估四大类。例行操作服务是供方提供的预定的例行服务，以及时获得运行维护服务的对象状态，发现并处理潜在的故障隐患。响应支持服务是供方接到需方服务请求或故障申告后，在服务级别协议的承诺内尽快降低和消除对需方业务的影响。优化改善服务是供方为适应需方业务要求，通过提供调优改进服务，达到提高运行维护服务对象性能或管理能力的目的。咨询评估服务是供方结合需方业务需求，通过对运行维护服务对象的调研和分析，提出咨询建议或评估方案。

## 四、运维方式

从承包方式上，运维模式可分为自行运维和外包运维两种模式，从运维形式上，又分为集中式运维、分布式运维、基地式运维和运维外包四种模式。

### （一）集中式运维

集中式运维模式是指在应用系统大集中以后，由总部的运维单位完全负责系统的运维工作，下级单位不设置运维团队，或者下级运维团队只负责网络、用户终端的运维，不负责大集中系统的运维。

集中式运维模式的特点在于运维资源的集中和共享，能够减少事件处理环节进而缩短事件响应时间；通过统一集中管理，加强运行管理的可控性，能够降低安全风险，提高管理效率和管理质量；也有利于上级单位对基层部门的系统应用情况的统一监控、集中管理。同时，集中运维模式也存在一些问题，如运维人员和系统最终用户相对独立，对下级单位特色业务和改进需求情况掌握不充分，往往导致系统变更效率较低。

### （二）分布式运维

分布式运维模式是在应用系统大集中的前提下，根据实际需要系统的运维级别分成若干层级，如全国—省—地市三级模式、省—地市两级模式等，不同层级的运维单位在集中系统的运维工作中承担不同的职责。

分布式运维模式的优点在于运维资源的分布灵活、运维效率较高；通过分布式管理，可大大减轻用户总部运维压力；运维人员与系统最终用户沟通密切，对业务改进需求把握到位，提高运维效率。缺点是分布式的管理机构加大了上级运维部门对下级应用情况的统一监控，管理成本加大。

### （三）基地式运维

由于用户类型的特殊性，在分布式运维模式特点的基础上、衍生出基地式运维模式。其模式为在应用系统建设完成移交的前提下，结合用户业务系统运维需求，将运维团队分布到数个"基地"，"基地"负责掌管周边用户的运维单位。

基地式运维模式充分体现了集中式和分布式运维的优点，既保证实现了统一集中管理，加强运行管理的可控性，又能降低安全风险，提高管理效率和管理质量。同时，基地式运维模式也受用户业务使用的局限性，适用范围较窄；建设和运营"基地"费用较高。

### （四）运维外包

运维外包模式是指通过与其他单位签署运维外包协议，将所拥有的全部 IT 资源的运维工作外包给其他单位，即外包单位为企业各单位提供运维服务。外包式运维模式的优势在于充分利用外部经验，能够快速提供企业所有 IT 资源的运维能力；同时，运维人数扩充较为容易，易于应对大规模的运维需求。但是，完全外包运维模式也存在外部人员管控难度大、信息泄露风险高的问题。

## 第二节　消防信息系统运维体系

### 一、消防信息系统运维现状

"十一五"期间，根据消防一体化建设思路，按照"统一规划、统一组织、统一标准、分级建设"的原则，至今已完成基础数据及公共服务平台、消防监督管理系统、社会公众服务平台、灭火救援指挥等系统的全国推广部署。部署单位涉及公安部消防局、31 个总队及其下属 497 个支队，共计 529 个节点，2000 余台服务器。随着一体化消防业务信息系统的推广部署和综合集成的逐步建设，初步构建了消防信息化运行维护体系，同时完成了公安部消防局、总队、支队三级运维管理平台一期（NCC/BCC 监测管理系统）建设。

随着消防信息化建设规模的日益扩大，各业务系统陆续部署上线，用户对网络和系统的依赖程度越来越高，现有技术手段缺乏对资源的统一监控和管理，基础平台和各业务系统的协同能力有待提高。各地信息化人才队伍建设还存在比较突出的问题，人员配置受编制、体制限制严重不足，运维、保障和解决现实问题的能力有待提高，需要通过建设专业的人员队伍，依托先进的技术手段、成熟的管理工具去支持运维管理工作。

运维组织方面，当前的运维工作主要依靠运维中心和研发单位开展简单的技术支持，一体化消防业务信息系统在全国实现全面应用后，如果没有足够的运维队伍和有效的运维体系保障，必将难以支撑；

运行维护方面，现有的运维模式基本属于问题导向或以发现问题后跟踪解决运维为主，但很难支撑全国日益增长的运维需要和信息化应用需求；

运维管理方面，大量的网络设备和信息系统需要管理和维护，大量的用户问题需要处理和跟踪，但是目前运维人员却没有一套有效的管理工具来支撑日常的运维工作，完全依靠手工进行，工作量巨大而且容易造成人为的疏忽和遗漏。

## 二、消防运维体系建设

消防运维体系建设总体目标是：树立面向消防业务服务的信息系统运维管理理念，建立科学合理的绩效考核指标，由粗放管理向精细管理转变；实行集中统一的信息系统运维管理模式，由分散管理向集中管理转变；建立统一、高效、灵敏的信息系统运维管理平台，由无序服务向有序服务转变；建立规范标准的信息系统运维管理流程，由职能管理向流程管理转变；应用先进、实用、高效的信息系统运维管理工具，由被动管理向主动管理转变。

### （一）体系架构

消防运维服务管理框架以 ITIL/ISO 20000 为基础，以适应各种管理模式为目标，以管理支撑工具为手段，以流程化、规范化、标准化管理为方法，以全生命周期的 PDCA 循环为提升途径，体现了对 IT 运维服务全过程的体系化管理。构建具有适合消防业务特点的运行维护体系。具体见图 11-2。

该体系包括 IT 运维服务全生命周期管理方法、管理标准/规范、管理模式、管理支撑工具、管理对象以及基于流程的管理方法。IT 运维服务管理框架以 ITIL/ISO 20000/ISO 27001 等标准为基础，以适应各种管理模式为目标，以管理支撑工具为手段，以流程化、规范化、标准化管理为方法，以全生命周期的 PDCA 循环为提升途径，体现了对 IT 运维服务全过程的体系化管理。

### （二）运维平台

#### 1. 框架和组成

根据运维管理体系的设计，以支撑"主动运维、透明管理"的运维管理模式，对运维管理平台的整体功能设计见图 11-3 所示。

运维管理平台自顶向下纵向分为五部分，分别为运维门户、决策分析、服务管理、监控预警、接口管理。各部分之间的功能遵循"松耦合、紧内聚"的设计原则，通过各自的数据接口实现信息交互。其中决策分析、服务管理、监控预警可单独部署，也可作为运维管理平台的一部分与其他部分共同部署。

运维门户：为运维管理平台的统一工作门户。为信通部门领导、运维管理人员、维护人员以及值班监控人员等用户提供统一的工作界面。可按照不同的用户角色和个性需求进行界面定制、综合集成展示、预警信息显示等设置，构成融合不同角色的工作平台。

监控预警：通过对网络、设备及应用系统等监控对象进行状态监视、预警、故障诊断、操作控制等的监控全周期闭环管理，实现对网络基础架构和业务应用的集中监控，达到及时

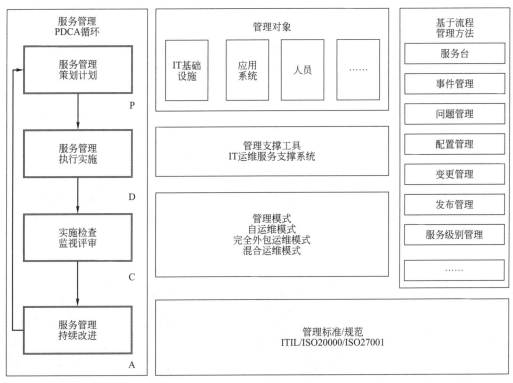

图 11-2　消防运维服务管理框架

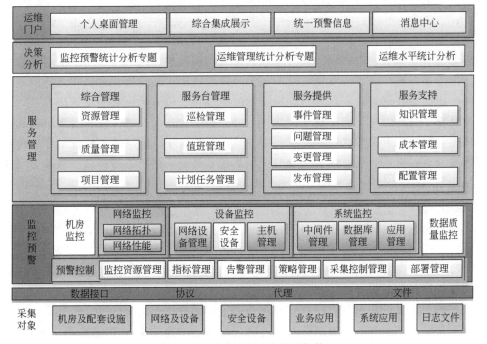

图 11-3　运维管理平台功能架构

发现问题，辅助快速定位及解决问题的目的。

决策分析：通过友好和形象化的界面，对运维管理平台的监控结果、预警信息、运维管理、运维水平、应用水平等进行统计、分析、综合展示，方便运维人员、运维负责人以及相关领导及时掌握运维信息，为系统优化、管理决策和流程改进提供辅助手段。

服务管理：支撑体系化的运维管理模式和工作流程，通过服务管理功能可以将消防信息化运维工作相关的人、事进行统一管理和调配。通过人员、流程和技术有机的结合，管理、监控和考核有机的结合，规范运维工作全过程，提升总队整体运维管理水平。

接口管理：对平台采集监控对象信息的工作方式进行管理，可通过扩展的方式增强平台监控功能，平台支持接口方式、采集代理、日志文件、网络协议等方式。

### 2. 与运维管理体系的关系

为保证运维管理平台的功能应用符合实际运维工作情况，运维平台是对照管理范围、管理对象和服务内容等工作要求提供的信息化支撑工具。其与运维管理体系关系详见图 11-4 所示。

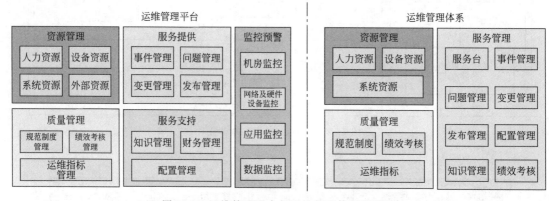

图 11-4　运维管理平台与运维管理体系的关系

根据运维管理体系，以资源管理为基础，建立监控预警和运维工单为主的信息系统，制定流程化的请求、故障处理、变更、发布的闭环管理机制，强化流程与流程之间的横向和上下级之间的纵向交互管理，实现运行维护工作的标准化、流程化、透明化管理。

运维管理平台以可视化的运行维护的统计、分析系统，为系统优化、管理决策和流程改进提供依据。对运维对象的状态、支撑能力、运行维护效率、运行维护管理等方面进行多角度、多维度分析，帮助各层管理人员及时了解系统、业务、运行维护的状态和趋势变化。

### 3. 功能组成

（1）运维门户。运维管理门户为运维中心相关领导、管理人员、维护人员以及用户在内的各层用户提供统一的协同工作平台。其功能主要包括待办提醒、统一认证、集成展示、组织机构管理、角色权限管理、系统配置、系统日志等功能。

① 待办提醒。运维管理平台的待办事宜是用户处理所有工作事宜的统一入口，是基于工作流程集成从运维管理各应用系统中抽取的待办事项的浏览、审阅与签转。

待办提醒：对待处理事件、问题、升级验证工作进行统一提示。

已办查询：按照一周、一月的分类对自己的处理的待办工作进行提醒。

待办接口：能够将运维管理平台待办发送到综合业务平台。能够通过短信的方式发送运维管理待办。

② 统一认证功能。对运维门户集成的各子系统实现统一认证和单点登录。用户通过一次登录就可以访问业务应用监控、运维工作管理、受理中心、处理中心及运维资源管理各子系统。并根据权限展示各子系统中的相应功能。

③ 集成展示。根据不同的用户及管理需求，整合、集成各子系统的模块、功能或数据，形成各种管理专题、告警分析专题、监视专题等。

管理专题分析：运维工作管理、受理中心系统、处理中心系统及运维资源管理的信息展示。

告警分析专题：对业务应用监控的告警信息进行专题分析。

监视专题分析：能够对业务系统的运行状态、性能、故障信息进行集成展示。

④ 组织机构管理。对运维管理系统所涉及的组织、部门、工作组、人员、职务、角色信息进行统一管理。包括对单位、部门、工作组、人员管理。

单位管理：对运维管理平台所涉及的单位信息进行管理，支持从一体化平台基础数据库获取数据。

部门管理：对各单位下级部门信息进行管理。

工作组管理：对运维管理平台所需要的实体工作组、虚拟工作进行管理。

系统用户管理：对登录系统的用户信息、ID进行管理。

单位信息、部门信息、人员信息支持从一体化平台基础数据库获取数据。

⑤ 角色权限管理。系统提供角色类型的管理功能，包括角色管理和授权管理。

角色管理：能够对角色信息的增加、删除、修改等。

授权管理：系统在创建用户时，可以选择用户的角色类型，即可得到相应的系统权限。系统支持用户按功能模块、应用配置人员权限。用户选择人员后分配不同功能模块、应用和具体步骤的权限。

⑥ 系统配置。提供支持运维管理平台正常运行的各项基础数据、配置信息、监控模板的新增、删除、修改和查询功能。

基础数据：进行系统所需要分类信息、数据字典信息的管理。

配置信息：配置监控系统所需要的配置信息。

监控模板管理：配置监控系统需要监控的参数及代理信息。

⑦ 系统日志。记录系统运行过程的日志信息，能够提供对日志的查询、删除、导出和备份功能。

运行日志：能够对系统自身的运行日志进行记录。

审计日志：能够对管理员或用户的操作行为进行记录，形成审计日志。

日志查询：可以按照查询条件对日志信息进行查询，日志信息一般保存三个月，三个月后自动删除。

（2）监控预警

① 机房监控。机房环境与动力设备监控主要是对机房设备（供配电系统、UPS电源、防雷器、空调、消防系统、门禁等）的运行状态、温度、湿度、洁净度、供电电压、电流、频率、配电系统的开关状态等进行实时监控并记录历史数据，为高效机房管理和安全运行提供保证。

② 网络及设备监控。支持对多厂商的网络设备进行自动发现，生成全面、客观、真实的网络拓扑，实时对网络拓扑进行更新、跟踪、管理；通过接收设备的 TRAP、Syslog 故障事件，对路由时延、网络链路中断、路由器端口异常等网络现象进行告警。对网络设备的

端口流量、丢包率、错包率、Ping 延时和丢包等运行参数进行监控和告警。系统采用 Sniffer/Netflow/Sflow 等侦听方式，为用户提供各方面的流量协议分析报告。

③ 操作系统监控。实现对操作系统主机的关键资源的自动监控，帮助一线人员及时发现故障和排除故障隐患。支持主机故障和性能监控功能，能够监控和分析各类不同主机的运行状态信息、故障信息、日志信息。支持操作系统的名称、IP、CPU 使用率、内存使用率、网络连通性等指标的实时监控。并可结合网络拓扑实现对操作系统基础信息的展现，帮助一线人员通过简单易用的界面快速定位问题。

④ 应用系统监控。通过业务系统接口对业务应用情况进行监控，如对两大平台五大业务系统的登录人次、在线人员等指标监控，帮助运维人员和相关业务处室负责人及时掌握业务系统的应用情况、制定系统应用推进策略。

数据库监控能够对 Oracle、SQL Server、DB2 等多种数据库的工作状态、表空间的利用情况、数据碎片的情况等指标进行监控。

中间件监控模块能够对 WebLogic、Tomcat、WebSphere 等主流的中间件产品运行的用户连接数、JDBC 连接池、线程池等指标进行监控和告警。

⑤ 系统通用监控

a. 系统运行情况：注册用户数、注册率、系统当前在线人数、日登录人次、日最高在线人次、日登录人员名单、累计登录人次、累计登录人数、健康运行总时长、运行率、高频用户、访问量；

b. 系统数据量增长情况：日数据增长总量、累计数据总量、月增长率、同期对比、日夜数据表空间使用率；

c. 系统缺陷情况：停机次数、日事件工单数量、日事件处理率。

⑥ 专项监控。能够对消防核心业务运行情况进行监控。例如业务工单的数量、业务流程的流转时间、业务数据的条目、工单填写出错率等。需要根据每个业务的具体情况进行定制开发。指标列举如下：

a. 消防监督管理系统：重点单位录入、消防机构动态统计、派出所动态统计；

b. 综合业务平台：发文数、经流转审批的发文比率；

c. 社会公众服务平台：外网稿件、外网受理的投诉举报、在线咨询、互联网公众信件包导入导出、内网受理的投诉举报、公安网公众信件包导入导出；

d. 灭火救援指挥系统：信息直报、业务训练、战评总结、水源、预案。

⑦ 数据质量监控。数据质量监控以基础数据库为主，对主数据、元数据的存储、共享环节进行监督、控制，处理各类数据质量问题，动态地提高数据质量。数据质量监控包括对基础数据库中数据的完整性、原则性、逻辑性、时效性检验，还包括对数据存储备份情况以及数据同步过程监控。当出现数据质量问题，数据监控看板显示预警提示信息，用户通过错误信息查找原因，完成数据质量问题处理。

（3）决策分析

① 监控告警分析。以网络及网络设备、服务器、应用系统等状态和告警数据为基础，从多维度对一定时间内的性能、状态、告警等指标相关的数据进行汇总、分析，为运维监控管理提供辅助决策。主要包括告警分析、性能分析和应用分析。

监控告警分析主要支持一线支持人员进行网络、设备、中间件、数据库、应用系统的运行情况进行分析、查询用以判断设备运行的趋势和潜在规律，以主动解决问题防止故障发生。

a. 告警分析。以统一监控告警数据为基础，从各个维度对一定时间周期内的告警相关指标数据进行汇总分析，发现异常并确定引发异常的根源。告警分析维度包括告警所属的资源、级别、类别、处理人员等，分析指标涵盖告警数量、持续时长、处理及时率及准确率等。

对各指标支持异动、趋势、对比、构成、综合的分析方法。如针对告警数量，异动关注不同时间周期内的告警总量波动，趋势分析关注一段时间内告警量的整体走势，对比分析关注不同告警数量的差异，构成分析关注一定时间内按照所属系统划分的告警数量。

b. 性能分析。以性能数据为基础，从各维度对一定时间周期内的告警相关指标数据进行汇总、分析总结性能指标的变化趋势，发现异常并确定引发异常的根源。性能分析维度应包含时间、业务类型、资源类型等，分析指标涵盖 CPU 利用率、内存利用率以及其他关键性能指标等，其他性能指标根据用户的具体需求确定。

异动分析关注与历史值或预测值对比，趋势分析关注一段周期内主机实体的 CPU 利用率走势，对比分析关注主机实体的 CPU 利用率差异。

c. 应用分析。以各业务应用系统运行数据为基础，从各维度对一定时间周期内的告警相关指标数据进行汇总、分析总结性能指标的变化趋势，发现异常并确定引发异常的根源。业务应用分析指标包括每个业务系统注册人数、历史最高在线人数及时间、业务模块数、今日访问次数等信息，健康运行总时长等，实现对业务系统运行数据的监控。

显示内容可根据管理人员的需要，由系统后台进行配置，系统会根据配置信息重新生成统计信息。

② 运维管理分析。运维管理分析主要支持运维团队的管理人员对运维工单、用户管理、运维支持业务的运行和管理情况进行分析，寻找管理中的不足和薄弱环节已持续优化运维过程和提升运维质量。

a. 资源规模分析。以饼状图显示所有已监控网络设备、主机、防火墙的统计情况，分别用不同的颜色表示不同的网络设备，根据各种网络设备所占总数的比例，从而直观地表示目前网络设备在用情况。

b. 运维服务分析。运维服务分析主要是对运行维护管理方面的数据进行分析，反映运维管理工作的质量和效率，从而评估流程管理的有效性和效率。

运维服务分析主要按照事件流程、问题流程、配置流程、变更流程、发布流程、日常运维流程各自分类，分析指标涵盖数量、解决率、及时率、响应率、中断时长、反单率、重复率、成功率等。具体的指标见表 11-1。

**表 11-1  运维服务分析指标说明**

| 流程 | 指标 |
| --- | --- |
| 事件管理 | 事件总数、事件成功关闭率、事件及时解决率、事件及时响应率、事件平均解决时间、一线解决率、超时未解决的事件数量等 |
| 问题管理 | 问题总数、已找到根本原因的问题数量、趋势分析问题所占比率、通过变通办法解决的问题数量、问题成功解决率、平均诊断时间等 |
| 变更流程 | 变更类型数量、变更分类数量、变更实施失败次数、实施成功的数量、被取消的变更数量、计划内业务中断时长 |
| 资源管理 | 周期审核与物理环境一致的配置项数、周期性审核中与物理环境不一致的配置项数量、周期性审核中与物理环境不存在配置项数量、某时间周期内新增加的配置项目数量、某时间内删除的配置项数量 |
| 日常运维 | 维护作业计划量、维护作业量、维护作业完成及时率、值班安排数量、值班记录数、公告数量、知识量 |
| 用户服务 | 用户自助服务数量、用户投诉数量、客户投诉响应及时率、客户投诉处理率、用户满意度率 |

③ 运维水平分析设计　运维水平分析主要是通过用户满意度、业务系统可用性及经济效益等方面进行分析，实现业务目标、提高运维质量，体现运维管理工作所产生的业务价值。运维水平分析从消防部队业务分析角度出发整合展现业务应用监控指标，实现对战略目标逐层分解、逐层监控和业务运行的全角视图。

a. 支持数据自定义查询及导出导入功能；

b. 支持数据多维度分析报表展现；

c. 支持多图形展示、直观展现、图形自定义功能；

d. 可存储网络、主机、中间件、数据库的运行监控数据，并汇总到报表统计模块中进行统一展现，以满足管理层对于报表管理及数据展示的要求；

e. 支持报表对比功能，对比同类型资源的可用性和性能趋势报表，分析资源的可用性趋势，由特定时间段内的历史数据分析出预测曲线，生成图表进行比较；

f. 支持报表导出、另存功能，格式支持 WORD、EXCEL、PDF。

（4）服务管理。通过服务管理功能可以将消防信息化运维工作相关的人、事及资源进行统一管理和调配。通过人员、流程和技术有机的结合，管理、监控和考核有机的结合，规范运维工作全过程，提升整体运维管理水平。建立综合管理、调度管理、运行管理、维护管理、客服管理工作的综合查询、分析。例如对 IT 资产情况、资源变更情况、巡检情况、维修工单数量、接听电话数量等进行查询统计分析。

① 综合管理

a. 资源管理

• 人力资源。对运维组织、运维团队及成员信息进行管理，包括运维人员基本信息、技术能力、培训考核信息等，同时对人员请销假、岗位角色变动进行管理。

• 设备资产。通过自动收集和用户手工录入能够建立比较完善的统一资源库，存储各类型的软、硬件资产信息，并在此基础上提供对其他模块的资产信息查询访问，形成资产静态信息的唯一管理入口，消除资产信息的不一致性。

➤ IT 资产分为网络及服务器设备、软件、桌面设备。对于软件、IT 设备包含服务器、台式机、笔记本、路由器等设备，这些资产重点在资产台账信息维护、状态管理，通过与变更管理等流程关联实现资产信息的变更。

➤ 网络及服务器设备管理。运维管理平台提供了 IT 资产自动发现和手工发现两种模式。自动发现可以对服务器和网络设备进行定时发现和记录设备基本信息，然后由手工方式对信息进行补充。手工发现对服务器进行单个资产和网段资产的发现。通过批量的方式来对网络设备进行发现。

➤ 软件管理。对系统中所有安装的软件进行管理。系统默认按照操作系统、中间件软件、数据库软件、杀毒软件来划分软件的种类，并且页面也可以展现自定义的软件类别。通过软件类别浏览资产信息。

➤ 桌面设备管理。建立计算机及笔记本的台账管理。

➤ 设备变更管理。提供对所有资产配置项的安装、移除和变更的跟踪，当 CPU 的个数、硬盘个数、内存容量发生变化时，系统都将这些变更信息记录下来，使用户可以及时了解资产配置变更的情况。

• 系统资源　提供对在用的软件系统的统一管理功能，通过建立软件系统与设备资产的对应关系，对软件系统流程、巡检记录、问题事件等关联信息进行查看。

• 外部资源　建立软硬件资产供应商、服务商的厂商台账，对厂商合同、服务内容及信

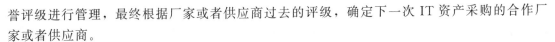

誉评级进行管理，最终根据厂家或者供应商过去的评级，确定下一次IT资产采购的合作厂家或者供应商。

b. 质量管理

• 规范制度管理 对所制定的运维工作相关的政策指导文件、各类工作规范、实施操作要求、应急响应预案等规范制度进行统一管理、控制版本。授权用户可对相应资料下载或查看。

• 运维指标管理 制定和维护运维管理的各类服务指标、考核指标、服务级别、服务内容等，作为总队运维部门和个人的绩效考核标准。

• 绩效考核管理 根据运维指标生成绩效考核表，包括考核项、考核说明、考核依据、考核标准等内容。定期根据指标完成情况和相关统计数据对运维工作进行绩效考核。

c. 项目管理 通过项目全过程跟踪管理流程，对项目启动前的准备工作、项目启动、项目验收等关键环节的工作计划、工作概况及相关附件资料进行闭环管理和控制。对于里程碑节点和超期未办工作，系统会向用户进行工作提醒，实现项目全生命周期管理。

② 服务台管理

a. 用户来电管理 能够根据用户的来电关联用户的信息及用户相关的故障和咨询。主要功能有语音导航、用户来电管理、来电路由规则设置等功能。

• 语音导航功能 提供语音提示，用户能够进行按键选择，引导用户选择不同的区域、故障类型进行请求。

• 用户来电管理 集成电话呼叫应答系统，实现对用户电话信息管理。自动统计用户电话数量、当用户来电时能够根据电话号码关联相关的用户信息及历史请求记录。

b. 电话录音管理 系统提供多功能的呼叫操作，可以在电脑上直接操作，亦可电话键盘操作包括：电话转接、呼叫保持、直接留言、电话截取、呼叫等待、呼叫转移、语音存取、快速拨号、时间限制、呼叫限制、拨出预约。

c. 席位调度管理 据用户的需要，将进行话路转接到人工座席，客户将和座席员进行一对一的交谈，座席员解答客户的咨询或输入客户的信息。主要功能有呼叫自动分配、来电路由规则设置。

• 呼叫自动分配 系统可实现对用户来电的自动化分配，一般由循环振铃、集体振铃、自动排队、选择分配等方式。

• 来电路由规则设置 提供人工设置电话路由规则，用户来电根据规则路由到不同的座席位处，避免电话等待。

d. 用户请求管理 用户请求管理主要实现一线支持人员对接听到用户问题的记录，防止用户问题遗漏。能够解答的问题由一线人员进行解决，无法解决的请求直接转事件管理进行处理。主要功能包括用户请求记录、分类、查询和统计功能。

• 用户请求记录 由运维一线人员根据用户反应的信息初步记录请求内容、分类、优先级等信息，对于不需要的转事件的请求可直接关闭。

• 用户请求查询 对用户请求的状态进行查询，对还未安排处理的请求可进行提醒和指派。

• 请求统计 统计用户请求的解决率、响应率等。

e. 日常巡检管理 实现对巡检过程的管理，标准化巡检项和巡检内容，由系统每天产生巡检工单，运维人员根据巡检内容执行巡检任务，完成巡检任务后根据巡检情况填写巡检情况。巡检过程中发现问题需要通过事件管理进行上报。

巡检管理的功能主要包括巡检内容的制定、巡检计划的执行、巡检记录查询。巡检管理能够有效地支撑运维巡检的安排、执行和结果管理。

f. 值班排班管理　系统实现统一的电子化值班管理，包括排班配置、排班管理、替换班管理、值班日志管理、值班签到和交接班功能模块，值班信息包括班次编号、值班人、记录时间、监控项是否正常、问题及处理等。用户通过值班管理模块，实现以下业务：

- 定期安排值班计划；
- 对值班人的班次进行调度和审核；
- 通过值班日志和值班作业计划记录定期检查值班人的工作情况。

g. 计划任务管理　运维管理人员通过此功能可以为工作计划和临时性任务进行规范化管理，在确保周期性、重复性工作任务的合理规划、执行、及时完成的同时，对突发、临时的、非确定性周期的工作任务进行规范化管理，以确保工作任务的继续执行，落实及完成。

h. 作业计划管理　主要目的是通过规范化流程，确保周期性、重复性工作任务的合理规划、执行、及时完成，并控制完成质量。主要功能包括作业计划制定、作业计划执行、作业计划查询功能。用户可以通过作业计划进行日常运维例行工作、周期工作的下达和安排。

③ 服务提供

a. 事件管理　事件管理主要是实现流程的管理功能，完成事件生命周期的管理，包括事件的登记、事件的分配、事件的方案记录、事件的升级和事件关闭等，为信通部门按照运维管理体系进行管理提供坚实的技术支持。

b. 问题管理　问题管理是通过调查和分析事件处理过程中发现的问题，确定可能存在的问题隐患，并制定解决该事件的方案和防止事件再次发生的措施，将由于问题和事件对业务产生的负面影响减少到最低的服务管理流程。问题管理主要是实现问题管理流程的管理功能，完成问题生命周期的管理，包括问题的登记、问题的审核、问题的分配、问题的方案记录、问题关闭和问题的监控等。

c. 变更管理　变更管理模块主要是实现变更管理流程的管理功能，完成一个变更生命周期的管理，包括事件的申请、变更审批、变更计划和测试、变更实施、变更回顾和变更关闭等，为运维管理变更流程建设提供坚实的技术支撑。

d. 发布管理　发布管理模块主要是实现发布管理流程的管理功能，负责将经过测试无误的软硬件版本发布到目的变更地点，并保证相应的服务级别；包括发布的申请、发布审批、发布计划和测试、上线审批、发布培训、发布实施和发布关闭等，为软件发布管理提供坚实的技术支撑。

e. 升级管理　建立验证及升级实施管理流程，能够实现总队对程序更新验证整个过程的监管，包括升级计划、程序验证、升级申请、升级审批、升级执行、执行后的跟踪、回访、查询等。主要功能有升级及验证计划管理、升级及验证业务管理、升级及验证过程跟踪、升级及验证记录查询。

④ 服务支持

a. 知识管理　知识管理提供了对知识的各类管理功能，包括知识的收集、知识审核、知识分类、知识存储、知识更新、知识搜索、知识的发布等。

b. 成本管理　对运维工作所产生的成本、费用的财务数据进行分类管理和记录，并可按月、季、年进行财务结算，运维管理人员可参考各项工作成本对运维管理存在的问题进行分析，制订下一阶段运维投入费用。

c. 配置管理　配置管理是对影响信息服务运行的软、硬件资源、服务协议、文档等配置项进行状态和属性的控制，通过识别配置项内所有重要的组件，收集、记录和管理这些组件的信息和关联关系，为其他流程提供有关这些组件的信息的流程。具体包括配置管理策略制定、配置项定义和标识、信息初始化、配置项信息控制维护、定期审核、配置报告生成等功能。

（5）接口管理

① 数据采集接口说明。数据采集层提供了采集协议扩展接口和告警收集接口两方面的集成，具有和其他第三方系统底层采集集成的能力，数据采集集成采用的主要方式包括：

a. SNMP 转发来获取相关对象的采集数据；

b. 通过 WBEM/JMX 等管理协议，通过桥模式来获取相关的管理对象采集数据；

c. 通过 CORBA/IIOP 方式，直接和 Plug-in/Monitor 采集控件通信，通过 IIOP Specefication 提供的相关接口来采集数据；

d. 采用厂商提供的 SDK，通过厂商的 DLL 或者 JAVA 组件来获取采集数据。

② 统一资源信息共享说明。系统提供面向统一资源库的结构定义，并可选提供 API 接口，让第三方系统可以访问统一资源库的各类资源网元信息。

③ 第三方系统集成说明。运维管理平台能够集成已存在的部分运维管理系统的界面，可根据用户权限集成其他系统界面而使之成为运维管理平台的一部分。

系统提供了单一的、集中的访问认证的控制机制、采用灵活的角色和权限控制，通过 Portal 方式来融合本次运维管理平台中涉及的所有子系统的界面，将各个分散管理界面整合到一个虚拟工作桌面上，同时集成了搜索功能，提高运行维护的效率。

系统数据交换接口支持标准的外部程序接口，采用开放的 API 和模块化设计，提供 WebService、API、JDBC、CORBA 等多种方式的数据输入输出，能够定时的通过分布式数据交换接口将平台的备份数据传输给数据备份软件。

## 第三节　运行维护管理

信息系统运行维护质量直接关系到应用系统的运行效果，乃至信息系统的生命周期。从软件工程的角度来看，系统设计、软件开发时间仅占 20%，整个运维期从应用系统投入使用开始，直至系统的自然消亡，将占 80% 的时间，是信息系统生命周期中最长、最重要的一个阶段。良好的运维机制和运维管理措施不但能够确保系统长期稳定地运行，还能缓解或解决设计时遗留的某些缺陷，并且延长信息系统的生命周期。

### 一、组织保障

结合目前消防信息化运维管理工作实际，借鉴服务管理最佳实践，构建符合消防信息化运行发展实际需要的运维业务功能模型，包括综合管理、调度、运行、维护、客服 5 个部分。如图 11-5 所示。

综合管理：综合管理主要负责与调度、运行、维护和客服相关的运行管理工作，主要内容包括运维服务战略及规划（策略、计划）、规范体系、安全管理、项目管理、资产管理（备品备件管理）、培训管理、费用管理、服务目录管理、服务级别管理、服务质量管理、考

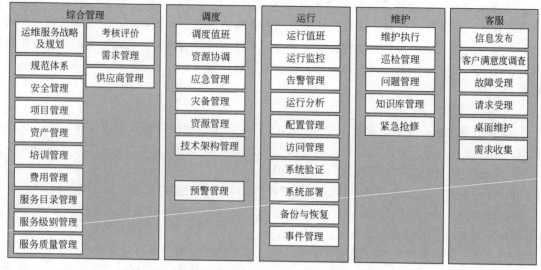

图 11-5　运维管理体系业务功能模型

核评价、需求管理、供应商管理等。

调度：调度主要负责信息运行技术管理和资源调度等相关工作，其主要内容包括调度值班、资源协调、应急管理、灾备管理、资源管理（容量管理）、技术架构管理（可靠性管理）和预警管理等。

运行：运行主要负责日常运行的质量管理和过程管理等相关工作，其主要内容包括运行值班、运行监控、告警管理、运行分析、配置管理、系统验证（验收）、访问管理、备份与恢复、系统部署、事件管理等。

维护：维护主要负责维护计划和执行等工作，其主要内容包括维护执行、临时维护、紧急抢修、健康检查、维护计划管理、问题管理、知识库管理等。

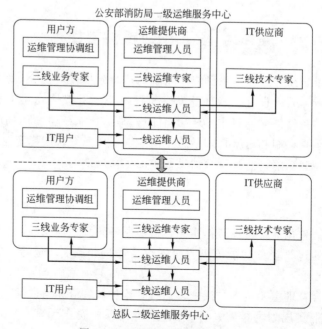

图 11-6　运维中心组织保障体系

客服：客服主要负责用户的一线支持服务，其主要内容包括请求受理、故障受理、信息发布、桌面维护、客户满意度调查、需求收集等。

## （一）组织模式

建设"两级部署、三线响应、集中管理"的运维服务组织架构。两级部署即公安部消防局一级运维服务中心、总队二级运维组两级；三线响应指运维服务中心分设置一线、二线、三线席位提供运维支持服务；集中管理指公安部消防局运维服务中心与各总队运维组之间实现运维服务的统一、集中管理信息互联互通。组织保障体系如图11-6所示。

## （二）运行模式

在公安部消防局运维中心和总队运维组部署运维服务管理平台。运维中心应用本级运维服务管理平台负责对全国各总队组运维工作进行统一管理。各总队通过本级的运维服务管理平台开展本总队的网络、软硬件监控和服务流程管理等工作。部署架构如图11-7。

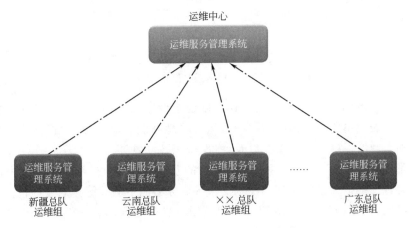

图 11-7　运维服务管理平台部署架构

在公安部消防局、总队两级运维中心分别设置综合管理、调度、运行、维护和受理五种职能，由运行、维护、受理三种角色组成日常的三线运维响应模式。如表11-2所示。

**表 11-2　运维响应模式**

| 序号 | 职能 | 职 责 |
|---|---|---|
| 1 | 一线支持人员 | 负责用户电话的接听和用户问题记录、产生及关闭运维工单、跟踪用户问题和满意度调查等 |
| 2 | 二线支持人员 | 主要负责处理一线支持人员不能处理的问题，负责问题处理及解决方案的编制；同时通过监控IT设备及系统的运行情况，能够主动发现用户问题并及时处理 |
| 3 | 三线运维人员 | 主要由运维维护人员、用户方了解业务的业务专家、IT供应商等资深技术专家组成。主要针对具体的疑难问题进行定位、分析、解决，为一、二线人员提供技术支持 |
| 4 | 调度组 | 主要由信通部门人员为主，包括业务管理员、系统管理员等用户方人员组成，批准运维工作实施，协调、仲裁问题纠纷，系统运行监督，资源管理、技术架构管理等工作 |
| 5 | 综合管理组 | 运维实施团队的管理人员。主要负责流程制定、执行，管理，运行规则制定，资产管理（备品备件），运维服务评估、IT管理绩效等管理职能 |

## 二、制度保障

依据 ISO 20000 国际标准结合消防信息系统管理实践，制度建设采用 A、B、C、D 四层文件体系架构。如图 11-8 所示。

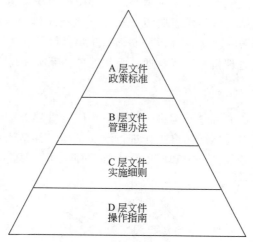

图 11-8　运维管理体系制度建设总体架构

A 层文件（政策标准）：是运维管理体系制度建设中纲领性的文件，是整个制度体系必须遵循的管理办法。主要指《消防运维中心运行管理办法》，就运维管理（体系）的职责分工、业务范围、制度保障、技术支撑以及评价考核等做出规定。

B 层文件（管理办法）：是在遵循 A 层文件的基础上，针对运维管理体系中信息运行管理、调度、运行、维护、客服、三线技术支持各业务功能中的关键控制点，包括信息系统调度运行管理模式、组织架构、人员配备、相关职责、费用预算、绩效评价等方面的管理规定。见表 11-3。

表 11-3　管理办法

| 综合管理 | 《消防运维中心组织规范》<br>《消防运维中心费用标准》<br>《消防运维中心工作规范》<br>《消防运维中心安全规范》<br>《消防运维中心考核规定》<br>《消防运维中心技术标准》 |
| --- | --- |
| 调度管理 | 《消防运维中心调度管理规定》，主要内容包括定义了对所辖范围的信息系统运行进行调度管理，协调、编制、审批权限，实现对信息资源（包含信息队伍、资源能力、运行流程、资产设备）全生命周期的管理，优化资源配置等。调度管理主要工作内容包括调度指挥和值班以及技术管理等 |
| 运行管理 | 《消防运维中心运行管理规定》，主要内容包括运行的职责、工作内容等 |
| 维护管理 | 《消防运维中心维护管理规定》，主要工作包括明确系统维护管理工作的计划、上报、审批、实施、总结分析等 |
| 客服管理 | 《消防运维中心客户服务管理规定》，主要内容包括服务队伍组成原则、服务质量管理要求等 |

C 层文件（实施细则）：是在遵循 A、B 层文件的基础上，结合运维管理体系中的实际工作，对各流程各工作的具体工作细则描述，包括管理职责界定和操作流程规范等，

见表11-4。

D层文件（操作指南）：是在遵循A、B、C层文件的基础上，结合精细化管理需要，结合信息支撑系统具体管理工作和操作任务所编制的操作指南、管理表单、运行记录等。

表11-4　实施细则

| 综合管理 | 主要包括服务规划管理、服务级别管理、服务目录管理、信息资产管理、备品备件管理、服务配置管理、服务评估管理、服务内包管理、信息安全管理、服务成本管理、服务策略管理、运行测评管理、运行报告管理、服务报表管理、运行财务管理、客户关系管理、供应商管理、需求管理、项目管理、质量管理、数据管理、培训管理等业务流程 |
| --- | --- |
| 调度管理 | 主要包括发布和部署管理、运行变更管理、服务测试管理、突发事件管理、事件管理、应用上下线管理、业务连续性管理、业务可用性管理、容量管理 |
| 运行管理 | 主要包括运行分析管理、发布和部署管理、运行变更管理、服务测试管理等业务流程 |
| 维护管理 | 主要包括事件管理、问题管理、知识库管理、发布和部署管理、运行变更管理、服务测试管理等业务流程 |
| 客服管理 | 主要包括用户满意度管理、用户权限管理、培训管理、运行规程、装备标准等业务流程 |

## 三、人员保障

运维服务的顺利实施离不开高素质的运维服务人员，因此，必须不断提高运维服务队伍的专业化水平，才能有效利用技术手段和工具，做好各项运维工作。

在工作中，要根据运维服务工作的内容和流程确定各项工作中的岗位设置和职责分工，并按照相应岗位的要求配备所需不同专业、不同层次的人员，组成专业分工下高效协作的运维队伍，运维服务人员要求见表11-5。日常，可组织技术人员参加国家相关部门的资格认证，结合信息化项目建设参加软硬件厂商组织的产品使用培训，并可组织技术比武等方式提高运维队伍技术素养，同时要制定科学的管理办法和有效的激励机制，充分调动各级运行维护人员的工作积极性和责任心，为做好信息系统运行维护工作打好基础。

表11-5　运维服务人员要求表

| 项目 | 管理人员 | 技术支持人员 | 操作岗人员 |
| --- | --- | --- | --- |
| 数据 | 掌握运维服务项目管理的知识、具备项目管理的经验，并有IT服务管理相关的中、高级培训认证 | 熟悉数据产生、处理的关键环节，并了解数据输入、输出、处理相关的步骤 | 熟练掌握数据相关操作文档，并经过培训考核 |
| 软件 | | 熟练掌握相关软件的安装、调试、配置和维护，拥有相关软件的中、高级培训认证 | 熟练掌握软件相关操作文档，并经过培训考核 |
| 服务器及存储 | | 熟练掌握相关服务器、存储的安装、调试、配置和维护，拥有相关设备系统的中、高级培训认证 | 熟练掌握服务器及存储相关操作文档，并经过培训考核 |
| 网络及网络设备 | | 熟练掌握相关网络设备、系统的安装、调试、配置和维护，拥有相关设备系统的中、高级培训认证 | 熟练掌握网络及网络设备相关操作文档，并经过培训考核 |
| 机房基础设施 | | 分供配电、空调、消防、安防、弱电智能配备相应的专业技术支持人员<br>熟练掌握机房基础设施相关设备的安装、调试、配置和维护，拥有相关设备系统的中、高级培训认证 | 熟练掌握相关设备系统的操作文档，并经过相关专业系统的操作培训和资格认证 |

## 四、应急响应保障

信息系统容易受到各种已知和未知的威胁而导致网络攻击事件、信息破坏事件、信息内容安全事件、设备设施故障和灾害性事件等信息安全事件的发生。虽然很多信息安全事件可以通过技术的、管理的、操作的方法予以消减，但目前没有任何一种信息安全策略或防护措施，能够对信息系统提供绝对的保护。为规范运行维护服务应急响应的基本过程，加强过程管理，以提升应急响应能力，提前发现隐患，及时解决问题，降低应急事件可能带来的不良影响，必须建立有效的应急响应保障机制。

运行维护服务中应急响应过程划分为四个主要阶段：应急准备、监测与预警、应急处置和总结改进。应急准备阶段的工作包括：组建应急响应组织，确定应急响应方针，系统性识别运行维护服务对象及运行维护活动中可能出现的风险，定义应急事件级别，制定预案，开展培训和演练；监测与预警阶段的工作包括：进行日常监测，及时发现应急事件并有效预警，进行核实和评估，以规定的策略和程序启动预案，并保持对应急事件的跟踪；应急处置阶段的工作包括：采取必要的应急调度手段，基于预案开展故障排查与诊断，对故障进行有效、快速的处理与恢复，及时通报应急事件，提供持续性服务保障，进行结果评价，关闭事件；总结改进阶段的工作包括：对应急事件发生原因、处理过程和结果进行总结分析，持续改进应急体系。表 11-6 描述了不同类型活动与重点任务的基本对应关系。

**表 11-6　日常工作、故障响应、重点时段保障与任务的对应关系**

| 主要阶段 | 重点任务 | 日常工作 | 故障响应 | 重点时段保障 |
|---|---|:---:|:---:|:---:|
| 应急准备 | 建立应急响应组织 | √ | | |
| | 制定应急响应方针 | √ | | |
| | 风险评估与改进 | √ | | |
| | 划分应急事件级别 | √ | | |
| | 预案制定 | √ | | √ |
| | 培训与演练 | √ | | √ |
| 监测与预警 | 日常监测与预警 | √ | √ | √ |
| | 核实与评估 | | √ | √ |
| | 预案启动 | | √ | √ |
| 应急处置 | 应急调度 | | √ | √ |
| | 排查与诊断 | | √ | |
| | 处理与恢复 | | √ | |
| | 事件升级 | | √ | √ |
| | 持续服务 | | √ | √ |
| | 事件关闭 | | √ | √ |
| 总结改进 | 应急事件总结 | | √ | √ |
| | 应急体系的保持 | | √ | √ |
| | 应急工作的改进 | √ | √ | √ |

# 参 考 文 献

［1］　北京神州泰岳软件股份有限公司主编．中国 IT 服务管理指导规范研究．北京：北京邮电大学出版社，2008.

［2］　葛世伦，尹隽．信息系统运行与维护．北京：电子工业出版社，2012.

［3］　（Jan van Bon）博恩，IT 服务管理：基于 ITIL 的全球最佳实践，北京：清华大学出版社，2006.

［4］　刘颐，姚玉红，潘纯峰．ITSS/ITIL/ISO 20000 对比分析．信息技术与标准化，2011（8）：38-42.

［5］　王志鹏，周平．信息技术服务运行维护第 1 部分：通用要求理解与实施．信息技术与标准化，2012（10）：39-43.

［6］　《信息技术 服务管理 第 1 部分：规范》（ISO/IEC 20000-1：2005）.

［7］　《信息技术 服务管理 第 2 部分：实践规则》（ISO/IEC 20000-2：2005.